高等学校教材

信息管理与信息系统

会计信息系统实务教程（第二版）

陈福军 孙芳 编著

清华大学出版社

北京

内 容 简 介

本书按照会计信息系统学习过程的特点,以 2006 年新企业会计准则和用友 ERP-U871 财务管理软件为基础,在介绍会计信息系统基础理论的同时,辅以财务软件的具体应用,以达到理论与实践的有机结合,使不同层面的读者在本教材的学习过程中都能以理论指导实践,又能通过实践应用加深对理论知识的理解。

全书共分 10 章,第 1 章介绍会计信息系统的基础理论和会计信息系统的建设与实施,第 2 章~第 9 章以用友 ERP-U871 财务管理软件为基础,以案例形式系统介绍用友 ERP 财务软件的应用,第 10 章是为教学应用而设计的案例资料。

本书主要作为高等学校会计类本科专业会计信息系统课程的教学用书,也可作为高职高专会计类专业教学用书、会计(审计)从业人员的财务软件培训教程和会计(审计)工作者的学习参考资料。

图书在版编目(CIP)数据

会计信息系统实务教程/陈福军,孙芳编著. —2 版. —北京:清华大学出版社,2010.1
(高等学校教材·信息管理与信息系统)
ISBN 978-7-302-20854-9

Ⅰ. 会… Ⅱ. ①陈… ②孙… Ⅲ. 会计—管理信息系统—高等学校—教材 Ⅳ. F232

中国版本图书馆 CIP 数据核字(2009)第 158726 号

责任编辑:魏江江 薛 阳
责任校对:白 蕾
责任印制:何 芊

出版发行:清华大学出版社   地   址:北京清华大学学研大厦 A 座
         http://www.tup.com.cn   邮   编:100084
         社 总 机:010-62770175   邮   购:010-62786544
         投稿与读者服务:010-62776969,c-service@tup.tsinghua.edu.cn
         质 量 反 馈:010-62772015,zhiliang@tup.tsinghua.edu.cn
印 刷 者:北京密云胶印厂
装 订 者:北京市密云县京文制本装订厂
经   销:全国新华书店
开   本:185×260 印 张:38.75 字 数:936 千字
版   次:2006 年 6 月第 1 版   2010 年 1 月第 2 版
印   次:2010 年 1 月第 1 次印刷
印   数:9001~13000
定   价:49.50 元

改革开放以来，特别是党的十五大以来，我国教育事业取得了举世瞩目的辉煌成就，高等教育实现了历史性的跨越，已由精英教育阶段进入国际公认的大众化教育阶段。在质量不断提高的基础上，高等教育规模取得如此快速的发展，创造了世界教育发展史上的奇迹。当前，教育工作既面临着千载难逢的良好机遇，同时也面临着前所未有的严峻挑战。社会不断增长的高等教育需求同教育供给特别是优质教育供给不足的矛盾，是现阶段教育发展面临的基本矛盾。

教育部一直十分重视高等教育质量工作。2001 年 8 月，教育部下发了《关于加强高等学校本科教学工作，提高教学质量的若干意见》，提出了十二条加强本科教学工作提高教学质量的措施和意见。2003 年 6 月和 2004 年 2 月，教育部分别下发了《关于启动高等学校教学质量与教学改革工程精品课程建设工作的通知》和《教育部实施精品课程建设提高高校教学质量和人才培养质量》文件，指出"高等学校教学质量和教学改革工程"是教育部正在制定的《2003—2007 年教育振兴行动计划》的重要组成部分，精品课程建设是"质量工程"的重要内容之一。教育部计划用五年时间（2003—2007 年）建设 1500 门国家级精品课程，利用现代化的教育信息技术手段将精品课程的相关内容上网并免费开放，以实现优质教学资源共享，提高高等学校教学质量和人才培养质量。

为了深入贯彻落实教育部《关于加强高等学校本科教学工作，提高教学质量的若干意见》精神，紧密配合教育部已经启动的"高等学校教学质量与教学改革工程精品课程建设工作"，在有关专家、教授的倡议和有关部门的大力支持下，我们组织并成立了"清华大学出版社教材编审委员会"（以下简称"编委会"），旨在配合教育部制定精品课程教材的出版规划，讨论并实施精品课程教材的编写与出版工作。"编委会"成员皆来自全国各类高等学校教学与科研第一线的骨干教师，其中许多教师为各校相关院、系主管教学的院长或系主任。

按照教育部的要求，"编委会"一致认为，精品课程的建设工作从开始就要坚持高标准、严要求，处于一个比较高的起点上；精品课程教材应该能够反映各高校教学改革与课程建设的需要，要有特色风格、有创新性（新体系、新内容、新手段、新思路，教材的内容体系有较高的科学创新、技术创新和理念创新的含量）、先进性（对原有的学科体系有实质性的改革和发展，顺应并符合新世纪教学发展的规律，代表并引领课程发展的趋势和方向）、示范性（教材所体现的课程体系具有较广泛的辐射性和示范性）和一定的前瞻性。教材由个人申报或各校推荐(通过所在高校的"编委会"成员推荐),经"编委会"认真评审,最后由清华大学出版社审定出版。

目前,针对计算机类和电子信息类相关专业成立了两个"编委会",即"清华大学出版社计算机教材编审委员会"和"清华大学出版社电子信息教材编审委员会"。首批推出的特色精品教材包括:

(1) 高等学校教材·计算机应用——高等学校各类专业,特别是非计算机专业的计算机应用类教材。

(2) 高等学校教材·计算机科学与技术——高等学校计算机相关专业的教材。

(3) 高等学校教材·电子信息——高等学校电子信息相关专业的教材。

(4) 高等学校教材·软件工程——高等学校软件工程相关专业的教材。

(5) 高等学校教材·信息管理与信息系统。

(6) 高等学校教材·财经管理与计算机应用。

清华大学出版社经过 20 多年的努力,在教材尤其是计算机和电子信息类专业教材出版方面树立了权威品牌,为我国的高等教育事业做出了重要贡献。清华版教材形成了技术准确、内容严谨的独特风格,这种风格将延续并反映在特色精品教材的建设中。

清华大学出版社教材编审委员会

E-mail:dingl@tup.tsinghua.edu.cn

第二版前言

随着计算机软硬件和财务管理软件的不断升级,特别是 2006 年新企业会计准则体系的颁布和实施,使得原有经济业务的处理发生了较大的变化,第一版中的有些内容已经不能满足新企业会计准则的要求。为了满足使用者学习和应用新会计准则的需要,加强理论联系实际,锻炼学生实际操作技能和综合分析能力,应广大读者的要求,经与出版社研究,决定对第一版进行修订,出版第二版,使本书所用财务软件的版本更高、更新,使经济业务处理更加贴近新企业会计准则的要求,内容更加全面,以满足新老读者的需要。

在本版修订过程中,我们继续保持了第一版教材编写的思路:从应用的角度出发,以实用性为重点,遵循由浅入深、循序渐进的原则,促使学生在知识、能力、素质等方面全方位提高;在内容和结构上继续突出了先进性、注重理论与实务的结合、突出学生应用能力培养的特点,进一步凸显了教材编写的案例化。

在第二版中,重点做了以下几方面的调整。

(1) 根据《企业会计准则 2006》、《企业会计准则——应用指南 2006》和《企业会计准则讲解 2006》的规定,对经济业务的处理进行了全面的调整。

(2) 将用友财务管理软件由用友 ERP-U850 升级至用友 ERP-U871,并据此阐述有关案例的处理过程。

(3) 根据新企业会计准则和用友 ERP-U871 财务软件应用的基本要求,对第 10 章的教学应用案例进行了全面修改,使之更符合新准则、新软件需要。

(4) 应读者要求,在对企业人才需求调研的基础上,将教材第 8 章“资金管理”调整为“成本管理”。

(5) 根据用友 ERP-U871 财务软件的结构体系,将第 4 章第 4.6 节内容由“财务分析”调整为“财务评价”。

(6) 对原书的一些数据、文字和插图等根据新准则和新软件的要求做了删补。

本书在编写过程中,得到了出版社编辑和许多专家的帮助,在此对他们的支持表示深深的谢意!

虽然作者在编著此书的过程中付出了极大的努力,但限于作者的学识和水平,书中难免存在缺点和错漏之处,我们诚挚地希望广大读者对本书的不足之处给予批评指正,并提出宝贵意见,以便将来加以修正和改进。E-mail:chenfj@sdut.edu.cn。

作 者
2009 年 7 月

第一版前言

在人类社会进入 21 世纪伊始，由现代信息技术引发的全球信息化浪潮冲击着传统社会生活的每一个角落，信息化已成为这个时代的主旋律。全球经济信息化对传统的企业管理模式、会计理论、会计实务处理和会计管理制度产生了巨大的冲击。作为会计学专业的学生，掌握并熟练运用信息时代会计人员应具备的理论知识与技能，显得尤为迫切与必要。

本书从应用的角度出发，以实用性为重点，遵循由浅入深、循序渐进的原则，力求通俗易懂、易于操作。在讲解会计信息系统原理的基础上，具体讲解实用财务软件的使用方法，将理论与实践紧密地结合起来。采用案例教学和实践教学的方式，有针对性地学习完整的实现会计核算、购销存业务处理和财务业务一体化解决方案，能够适应现代企业管理对会计人员综合素质的要求，有效地培养学生的综合实践能力和创新精神，促使学生在知识、能力、素质等方面全方位提高。本书在内容和结构上突出了以下特点：

先进性：本书以财务业务一体化的会计信息系统为对象，结合用友 ERP 财务软件的应用，突出强调了企业会计信息系统提供企业管理信息的能力和会计加强事前、事中控制的能力。同时，注意了对当代国际、国内先进的管理思想及其管理信息系统的阐述，从信息发展的角度奠定会计人员坚实的企业管理信息系统基础。

注重理论与实务的结合：本书编写上从会计人员的实际需要出发，既介绍会计信息系统的基本原理，又介绍财务软件的应用，并力求做到理论与实务的有机统一，以期在提供给读者完整的理论体系的同时，使读者掌握会计信息系统软件的使用方法。

突出学生应用能力的培养：本书主要突出实用性，结合用友 ERP 财务软件的阐述，以案例形式探讨会计信息系统的理论和财务软件的应用问题。

本书共 10 章，在第 1 章中系统而概括地介绍了会计信息系统有关的基本概念和理论。第 2～9 章介绍了系统管理、财务处理系统、报表管理与财务分析、工资、固定资产、往来核算、资金管理、购销存系统的核算与管理、内部功能结构、业务处理流程及使用方法。第 10 章是为应用操作而设计的基本实践案例。以期通过本书使读者对计算机会计信息系统的工作原理和使用方法有一个全面而清晰的认识。

参加本书编写的都是从事会计信息教学工作多年的教师，我们衷心希望本书能为促进我国会计信息系统的发展，促进会计信息系统理论教学与实践教学有机统一的开展尽一点微薄的力量。本书由陈福军主编，并编写其中的第 1～8 章，孙芳编写第 9、

10 章，并负责对案例资料数据进行验证调试。在本书的编写过程中得到了张长清同志的鼎力帮助和用友淄博总代理淄博业伟科技公司总经理张玉勤女士的大力支持，在此深表谢意。

限于作者的水平，书中难免存在缺点和错漏之处，我们诚挚地希望广大读者对本书的不足之处给予批评指正，并提出宝贵意见，以便将来加以修正和改进。

E-mail：chenfj@sdut.edu.cn。

作　者

2005 年 11 月

第1章

会计信息系统概述

教学目的及要求

　　系统地学习会计信息系统的基本理论知识,了解会计信息系统的发展过程和趋势,熟悉会计信息系统的特征,了解信息技术对会计手段的影响,了解会计信息系统的内部控制管理及会计信息的实施,重点掌握会计信息系统的业务处理规范及初始数据的转换准备工作。

1.1　会计信息系统的基本概念

　　会计信息系统作为一个以提供财务信息为主的信息系统,长期以来一直在企业经营管理中起着重要的作用。随着现代计算机技术、网络技术及信息技术的不断发展,会计信息处理从手工发展到电算化,实现了会计操作技术和信息处理方式的重大变革。它对会计理论和会计方法提出了一系列新的课题,使传统会计格局逐渐被打破,新的会计思想和理论逐渐确立,从而在推动会计自身发展和变革的同时,也促进了会计信息系统的进一步完善和发展。

1.1.1　数据和信息

1. 数据和信息的概念

　　数据和信息是信息科学中最基本的两个概念,对这两个概念目前还没有一个标准、统一的定义。

　　1) 数据

　　一般认为数据是对客观事物属性的描述,是反映客观事物的性质、形态、结构和特征的可资鉴别的符号。如,表示物体的面积:200 平方米,表示物体的颜色:红色等都是数据,数据既包括以数量形式表达的定量属性值,也包括以文字形式表达的定性属性值。它既可以是具体的数字,也可以是文字、图形、图像、声音等形式。

2）信息

信息这个概念一般被定义为：信息是反映客观世界中各种事物特征和变化的知识，是数据加工的结果，这一结果对人们的决策行为产生影响。数据被加工处理成信息，以便管理者、决策者能够更好地进行管理和决策。信息用文字、数字、图形等形式，对客观事物的性质、形式、结构和特征等方面进行反映，帮助人们了解客观事物的本质。

根据上述定义，数据和信息从形式上反映的都是客观事物属性的值，但数据强调对事实的客观记录；而信息更强调与人们决策活动的密切联系。因而，信息必然是数据，但数据未必是信息，信息仅是数据的一个子集，有用的数据才成为信息。信息具有相对性，对甲有用的数据未必对乙也有用。尽管数据和信息存在差别，但在实际工作中，数据和信息往往很难严格区分。这是因为在整个数据处理过程中，经过处理和加工而得到的信息，往往又成为再次数据处理过程中的原料——数据，信息和数据的这种交替过程存在于数据处理的各个领域。

2. 会计数据和会计信息

在会计工作中，会计数据是指从不同来源或渠道获得的、记录在"单、证、账、表"上的各种原始会计资料。会计数据的来源广泛，既有企业内部生产经营活动产生的，也有企业外部与企业相关的各种经济活动产生的各种资料，因而会计数据量非常繁多。会计数据的数量多，不光是指每个会计期间需要处理的数据量大，更重要的是会计数据是一种随着企业生产经营活动的持续进行，而源源不断产生并需要进行处理的数据。由于会计业务处理的特点，会计数据具有连续性、系统性和周期性的特点。

会计信息是指按会计特有的处理方法对数据经过处理后产生的，为会计管理及经济管理所需要的一部分经济信息。它是在会计核算和会计分析过程中形成的凭证、账簿、报表等数据，是会计核算的主要内容，是经济决策的依据。会计信息主要分为三类：财务信息、定向信息、决策信息。财务信息是反映过去发生的一切，如资产负债表、利润表、账簿等反映的内容；定向信息是管理所需要的特定信息，如实际与预算、本期与历史记录比较产生的分析报告；决策信息是对未来具有预测性的信息，如年度计划、单项规划、期间决策所需要的信息。

由于会计信息在经济管理中有极其重要的作用，因此准确、及时是对会计信息的基本要求。某些会计信息具有很强的时间性和区域性要求，往往因时间和空间的变化而失去意义和价值。根据不准确的或错误的信息作出的决策会给企业造成严重的损害。

3. 数据处理

数据处理是指为了一定的目的，按照一定的规则和方法对数据进行收集并加工成有用信息的过程。数据处理的方式很多，常用的方法有手工、机械和电子处理三种不同的方式。不同的数据处理方式在规模、效率、质量等方面是不同的，但其基本的工作环节大体相同，可分为：数据的收集和输入、数据的存储、数据的加工及数据的传送和输出，如图1-1所示。

（1）数据的收集和输入：主要包括数据的收集、记录和检验。目的是将时间和空间上分散的数据收集起来以备使用。这是数据加工的基础，必须保证收集的数据完整和准确。没有足够的数据收集就不可能有完整的信息输出。

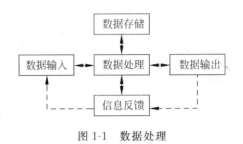

图 1-1　数据处理

（2）数据的存储：数据存储是根据安全原则，按照一定的规则将数据信息进行保存，包括对原始数据、中间处理结果和最终处理结果的存储，以便再次加工和查询使用。

（3）数据的加工：数据加工处理是将数据转换为有价值的信息的过程，包括对数据的分类、汇总、排序、检索、计算、更新等处理过程，它是数据处理的中心环节。

（4）数据的传送和输出：包括将数据从一个系统（部门、地区）传送到另一个系统（部门、地区），也包括系统内各子系统间数据的互相传送，或把最终结果移交给用户，这是数据处理的目的。

（5）信息反馈：信息系统的输出可能影响使用者的某些行为，这些行为又成为后续阶段数据处理的输入。

4. 信息的特点

信息一般具有可靠性、相关性、时效性、完整性、易理解性，以及可校验性等特点。

1）可靠性

可靠性是指信息能够正确地表示一个实体的活动。例如，如果一张资产负债表上的资产信息（假如 1000 万元）能够正确地反映企业的财务状况，那么信息是可靠的；如果该企业的实际资产为 950 万元，那么该报表上的信息是不可靠的，报表上的错误可能是由于数据的不完整或数据处理不正确造成的。

2）相关性

相关性是指信息对管理者是否有用，如果有用则信息是相关的，否则就是不相关的。例如，一张会计报表给出了某公司销售汽车的信息，这种信息对经营彩电的公司来说是不相关的，它对经营彩电的公司的管理和决策不产生直接的影响。

3）时效性

时效性是指提供的信息对管理和决策是否及时。例如，公司财务人员给财务主管一份应付账款报表，该报表列示了在 10 天内付款就可以获得 2% 的现金折扣。对于财务主管来说，如果该报表在 10 天内得到，该信息是及时的，否则就失去了价值。

4）完整性

完整性是指信息是否包含所有相关的数据。例如，一份财务报告中不包含所有必要的经济业务，那么该报告提供的信息就是不完整的。

5）易理解性

易理解性是指信息所表现的形式对使用者是否容易理解。例如，一份财务报告虽然是完整的，但对财务报告的使用者来说不易看懂，那么该报告的易理解性就差。

6）可校验性

可校验性是指两个或两个以上的人独立处理同一种信息的结果应该是相同的。

1.1.2　系统和系统的基本构成

1. 系统及其特点

系统是指由一系列彼此相关的、相互联系的若干部分为实现特定的目的而建立起来的一个有机整体。系统具有以下特征。

1）独立性

每个系统都是一个相对独立的部分，它与周围环境有明确的界限，但又受到周围环境的制约和影响。

2）整体性

系统各部分之间存在相互依存关系，既相对独立又有机地联系在一起。

3）目标性

系统的全部活动都是为了达到特定的目标。系统中各组成部分分工不同，活动目标却是共同的，都是为整个系统服务的。

4）层次性

一个系统由若干部分组成，称为子系统。每个子系统又可分成更小的子系统，因此系统是可分的，相互之间有机结合具有结构上的层次性。

5）运动性

系统的运动性表现为系统总是不断地接收外界的输入，经过加工处理，不断地向外界输出。

6）适应性

每一系统都能根据需要扩充和压缩自己，以适应系统变化的需要。

2. 系统基本构成及相互关系

系统的基本构成大致可以分成三部分，它们分别为系统、系统内部的各个子系统、系统的周围环境，这是研究系统的三个基本要素。

它们之间的关系是：每个系统有它的特定目标和功能，这是区别各个系统的主要标志。为了完成系统的特定目标，每个系统有它确定的功能结构，这些功能结构各自完成系统的一部分工作。各功能结构之间相互影响、相互作用、相互联系、协同工作，以实现系统的整体目标。任何系统都处于特定的环境中，系统必然要与外部环境发生各种各样的联系，受到环境变化的制约和影响。即使是所谓的"封闭系统"，也只是采用各种措施，将环境的影响降低到最低限度而已。对系统研究的一个重要方面就是研究环境对系统的影响，这点对会计信息系统的研究尤为重要。

3. 信息系统

信息系统是以收集、处理和提供信息为目标的系统，该系统可以收集、输入、处理数据；

存储、管理、控制信息；向信息使用者报告信息，使其达到预期的目标。

信息系统一般都具有输入输出数据、传输数据、存储数据和加工处理数据等功能，在实际设计中，信息系统总得通过一定的技术手段来实现，以计算机为主要技术手段而实现的信息系统叫做电子数据处理系统，即计算机信息系统。同样，在人工管理中也存在手工的信息系统，只是人们没有意识到或不去研究它。以电子计算机为工具进行处理的信息系统，它往往是一个由多个相互有关的人工处理和计算机处理过程组成的人机系统。通常，信息根据某项业务的需要，对输入的大量数据进行加工处理，代替烦琐、重复的人工劳动，同时给使用者提供及时、准确的决策信息。

1.1.3 会计信息系统

1. 会计信息系统的定义

会计信息系统是面向价值信息的信息系统，是从对其企业中的价值运动进行反映和监督的角度提出信息需求的信息系统，因此可以将其定义为：利用信息技术对会计信息进行采集、存储和处理，完成会计核算任务，并能提供为进行会计管理、分析、决策用的辅助信息的系统。其组成要素为：计算机硬软件、数据文件、会计人员和会计信息系统的运行规程，其核心部分是功能完备的会计软件。在信息社会，企业会计工作中常规的、可以程序化的任务将由会计信息系统处理，同时会计信息系统还将辅助会计人员完成其他管理与决策任务。

2. 会计信息系统的目标

会计信息系统是为企业服务的，是企业会计工作中必不可少的组成部分，因此，会计信息系统的目标应服务于企业、信息系统、会计三者的目标。企业的目标是通过提供客户满意的服务获取更多的利润；信息系统的目标是向信息系统的使用者（用户）提供决策有用的信息；会计的目标是要提高企业的经济效益以获取更多的利润。由此，会计信息系统的目标可以确定为向企业内外部的决策者提供需要的会计信息及对会计信息利用有重要影响的其他非会计信息，它确定了会计信息用户可以得到的信息内容和质量。当然具体到不同的决策者，由于需要不同，希望获取的会计信息也会各不相同。在此目标下，会计信息系统的基本功能应是：利用各种会计规则和方法，加工来自企业各项业务活动中的数据，产生和反映会计信息（其中多数是价值信息），以辅助人们利用会计信息进行决策。其中，会计规则和方法是由会计人员根据信息用户的需求综合制定的，它们并不是一成不变的，而是随着外界情况的变化不断调整。在会计信息系统中，会计规则由会计人员确定，会计方法也由会计人员提出，并与信息管理人员合作将这些规则和方法转化为机器系统中的程序。当企业出现了新的业务活动或拥有了新的资源需要进行管理时，会计人员应从会计工作的角度确定出相应的解决办法和处理规则，并尽可能地将其转化为机器系统可处理的内容。

3. 会计信息系统的特点

1) 综合性

会计信息是全面反映企业供、产、销各个环节并全面参与企业管理的综合信息。企业的活动通常分为两大类，一类是生产或服务活动；另一类是管理活动。在生产或服务活动的过程中，各部门都会有某种程度上的会计数据的发生，而在管理活动中又会有某种范围内会计信息的利用。可见，会计信息系统能够综合地反映、监督和控制整个企业生产经营活动，是实现企业管理目标——所有者权益最大化的有利工具。

2）庞大复杂性

会计信息系统本身是一个独立的整体，由许多职能子系统组成，如账务处理子系统、薪资核算子系统、固定资产核算子系统、材料核算子系统、成本核算子系统等，内部结构较为复杂，各子系统在运行过程中进行信息的收集、加工、传送、使用，联结成一个有机的整体。另外，由于会计信息系统全面地反映企业各个环节的信息，它跟其他管理子系统和企业外部的联系也十分复杂。会计信息系统从其他管理信息子系统和系统外界获取信息，也将处理结果提供给有关系统，使得系统外部接口较复杂。

3）会计信息的准确性、可靠性

会计信息直接关系到国家、企业及个人的经济利益，因此会计信息应该符合一定的质量要求，保证连续、完整、真实、准确地反映经济业务，而且要合法、可靠，严格遵守有关财务会计制度、法规和计算规程。

4）会计信息的信息量大

会计要对生产经营过程进行连续、系统、综合地反映和监督，因此会计信息系统要收集、处理、存储和提供大量的经济信息。

5）内部控制严格

会计信息系统中的数据不仅在处理时要层层复核，保证其正确，还要保证在任何条件下以任何方式进行检查核对，留有审计线索，防止犯罪破坏，为审计工作的开展提供必要的条件。

4. 会计信息系统在企业管理信息系统中的作用和地位

企业管理信息系统由采购、生产、会计、销售/营销以及人力资源管理等若干个子系统构成，会计信息系统是其中最重要的一个子系统。会计信息系统的开发与实施会在一定程度上改变企业手工业务处理流程，带动企业管理的规范化和现代化，使企业管理进入一个更高层次。企业管理进入一个更高层次后又会反过来要求会计信息系统在结构与功能上作进一步发展，以适应企业更高层次管理模式的需要。因此，会计信息系统的发展与企业管理信息系统的发展是既相互适应又相互推动的。

同时，会计信息是企业生产、管理决策中使用最多的信息，在现代企业决策中处于中心和主导地位。会计信息系统是一个组织处理会计业务并为企业管理者和决策者提供财务信息、定向信息和决策信息的实体，它通过收集、存储、加工、传输和利用会计信息，对经济活动进行反映和控制。会计信息系统是企业管理信息系统中占有重要地位的一个子系统。由于会计是以货币的价值形式反映和监督企业整个生产经营活动过程的，因此会计信息系统反映的内容涉及供产销每个环节、企业的每个部门及员工。会计信息系统在企业管理信息系统中的重要地位，是由它本身的特点决定的。

5. 企业会计人员与会计信息系统的关系

从以上对会计信息系统及其目标的分析中，已经可以看出企业会计人员与会计信息系统之间有着密切的联系：会计人员既是会计信息系统的组成要素，又是会计信息系统的管理者，由他确定了会计信息系统采用什么样的会计模式，并与信息系统管理者一起制定会计信息系统的运行规程，特别是会计信息系统的内部控制问题。而会计信息系统应该是服务于会计人员的，应该帮助会计人员更有效地处理有关信息，并向用户提供满足需要的高质量的会计信息。

会计信息化的目标是通过将会计与现代信息技术的有机结合，对会计基本理论与方法、会计实务工作、会计教育等方面进行全面发展，进而，据以建立满足现代企业管理要求的会计信息系统。因而，会计信息化的本质是会计与现代信息技术相融合的一个发展过程。

在"以信息化带动工业化"的进程中，会计人员的工作职责也应发生相应的转变。在企业会计信息系统实施过程中，会计人员扮演了如下三方面的角色：设计者、使用者和审计者。

设计者：作为会计信息系统设计和实施人员，会计人员应回答以下几个方面的问题：哪些业务事项被记录？业务事项如何记录？业务事项记录的时间？各种记录如何处理？应产生哪些报告？

使用者：会计信息系统运行效率取决于会计人员对系统流程理解和信息处理技术的运用程度。如信息系统存储了哪些会计数据？如何访问会计数据？系统提供了哪些分析工具？如何使用这些辅助管理工具？

审计者：作为内外部审计人员，应关注会计数据和由系统生成的报告的可靠性。一般地，通过测试系统的控制、评价系统的准确性和及时性。

此外，会计人员的工作重点还包括对企业各项业务活动及资源利用的绩效评价、对信息技术、信息系统等新技术应用的风险管理，与企业经营、发展战略密切相关会计决策活动。由此，一方面要求未来的会计人员必须是多面手，才能完成这些工作，如对会计信息系统的管理，实际上要求会计人员应具备系统分析员的部分素质；另一方面会计人员用到的很多管理方法、手段和模型，其他企业管理人员也可以做，只是加工的信息对象有差别，而在信息社会，这些对象对于所有的信息用户可能是平等的，未来的职业可能出现融合的趋势，此时，重要的是企业员工具备的知识素养。所以，会计这一古老的行业在未来信息社会要有立足之地，就必须大力提高会计人员的素质。

[案例]

面对IT的飞速发展和即将到来的种种机遇，全世界的会计行业正在严肃地评价其竞争力、提供的服务以及履行这些服务所需的能力。美国注册会计师协会（AICPA）发起的一个名为"注册会计师视角"的项目，举行了全国范围的会议以便能综合地、完整地观察会计行业的未来，从而：

◇ 认识会计行业中所有专业领域未来的机遇和挑战。

◇ 引导会计行业适应市场变革的需求。

◇ 将会计行业内部统一起来以创建一个充满活力、生机勃勃的未来。

◇ 提高注册会计师的核心竞争力和价值。

◇ 促进会计行业的发展并保障公众利益。

描绘未来发展前景的出发点是确定会计人员的价值和能力。在"注册会计师视角"项目中确定了五种最重要的价值、五种最重要的能力、五项最重要的服务。

◇ 五种最重要的价值是持续教育、终生学习、竞争力、正直广泛的业务协调能力和客观性；

◇ 五种最重要的能力是：沟通的技能、战略性和关键性思考的能力、关注客户和市场、对收集到的信息进行解释和技术熟练；

◇ 五项最重要的服务是：资产保全，保证信息和系统的可靠性、技术性；在系统分析、信息管理和系统安全方面提供服务、管理咨询；在改进组织的管理和业绩方面提出建议、财务计划；向财务计划提供广泛的建议、跨国业务；在国际竞争中（如税收计划、跨国公司合并、跨国公司合资等）提出建议。

1.2　会计信息系统的发展

管理水平的提高和科学技术的进步对会计理论、会计方法和会计数据处理技术提出了更高的要求，使会计信息系统由简单到复杂、由落后到先进、由手工到机械、由机械到计算机。会计信息系统的发展历程是不断发展、不断完善的过程。特别是近几年来，伴随着全球经济一体化进程的不断加快，IT 技术的飞速发展，Internet/Intranet 技术和电子商务的广泛应用，人类已从工业经济时代跨入了知识经济时代。在知识经济时代，企业所处的商业环境已经发生了根本性变化。顾客需求瞬息万变、技术创新不断加速、产品生命周期不断缩短、市场竞争日趋激烈，这些构成了影响现代企业生存与发展的三股力量：顾客（Customer）、竞争（Conlpetmon）和变化（Change）。过去在工业经济时代通过规模化生产以降低成本的大型企业已难以取得今天市场上的竞争力，过去在工业经济时代的商业规则、"科层制"管理模式已经不再适用于今天企业的发展，甚至严重影响到企业的生存。为了适应以"顾客、竞争和变化"为特征的外部环境，企业必须要进行管理思想上的革命、管理模式与业务流程上的重组、管理手段上的更新，从而在全球范围内引发了一场以业务流程重组 BPR（Business Process Reengineering）为主要内容的管理模式革命和以企业资源计划（Enterprise Resource Planning，ERP）系统应用为主体的管理手段革命。

1.2.1　会计信息系统的发展过程

会计信息系统的产生和发展是社会经济、科学技术发展的产物，它大致经历了以下三个阶段。

1. 会计数据处理系统——电子数据处理阶段

主要目标是利用计算机模仿手工操作，实现那些数据量大、计算重复次数多的专项会计业务核算工作的自动化。如工资计算、账务处理、固定资产核算、编制报表等，体现在岗位级应用层次上。计算机操作系统主要采用 DOS、Windows 95/98，数据库采用小型数据库。

2. 会计管理系统——综合业务处理阶段

主要目标是综合处理发生在企业各业务环境中的各种会计信息,并为企业内外部各级管理部门提供有关的管理和决策辅助信息。在这一阶段,系统的功能从全面会计核算发展到会计管理。应用层次从财务部门(部门级)到企业内部的各个部门(企业级),直到客户、供应商和政府机构等相关的企业外部实体;操作系统从 Windows 95/98 发展到 Windows NT/XP;网络体系结构从文件/服务器(F/S)结构、客户机/服务器(C/S)结构发展到现在的浏览器/服务器(B/S)结构;数据库从小型数据库发展到大型数据库,如表 1-1 所示。

表 1-1　会计信息系统的发展一览表

项　　目	发　展　过　程
应用层次	岗位级→部门级→企业级→供应链级
业务处理	单项业务→全面核算→会计管理→面向决策
操作系统	DOS→Windows 95/98→Windows NT/XP
网络技术	F/S→C/S→B/S
数据库	文件系统→小型数据库→大型数据库

3. 会计决策支持和专家系统——决策分析阶段

决策支持系统是综合利用各种数据、信息、模型以及人工智能技术辅助管理者进行决策的一种人机交互的计算机系统。会计决策和专家系统主要目标是在会计综合信息处理的基础上向会计决策系统、会计专家系统、会计高层主管系统等方向发展。会计信息系统的主要功能在于挖掘专家经验,建立各种财务分析和管理的方法库、模型库和知识库。

目前,电子商务的广泛应用,使会计信息系统处于一个良好的开放性环境,会计信息系统能动态地、实时地、快速地、准确地获取和处理会计信息,财务信息无纸化、财务与企业内外部业务协同化、财务人员工作方式网络化将变为现实,所有这些将给会计信息系统的发展带来新的生机。

1.2.2　会计信息系统发展的趋势

展望未来,随着互联网应用的迅速发展,包括财务管理、生产管理、人力资源管理、供应链管理、客户关系管理、电子商务应用在内的完整的企业管理信息系统将会得到全面发展。对供应链管理(Supply Chain Management,SCM)系统的重视将逐渐超过财务系统;以提高客户满意度、快速扩张市场份额为目标的客户关系管理(Customer Relationship Management,CRM)系统将成为热点;企业资源计划(ERP)系统将得到广泛应用,将由财务专项管理向全面企业管理转变,从而实现对企业物流、资金流和信息流一体化、集成化的管理。

虽然不同规模和不同类型的企业发展很不平衡,但是主要发展趋势是向着集成化、网络化、智能化方向发展。

1. 集成化

做好财务管理工作,不仅需要财会数据,而且还必须有供、产、销、劳资、物资、设备等多方面的经济业务信息。因此,不仅要有会计核算系统,还必须建立以财务管理为核心的企业全面管理信息系统,同时还要建立决策支持系统等。集成化是将一些具有多种不同功能的系统,通过系统集成技术组合在一起,形成一个综合化与集成化统一的信息系统,实现互相衔接、数据共享。

2. 网络化

目前在我国会计电算化工作中,已经广泛地应用了局域网,实现了会计数据处理并发操作、统一管理和数据共享。随着互联网在会计中的广泛应用,一方面,会计信息处理将基于网络计算技术;另一方面,财务人员的工作方式将产生巨大的变化。

网络化体现在实现在线办公,互联网上的计算机就是财务人员的工作台,大部分工作均在互联网的计算机上完成;实现移动办公,不管在哪里,不管在何时,只要将计算机连接到互联网上,就可以向公司发订单,查看上级的工作安排,了解市场行情;实现远程传输和查询,远程查账、远程报账、远程审计变得随手可得。

3. 智能化

随着市场经济的发展,影响企事业单位生产经营活动的因素越来越复杂,预测、决策、控制、分析和管理的难度越来越大,除了要加大数据的采集和运用,不断提高数据处理、分析、判断能力外,还要逐步实现信息系统的智能化。要利用人工智能研究的新成果,采集专家的经验和智慧,归类存入计算机。在预测与决策过程中,当决策目标确定以后,利用专家系统中的专家经验和智慧,进行辅助决策,以提高决策的可靠性。

1.2.3　影响我国会计人员的 10 大 IT 技术

随着社会的发展,信息技术(IT)已经影响到各行各业,同样也影响到了会计行业,而且影响会计从业人员的信息技术越来越多。2002 年,我国首次进行了"影响会计从业人员的10 大 IT 技术"的评选活动。经过会计工作者和专家学者的投票,在预先提出的 40 项当前影响的候选信息技术中,最终获选的十项技术是:会计核算与财务管理软件、企业资源计划、数据/信息安全与控制、数据库技术、网络与计算机安全、计算机辅助审计、计算机病毒与防治、数据备份与恢复、企业网技术、制表软件与电子表格。

1. 会计核算与财务管理软件

会计核算与财务管理软件的应用减轻了财务人员对财务数据处理的工作量,提高了财会工作效率,使财务人员的职能由原来的简单记账向账务管理转变。由于应用会计核算与财务管理软件要有很好的会计基础工作和规范的业务流程,这也促进了会计工作规范化。

2. 企业资源计划(ERP)

企业资源计划是由美国 Gartner Croup 公司在 20 世纪 90 年代初提出的,它是由物料需求计划(Material Requirement Planning,MRP)、制造资源计划(Manufacturing Resource Planning,MRP Ⅱ)逐步演变并结合信息技术发展的最新成就而发展起来的。ERP 是将企业所有资源进行整合集成管理,简单地说是将企业的三大流(物流、资金流、信息流)进行全面一体化管理的管理信息系统。

3. 数据、信息安全与控制

信息技术运用于会计工作,提高了会计工作的效率和效益。但是,会计信息化进程也存在极大的信息风险。会计信息系统中运行保存的是企业的财务数据,属于机密信息,因此需要对会计信息安全风险进行管理。信息安全涉及信息的保密性、完整性、可用性、可控性、不可否认性等方面。

4. 数据库技术

数据库有广义和狭义之分。从狭义上理解,数据库是数据或信息的集合,这些数据按照逻辑结构进行存储。从广义上理解,数据库又是一个数据库管理系统。数据库管理系统定义数据库的逻辑组织结构,对数据库进行存取访问,并对数据进行存储和管理的系统。

从会计软件应用的角度来看,数据库是会计信息系统的重要组成部分,它起到了存储、存取和管理会计数据的作用。

5. 网络与计算机安全

计算机安全是网络正常运行的基础。计算机安全是为数据处理系统建立和采取的技术和管理的安全保护。完整的安全体系定义由"实体安全"、"运行安全"、"信息安全"三部分组成,是一个由使用者、计算机软硬件、管理制度和环境四方面要素构成的体系。

6. 计算机辅助审计

计算机辅助审计(CAAT)是在审计过程中所利用的各种计算机技术和工具的总称。计算机辅助审计应用于审计的全过程。计算机辅助审计是一门综合学科,它融合了传统审计、信息技术、行为科学和计算机科学中的相关理论和方法。

7. 计算机病毒与防治

计算机病毒是指可以进行自我复制的一组计算机指令或者程序代码,破坏计算机功能或者毁坏数据。由于计算机病毒可以带来数据丢失,甚至导致系统的崩溃,因此,必须采用相应的安全防范措施,如防治病毒软件等。

8. 数据备份与恢复

数据备份是增加数据可用性的基本方法,是用户保护数据常用的手段。通过利用存储设备和存储管理软件,可以将重要的数据复制到其他的物理位置进行保存。

数据恢复是数据备份的逆向过程。当用户应用系统的数据遭到意外损失或丢失时，能够将原先备份的数据从所在物理位置恢复到需求的系统中来。

9. 企业网技术

企业网技术涵盖了局域网、广域网、城域网、网络互联及分布式计算等多方面的网络技术。

10. 制表软件、电子表格

报表软件可以满足会计人员日常数据计算和报表分析的需求。随着这类技术的发展，制表软件和电子表格实现的功能越来越完善，具有了制表、数据处理、数据查询、报表汇总、图表分析等功能，并能够实现与文本文件、数据库文件的相互转换。同时，它还可以对各种对象进行编辑，也可以插入 SQL 或宏指令，以实现更高级的数据处理工作。

1.2.4　电子商务会计

1. 电子商务的含义

电子商务是一种全新的商业运作模式，是指利用电子信息网络设施来实现的商品和服务交易活动的总称，是一种以现代信息网络为载体的新的商务活动形式。电子商务有狭义和广义之分，狭义的电子商务（Electronic Commerce，EC）是指人们利用电子手段进行的以商品交换为中心的各种商务活动。广义的电子商务（Electronic Business，EB）又称为电子业务或电子商业，强调在网络环境下的商业应用，不仅涉及商务环节，还包括网上招聘等其他非贸易性环节。这些活动可以发生在企业内部、企业之间以及企业和客户之间。

目前，电子商务具有三种不同的网络计算模式：互联网（Internet）、企业内部网（Intranet）、企业外部网（Extranet）。

2. 电子商务的特点

1）商务性

商务性是电子商务最基本的特性，即提供买卖交易的服务、手段和机会。电子商务所从事的活动，如网上的广告宣传、咨询洽谈、采购、付款、交易管理、客户服务和货物递交等售前、售中和售后服务，以及市场调查分析、财务核算、生产安排等，都是通过利用计算机互联网络的商务活动。

2）服务性

在电子商务环境中，客户不再受地域和时间的限制，因此服务质量在某种意义上成为商务活动的关键。同时，商务活动是一种协调过程，它需要雇员和客户、生产方、供货方以及商务伙伴的协作，这种协作需要商务活动的各方均需以诚信的态度来合作。

3）集成性

电子商务是一种新兴产物，其中运用了大量的新技术。电子商务涉及的通信技术有：电子数据交换（EDI）、电子邮件、电子资金转账（EFT）、传真、多媒体、安全认证、文件交换、目录服务、在线交易处理和在线分析处理等,这些技术都可以用来支持电子商务。

3. 电子商务的分类

电子商务的应用领域十分广泛,按照不同的分类标准可以有多种不同的分类方法。

1) 按照商务形式分类

从商务形式,电子商务可以分为:网上拍卖、零售、电子商厦和文件传递等活动。

2) 从技术标准和支付角度划分

从电子商务的技术标准对电子商务进行分类,可以将其划分为两大应用领域,基于 SET 协议的电子商务和非 SET 协议的通用协议电子商务。从支付角度可以分为支付型的电子商务和非支付型的电子商务。电子商务业务划分如图 1-2 所示。

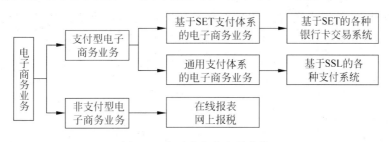

图 1-2　电子商务业务的分类

3) 从参与者角度划分

按照电子商务的参与者可以将电子商务分为 4 类:企业对企业(B2B)、企业对消费者(B2C)、消费者对消费者(C2C)、企业对政府(B2G)等。

B2B 形式:通过互联网,打破企业间界限,企业间的合作将如企业内部各部门的合作一样便利。B2B 电子商务形式的一个最为简单的例子就是企业使用互联网来订购商品,包括发订单、接收发票和付款。电子商务在这方面已经有了多年的历史,使用得也很好,特别是在通过专用网络或增值网络上运行的电子数据交换(EDI)方面,取得了丰富的经验和丰硕的成果。

B2C 形式:互联网为企业提供了一种与顾客直接沟通的低成本工具。

B2G 形式:企业对政府机构的电子商务可以覆盖企业与政府职能部门之间的很多事务。如网上采购、网上纳税、网上报关等。

4. 电子数据交换(EDI)

国际标准化组织(ISO)对 EDI 的定义是:为商务或行政事物处理,按照一个公认的标准,形成结构化的事物处理或消息报文格式,从计算机到计算机的数据传输方法。EDI 是一种在公司之间传输订单、发票等商业文件的电子化手段。它通过计算机通信网络将贸易、运输、保险、银行和海关等行业信息,用一种国际公认的标准程式,实现各部门或公司与企业之间的数据交换与处理,并完成以贸易为中心的全部过程。

EDI 包含了三个方面的内容,即计算机应用、通信网络和数据标准化。其中计算机应用是 EDI 的条件,通信环境是 EDI 应用的基础,标准化是 EDI 的特征。这三方面相互衔接、相互依存,构成了 EDI 的基础框架。

一个生产企业的 EDI 系统,就是要把上述买卖双方在贸易处理过程中的所有纸面单证由 EDI 通信网来传送,并由计算机自动完成全部(或大部分)处理过程。具体为:企业收到一份 EDI 订单,则系统自动处理该订单,检查订单是否符合要求;然后通知企业内部管理系统安排生产;向零配件供应商订购配件;向交通运输部门预订货运集装箱;向海关、商检等有关部门申请进出口许可证;通知银行并给订货方开出 EDI 发票;向保险公司申请保险单等。从而使整个商贸活动过程在最短时间内准确地完成。一个真正的 EDI 系统将订单、发货、报关、商检和银行结算合成一体,从而大大加速了贸易的全过程。因此,EDI 对企业文化、业务流程和组织机构的影响是巨大的。

5. 电子支付

电子支付就是资金或与资金有关的信息通过网络进行交换的行为,是电子商务中的重要环节,涉及用户与银行等金融部门的交互和接口、电子支付技术和手段,如信用卡、电子支票和电子现金等,其安全性是整个电子商务安全中很重要的一个方面。

在整个电子商务交易过程中,网上金融服务是其中很重要的一环。随着电子商务的普及和发展,网上金融服务的内容也在发生着很大的变化。网上金融服务包括了网上购买、网络银行、家庭银行、企业银行、个人理财、网上股票交易、网上保险、网络交税等。所有的这些网络金融服务都是通过网络支付或电子支付的手段来实现的。

人们为了进行电子交易活动、电子购销活动和网上电子商务活动,对商务活动中的重要工具,即:货币和现金进行了发展和变革,创造了各种各样的电子货币。现在,电子货币除了信用卡外,还有电子现金、电子支票、电子零钱、安全零钱、电子信用卡、在线货币、数字货币和网络货币等。在线保存电子货币的主要工具有电子钱包和电子钱夹,为了对电子货币和保存电子货币的工具进行严格安全可靠的管理,人们还创造了电子钱包和电子钱夹管理器、记录器和电子商务服务器等。

1.2.5　企业资源计划系统

1. ERP 系统的基本概念

企业资源计划(ERP)是由美国 Gartner Croup 公司在 20 世纪 90 年代初提出的,它是由物料需求计划(MRP)、制造资源计划(MRPⅡ)逐步演变并结合信息技术发展的最新成就而发展起来的。ERP 是一个面向供应链管理(SCM)的管理信息集成。它把客户需求和企业内部的经营活动以及供应商的资源整合在一起。除了传统 MRPⅡ系统的制造、供销、财务功能外,它还集成了企业其他管理功能,如质量管理、实验室管理、设备维修管理、仓库管理、运输管理、项目管理、市场信息管理、支持远程通信、Web/Internet/Intranet/Extranet、电子商务(EC、EB)、电子数据交换(EDI);支持工作流动态模型变化与信息处理程序命令的集成等。当前一些 ERP 的功能已经远远超出了制造业的应用范围,成为一种适应性强、具有广泛应用意义的企业管理信息系统。

2. ERP 系统的主要功能模块

ERP 是将企业所有资源进行整合集成管理,简单地说是将企业的三大流(物流、资金流、信息流)进行全面一体化管理的管理信息系统。企业中的一般管理主要包括三方面的内容:生产控制(计划、制造)、物流管理(分销、采购、库存管理)和财务管理(会计核算、财务管理)。这三大系统本身就是集成体,它们互相之间有相应的接口,能够很好地整合在一起来对企业进行管理。另外,随着企业对人力资源管理重视的加强,已经有越来越多的 ERP 厂商将人力资源管理纳入了 ERP 系统。ERP 系统结构如图 1-3 所示。

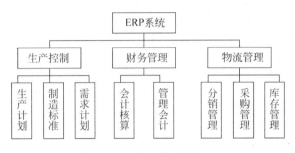

图 1-3　ERP 系统结构组成

1) 生产控制模块

生产控制模块是 ERP 系统的核心所在,它将企业的整个生产过程有机地结合在一起,使得企业能够有效地降低库存,提高效率。同时各个原本分散的生产流程的自动连接,也使得生产流程能够前后连贯地进行,而不会出现生产脱节,耽误生产交货时间,是一个以计划为导向的先进的生产、管理方法。生产控制管理模块包括:生产计划、物料需求计划、能力需求计划、车间控制、制造标准等功能模块。

2) 财务管理模块

ERP 中的财务模块与一般的财务软件不同,作为 ERP 系统中的一部分,它和系统的其他模块有相应的接口,能够相互集成,比如:它可将由生产活动、采购活动输入的信息自动计入财务模块生成总账、会计报表,取消了输入凭证烦琐的过程,几乎完全替代以往传统的手工操作。一般的 ERP 软件的财务部分分为会计核算与财务管理两大块。会计核算主要是记录、核算、反映和分析资金在企业经济活动中的变动过程及其结果。它由总账、会计报表、应收账款、应付账款、现金管理、固定资产、成本核算等子系统构成。财务管理的功能主要是基于会计核算的数据,再加以分析,从而进行相应的预测、管理和控制活动。它侧重于财务计划、控制、分析和预测及财务决策等。

3) 物流管理模块

物流管理模块主要包括了分销管理、库存控制及采购管理。销售的管理是从产品的销售计划开始,对其销售产品、销售地区、销售客户各种信息的管理和统计,并可对销售数量、金额、利润、绩效、客户服务做出全面的分析。库存管理用来控制存储物料的数量,以保证稳定的物流支持正常的生产,但又最小限度地占用资本。它是一种相关的、动态的、真实的库存控制系统。它能够结合、满足相关部门的需求,随时间变化动态地调整库存,精确地反映库存现状。采购管理则确定合理的定货量、优秀的供应商和保持最佳的安全储备。能够随时提供定购、验收的信息,跟踪和催促外购或委托加工的物料,保证货物及时到达。建立供应商的档案,用最新的成本信息来调整库存的成本。

3. 电子商务环境下的企业价值链

在电子商务环境下，企业的经营活动应实现从上游的供应商，到下游的客户的有机管理，企业实施 ERP 系统并依托电子商务技术将供应商、客户、物流公司、金融支付机构实现供、产、销的有机结合，实现零库存管理，降低资金成本，提高经济效益，如图 1-4 所示。

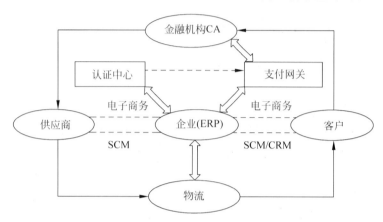

图 1-4   电子商务环境下的企业价值链

（1）电子商务是充分利用信息技术使信息流、物流和资金流协调、高效、优化的运行过程，即实现三流合一。

（2）电子商务引发和推动整个价值链的运动，使它一步步趋于规范、有序、高效、优化，最终使得价值链上的各个环节的主体都能获得最大的利益，即实现"双赢"或"多赢"。

（3）电子商务不是简单的交易行为，它是企业管理理念与经营方法的结合体，是现代企业提高竞争力的有效手段。电子商务活动是一种订单生产活动，是以客户需求为基础的生产活动，集先进的管理思想和管理理念于一体，服务贯穿整个商务活动。

（4）供应链管理（SCM）不是简单的供应商管理的别称，而是一种新的管理策略。它把不同企业集成起来以增加整个供应链的效率，注重企业之间的合作。把供应链中各个企业作为一个不可分割的整体，使供应链上各企业分担采购、生产、分销和销售职能，成为一个协调发展的有机体，进而实现"横向一体化"管理。供应链管理强调核心企业与最杰出的企业建立战略合作关系，委托这些企业完成一部分业务工作。自己则集中精力和各种资源，通过重新设计业务流程，做好本企业能创造特殊价值、比竞争对手更擅长的关键性业务工作。这样不仅可以大大提高本企业的竞争能力，而且可以使供应链上的其他企业都受益。

（5）客户关系管理（CRM）是一种旨在改善企业与客户之间关系的新型管理机制，它实施于企业的市场营销、销售、服务与技术支持等与客户相关的各个领域。CRM 通过分析客户、了解客户需求、发展关系网络、传递客户价值、管理客户关系以及起辅助作用的各种活动的集合，达到与目标客户建立一种长期的、互惠互利的关系并以此确立自己的竞争优势的最终目标。CRM 的目标一方面是通过提供更快捷和周到的优质服务吸引和保持客户，另一方面通过对业务流程的全面管理来降低企业的成本。

1.2.6 会计信息系统的功能结构与数据流程

1. 会计信息系统的功能结构

企业会计信息系统的功能结构主要是随着企业需求的不断发展而逐步进步和完善的。计算机引入会计工作之初主要是以规范会计核算业务、减轻会计人员繁重的手工劳动为基本目的的,因此这种以解决会计核算为目的的系统主要由账务、报表、工资核算和固定资产核算等子系统所构成,结构简单,功能单一。

随着企业管理水平的不断提高,对会计信息系统的要求也越来越高。人们开始从企业经营管理的角度来设计会计信息系统,以便实现会计核算和财务管理一体化的目的。会计信息系统也逐渐演进成集业务处理与会计核算一体化的系统,这种系统可以跨部门使用,使企业各种经济活动信息可以充分共享,使企业各个部门可以及时得到业务处理最需要的相关信息,消除了企业各部门的信息"孤岛"现象。从而实现购销存业务与财务的一体化管理,有效地实现对资金使用和财务风险的控制,提供较充分的分析决策信息。

这种财务业务一体化的会计信息系统的功能结构可以分成三个基本部分,它们分别是:财务、购销存和管理分析,每部分由若干子系统所组成。一个好的会计信息系统应该可以根据需要灵活地选择需要的子系统,并方便分期分批组建和扩展自己的会计信息系统。

1) 财务部分

财务部分主要由账务处理(总账)、薪资管理、固定资产管理、应付管理、应收管理、成本管理、资金管理等子系统组成。这些子系统以总账子系统为核心,为企业的会计核算和财务管理提供全面、详细的解决方案。其中薪资子系统可以完成工资核算和发放以及银行代发、代扣税等功能。固定资产子系统可以进行固定资产增减变动、计提折旧、固定资产盘盈盘亏等处理,以帮助企业有效地管理各类固定资产。

需要说明的是:在各种会计信息系统中一般都有成本核算子系统,成本核算系统是以生产统计数据及有关工资、折旧和存货消耗数据为基础数据,按一定的对象分配、归集各项费用,以正确计算产品的成本数据,并以自动转账凭证的形式向账务及销售系统传送数据。但是,由于不同企业的生产性质、流程和工艺有很大的区别,单纯为成本核算而设计的系统应用非常有限。

2) 购销存部分

购销存部分以库存核算和管理为核心,包括库存核算、库存管理、采购计划、采购管理和销售管理等子系统。购销存部分可以处理企业采购、销售与仓库管理等部门各环节的业务事项,有效地改善库存的占用情况。

3) 管理分析部分

管理分析部分一般包括:财务分析、利润分析、流动资金管理、销售预测、财务计划、领导查询和决策支持等子系统。目前在我国大多数会计信息系统软件中有关管理分析部分都还显得不够完善,多数子系统还处于准备开发和正在开发的阶段。目前比较成熟的主要是财务分析、领导查询等子系统。有关销售预测和一些简单的决策支持等工作主要依靠诸如报表系统或 Excel 等通用表处理系统提供的分析统计以及图表功能来完成。

会计信息系统各部分功能结构及相关子系统的关系如图 1-5 所示。

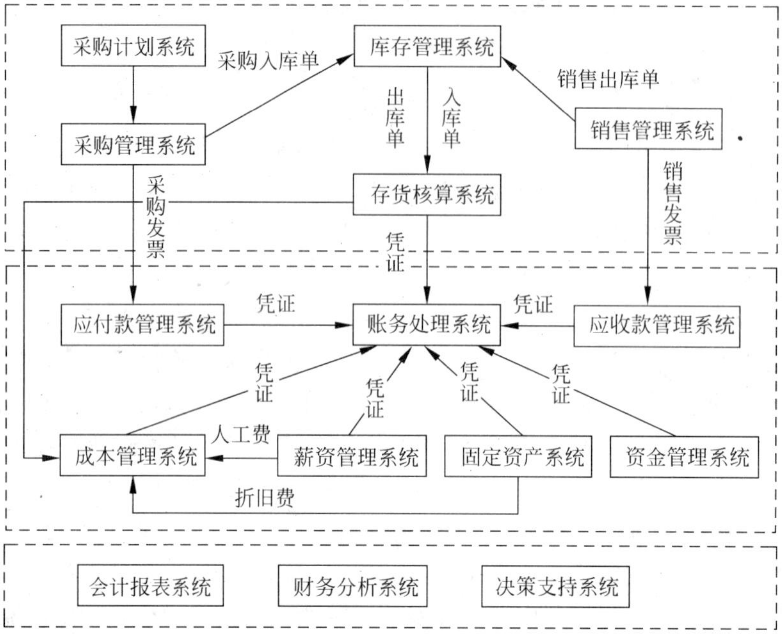

图 1-5　会计信息系统功能结构

除了以上介绍的基本子系统外，为了适应不同企业的业务处理需要，各种财会软件还设计了一些有针对性的子系统，例如，针对商业企业的商业购销存系统，和与某一具体业务处理相结合的子系统，例如，订单管理子系统、智能零售子系统等。

2.数据处理流程

ERP 财务管理软件突破了传统财务管理软件只能用于财务部门的局限，实现了多部门/企业级应用管理，它不仅能满足财务上的基本核算要求，而且增加了计划和控制功能，实现了由事后核算到对过程进行控制的转变，提供了包括预测、计划、预测管理、成本管理、业绩评价等管理方面的功能，实现了财务核算、业务管理与辅助决策一体化。

ERP 财务管理软件涉及多个模块，不仅模块间存在复杂的数据传递关系，而且还要考虑提取、利用系统的外部资源，因此 ERP 财务管理软件采用了标准化的开放式数据接口，各部门可共享系统数据，从而使信息资源的综合利用更为有效和充分，便于对数据按照不同的使用目的进行多层次、多角度的加工处理，供各部门决策使用。其数据处理流程如图 1-6 所示。

（1）应收账款管理：财务部门应收会计使用，处理客户应收账款，销售发票和应收单审核、填制收款单、核销应收账款等，提供应收账龄分析、欠款分析、回款分析等统计分析，提供资金流入预测功能，根据客户信用度、信用天数的设置实现自动报警，并提供控制预警功能。

（2）应付账款管理：财务部应付会计使用，处理供应商应付账款、采购发票和应付单审核、填制付款单、核销应付账款等，可以做到对应付款的账龄分析、欠款分析等统计分析，提供资金流出预算功能。

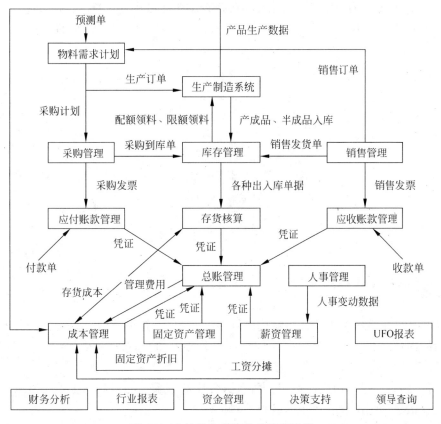

图 1-6　会计信息系统数据处理流程

（3）存货核算：财务部材料会计使用，处理由库存管理模块传递过来的各种出入库单据，审核记账、根据预先定义好的成本结转方式（如先进先出、后进先出、移动平均等）系统自动结转出库成本。可调整存货的出入库成本，最后生成凭证传递到总账中。

（4）薪资管理：财务部使用（也可以人事部使用），核算公司员工工资，可以做到简单的人事档案管理，出具各种工资报表，可以处理计件工资业务，提供工资的现金发放清单或银行代发工资功能，可以处理员工工资中代扣个人所得税业务。

（5）固定资产管理：财务部使用，管理固定资产业务，将固定资产用卡片形式进行登记，处理固定资产的维修、自动计提折旧、部门转移等业务，可处理一个固定资产多部门使用的情况（如复印机，多部门使用。多部门使用时，部门数在 2～20)，固定资产卡片还可以关联图片。

（6）总账管理：财务部总账会计使用，处理由各模块传递过来的凭证，也可以自己填制凭证，生成财务报表，月底结转工作、月末处理工作等。

（7）报表：提供资产负债表、损益表等报表模板，也可以自定义企业所需要的报表。

1.3　会计信息系统的实施

会计信息系统的建设是一个系统工程，是基层单位会计信息系统建设工作的具体实施过程。会计信息系统的建设除了配备计算机等硬件设备、操作系统、会计软件以外，还需要进行组织规划、建立会计信息系统工作机构、完善计算机硬件、软件管理制度、进行人员培训等。无论企业规模大小，结构及业务复杂程序如何，建立会计信息系统的工作程序大致相同，如图 1-7 所示。

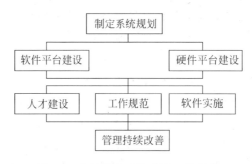

图 1-7　会计信息系统建设工作程序

1.3.1　会计信息系统规划组织

制定会计信息系统的组织是指适应电算化的需要，设置单位电算化的机构并调整原有会计部门的内部组织。会计信息系统的组织工作涉及单位内部的各个方面，需要人力、物力、财力等多项资源。因此，必须由单位领导或总会计师亲自抓这项工作，成立一个制定本单位会计信息系统发展规划和管理制度、组织会计信息系统的建立和本单位财务人员培训并负责会计信息系统的投入运行的组织策划机构。

在会计信息系统的具体实施过程中，必须制定一个详细的实施计划，对在一定时期内要完成的工作有一个具体的安排。各单位的财会部门，是会计工作的主要承担者，负责制定本单位会计信息系统的具体实施计划和方案。在制定本单位会计信息系统的实施计划时，应从本单位的具体情况出发，按照循序渐进、分步实施的原则进行，有计划、有步骤地安排实施机构及人员的配置、计算机设备的购置、软件开发及购置以及其他相关费用的预算安排等，使单位能从整体上合理安排人力、物力和财力。

1.3.2　会计信息系统运行平台建设

会计信息系统运行平台是指会计信息系统赖以运行的软、硬件环境。它包括两个方面的内容，一是计算机硬件环境；二是运行会计信息系统的软件环境，包括操作系统、数据库管理系统等。在运行平台建设过程中，应综合考虑所希望信息系统为企业带来什么，管理人员的管理意识和管理水平、企业的管理基础、职工的文化素质、单位的技术力量以及企业的资金状况等诸方面的因素，确定财务软件系统的类型，并以此为基础确定软件平台建设和硬件平台建设。

1. 财务软件选型

财务软件是专门用于会计核算和管理工作的计算机应用软件的总称，包括采用各种计算机语言编制的用于会计核算和管理工作的计算机程序。它是由一系列指挥计算机进行会计核算工作的程序和有关文档技术资料组成的。借助于财务软件,可以运用计算机强大的运算、存储和逻辑判断功能对原始会计数据进行加工、储存处理,输出各种有用的会计信息资料。会计电算化工作也由此变成了会计数据的输入、处理、输出这样一个简单的过程,即:输入会计数据,依托财务软件对会计数据进行处理,最后输出会计信息,从而可以基本实现会计数据处理的自动化,并使会计数据处理的精度和速度有了很大的提高。

一般来讲,配备会计软件的方式主要有购买通用商品化会计软件、定点开发、选择通用商品化会计软件与定点开发相结合三种。商品化会计软件是指专门对外销售的会计软件。通用商品化会计软件一般具有成本低、见效快、质量高、维护有保证等优点,所以比较适合会计业务比较简单的小型企事业单位选择;大中型企事业单位会计业务一般有其特殊要求,可根据本单位实际工作的需要,选择定点开发的模式,以满足本单位的特殊需要;对于通用会计软件不能完全满足单位特殊的核算与管理要求的,可结合通用会计软件定点开发部分配套的模块,选择通用商品化会计软件与定点开发相结合的方式。

软件市场上存在着很多可用的财务管理软件,用户必须根据企业的现状与未来的发展要求,对财务管理软件作出正确的选择。在选择财务管理软件时,一般应考虑以下因素。

1) 软件功能是否满足本单位业务处理的要求

财务管理软件的功能应符合行业的特点,满足本单位具体核算与管理的要求,尤其要看财务管理软件是否对外提供有接口,接口是否符合要求。同时还要考虑软件的功能完整性问题,是否满足企业分阶段建立会计信息系统的需求。

2) 考虑软件的灵活性、开放性与可扩展性

会计信息系统的建立实际上是在现代管理理论的指导下,用现代技术加强、改造、完善或建立全新的信息管理系统。因此,在应用软件系统运行后还必须考虑由于信息技术的飞速发展所引起的商业活动方式的变化对企业经营管理方式提出的要求,包括机构变革和业务流程重组,以及随着经营活动范围的扩大和方式的多样化,产生了许多新的市场机会,企业抓住这些机会的必要条件之一就是要进一步调整、增强和完善信息管理系统的功能。这就要求软件系统的设置具有一定的灵活性,以便调整软件操作规程和适应新的业务处理流程的变化。同时,软件在与其他信息系统进行数据交换,以及进行二次开发方面的功能对于适应企业不断变化中的管理工作是非常重要的。

3) 根据企业业务量和规模选择会计软件的网络体系结构

企业当月凭证量以及业务票据的多少对于选择特定结构体系的网络会计软件是非常重要的。对单一企业,如果企业规模比较大,业务量和凭证量也比较大,则应考虑选择基于大型数据库开发的软件和客户/服务器结构体系的网络版软件。对于跨地域经营的集团型企业,为了实现财务的集中化管理,在选择软件时还要考虑软件系统是否支持 Internet 技术,如选用基于广域网浏览器/服务器结构体系的会计软件。一般地,基于小型数据库或采用文件/服务器结构体系的会计软件只适用于企业规模小、业务量少的企业。

4) 考察会计软件的运行稳定性和易用性

软件运行的稳定性是软件质量和技术水平的体现,如果软件在运行时经常死机或非法中断,势必会影响会计信息系统的运行效果和数据的安全性。一般软件开发至少需要一年以上的时间才能形成产品;而在软件推向市场时,还需要一年时间的磨合,经过众多用户的实际运行考验才能趋向稳定;再需要半年至一年时间才能趋向成熟。用户可以从软件开发

与投放市场的时间长短初步判断软件的稳定性，再通过一些实际操作或试运行进一步确定其稳定性。

软件的易学易用对人员培训的工作量以及软件系统的应用效果是有直接影响的，也是企业在选购软件时应该考虑的。

5）选择稳定的开发商和服务商

软件开发商的技术实力和发展前景也是企业在选择会计软件时应该考虑的一个重要方面。如果软件开发商的技术实力有限或者根本没有稳定的开发队伍，则今后软件版本的升级和软件功能的改进都将存在问题，用户后续服务支持将无从保证。

此外，某一软件的售后服务体系是否健全、服务水平高低以及服务态度如何影响到软件能否顺利投入使用，今后软件在运行过程中出现问题能否得到及时解决是至关重要的。需要特别注意的是，最好选用的软件在企业所在城市或地区设立售后服务部门，这是软件长期稳定运行的一个重要保障。

2. 软件平台建设

会计信息系统运行的软件平台建设主要包括操作系统及数据库管理系统的选择等。

1）选择操作系统

在会计系统建设过程中所涉及的操作系统分为服务器操作系统和终端机操作系统两部分。随着分布式网络计算技术的发展，计算机网络服务器一般可分为数据库服务器、Web服务器、应用服务器、通信服务器等。在会计信息系统建设时，应根据财务管理会计软件的体系结构，例如，二层、三层或多层 C/S 结构、B/S 结构等，购置网络服务器和选择网络操作系统。工作站操作系统的选择主要是依据财务管理软件对运行平台的要求而确定。

2）选择浏览器软件

如果企业选择了运行于广域网的 B/S 结构的会计软件，还要考虑选择合适的 Web 浏览器软件。Web 浏览器软件主要是在微软公司的 Internet Explorer（IE）和网景的 Navigator 这两个软件之间作出选择。IE 的优势在于它是免费的，并广泛集成于各种商业应用软件甚至是操作系统中；而 Navigator 的优势则在于它具有各种平台的版本，如果工作站上运行 Windows 操作系统，则优选 IE，而如果工作站中包括多种平台，则选择 Navigator 较好。

3）选择数据库系统

数据库系统主要分为服务器数据库系统和桌面数据库系统，服务器数据库主要适合于大型企业的使用，代表系统主要有 Oracle、Sybase、Informix、SQL Server 和 DB2 等。服务器数据库系统处理的数据量大，数据容错性和一致性控制好；但服务器数据库系统的操作与数据维护难度大，对用户水平要求高，而且投资大。桌面数据库主要适用于数据处理量不大的中小企业，主要软件产品有 Access、FoxPro、Paradox、Betrive 等，桌面数据库系统处理的数据量要小一些，在数据安全性与一致性控制方面的性能也要差一些，但易于操作使用和进行数据管理，投资较小。

3. 硬件平台建设

会计信息系统硬件平台是会计信息系统运行的基础。随着计算机技术的发展，计算机的性能/价格比日趋合理,因此,硬件的选择不限于讨论单机如何选型、如何配置,而是更侧重于计算机网络的规划和建设。

计算机网络系统设计一般要考虑特定企业会计信息系统技术发展策略、企业管理机构设置、业务处理流程等众多因素。可以说网络解决方案是对每个企业而言的,不可能给出一个标准的方案供大家共同使用。一般缺乏经验的企业可以聘请专业的咨询公司或系统集成商辅助进行网络设计。

企业会计信息系统网络硬件平台建设时应该考虑以下的原则。

(1) 先进性原则:从发展的角度出发,网络建设应采用先进的计算机技术、通信技术、网络设计思想和网络技术;做网络方案都要有一定的前瞻性。今年建成的网络明年就要做大的调整,这样的网络方案就是失败的;反之,如果对这种前瞻性提出不切实际的要求,也是不现实的。

(2) 实用性原则:采用成熟的技术和高质量的网络设备,应能适应企业财务、业务、管理一体化的信息服务,特别网络带宽应足够大、传输延迟应尽量小。

(3) 可维护原则:作为一个系统,整个网络是由多种设备组成的较为复杂的系统,因此必须着重考虑所选产品具有良好的可管理性和可维护性。

(4) 安全性原则:安全性原则表现在两个方面:一是采用各种有效的安全措施,例如,防火墙、加密、认证、数据备份和镜像等,确保网络的安全性,保证内部网不受攻击。二是对网络的关键设备,例如,服务器、交换机等,要采取备份措施,保证网络能不间断地工作。

(5) 经济性原则:通过高度可伸缩的、灵活的互联解决方案,使网络能够平滑过渡到未来的优化网络,从而能够有效地保护现有的投资。建网要面向应用、面向需求,照顾到前后步骤的衔接。既要充分利用现有资源,又要使现在的投入成为明天的有机组成部分。在满足上述要求的前提下,追求最小投资额。

(6) 开放性原则:网络设备的选择应基于开放的标准和协议,应具有良好的兼容性和可扩展性。

(7) 标准化原则:网络设备和服务应能提供单一来源的、标准的、开放的技术,以满足高性能、可用性和可操作性的需求。

1.3.3 财务管理软件实施

随着计算机和现代信息技术的飞速发展,改造企业管理手段和实现企业管理信息化已成为提升企业竞争力的重要措施。会计信息系统是企业管理系统的重要组成部分,其实施情况直接影响到企业管理信息系统的建设。会计信息系统实施作为会计信息建设的重要组成部分已越来越引起企业的重视,会计信息系统建设成败关键在于应用软件系统的实施,会计信息系统建设的成败经验也使人们充分认识到了"三分软件,七分实施"的重要性。

软件"实施"概念的提出,要求在会计信息系统建设过程中必须重视以下几方面。

(1) 会计信息系统实施的难度较大,需要有实施方法论的指导,需要建设一支职业化专门从事软件实施的队伍,需要针对软件实施编制标准化的培训教材。

(2) 会计信息系统的实施不仅仅是对用户进行软件操作培训,更重要的是应首先对企业进行业务流程重组,理顺和规范企业管理,这是财务管理软件实施的一个重要步骤。

（3）会计信息系统的实施不仅仅是指导用户如何使用软件，而且要协助用户进行信息标准化和规范化编码，要使企业员工明白系统的管理思想和价值理念。

（4）会计信息系统的实施不仅仅要求企业适应管理系统所提供的规范化管理模型，还要求在实施过程中也能根据用户的特殊要求对软件进行客户化改造。

（5）会计信息系统的实施需要规范化的专业咨询公司为后盾，为企业信息化建设提供强有力的技术与管理咨询服务。

1.3.4   人员培训

会计信息系统人才问题是发展会计事业的关键因素。会计信息系统的建设不仅需要会计和计算机方面的专门人才，更需要既懂会计又懂计算机技术的复合型人才。培养会计电算化人才应分层次进行，可分为高级、中级、初级三个层次。

1. 高级人才的培养

可以通过在高等学校设置研究生课程，培养出掌握计算机专业、会计专业、会计信息系统和企业管理信息系统开发方法等多学科知识的高级会计电算化人才和管理人才，能够进行会计软件的分析和设计。

2. 中级人才的培养

培养中级人才的目的是通过学习掌握计算机和会计专业知识，能够使他们了解会计信息系统和企业管理信息系统的开发过程，对计算机系统环境进行一般维护，对会计核算信息简单地进行分析和利用。

3. 初级人才的培养

财会人员通过初级培训，应该掌握计算机和会计核算软件的基本操作技能，了解会计电算化工作的基本过程。

1.4   会计信息系统的基础工作

建设企业会计信息系统，基础工作至关重要。会计信息系统的基础工作重点要抓好以下几个方面。

1.4.1   会计基础工作规范化

规范的基本含义是制定统一的规则和严格执行遵守规则。由于会计在经济管理过程中的重要地位，对会计工作始终存在着规范化的要求，并制定了相应的规范体系。由于各企业的管理水平、会计人员的素质差别和手工处理的局限性，各企业在不同程度上存在基础工作不规范的问题。计算机引入会计工作，改变了原有的数据处理方法和处理流程，需要建立与之相适应的规范。

1. 会计基础工作规范化要依据国家法律、法令的规定

《中华人民共和国会计法》作为会计工作的根本法,是所有企业必须严格遵守的第一层次的会计规范。《会计法》科学地概括了会计工作的职能和基本任务,要求一切发生会计事务的企业都必须依法进行会计核算、会计监督,这有利于保证各企业的会计工作在统一的法律规范下,加强会计基础工作,建立健全企业内部的管理制度,解决当前会计工作中普遍存在的会计监督乏力,会计信息失真的问题。依法进行会计核算和会计监督,是《会计法》对各企业会计工作的基本要求,也是各企业强化管理、提高效益的内在要求。

《企业会计准则》和《企业财务通则》是会计工作应遵守的第二层次规范。社会主义市场经济的建立与发展,客观上要求会计信息系统必须为多层次的信息使用者服务。这些使用者包括国家及政府各部门、企业所有者和债权人、企业的经营管理者和与企业有经济往来的其他部门。企业的会计核算方法和会计信息牵扯到与企业有关的各集团或个人的经济利益,为了使社会各有关利益集团能够取得其决策所需要的会计信息,必须对企业的会计工作进行约束,以保证企业提供的会计信息符合社会的标准。由于经济活动的复杂性,存在着大量的不确定因素和主观任意因素,使得企业提供的会计信息的真实性和精确性受到了限制,因此需要制定一系列的指导会计工作的制度规范,使这种真实性和精确性尽量得到保证。

《企业会计准则》对会计核算的一般原则和会计基本业务及特殊行业的会计核算作出了具体规定,因此是指导我国会计工作的规范。

2. 会计基础工作规范化要满足企业管理的需要

企业处于市场经济的大潮中,随时面对着残酷的市场竞争。在这决定兴衰成败的关键时刻,迫切需要一个信息面广、真实准确、敏锐迅捷的信息系统,会计在这个信息系统中占据着核心的地位。会计工作不仅要完成基本的核算工作,而且要为加强经济管理、提高经济效益服务。会计信息系统的建设为实现这一职能创造了良好的条件。为了满足管理的需要,在规范会计的基础工作时,不能仅仅只把原有的手工会计工作固化在先进的平台上,而应在准则和制度规定的各种核算方法中,选择最科学、最准确、最能为管理服务的核算方法。例如,发出存货的计量采用移动加权平均法比全月一次平均法更为准确,计提折旧时个别折旧法比综合折旧法更科学。通过优化核算方法,提高核算的精度、深度和广度,从而提供高质量的会计信息。

3. 会计基础工作规范化应适合计算机的工作特点

计算机数据处理有其自身的特点,这些特点对会计的基础工作提出了一定的规范化的要求。

(1) 要有规范化的数据处理流程和相关的核算方法,以便于企业应用面向管理的会计软件。

(2) 通用的商品化软件,一般都有大量的初始设置要求。通过系统初始化,将一个通用软件改造为适合本企业特点的软件。因此,必须根据软件的要求对会计基础工作包括科目体系、凭证类别、各种核算方法等一系列内容进行规范,以便高质量完成初始设置工作。

(3) 计算机环境中,要重视输入环节,输入环节中需要人工进行大量的数据录入,为了

保证录入正确，还应设置严格的检验措施。为了方便录入，会计软件设有标准的输入格式，并允许用户存储大量的数据词典，如标准摘要、常用凭证等，以提高录入速度。因此必须严格按照规定的格式和要求输入数据，从而对基础工作提出了按所要求格式进行组织的规范要求。

会计基础工作规范化的内容包括：会计数据的规范化、会计工作程序的规范化、会计输出信息的规范化和企业内部规章制度的规范化。

1.4.2　会计数据的规范化

会计数据的规范化主要包括会计数据收集的规范化和基础数据、历史数据的规范化。

1. 数据收集的规范化

会计对经济活动的反映和监督的第一步是对经济活动发生时的各种原始数据进行收集。为了满足不同管理层次对会计信息的不同需求，数据的收集必须制定明确的制度，对原始数据收集的渠道、需收集的数据内容等作出规定，并设计制作符合需要的各种单、证，以保证收集数据的真实、系统和完整。

对数据收集的规范化工作可以按以下步骤进行。

1）分析企业管理对信息的具体要求

企业的类型、规模、经营性质不同，对会计信息的具体要求也不同。为了满足各方面对会计信息的需要，必须对这些需要的具体内容进行了解和分析。通过这种分析，从企业参与竞争，强化经济管理，提高经济效益这一根本需要出发，充分利用现有数据进行财务分析，使最终输出的会计信息满足宏观管理和微观管理各方面的不同要求。

2）分析现有会计系统数据收集、存储和流转的情况

对现有会计系统数据收集、存储和流转的情况进行调查分析的主要目的是发现数据存储的冗余原因并加以改进。由于现行管理体制和历史原因，数据在企业内部多以部门内的纵向流动为主，部门间的横向流动较少。同一经济活动数据在不同部门归口、收集、汇总、使用，数据重复多，而其他部门又往往难以得到必要的相关数据，造成各部门提供的数据遗漏、脱节、重复、交叉现象严重，产生较大的差异，各部门无法提供完整的信息。因此必须搞清楚数据的冗余、遗漏和脱节的原因，采取措施理顺数据收集的方式、传递的渠道和存储的责任部门，以保证数据的完整、系统与及时。

3）设计科学合理的凭证单据

原始数据的基本载体是各种凭证。科学、合理的凭证是数据收集质量的基本保证，因此应对企业原有的凭证类别进行规范，对凭证上应有内容如数量、单价、银行结算方式、结算单据号、币别、汇率、外币值及凭证的时效性等内容进行整理，对原有的不规范的做法进行纠正，必要时重新设计所使用的凭证。

由于各单位的会计原始数据不仅来源于企业内部，对大量来自企业外部的凭证，虽然在内容和结构上无法要求，但也有规范化问题。这种规范化主要是加强对原始凭证的审核，凭证上应有的内容要求必须完整。尤其对凭证上不具备，但又是企业管理必需的内容，如往来单位的联系人、地址、电话、邮政编码等，应采取必要的措施补充记录。为保证数据的系统、

完整,这些需要补充的内容也应制定必要的制度,设置必要的凭证进行规范。

2. 基础数据的规范化

基础数据主要有两类:一类是进行管理和会计监督所必需的能源、工时材料等耗用的定额和费用开支的标准和预算;另一类是应用计算机进行会计核算必不可少的各种材料、零配件、产成品、固定资产等的名称和编码。对第一类基础数据,要结合制度的制定编制出科学、合理、完整的标准,并规定相应的审核、批准权限。第二类基础数据是计算机进行数据处理的基本要求,也是系统高效运行的基本保证,必须对原有数据做通盘的认真整理。

(1) 整理手工系统的会计科目,明确每一会计科目的经济意义,对不再使用的会计科目应予清除,对需要细化的会计科目应明确划分。总之,应从本单位具体情况出发,遵照国家的统一规定,并充分考虑到单位的变化和发展,建立规范的管理和辅助核算科目体系。

(2) 完善各项定额。定额是计算机会计进行预测、计划、核算、分析的依据,是评价经济效益的标准,与计算机会计有关联的各项定额有原料及主要材料、辅助材料、原料及动力、修理用备件等消耗定额、管理费用定额、工程项目预算定额等,这些定额是系统中设置控制的依据之一。

(3) 制定企业内部价格。企业内部价格是计算机会计进行核算的必要条件之一,也是电算会计与责任会计有机结合的基础。在制定企业内部价格时,要结合责任单位的成本水平,确定互供的材料、燃料、动力、半成品、劳务等内部价格的合理性。这样既便于成本核算及费用分配,也利于在电子计算机环境下推行责任会计,划清经济责任,进一步深化会计管理。

(4) 完善各项编码。如材料、产成品等的名称和编码必须要统一、科学、合理,并应尽量采用国家有关部门的统一规定。

3. 历史数据的规范化

为了保证会计信息系统正常投入使用,还需要对有关的历史数据进行必要的规范。

1) 凭证的规范化

凭证上的摘要是对经济业务的概要说明,其内容既要简单扼要又要能说明问题。对经常发生的经济业务的说明要制定相应的规范摘要,这样一方面在凭证录入时可以利用会计软件中事先预置的摘要短语解决常用摘要的快速录入问题;另一方面规范摘要可以使得对相同经济业务的描述口径一致,便于特殊账类的对账、核销和管理。

凭证内容填制的规范化应根据本单位使用的会计软件要求来设计。例如,如果软件只允许每张凭证一个摘要,则每张凭证就只能处理一笔经济业务,填制时就不能把不同的经济业务放在一张凭证上。另外还应特别注意凭证内容的完整,因为凭证是账务处理模块数据的唯一入口,它应该提供账务核算的所有原始资料,因此填制记账凭证时内容一定要完整,数量、银行结算方式、结算号、币种、汇率、币值等都要有所反映。

2) 往来账户的清理

由于企业经营情况变化等原因,可能产生一些呆账、乱账和坏账,对于这些问题应组织整理,以免出现会计信息系统中往来账户过于庞大的弊病。不同的会计软件中对往来账的管理是不同的。有些会计软件将往来账设成辅助账,系统在登记往来账户明细账、总账的同时,还按单位名称或个人姓名在辅助账数据文件中,按辅助账的特点进行汇总登记和明细登记;有些会计软件只把往来账当做普通明细账管理;也有的会计软件为了加强往来账管理,将其单独列作一个模块。不论采用哪一种方式,都有必要清理手工方式下的往来账户,为建立计算机会计信息系统打好基础。如果不对往来账进行清理,企业名称和个人姓名使用不规范,将会发生记串账的情况。因此,还应对往来账户的有关资料,如企业名称、个人姓名、地址、电话、邮政编码等资料进行认真的清理,做到名称使用规范,相关资料齐全。

　　3）银行账的清理

　　银行账的清理就是将单位自己的银行账与银行对账单进行核对,并查清未达账项的原因,这是一项日常性会计核算工作。许多会计核算软件中都提供了银行对账的功能。在正式使用计算机会计信息系统之前,有必要对银行账进行清理,以保证计算机会计信息系统中银行账初始数据的准确性。对于因种种原因留有大量未达账项的单位,一定要组织力量清理,同时制定相应可行的报账制度,限制未达账项的笔数,以配合计算机会计信息系统的顺利运行。

　　4）准备期初数据

　　计算机会计信息系统的期初数据包括以下几方面:各科目的年初数、累计发生数、期末数;若通用账务处理子系统提供了辅助账处理功能,还需准备辅助账的期初余额,如待清理的往来款项、数量金额账的数量和单价,外币金额账的外币和汇率等;账务处理子系统中一般都含有银行对账模块,因此还需整理出各个银行往来账户的企业未达账、银行未达账及余额等。

　　初始数据准备完毕之后,应进行正确性校验,以保证计算机会计信息系统有一个良好的运行基础。

1.4.3　会计工作程序的规范化

　　会计工作程序的规范化包括手工会计业务的整理和会计电算化方式下核算方法的确定两个方面,这是整个会计基础工作规范化的核心。只有严格按照事先确定的工作程序和核算方法来开发软件和使用软件,才可能得到预期的会计信息。

1. 会计科目体系

　　会计科目是对会计对象的具体内容进行分类核算的指标体系。会计科目体系设置的好坏直接影响系统提供的会计信息的科学性、系统性,从而决定管理的科学性,因此建设会计信息系统时必须对会计科目的设置进行规范化。会计科目体系的规范首先是对原有手工系统的科目体系进行识别,找出其中不规范、不适用之处;其次是对科目体系进行优化,使其适合于会计信息的需要,提高会计信息的深度和广度。

　　会计科目体系的规范化应考虑以下几方面的要求。

　　1）设置会计科目必须满足会计核算的要求

　　科目的设置首先要满足会计核算的要求,要根据不同企业经济业务的特点,本着全面核算其经济业务的全过程及结果的目的来确定,使全部经济业务在所设的科目中都能得到反映。

2）设置的会计科目必须满足管理的要求

科目应能提供管理所需要的信息，从而为考核、分析企业的经营状况，实施控制，做出预测、决策提供依据，这也是实施会计电算化的根本目的。在手工会计条件下，由于受到手工处理能力的限制，科目往往不能设得过细，使用也不够规范。由于多年来重核算轻管理的影响，很多企业的科目设置难以方便地提供有关的管理信息。在会计电算化条件下，"工作量"问题基本不存在，这就为科目体系的设置提供了良好的条件。例如，费用科目按部门设置明细，可以考核各部门的费用开支情况；销售类科目按地区设置明细，可以了解企业的市场情况；应收账款按供销人员设置二级科目，可加强应收款的管理，尽量避免坏账、呆账的发生。这种对会计科目的细化、优化是规范会计科目体系的重要内容。

3）设置会计科目必须满足报表的需要

会计核算的基本成果是会计报表。一个好的会计软件，其报表数据应能方便地从机内账中自动生成。报表中的各个要素应能从各级会计科目中找到，这些要素可以直接对应于一个或多个完整的科目。如果一个报表要素的内容只对应一个科目的部分内容，将会给报表的编制带来极大的困难。

4）设置会计科目要保持相对稳定性

保持科目的稳定性是会计核算的基本要求。在会计信息系统中，会计数据的处理是计算机自动完成的，处理的依据是会计科目。为了保证数据处理的正确性，在系统投入使用后，只有年末结账后才允许修改科目。日常业务中一般只允许少量地增加同级科目。因此进行科目设置时必须考虑企业经营活动的前景，留出较充分的余地。

5）设置会计科目要满足会计制度的要求

我国的会计规范体系具有很强的统一性特点，对科目的名称、编码使用范围都有明确的规定，不允许企业随意修改，只能在制度允许的条件下进行适当的增删，这是确定科目体系时必须注意的问题。

2. 会计业务核算方法的规范化

会计业务的具体核算方法在《企业会计准则》和有关的制度中都有原则性的规定，会计业务核算方法的规范化主要指在制度允许的各种核算方法中，确定企业选用的具体会计核算方法和工作程序，并使之相对稳定。

会计业务核算方法的规范化可以按照以下几个步骤进行。

1）分析企业原有的业务核算方法

分析原有的会计核算方法首先要看其是否满足现行会计制度和其他财经法规的规定，不符合规定的必须坚决纠正。其次分析原有核算方法是否满足企业管理的需要。在会计制度中，往往对一些业务的核算提供几种可选方案，以保证一些企业在人员、条件有限的情况下有一些简便易行的方法可用，使核算工作能正常进行。因此这种分析主要是找出企业在管理中想要达到，限于条件而未能达到的一些要求，为选择会计电算化条件下的核算方法提供依据。

2）对有关的基础工作进行整理

这些整理包括生产工艺过程的整理，材料进出库的计量、检验工作的整理，固定资产归口分级管理及购置、建造、调入、调出、封存、报废等工作的整理。各种会计核算与企业的生产过程密切相关，例如，企业的成本核算与企业的生产工艺过程密切相关，只有明了生产工艺过程特点，如产品加工工序、每工序定额工时和材料消耗定额、产品的结构情况等，才能确定出科学合理的成本核算方法。因此，必须对企业的一系列工作进行认真的整理，才能根据企业的实际需要和可能选定合理的核算方法，使这些核算方法能够得以执行。

3）确定会计电算化条件下的核算方法

确定会计电算化条件下的核算方法应在前两步的基础上进行。应根据管理的需要和企业的实际状况选择尽量精确的核算方法。例如，采用品种法核算材料成本差异，采用个别折旧法核算固定资产折旧等。

考虑计算机会计核算的特点，制定相应的会计核算方法以及组织这些核算工作的先后次序。如根据软件对成本核算的特殊要求，决定成本核算采用什么方法，并制定出成本核算如何组织、如何开展，财会部门与各车间或具体核算单位之间的关系，以及它们之间的信息传递和信息流向等。另外，各种核算之间的关系和次序，也必须做出明确的规定。只有会计业务流程处于连续而有序的标准化之中，才能为会计应用软件的开发和使用打下良好的基础。

电算化后的会计核算水平比手工方式下有所提高，主要指成本核算方法的优化，核算的深度和广度的提高，核算的合理性与管理性的提高。基于这一点，在设计电算化方式下成本核算方法时，首先要将本单位各产品的生产工艺过程整理好，然后从企业管理的实际要求出发，选择合理的成本核算方法，而不再顾及人的计算能力。

电算化方式下的其他核算方法包括工资核算、材料核算、固定资产核算、销售核算与银行对账方法等的确定都是如此，不必考虑人自身的因素，只需从管理的需要出发即可。

1.4.4　会计信息输出的规范化

会计电算化输出的主要内容是记录在账簿和报表中的各种经济活动信息。其中报表又可分为对外报送的财务会计报表和满足企业内部管理的内部报表。会计信息输出的规范化主要包括账簿体系的规范、财务报表体系的规范和管理报表体系的规范。

由于账簿和报表中的绝大部分数据都是在输入原始数据的基础上处理产生的，因此账簿和报表数据的规范主要依靠数据收集和数据处理程序的规范化来保证。

1. 账簿体系的规范化

《企业会计准则》对账簿体系的格式和内容都有详尽和严格的规定。在电算化条件下，账簿体系的规范化主要指要严格遵照有关制度的规定来进行系统的程序设计，使输出账簿的内容、格式等满足制度的要求。

需要注意的是，由于目前有关会计制度基本是基于手工方式制定的。尤其是有关格式问题的规定，在计算机条件下实现有一定困难。具有代表性的例子是多栏账的处理，由于打印机打印宽度有一定限制，随着管理的细化，有关科目的栏目越来越多。目前使用的多数商品化软件对多栏账都有一些变通处理方法，这些处理方法不完全符合制度的规定，但并不违反会计核算的基本原则，这从一个侧面表现了现行制度的不够完善。

2. 财务报表的规范化

财务报表的格式和内容在现行会计制度中也有严格的规定,因此财务报表的规范也应严格遵守会计制度的规定。由于大多数商品化软件的报表管理子系统都要求用户自己定义报表数据的计算公式,因此应该根据软件对生成报表的要求,结合本企业的具体情况,确定报表要素的数据来源、取值范围和运算关系。在确定报表生成方法时,应与确定科目体系和核算方法一起综合考虑,确定合理方案。尤其是一些报表上要求明细反映,而科目上往往不按明细设置的地方,要确定出具体的生成途径。

3. 管理报表的规范化

管理报表的格式和内容在会计制度上未做特别规定,它的规范化主要是依据企业各管理层次对会计信息的要求来确定。一般可按下列步骤进行。

(1) 分析企业原有管理报表体系是否满足需要。

主要分析在提供会计信息的深度、广度、时效性和准确性上是否满足企业及时、准确地进行预测和决策的需要;能否满足及时实施控制和加强管理的需要;能否满足提高经济效益的需要,并应了解不能满足的原因,找出解决的办法。

(2) 确定会计电算化条件下管理报表的种类、格式和内容。

对需要定时编制、定范围报送的常规管理报表,在以上分析的基础上,确定这些报表的构成要素、时效要求和组织格式,并制定相应的编制报送制度。如有报表体系无法提供的管理信息,尤其是实施控制和加强管理需要的非常规信息,应结合数据收集和处理程序的规范化,制定出解决的办法。

1.5　会计信息系统的管理

会计信息系统管理分为宏观管理和微观管理。微观管理是指基层单位对已建立的会计信息系统进行全面管理,保证安全、正常运行,一般包括建立内部控制制度、系统运行管理和会计档案管理等内容。宏观管理是指国家、行业或地区为保证会计工作的顺利开展和电算化后会计工作质量,所制定的办法、措施、制度。管理制度的完善和贯彻,是做好会计工作的关键,对保证会计信息系统能够从一开始就进入规范化、程序化轨道至关重要。

1.5.1　会计信息系统的宏观管理

会计信息系统是管理信息系统的重要组成部分,各级财政部门在会计信息系统的宏观管理中具有法律的领导地位和职责。会计信息系统的宏观管理是国家履行政府职能的重要内容,应从制度、软件、人才等多方面予以引导和支持。会计信息系统宏观管理的主要任务如下。

1. 制定会计信息系统的发展规划

会计信息系统总体规划应以一定时期、一定地区的发展战略目标为依据,结合本单位的实际情况来制定。发展规划应包含以下内容：会计信息系统建设目标；会计信息系统的总体结构；计算机会计信息系统建立的途径；系统的硬、软件配置；确定工作步骤；确定会计信息系统建设工作的管理体制和组织机构；制定专业人员的培训与配备计划；确定资金的来源及预算等。制定会计信息系统的发展规划是建设会计信息系统的战略计划，是决定系统成败的关键。

2. 制定会计信息系统管理规章及专业标准

为保证会计信息系统健康发展，制定会计电算化宏观管理规章及专业标准是非常必要的。国际会计师联合会（IFAC）分别于 1984 年 2 月、10 月和 1985 年 6 月公布了《电子数据处理环境下的审计》、《计算机辅助审计技术》和《电子计算机数据处理环境对会计制度和有关的内部控制研究与评价的影响》。我国财政部于 1989 年 12 月发布了全国性会计电算化管理规章《会计核算软件管理的几项规定（试行）》，1990 年 7 月发布了《关于会计核算软件评审问题的补充规定（试行）》。根据《中华人民共和国会计法》的有关规定，于 1994 年 6 月 30 日重新发布了《会计电算化管理办法》、《商品化会计核算软件评审规则》、《会计核算软件基本功能规范》三个规章制度。为指导基层单位开展会计电算化工作，1996 年发布了《会计电算化工作规范》，2004 年制定了《信息技术会计核算软件数据接口》国家标准（GB/T19581—2004），2008 年 5 月发布了《企业内部控制基本规范》，2009 年 4 月发布了《关于推进我国会计信息化工作的指导意见》，这些是目前指导我国会计信息系统建设工作最重要的文件。2008 年 11 月会计信息化委员会的成立，标志着我国会计信息化标准体系建设迈出了重要的一步，财会改革进入了一个崭新的阶段。

3. 评审会计核算软件、会同有关部门管理会计软件市场

为了保证财务软件的质量，维护用户的利益，在我国境内销售的商品化财务软件，要经过有关财政部门的评审。同时各级财政部门要会同有关部门管理财务软件市场。审查财务软件，主要审查财务软件功能是否符合会计基本原理和我国法律、法规、规章的情况，检测软件的主要技术性能，看其是否可以有效保证会计数据处理的安全、准确、可靠，检测财务会计分析功能和相关信息处理的功能。商品化财务软件必须达到《会计核算软件基本功能规范》的要求。使软件的开发者、使用者、上级主管部门以及财政、税务、审计等部门都放心。

4. 大力抓好人才的培养

人才是会计信息系统建立和发展的关键，人才培训既是会计信息系统宏观管理的需要，也是企业单位会计信息系统建设工作的需要。只有培训众多既懂计算机又懂会计业务知识的人才，才能加快会计信息系统的进程和水平的提高。人才的培养既要避免人才匮乏又要避免人才浪费，要求合理地进行多层次、多渠道、多形式的培养，合理的规划。因此，要把会计信息系统人才培训作为会计信息宏观管理的重要内容之一。特别是各级财政及主管部门应培养一批会计信息系统专业管理人员，对本地区、本行业、本部门会计信息系统建设工作进行统一协调、组织、管理和指导。避免盲目开展，各自为政。企事业单位会计信息系统到底需要配备什么样的人才，主要由单位开展计算机会计工作的方式和程序所决定。

5. 推动会计信息系统理论研究

会计信息系统的发展需要会计信息系统理论研究的支持和指导。各级财政主管部门应在宏观管理中注重理论研究工作,特别要坚持百花齐放、百家争鸣的方针,鼓励支持从事会计信息系统实际工作的人员学习理论、开展研究,做到理论和实际相结合。

1.5.2 会计信息系统的微观管理

为了对会计信息系统进行全面管理,保证会计信息系统安全、正常运行,在企业中应切实做好会计信息系统内部控制,以及操作管理、会计档案管理等工作。

1. 建立内部控制制度

内部控制制度是为了保护财产的安全完整,保证会计及其他数据正确可靠,保证国家有关方针、政策、法令、制度和本单位制度、计划贯彻执行,提高经济效益,利用系统的内部分工而产生相互联系的关系,形成一系列具有控制职能的方法、措施、程序的一种管理制度。内部控制制度基本作用是保护财产安全完整;提高数据的正确性、可靠性;贯彻执行方针、政策、法令、制度、计划,是审计工作的重要依据。

内部控制制度的基本目标是:健全机构、明确分工、落实责任、严格操作规程,充分发挥内部控制作用。其具体目标是:合法性,保证处理的经济业务及有关数据符合有关规章制度;合理性,保证处理的经济业务及有关数据有利于提高经济效益和工作效率;适应性,适应管理需要、环境变化和例外业务;安全性,保证财产和数据的安全,具有严格的操作权限、保密功能、恢复功能和防止非法操作功能;正确性,保证输入、加工、输出数据正确无误;及时性,保证数据处理及时,为管理提供信息。单位开展会计信息系统建设工作应从人员培训、经费使用、工作规划等方面加强管理。

内部控制制度的建立要综合考虑会计信息系统的发展及电子技术、网络技术的发展对内部控制体系的影响,以会计信息系统内外部综合控制为重点,以会计信息系统构成要素控制为切入点,从控制内容、控制重点、控制形式、控制技术和控制范围等方面建立起适合会计信息系统发展需求的完善的内部控制体系。

2. 建立岗位责任制

会计信息系统的建设应建立健全会计工作岗位责任制,要明确每个工作岗位的职责范围,切实做到事事有人管、人人有专职、办事有要求、工作有检查。按照会计信息系统的特点,在实施会计信息系统建设过程中,各单位可以根据内部控制制度和本单位的工作需要,对会计岗位的划分进行调整和设立必要的工作岗位。会计电算化后的工作岗位可分为基本会计岗位和电算化会计岗位。

基本会计岗位可分为:会计主管、出纳、会计核算、稽核、会计档案管理等工作岗位。各基本会计岗位与手工会计的各岗位相对应,基本会计岗位必须是持有会计证的会计人员,未取得会计证的人员不得从事会计工作。基本会计工作岗位可以一人一岗、一人多岗或一岗多人,但应当符合内部控制制度的要求。出纳人员不得兼管稽核、会计档案保管和收入、费用、债权债务账目的登记工作。基本会计岗位的会计人员还应当有计划地进行轮换。会计人员还必须实行回避制度。

电算化会计岗位是指直接管理、操作、维护计算机及会计软件系统的工作岗位，实行会计电算化的单位要根据计算机系统操作、维护、开发的特点，结合会计工作的要求，划分电算化会计岗位。大中型企业和使用大规模会计电算化系统的单位，电算化可设立如下岗位：

电算化主管：负责协调计算机及会计软件系统的运行工作。要求具备会计和计算机应用知识以及有关的会计电算化组织管理的经验。电算化主管可由会计主管兼任，采用大中型计算机和计算机网络财务软件的单位，应设立此岗位。

软件操作：负责输入记账凭证和原始凭证等会计数据，输出记账凭证、会计账簿、报表和进行部分会计数据处理工作。要求具备会计软件操作知识，达到会计电算化初级知识培训的水平。各单位应鼓励基本会计岗位的会计人员兼任操作岗位的工作。

审核记账：负责对已输入计算机的会计数据（记账凭证和原始凭证等）进行审核，以保证记账凭证的真实性、准确性；操作会计软件登记机内账簿，对打印输出的账簿、报表进行确认。此岗位要求具备会计和计算机应用知识，达到会计电算化初级知识培训的水平，可由主管会计兼任。

电算维护：负责保证计算机硬件、软件的正常运行，管理机内会计数据。此岗位要求具备计算机应用知识和会计知识，经过会计电算化中级知识培训。采用大中型计算机和计算机网络会计软件的单位，应设立此岗位。此岗位在大中型企业中应由专职人员担任；维护员不应对实际会计数据进行操作。

电算审查：负责监督计算机及会计软件系统的运行，防止利用计算机进行舞弊。审查人员要求具备会计和计算机应用知识，达到会计电算化中级知识培训的水平。此岗位可由会计稽核人员或会计主管兼任。采用大中型计算机和大型会计软件的单位，可设立此岗位。

数据分析：负责对计算机内的会计数据进行分析。要求具备计算机应用和会计知识，达到会计电算化中级知识培训的水平。采用大中型计算机和计算机网络会计软件的单位，可设立此岗位。此岗位可由会计主管兼任。

档案管理：负责磁盘或光盘等数据、程序的保管，打印输出账表、凭证等各种会计档案资料的保管工作，做好数据及资料的安全保密工作。

软件开发：主要负责本单位会计软件的开发和软件维护工作。由本单位人员进行会计软件开发的单位，设立此软件开发岗位。

在实施会计信息系统过程中，各单位可根据内部牵制制度的要求和本单位的工作需要，参照上述电算化会计岗位进行内部调整和增设必要的工作岗位。基本会计岗位与电算化会计岗位，可在保证会计数据安全的前提下交叉设置，各岗位人员应保持相对的稳定。由本单位进行会计软件开发，还可增设软件开发岗位。小型企事业单位设立电算化岗位，应根据实际需要对上述岗位进行适当的合并。

3. 操作管理

实施电算化会计信息系统后，会计信息系统的正常、安全、有效运行的关键是操作使用。操作管理主要体现在建立与实施各项操作管理制度上。如果单位的操作管理制度不健全或实施不得力，都会给各种非法舞弊行为以可乘之机。如果操作不正确，会造成系统内的数据的破坏或丢失,影响系统的正常运行,也会造成录入数据的不正确,影响系统的运行效率,直至输出不正确的账表。因此,单位应建立健全操作管理制度并严格实施,以保证系统正常、安全、有效地运行。

操作管理的任务是建立电子计算机会计系统的运行环境,按规定录入数据,执行各自模块的运行操作,输出各类信息,做好系统内有关数据的备份及故障时的恢复工作,确保计算机系统的安全、有效、正常运行。

操作管理制度主要包括以下内容。

规定操作人员的使用权限。通常由会计主管或系统管理员为各类操作人员设置使用权限和操作密码,规定每一个人可以使用的功能模块和可以查询打印的资料范围,未经授权,不得随便使用。在授权时应注意,系统开发人员、维护人员不得担任操作工作;出纳人员不得单独担任除登记日记账以外的其他操作;对不同的操作人员规定不同的操作权限,对企业的重要会计数据要采取相应的保护措施;未经授权的人员一律不得上机。

操作人员上机必须登记,包括姓名、上机时间、操作内容、故障情况和处理结果等,上机操作记录必须由专人保管。

操作人员必须严格按照会计业务流程进行操作。要预防已输入计算机的原始凭证和记账凭证未经审核而登记机内账簿;已输入的数据发生错误应根据不同情况进行留有痕迹的修改。

为确保会计数据和会计软件的安全保密,防止对数据和会计软件的非法修改和删除,操作人员应及时做好数据备份工作,对磁性介质存放的数据要保存双备份,以防发生意外。

为避免计算机病毒的侵入,操作人员不得使用外来存储设备,如必须使用要先进行病毒检查,健全计算机硬件、软件出现故障时进行排除的管理措施,确保会计数据的安全性与完整性。

4. 维护管理

系统的维护包括硬件维护和软件维护两部分。软件维护主要包括正确性维护、适应性维护、完善性维护三种。正确性维护是指诊断和清除错误的过程;适应性维护是指当单位的会计工作发生变化时,为了适应会计工作的变化而进行的软件修改活动;完善性维护是指为了满足用户在功能或改进已有功能的需求而进行的软件修改活动。软件维护还可分为操作性维护与程序性维护两种。操作性维护主要是利用软件的各种自定义功能来修改软件,以适应其变化;程序性维护主要是指需要修改程序的各项维护工作。

维护是系统整个生命周期中最重要、最费时的工作,应贯穿于系统的整个生命周期,不断地重复进行,直至系统过时和报废为止。现有统计资料表明:软件系统生命周期各部分的工作量中,软件维护的工作量一般占50%以上,因此,各单位应加强维护工作的管理,保证软件的故障及时排除,满足单位会计工作的需要。加强维护管理是系统安全、有效、正常运行的保证之一。

在硬件维护工作中,较大的维护工作一般是由销售厂家进行的。使用单位一般可不配备专职的硬件维护员。硬件维护员可由软件维护员担任,即通常所说的系统维护员。

对于自行开发软件的单位一般应配备专职的系统维护员。系统维护员负责系统的硬件设备和软件的维护工作,及时排除故障,确保系统能正常运行,负责日常的各类代码、标准摘要、数据及源程序的正确性维护、适应性维护,有时还负责完善性的维护。

维护的管理工作主要是通过制定维护管理制度和组织实施来实现的。维护管理制度主要包括以下内容：系统维护的任务、维护工作的承担人员、软件维护的内容、硬件维护的内容、系统维护的操作权限、软件修改的手续。

5. 机房管理

保证计算机机房设备的安全和正常运行是进行会计电算化的前提条件。因此设立机房有两个目的,一是给计算机设备创造一个良好的运行环境,保护计算机设备；二是防止各种非法人员进入机房,保护机房内的设备、机内的程序与数据的安全。以上是通过制定与贯彻执行机房管理制度来实施的。因此,机房管理的主要内容包括机房人员的资格审查,机房内的各种环境、设备要求,机房中禁止的活动和行为,设备和材料进出机房的管理要求等。

6. 档案管理

会计档案管理主要是建立和执行会计档案立卷、归档、保管、调阅、销毁等管理制度。实施电算化后,大量的会计数据存储在磁盘中,而且还增加了各种程序、软件等资料。各种账表也与原来的有所不同,主要是打印账表。这些都给原有的档案管理工作提出了新的要求,需要加强会计档案的管理。这里的档案主要是指打印输出的各种账簿、报表、凭证；存储会计数据和程序的各种存储介质；系统开发运行中编制的各种文档以及其他会计资料。档案管理的任务是负责系统内各类文档资料的存档、安全保管和保密工作。有效的档案管理是存档数据安全、完整与保密的有效保证。档案管理一般也是通过制定与实施档案管理制度来实现的。

档案管理制度一般包括以下内容。

存档的手续：主要是指各种审批手续,比如打印输出的账表,必须有会计主管、系统管理员的签章才能存档保管。

各种安全保证措施：比如备份存储应做好各种保护,存放在安全、洁净、防热、防潮的场所。

档案使用的各种审批手续：调用源程序应由有关人员审批,并应记录下调用人员的姓名、调用内容、归还日期等。

各类文档的保存期限及销毁手续：打印输出账簿应按《会计档案管理办法》的规定保管期限进行保管。

档案的保密规定：对任何伪造、非法涂改更改、故意毁坏数据文件、账册、软盘等的行为都将进行相应的处理。

7. 病毒预防

计算机病毒是危害计算机信息系统的一种新手段,其传播泛滥的客观效果是危害或破坏计算机资源。轻则中断或干扰信息系统的工作,重则破坏机内数据造成系统重大甚至是无可挽回的损失。因此,在会计信息系统的运行过程中必须对计算机病毒问题给予充分的重视。

病毒感染的具体表现主要有：侵害计算机的引导区或破坏文件分区表,使系统无法启动或调用文件；系统无法调用某些外部设备,如打印机、显示器等,但这些设备本身并无故障；系统内存没有原因地减少,软件运行速度减慢甚至死机；在特定的日期,当前运行的文件突然被删除；用户储存在硬盘上的文件被无故全部删除；正在运行的计算机突然无故重新启动；突然格式化特定的磁道、扇区甚至整个磁盘；屏幕突然出现弹跳的小球、字符、某些特定的图形等。除以上表现外,一般来说,只要正在工作的计算机发生突然的非正常运行,通常都应首先怀疑是计算机病毒在起作用。

根据病毒的特点和侵害过程,防范计算机病毒的主要措施主要有以下基本方法。

(1) 建立网络防火墙以抵御外来病毒或"黑客"对网络系统的非法侵入。

(2) 使用防病毒软件经常对计算机系统进行检查以防止病毒对计算机系统的破坏。

(3) 不断改进数据备份技术并严格执行备份制度,从而将病毒可能造成的损失降低到最小的程度。

目前出现了一些可以对受到破坏的数据进行抢救的软件,这些软件甚至可以在对硬盘进行格式化后,恢复硬盘中原来保存的数据。有条件的单位应根据需要置备这些软件以便在必要时抢救机内数据。

1.6　用友 ERP-U871 财务管理软件系统安装

用友 ERP-U871 在安装和使用时要求计算机具有的最低配置包括硬件配置和软件配置。最低配置是指软件系统运行的基本条件,为了能更好地完成工作任务,系统会提供一个推荐配置。

用友软件 ERP-U871 产品是基于 C/S 结构设计,最终数据保存在服务器上。如果在局域网内使用用友软件,对服务器的要求会更高一些,因为服务器兼有计算、保存数据等工作,特别是需要同时响应多个客户端要求的情况下更是如此,否则无法很好地完成各客户端的要求响应。

1.6.1　用友 ERP-U871 财务管理软件对硬、软件环境的需求

1. 硬件环境(最低配置)

服务器：处理器(CPU)Intel PentiumⅣ 2.8GHz,内存 1GB。

客户端：处理器(CPU)PentiumⅢ 800MHz 以上,内存 512MB 以上。

2. 软件环境

操作系统：Windows 2000 SP4 ＋ KB835732 或 Windows XP SP2 或 Windows 2003 SP2,推荐同时安装其他 Windows 更新补丁。

数据库：数据库支持 SQL Server 2000 SP4 或 SQL Server 2005 SP2 或 MSDE2000 SP4。

浏览器：微软 IE 浏览器 IE 6.0 ＋ SP1 或以上版本。

IIS 服务器：Windows 2000 SP4 需要安装 IIS 5.0,Windows XP SP2 需要安装 IIS 5.1,

Windows 2003 SP2 需要安装 IIS 6.0。

.NET 运行环境：.NET Framework 2.0 SP1 或 Windows .NET Framework 2.0。

注册表空闲空间：请保持在 50MB 以上。

其他组件：需要安装 Windows Installer 3.exe、MDAC_TYP.EXE、iewebcontrols.msi 等组件，这些组件在安装盘的 3rdProgram 文件夹中均有。

1.6.2 安装 SQL Server 2000 SP4

SQL Server 2000 数据库是 Microsoft 公司开发的，它是现在比较流行的数据库之一，一般软件店都会有销售，也可以向用友公司购买（用友公司与 Microsoft 有相应数据库代理协议）。

单机使用用友 ERP-U871，计算机上需要先安装 SQL Server 2000 SP4 数据库；网络使用，SQL Server 2000 SP4 只需安装在服务器上，各客户端计算机上不用安装。

用友 ERP-U871 安装数据库环境分两种安装方式，一是安装 MSDE2000 SP4，二是安装 SQL Server 2000 SP4 数据库服务器。建议安装 Server 2000 SP4 数据库服务器。

1. 安装 SQL Server 2000 SP4 数据库服务器

安装步骤如下。

① 打开光盘中的\sql 2000 文件夹，找到 Autorun 文件并双击，系统进入安装起始界面，如图 1-8 所示。单击【安装 SQL Server 2000 组件】按钮，进入安装组件界面，如图 1-9 所示。

图 1-8 安装起始界面

② 单击【安装数据库服务器】按钮，进入安装向导欢迎界面，如图 1-10 所示。

③ 单击【下一步】按钮，进入【计算机名】选择设置对话框，如图 1-11 所示。

图 1-9　安装组件界面

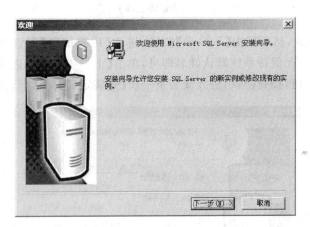

图 1-10　安装向导欢迎界面

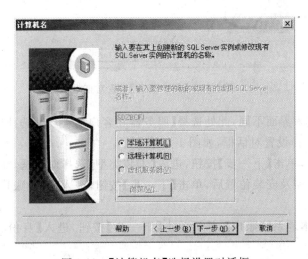

图 1-11　【计算机名】选择设置对话框

④　如果单机安装请选择【本地计算机】，如果是网络安装，可以选择【远程计算机】，进行合理选择后，单击【下一步】按钮，进入【安装选择】对话框，如图1-12所示。

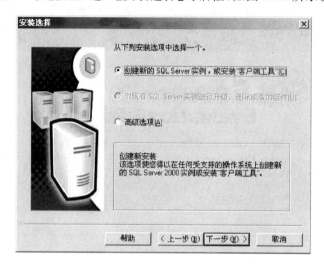

图1-12　【安装选择】对话框

⑤　保持默认设置，然后单击【下一步】按钮，进入【用户信息】设置对话框，如图1-13所示，录入姓名，一般情况保持系统默认姓名即可，单击【下一步】按钮，进入【软件许可协议】浏览界面，单击【是】按钮，接受协议，进入安装下一步【安装定义】对话框，如图1-14所示。

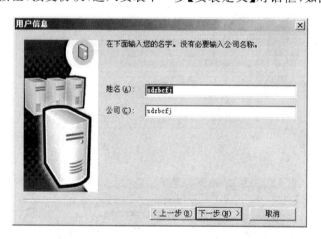

图1-13　【用户信息】设置对话框

⑥　不同选项进入界面不同，此处选择【服务器和客户端工具】，选择后，单击【下一步】按钮，进入【实例名】选择设置对话框，如图1-15所示。

⑦　选择设置后，单击【下一步】按钮，进入【安装类型】选择对话框，如图1-16所示。

⑧　选择安装类型及安装位置后，单击【下一步】按钮，进入【服务账户】选择设置对话框，如图1-17所示。

⑨　选择【使用本地系统账户】，然后单击【下一步】按钮，进入【身份验证模式】选择对话框，如图1-18所示。

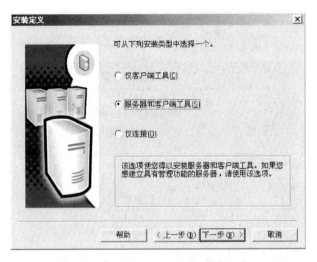

图 1-14　【安装定义】对话框

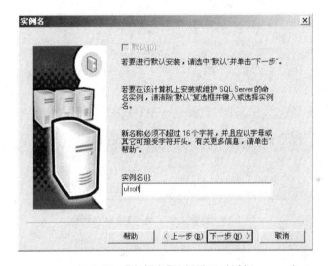

图 1-15　【实例名】选择设置对话框

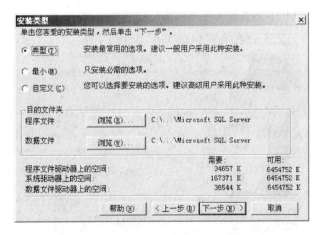

图 1-16　【安装类型】选择对话框

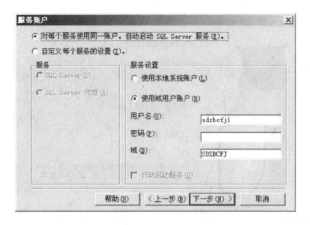

图 1-17　【服务账户】选择设置对话框

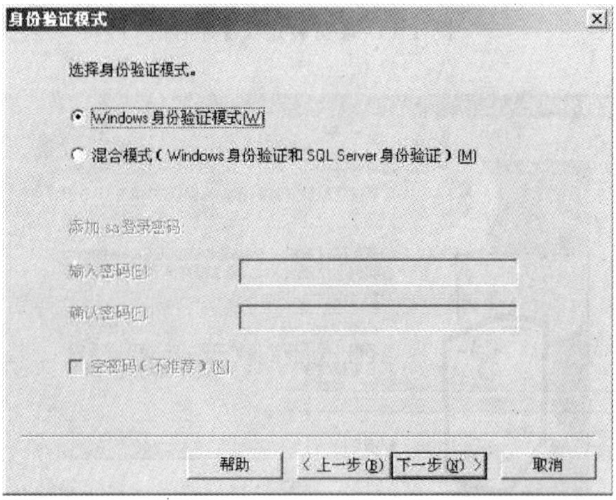

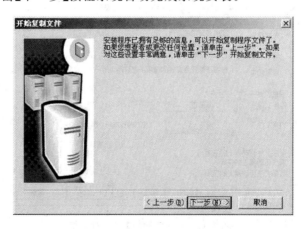

图 1-18　【身份验证模式】选择对话框

⑩ 用友 ERP-U871 安装,需要混合模式,在此选择混合模式身份验证方式,并输入 sa 登录密码,然后单击【下一步】按钮,系统自动验证安装信息,并弹出【开始复制文件】对话框,如图 1-19 所示。单击【下一步】按钮系统自动完成系统安装。

图 1-19　【开始复制文件】对话框

提示：

　　不同的操作系统在安装 SQL 时会有不同的安装界面，安装时依据安装向导进行操作。如果是在 Windows 2000 Server 操作系统上安装时，系统会提示输入 admin 的口令，在此输入口令之后，以后就不要再修改登录操作系统时 admin 的口令，否则系统会提示找不到 SA 口令。在 Windows 2000 Server 操作系统上安装 SQL 时，系统会提示输入 SQL 的可并发数，这个数字使用者可根据需要使用的客户端并发数输入一个适当的数量。

　　⑪ SQL Server 2000 安装完成后，再安装 SQL Server 2000 SP4 升级文件，根据向导提示一步一步完成安装。

图 1-20 【SQL Server 服务管理器】对话框

　　SQL Server 2000 安装完成，重新启动计算机，在任务栏上就会有 SQL 图标，将鼠标放在 SQL 图标上，单击鼠标右键，在弹出的快捷菜单中选择【打开 SQL Server 服务管理器】，弹出【SQL Server 服务管理器】对话框，如图 1-20 所示。

　　【服务器】项中的标识，是指本机名称，即计算机名，计算机名最好用英文表示，不要用汉字，也最好不要在计算机名称中加入其他特殊符号，如"-"号等。

　　选择【当启动 OS 时自动启动服务】复选框，这样当下一次重新启动操作系统时，SQL 服务就会自动启动。

2. 配置 SQL Server 数据库

　　从安全性角度出发，为确保系统数据的安全性，需要为 SQL Server 数据库设置安全登录属性，这也是财务管理软件所要求的，其安全性设置可以在 SQL Server 2000 安装时设置，也可在系统安装完毕后，通过其属性窗口进行设置，设置步骤如下。

　　① 单击【开始】按钮，依次指向【程序】│Microsoft SQL Server│【企业管理器】并单击，打开【控制台根目录】窗口，如图 1-21 所示。

图 1-21 【控制台根目录】窗口

　　② 在带有本机计算机名称的实例上，单击鼠标右键，在弹出的快捷菜单中选择【属性】菜单项，打开【SQL Server 属性（配置）】对话框，如图 1-22 所示。

　　③ 打开【安全性】选项卡，在【身份验证】处选择【SQL Server 和 Windows】单选按钮，如图 1-23 所示。

图 1-22 【SQL Server 属性（配置）】对话框

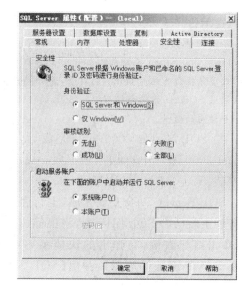

图 1-23　安全性选项设置

④ 单击【确定】按钮，最后关闭【控制台根目录】窗口。

1.6.3　安装用友 ERP-U871 财务管理软件

在环境配置完成，并正确安装 SQL Server 2000＋SP4 数据库后，就可以开始安装用友财务管理软件了。在安装用友财务管理软件时，应首先启动 MS SQL Server 服务，然后再进行用友财务管理软件的安装。

（1）安装用友财务管理软件

安装步骤如下。

① 将用友 ERP-U871 光盘放入光驱中，系统将自动进入安装界面。也可以打开光盘内容进行浏览，找到 SETUP. EXE 文件双击，启动安装界面，如图 1-24 所示。

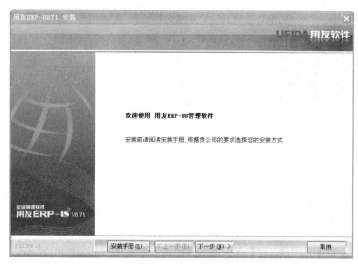

图 1-24　安装欢迎界面

② 在安装欢迎界面中,单击【下一步】按钮,进入【许可证协议】对话框,如图 1-25 所示。

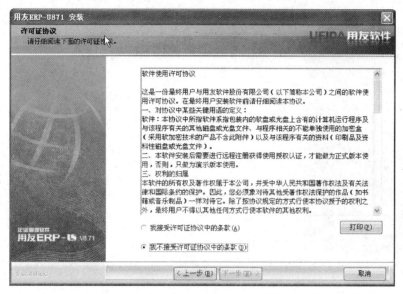

图 1-25　【许可证协议】对话框

③ 要安装用友财务管理软件必须接受安装协议,在此选择接受协议并单击【下一步】按钮,系统进行历史版本检测与清理,完成检测与清理后,进入【客户信息】设置对话框,如图 1-26 所示。

图 1-26　【客户信息】设置对话框

④ 录入客户信息,单击【下一步】按钮,进入【选择目的地位置】对话框,如图 1-27 所示。

⑤ 单击【更改】按钮可以修改安装位置,在此保持默认设置,直接单击【下一步】按钮,进入【安装类型】选择对话框,如图 1-28 所示。

图 1-27 【选择目的地位置】对话框

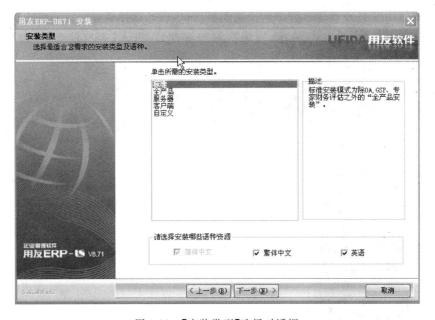

图 1-28 【安装类型】选择对话框

⑥ 安装类型有标准、全产品、服务器、客户端和自定义五种，选择不同的安装类型，安装模块不同，安装进程也存在一定的差异，单机安装，可选择标准或全产品，在此以全产品安装为例阐述后续安装进程。选择【全产品】安装类型，然后单击【下一步】按钮，进入【环境检测】对话框，如图 1-29 所示。

⑦ 单击【检测】按钮，系统开始对安装环境进行检测，并显示检测结果，如图 1-30 所示。

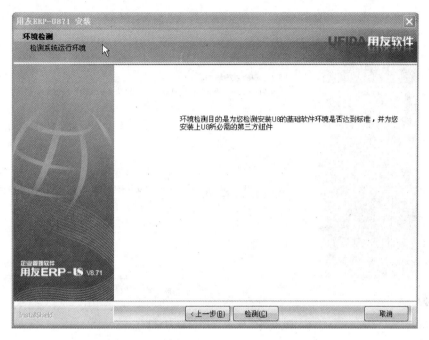

图 1-29 【环境检测】对话框

图 1-30 【系统环境检查】结果对话框

⑧ 在【系统环境检查】结果对话框中,如果缺省组件未安装,可单击【安装缺省组件】按钮安装系统运行所必需的组件;如果基础环境不符合要求,将无法进行软件安装,单击【确定】按钮后,将退出安装;只有当所需环境全部符合要求时,单击【确定】按钮,系统才能进行后续安装处理,并进入安装程序信息对话框,如图 1-31 所示。

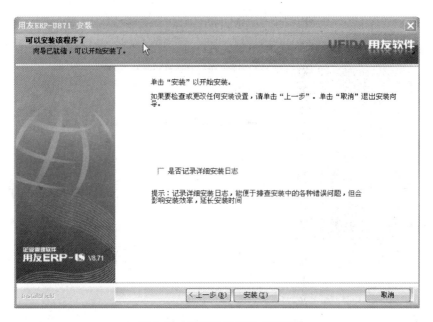

图 1-31　安装程序信息对话框

⑨ 单击【安装】按钮，系统开始安装用友 ERP-U871 程序，并显示安装进程，如图 1-32 所示。

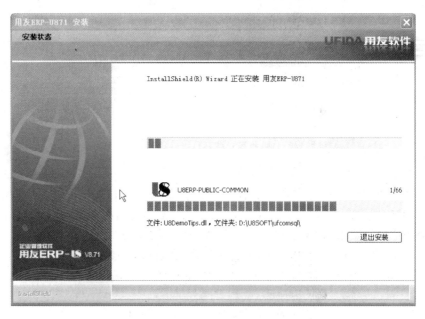

图 1-32　用友 ERP-U871 安装进程状态

⑩ 在用友 ERP-U871 软件安装完毕后，进入重新启动计算机提示对话框，如图 1-33 所示。

⑪ 用友 ERP-U871 要正常运行，必须重新启动计算机，完成数据库配置。在此保持默认选择，单击【完成】按钮重新启动计算机。计算机重新启动后，进入【数据源配置】对话框，如图 1-34 所示。

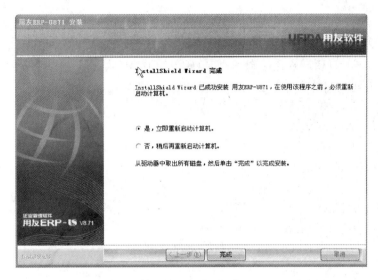

图 1-33 完成对话框

图 1-34 【数据源配置】对话框

⑫ 在【数据库】文本框中输入数据库名称,安装 SQL Server 数据库时,默认数据库名称为计算机名称,在【SA 口令】文本框中输入安装 SQL Server 数据库时所设定的数据库登录密码,数据源配置信息输入完毕后,单击【测试连接】按钮,若数据库配置信息输入正确,则弹出测试成功信息对话框,如图 1-35 所示;如果测试不成功,请重新进行设置。

⑬ 单击测试成功信息对话框中的【确定】按钮,返回【数据源配置】对话框,单击【数据源配置】对话框中的【完成】按钮,系统完成数据源配置处理并弹出初始化数据库信息对话框,如图 1-36 所示。

图 1-35 测试成功信息对话框　　　　图 1-36 初始化数据库信息对话框

⑭ 单击【是】按钮，系统将创建数据库环境，单击【否】按钮，则需要在首次注册登录系统管理模块时进行数据库环境初始化。在此单击【是】按钮，进行数据库初始化处理。系统完成数据库初始化后，直接进入系统登录界面，如图1-37所示。

图 1-37　系统登录界面

⑮ 如果要登录系统，则输入操作员编码或名称等信息后，单击【确定】按钮登录，否则单击【取消】按钮退出系统。

（2）配置 U8 服务器

配置方法如下。

① 执行【开始】|【程序】|【用友 ERP-U871】|【系统服务】|【应用服务器配置】选项，打开【U8 应用服务器配置工具】窗口，如图1-38所示。可以根据具体情况进行配置，一般情况下保持默认即可。

② 单击【数据库服务器】打开【数据源配置】对话框，如图1-39所示，在【数据源配置】对话框中单击【增加】按钮，可以创建新的数据源。

图 1-38　【U8 应用服务器配置工具】窗口

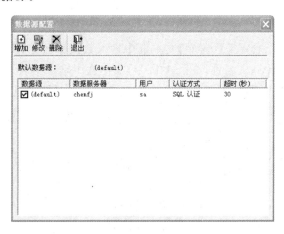

图 1-39　【数据源配置】对话框

③ 在【U8 应用服务器配置工具】窗口中单击【服务器参数配置】打开【服务器参数配置】对话框，如图1-40所示。可以根据实际情况进行修改。

图 1-40 【服务器参数配置】对话框

④ 双击任务栏中的 图标，打开【U8 应用服务管理】窗口，如图 1-41 所示。调整各项服务启动模式，将其全部修改为"自动"。

图 1-41 【U8 应用服务管理】窗口

本 章 习 题

1. 何谓信息？信息有何特点？

2. 何谓系统？系统有何特征？

3. 何谓会计信息系统？会计信息系统有何特征？会计信息系统的目标是什么？

4. 会计信息系统的发展经历了哪几个阶段？其发展趋势如何？

5. 何谓电子商务？电子商务有何特点？

6. 如何理解电子商务环境下的企业价值链？

7. 会计信息系统实施的基础工作包括哪些？

8. 从计算机数据处理的特点出发，举例说明如何规范会计科目体系？

9. 在由手工核算向计算机核算的转换过程中，如何规范会计数据？

10. 在会计信息系统实施过程中，财务管理软件选型时应注意什么问题？

11. 会计信息系统硬件平台建设时，应遵循什么原则？

12. 会计信息系统的微观管理包括哪些内容？

13. 从电算化会计信息系统角度出发，谈谈如何建立企业的内部控制制度。

第 2 章

系统管理与基础设置

教学目的及要求

　　系统地学习系统管理与基础设置的基本知识、基本原理、主要内容和操作方法。要求掌握系统管理中设置操作员、建立账套和设置操作员权限的方法；掌握基础设置的基本知识和设置方法；熟悉账套的备份与恢复方法；了解年度账管理的内容和工作原理。

　　会计信息系统划分为若干个子系统，每个子系统又是由若干个功能模块组成的，这些功能模块是为同一个单位实体不同的管理需要服务的，并且各个模块之间相互联系、数据共享，共同完成财务、业务一体化的管理。为实现财务、业务一体化的管理应用模式，就要求这些模块应具备公用的基础信息，拥有相同的账套和年度账，操作员和操作权限集中管理，业务数据共用一个数据库等。因此，系统应设立一个独立的系统管理模块，由系统管理和公共基础设置部分为各个子系统提供统一的环境，对整个系列产品的公共任务进行统一的操作管理和数据维护。

2.1　系　统　管　理

　　系统管理模块是对财务及企业管理软件的各个产品进行统一的操作管理和数据维护，其主要功能体现在三个方面：其一为账套管理，包括核算账套的建立、修改、引入和输出；其二为年度账管理，包括年度账的建立、清空、引入、输出和年度数据结转；其三为操作员及其权限管理，可保证系统及数据的安全与保密。

2.1.1　启动系统管理

　　用户安装好财务软件后，首先要建立本单位的核算账套，然后才能进行相关业务处理。核算账套的建立需要在系统管理模块中进行。

　　为了加强系统的总体控制，系统增设了一个系统管理员 admin，用于管理该系统中的所有账套。

　　系统允许以两种身份注册进入系统管理模块,一是以系统管理员的身份;二是以账套主管的身份。以系统管理员身份注册进入系统,可以实现对整个系统的管理和维护,包括进行账套的建立、引入、输出、操作员及权限的设置、系统维护等工作。系统管理员只能进入系统管理模块,不能进入到建立的具体账套中。以账套主管身份注册进入系统,可以实现对所主管的账套进行修改和管理,包括年度账的建立、清空、引入、输出和年末结账。账套主管还可以为其主管账套设置操作员权限,既可以登录系统管理模块,也可注册登录所主管的账套,进行账务处理。

　　在单位初次运行财务软件时,由于尚未为单位建立核算账套,因此,在建立账套前只能以系统默认的管理员 admin 进行登录,此时并没有为管理员 admin 设置登录口令,即其密码为空。为确保系统安全,应及时为系统管理员 admin 设置登录密码。

　　例1　以系统管理员的身份启动系统管理模块并进行注册。

　　操作步骤如下。

　　① 单击【开始】按钮,依次选择【程序】|【用友 ERP-U871】|【系统服务】,然后单击【系统管理】选项,进入【用友 ERP-U8[系统管理]】窗口,如图 2-1 所示。

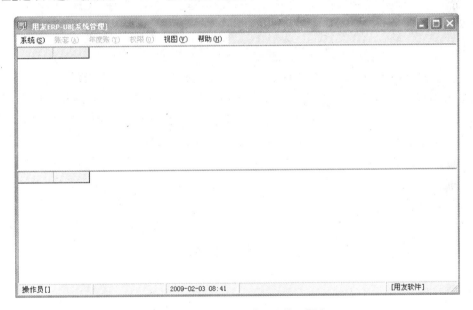

图 2-1　【用友 ERP-U8[系统管理]】窗口

　　② 在【用友 ERP-U8[系统管理]】窗口中,单击【系统】菜单中的【注册】子菜单,打开【登录】界面,如图 2-2 所示。

　　③ 选择服务器:在客户端登录,则选择服务端的服务器名称;在服务端或单机用户则选择本地服务器。

　　④ 输入操作员注册名称和密码。如要修改密码,则选中【改密码】复选框。在此以系统管理员"admin"的身份注册登录系统,在【操作员】文本框输入 admin,口令为空(即不修改系统管理员的口令,默认口令为空)。此时,系统登录界面显示如图 2-3 所示。

　　⑤ 单击【确定】按钮,进入系统管理模块。

图 2-2　【登录】界面

图 2-3　系统管理员登录界面

提示：

➢ 如果是第一次运行系统，由于未为核算单位建立账套，则必须以系统管理员身份注册登录系统，在服务器端新增用户、角色、设置权限，新建账套。

➢ 若核算单位已经存在核算账套，则既可以以系统管理员身份注册登录，也可以以账套主管身份注册登录。

➢ 以系统管理员身份注册进入，可以进行账套的管理（包括账套的建立、引入和输出），以及操作员及其权限的设置。

➢ 以账套主管身份登录，需选择会计账套和操作日期。在【账套】处单击 ▼ 选择账套主管所管账套；在【操作日期】处单击 ▼ 选择操作日期；或直接在【操作日期】组合框内输入操作日期，输入格式为 yyyy-mm-dd。

2.1.2　账套管理

每个企业可以为其每一个独立核算的单位建立一个核算账套,即每一个核算单位都有一套完整的账簿体系,核算单位的一套完整的账簿体系就是账套。对账套的管理内容包括建立账套、修改账套、备份账套和恢复账套。

1.建立账套

企业单位会计核算在由手工核算管理方式向计算机核算管理方式转化时,由于在财务管理软件系统中无任何本单位的信息资料,企业必须在计算机中建立自己的账套,并将单位的基本信息输入计算机,才能利用财务管理软件系统进行财务业务处理。因此,在财务管理软件系统中建立本单位的核算账套是企业实施计算机核算管理的前提。建立账套就是在企业财务管理软件中为本企业或本核算单位建立一套符合核算要求的账簿体系。通常,企业财务管理软件只要求根据企业的具体情况设置基础参数,软件将按照这些基础参数自动建立一套"账",而系统的数据输入、处理、输出的内容和形式就是由账套参数决定的。财务管理软件系统的账套参数主要包括以下内容。

1)账套信息

账套信息主要包括账套代码(或称账套号)、账套名称、账套路径、启用会计日期等内容。

账套代码通常是系统用来区别不同核算账套的编号。账套代码不能重复,它与核算单位名称是一一对应的关系,共同用来代表特定的核算账套。每个账套只能用一个账套代码表示。

账套名称反映账套的基本特性,即与账套代码有对应关系的核算单位名称。一般可以输入核算单位的简称或特定的编号。

账套路径是新建账套所要存放在计算机系统中的位置,通常系统核算数据都储存在计算机系统某一指定目录下的数据库文件中。有些财务软件会指定某一路径为系统默认路径,用户不能更改;多数财务软件则允许用户自行指定某一路径为账套路径。

启用会计日期是指新建账套被启用的会计核算日期,一般指定为某一月份。启用日期应在第一次初始设置时设定,而且一旦设定将不能更改。规定启用日期的目的主要是明确账务处理的起始点,以保证核算数据的完整性和连续性。设置启用会计日期时,同时设置会计日历,确认当前会计年度以及会计月份的起始日期和结账日期。一般财务软件系统按照国家统一会计制度的规定划分会计期间。如果不选择启用会计日期,系统则自动默认以当前计算机系统时间为启用日期。

例2　创建 188 号核算账套,单位名称为"山东淄新实业有限责任公司",启用会计期为"2008 年 7 月 1 日"。

操作步骤如下。

① 在【系统管理】窗口中,单击【账套】菜单中的【建立】子菜单,打开【创建账套—账套信息】对话框,如图 2-4 所示。

② 输入账套信息:账套号"188",账套名称"山东淄新实业有限责任公司",启用会计期"2008 年 7 月",其他采用默认设置。

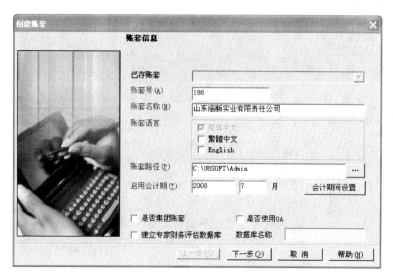

图 2-4 【创建账套—账套信息】对话框

提示：

➢ 已存账套：系统将现有的账套以下拉框的形式在此栏目中表示出来，用户只能参照，而不能输入或修改。

➢ 新建账套号不能与已存账套号重复，用户必须输入。

➢ 账套名称可以是核算单位的简称，将随时显示在所操作的财务软件的界面上，用户必须输入。

➢ 账套路径为储存账套数据的路径，用户必须输入，可以参照修改。通过单击 ⌷⌷⌷ 进入【账套存放路径】设置窗口，可以设置新的存放路径。

➢ 启用会计期为启用财务软件处理会计业务的日期，具体到"月"，用户必须输入，不能设在计算机系统日期之后。可以手工输入，也可通过单击【会计期间设置】按钮，进入【会计月历—建账】对话框进行设置。

➢ 系统默认的账套路径为"C:\U8SOFT\Admin"，用户可以手工输入，也可以利用 ⌷⌷⌷ 按钮进行参照输入，一般情况下均使用系统默认路径。

➢ 如果要进行财务评估与分析，则需要建立专家财务评估数据库。

2）核算单位基本信息

核算单位基本信息用于储存企业或核算单位的常用信息，主要包括单位的名称、简称、地址、邮政编码、法人代表、电话、传真、税号等。其中单位名称和简称是系统必要信息，必须输入。

例3 山东淄新实业有限责任公司简称淄新公司，单位地址：山东淄博张店区张周路12号，法人代表：赵珂，邮政编码：255049，联系电话及传真：0533-2786078。

操作步骤如下。

① 在【创建账套—账套信息】对话框中单击【下一步】按钮，打开【创建账套—单位信息】对话框，如图 2-5 所示。

② 输入单位信息的有关内容。

3）账套核算信息

账套核算信息主要包括企业类型、所属行业性质、账套主管、记账本位币、编码方案、数据精度等。

企业类型是区分不同企业业务类型的必要信息，用于明确核算单位特定经济业务的类型。

图 2-5 【创建账套—单位信息】对话框

所属行业性质是系统用来明确核算单位采用何种会计制度的重要信息。选择不同的行业性质,执行不同的会计核算。通常系统会将工业、商业、交通运输、金融等现行行业会计制度规定的会计科目预设在系统中,供用户选择使用。一般情况,预设会计科目只有一级科目和部分二级科目,用户可以根据本单位实际需要增设或修改必要的明细核算科目。

账套主管是系统指定的本账套的负责人,一般是核算单位的会计主管。设置账套主管是为了便于对该账套的管理,明确会计核算人员的职责和权利。

记账本位币是核算单位按照会计法规要求采用的记账本位币名称,通常系统默认以人民币作为记账本位币。如果需要进行外币核算,在账务处理系统中还需确定外币币种并进行外币汇率的设置。

编码方案是指设置编码的级次长度方案。为了便于识别和统计数据,财务软件系统通常将重要核算信息进行编码。编码级次和编码长度的设置取决于核算单位经济业务的复杂程度和分级核算管理的要求以及软件系统所固有的数据结构要求。

会计科目编码通常采用群码方案,这是一种分段组合编码,每一段有固定的位数。会计科目编码规则是指会计科目编码共分几段,每段有几位。总账科目至最底层明细科目的段数称为级次,每级科目的编码位数称为级长。会计科目编码总级长为各级编码级长之和。在设置会计科目编码方案时,一级科目、二级科目、三级科目的级长应按照财政部会计制度的编码要求进行设置,即一级4位、二级2位、三级2位,其他各级科目编码级长可根据单位实际情况设置。如某股份制企业会计科目分为4级,一、二、三级科目编码长度按照会计制度规定分别为4位、2位、2位,第四级科目编码长度为2位,则该企业会计科目编码方案为4222。

在财务管理软件系统中,需要设置编码方案的内容还有:地区分类、客户分类、供应商分类、存货分类、部门、结算方式等。

数据精度是指定义数据的保留小数位数。在会计核算过程中,多数时候都要求对核算数据进行小数保留位数取舍处理,定义数据精度就是要保证数据处理的一贯性。

企业或核算单位在财务管理软件中创建核算账套之前,必须对手工方式下核算管理的相关信息进行科学合理的处理,在此基础上设计出适合财务管理软件处理要求的账套核算信息,并按照财务管理软件系统的要求依次录入计算机系统,财务管理软件系统会按照所输入的核算信息自动为单位建立一套符合核算单位要求的账簿体系。

例4　山东淄新实业有限责任公司的记账本位币为"人民币（RMB）"，企业类型为"工业"，行业性质为"2007年新会计制度科目"（即执行新会计准则），账套主管为"demo"，该企业要求进行外币核算，对经济业务处理时，需对存货、客户、供应商进行分类管理，存货分类编码级次为222，客户和供应商分类编码级次为222，科目编码级次为4222，其他编码采用系统默认，企业在对数量、单价核算时，小数定为两位。

操作步骤如下。

① 在【创建账套—单位信息】对话框中单击【下一步】按钮，打开【创建账套—核算类型】对话框，如图2-6所示。

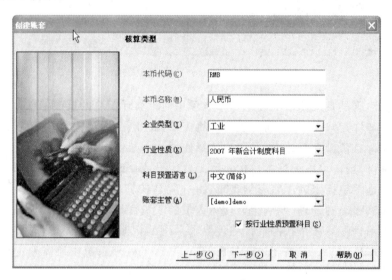

图2-6　【创建账套—核算类型】对话框

② 输入或选择核算类型中的有关内容。

提示：

➤ 本币代码：用来输入新建账套所用的记账本位币的代码，如"人民币"的代码为RMB。

➤ 本币名称：用来输入新建账套所用的记账本位币的名称。用户必须输入。

➤ 账套主管：用来输入新建账套账套主管的姓名，用户必须从下拉列表框中选择输入。

➤ 企业类型：用户必须从下拉列表框中选择输入。

➤ 行业性质：用户必须从下拉列表框中选择输入。

➤ 是否按行业性质预置科目：如果用户希望预置所属行业的标准一级科目，则在该选项前打钩；否则可以不进行处理。

③ 单击【下一步】按钮，打开【创建账套—基础信息】对话框，如图2-7所示。

④ 设置基础信息：选中【存货是否分类】、【客户是否分类】、【供应商是否分类】、【有无外币核算】复选框，再单击【完成】按钮，系统弹出【可以创建账套了吗】提示对话框。

提示：

➤ 存货是否分类：如果单位的存货较多，且类别繁多，则可以在存货是否分类选项前打钩，表明要对存货进行分类管理；如果单位的存货较少且类别单一，也可以选择不进行存货分类。注意，如果选择了存货要分类，则在进行基础信息设置时，必须先设置存货分类，然后才能设置存货档案。

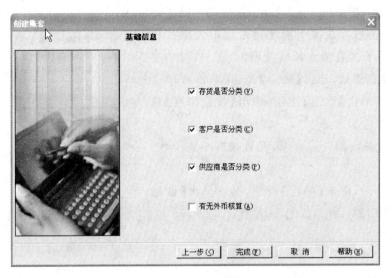

图 2-7 【创建账套—基础信息】对话框

> 客户是否分类：如果单位的客户较多，且希望进行分类管理，则可以在客户是否分类选项前打钩，表明要对客户进行分类管理；如果单位的客户较少，也可以选择不进行客户分类。注意，如果选择了客户要分类，则在进行基础信息设置时，必须先设置客户分类，然后才能设置客户档案。
> 供应商是否分类：如果单位的供应商较多，且希望进行分类管理，则可以在供应商是否分类选项前打钩，表明要对供应商进行分类管理；如果单位的供应商较少，也可以选择不进行供应商分类。注意，如果选择了供应商要分类，则在进行基础信息设置时，必须先设置供应商分类，然后才能设置供应商档案。
> 有无外币核算：如果单位有外币业务，可以在此选项前打钩。

⑤ 单击【是】按钮，系统自动创建账套，并弹出【编码方案】设置对话框，如图 2-8 所示。

图 2-8 【编码方案】设置对话框

⑥ 根据经济业务特点,修改相关项目编码级次方案。设置的编码方案级次不能超过系统最大级数和最大长度限制,只能在最大长度范围内,增加级数,改变级长。修改完毕后,单击【确定】按钮,对修改信息进行保存,然后单击【取消】按钮,弹出【数据精度】对话框,如图 2-9 所示。

⑦ 根据业务数据处理要求,设置数据小数位数,如将件数小数位设置为"0",将换算率小数位设置为"4"。设置完毕后,单击【确定】按钮,系统弹出【创建账套—系统启用】对话框,如图 2-10 所示。

图 2-9 　【数据精度】对话框

图 2-10 　【创建账套—系统启用】对话框

⑧ 系统启用主要用于核算单位选择使用的子系统或功能模块,系统启用可以在新账套创建完成后进行,也可以在基础设置中通过系统启用模块进行。在【账套创建—系统启用】对话框中单击【是】按钮将直接进入【系统启用】界面,如图 2-11 所示;单击【否】将完成账套创建。在此单击【是】按钮,进入【系统启用】界面进行启用设置。

图 2-11 　【系统启用】设置界面

⑨ 在【系统启用】设置界面中,选择要启用的系统,在方框内打钩。在此启用总账系统,选择总账前方的复选框,系统弹出【日历】设置界面,如图2-12所示。

图2-12　【日历】设置界面

⑩【日历】设置界面主要用于设置子系统或功能模块的启用日期,在启用会计期间内可以直接输入启用的年、月数据,或通过 和 按钮设置启用年度,通过 按钮设置选择设置启用月份。在此将启用期间设置为2008年7月1日。启用期间设置完毕后,单击【确定】按钮,系统弹出【确实要启动当前系统吗】信息框,单击【是】按钮,系统保存此次的启用信息,并将启用信息及当前操作员写入图2-11所示的【系统启用】设置窗口的相关栏目中。采用同样方式启用其他子系统或功能模块,启用完毕后,单击【系统启用】工具栏上的【退出】按钮结束系统启用设置,此时系统弹出【请进入企业应用平台进行业务操作】提示对话框,单击【确定】按钮,完成账套创建操作。

提示:

➢ 只有系统管理员和账套主管具有系统启用权限。

➢ 各系统的启用会计期间均必须大于等于账套的启用期间。

➢ 采购计划必须与库存与采购集成使用,即未启用采购和库存,则采购计划不能单独启用。采购计划的启用月必须同时大于等于采购管理和库存管理的启用月。

➢ 采购、销售、存货、库存四个模块,如果其中有一个模块启用,其启用期间必须大于等于其他模块最大的未结账月。

➢ 应付先启,后启采购:必须应付系统未录入当月(采购启用月)发票,或者将录入的发票删除。

➢ 应收先启,后启销售:必须应收系统未录入当月(销售启用月)发票,或者将录入的发票删除。

➢ 销售先启,后启应收:应收的启用月必须大于等于销售的未结账月。

➢ 采购先启,后启应付:应付的启用月必须大于等于采购的未结账月。

➢ 网上银行的启用月必须大于等于总账的启用月。

➢ 只有在相关系统启用后,才可启用Web系统的相关部分。

2. 修改账套

当账套创建完毕后,如果发现账套参数设置有误需要修改,或者需要查看账套信息,此时可以通过账套的修改功能来实现。通常,只有账套主管才具有进行账套信息修改的权限。在修改过程中,系统会自动列示建账过程中所设置的账套信息、单位信息、核算信息和基础信息等,账套主管可以根据需要,对允许修改的信息进行调整。账套参数信息若已被使用,进行修改可能会造成数据库数据的紊乱,因而对账套信息的修改应慎重对待。

3. 账套备份

由于计算机系统在运行过程中经常会受到来自各方面因素的干扰,如人为因素、硬件因素、软件因素或计算机病毒等的影响,有时会造成财务数据被破坏。因此,在财务管理软件系统中需要设置数据备份功能模块，以解决财务数据由于遭受破坏而丢失的问题。

账套的备份就是将财务软件系统产生的数据备份到硬盘、软盘、光盘及其他存储介质上保存起来，其目的就是要长期保存财务数据，防止恶意篡改和破坏或意外事故造成数据丢失给核算工作造成不必要的损失。利用备份数据，可以尽快恢复系统数据，从而保证单位核算业务的正常进行。账套数据备份是保护数据的主要手段，企业必须严格根据会计制度的要求进行会计数据的备份工作，数据备份工作要做到经常化，每天均进行备份操作。

例 5　将 188 号账套数据备份到 D 盘中的"账套备份"文件夹中。

操作步骤如下。

① 在 D 盘中建立"账套备份"文件夹。

② 以系统管理员身份注册登录系统管理模块，在【系统管理】窗口中，单击【账套】菜单下的【输出】子菜单，打开【账套输出】对话框，如图 2-13 所示。

③ 单击【账套号】下拉列表框右端的 ▼ 按钮，选择"[188]山东淄新实业有限责任公司"选项。

图 2-13　【账套输出】对话框

④ 如果想删除账套，应选中【删除当前输出账套】复选框，单击【确认】按钮。

⑤ 经过压缩进程，系统进入【请选择账套备份路径】对话框，如图 2-14 所示。

⑥ 单击窗口中的树形控件中的"＋"或"－"，选择 D 盘中的"备份账套"文件夹，再单击【确定】按钮，系统进行数据备份。备份完毕，系统弹出【输出成功】提示对话框，单击【确定】按钮完成账套备份操作。

4. 账套恢复

账套恢复是指将系统外的某账套数据引入到本系统中，即将备份到软盘、硬盘或其他存储介质中的备份数据恢复到硬盘上指定的目录中。这项功能又为保证数据的安全提供了另一种工具，也为集团公司的财务管理提供了方便。一旦安装企业财务管理软件系统的计算机出现故障或遭受病毒的侵袭而使得系统数据破坏或丢失，就可以利用套账的恢复功能恢复系统数据；同时，集团公司可以将子公司的账套数据定期引入到总公司系统中，以便于进行有关账套数据的分析和合并工作。一般情况下，集团公司可以预先在建立账套时就进行统一安排，让各子公司的账套号不一样，以避免在引入数据时因账套号相同而造成数据相覆盖的后果。

例 6　将已备份到 D 盘"账套备份"文件夹中的"188"账套数据恢复到硬盘中。

操作步骤如下。

① 以系统管理员 admin 身份注册进入【系统管理】窗口，单击【账套】菜单中的【引入】子菜单，打开【请选择账套备份文件】对话框，如图 2-15 所示。

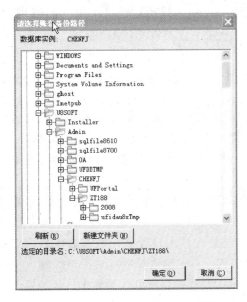

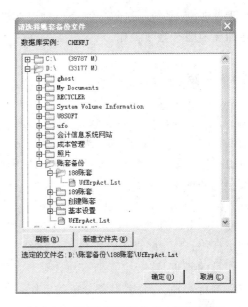

图 2-14　【请选择账套备份路径】对话框　　　图 2-15　【请选择账套备份文件】对话框

② 选择 D 盘"账套备份"文件夹中的数据文件"UfErpAct.Lst",双击或单击选中后再单击【确定】按钮,弹出如图 2-16 所示的提示对话框,单击【确定】按钮,打开【请选择账套引入的目录】对话框,如图 2-17 所示。

图 2-16　选择账套引入目录提示对话框　　　图 2-17　【请选择账套引入的目录】对话框

③ 在窗口中选择账套引入目录后,单击【确定】按钮,系统开始引入备份账套。若保持默认位置,可直接单击【确定】按钮。

④ 若系统中已存在相关账套,将弹出【此项操作将覆盖［188］账套当前的所有信息,继续吗?】信息提示对话框,单击【是】按钮将引入账套,单击【否】按钮将取消引入操作。若系统

中无此账套,系统经过解压缩处理过程,弹出【账套[188]引入成功】提示对话框,单击【确定】按钮完成账套恢复操作。

2.1.3　财务分工

企业在实施财务管理软件系统时,应首先对操作人员进行岗位分工,对指定的操作人员的操作权限进行明确规定,实施权限控制,以避免无关人员对系统进行错误或恶意操作,同时也可以对系统所包括的各个功能模块的操作进行协调,从而保证整个系统和会计数据的安全性和保密性。

财务分工就是根据电算化规章制度、基本岗位职责分工及信息系统管理的要求,设置允许使用财务管理软件的操作人员的姓名和操作权限。财务分工分为两个层次,一是系统管理员授权;二是账套主管授权。一般情况下,由系统管理员来设置某一账套的账套主管和操作员的管理,账套主管拥有对该账套的全部管理权限;账套主管可以对所辖操作人员的权限进行管理。因此,财务分工的工作,总的来说包括设置操作员以及为操作员分配操作权限两部分。

1. 设置操作员

通常,企业财务管理软件系统中系统管理员拥有该系统的全部操作权限。系统管理员可以根据财务管理的要求来设置系统所需要的操作员,并可根据需要对已有操作员进行修改、删除、注销等处理。在增加操作员时,必须明确操作员的以下特征信息。

① 操作员编码:用来标识操作人员的编号。操作员编码是系统用于区别不同操作员的编码,在同一系统中,不同账套的操作员编码必须唯一,不允许重复。

② 操作员姓名:设置操作员的姓名全称。操作员姓名可以输入真实姓名,也可以用代码,发现操作员重名时还必须增加区别标识。一般情况,按照管理的要求,操作员姓名应输入真实姓名,以便于对操作员的操作行为和其他事项进行管理。

③ 操作员所属部门:指操作员所在部门的名称。

④ 操作人员口令:即为操作员设置系统登录口令。操作人员的口令,初始化时由系统管理员赋予,待其登录系统时,可以由操作员本人进行自由更改。一般情况下,从系统安全考虑,不允许操作员口令设置为空。

操作员的设置分两个层次:角色和用户。角色可以理解为岗位的名称,如财务总监、销售总管、财务主管等,用户可以理解为具体的操作人员,如夏颖、宋玢等。

对于公司管理而言,职员之间岗位的变动时常发生。操作员岗位变动后,需要重新为其分配不同的操作权限,这样操作很烦琐。用友财务管理软件提出角色这一概念,可以通过预先给角色设置好权限,之后在设置用户时,指定用户归属的角色,这时该用户就自动继承了相应角色的权限。当用户岗位发生变动时只需要调整其角色即可,不必再单独为其重新设置权限。当然,也可以独立为用户赋予权限,用户也可以不属于任何角色。

1) 角色设置

角色设置是在多数操作员具有相同操作权限的情况下,通过建立角色,并设置角色权限,然后将操作员指定为某一角色。系统中对角色的设置个数不受限制,一个角色可以拥有多个用户,一个用户可以分属于不同的角色。用户和角色设置不分先后顺序,用户可以根据自己的需要先后设置。

例7　设置"财务核算"角色,编号为"A001"。

操作步骤如下。

① 以系统管理员 admin 身份注册进入【系统管理】窗口,单击【权限】菜单中的【角色】子菜单,打开【角色管理】窗口,如图 2-18 所示。

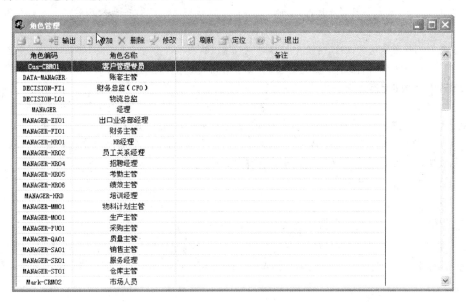

图 2-18　【角色管理】窗口

② 在【角色管理】窗口中,单击工具栏上的【增加】按钮,进入【角色详细情况】设置界面,如图 2-19 所示。

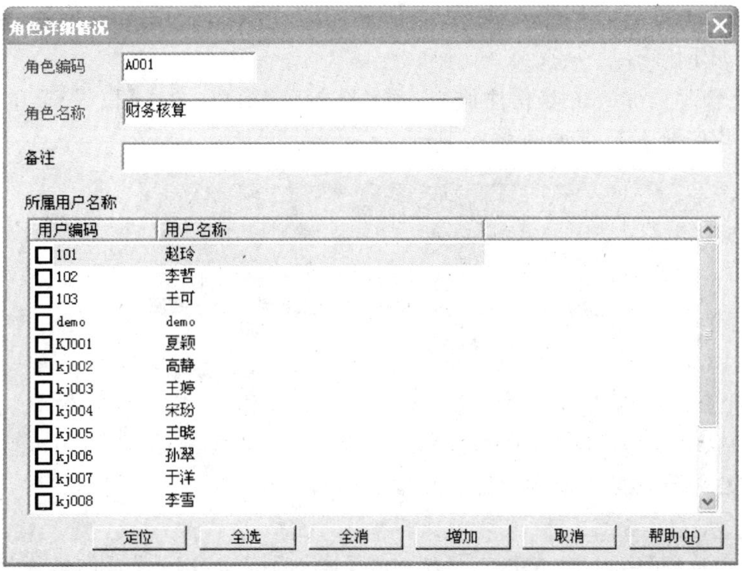

图 2-19　【角色详细情况】设置界面

③ 输入角色的相关信息,若已建有用户,可通过选择"用户编码"前方的复选框将其指定为该角色的用户,录入和设置完毕后,单击【增加】按钮对所输入信息进行保存,同时进入下一角色录入界面,所有角色信息录入完毕后,单击【取消】按钮,返回到【角色管理】窗口,单击工具栏中的【退出】按钮结束本次角色管理操作。

提示:

➢ 在【角色管理】窗口可以进行角色的增加、删除和修改等管理工作。

➢ 增加角色时,角色编码必须输入,不能为空,最大不能超过 10 位,不能输入非法字符;角色名称必须输入,不能为空,最大不能超过 30 位,不能输入非法字符。

➢ 若要对已存角色进行修改,可选中要修改的角色,单击工具栏中的【修改】按钮,进入【角色详细情况】界面,对当前所选角色信息进行修改,可修改内容包括为角色添加和删除用户、角色名称等,对于角色编号不允许进行修改。

➢ 若要删除已有角色,可选中要删除的角色,单击工具栏中的【删除】按钮,弹出【确认删除角色】提示对话框,单击【是】按钮将删除所选角色。若已为角色添加用户,则该角色不能被删除。

➢ 若该角色已经在用户设置中被选择过,则将这些用户名称自动显示在已选角色列表中。相反,若此时取消这些用户的选择,在查看这些用户时,他们的已选角色中将不再显示该角色名称。

➢ 在新增用户时可以对该用户设置一个主要的所属角色,而且可以选择多个该用户的所属角色。

2）用户设置

用户设置是为财务管理软件系统设置具体的操作员。系统对用户的设置个数均不受限制,一个角色可以拥有多个用户,一个用户可以分属于不同的角色或不属于任何角色,作为独立的用户存在。用户和角色设置不分先后顺序,用户可以根据自己的需要先后设置。

例 8　增加用户（操作员）。

编号:KJ001;姓名:夏颖;口令:1;所属部门:财务部门;所属角色:账套主管。

编号:KJ002;姓名:高静;口令:2;所属部门:财务部门;所属角色:财务核算。

编号:KJ003;姓名:王婷;口令:3;所属部门:财务部门;所属角色:财务核算。

编号:KJ004;姓名:宋玢;口令:4;所属部门:财务部门;所属角色:财务核算。

操作步骤如下。

① 以系统管理员 admin 身份注册进入【系统管理】窗口,单击【权限】菜单中的【用户】子菜单,打开【用户管理】窗口,如图 2-20 所示。

图 2-20　【用户管理】窗口

② 在【用户管理】窗口中,单击工具栏中的【增加】按钮,进入【操作员详细情况】设置界面,如图 2-21 所示。

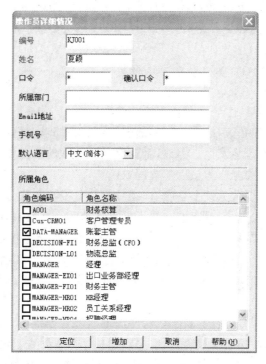

图 2-21 【操作员详细情况】设置界面

③ 输入用户的有关信息,若已建有角色,可通过选择【角色编码】前方的复选框将其指定为该角色的用户,录入和设置完毕后,单击【增加】按钮对所输入信息进行保存,同时进入下一用户信息录入界面。

④ 所有用户信息录入完毕后,单击【取消】按钮,返回到【用户管理】窗口,单击工具栏中的【退出】按钮结束本次用户管理操作。

提示:

➢ 在【用户管理】窗口可以进行用户的增加、删除和修改等管理工作。

➢ 增加用户时,用户编码必须输入,不能为空,最大不能超过 10 位,不能输入非法字符;用户名称必须输入,不能为空,最大不能超过 30 位,不能输入非法字符;从安全考虑,口令不能为空。

➢ 若要对已存用户进行修改,可选中要修改的用户,单击工具栏中的【修改】按钮,进入【操作员详细情况】界面,对当前所选用户信息进行修改,可修改内容包括用户名、口令、所属角色等,对于用户编号不允许进行修改。

➢ 若要删除已有用户,可选中要删除的用户,单击工具栏中的【删除】按钮,弹出【确认删除用户】提示对话框,单击【是】按钮将删除所选用户。若用户已指定为某一角色的成员或用户已被启用,则该用户不能被删除。对于已离开财务管理岗位且已启用的用户,可单击工具栏中的【修改】按钮,进入【操作员详细情况】界面,通过单击【注销当前用户】按钮取消其登录系统的权限。

➢ 在新增用户时可以对该用户设置一个主要的所属角色,而且可以选择多个该用户的所属角色。

➢ 若修改了用户的所属角色,则该用户对应的权限也跟着角色的改变而相应地改变。

➢ 用户和角色设置不分先后,用户可以根据自己的需要设置。但对于自动传递权限来说,应该首先设定角色,然后分配权限,最后设置用户。这样在设置用户时,如果选择其归属角色,则用户自动具有该角色的权限。

> 一个角色可以拥有多个用户，一个用户也可以分属于多个不同的角色。

> 若角色已经在用户设置中被选择过，系统则会将这些用户名称自动显示在角色设置中所属用户名称的列表中。

> 只有系统管理员才有权限对用户和角色进行设置。

2. 设置操作员权限

一个企业的财务管理系统，必须按照内部控制制度的要求，对财务管理人员进行严格的岗位分工，严禁越权操作行为发生。因此，企业财务管理软件系统要求对操作员的操作权限进行限制，由系统赋予相关操作人员以相应的权利。

一般而言，系统的授权分为两个层次，即系统管理员授权和账套主管授权。系统管理员是软件系统默认的最高权力执行者，拥有执行软件系统的全部权利，可以指定账套主管或取消账套主管权限，也可以对各个账套的操作员进行授权。账套主管的权限局限于他所管理的账套，在该账套内，账套主管被默认为拥有该账套的全部操作权利，可以对本账套的操作员进行权限设置。财务管理软件系统都具有较细的权限分工，可以将各个操作员的操作权限进行细化。

操作员的操作权限划分可以实现三个层次上的权限管理：第一，功能级权限管理，该权限将提供划分更为细致的功能级权限管理功能，包括功能权限查看和分配；第二，数据级权限管理，该权限可以通过两个方面进行权控制，一个是字段级权限控制，另一个是记录级的权限控制；第三，金额级权限管理，该权限主要实现对具体处理的数量级划分，对于一些敏感数据可以进行集中控制。其中功能级权限需在系统管理模块中进行设置，而数据级权限和金额级权限则需在企业应用平台的权限管理模块或在总账设置模块中进行设置。

本节所指操作员权限设置是指在系统管理模块中进行的功能级权限设置。

1) 账套主管的设置与取消

一般的企业财务管理软件限定，只有系统管理员才有权进行账套主管的设置。在设置账套主管时，应首先选定相应账套，再选择作为账套主管的操作员，然后将其指定为账套主管或取消其账套主管的权限。

有些财务软件允许为一个账套指定多个账套主管，系统默认账套主管拥有该账套的全部权限，因此对账套主管而言，只有设定或取消其资格的操作，无须进一步明确具体权限。

例 9　为"188"账套进行账套主管的变更操作。取消"demo"的账套主管权限，将"KJ001"操作员夏颖指定为"188"账套的账套主管。

操作步骤如下。

① 以系统管理员 admin 身份注册进入【系统管理】窗口，单击【权限】菜单中的【权限】子菜单，打开【操作员权限】设置窗口，如图 2-22 所示。

② 在操作员列表中选择操作员"demo"，再在账套下拉列表中选择"[188]山东淄新实业有限责任公司"账套，然后在【账套主管】复选框中单击，弹出【取消用户：[demo]账套主管权限吗】提示对话框，单击【是】按钮，取消操作员 demo"188"账套主管的权限。

③ 在账套下拉列表中选择"[188]山东淄新实业有限责任公司"账套，再在操作员列表中选择操作员"KJ001"，然后在【账套主管】复选框中单击，弹出【设置用户：[KJ001]账套主管权限吗】提示对话框，单击【是】按钮，将操作员 KJ001 夏颖设置为"188"账套的账套主管。

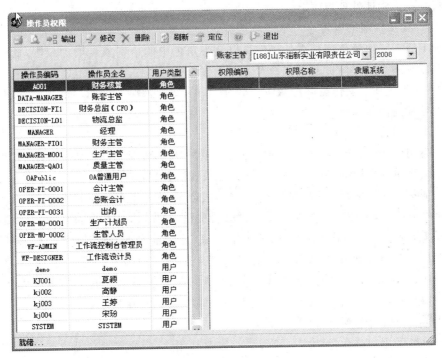

图 2-22 【操作员权限】设置窗口

2）角色操作权限的设置

角色权限设置是在多数操作员具有相同操作权限的情况下，通过建立角色，并设置角色权限，然后将这些操作员指定为该角色成员，这样该角色中操作员将具备该角色的操作权限，无须再单独为这些用户设置操作权限。

例10 为角色"A001 财务核算"设定操作权限："188"账套总账模块的凭证处理权限。

操作步骤如下。

① 以系统管理员 admin 身份或账套主管 KJ001 夏颖的身份注册进入【系统管理】窗口，单击【权限】菜单中的【权限】子菜单，打开【操作员权限】设置窗口。

② 在【操作员权限】设置窗口，选择"[188]山东淄新实业有限责任公司"账套，再选择 A001 角色，然后单击工具栏上的【修改】按钮，弹出【增加和调整权限】对话框，如图 2-23 所示。

③ 在【增加和调整权限】对话框中，双击【总账】模块前方的 ⊞ 展开功能目录树，在总账功能权限目录树中选择【凭证】，然后单击【确定】按钮，将凭证处理权限赋予 A001 角色，并返回【操作员权限】设置窗口，为 A001 角色所设的权限将显示在权限列表栏中，此时属于 A001 角色的成

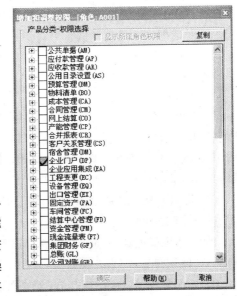

图 2-23 【增加和调整权限】对话框

员将同时具有了凭证处理权限。

3）用户操作权限的设置

对于不属于任何角色或独立的操作员以及为角色中的个别成员增加权限，此时可通过用户权限设置来完成操作员的赋权设置。

例 11　为 KJ002 操作员高静赋予"188"账套的总账处理的期初设置、出纳管理、期末处理和账表处理的操作权限。

操作步骤如下。

① 以系统管理员 admin 身份或账套主管 KJ001 夏颖的身份注册进入【系统管理】窗口，单击【权限】菜单中的【权限】子菜单，打开【操作员权限】设置窗口。

② 在【操作员权限】设置窗口选择"［188］山东淄新实业有限责任公司"账套，再选择 KJ002 操作员高静，然后单击工具栏上的【修改】按钮，弹出【增加和调整权限】对话框。

③ 在【增加和调整权限】对话框中，双击"总账"模块前方的 ⊞ 展开功能目录树，在总账功能权限目录树中分别单击【设置】、【出纳】、【期末】、【账表】前方的 □ 将其选中，然后单击【确定】按钮，将期初设置、出纳管理、期末处理、账表处理权限赋予 KJ002 操作员高静，并返回【操作员权限】设置窗口，为 KJ002 操作员所设的权限显示在权限列表栏中。

4）删除用户、角色权限

对于已赋予用户或角色的权限可以进行修改和删除，修改权限与设置权限相似，都是在【操作员权限】设置窗口，先选择用户或角色，再单击工具栏上的【修改】按钮，进入【增加和调整权限】界面进行，增加权限可通过单击相关权限前方的 □，使其处于 ☑ 状态，可将权限赋予操作员；取消已赋予的权限可通过单击相关权限前方的 ☑，使其处于 □ 状态，可将已赋权限取消。

删除权限一方面可通过修改方式进行，也可以在【操作员权限】设置窗口，先选择用户或角色，再在权限列表中选择要删除的权限，然后单击工具栏上的【删除】按钮，弹出【删除权限】提示对话框，单击【是】按钮，将删除所选权限。如果要删除用户或角色的所有权限，可在【操作员权限】设置窗口，直接选择用户或角色后，单击工具栏上的【删除】按钮，弹出【删除权限】提示对话框，单击【是】按钮，可将用户或角色的所有权限删除。

提示：

已启用的用户权限不能进行修改、删除的操作。

5）操作权限的转授

操作权限转授是与功能权限相关的功能，实现了除系统管理员外，也允许其他用户进行功能权限的授权。目的是减少系统管理员的压力和责任，完善功能权限的管理，提高功能权限授权的灵活性。通过权限转授可实现各管理部门负责人对其所辖员工操作权限的划分，减轻系统管理员和账套主管的授权压力，提高管理效率。

例 12　为操作员"高静"设置对操作员"王婷"和"宋玢"授权的权限。

操作步骤如下。

① 以系统管理员 admin 身份注册进入【系统管理】窗口，单击【权限】菜单中的【用户】子菜单，打开【用户管理】设置窗口。

② 选择要转授权限的操作员"高静"，然后单击工具栏中的【转授】按钮，打开【授权成员】设置界面，如图 2-24 所示。

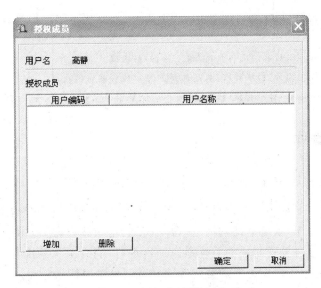

图 2-24　【授权成员】设置界面

③ 单击【增加】按钮,进入【增加用户】设置界面,如图 2-25 所示。

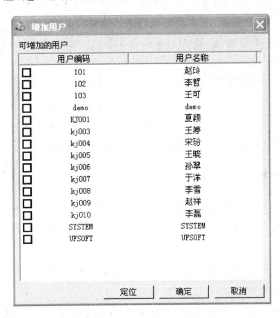

图 2-25　【增加用户】设置界面

④ 在可增加的用户列表中,单击所辖用户"王婷"和"宋玢"前面的 □ ,使其处于 ☑ 状态,然后单击【确定】按钮,返回【授权成员】设置界面,此时操作员"高静"具有的授权用户显示在授权成员列表中。

⑤ 单击【确定】按钮,完成权限转授的设置,此时操作员"高静"具备了为操作员"王婷"和"宋玢"赋权限的功能。操作员"高静"要在企业应用平台中,通过"权限转授"功能对操作员"王婷"和"宋玢"设置权限。

⑥ 在【用户管理】窗口单击工具栏中的【退出】按钮结束本次操作员权限转授的操作。

提示：

➢ 只有系统管理员可以指定哪个用户有"权限转授"的权限。

➢ 系统管理员需指定拥有"权限转授"权限的用户可以给哪些用户授权。

➢ 系统管理员可以回收"权限转授"权限，并可以进一步回收已转授的权限。

2.1.4　年度账管理

1. 建立年度账

在财务管理软件系统中，不仅可以建立多个账套，而且每一个账套中可以存放不同年度的会计数据。这样一来，系统的结构清晰、含义明确、可操作性强，对不同核算单位、不同时期数据的操作只需通过设置相应的系统路径即可进行，同时由于系统自动保存了不同会计年度的历史数据，对利用历史数据的查询和比较分析也显得特别方便。

操作步骤如下。

① 在系统注册登录界面，以账套主管身份选择账套注册，登录【系统管理】界面。

② 在【系统管理】界面，单击【年度账】菜单中的【建立】子菜单，进入【建立年度账】功能界面。

③ 如对新建年度账进行确认，可单击【确定】按钮；如放弃新建年度账，可单击【放弃】按钮。

提示：

➢【建立年度账】界面中，账套和会计年度两个栏目都是系统默认的，不能进行任何操作。账套为用户注册进入时所选的账套，会计年度自动显示的是所选会计账套当前会计年度加 1 的年度。

➢ 只有账套管理员或账套主管用户才有权限进行有关年度账的操作。

2. 年度账备份与恢复

年度账操作中的备份和恢复操作与账套操作中的备份和恢复的含义基本一致，所不同的是年度账操作中的备份和恢复不是针对某个账套，而是针对账套中的某一年度的年度账进行的。

年度账的备份操作与账套的备份操作基本一致，不同之处在于备份输出的是年度账，在备份操作界面上选择的是具体的年度而非账套。

年度账的恢复操作与账套的恢复操作基本一致，不同之处在于恢复的是年度数据备份文件，即系统备份的年度账的备份文件，前缀名统一为 uferpyer。

3. 结转上年数据

一般情况下，企业是持续经营的，因此企业的会计工作是一个连续性的工作。每到年末，启用新年度账时，就需要将上年度中的相关账户的余额及其他信息结转到新年度账中。

操作步骤如下。

① 在系统注册登录界面，以账套主管身份选择账套注册，登录【系统管理】界面。

② 在【系统管理】界面,单击【年度账】菜单中的【结转上年数据】子菜单,进入【结转上年数据】功能界面。

③ 在【结转上年数据】界面,可按图 2-26 所示的操作流程进行结转操作。

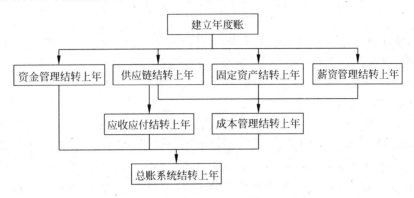

图 2-26　结转上年数据操作流程图

结转流程说明如下。

① 结转上年数据之前,首先要建立新年度账。

② 建立新年度账后,可以执行供销链产品、资金管理、固定资产、薪资管理系统的结转上年数据的工作。这几个系统的结转不分先后顺序,可以根据需要执行。

③ 如果同时使用了采购系统、销售系统和应收应付系统,则只有在供销链产品执行完结转上年数据后,应收应付系统才能执行;如果只使用了应收应付系统而没有使用采购系统、销售系统,则可以根据需要直接执行应收应付系统的结转工作。

④ 如果在使用成本管理系统时,使用了薪资管理系统、固定资产系统、存货核算系统,则只有薪资管理系统、固定资产系统、供销链产品执行完结转工作后,才能执行结转;否则可以根据需要直接执行成本管理系统的结转工作。

⑤ 如果在使用总账系统时,使用了薪资管理系统、固定资产系统、存货核算系统、应收应付系统、资金管理系统、成本管理系统,则只有这些系统执行完结转工作后,才能执行结转;否则可以根据需要直接执行总账系统的结转工作。

4. 清空年度数据

在财务管理软件系统中,有时会发现某年度账中错误太多,或不希望将上年度的余额或其他信息全部转到下一年度,这时候,便可使用清空年度数据的功能。"清空"并不是指将年度账的数据全部清空,还是要保留一些信息的,主要有:基础信息、系统预置的科目报表等。保留这些信息主要是为了方便用户使用清空后的年度账重新做账。

操作步骤如下。

① 在系统注册登录界面,以账套主管身份选择账套注册,登录【系统管理】界面。

② 在【系统管理】界面,单击【年度账】菜单中的【清空年度数据】子菜单,进入【清空年度数据】功能界面。

③ 在【清空年度数据】界面中的会计年度栏目选择要清空的年度账的年度,单击【确定】按钮,系统弹出一再次确认对话窗口,要求用户进行再度确认;如果想放弃,则直接单击【放

弃】按钮。

2.2　企业应用平台概述

为使企业能够共享企业内部和外部的各种信息，使企业员工、用户和合作伙伴能够从单一的渠道访问其所需的个性化信息，用友 ERP-U871 为用户提供了企业应用平台。通过企业应用平台，企业员工可以通过单一的访问入口访问企业的各种信息，定义自己的业务工作，并设计自己的工作流程。

通过企业应用平台可实现信息的及时沟通，资源的有效利用，与合作伙伴的在线和实时的链接，将提高企业员工的工作效率以及企业的总处理能力。

日常使用时，不同的操作员通过注册进行身份识别后进入企业应用平台所看到的窗口是相同的，但每个操作人员所能进入的模块是不同的，所能处理的业务也是不同的。

2.2.1　企业应用平台的登录

企业应用平台集中了用友 ERP-U8 应用系统的所有功能，为各个子系统提供了一个公共的交流平台，成为用友 ERP-U8 管理系统的控制台和工作中心。

例 13　以账套主管夏颖的身份于 2008 年 7 月 1 日注册进入企业应用平台。

操作步骤如下。

① 单击【开始】菜单，依次选择【程序】|【用友 ERP-U871】，然后单击【企业应用平台】，打开【登录】界面，如图 2-27 所示。

图 2-27　【登录】界面

② 在【登录】界面中，首先选择"188"账套的数据服务器，然后在【操作员】文本框中输入操作员夏颖的 ID 号"KJ001"，在【密码】文本框中输入操作员夏颖的登录密码"1"，在【账套】下拉列表中选择"[188](default)山东淄新实业有限责任公司"账套，将【操作日期】调整为"2008 年 7 月 1 日"，最后单击【确定】按钮，进入 UFIDA ERP-U8 窗口，如图 2-28 所示。

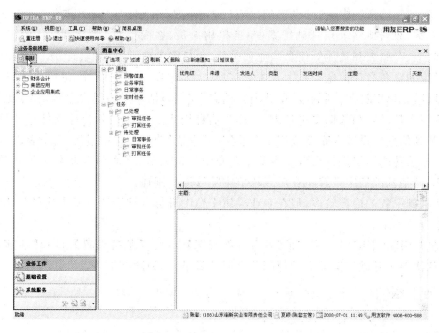

图 2-28　UFIDA ERP-U8 窗口

2.2.2　业务导航

企业应用平台提供了业务导航功能,通过此功能可以快速地针对相关业务模块进行业务处理,可通过【视图】菜单中【业务导航视图】选项控制此功能的显示与隐藏。

由于在财务管理软件中启用的子系统不同,在业务导航视图中显示的内容也不尽相同,但基本操作界面是相同的,如图 2-29 所示。

在业务导航视图中,各节点所包含的内容视子系统启用不同存在一定的差异,但其处理方式是相同的,通过选择目录中相关功能节点双击,即可启动相关功能模块。

图 2-29　【业务导航视图】界面

2.3　基础档案设置

基础档案设置就是把手工资料经过加工整理,根据本单位建立信息化管理的需要,建立软件系统应用平台,是手工业务的延续和提高。基础信息设置(即公共基础设置)是企业应用平台中的一项主要内容,其中许多项目的设置将直接影响到财务管理软件系统应用方案的选择使用和软件功能能否得到正确、充分的利用。在一个新账套建立以后,首先要对系统共用的基础信息进行设置。一般应根据企业的实际情况以及业务要求,先行整理出一份基础资料,再按照财务管理软件系统的要求将其输入到计算机中去,以便于顺利进行初始建账工作。

财务管理软件系统中，基础设置的内容较多，主要分为六大类：基本信息（包括系统启用、编码方案、数据精度等）、基础档案（包括机构人员、客商信息、存货、财务、收付结算、业务、生产制造、对照表和其他等信息）、业务参数（包括财务会计、管理会计、人力资源、供应链相关子系统的账套参数信息等）、个人参数（包括个人选项）、单据设置（包括单据格式设置、单据编号设置、单据打印控制和单据选项）、档案设置（包括档案编码设置等）和变更管理（包括变更管理参数设置和数据变更日志）。这些信息构成了整个财务管理软件系统的基础信息，这些基础信息的设置在企业应用平台的【基础设置】功能中集中设置，部分基础信息也可通过其他相关功能模块进行设置。本节主要介绍机构人员、客商信息及存货等基础档案的设置方法，其他基础档案设置将在后续章节中陆续进行阐述。

虽然基础设置的内容较多，但在企业应用平台中进行基础设置的基本途径是相似的，操作的基本方法如下。

① 在 UFIDA ERP-U8 窗口的【业务导航视图】中单击【基础设置】，显示【基础设置】信息，然后依次单击基础档案前方的控制节点展开目录树，如图 2-30 所示。

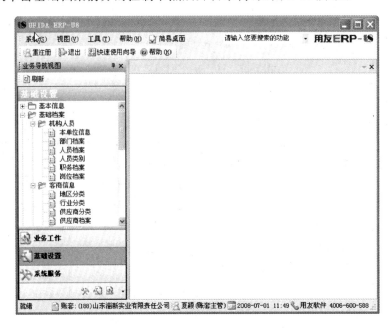

图 2-30　基础档案设置信息

② 在目录树的相关功能节点上双击，即可进入相关设置界面，对有关基础信息进行设置。

2.3.1　机构人员设置

1. 本单位信息设置

本单位信息是用于维护企业本身一些基本信息的功能，包括企业的名称、英文名称、法人代表、联系电话等。本单位信息在系统建账时可以输入，在企业应用平台的基本信息中增加此项功能，目的是方便用户修改维护，如果以后本单位信息改变了，可以调用此功能进行修改，也可由账套主管在修改账套功能中进行修改。在系统管理中只有账套主管可以修改此信息,在企业应用平台中,有此功能权限的操作员都可使用此功能。

2. 部门档案设置

在会计核算中,将数据按部门进行分类汇总是常用的数据分类方法之一。因此,一个企业的组织结构对于设计会计核算体系具有十分重要的意义。部门档案就是将企业组织结构按照要求所形成的财务管理软件系统分类方案,是使用单位下辖的具有分别进行财务核算或业务管理要求的单元体,不一定是实际中的部门机构,是设计会计科目中要进行部门核算时的部门名称以及个人往来核算中的职员所属部门的名称。

部门档案需要按照已经定义好的部门编码级次原则输入部门编号及其信息。最多可分5级,编码总长度12位,部门档案包含部门编码、名称、负责人、部门属性等信息。

例14 188号账套的部门档案如表2-1所示。

表 2-1 部门档案信息

部门编码	部门名称	负责人	部门属性
1	综合部	赵珂	管理部门
101	总经理办公室	赵珂	综合管理
102	财务部	夏颖	财务管理
2	技术开发部	于晓	技术开发
3	市场部	王亮	购销管理

操作步骤如下。

① 在 UFIDA ERP-U8 窗口中选择【基础设置】|【基础档案】|【机构人员】|【部门档案】双击,打开【部门档案】设置窗口,如图2-31所示。

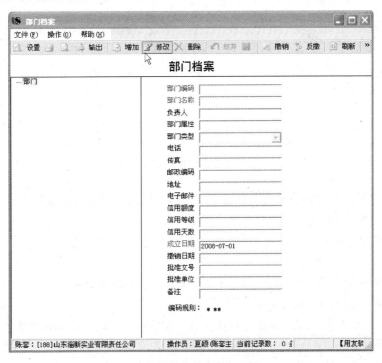

图 2-31 【部门档案】设置窗口

② 在【部门档案】设置窗口，单击工具栏上的【增加】按钮激活部门档案录入界面，依次录入综合部的有关信息，部门编码：1；部门名称：综合部；部门属性：管理部门。输入完毕后，单击工具栏上的【增加】按钮，弹出【是否保存对当前档案的编辑】信息确认对话框，单击【是】按钮对所设部门信息进行保存，同时进入下一部门录入界面；或直接单击工具栏上的 按钮对所设部门信息进行保存，同时进入下一部门录入界面。

提示：

➤ 部门编号：符合编码级次原则，必须录入，必须唯一。

➤ 部门名称：必须录入。

➤ 负责人、电话、地址、备注：都可以为空。

➤ 部门属性：输入部门是车间、采购部门、销售部门等部门分类属性，可以为空。

➤ 部门负责人资料需在职员档案设置后，再返回部门档案中，通过修改功能来补充设置。

③ 重复第②步操作继续录入其他部门信息，直到全部录入完毕后，单击【退出】按钮，返回到 UFIDA ERP-U8 窗口。

提示：

部门档案资料一旦被使用将不能被修改或删除。

3. 人员类别设置

设置人员类别的目的在于对企业的人员类别进行分类设置和管理，以满足企业精细化管理的需求。系统预置了在职人员、离退人员、离职人员和其他人员四类顶级人员类别，用户可以根据企业管理的需求自定义扩充人员子类别，但不能增加新的顶级类别。

增加子类别的基本设置步骤如下。

① 在 UFIDA ERP-U8 窗口中选择【基础设置】|【基础档案】|【机构人员】|【人员类别】双击，打开【人员类别】设置窗口，如图 2-32 所示。

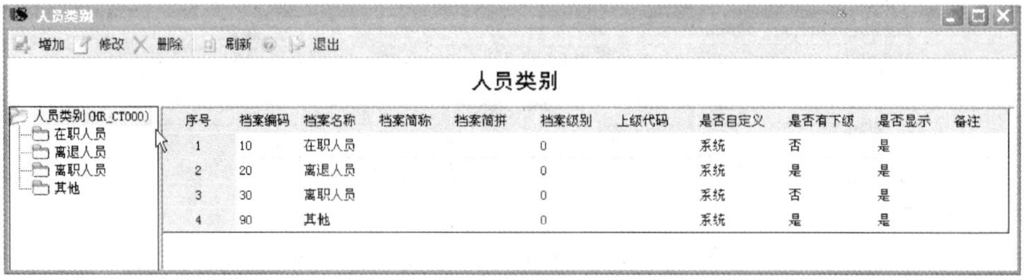

图 2-32 【人员类别】设置窗口

② 在人员类别目录树中双击选择欲设置子类别的人员类别，然后单击工具栏上的【增加】按钮，打开【增加档案项】对话框，如图 2-33 所示。

③ 输入档案编码和档案名称等信息后，单击【确定】按钮进行保存。

提示：

➤ 档案编码：人员类别编码不能为空，不能重复，同级档案编码长度相同。

➤ 档案名称：人员类别名称不能为空，不能重复。

➤ 人员类别顶级由系统预置：在职人员、离退人员、离职人员、其他人员。顶级类别可以修改，但不允许增加和删除。

➤ 当某类别已有人员引用时，该类别不允许再增加下级子类别。

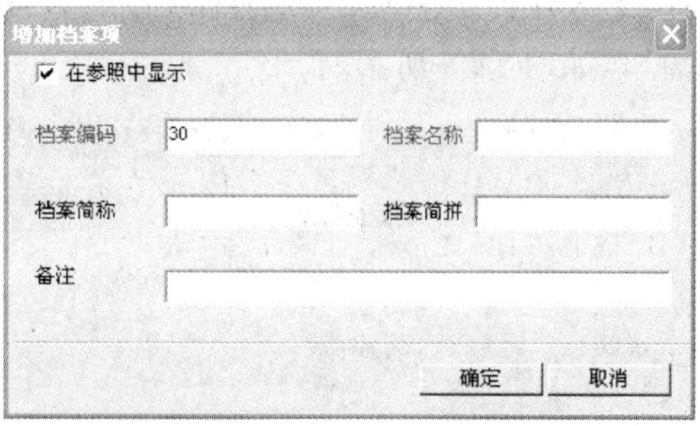

图 2-33 【增加档案项】对话框

> 新增/修改人员类别信息时，只能选择末级的人员类别。

4. 人员档案设置

人员档案主要用于记录本单位职员个人的信息资料，包括职员编号、名称、所属部门及职员属性等。设置职员档案可以方便地进行个人往来核算和管理等操作。

例15 188号账套的部分职员档案信息资料如表 2-2 所示。

表 2-2 职员档案信息

人员编码	人员姓名	性别	人员类别	行政部门	人员属性	是否操作员
101	赵珂	男	在职人员	总经理办公室	总经理	
102	夏颖	女	在职人员	财务部	部门主管	是
103	高静	女	在职人员	财务部	财务会计	是
104	王婷	女	在职人员	财务部	财务会计	是
105	宋玢	女	在职人员	财务部	财务会计	是
201	王晓	男	在职人员	技术开发部	部门主管	
202	赵天	男	在职人员	技术开发部	开发人员	
301	王亮	男	在职人员	采购部	部门主管	
302	刘学	男	在职人员	采购部	采购人员	

操作步骤如下。

① 在 UFIDA ERP-U8 窗口选择【基础设置】|【基础档案】|【机构人员】|【人员档案】双击，打开【人员列表】窗口，如图 2-34 所示。

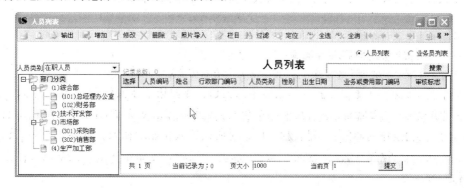

图 2-34 【人员列表】窗口

② 在【人员列表】窗口，先选择人员类别，再选择部门，然后单击工具栏上的【增加】按钮，打开【人员档案】设置窗口，如图 2-35 所示。

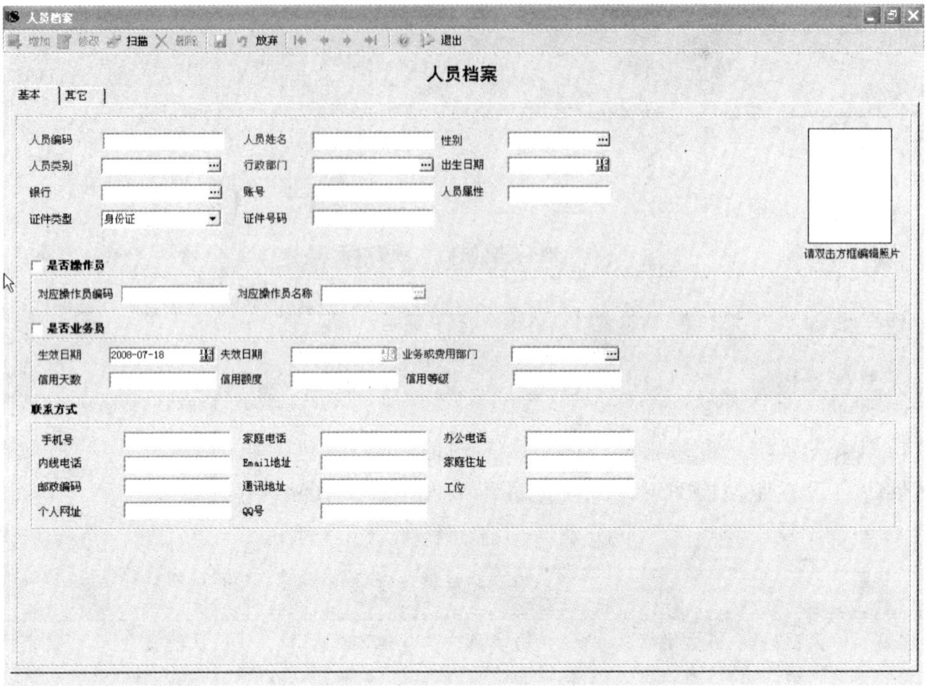

图 2-35　【人员档案】设置窗口

③ 在【人员档案】设置窗口，依次输入职员编码"101"、人员姓名"赵珂"、人员属性"总经理"，单击【人员类别】文本框右侧的 ⋯ 按钮，在弹出的列表中选择"在职人员"，单击【性别】文本框右侧的 ⋯ 按钮，在弹出的列表中选择"男"，单击【行政部门】文本框右侧的 ⋯ 按钮，在弹出的列表中选择"总经理办公室"，其他信息根据情况输入。输入完毕后，单击工具栏上的 ⊟ 按钮对所设职员信息进行保存。

提示：

➢ 人员编码：必须录入，必须唯一。

➢ 人员类别：必须录入，可以重复。

➢ 行政部门：输入该人员所属的部门名称或编码，只能选定末级部门。

➢ 人员属性：填写职员是属于采购员、库房管理人员还是销售人员等人员属性。

➢ 标题为蓝色的为必输项。

➢ 是否操作员：指是否为系统操作员。

➢ 是否业务员：指能否出差办理业务，能否进行业务报销处理。

④ 单击工具栏上的【增加】按钮，激活录入窗口。重复第③步操作，录入第二个人员信息。

⑤ 重复第③、④步操作，录入其他职员信息，直到全部录入完毕，单击【人员档案】窗口工具栏上的【退出】按钮返回【人员列表】窗口，此时所设置人员显示在人员列表中。单击【人员列表】窗口工具栏上的【退出】按钮返回 UFIDA ERP-U8 窗口，结束本次人员档案设置操作。

提示：

人员档案资料一旦被使用将不能被修改或删除。

2.3.2 客商信息设置

客商信息设置就是对与本单位有业务往来核算的客户和供应商进行分类并设置其基本信息，以便于对往来单位数据的统计分析。客商信息设置所涉及的内容主要包括地区分类、客户分类、供应商分类、行业分类、客户级别、客户档案、供应商档案等。

1. 地区分类设置

在财务管理软件系统中，采购管理、销售管理、库存管理和应收应付账管理子系统，都会使用到供应商档案、客户档案，而供应商档案、客户档案涉及所属地区信息。如果企业需要对供货单位或客户按地区进行统计，则应该建立地区分类体系。

地区分类最多有五级，企业可以根据实际需要进行分类，如可按地区、省、市进行分类，也可以按省、市、县进行分类。

例16 山东淄新实业有限责任公司对往来单位采取地区分类核算管理，其地区分类方案如表 2-3 所示。

表 2-3　地区分类信息

分类编码	分类名称	分类编码	分类名称
01	国内	01004	天津
01001	北京	02	国外
01002	上海	02001	美国
01003	山东		

操作步骤如下。

① 在 UFIDA ERP-U8 窗口选择【基础设置】|【基础档案】|【客商信息】|【地区分类】双击，打开【地区分类】设置窗口，如图 2-36 所示。

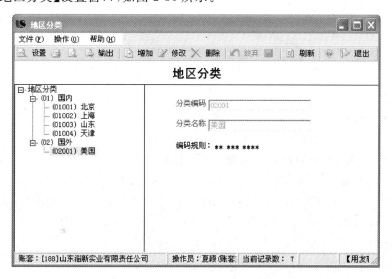

图 2-36 【地区分类】设置窗口

② 在【地区分类】设置窗口中单击工具栏上的【增加】按钮激活地区分类录入界面,依次输入类别编码"01"、类别名称"国内",然后单击工具栏上的 ■ 按钮对所输信息进行保存,并进入下一输入界面。依次输入其他地区分类信息,录入完毕后,单击工具栏上的【退出】按钮返回 UFIDA ERP-U8 窗口。

提示：

➢ 地区分类编码、名称必须唯一,分类编码不允许重复,并要注意分类编码字母的大小写。

➢ 在编码和名称中禁止使用 & " : —和空格等字符,如 A-B 为错误名称。

➢ 要想补充建立已有的地区的下级分类编码,可以在该地区分类上单击鼠标左键,分类编码处会出现该地区分类码,只需输入下级编码即可。

➢ 有下级分类码的地区分类前会出现"＋"符号,双击该分类码时,会出现或取消下级分类码。

➢ 新增的地区分类的分类编码必须与"编码规则"中设定的编码级次结构相符。如编码级次结构为"XX-XXX",则"001"是一个错误的地区分类编码。

➢ 地区分类必须逐级增加。除了一级地区分类之外,新增的地区分类的分类编码必须有上级分类编码。如编码级次结构为"XX-XXX",则"01001"这个编码只有在编码"01"已存在的前提下才是正确的。

2. 行业分类设置

企业可以依据自身管理要求对客户的所属行业进行相应的分类,建立行业分类体系,以便对业务数据按行业来进行统计分析。行业分类最多可以设置五级。

例 17　山东淄新实业有限责任公司对往来单位采取行业分类核算管理,其行业分类方案如表 2-4 所示。

表 2-4　行业分类方案

类别编码	类别名称	类别编码	类别名称
1	采掘业	204	电力、蒸汽、热水生产和供应业
2	制造业	3	机电设备制造业
201	食品制造业	301	电器机械及器材制造业
202	纺织业	302	机械工业
203	造纸及纸制品业		

操作步骤如下。

① 在 UFIDA ERP-U8 窗口中选择【基础设置】|【基础档案】|【客商信息】|【行业分类】双击,打开【行业分类】设置窗口,如图 2-37 所示。

② 在【行业分类】设置窗口单击工具栏上的【增加】按钮激活地区分类录入界面,依次输入类别编码"1"、类别名称"采掘业",然后单击工具栏上的 ■ 按钮对所输信息进行保存,并进入下一输入界面。依次输入其他行业分类信息,录入完毕后,单击工具栏上的【退出】按钮返回 UFIDA ERP-U8 窗口。

提示：

➢ 类别编码：系统识别不同行业的唯一标志,所以编码必须唯一,不能重复。

➢ 类别名称：可以是汉字或英文字母,不能为空,不能重复。

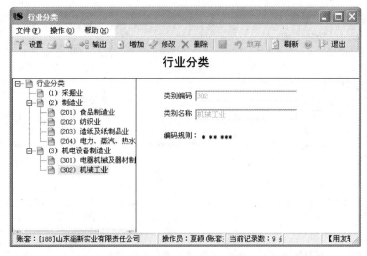

图 2-37 【行业分类】设置窗口

3. 客户分类设置

当企业往来客户较多时,对客户进行分类,以便于对客户进行分类统计和汇总等分类管理。客户分类可以按行业、地区等进行划分。建立客户分类后,可以将客户设置在最末级的客户分类之下。客户分类信息包括类别编码和类别名称两部分。

例 18 山东淄新实业有限责任公司对其客户实施分类管理,客户分类采用方案如表 2-5所示。

表 2-5 客户分类信息

分类编码	分类名称
01	长期客户
02	中期客户
03	短期客户

操作步骤如下。

① 在 UFIDA ERP-U8 窗口选择【基础设置】|【基础档案】|【客商信息】|【客户分类】双击,打开【客户分类】设置窗口,如图 2-38 所示。

② 在【客户分类】设置窗口单击工具栏上的【增加】按钮激活客户分类录入界面,依次输入分类编码"01"、分类名称"长期客户",然后单击工具栏上的 📄 按钮对所输信息进行保存,并进入下一输入界面。依次输入其他客户分类信息,录入完毕后,单击工具栏上的【退出】按钮返回 UFIDA ERP-U8 窗口。

提示:

➢ 客户分类编码必须唯一。

➢ 客户分类名称可以是汉字或英文字母,不能为空和重复。

➢ 编码应遵循类别编码方案,先设上级,再设下级。

➢ 已被引用的客户分类或非末级分类不能被删除。

➢ 在建账时若设置为客户不分类,则不能进行客户分类设置。

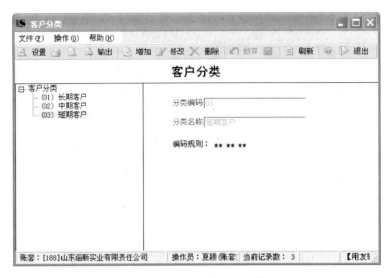

图 2-38 【客户分类】设置窗口

4.供应商分类设置

当企业往来供应商较多时,对供应商进行分类,以便于对供应商进行分类统计和汇总等分类管理。供应商分类可以按行业、地区等进行划分。建立供应商分类后,可以将供应商设置在最末级的供应商分类之下。供应商分类信息包括类别编码和类别名称两部分。

例 19 山东淄新实业有限责任公司对其供应商实施分类管理,供应商分类采用方案如表 2-6 所示。

表 2-6　供应商分类信息

分类编码	分类名称
01	工业
02	商业
03	事业

操作步骤如下。

① 在 UFIDA ERP-U8 窗口选择【基础设置】|【基础档案】|【客商信息】|【供应商分类】双击,打开【供应商分类】设置窗口,如图 2-39 所示。

② 在【供应商分类】设置窗口单击工具栏上的【增加】按钮激活供应商分类录入界面,依次输入类别编码"01"、类别名称"工业",然后单击工具栏上的 ■ 按钮对所输信息进行保存,并进入下一输入界面。依次输入其他供应商分类信息,录入完毕后,单击工具栏上的【退出】按钮返回 UFIDA ERP-U8 窗口。

提示:

➤ 供应商分类编码必须唯一。

➤ 供应商分类名称可以是汉字或英文字母,不能为空和重复。

➤ 编码应遵循类别编码方案,先设上级,再设下级。

➤ 已被引用的供应商分类或非末级分类不能被删除。

➤ 在建账时若设置为供应商不分类,则不能进行供应商分类设置。

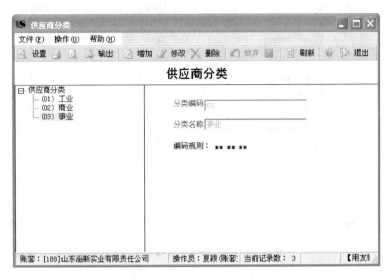

图 2-39 【供应商分类】设置窗口

5. 客户级别设置

客户级别是客户细分的一种方法,企业可以根据自身管理需要,对客户进行分级管理。例如,某销售公司按照客户给企业带来的销售收入,将客户细分为 VIP 客户、重要客户和普通客户。客户级别设置以后,将在客户档案和统计分析中使用。在客户档案录入过程中,指定客户所属的客户级别;在统计分析中,可以进行客户级别的分布统计或者分析某一级别客户的行为和特征。

例20 山东淄新实业有限责任公司对其客户进行分级管理,客户级别设置方案如表 2-7 所示。

表 2-7　客户分级信息

客户级别编码	客户级别名称	级别说明
01	VIP 客户	
02	重要客户	
03	普通客户	

操作步骤如下。

① 在 UFIDA ERP-U8 窗口选择【基础设置】|【基础档案】|【客商信息】|【客户级别】双击,打开【客户级别分类】设置窗口,如图 2-40 所示。

② 在【客户级别分类】设置窗口单击工具栏上的【增加】按钮激活客户级别分类录入界面,依次输入客户级别编码"01"、客户级别名称"VIP 客户",然后单击工具栏上的 ![按钮] 按钮对所输信息进行保存,并进入下一输入界面。依次输入其他客户级别分类信息,录入完毕后,单击工具栏上的【退出】按钮返回 UFIDA ERP-U8 窗口。

提示:

➢ 客户级别编码:系统识别不同客户级别的唯一标志,所以编码必须唯一,不能重复。

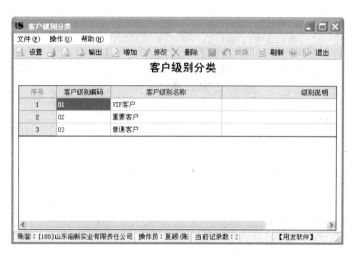

图 2-40　【客户级别分类】设置窗口

> 客户级别名称：可以是汉字或英文字母，不能为空，不能重复。
> 级别说明：对客户级别的描述信息。

6. 客户档案设置

建立客户档案可以对客户的数据进行分类、汇总和查询，以便于加强往来管理。使用客户档案管理往来客户时，应首先收集整理与本单位有业务往来关系的客户的基本信息，以便在客户档案设置时将信息准确输入。客户档案所需基本信息主要包括客户编号、客户名称、客户所属分类、开户银行名称、账号、税号、联系方式、信用等级等。

例 21　山东淄新实业有限责任公司部分客户信息资料如表 2-8 所示。

表 2-8　客户档案信息

客户编码	客户名称	客户简称	法人代表	所属分类	所属行业	所属地区	客户级别	税号	邮政编码	电话	信用等级	发展日期
001	济南造纸厂	济南造纸厂	李臻	01	203	01003	01	11111111111	250001	2567888	A	2004-12-31
002	北京丝绸厂	北丝绸	陈宣	01	202	01001	02	12333333333	100866	556682	A	2001-05-12
003	华东机械厂	华机	赵阳	02	301	01002	03	22222222222	200566	8288665	A	2003-01-28

操作步骤如下。

① 在 UFIDA ERP-U8 窗口选择【基础设置】|【基础档案】|【客商信息】|【客户档案】双击，打开【客户档案-客户分类】设置窗口，如图 2-41 所示。

② 在【客户档案-客户分类】设置窗口，首先选择客户分类，然后单击工具栏上的【增加】按钮，打开【增加客户档案】设置对话框，如图 2-42 所示，客户档案信息资料划分为四部分：基本信息（包括客户编码、客户名称、客户简称、所属分类等）、联系信息（包括地址、邮编、电话等）、信用信息（包括信用等级、信用额度、信用期限、付款条件等）和其他信息（包括分管部门、发展日期等）。

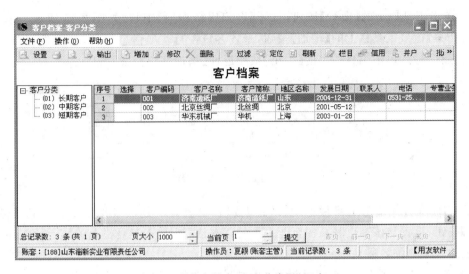

图 2-41 【客户档案-客户分类】设置窗口

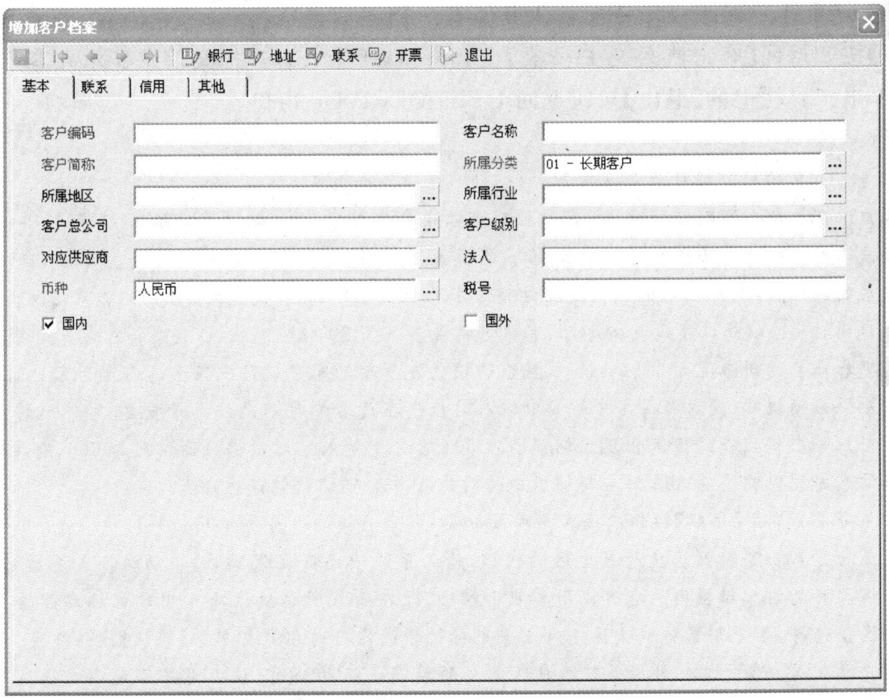

图 2-42 【增加客户档案】设置对话框

③ 打开【基本】选项卡,依次输入客户编码"001"、客户名称"济南造纸厂"、客户简称"济南造纸厂"、所属分类码"01"、所属地区码"01003"、所属行业"203"、税号"11111111111"、法人"李臻"、客户级别"01"信息。

④ 打开【联系】选项卡,依次输入邮政编码"250001"、电话"0531-2567888"等信息。

⑤ 打开【信用】选项卡,依次输入信用等级"A"等信息。

⑥ 打开【其他】选项卡,依次输入发展日期"2004-12-31"等信息。

⑦ 单击工具栏上的【银行】按钮，打开【客户银行档案】窗口，如图 2-43 所示。单击【客户银行档案】窗口工具栏上的【增加】按钮，录入客户银行基本信息后，单击  按钮对设置信息进行保存，最后单击工具栏上的【退出】按钮返回【增加客户档案】窗口。

图 2-43　【客户银行档案】窗口

⑧ 用同样方式单击工具栏上的【地址】按钮，设置客户的收货地址；单击工具栏上的【联系】按钮，设置与该客户联系的企业人员的基本信息；单击工具栏上的【开票】按钮，设置发票上的开票单位名称。

⑨ 完成上述设置后，单击工具栏上的  按钮对所输信息进行保存，并进入下一客户档案录入界面。

⑩ 重复第③～⑨步操作依次输入其他客户档案信息资料，录入完毕后，单击工具栏上的【退出】按钮返回【客户档案-客户分类】设置窗口，所录入客户档案信息显示在客户档案列表中。单击工具栏上的【退出】按钮返回 UFIDA ERP-U8 窗口。

提示：

➢ 标题为蓝色的信息项目为必填项。

➢ 客户编码：客户编码必须唯一；客户编码可以用数字或字符表示，最多可输入 20 位数字或字符。

➢ 客户名称：可以是汉字或英文字母，客户名称最多可写 49 个汉字或 98 个字符。客户名称用于销售发票的打印，即打印出来的销售发票的销售客户栏目显示的内容为销售客户的客户名称。

➢ 客户简称：可以是汉字或英文字母，客户名称最多可写 30 个汉字或 60 个字符。客户简称用于业务单据和账表的屏幕显示，例如：屏幕显示的销售发货单的客户栏目中显示的内容为客户简称。

➢ 对应供应商编码、简称：在客户档案中输入对应供应商名称时不允许记录重复，即不允许有多个客户对应一个供应商的情况出现。例如当在 001 客户中输入了对应供应商编码为 666，则在保存该客户信息时同时需要将 666 供应商档案中的对应客户编码记录保存为 001。

➢ 所属分类：单击【参照】按钮选择客户所属分类，或者直接输入分类编码。

➢ 所属地区码：可输入客户所属地区的代码，输入系统中已存在代码时，自动转换成地区名称，显示在该栏目的右编辑框内。也可以用参照输入法，即在输入所属地区码时用鼠标按参照键显示所有地区供选择，用户用鼠标双击选定行或当光标位于选定行时用鼠标单击【确认】按钮即可。

➢ 客户总公司：客户总公司指当前客户所隶属的最高一级的公司，该公司必须是已经通过客户档案设置功能设定的另一个客户。在销售开票结算处理时，具有同一个客户总公司的不同客户的发货业务，可以汇总在一张发票中统一开票结算。在此处，可输入客户所属总公司的客户编号，输入系统中已存在的编号时，自动转换成客户简称，显示在该栏目的右编辑框内。也可以参照输入。

➢ 所属行业：输入客户所归属的行业，可输入汉字。

➢ 开票单位：选择总公司名称或本身的名称录入，必须参照选择输入。

➢ 税号：输入客户的工商登记税号，用于销售发票的税号栏内容的屏幕显示和打印输出。

➢ 法人：输入客户的企业法人代表的姓名，可输入 50 个字符或 25 个汉字。

➢ 客户级别：指客户的等级分类，参照客户级别档案输入。

➢ 所属银行：指开户银行对应的总行，参照银行档案输入。

> 进入增加状态时，必须在左边的树形列表中选择一个末级的客户分类，否则不能进入【增加客户档案】设置窗口。如果在建立账套时设置客户不分类，则不用进行选择。
> 发展日期指与该客户是何时建立供货关系的。

7. 供应商档案设置

建立供应商档案主要是为企业的采购管理、库存管理、应付账款管理服务的。在填制采购入库单、采购发票和进行采购结算、应付款结算和有关供货单位统计时都会用到供货单位档案，因此必须先设立供应商档案，以便减少工作差错。在输入单据时，如果单据上的供货单位不在供应商档案中，则必须在此建立该供应商的档案。

例 22　山东淄新实业有限责任公司部分供应商信息资料如表 2-9 所示。

表 2-9　供应商档案信息

供应商编码	供应商名称	供应商简称	法人代表	所属分类	所属行业	所属地区	税号	开户银行	银行账号	发展日期
001	山东电力公司	鲁能	刘珂	01	204	01003	11111222222	工行	1222	2004-12-31
002	潍坊机械公司	潍坊机械	赵亮	01	302	01003	33333333333	工行	2111	2001-05-12
003	青岛机械公司	青岛机械	孙冬	01	302	01003	22222211111	建行	3322	2003-01-28

操作步骤如下。

① 在 UFIDA ERP-U8 窗口选择【基础设置】|【基础档案】|【客商信息】|【供应商档案】双击，打开【供应商档案】设置窗口，如图 2-44 所示。

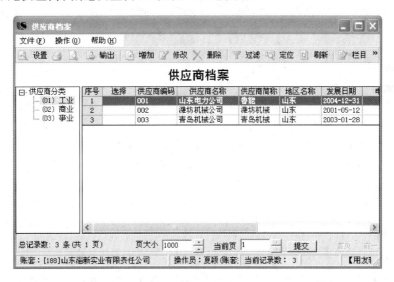

图 2-44　【供应商档案】设置窗口

② 在【供应商档案】设置窗口，首先选择供应商分类，然后单击工具栏上的【增加】按钮，打开【增加供应商档案】设置对话框，如图 2-45 所示，供应商档案信息资料划分为四部分：基本信息（包括供应商编码、供应商名称、供应商简称、所属分类等）、联系信息（包括地址、邮编、电话等）、信用信息（包括信用等级、信用额度、信用期限、付款条件等）和其他信息（包括所属银行、发展日期等），各信息界面与客户档案设置界面基本相同。

图 2-45 【增加供应商档案】设置对话框

③ 分别打开【基本】、【联系】、【信用】、【其他】选项卡，依次输入供应商编码"001"、供应商名称"山东电力公司"、供应商简称"鲁能"、所属分类码"01"、所属地区码"01003"、所属行业"204"、税号"11111222222"、法人"刘珂"、开户银行"工行"、银行账号"1222"信息。供应商所有信息输入完毕后，单击工具栏上的 📃 按钮对所输信息进行保存，并进入下一供应商档案录入界面。

④ 重复第③步操作依次输入其他供应商档案信息资料，录入完毕后，单击工具栏上的【退出】按钮返回【供应商档案】设置窗口，所录入供应商档案信息显示在供应商档案列表中。单击工具栏上的【退出】按钮返回 UFIDA ERP-U8 窗口。

提示：

➢ 供应商档案各栏目设置方法和要求与客户档案设置相同。

➢ 在供应商列表中选中要修改的供应商，单击【修改】按钮，进入修改状态。

2.3.3 存货设置

1. 存货分类设置

如果企业的存货较多，可以对存货进行分类，以便于核算和管理。存货分类用于设置存货分类编码、名称及所属经济分类。存货分类最多可分 8 级，编码总长度不能超过 30 位，每级级长用户可自由定义。通常，存货可以按性质、用途、产地等进行分类，如工业企业的存货分类可以分为三类：材料、产成品、应税劳务等，在此基础上可以继续分类，材料继续分类，可以按材料属性分为钢材类、木材类等；产成品继续分类可以按照产成品属性分为紧固件、传动件、箱体等。再如商业企业的存货分类的第一级一般可以分为两类，分别是商品、应税劳务，商品继续分类可以按商品属性分为日用百货、家用电器、五金工具等，也可以按仓库分类，如一仓库、二仓库等。建立起存货分类体系后，就可以将存货档案设置在最末级分类下。

例 23　188 账套山东淄新实业有限责任公司的存货分类信息如表 2-10 所示。

表 2-10　存货分类信息

分类编码	分类名称
01	原材料
02	库存商品
03	包装物
04	低值易耗品

操作步骤如下。

① 在 UFIDA ERP-U8 窗口选择【基础设置】|【基础档案】|【存货】|【存货分类】双击，打开【存货分类】设置窗口，如图 2-46 所示。

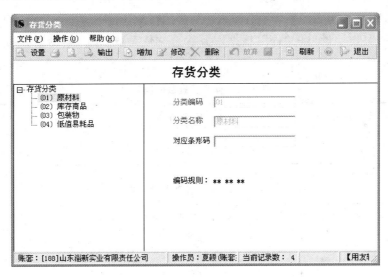

图 2-46　【存货分类】设置窗口

② 在【存货分类】设置窗口，单击工具栏上的【增加】按钮激活存货分类录入界面，依次输入分类编码"01"、分类名称"原材料"，然后单击工具栏上的 ![按钮] 按钮对所输信息进行保存，并进入下一输入界面。依次输入其他存货分类信息，录入完毕后，单击工具栏上的【退出】按钮返回 UFIDA ERP-U8 窗口。

提示：

➤ 分类编码必须唯一，必须按其级次的先后次序建立，可以用数字 0～9 或字符 A～Z 表示，禁止使用 & " ' | ：等特殊字符。

➤ 分类名称可以用数字 0～9 或字符 A～Z 表示，最多可写 10 个汉字或 20 个字符，禁止使用 & " ' | ：等特殊字符。

> 对应条形码中的编码可输入最多30位数字或字符。该编码输入的位长应该根据条码设置中的对应供应商在条码中的位长确定,且在此输入的编码位长必须与其所确定的位长完全相符。新增记录时系统默认将供应商编码带入,可以随时修改,可以为空。不允许有重复的记录存在。

2. 存货计量单位档案设置

为存货设置计量单位,便于对存货进行核算与管理。每一存货的计量单位可以设置一个计量单位,也可设为多个计量单位。计量单位的设置可根据企业对存货管理的具体要求而定。在财务管理软件系统中设置计量单位时应首先设置计量单位组,然后再进行计量单位的设置。计量单位组的设置分三种应用方案,一是计量单位组设置为固定换算率,二是计量单位组设置为浮动换算率,三是计量单位组设置为无换算。当计量单位组设置为固定换算率时,可以设置两个以上(不包含两个)的计量单位,且每一个辅助计量单位对主计量单位的换算率不为空,此时需要将该计量单位组中的主计量单位显示在存货卡片界面上;当计量单位组设置为浮动换算率时,计量单位可以设置为一个或两个,此时需要将该计量单位组中的主计量单位、辅计量单位显示在存货卡片界面上;当计量单位组设置为无换算时,此时可以设置多个计量单位,并显示在存货卡片界面上。系统只允许建立一个无换算计量单位组,而固定换算计量单位组和浮动换算计量单位组可以建立多个。

例24   188账套山东淄新实业有限责任公司的存货计量单位主要划分为两类:重量计量单位"吨"和实物计量单位"件",根据财务管理软件系统要求,其设置方案如表2-11和表2-12所示。

表 2-11   存货计量单位组信息

计量单位组编码	计量单位组名称	计量单位组类别
001	重量计量	浮动换算率
002	实物计量	无换算率

表 2-12   存货计量单位信息

计量单位编码	计量单位名称	计量单位组编码	换算率	主辅计量单位
001	吨	001(重量计量)	1	主计量单位
002	千克	001(重量计量)	0.001	辅计量单位
003	件	002(实物计量)		

操作步骤如下。

① 在 UFIDA ERP-U8 窗口选择【基础设置】|【基础档案】|【存货】|【计量单位】双击,打开【计量单位-计量单位组】设置窗口,如图 2-47 所示。

② 在【计量单位-计量单位组】设置窗口单击工具栏上的【分组】按钮,打开【计量单位组】设置对话框,如图 2-48 所示。

③ 单击工具栏上的【增加】按钮激活计量单位组信息设置界面,依次录入计量单位组编码"001"、计量单位组名称"重量计量",选择计量单位组类别"浮动换算率",录入完毕后,单击工具栏上的 按钮对所输信息进行保存,并进入下一计量单位组信息录入界面。依次输入其他计量单位组的信息资料,所有计量单位组设置完毕后,单击工具栏上的【退出】命令,

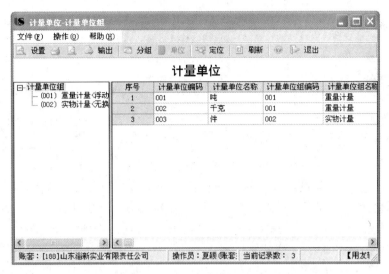

图 2-47 【计量单位-计量单位组】设置窗口

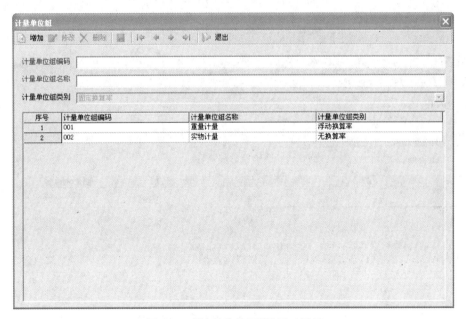

图 2-48 【计量单位组】设置对话框

返回【计量单位-计量单位组】设置窗口。

④ 在【计量单位-计量单位组】设置窗口选择计量单位组"实物计量",再单击工具栏上的【单位】按钮,进入【计量单位】设置对话框 A,如图 2-49 所示。若选择的是固定换算率计量单位组或浮动换算率计量单位组,则进入如图 2-50 所示的【计量单位】设置对话框 B。

⑤ 在图 2-49 所示的【计量单位】设置对话框中单击工具栏上的【增加】按钮激活计量单位信息录入界面,依次录入计量单位编码"003"、计量单位名称"件",输入完毕,单击工具栏上的 ■ 按钮进入该计量单位组下一计量单位录入界面,录入该计量单位组的其他计量单位,录入完毕后,单击工具栏上的【退出】命令,返回【计量单位-计量单位组】设置窗口。

⑥ 重复第④、⑤步操作,依次录入其他计量单位组的计量单位信息。

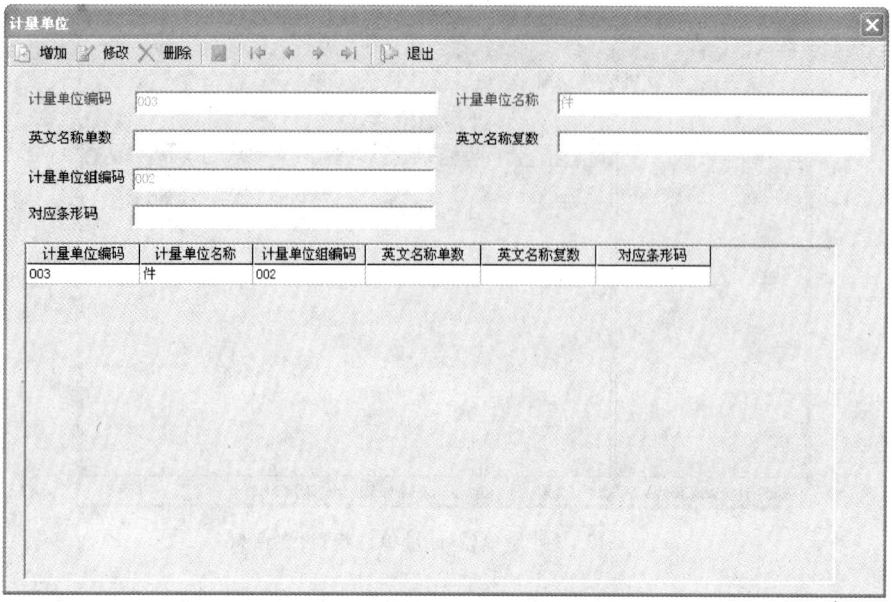

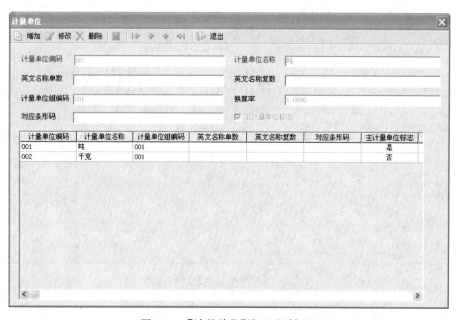

图 2-49　【计量单位】设置对话框 A

图 2-50　【计量单位】设置对话框 B

⑦ 在【计量单位-计量单位组】设置窗口单击工具栏上的【退出】命令结束本次操作。

提示：

➢ 计量单位组和计量单位设置信息中，标题文字呈现蓝色的项目为必输项。

➢ 计量单位组编码和计量单位编码需根据编码方案中定义的编码级次进行编码输入，不能为空，使用后不允许修改，编码中可输入除特殊字符外的所有字符。

➢ 计量单位组名称和计量单位名称可以输入除特殊字符以外的其他所有字符内容。

> 条形码编码最多可输入 30 位数字或字符,不允许有重复的记录存在。该编码输入的位长应该根据条码设置中的对应存货在条码中的位长确定,且在此输入的编码位长必须与其所确定的位长完全相符。新增记录时系统默认将存货编码带入,可以随时修改,可以为空。

> 已经有数据的存货不允许修改计量单位组。

> 计量单位的修改规则是唯一计量单位或者有两个计量单位的计量单位组,可改成有两个以上计量单位的计量单位组,但不能改回来。但是修改时若检查该计量单位组已经被设为浮动换算率的存货使用,则该计量单位组中就不能增加两个以上的计量单位。

> 已经有两个以上计量单位的单位组可以随意新增计量单位成员。

> 已经使用过的计量单位组别不能修改其已经存在的计量单位信息。

换算率是指辅计量单位和计量单位之间的换算比。如一块砖为 10 公斤,则 10 就是辅计量单位块和计量单位公斤之间的换算比。换算率可以输入大于 0 的数字型内容,可以为空。主计量单位的换算率自动置为 1,在系统默认的基本计量单位组中不需要输入换算率,换算率的小数位长需要根据数据精度表中定义进行相应检查。主辅计量单位的换算按以下公式进行:

$$数量(按主计量单位计量)=数量(按辅计量单位计量)\times 换算率$$

主计量单位标志只能设在末级计量单位上,对应每一个计量单位组必须且只能设置一个主计量单位,系统默认将该组下增加的第一个计量单位设置为主计量单位,无换算计量单位组下的计量单位全部默认为主计量单位,且不允许修改。

3. 存货档案设置

设置存货档案主要便于进行购销存管理,加强存货成本核算。存货档案应当按照已经定义好的存货编码原则建立,而且只有在存货分类的最末级才能设置存货档案。在建立存货档案时,为了保证存货核算的完整性,通常应当将随同发货单或发票一起开具的应税劳务或采购费用等也设置在存货档案信息中。存货档案设置模块应同时提供基础档案在输入中的方便性,完备基础档案中数据项,提供存货档案的多计量单位设置,提供存货档案、项目档案的记录合并等功能。

一般情况,存货档案信息包括存货基本信息(包括存货编码、存货名称、存货代码、规格型号、主计量单位、辅助计量单位、税率、属性等)、控制信息(包括提前期、累计提前期、ABC 分类、安全库存、最高库存、最低库存、平均耗用量、经济批量等)、成本信息(包括计价方式、费用率、计划单价/售价、参考成本、最新成本、参考售价、最低售价、最高进价等)和其他信息等。

存货档案主要信息设置要求如下所示。

> 存货编码:必须输入,最多可输入 20 位数字或字符。

> 存货名称:必须输入,最多可输入 20 个汉字或 40 个字符。

> 规格型号:输入产品的规格编号,30 个汉字或 60 个字符。

> 存货代码:存货代码可输可不输,可重复。

> 计量单位组:可参照选择录入,最多可输入 20 位数字或字符。

> 计量单位组类别:根据已选的计量单位组系统自动带入。

> 主计量单位:根据已选的计量单位组,显示或选择不同的计量单位。

> 生产计量单位:设置生产制造系统默认时使用的辅计量单位。对应每个计量单位组均可以设置一个生产订单系统默认使用的辅计量单位。

> 库存(采购、销售、成本、零售)系统默认单位:对应每个计量单位组均可以设置一个

且最多设置一个库存（成本、销售、采购）系统默认使用的辅计量单位。其中成本默认辅计量单位，不可输入主计量单位。

➤ 存货分类：系统根据用户增加存货前所选择的存货分类自动填写，用户可以修改。

➤ 销项税率：录入，此税率为销售单据上该存货默认的销项税率，默认为17，可修改，可以输入小数位，允许输入的小数位长根据数据精度对税率小数位数的要求进行限制，可批量修改。

➤ 进项税率：默认新增档案时进项税＝销项税＝17％，可批量修改。

➤ 是否折扣：即折让属性，若选择是，则在采购发票和销售发票中录入折扣额。该属性的存货在开发票时可以没有数量，只有金额；或者在蓝字发票中开成负数。"是否折扣"与"生成耗用"、"自制"、"在制"属性相互排斥，不能与三者中任意一个属性同时设置。

➤ 存货属性：系统为存货设置了18种属性。同一存货可以设置多个属性，但当一个存货同时被设置为自制、委外和（或）外购时，MPS/MRP系统默认自制为其最高优先属性而自动建议计划生产订单；而当一个存货同时被设置为委外和外购时，MPS/MRP系统默认委外为其最高优先属性而自动建议计划委外订单。

➤ 内销：具有该属性的存货可用于销售。发货单、发票、销售出库单等与销售有关的单据参照存货时，参照的都是具有销售属性的存货。开在发货单或发票上的应税劳务，也应设置为销售属性，否则开发货单或发票时无法参照。升级的数据默认为内销属性，新增存货档案内销默认为不选择。

➤ 外销：具有该属性的存货可用于销售。发货单、发票、销售出库单等与销售有关的单据参照存货时，参照的都是具有销售属性的存货。开在发货单或发票上的应税劳务，也应设置为销售属性，否则开发货单或发票时无法参照。新增存货档案外销默认为不选择。

➤ 外购：具有该属性的存货可用于采购。到货单、采购发票、采购入库单等与采购有关的单据参照存货时，参照的都是具有外购属性的存货。开在采购专用发票、普通发票、运费发票等票据上的采购费用，也应设置为外购属性，否则开具采购发票时无法参照。

➤ 生产耗用：具有该属性的存货可用于生产耗用。如生产产品耗用的原材料、辅助材料等。具有该属性的存货可用于材料的领用，材料出库单参照存货时，参照的都是具有生产耗用属性的存货。

➤ 委外：具有该属性的存货主要用于委外管理。委外订单、委外到货单、委外发票、委外入库单等与委外有关的单据参照存货时，参照的都是具有委外属性的存货。

➤ 自制：具有该属性的存货可由企业生产自制。如工业企业生产的产成品、半成品等存货。具有该属性的存货可用于产成品或半成品的入库，产成品入库单参照存货时，参照的都是具有自制属性的存货。

➤ 计划品：具有该属性的存货主要用于生产制造中的业务单据，以及对存货的参照过滤。计划品代表一个产品系列的物料类型，其物料清单中包含子件物料和子件计划百分比。可以使用计划物料清单来帮助执行主生产计划和物料需求计划。与"存货"所有属性相互排斥。

➤ 应税劳务：指开具在采购发票上的运费费用、包装费等采购费用或开具在销售发票或发货单上的应税劳务。应税劳务属性与"自制"、"在制"、"生产耗用"属性相互排斥，不能同时设置。

例 25 188 账套山东淄新实业有限责任公司的存货档案信息资料如表 2-13 所示。

表 2-13　存货档案信息

存货编码	存货名称	所属分类	计量单位组	计量单位	是否销售	是否外购	是否自制	是否生产耗用	计划价_售价	参考成本	参考售价	最低售价	最新成本
0001	A 材料	01	001	千克		√		√		7500			
0002	B 材料	01	001	千克		√		√		200			
0003	修理用备件	01	002	件		√		√		200			
0004	燃料	01	001	千克		√		√		250			
0005	包装物	03	002	件		√				58			
0006	低值易耗品	04	001	千克		√		√		10			
0007	甲产品	02	002	件	√		√			1200	1700		
0008	乙产品	02	002	件	√		√			2000	3480		

备注：增值税税率为 17%。

操作步骤如下。

① 在 UFIDA ERP-U8 窗口选择【基础设置】|【基础档案】|【存货】|【存货档案】双击，打开【存货档案】设置窗口，如图 2-51 所示。

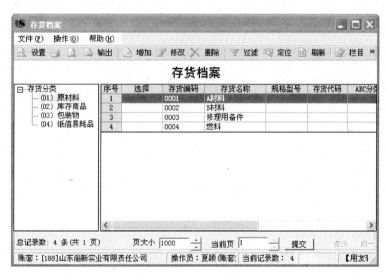

图 2-51　【存货档案】设置窗口

② 在【存货档案】设置窗口，首先在左边的树形列表中选择一个末级的存货分类"(01) 原材料"（如果在建立账套时设置存货不分类，则不用进行选择），然后单击工具栏上的【增加】按钮，打开【增加存货档案】设置对话框，如图 2-52 所示。【增加存货档案】信息录入界面分为：基本信息、成本信息、控制信息、其他信息、计划信息、MPS/MRP 信息、图片和附件八部分，包含了与存货管理相关的所有信息的设置内容。

③ 在【增加存货档案】信息录入界面，输入 0001 存货的信息，输入完毕后，单击工具栏上的 按钮对所录入存货档案信息进行保存，同时进入下一存货档案信息录入界面，依次录入其他存货资料。

④ 所有存货资料录入完毕后，单击工具栏上的【退出】按钮返回【存货档案】设置窗口，

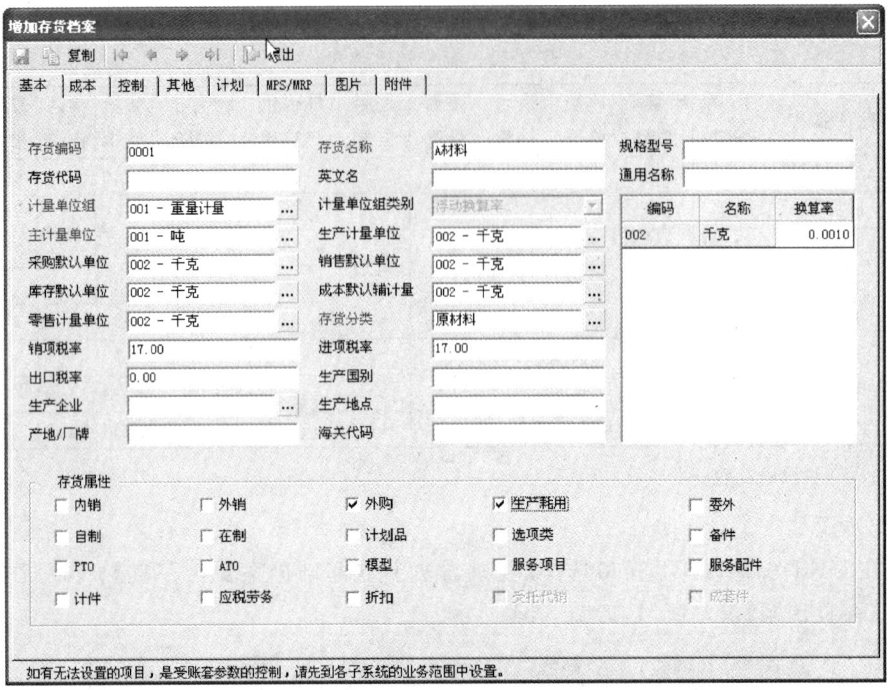

图 2-52 【增加存货档案】设置对话框

所录入存货显示在存货档案列表中，在【存货档案】设置窗口单击工具栏上的【退出】按钮结束本次操作。

提示：

项目标题为蓝色的信息项目为必填项。

本 章 习 题

1. 系统管理模块的主要功能有哪些？
2. 何谓财务分工？进行财务分工的意义是什么？
3. 操作员的特征信息有哪些？
4. 财务管理软件系统的财务核算账套参数一般主要包括哪些内容？
5. 在财务管理软件系统中为什么要进行账套数据的备份与恢复？
6. 基础设置模块的设置内容有哪些？
7. 试比较系统管理员、账套主管和一般普通操作员在操作权限上的差异。
8. 部门档案与职员档案在设置上应注意什么问题？
9. 客户/供应商分类与客户/供应商档案在设置上应注意什么问题？
10. 操作员的操作权限的划分层次如何？
11. 如何为操作员设置操作权限？

第 3 章

账务处理系统

教 学 目 的 及 要 求

　　系统地学习账务处理初始化功能的基本知识和基本工作原理。要求掌握账务处理系统的基本业务流程、账务处理初始化的基本内容和工作原理。掌握账务系统初始化中设置会计科目、录入期初余额及设置分类、档案资料的方法；掌握日常业务处理中凭证处理和记账的方法；熟悉出纳管理的内容和处理方法；熟悉期末业务的内容和处理方法。

　　账务处理系统是财务管理软件的核心，主要进行会计凭证、会计账簿的管理。账务处理系统既可独立运行，还可与其他子系统协同使用，它提供通用数据接口为财务报表、财务分析、领导查询、决策分析等相关系统提供财务数据，实现财务信息与业务信息的高度整合，为企业决策提供实时的财务信息。

3.1　账务处理系统概述

　　账务处理系统，又称为总账系统，它在整个电算化会计信息系统中处于核心地位，在整个会计信息系统中既是中枢，又是最基本的系统，它综合、全面、概括地反映企业供产销各个方面的会计工作内容。其他各子系统的数据都必须传输到账务处理，同时还要把账务处理系统中的某些数据传送给其他的子系统供其利用。许多企业单位的会计电算化工作往往都是从账务处理系统开始的。

　　账务处理系统适用于各类企业、行政事业单位，主要用于建账、凭证管理、标准账表、出纳管理、数量核算、外币核算、月末处理和辅助管理等。

3.1.1　账务处理系统的特点

　　账务处理系统在整个会计信息系统中处于核心地位，与其他子系统关系密切。相对于其他子系统，账务处理系统具有如下特点。

1. 规范性强，一致性好

　　账务处理子系统采用世界通用的会计记账方法——复式记账法，并满足以下基本处理原则：有借必有贷，借贷必相等；资产＝负债＋所有者权益；总账余额或发生额必须等于其下属明细账余额或发生额之和。尽管不同的单位由于业务量不同,而选择不同的会计核算组织程序(登记总账的方法),但最终的账簿格式基本相同。正因为如此,无论是在西方还是在国内,到处都可以看到大量商品化账务处理系统或总账软件。

2. 综合性强,在整个会计信息系统中起核心作用

会计信息系统中的其他子系统是局部反映供产销过程中某个经营环节或某类经济业务的,例如材料核算子系统主要反映采购、库存、应付账款核算这一经营环节;销售子系统主要反映销售、应收账款核算这一经营环节等。这些子系统不仅采用货币作为计量单位,而且还广泛使用实物数量指标。而账务处理系统则是以货币作为主要计量单位,综合、全面、系统地反映企业供产销的所有方面。因此,账务处理系统产生的信息具有很强的综合性和概括性。此外,账务处理子系统还要接收其他子系统产生的数据,同时还要向其他子系统传递数据,这样账务处理子系统又是数据交互的桥梁,它把其他子系统有机地结合在一起,形成了完整的会计信息系统,账务处理子系统是整个会计信息系统的核心。

3. 控制要求严格,正确性要求高

由于账务处理子系统所产生的账表要提供给投资者、债权人、管理人员、财政部门、税务部门等,因此必须保证账务处理数据的正确性,保证结果的真实性。正确的报表来自正确的账簿,正确的账簿来自正确的凭证,只有从凭证开始,对账务处理的各个环节加以控制,才能防止有意无意的差错发生。

3.1.2　账务处理系统的功能结构

账务处理系统是会计信息系统的核心,它涉及整个会计核算系统中的记账、算账、报账过程,涉及会计业务处理中国家统一规定的凭证、账簿和报表格式,必须符合现行会计制度的要求。通常,一个完整、通用的财务管理软件的账务处理系统是由系统初始化、日常处理、出纳管理、账簿管理、辅助核算、期末业务处理、数据维护等功能模块组成的。其主要功能结构如图 3-1 所示。

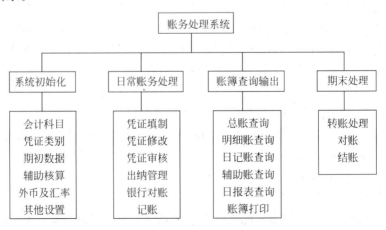

图 3-1　账务处理系统主要功能结构

1. 系统初始化

账务处理系统初始化分为两种情况下进行：其一是首次使用账务处理系统，其二是建立新的核算账套后需要进行。由于初始化工作规定了系统的日常工作模式，其中一些系统参数设置生效后将无法更改，因而初始化工作的全面性尤为关键。初始化工作既要考虑企业当前的实际，同时还考虑到企业未来的发展，必须综合分析，全面统筹。

系统初始化内容主要包括设置会计科目、设置凭证类别与结算方式、设置会计账簿、设置外汇汇率和自动转账、结账科目、录入期初余额等。

2. 日常处理

日常处理业务主要包括填制凭证、查询凭证、凭证修改、审核凭证、记账等业务。

凭证管理。完成凭证的录入、修改、查询、审核等日常工作，提供资金控制、支票控制、预算控制等功能，保证对业务记录的实时管理和控制。

出纳管理。实现现金和银行存款的各种管理，主要包括查询打印现金日记账、银行存款日记账、资金日报表；进行支票登记和管理；进行银行对账，编制银行存款余额调节表。

记账。账簿的登记通常称为记账或过账，它必须以审核无误的记账凭证为依据。与手工方式下记账不同，计算机账务处理系统中的记账过程是自动完成的，即由账务处理软件系统按照设计的记账程序自动进行合法性检验、科目汇总并登记账簿等。

3. 账簿管理

账簿管理主要包括总账查询与输出、明细账查询与输出、多栏账和日记账查询输出等。

综合查询。根据审核后的凭证登记日记账、总账、明细账以及其他辅助管理账簿。系统提供了强大的综合查询和输出功能，满足用户对各种账簿、业务凭证的输出需要。

辅助账管理。根据用户设置的辅助账簿，系统可以进行相应的辅助核算：部门核算、个人核算、单位往来核算、项目核算等。

4. 辅助核算

辅助核算内容主要包括数量核算、项目核算、部门核算、往来单位核算等。

部门核算。为了考核部门的经营业绩或者控制部门的费用支出，可以将成本和损益类科目设置为部门辅助核算。增加部门辅助核算账户后，不仅能够得到这些账户于本会计期间内的发生额情况，而且能够进行一步细化到有关账户在不同部门的发生额情况。

个人往来核算。个人往来核算主要用于核算企业与企业员工之间的资金往来业务，便于进行个人借款、还款的管理，控制个人借款额度，完成清欠工作。

项目核算。以某一项目为具体核算对象，为管理者提供项目的收入、成本与费用等汇总及明细资料、项目执行报告等。提供项目总账、明细账和项目统计表查询。项目核算的对象可以是专项工程、产品成本、合同、科研成果、订单等多种类型。

往来单位核算管理。主要用于核算企业与往来客户、供应商之间往来款项的发生、清欠管理，及时掌握往来款项的最新情况。提供往来款的总账、明细账、催款单、往来账清理、账龄分析报告等功能。

5. 期末业务处理

期末业务是财务部门于每个会计期间必须进行的业务处理，业务量不多，但程序较复杂。由于期末业务涉及的数据主要源于账簿，并且不同会计期间的期末处理具有明显的规律性，因此可以利用计算机自动处理。

期末处理工作主要有以下几个环节：根据自动转账功能进行期末账项调整，如损益类科目的结转；试算平衡、对账、结账，生成月末工作报告等。

3.1.3　账务处理系统的业务处理流程

账务处理系统的业务处理流程如图 3-2 所示。

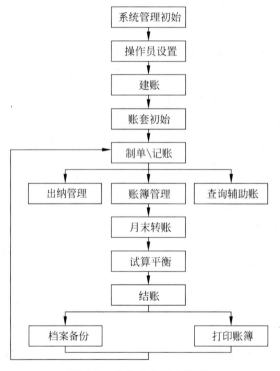

图 3-2　账务处理基本流程

3.1.4　应用解决方案选择

1. 业务较少的小型企业应用方案

如果企业属于实际经济业务比较简单，业务数据量较少的小型企业，则只需使用总账系统，按照制单→审核→记账→查账→结账的业务流程进行日常业务处理。

2. 业务较复杂的企业应用方案

如果企业核算业务较复杂，建议使用各种辅助核算进行管理，如个人往来借款的管理、部门管理、项目管理和客户及供应商管理。

3.机构设置较复杂的企业应用方案

如果企业机构设置较复杂,则应使用部门核算管理,多级部门的设置将更方便地管理企业各部门的收入和支出。

4.往来业务较多的企业应用方案

如果企业的往来业务较频繁,则会有较多的往来客户、供应商。此时有多种模式可供选择。

1) 总账模式

在这种模式下,总账系统的辅助账查询菜单项下,没有客户辅助账查询和供应商辅助账查询。即总账系统不提供客户/供应商往来辅助核算的功能和查询,会计科目设置时,不能设置客户、供应商辅助核算选项。

2) 总账+往来模式

在这种模式下,选项设置中需将客户(供应商)核算选择在总账,才能在总账中查询供应商往来和客户往来辅助账。往来科目需设置为客户(供应商)往来辅助核算;期初余额录入时,客户(供应商)辅助核算的科目可以录入期初辅助数据;制单时,可以使用客户(供应商)辅助核算科目;月末结账时,不必判断应收(应付)系统是否已经结账;应收(应付)系统只有科目设置、制单、凭证查询等功能。

3) 总账+应收(应付)模式

在这种模式下,选项设置中将客户(供应商)核算选择在应收(应付)核算。科目需设置为客户(供应商)往来核算科目,该科目为应收(应付)受控科目;总账系统期初余额录入时,客户(供应商)辅助核算的科目需要录入期初辅助数据;制单时,不能使用客户(供应商)辅助核算科目;月末结账时,要判断应收(应付)系统是否已经结账;在这种模式下,总账系统中没有客户(供应商)往来辅助查询;应收(应付)系统可以执行单据录入、核销、制单、查询等功能。

3.2 总账系统初始化

作为系统使用的基础,账务处理的初始化至关重要。首次使用财务管理系统时,最好指定专人或由财务主管进行此项工作,因为有些初始设置必须在第一次使用时一次性设置好,以后不能改变,因此必须认真对待。通过账务处理系统的初始设置阶段,可以把核算单位的会计核算规则、核算方法、应用环境,以及基础数据输入计算机,实现会计手工核算向计算机核算的过渡,同时完成将通用的财务管理系统向适合本单位实际情况的专用财务管理系统的转化。

财务管理系统的初始化设置一般是在系统安装完成并进行了初始参数设置后,由账套主管(一般是本单位的财务主管)根据本单位的实际情况负责完成的。系统初始化的主要内容包括:设置账簿选项、定义外币及汇率、设置会计科目、建立辅助核算、设置明细权限、定义结算方式、设置凭证类型、定义自定义项、定义常用凭证及常用摘要、录入期初余额等。考虑到初始设置内容之间的相互关系,初始设置的基本流程为:设置账套参数→定义外币及汇率→设置会计科目→设置凭证类型→定义结算方式→定义客户/供应商等分类信息→定义客户/供应商等档案信息→定义项目档案→录入期初余额。

3.2.1 总账系统业务登录方法

使用总账系统之前,须先行在系统管理模块完成核算账套的创建,然后启动并注册登录企业应用平台,在企业应用平台中选择总账系统的业务处理模块后,进行双击即可登录相关功能模块进行业务处理。

基本操作步骤如下(以 KJ001 操作员处理"188"账套总账业务为例)。

① 单击【开始】菜单,依次选择【程序】|【用友 ERP-U871】,然后单击【企业应用平台】,打开【登录】对话框,如图 3-3 所示。

图 3-3 【登录】对话框

② 单击【操作员】文本框,输入操作员编号 KJ001 或输入操作员姓名"夏颖",输入完毕后,回车将光标移到【密码】文本框输入区,输入登录密码 1 回车,此时对话框【账套】显示 KJ001 操作员所能操作的最小账套号。

③ 在【账套】下拉列表中选择"[188]山东淄新实业有限责任公司"账套。

④ 输入操作日期 2008-07-01 或单击 ▼ 按钮参照选择日期 2008-07-01。

⑤ 单击【确定】按钮,登录 UFIDA ERP-U8 窗口,如图 3-4 所示。

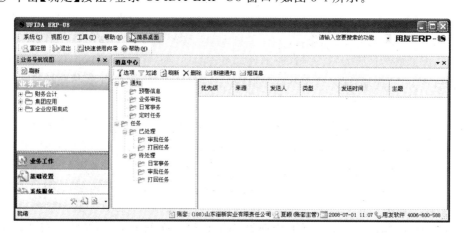

图 3-4 UFIDA ERP-U8 窗口

⑥ 在 UFIDA ERP-U8 窗口选择【业务工作】|【财务会计】|【总账】单击,展开【总账】业务内容,如图3-5所示。

⑦ 选择要执行的功能节点双击,即可登录相关功能模块进行业务操作。

3.2.2 业务控制参数设置

首次启用一个新建账套的账务处理系统或启用一个账务处理系统之后,都可以进一步设置账务处理系统的控制功能。账务处理系统控制功能设置如图3-6所示。

1. 凭证设置

1) 制单控制

制单控制主要设置在填制凭证时,系统应对哪些操作进行控制。

① 制单序时控制:此项和"系统编号"选项联用,制单时凭证编号必须按日期顺序排列,如7月1日编至第25号凭证,则7月2日只能从第26号凭证开始编制,即制单序时。如果有特殊需要可以将其改为不序时制单。

图3-5 总账业务体系

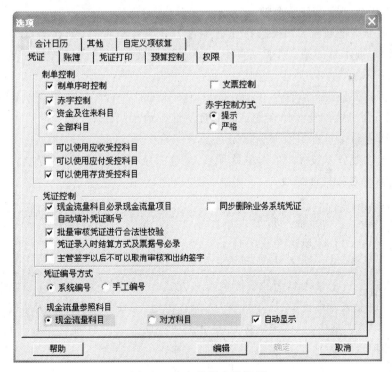

图3-6 业务控制参数设置

② 支票控制:若选择此项,在制单时使用银行科目编制凭证时,系统针对票据管理的结算方式进行登记。如果录入支票号在支票登记簿中已存在,系统提供登记支票报销的功

能；否则，系统提供登记支票登记簿的功能。

③ 赤字控制：若选择了此项，在制单时，当"资金及往来科目"或"全部科目"的最新余额出现负数时，系统将予以提示。赤字控制分提示、严格两种方式，可根据企业内部管理的实际需求进行选择。

④ 可以使用应收受控科目：若科目为应收款系统的受控科目，为了防止重复制单，只允许应收系统使用此科目进行制单，总账系统是不能使用此科目制单的。如果需要在总账系统中也能使用这些科目填制凭证，则应选择此项。如果选择了总账和其他业务系统使用了受控科目，则会引起应收系统与总账对账不平，需要加强内部管理控制。

⑤ 可以使用应付受控科目：若科目为应付款系统的受控科目，为了防止重复制单，只允许应付系统使用此科目进行制单，总账系统是不能使用此科目制单的。如果需要在总账系统中也能使用这些科目填制凭证，则应选择此项。如果选择了总账和其他业务系统使用了受控科目，则会引起应付系统与总账对账不平，需要加强内部管理控制。

⑥ 可以使用存货受控科目：若科目为存货核算系统的受控科目，为了防止重复制单，只允许存货核算系统使用此科目进行制单，总账系统是不能使用此科目制单的。如果需要在总账系统中也能使用这些科目填制凭证，则应选择此项。如果选择了总账和其他业务系统使用了受控科目，则会引起存货系统与总账对账不平，应加强内部管理控制。

2）凭证控制

① 现金流量科目必录现金流量项目：选择此项后，在填制凭证时如果使用现金流量科目则必须输入现金流量项目及金额。

② 自动填补凭证断号：如果选择凭证编号方式为系统编号，则在新增凭证时，系统按凭证类别自动查询本月的第一个断号默认为本次新增凭证的凭证号。如无断号则为新号，与原编号规则一致。

③ 批量审核凭证进行合法性校验：批量审核凭证时针对凭证进行二次审核，提高凭证输入的正确率，合法性校验与保存凭证时的合法性校验相同。

④ 凭证录入时结算方式及票据号是否必录。

⑤ 同步删除业务系统凭证：选中此项后，外部系统删除凭证时相应地将总账的凭证同步删除。否则，将总账凭证作废，不予删除。

3）凭证编号方式

在填制凭证时，多数企业一般要求按照凭证类别按月自动编制凭证编号，此时应选择"系统编号"。但有的企业要求在制单时手工录入凭证编号，此时应选择"手工编号"。

4）现金流量参照科目

用来设置现金流量录入界面的参照内容和方式。"现金流量科目"选项选中时，系统只参照凭证中的现金流量科目；"对方科目"选项选中时，系统只显示凭证中的非现金流量科目；"自动显示"选项选中时，系统依据前两个选项将现金流量科目或对方科目自动显示在指定现金流量项目界面中，否则需要手工参照选择。

2. 权限设置

（1）制单权限控制到科目：要在系统管理的"功能权限"中设置科目权限，再选择此项，权限设置有效。选择此项，则在制单时，操作员只能使用具有相应制单权限的科目制单。

（2）允许修改、作废他人填制的凭证：若选择了此项，在制单时可修改或作废别人填制的凭证，否则不能修改。

（3）制单权限控制到凭证类别：要在系统管理的"功能权限"中设置凭证类别权限，再选择此项，权限设置有效。选择此项，则在制单时，只显示此操作员有权限的凭证类别。同时在凭证类别参照中按人员的权限过滤出有权限的凭证类别。

（4）操作员进行金额权限控制：选择此项，可以对不同级别的人员进行金额大小的控制，例如财务主管可以对 10 万元以上的经济业务制单，一般财务人员只能对 5 万元以下的经济业务制单，这样可以减少由于不必要的责任事故带来的经济损失。在进行金额权限控制时，对于结转凭证不受金额权限控制；在调用常用凭证时，如果不修改直接保存凭证，此时由被调用的常用凭证生成的凭证不受任何权限的控制；外部系统凭证是已生成的凭证，得到系统的认可，所以除非进行更改，否则不做金额等权限控制。

（5）凭证审核控制到操作员：如只允许某操作员审核其本部门操作员填制的凭证，则应选择此选项。

（6）出纳凭证必须经由出纳签字：若要求库存现金、银行科目凭证必须由出纳人员核对签字后才能记账，则选择"出纳凭证必须经由出纳签字"。

（7）凭证必须经由主管会计签字：如要求所有凭证必须由主管签字后才能记账，则选择"凭证必须经主管签字"。

（8）可查询他人凭证：如允许操作员查询其他人员填制的凭证，则选择"可查询他人凭证"。

（9）明细账查询权限控制到科目：这里是权限控制的开关，在系统管理中设置明细账查询权限，必须在总账系统选项中打开，才能起到控制作用。

（10）制单、辅助账查询控制到辅助核算：设置此项权限，制单时才能使用有辅助核算属性的科目录入分录，辅助账查询时只能查询有权限的辅助项内容。

3. 凭证打印

（1）合并凭证显示、打印：选择此项，则在填制凭证、查询凭证、出纳签字和凭证审核时，以系统选项中的设置显示。

（2）打印凭证页脚姓名：在打印凭证时，是否自动打印制单人、出纳、审核人、记账人的姓名。

（3）打印包含科目编码：在打印凭证时，是否自动打印科目编码。

（4）摘要与科目打印内容设置：通过此功能，可设置凭证中的摘要栏与科目栏内打印的辅助项。

（5）打印转账通知书：启用了此项，才能够在科目编辑时指定可打印的科目，在凭证中可打印转账通知单。

（6）凭证、正式账每页打印行数："凭证打印行数"可对凭证每页的行数进行设置，"正式账每页打印行数"可对明细账、日记账、多栏账的每页打印行数进行设置。

4. 账簿

用来调整各种账簿的输出方式及打印要求等。

（1）打印位数宽度：定义正式账簿打印时各栏目的宽度，包括摘要、金额、外币、数量、汇率、单价。

（2）明细账打印输出方式：设置打印正式明细账、日记账或多栏账时，按年排页还是按月排页。

（3）凭证、账簿打印模式：凭证、账簿套打印还是使用标准版打印。

5. 会计日历

用于设定企业的会计期间。

6. 其他

用于选择外币汇率方式及部门、个人、项目的排序方式等。

例1　以 KJ001 操作员夏颖身份登录企业管理平台后，对总账控制参数进行设置，企业业务控制参数为：凭证必须经由主管会计签字、出纳凭证必须经由出纳签字，其他采取默认设置。

操作步骤如下。

① 在 UFIDA ERP-U8 窗口选择【业务工作】|【财务会计】|【总账】|【设置】|【选项】双击，打开【选项】对话框，参见图 3-6 所示。

② 打开【权限】选项卡，切换到【权限】页面，单击【编辑】按钮激活窗口，然后选中【出纳凭证必须经由出纳签字】和【凭证必须经由主管会计签字】复选框。

③ 单击【确定】按钮，完成业务控制参数的设置。

3.2.3　设置外币汇率

汇率管理是专为外币核算服务的。企业如果存在外币业务或外币汇率发生变动等，需通过外币汇率功能进行定义。其中，外币汇率方式需在如图 3-6 所示的【选项】对话框中设置。

在填制凭证中所用的汇率应先在此进行定义，以便制单时调用，减少录入汇率的次数和差错；当汇率变化时，应预先在此进行调整，否则，制单时不能正确录入汇率；对于使用固定汇率（即使用月初或年初汇率）作为记账汇率的用户，在填制每月的凭证前，应预先在此录入该月的记账汇率，否则在填制该月外币凭证时，将会出现汇率为零的错误；对于使用变动汇率（即使用当日汇率）作为记账汇率的用户，在填制当天的凭证前，应预先在此录入当天的记账汇率。

例2　山东淄新实业有限责任公司存在外币核算业务，外币核算信息为：企业采取固定汇率记账，涉及外币为美元，记账汇率为 7.2，采用间接标价法。

操作步骤如下。

① 在 UFIDA ERP-U8 窗口选择【基础设置】|【基础档案】|【财务】|【外币设置】双击，打开【外币设置】界面，如图 3-7 所示。

② 输入币符 USD、币名"美元"后，单击工具栏上的【增加】按钮，完成外币币种的设置。

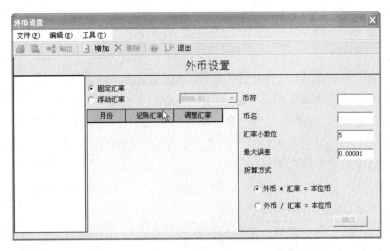

图 3-7　【外币设置】界面

③ 在外币列表中,单击"美元",激活汇率设置,如图 3-8 所示。

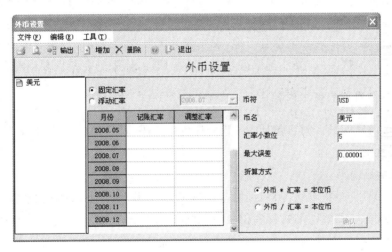

图 3-8　【外币设置】汇率设置

④ 选择汇率方式与折算方式后,输入"2008.07"月份的记账汇率"7.2",输入完毕后回车保存。

提示:

➢ 使用固定汇率的单位,在填制每月的凭证前,应预先录入该月的记账汇率,否则将会出现汇率为零的错误。

➢ 使用浮动汇率的单位,在填制当天的凭证前,应预先录入当天的记账汇率。

➢ "外币 * 汇率＝本位币"的折算方式是指间接汇率。

➢ "外币/汇率＝本位币"的折算方式是指直接汇率。

➢ 制单时使用固定汇率还是浮动汇率,需在总账系统选项的凭证选项卡中设置。

⑤ 同样方式设置其他外币及汇率,设置完毕后,单击工具栏上【退出】按钮返回 UFIDA ERP-U8 窗口。

3.2.4 设置会计科目

会计科目是填制会计凭证、登记会计账簿、编制会计报表的基础,它是对会计对象具体内容分门别类进行核算所规定的项目。会计科目是一个完整的体系,它是区别于流水账的标志,是复式记账和分类核算的基础。会计科目设置的完整性影响着会计过程的顺利实施,会计科目设置的层次深度直接影响会计核算的详细、准确程度。除此之外,对于会计信息系统会计科目的设置是用户应用系统的基础,它是实施各种会计手段的前提。因此,科目设置的完整性、详细程度对于整个会计信息系统尤其重要,应在创建科目、科目属性描述、账户分类上为用户提供尽可能的方便和校验保障。

设置会计科目就是对会计对象的具体内容分类进行核算的方法,为了充分体现计算机管理的优势,目前通用财务管理软件系统均已根据行业特点在系统中预设了一级会计科目,但这种设置并不能满足企业具体核算的要求,需要使用单位根据自身的业务特点和实际需要进行修改调整。一般来讲,为了减少输入工作量,使用单位可以对系统预设的会计科目进行增加、插入、修改、删除、查询、复制、打印等操作。

会计科目方案的设定必须综合考虑,要充分考虑到满足会计报表编制的需要,必须考虑到与各子系统的衔接问题,要注意保持科目间的协调性、体系的完整性和相对稳定性。

1. 会计科目设置的基本内容

会计科目设置的基本内容包括:设置会计科目编码、科目助记词、科目名称、科目类型、方向、辅助属性等。

1) 设置科目编码

设置科目编码,是指对每一科目的编码按科目编码规则进行定义,科目编码设置时应遵循规定性、层次性、一致性、简短性和扩展性原则。

设置会计科目编码规则,即在账务处理系统初始化过程中,定义该核算单位所使用的会计科目的级数及各级科目的编码长度。科目编码长度要与企业的实际核算要求相适应,通常可采用三级到四级核算。按财政部新会计制度规定的一级科目编码级长为四位数,二级、三级科目编码级长为两位数,其他级别的科目编码长度可由用户自己定义。例如,以会计核算科目"应交税金"为例,如果采用三级核算,则编码规则为 4-2-2,即一级科目为四位,二级、三级科目均为两位,科目编码总长度为 8 位数,则其编码体系如下:

科目编码	科目名称
2221	应交税费
222101	应交增值税
22210101	进项税额
22210102	已交税金
⋮	⋮
222102	未交增值税
222103	应交营业税
⋮	⋮

凭证处理时,如输入科目编码"22210101",则系统自动转换为汉字"应交税费—应交增值税—进项税额"。

科目编码设置。科目编码采用分段编码方式,必须与会计科目一一对应。分段的个数及每段级长在设置核算体系时进行确定,在未使用前可在【基础设置】模块中的【基本信息】|【编码方案】中进行调整。

输入科目编码时必须遵循以下原则:科目编码必须唯一,不能重复;科目编码必须按照其级次的先后次序建立;输入各级科目编码长度必须符合所定义的科目编码长度;科目编码输入明细科目时,其上级科目必须已经输入。

2)设置科目助记词

设置科目助记词的目的是方便用户记忆,它是对会计科目另外进行的编码,科目输入时可通过输入助记词来替代科目名称输入,这样既便于用户记忆会计科目,又能提高凭证填制的速度。一般情况下,为了便于制单和查询,助记词可由科目名称中汉语拼音的声母组成。例如"库存现金"科目的助记词是"KCXJ","银行存款"的助记词是"YHCK",不同科目的助记词可以相同,如果用户在输入凭证时输入了助记词,屏幕上会出现所有与此助记词相同的会计科目供用户选择。

3)设置会计科目名称

科目名称即账户名称,分为科目中文名称和英文科目名称,可以是汉字、英文字母或数字。会计科目名称必须严格按照会计制度规定的科目名称输入。

4)设置会计科目类型和账户格式

按照新会计准则的规定,会计科目按其性质划分为六种类型,即资产类、负债类、共同类、所有者权益类、成本类和损益类。一级科目编码的第一位数字统一规定为代表会计科目类型,分别用1、2、3、4、5、6代表上述六类会计科目。一般情况下,资产类会计科目的方向为借方,负债和权益类会计科目方向为贷方。用户可以根据实际情况进行调整。

账户格式是定义该科目在账簿打印时默认的打印格式。一般可分为普通三栏式、数量金额式、复币式等格式。其中普通三栏式又常称为金额式;复币式是指同一会计科目采用人民币和外币两种方式进行核算。一般情况下,有外币核算的科目,可采用复币式,而对原材料、物资采购等核算科目可设置数量金额式的账户格式。

5)科目属性

在设置会计科目的过程中,根据核算和管理的需要设置会计科目的性质,如部门、项目、外币、对账等,这样在今后的处理中就可以根据性质完成诸如对账、外币业务处理、辅助业务核算和管理等业务处理。在进行定义时必须综合考虑单位的实际情况,如项目、部门、往来单位较多,则应事先进行必要的分类,然后建立相应的档案或卡片。例如,若将"管理费用"设为部门核算,则对发生的管理费用在填制凭证时,系统自动提示要求输入部门代码,有关费用就可以直接分摊到具体的部门或单位,这样就可以对各个部门的费用进行分析,进而可以实现对部门的考核或奖惩。

2. 会计科目设置的基本操作

会计科目设置的基本操作包括:增加会计科目、修改会计科目、删除会计科目、指定会计科目等。

1）增加会计科目

如果用户所使用的会计科目基本上与会计制度规定的一级会计科目一致，则可在建立账套时选择预置标准会计科目。这样，在会计科目初始设置时只需对不同的会计科目进行修改，对缺少的会计科目进行增加处理即可。

如果所使用的会计科目与会计制度规定的会计科目相差较多，则可以在系统初始设置时选择不预置行业会计科目，这样可以根据需要自行设置全部会计科目。

例 3 增加会计科目：在“1002 银行存款”一级科目下增加二级明细科目“100201 工行存款”、“100202 中行存款”。

操作步骤如下。

① 在 UFIDA ERP-U8 窗口选择【基础设置】|【基础档案】|【财务】|【会计科目】双击，打开【会计科目】设置窗口，如图 3-9 所示。

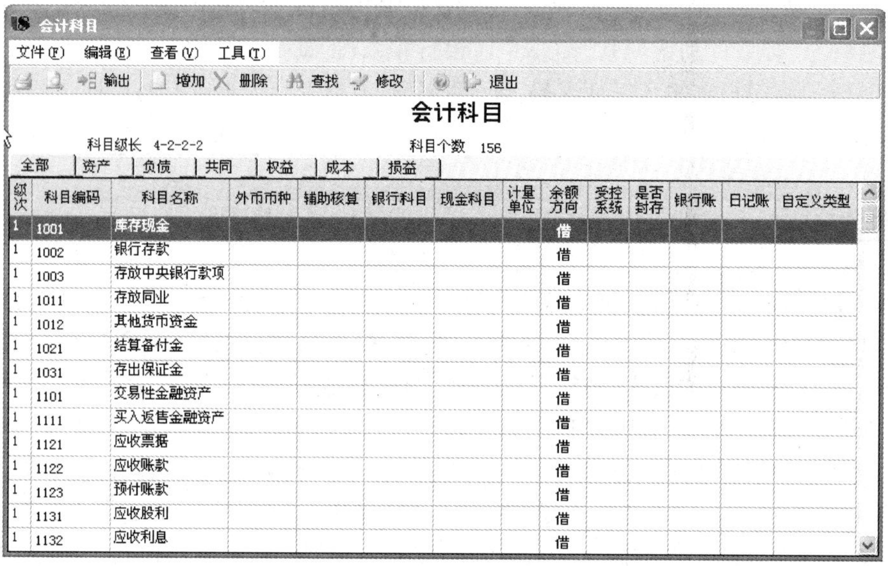

级次	科目编码	科目名称	外币币种	辅助核算	银行科目	现金科目	计量单位	余额方向	受控系统	是否封存	银行账	日记账	自定义类型
1	1001	库存现金						借					
1	1002	银行存款						借					
1	1003	存放中央银行款项						借					
1	1011	存放同业						借					
1	1012	其他货币资金						借					
1	1021	结算备付金						借					
1	1031	存出保证金						借					
1	1101	交易性金融资产						借					
1	1111	买入返售金融资产						借					
1	1121	应收票据						借					
1	1122	应收账款						借					
1	1123	预付账款						借					
1	1131	应收股利						借					
1	1132	应收利息						借					

图 3-9 【会计科目】设置窗口

② 单击工具栏上的【增加】按钮，打开【新增会计科目】对话框，如图 3-10 所示。

③ 在【新增会计科目】对话框中依次录入科目编码“100201”、科目中文名称“工行存款”等信息，选中“日记账”、“银行账”复选框，设置完毕后，单击对话框下方的【确定】按钮，对所增加会计科目进行保存，保存完毕后，对话框下方的【确定】按钮转换为【增加】按钮，通过单击【增加】按钮继续增加会计科目。

④ 所有会计科目录入完毕后，单击对话框下方的【关闭】按钮，结束会计科目的增加操作，返回【会计科目】窗口。

提示：

- 增加会计科目必须遵循会计科目编码方案。
- 会计科目必须逐级增加。
- 增加明细科目时，系统默认其类型与上级科目保持一致。
- 已经使用过的会计科目不能再增加下级科目。

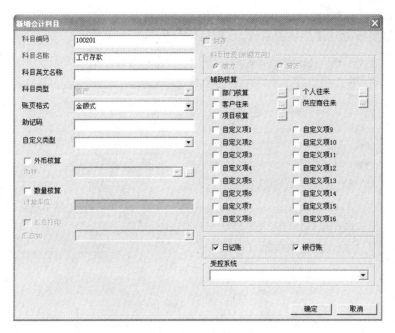

图 3-10 【新增会计科目】对话框

2）删除会计科目

如果某些会计科目目前暂时不需要或者不适合企业科目体系的特点，可以在未使用之前将其删除。

例 4 将共同类科目中"3001 清算资金往来"科目删除。

操作步骤如下。

① 在【会计科目】设置窗口，选中共同类科目中"3001 清算资金往来"科目后，单击工具栏上的【删除】按钮，弹出【删除记录】对话框，如图 3-11 所示。

② 单击对话框上的【确定】按钮，将会计科目删除。

提示：

图 3-11 【删除记录】对话框

➢ 科目删除后不能被自动恢复，但可通过增加功能来完成。

➢ 非末级科目不能删除。

➢ 已有数据的会计科目，应先将该科目及其下级科目余额清零后再删除。

➢ 被指定为现金银行科目的会计科目不能删除。如果删除，必须先取消指定。

3）修改会计科目

如果要对已经设置完成的会计科目的名称、编码及辅助项目等内容进行修改。应在会计科目未使用之前在会计科目的修改功能中完成。

例 5 将"1001 库存现金"科目修改为有"日记账"，"1002 银行存款"修改为有"日记账"和"银行账"的辅助核算的会计科目。

操作步骤如下。

① 在 UFIDA ERP-U8 窗口选择【基础设置】|【基础档案】|【财务】|【会计科目】双击，打开【会计科目】设置对话框。

② 在【会计科目】设置对话框中选择要修改的会计科目"1001 库存现金"后，单击工具栏上的【修改】按钮，弹出【会计科目_修改】对话框，如图 3-12 所示。

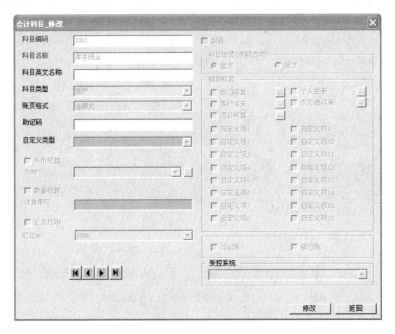

图 3-12 【会计科目_修改】对话框

③ 单击【会计科目_修改】对话框下方的【修改】按钮，激活对话框，根据要求进行会计科目的修改，将"1001 库存现金"科目设置为日记账。修改完毕后，单击对话框下方的【确定】按钮对修改结果进行保存，同样方法完成其他会计科目的修改操作。

提示：

➢ 已经使用过的末级会计科目不能再修改科目编码。

➢ 非末级会计科目的编码不能修改或删除。

➢ 已有数据的会计科目，应先将该科目及其下级科目余额清零后再修改。

➢ 如果需要成批修改，可以单击"▶"或"◀"按钮，直接查找科目进行修改。

➢ 被封存的科目在制单时不可以使用。

➢ 只有末级科目才能设置汇总打印，且只能汇总该科目本身或其上级科目。

➢ 只有处于修改状态才能设置汇总打印和封存。

4）指定会计科目

指定会计科目是指定出纳的专管科目。系统中只有指定科目后，才能执行出纳签字，从而实现库存现金、银行存款管理的保密性，才能查看库存现金、银行存款日记账。

例 6 指定"1001 库存现金"为现金总账科目、指定"1002 银行存款"为银行总账科目、指定"1001 库存现金"、"100201 工行存款"、"10020201 人民币户"、"10020202 美元户"及"1012 其他货币资金"的明细科目为现金流量科目。

操作步骤如下。

① 在【会计科目】设置窗口单击【编辑】菜单中的【指定科目】级联菜单，打开【指定科目】对话框，如图 3-13 所示。

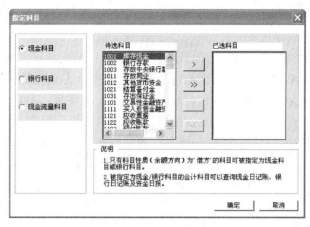

图 3-13 【指定科目】对话框

② 选中【现金科目】单选按钮,将"1001 库存现金"科目从【待选科目】添加到【已选科目】列表中。

③ 选中【银行科目】单选按钮,将"1002 银行存款"科目从【待选科目】添加到【已选科目】列表中。

④ 选中【现金流量科目】单选按钮,将"1001 库存现金"、"100201 工行存款"、"10020201 人民币户"、"10020202 美元户"、"101201 外埠存款"、"101202 银行本票"、"101203 银行汇票"、"101204 信用卡"、"101205 信用保证金"、"101206 存出投资款"科目从【待选科目】添加到【已选科目】列表中。

⑤ 完成会计科目的选择添加后,单击对话框中的【确定】按钮,对会计科目的指定操作进行保存。

此处进行了"现金流量科目"指定操作,在凭证填制时,涉及现金流量科目必须录入现金流量项目,否则凭证不能正确存储。

提示:

➤ 若想取消已指定的会计科目,可单击"<"按钮。

➤ 要想指定会计科目,应在设置会计科目功能中将库存现金和银行存款科目设置为日记账。

➤ 现金科目和银行科目只能指定一级科目,而现金流量科目只能指定末级明细科目。

5) 设置会计科目辅助项目

如果企业有许多往来单位、个人、部门、项目是通过设置明细科目来进行核算和管理的,则可以将相应的明细科目设置为辅助核算进行核算和管理。一个科目设置了辅助核算后,它所发生的每一笔业务将会登记在总账和辅助明细账上。

财务软件系统中可以进行辅助核算的内容主要有部门辅助核算、个人辅助核算、客户往来辅助核算、供应商往来辅助核算及项目辅助核算五种基本的辅助核算,还有 16 项自定义辅助核算类型。

例 7 将"1122 应收账款"设置为客户往来辅助核算科目。

操作步骤如下。

① 在【会计科目】设置窗口选中"1122 应收账款"科目,单击工具栏上的【修改】按钮,打开【会计科目_修改】对话框。

② 单击【会计科目_修改】对话框下方的【修改】按钮，激活对话框，在【辅助核算】选项中选中【客户往来】辅助核算选项。

③ 对于往来辅助核算会计科目，如果发生业务时，需要在总账系统中进行填制凭证等处理，此时需要在【受控系统】中选择无控制系统；如果要通过应收或应付系统进行处理，则应将【受控系统】选择为"应收系统"或"应付系统"。由于本案例，对应收款和应付款管理是通过总账系统进行管理的，故在此选择无控制系统，设置完毕后单击对话框下方的【确定】按钮对修改设置进行保存。用同样方法完成其他辅助核算会计科目的修改操作。

④ 修改完毕后，单击对话框下方的【返回】按钮，返回【会计科目】设置主窗口，再单击工具栏上【退出】按钮，返回 UFIDA ERP-U8 窗口。

提示：

➢ 管理费用应设置为部门核算。

➢ 生产成本应设置为项目核算。

➢ 其他应收款应设置为往来核算。

➢ 应收账款、预收账款应设置为客户往来核算，通过总账核算时【受控系统】选择为无，通过应收系统管理时【受控系统】相应选择为"应收系统"。

➢ 应付账款、预付账款应设置为供应商往来辅助核算，通过总账核算时【受控系统】选择为无，通过应付系统管理时【受控系统】相应选择为"应付系统"。

➢ 辅助账类必须设在末级科目上，但为了查询或出账方便，可以在其上级和末级同时设置相同的辅助账类。

3.2.5　设置凭证类别与结算方式

1. 凭证类别

许多单位为了便于管理或登账方便，一般对记账凭证进行分类编制。为了满足各单位的分类管理的要求，多数财务软件系统提供了凭证类别设置功能，并预设了凭证分类方案，用户可以从中选择，也可以根据本单位的实际情况自行定义。同时，为了提高凭证处理的准确性，系统也同时提供了凭证使用限制条件设置功能。

系统提供的凭证类别设置方案主要有五种：记账凭证；收款凭证、付款凭证、转账凭证；现金凭证、银行凭证、转账凭证；现金收款凭证、现金付款凭证、银行收款凭证、银行付款凭证、转账凭证；自定义凭证类别。

在多类凭证应用方案中，为确保凭证类别的正确使用，必须为凭证使用会计科目进行必要的使用限制设置，系统提供了五种限制类型供选择。

① 借方必有：制单时，此类凭证借方至少有一个限制科目有发生额。

② 贷方必有：制单时，此类凭证贷方至少有一个限制科目有发生额。

③ 凭证必有：制单时，此类凭证无论借方还是贷方至少有一个限制科目有发生额。

④ 凭证必无：制单时，此类凭证无论借方还是贷方不可有一个限制科目有发生额。

⑤ 无限制：制单时，此类凭证可使用所有合法的科目。

限制科目由用户输入，可以是任意级次的科目，科目之间用英文逗号分隔，数量不限，也可参照输入，但不能重复录入。

例8　设置凭证类别方案为"收款凭证、付款凭证、转账凭证",同时为收款凭证设置限制方式为借方必有"库存现金"和"银行存款"科目,为付款凭证设置限制方式为贷方必有"库存现金"和"银行存款"科目,为转账凭证设置限制方式为凭证必无"库存现金"和"银行存款"会计科目,同时增加"机制凭证"类别,限制方式为"无限制"。

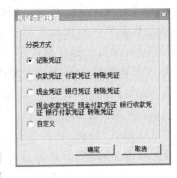

图 3-14　【凭证类别预置】对话框

操作步骤如下。

① 在 UFIDA ERP-U8 窗口选择【基础设置】|【基础档案】|【财务】|【凭证类别】,然后双击,打开【凭证类别预置】对话框,如图 3-14 所示。

② 在分类方式中选择【收款凭证 付款凭证 转账凭证】分类方案后,单击【确定】按钮进入【凭证类别】编辑界面,如图 3-15 所示。

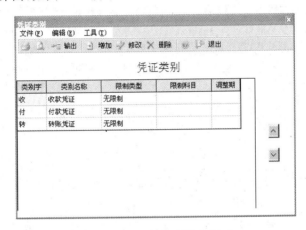

图 3-15　【凭证类别】编辑界面

③ 在【凭证类别】编辑界面可以实现对选定的凭证类别进行增加、删除和修改操作。本例中需要增加"机制凭证"类别,单击工具栏上的【增加】按钮,在表格中新增的空白行中填写凭证类别字"机",凭证类别名称输入"机制凭证",限制类型选择"无限制",如图 3-16 所示。

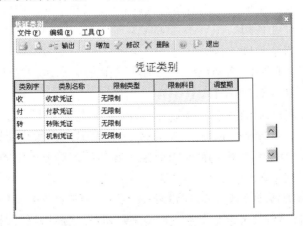

图 3-16　【凭证类别】新增类别

若要修改凭证类别,可将光标移到要修改的凭证类别上,用鼠标双击,即可进入修改状态或选择要修改的凭证类别后,单击工具栏上的【修改】按钮也可进入编辑状态。若要删除凭证类别,可将光标移到要删除的凭证类别上,用鼠标单击工具栏上的【删除】按钮,即可删除当前凭证类别。若凭证类别已经使用,则不能删除。如选中了已使用的凭证类别,系统会在【凭证类别】窗口中显示"已使用"的红字标志。

④ 为凭证类别设置限制类型与限制科目。为收款凭证设置"借方必有","库存现金"和"银行存款"科目,在修改状态下,双击【限制类型】,选择"借方必有",然后再在【限制科目】上双击,参照或直接输入限制科目编码 1001 与 1002,科目编码间用英文","分隔;同样方式为付款凭证设置"贷方必有","1001,1002",为转账凭证设置"凭证必无","1001,1002"。

提示：

➢ 已使用的凭证类别不能删除,也不能修改类别字。

➢ 若选有科目限制(即【限制类型】不是"无限制"),则至少要输入一个限制科目。若限制类型选"无限制",则可使用任意合法的会计科目。

➢ 若限制科目为非末级科目,则在制单时,其所有下级科目都将受到同样的限制。如转账凭证按上述所设,则在转账凭证填制时不仅"1001 库存现金"、"1002 银行存款"科目不能使用,同时"1002 银行存款"科目下的"100201 工行存款"、"100202 中行存款"及"100202 中行存款"下的"10020201 人民币户"和"10020202 美元户"同时不能使用。

➢ 表格右侧的上下箭头按钮可以调整凭证类别的前后顺序,它决定明细账中凭证的排列顺序。

2. 结算方式

结算方式是用来建立和管理用户在经营活动中所涉及的与银行之间的货币结算方式,它与财务结算方式一致,如现金结算、支票结算、电汇结算、商业汇票、银行汇票等。结算方式最多可以分为两级,其编码级次设定在建账的编码部分中进行,或在未使用的情况下,通过基础信息模块【基本信息】中的【编码方案】进行设置或修改。

结算方式设置的主要内容包括结算方式编码、结算方式名称、票据管理标志等。

1) 结算方式编码

用以标识某种结算方式。用户必须按照结算方式编码级次的先后顺序来进行录入,录入值必须唯一。结算方式编码可以用数字型代码 0～9 或和字母型代码 A～Z 表示,但编码中 &、"、；、-以及空格禁止使用。

2) 结算方式名称

用户根据企业的实际情况,必须录入所用结算方式的名称,录入值必须唯一。结算方式名称最多可写 6 个汉字或 12 个字符。

3) 票据管理标志

票据管理是账务系统为辅助银行出纳对银行结算票据进行管理而设置的功能,用户可根据实际情况,通过单击【是否票据管理】复选框来选择该结算方式下的票据是否要进行支票登记簿管理。

企业的会计业务中均有与银行的资金结算业务,且这些业务需要经常对账。一般情况下,银行的各种结算方式相对稳定,且结算方式种类有限。为了方便管理,提高银行对账的效率,账务处理系统一般要求用户设置与银行之间的资金结算方式。

例9 山东淄新实业有限责任公司应用到的结算方式如表 3-1 所示。

表 3-1　结算方式

结算方式编码	结算方式名称	票据管理
01	现金支票	是
02	转账支票	是
03	商业承兑汇票	否
04	银行承兑汇票	否

操作步骤如下。

① 在 UFIDA ERP-U8 窗口选择【基础设置】|【基础档案】|【收付结算】|【结算方式】双击,打开【结算方式】设置窗口,如图 3-17 所示。

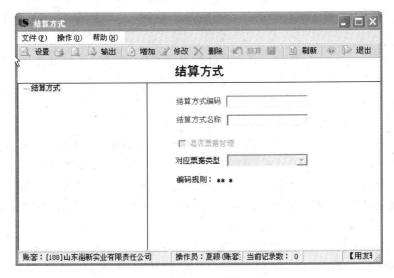

图 3-17　【结算方式】设置窗口

② 单击工具栏上的【增加】按钮,输入结算方式编码"01"、结算方式名称"现金支票",选择【是否票据管理】复选框。

③ 单击工具栏上的 ▣ 按钮,对所增加内容进行保存,其结果显示在左边部分的树形结构中。

④ 重复第②、③步,完成其他结算方式的设置。

⑤ 单击工具栏中的【退出】按钮,结束本次结算方式设置。

提示:

➢ 若要修改已有结算方式,可在左侧的结构树中选中欲修改的结算方式后,单击工具栏上的【修改】按钮,可对【结算方式名称】和【是否票据管理】进行修改,【结算方式编码】不能修改。

➢ 若要删除已有结算方式,可在左侧的结构树中选中欲删除的结算方式后,单击工具栏上的【删除】按钮,可将选中的结算方式删除。已使用的结算方式不能删除。

➢ 必须按照结算方式编码级次的先后顺序录入。

➢ 结算方式的录入内容必须唯一。

➢ 票据管理的标志可以根据实际情况选择是否需要。

3.2.6　设置项目档案

在实际业务中，企业经常需要核算某些项目，如课题、工程项目、产品、合同订单等的成本、费用、往来情况以及收入等。传统的方法是按具体的项目开设账户进行核算，这样必然增加了明细科目的级次，科目体系庞大，同时给会计核算和管理资料的提供均带来了极大的困难。功能齐全的计算机账务处理系统中，借助于计算机处理数据的特点，一般都增加项目核算管理功能模块。项目核算作为账务系统辅助核算管理的一项重要功能，通过该功能不仅可方便地实现对成本费用和收入的按项目核算，而且为这些成本费用及收入情况的管理提供了快速方便的辅助手段。所谓项目可以是一个专门的经营项目内容，一个单位项目核算的种类可能多种多样，比如，在建工程、对外投资、技术改造等。为了满足企业的需要，在计算机账务系统中，提供了项目核算与管理功能。企业可以将具有相同特性的一类项目定义成一个项目大类，一个项目大类可以核算多个项目，为了便于管理，企业还可以对这些项目进行分级管理。用户可以根据需要随时进行项目大类的设置、项目目录及分类的维护。

项目档案设置的内容主要有：项目大类、项目核算科目、项目分类、项目栏目结构以及项目目录。

设置项目档案可通过向导提示一步步完成，其基本过程大体可分为四大步。

第一步，定义项目大类：项目大类定义可以按照向导提示来完成，在项目大类定义过程中，需要设置项目大类名称、项目栏目结构、项目分类编码级次方案等内容。其中项目栏目结构设置，除了项目名称外，还应有一些其他的备注说明栏目，比如课题核算除了课题名以外，还有如课题性质、课题承担单位、课题负责人等备注说明；项目分类级次设置应综合考虑项目的分类情况，并应考虑到项目分类的扩展性。

第二步，设置项目大类核算科目：选择项目大类，从【待选科目】中选择需要的核算科目添至【已选科目】中。【待选科目】栏中的科目是在会计科目设置过程中定义为项目辅助核算的会计科目，其他非项目核算科目在此不会显示。

第三步，定义项目分类：设置项目分类需注意不能隔级录入分类编码，若某项目分类下已定义项目则不能删除，也不能定义下级分类，必须先删除项目，再删除该项目分类或定义下级分类。

第四步，设置项目目录：选择此项后，系统将列出所选项目大类下的所有项目。"所属分类码"为此项目所属的最末级项目分类的编码。通过单击【维护】按钮，进入项目目录维护界面，可实现项目目录的增加、删除和修改等操作。

1. 定义项目核算类会计科目

在设置会计科目时，根据需要将进行项目核算的科目设置为项目核算会计科目，如对在建工程、生产成本及其下级科目设置项目核算的辅助账类。

例 10　将"188 山东淄新实业有限责任公司"账套的"1604 在建工程"下的四个明细科目"160401 材料费"、"160402 人工费"、"160403 利息"和"160409 其他"设置为项目辅助核算。

操作步骤如下。

① 在 UFIDA ERP-U8 窗口选择【基础设置】|【基础档案】|【财务】|【会计科目】双

击,打开【会计科目】设置对话框。

② 在【会计科目】设置对话框中选择要修改的会计科目"160401 材料费"后,单击工具栏上的【修改】按钮,弹出【会计科目_修改】界面。

③ 在【会计科目_修改】界面,单击【修改】按钮激活界面,在【辅助核算】复选项中选择【项目核算】,然后单击【确定】按钮对修改结果进行保存。

④ 同样的方式完成其他项目辅助核算科目的设置。

⑤ 在完成了所有项目辅助核算科目的定义后,单击【会计科目_修改】界面中的【返回】按钮,退回到【会计科目】界面,再单击工具栏上的【退出】按钮,结束会计科目的修改处理。

提示:

必须将需要进行项目核算的会计科目设置为项目账类后,才能定义项目和目录。

2.定义项目大类

项目大类即项目核算的分类类别,主要设置项目大类名称、指定该大类使用的会计科目、设置项目分类编码方案和设置项目栏目。

例 11　为"山东淄新实业有限责任公司"设置项目大类"在建工程",其项目分类编码方案为 2-2-2。

操作步骤如下。

① 在 UFIDA ERP-U8 窗口选择【基础设置】|【基础档案】|【财务】|【项目目录】双击,打开【项目档案】设置界面,如图 3-18 所示。

图 3-18　【项目档案】设置界面

② 单击工具栏上的【增加】按钮,弹出【项目大类定义_增加】向导第一步【项目大类名称】,如图 3-19 所示。

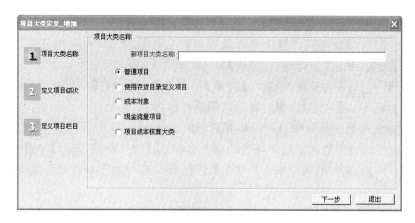

图 3-19　项目大类名称

③ 在项目大类类型中选择【普通项目】，在【项目大类名称】栏输入项目大类名称"在建工程"，输入完毕后，单击【下一步】按钮，进入向导第二步【定义项目级次】，如图 3-20 所示。

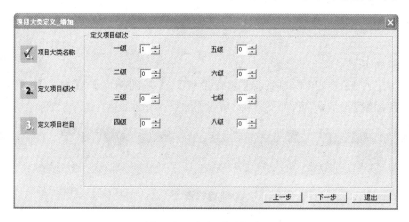

图 3-20　定义项目级次

④ 设置项目分类编码级次，一级 2 位，二级 2 位和三级 2 位，设置完毕后，单击【下一步】按钮，进入向导第三步【定义项目栏目】，如图 3-21 所示。

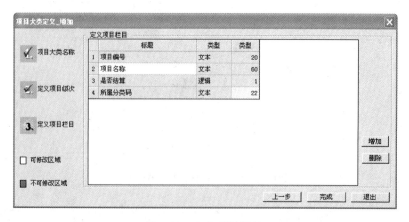

图 3-21　定义项目栏目

　　⑤ 在【定义项目栏目】界面,可实现对项目栏目的增加、删除和修改操作,注意项目栏目背景呈灰色显示的区域为不可修改区域,是系统默认的区域,用户不能进行修改,其他区域用户可以进行修改处理。此处栏目保持默认,单击【完成】按钮,结束项目大类定义返回【项目档案】设置主界面。

　　提示:

> 项目大类的名称是该类项目的总称,而不是会计科目名称。
> 如果使用存货核算系统,在定义"生产成本"项目大类时,可以使用存货系统中已定义好的存货目录作为项目目录。
> 系统允许在同一单位中同时进行几个项目大类的项目核算。

3. 指定核算科目

　　指定核算科目就是具体指定需要进行项目核算的会计科目。一个项目大类可以指定多个会计科目,一个会计科目只能指定给一个项目大类。如将直接材料、直接工资和制造费用指定为按生产成本项目大类核算的会计科目。

　　例 12　将"160401 材料费"、"160402 人工费"、"160403 利息"和"160409 其他"指定为"在建工程"项目大类的核算科目。

　　操作步骤如下。

　　① 在 UFIDA ERP-U8 窗口选择【基础设置】|【基础档案】|【财务】|【项目目录】双击,打开【项目档案】设置对话框。

　　② 在【项目档案】对话框中单击项目大类文本框右侧的 ▼ 按钮,在弹出的下拉列表中选择"在建工程"项目大类,然后打开【核算科目】选项卡,进入指定核算科目界面,如图 3-22 所示。

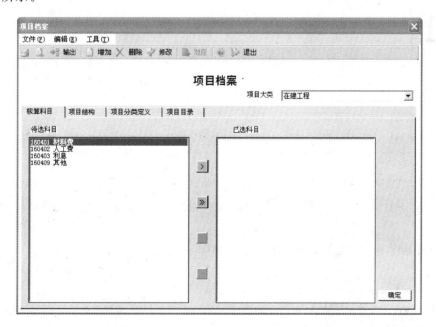

图 3-22　指定核算科目

③ 通过">"按钮将"160401 材料费"、"160402 人工费"、"160403 利息"和"160409 其他"科目从【待选科目】添加到【已选科目】列表，选择添加完毕后，单击【确定】按钮进行确认保存。

4. 项目分类定义

为了便于统计，可以对同一项目大类下的项目进一步划分，这就需要进行项目分类定义。如将生产成本项目大类进一步划分为自行开发项目和委托开发项目。

例 13 为"山东淄新实业有限责任公司"设置项目分类方案为"01 自建项目"、"02 承包项目"。

操作步骤如下。

① 在 UFIDA ERP-U8 窗口选择【基础设置】|【基础档案】|【财务】|【项目目录】双击，打开【项目档案】设置对话框。

② 在【项目档案】对话框中，选择"在建工程"项目大类，然后打开【项目分类定义】选项卡，进入项目分类定义界面，如图 3-23 所示。

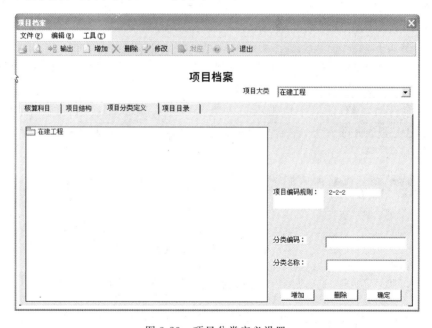

图 3-23 项目分类定义设置

③ 输入分类编码 01，分类名称"自建项目"，输入完毕后，单击【确定】按钮进行确认保存。

④ 重复第③步，完成其他项目分类的定义。

提示：

➢ 不能隔级录入分类编码。

➢ 若某项目分类下已定义项目，则不能删除，也不能定义下级分类，必须先删除项目，再删除该项目分类或定义下级分类。

➢ 不能删除非末级项目分类。

5. 定义项目目录

定义项目目录是将各个大类中的具体项目输入系统。具体输入的内容又取决于项目中所拟定义的栏目名称或数据。

例 14 目前山东淄新实业有限责任公司有两项自建项目工程，分别为"01 办公楼"、"02 宿舍楼"。

操作步骤如下。

① 在 UFIDA ERP-U8 窗口选择【基础设置】|【基础档案】|【财务】|【项目目录】双击，打开【项目档案】设置对话框。

② 在【项目档案】对话框中，选择"在建工程"项目大类，然后打开【项目目录】选项卡，进入项目目录界面，如图 3-24 所示。

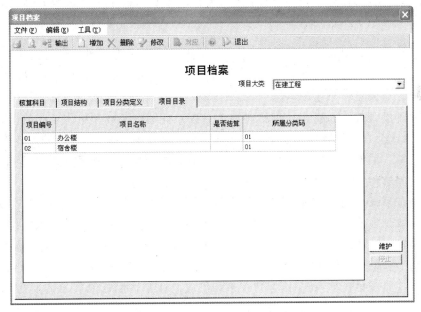

图 3-24　项目目录设置

③ 单击【维护】按钮，进入【项目目录维护】窗口，如图 3-25 所示。

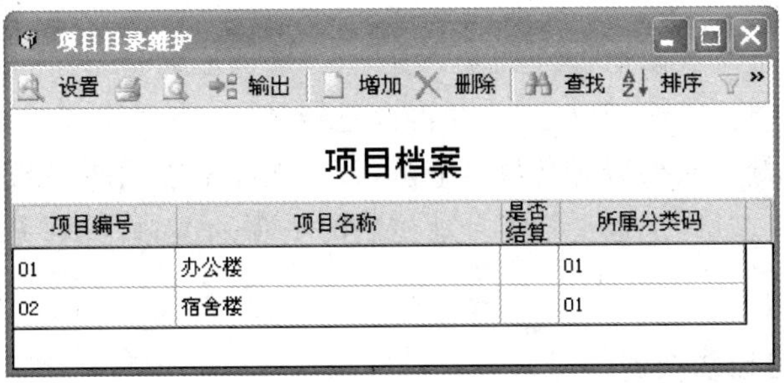

图 3-25　【项目目录维护】窗口

④ 单击工具栏上的【增加】按钮，增加一条记录，依次输入项目编号 01，项目名称"办公楼"，"是否结算"保持为空，所属分类码输入 01，也可双击，参照输入。

⑤ 单击工具栏上的【增加】按钮或直接按回车键,增加一条记录,依次输入项目编号 02,项目名称"宿舍楼","是否结算"保持为空,所属分类码输入 01。若追加了一条空记录,可通过键盘的 Esc 功能键将此空记录删除。

⑥ 同样的方式录入其他项目目录,录入完毕后单击工具栏上的【退出】按钮,完成项目目录的增加等操作。

提示：

➢ 标志结算后的项目将不能再使用。

➢ 系统中提供的"维护"功能主要用于录入各个项目的名称及定义的其他数据,因此平时项目目录有变动应及时通过本功能进行调整。

➢ 在每年年初应将已结算或不用的项目删除。

3.2.7 录入期初余额

如果是第一次使用账务处理系统,必须使用此功能输入所有明细科目的年初余额和启用月份前各月的发生额。当余额不平衡或因其他原因需要对会计科目进行修改时,也必须使用此功能。如果在年初建账,需要把上一年的年末余额在启用账务处理系统时作为本年的年初余额予以录入;如果年中建账,应录入各账户此时的余额和年初至此的借方、贷方累计发生额,系统会自动计算出年初余额。如果科目设置了辅助核算,还应输入各辅助核算项目的期初余额。如果系统中已有上年的数据,可使用"结转上年余额"功能将上年各账户余额自动结转到本年。

一般情况下录入期初余额时,只要求录入最末级核算科目的余额和累计发生额,上级科目的余额和累计发生额由系统自动计算。如果某科目为外币核算,应先录入本位币余额,后录入外币余额;如果某科目设置了辅助核算,输入期初余额时,需要调出辅助核算账输入余额,系统自动将辅助账的期初余额之和计为该科目的总账期初余额;对于应收款和应付款如果启用了应收应付核算系统,则客户往来和供应商往来辅助核算科目的期初明细余额不仅要在总账系统录入,还需要到应收应付系统中进行录入。另外还应注意对个别科目借贷方向的调整,有的核算软件有"方向"调节按钮供调整使用,有的可以输入"借"字或"贷"字予以更正,以调节余额方向,有的软件不能提供更改方向的功能,则输入余额时必须用负数来调节。

期初余额输入后,应对期初进行试算平衡检查,以保证期初余额的准确性。如果期初余额不平衡,需要进行查找错误予以修改,并再次进行试算,直到平衡为止。检验余额试算平衡,由计算机自动进行。如果期初余额不平衡,系统允许进行凭证的填制,但不能进行记账,因而后期工作将无法进行,这也是系统自动控制的一项功能,以确保系统内部数据的真实、可靠。

1. 录入基本科目期初余额

在开始使用账务处理系统时,应先将各账户启用月份的月初余额和年初到该月的借贷方累计发生额计算清楚,并录入到账务处理系统中。

如果是年初建账,可以直接录入年初余额;如果是年中建账,则须录入启用当月（如

7月)的期初余额及年初未用的月份(即1～6月)的借、贷方累计发生额,系统自动计算年初余额。

例15 输入"1001库存现金"科目的期初余额"1000"、借方累计"101000"、贷方累计"169040.29"。

操作步骤如下。

① 在UFIDA ERP-U8窗口选择【业务工作】|【财务会计】|【总账】|【设置】|【期初余额】双击,打开【期初余额录入】窗口,如图3-26所示。

图3-26 【期初余额录入】窗口

② 在"1001库存现金"科目的【期初余额】栏直接输入"1000",在【累计借方】栏直接输入"101000",在【累计贷方】栏直接输入"169040.29",系统自动计算"1001库存现金"科目的【年初余额】为"69040.29"。

提示:

➢ 如果某科目为数量、外币核算,应录入期初数量、外币金额,而且必须先录入本位币余额,再录入数量和外币余额。

➢ 非末级会计科目余额不能直接录入,系统将根据其下级明细科目自动汇总计算填入,其数据栏为黄色。

➢ 出现红字余额用负数输入。

➢ 修改余额时,直接输入正确数据即可,然后单击刷新按钮进行刷新。

➢ 凭证记账后,期初余额变为浏览只读状态,不能再进行修改。

2. 录入辅助账期初余额

在录入期初余额时,若某科目涉及辅助核算,则系统会自动为该科目开设辅助账页。相应地,在录入期初余额时,不能直接输入总账期初余额,必须双击该栏,调出辅助核算账,录入辅助账的期初明细资料。输入完毕后,系统自动将辅助账的期初数之和计为该科目的期初余额。

例16 输入"160401在建工程/材料费"科目的期初余额"100000"、累计借方发生额"64600"。相关信息见表3-2所示。

表 3-2　项目辅助核算期初余额资料

科目编码	科目名称	项目名称	方向	累计借方金额	累计贷方金额	期初余额
160401	在建工程/材料费	办公楼	借	29600.00		80000.00
160401	在建工程/材料费	宿舍楼	借	20000.00		20000.00

操作步骤如下。

① 在 UFIDA ERP-U8 窗口选择【业务工作】|【财务会计】|【总账】|【设置】|【期初余额】双击，打开【期初余额录入】窗口。

② 在【期初余额录入】窗口中，将光标移到"160401 在建工程/材料费"科目所在行，系统提示这是"项目核算"，如图 3-27 所示。

图 3-27　提示为项目核算

③ 双击期初余额栏，打开【辅助期初余额】窗口，如图 3-28 所示。

图 3-28　【辅助期初余额】窗口

④ 单击工具栏上的【增加】按钮，直接输入项目编号 01 或单击【参照】按钮弹出【参照】窗口，如图 3-29 所示，选择项目"01 办公楼"双击填入。

图 3-29 【参照】窗口

⑤ 在【金额】栏录入 80000,在【累计借方金额】栏录入 29600,在【累计贷方金额】栏录入
"0"或不输。

⑥ 重复第④、⑤步,录入当前科目其他项目期初余额。所有项目期初录入完毕后,单击
工具栏上的【退出】按钮,返回【期初余额录入】窗口,系统自动计算填列"160401 在建工程/
材料费"科目的年初余额"30400.00"、累计借方金额"49600.00"、累计贷方金额"0.00"和期
初余额"100000"。同时系统自动汇总计算上级科目"1604 在建工程"的【年初余额】、【累计
借方】、【累计贷方】和【期初余额】,其结果如图 3-30 所示。

科目名称	方向	币别/计量	年初余额	累计借方	累计贷方	期初余额
存出资本保证金	借					
固定资产	借		6,222,717.50	5,800,000.00	5,466,817.50	6,555,900.00
累计折旧	贷		1,469,086.38	1,419,086.38	50,000.00	100,000.00
固定资产减值准备	贷					
在建工程	借		50,400.00	49,600.00		100,000.00
材料费	借		50,400.00	49,600.00		100,000.00
人工费	借					
利息	借					
其他	借					
工程物资	借					
专用材料	借					
专用设备	借					
预付大型设备款	借					
为生产准备的工具及器具	借					
固定资产清理	借					

期初:2008年07月

图 3-30 显示录入结果

提示:

➤ 只要求录入最末级科目的余额和累计发生额,上级科目的余额和发生额由系统自动计算。

➤ 借贷方累计发生额和期初余额均需通过辅助项中录入。

➤ 如果某科目涉及部门、项目、往来等辅助核算,则必须按辅助项的要求录入期初余额。

➤ 若在科目设置时,将"应收账款"等设置为客户往来,同时选择其受控系统为"应收系统",则该类科
目的期初余额不仅要在总账系统中录入,而且还需要登录应收系统录入;若在科目设置时,将"应
收账款"等设置为客户往来,同时选择其受控系统为无受控系统,则该类科目的期初余额需双击进
入辅助账录入,系统自动计算总额填入"应收账款"科目的期初余额栏。

➤ 若在科目设置时,将"应付账款"等设置为供应商往来,同时选择其受控系统为"应付系统",则该类
科目的期初余额不仅要在总账系统中录入,而且还需要登录应付系统录入;若在科目设置时,将
"应付账款"等设置为供应商往来,同时选择其受控系统为无受控系统,则该类科目的期初余额需双
击进入辅助账录入,系统自动计算总额填入"应付账款"科目的期初余额栏。

3. 调整余额方向

一般情况下，系统默认资产类科目余额为借方，负责及所有者权益类科目余额为贷方。但在实际工作中，有一部分会计科目与原有的系统设置的余额方向不一致，也没有在建立会计科目时对其进行相应调整。在录入会计科目余额时，系统提供了调整余额方向的功能，即在未录入会计科目余额时，如果发现会计科目余额的方向与系统设置的方向不一致时可以利用此功能对其方向进行调整。

例 17 将"累计摊销"科目余额的方向由"贷"调整为"借"。

操作步骤如下。

① 在【期初余额录入】窗口中，单击"累计摊销"科目所在行，然后单击工具栏上的【方向】按钮，打开调整余额方向提示对话框，如图 3-31 所示。

② 确定需要调整方向"贷→借"，单击【是】按钮返回，此时系统将"累计摊销"科目余额方向调整为"借"。

图 3-31　调整余额方向提示对话框

提示：

➢ 总账科目与其下级的明细科目的余额方向必须保持一致。

➢ 余额的方向应以科目属性或类型为标准，不能以当前余额方向为准。

➢ 余额方向调整只能在一级总账科目上进行，不能在末级科目上进行调整。

➢ 由于"累计摊销"余额方向应为"贷"，进行此项操作后，注意应将余额方向调回"贷"。

4. 试算平衡

期初余额及累计发生额录入完毕后，为了保证初始数据的正确性，必须依据"资产＝负债＋所有者权益＋收入－成本费用"和"借贷平衡"的原则进行试算平衡。

校验工作由计算机自动完成，校验完成后系统自动生成校验报告，如果试算结果不平衡，则应依次逐项进行检查、更正，并再次进行试算平衡，直到平衡为止。

例 18 对"188 山东淄新实业有限责任公司"账套的期初余额进行试算平衡检验。

操作步骤如下。

① 在【期初余额录入】窗口中，单击工具栏上的【试算】按钮，系统自动完成平衡检验，并显示检验结果【期初试算平衡表】，如图 3-32 所示。

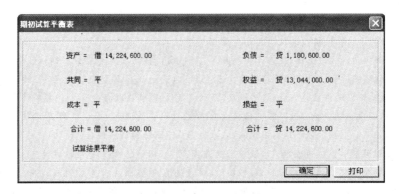

图 3-32　【期初试算平衡表】信息框

② 单击【确定】按钮,完成试算平衡检验。

提示:

➢ 期初余额试算不平衡,将不能记账,但可以填制凭证。

➢ 已经记过账,则不能再录入、修改期初余额,也不能执行结转上年余额功能。

5. 期初对账

若系统建账之初,使用了部门、项目等辅助核算管理功能,期初余额录入时要求录入辅助账,为确保总账与明细账、总账与辅助账数据信息一致,需要进行期初对账。

例 19 对"188 山东淄新实业有限责任公司"的期初信息进行期初对账。

操作步骤如下。

① 在【期初余额录入】窗口中,单击工具栏上的【对账】按钮,弹出【期初对账】对话框,如图 3-33 所示。

图 3-33 【期初对账】对话框

② 单击【开始】按钮,系统开始逐项进行对账,系统对账完毕,显示对账信息,对账相符的在对账项目前方显示 Y,对账不符的在对账项目前方显示 X,如图 3-34 所示。

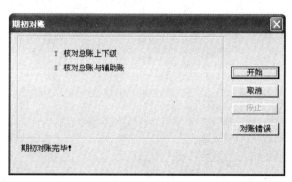

图 3-34 期初对账结果

③ 若有对账不符的项目存在,则错误项目前方显示 X,同时对话框下方【对账错误】按钮呈现为深色可用状态,否则呈现为灰色不可用状态。单击【对账错误】按钮可显示对账错误信息,如图 3-35 所示。

④ 在【期初对账】对话框中,单击【取消】按钮结束期初对账操作。

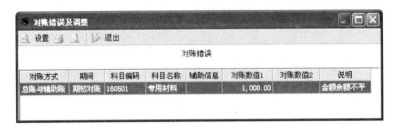

图 3-35　【对账错误及调整】窗口

3.2.8　数据权限分配

数据级权限是功能级权限的下级权限，它是功能级权限的明细权限，它必须在功能级权限分配完成后，才能进行明细权限分配。进行数据权限分配操作必须由"数据权限分配"功能权限的操作员来完成。数据权限分配主要包括记录级数据权限和字段级数据权限两大类。在处理这两类金额权限之前必须先设定数据权限控制参数，即指定哪些记录级业务对象和哪些字段级业务对象需要进行数据控制。

1. 数据权限控制设置

数据权限控制设置是数据权限设置的前提，主要用于设置需要进行权限控制的对象。选择后的权限控制对象将显示在【数据权限分配】功能模块中。设置数据权限控制参数的操作步骤如下。

① 在 UFIDA ERP-U8 窗口选择【系统服务】|【权限】|【数据权限控制设置】双击，打开【数据权限控制设置】对话框，如图 3-36 所示。

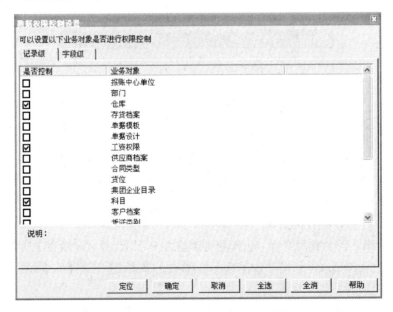

图 3-36　【数据权限控制设置】对话框

② 打开【记录级】或【字段级】选项卡，在需要进行数据权限控制的业务对象前的权限控制框上单击，使其处于选中状态。设置完毕后，单击【确定】按钮进行保存。

2. 数据权限分配

数据级权限分配包括记录权限分配和字段权限分配两类。

1）记录权限分配

记录权限分配是指对具体业务对象进行权限分配，即为哪些用户或角色设置何种业务的数据控制权限及权限范围。记录权限分配的前提是在【数据权限控制设置】对话框中至少选择了一个记录级业务对象。记录权限分配的基本业务操作步骤如下。

① 在 UFIDA ERP-U8 窗口选择【系统服务】|【权限】|【数据权限分配】双击，或在 UFIDA ERP-U8 窗口选择【业务工作】|【财务会计】|【总账】|【设置】|【数据权限分配】，然后双击，打开【权限浏览】视图，如图 3-37 所示。

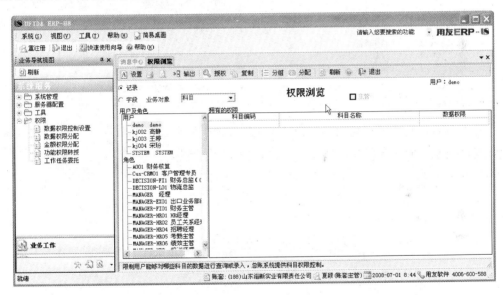

图 3-37　【权限浏览】视图

② 在【权限浏览】视图中选择"记录"级权限，然后选择要分配权限的用户或角色名称，选中的用户或角色名称显示在界面的右上角。

③ 单击工具栏上的【授权】按钮，打开【记录权限设置】对话框，如图 3-38 所示。

④ 选择【业务对象】，再在需要的功能权限上进行选择，如"科目"对象的功能权限有【查账】和【制单】两项，系统将根据当前所选的用户或者角色，按"用户或角色＋业务对象"方式进行明细数据权限分配。如为操作员"高静"设置"库存现金"科目的【查账】和【制单】权限。基本操作方式为：选择业务对象"科目"，选择功能权限【查账】和【制单】，在【禁用】区选择会计科目"库存现金"，单击　按钮将其添至【可用】区，其设置结果如图 3-39 所示。

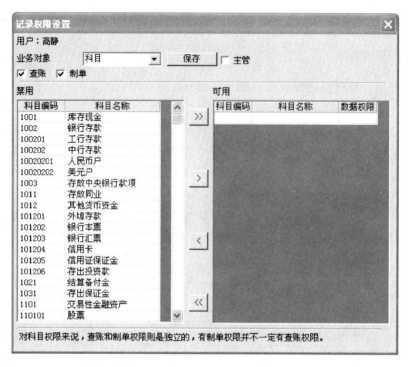

图 3-38　【记录权限设置】对话框

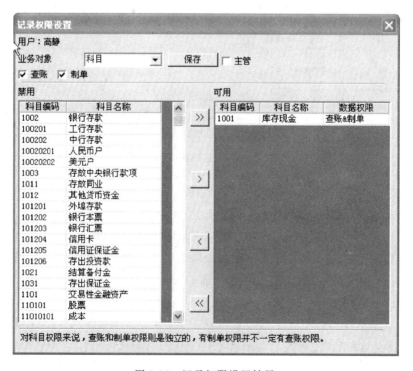

图 3-39　记录权限设置结果

⑤ 完成对当前操作员所有权限的设置后，单击【保存】按钮，对操作结果进行保存，系统弹出保存信息对话框，如图 3-40 所示。

⑥ 单击【确定】按钮，再关闭【记录权限设置】对话框，返回【权限浏览】视图。

图 3-40 信息提示对话框

⑦ 重复第②～⑥步，完成对其他操作员明细数据权限的设置。

⑧ 完成所有操作员数据权限设置后，单击【权限浏览】视图工具栏上的【退出】按钮结束数据权限分配操作。

提示：

➤ 可供分配的数据权限视在【数据权限控制设置】对话框中选定的内容而定，一般情况下包括科目权限分配、客户权限分配、部门权限分配等。

➤ 权限类型的使用执行如下规则：如科目的权限类型只设置为录入权限，则该用户对该科目只有制单权限，但没有查询该科目任何账簿的权限（即浏览权限和录入权限不存在包含关系）；如设置部门（客户、供应商、仓库、业务员、货位、存货）权限类型为录入权限，则该用户既可以录入该部门的所有单据信息，同时还可以查询该部门的所有数据信息（即录入权限中包含浏览权限）。

2）字段权限分配

字段权限分配是对单据中包含的字段进行权限分配，它是出于安全保密性考虑而设置的，有的信息属于企业严格控制的内容，在使用时这些信息应限制查看权限，例如限制仓库保管员看到出入库单据上的有关产品（商品）价格信息。字段权限分配的前提是在【数据权限控制设置】对话框中至少选择了一个字段级业务对象。字段权限分配的基本业务操作步骤如下。

① 在 UFIDA ERP-U8 窗口选择【系统服务】|【权限】|【数据权限分配】双击，或在 UFIDA ERP-U8 窗口选择【业务工作】|【财务会计】|【总账】|【设置】|【数据权限分配】双击，打开【权限浏览】视图。

② 在【权限浏览】视图中选择"字段"级权限，然后选择要分配权限的用户或角色名称，选中的用户或角色名称显示在界面的右上角。

③ 单击工具栏上的【授权】按钮，打开【字段权限设置】对话框，如图 3-41 所示。

④ 选择【业务对象】，再在需要的功能权限上进行选择，如"供应商"对象的功能权限有【查询】和【录入】两项，系统将根据当前所选的用户或者角色，按"用户或角色＋业务对象"方式进行明细数据权限分配。如为操作员"高静"设置"付款金额"字段的【查询】和【录入】权限。基本操作方式为：选择业务对象"供应商"，选择功能权限【查询】和【录入】，在【未分配】区选择字段"付款金额"，单击 > 按钮将其添至【已分配】区，然后单击【确定】按钮，再关闭【字段权限设置】对话框，返回【权限浏览】视图。

⑤ 单击【权限浏览】视图工具栏上的【退出】按钮结束数据权限分配操作。

提示：

➤ 若对某一档案需要进行字段权限控制（可设置查询权限、录入权限、无权限），则进入基础档案卡片、基础档案列表时只显示有查询或录入权限的栏目，同时在参照时也只显示有查询或录入权限的栏目。

➤ 若对某一单据设置字段权限，则在单据卡片上，系统只显示有权限的，且已经设置在模板上的栏目内容；在单据列表中，系统只能显示有权限的，且已经在栏目设置中选择显示的栏目。

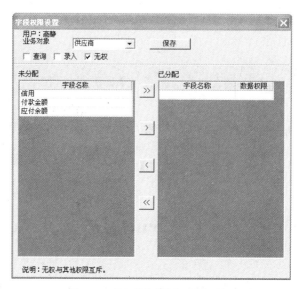

图 3-41　【字段权限设置】对话框

3.2.9　金额权限分配

金额权限分配主要用于控制操作员进行账务处理时金额的处理额度大小，它主要包括采购订单的金额审核额度、科目的制单金额额度。在设置这两个金额权限之前必须先设定对应的金额级别。

1. 设置科目和采购订单金额级别

对操作员进行金额额度控制是通过划分金额级别来体现的，当为一个操作员设置一个科目的金额级别后，该操作员只能使用该级别额度以内的金额，超过该额度金额，该操作员将无法直接使用该科目进行业务处理。设置科目和采购订单金额级别操作步骤如下。

① 在 UFIDA ERP-U8 窗口选择【系统服务】|【权限】|【金额权限分配】双击，或在 UFIDA ERP-U8 窗口选择【业务工作】|【财务会计】|【总账】|【设置】|【金额权限分配】，然后双击，打开【金额权限设置】视图，如图 3-42 所示。

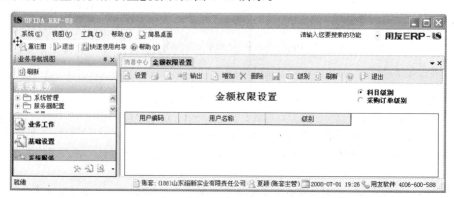

图 3-42　【金额权限设置】视图

② 在【金额权限设置】视图中，单击工具栏上的【级别】按钮，显示【金额级别设置】窗口，如图 3-43 所示。

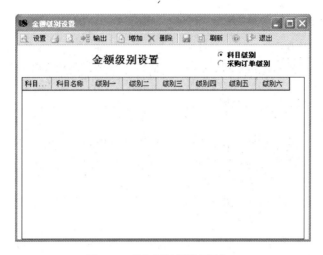

图 3-43 【金额级别设置】窗口

③ 选择业务对象【科目级别】或【采购订单级别】，然后单击工具栏上的【增加】按钮，直接输入或参照选择会计科目，录入各级别金额，如图 3-44 所示，输入完毕单击工具栏上的 ![保存图标] 按钮，再单击【退出】按钮，返回【金额权限设置】界面。

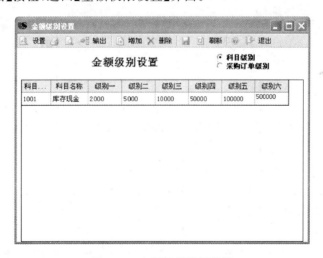

图 3-44 金额级别设置结果

提示：

➢ 设置科目金额级别时，上下级科目不能同时出现。如已经设置了"1002 银行存款"科目的金额级别，则不能再设置"1002 银行存款"明细科目的金额级别，此时设置的"1002"科目的金额级别对其下级科目全部适用，即所有"1002 银行存款"的下级科目拥有相同的金额级别。

➢ 设置科目级别时，当对一个用户设置了一个级别后，相当于该用户对所有的科目均具有相同的级别，若该科目没有设置金额级别，即表示该科目不受金额级别控制。

➢ 设置金额授权前需要先分别设置金额级别，级别总共分六级。对于科目来说，可以根据需要设置对应科目的金额级别，可以直接对上级科目设置级别，也可以明细到末级进行级别设置，但不允许对有上下级关系的科目同时进行级别设置。采购订单的金额审核级别设置一条记录即可。

➤ 从级别一到级别六，金额必须逐级递增，不允许中间为空的情况存在，但允许最后有不设置的级别存在。

➤ 一个科目只能选择设置一个级别，可以输入的级别只能是1~6。

➤ 只能直接对用户进行授权，对于一个对象，一个用户只能有一条记录存在。

➤ 若对一个用户授权的级别没有对应的金额，但是该级的前面级别有金额，则对于该用户来说表示其拥有无穷大的权限。

➤ 在需要进行金额权限控制时，若申请权限的用户还没有金额权限记录，则作为没有任何金额权限处理。

➤ 金额权限控制中，下述三种情况不受控制：调用常用凭证生成的凭证；期末转账结转生成的凭证；在外部系统生成的凭证。如果超出金额权限，保存凭证时不受限制。

➤ 可对"科目"、"采购订单"设置不同的级别，分别保存。

2. 分配操作员科目和采购订单金额权限

分配操作员科目和采购订单金额权限，即为操作员划分其可用金额级别。其分配处理操作步骤如下。

① 在【金额权限设置】视图中，选择业务对象【科目级别】或【采购订单级别】，然后单击工具栏上的【增加】按钮，在【用户编码】栏双击直接输入或参照选择用户编码，用户名称自动显示，再在【级别】栏双击，选择金额级别，如图3-45所示。

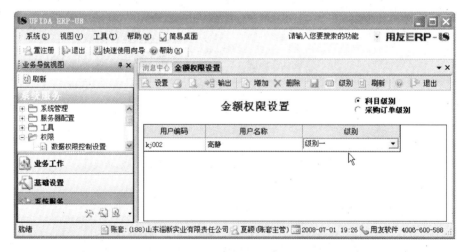

图 3-45　操作员金额权限设置结果

② 再单击【增加】按钮，完成其他操作员金额权限的设置，设置完毕后，单击工具栏上的 🖫 按钮对录入内容进行保存，再单击【退出】按钮结束金额权限设置操作。

提示：

➤ 只能直接对用户进行授权，对于一个对象，一个用户只能有一条记录存在。

➤ 若对一个用户授权的级别没有对应的金额，但是该级的前面级别有金额，则对于该用户来说表示其拥有无穷大的权限。

➤ 在需要进行金额权限控制时，若申请权限的用户还没有金额权限记录，则作为没有任何金额权限处理。

➢ 金额权限控制中,下述三种情况不受控制：调用常用凭证生成的凭证；期末转账结转生成的凭证；在外部系统生成的凭证。如果超出金额权限,保存凭证时不受限制。

3.3　日常业务处理

当初始设置工作完成并确保正确以后,就可以进行账务处理系统的日常业务处理工作了。账务系统业务处理是会计核算中经常性的工作,是实行计算机记账后会计日常业务处理中的重要部分。其内容主要包括凭证的填制、修改、删除及凭证的审核、输出、记账、出纳管理等工作。

3.3.1　凭证处理

凭证处理是进行账务系统业务处理的第一个环节,是整个账务处理系统的基础部分。凭证处理得好坏,将直接影响到整个账务处理系统的应用效果,对系统会计数据输出的正确性起着决定性作用。凭证处理主要包括填制凭证、修改凭证、删除凭证、冲销凭证、审核凭证以及凭证的汇总输出等工作。

1. 填制凭证

记账凭证是登记账簿的依据,在实行计算机处理账务后,电子账簿的准确与完整完全依赖于记账凭证,因而使用者要确保记账凭证输入的准确、完整。

1) 填制凭证的方式

在实际工作中,填制记账凭证的方式主要有两种：一是可直接在计算机上根据审核无误准予报销的原始凭证填制记账凭证,也称为前台处理；二是先由人工制单而后集中输入到计算机中,也称为后台处理。

至于采用哪种方式填制凭证,应根据本单位的实际情况灵活选择。一般来说业务量不多或基础较好或使用网络版的用户可采用前台处理方式,而在第一年使用或人机并行阶段,则比较适合采用后台处理方式。

2) 填制凭证的一般方法

记账凭证的格式采用单一的借贷金额式或借贷标志式,其格式的内容主要包括凭证编号、制单日期、附单据数、摘要、会计科目、借方金额和贷方金额、辅助核算信息、合计、制单人等,如图 3-46 所示。

① 凭证编号：

凭证编号是凭证的唯一标识。同一类凭证按月从 1 号凭证开始连续编号,不允许重号,也不允许漏号。编号由凭证类别和序号两部分组成,输入时要求分别输入凭证类型和序号。如果是在网络上多人同时录入凭证,则凭证编号的先后顺序取决于操作员填制凭证的速度。

② 制单日期：

制单日期是指该张凭证经济业务发生的日期,包括年、月、日。系统通常将进入系统的当天作为默认日期。为了保证记账的序时连续性,填制凭证日期应按实际业务的发生日期对系统默认日期进行修改,凭证日期不能超过系统日期。

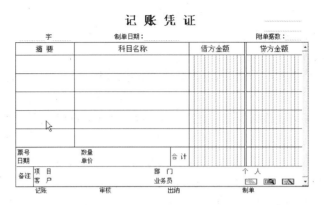

图 3-46　凭证基本内容

③ 附单据数：

指本张凭证所附原始凭证的张数。由于机制凭证无原始凭证存在，因而对于【附单据数】项在为空的情况下，也可对凭证进行存储，以满足计算机自动转账处理的要求。

④ 摘要：

摘要是对该笔业务内容的简述。凭证的每一行均有一个摘要，不同行的摘要内容可以不同。如果在账务处理系统初始化中已经设置了"常用摘要"，此时可以利用参照选择功能进行凭证摘要的选择。输入的摘要内容将随相应会计科目出现在明细账和日记账中。

⑤ 会计科目：

填制凭证时，会计科目可以通过科目代码或科目助记词输入，计算机根据科目代码或助记词自动切换为对应的会计科目名称。在输入科目时，必须录入该科目的最末级科目编码或助记词，才能保证计算机在记账时不漏记明细账。账务处理系统同时提供了科目参照选择功能，以提高对记忆不熟悉科目的录入操作。

⑥ 借方金额和贷方金额：

借方金额或贷方金额是指该笔分录的借方或贷方本位币金额。在一张凭证中，一个科目的借方金额和贷方金额不能同时为零，也不能在借方和贷方同时有金额。金额可以是负数，红字金额的凭证可以用负数形式输入。一张凭证的借贷金额合计应相等，系统对输入的金额自动进行平衡校验，系统拒绝接受金额不等的凭证。在计算机账务处理系统中，录入凭证分录金额时，应兼顾到报表编制的要求，从报表处理的角度综合考虑金额录入的方向。

⑦ 辅助核算信息：

对于系统初始设置时已设置为辅助核算的会计科目，在填制凭证时系统要求根据科目属性录入相应的辅助信息，如部门、个人、项目、客户、供应商、数量、结算方式、外币等。只有在设置会计科目时定义了辅助项的会计科目，才能在填制凭证时输入辅助信息。辅助信息录入必须要完整、详细。如果一个会计科目同时兼有多种辅助核算，则要求输入各种辅助核算的有关内容。

⑧ 合计：

账务处理系统自动计算借方科目和贷方科目的合计金额，借贷方合计金额应相等。

⑨ 制单人签字：

为了明确责任，凭证上必须标注凭证的填制人，凭证填制时，系统会根据进入制单功能时注册的操作员姓名自动填列制单人签字区域。

3）凭证填制的其他方法

① 调用常用摘要填制凭证：

在账务处理系统初始化中，由于已经对经常发生的经济业务内容设置了常用摘要并将其存储在常用摘要库中。因而，在填制凭证时，可以直接录入预先定义好的常用摘要编码，或利用参照功能选择，系统将自动转化为对应的摘要内容，这样就可以加快凭证的录入速度。

② 调用常用凭证填制凭证：

在填制凭证的过程中，可以按照经济业务内容将存储在系统中的常用凭证调出来，在此基础上完成凭证的填制。常用凭证以模板的形式存储在系统中，当系统调出常用凭证模板后，操作员可对其信息进行修改，然后输入本业务的日期和金额即可，这样可以减少重复输入的工作。

③ 快速填制红字冲销凭证：

对于已经记账的凭证，如果发现有错误，则需要编制一张红字凭证冲销错误凭证，再编制一张正确的凭证。编制红字冲销凭证可以自动进行。填制红字冲销凭证时，需要输入制单月份、要冲销的凭证编号、冲销凭证的摘要、用负数输入原凭证的金额等。

4）凭证填制应用举例

例 20 2008 年 7 月 5 日，财务部夏颖报销差旅费 250 元，根据报销原始凭证填制记账凭证（附单据 1 张）。

操作步骤如下。

① 以制单员"KJ004 宋玢"的身份注册登录企业应用平台。

② 在 UFIDA ERP-U8 窗口选择【业务工作】|【财务会计】|【总账】|【凭证】|【填制凭证】，然后双击，打开【填制凭证】界面，如图 3-47 所示。

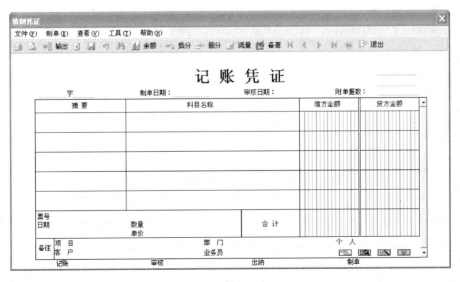

图 3-47 【填制凭证】界面

③ 单击工具栏上的 按钮或按 F5 功能键或单击【制单】菜单中的【增加凭证】，激活凭证填制界面，增加一张新凭证，在凭证类别框中直接输入凭证类别字"付"或单击参照按钮或

按 F2 功能键，在弹出的凭证类别选择对话框中选择"付 付款凭证"后双击，然后回车，系统自动将凭证类型切换为"付款凭证"，并根据凭证类别自动进行凭证编号，光标自动定位于制单日期处，直接录入制单日期"2008.07.05"，或单击日历按钮，在弹出的日历对话框中参照输入制单日期，回车录入附件张数"1"，回车系统自动定位于首条分录的摘要栏，如图 3-48 所示。

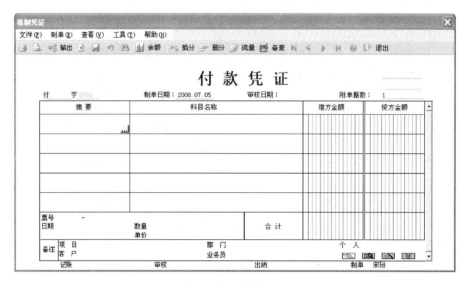

图 3-48　凭证头信息录入

④ 直接输入摘要"报销差旅费"，若已定义常用摘要，也可单击参照按钮或按 F2 功能键参照输入常用摘要。录入完毕回车，系统光标定位在【科目名称】栏，录入末级会计科目名称或科目编码或科目助记词或按 F2 功能键参照输入"660201 管理费用/公司经费"，然后回车。由于"管理费用/公司经费"设置了"部门核算"辅助管理，故回车后弹出【辅助项】对话框，如图 3-49 所示；若系统初始时未进行上述设置，则回车后系统自动进入下一分录。

图 3-49　【辅助项】对话框

⑤ 在【辅助项】对话框录入或参照输入部门编码 102，然后单击【保存】按钮返回【填制凭证】界面，系统自动将光标定位于【借方金额】栏，输入金额"250"后回车，进入下一分录【摘要】栏，并将上条分录的摘要自动带入，回车定位于【科目名称】栏，输入会计科目编码"1001库存现金"后回车，将光标定位到【贷方金额】栏录入金额 250，或按等号键＝，系统自动根据借贷差额计算填列金额。由于"库存现金"是现金流量科目，必须录入现金流量，单击工具栏上的【流量】按钮或单击 💳 按钮或单击 🗂 按钮，都会弹出【现金流量录入修改】界面，如图 3-50所示。

图 3-50　【现金流量录入修改】界面

⑥ 在【现金流量录入修改】界面中所显示的金额为净现金流量,可以根据实际情况通过增加、删除等方式进行拆分。本例直接在【项目编码】双击,直接输入或参照输入现金流量项目编码 07,然后回车,系统自动显示所选项目名称"支付的与其他经营活动有关的现金"。

⑦ 单击【现金流量录入修改】界面中的【确定】按钮,返回【填制凭证】对话框。

⑧ 单击【填制凭证】对话框工具栏上的 🖫 按钮,弹出【凭证】保存信息对话框,如图 3-51 所示。

⑨ 单击【确定】按钮,完成凭证的填制操作。

⑩ 用同样方式,完成其他凭证的填制操作,最后单击【填制凭证】对话框工具栏上的【退出】按钮,返回 UFIDA ERP-U8 窗口。

图 3-51　凭证保存对话框

提示:

➢ 在凭证填制界面,F5 功能键用于增加新凭证。

➢ 系统自动取当前业务日期为记账凭证填制的日期,可修改。

➢ 在"附单据数"处输入原始单据张数。

➢ 在凭证填制界面,F2 功能键为参照功能键,可进入参照信息窗口,选择录入有关信息。

➢ 若科目为银行科目,则会弹出辅助项录入窗口,要求输入"结算方式"、"票号"及"发生日期"。

➢ 如果科目设置了辅助核算属性,则需要输入辅助信息,如部门、个人、项目、客户、供应商、数量、自定义项等。录入的辅助信息显示在凭证下方的备注栏中。

➢ 每笔分录的借方或贷方本币发生额不能为零,但可以是红字,红字金额以负数形式输入。如果方向不符,可按空格键调整金额方向。

➢ 若凭证使用了现金流量科目,则凭证保存时,要求录入现金流量项目,弹出【现金流量录入修改】对话框,对话框中显示金额为净流量,需要根据实际情况进行拆分处理。

➢ 可通过选项设置,为录入凭证提供一些快捷操作。在【填制凭证】界面,选择【工具】菜单下的【选项】子菜单,显示【凭证选项设置】对话框,如图 3-52 所示,根据需要选择连续增加凭证时自动携带的上一凭证信息。

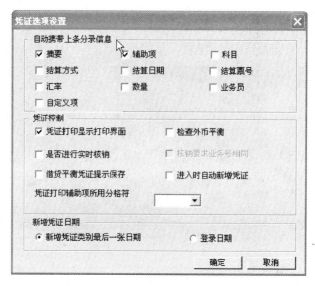

图 3-52　【凭证选项设置】对话框

➤ 如果使用应收系统来管理所有客户往来业务,则在制单时,将不能使用设为纯客户往来辅助核算的科目,需要到应收系统中录入往来单据生成相应的凭证。若使用设为部门客户或客户项目的科目,则只能录入部门或项目的发生数。

➤ 如果使用应付系统来管理所有供应商往来业务,则在制单时,将不能使用设为纯供应商往来辅助核算的科目,需要到应付系统中录入往来单据生成相应的凭证。若使用设置部门供应商或供应商项目的科目,则只能录入部门或项目的发生数。

➤ 对同一个往来单位而言,名称要前后一致,否则,系统会将其当成两个往来单位。

2. 修改凭证

　　尽管在填制凭证时系统提供了多种控制错误的措施,但仍不可避免会发生错误。如果在填制凭证或审核凭证时发现凭证有误,则可借助系统提供的功能对错误凭证进行修改。当然,会计制度和审计制度提出了对错误凭证修改的严格要求,在电算化账务处理系统中,对错误凭证的修改要严格按照会计制度的要求进行。

　　根据会计制度和审计制度的要求,在账务处理系统中对应不同状况下的错误凭证有不同的修改方式。

　　1) 错误凭证的修改方式

　　在电算化账务处理系统中,针对业务处理阶段的不同,系统提供了两种修改方式。

　　① 错误凭证的"无痕迹"修改

　　"无痕迹"修改是指不留下任何曾经修改的线索和痕迹。在下列两种情况下可以使用"无痕迹"修改方式:一是对已填制录入但尚未审核的凭证发现有错误,通过凭证的编辑输入功能直接进行修改或删除,但凭证编号不能修改;二是对已经过审核但尚未记账的凭证发现有误,可先取消审核,然后再通过凭证的编辑输入功能进行修改。

　　② 错误凭证的"有痕迹"修改

　　"有痕迹"修改是指通过保留错误凭证和更正凭证的方式,留下凭证修改的线索和痕迹。

如果已经记账的凭证发现有误,不能直接修改,此时需要采用"有痕迹"修改方式对错误凭证进行修改。可以采用红字冲销法或补充登记法进行修改。红字冲销法是将错误凭证采用增加一张"红字"凭证全额冲销,然后再编制一张正确的"蓝字"凭证进行更正。如果原有错误凭证是多计金额,此时可通过将多计金额填制一张"红字"凭证,将多计金额进行冲减。补充登记法是将原错误凭证少计金额再按照原有分录填制一张凭证,补充少记的差额。采用补充登记法进行错误凭证修改,在计算机系统进行精细化管理的过程中,会将补充填制的凭证和原有凭证按两笔业务进行对待,因而,在计算机财务处理系统中,对于已记账的错误凭证应尽可能地采用红字冲销法进行修改。

2)未审核错误凭证的修改

未经审核的错误凭证可通过填制凭证功能直接修改。

例 21 发现"付字 0001"号凭证多计金额 200 元,且现金支票编号应为"XJ1786",该凭证尚未审核。

操作步骤如下。

① 在 UFIDA ERP-U8 窗口选择【业务工作】|【财务会计】|【总账】|【凭证】|【填制凭证】,然后双击,打开【填制凭证】对话框。

② 在【填制凭证】对话框中,单击工具栏上的 按钮或单击【查看】菜单中的【查询】或直接按 F3 功能键,弹出【凭证查询】对话框,如图 3-53 所示。输入查询条件:凭证类别"付款凭证",月份"2008.07"、凭证号 0001,然后单击【确定】按钮,系统根据查询条件自动查找凭证,并将查询结果显示出来;或在【填制凭证】对话框中,单击工具栏上的 ◀ 或 ▶ 按钮手动查询凭证。

图 3-53 【凭证查询】对话框

③ 在【填制凭证】对话框中,将光标定位在第一条分录的金额上,按 Del 键,将原金额删除,然后重新输入正确金额;再将光标定位在第二条分录的金额栏上,按"="号键,自动修改第二条分录金额;将鼠标移到辅助核算信息栏,鼠标形状显示为笔形状态,如图 3-54 所示,此时双击弹出辅助信息录入对话框,修改错误信息后返回【填制凭证】对话框。

④ 单击工具栏上的 按钮对修改结果进行保存。

提示:

➢ 当录入的辅助核算信息错误,可将鼠标移到辅助信息显示栏上,在鼠标显示为笔形状态时双击,可弹出辅助信息录入对话框,可进行修改。

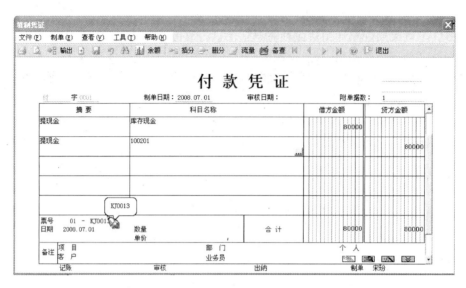

图 3-54　辅助信息修改状态

➤ 凭证一旦保存，其凭证类别、凭证编号将不能再修改。

➤ 若已采用制单序时控制，则在修改制单日期时，不能在上一张凭证的制单日期之前。

➤ 若已选择不允许修改或作废他人填制的凭证控制权限，则不能修改或作废他人填制的凭证。

➤ 外部系统传递来的凭证不能在总账系统中进行修改，只能在生成该张凭证的系统中进行修改。

3）已审核未记账凭证的修改

对于已审核尚未记账的凭证，在发现错误后，可先由审核人取消审核签字后，再由制单人对此张凭证通过编辑录入功能进行修改。

例 22　发现"付字 0001"号凭证有误，且该凭证已由"王晓"审核。

操作步骤如下。

① 先以审核人"王晓"的身份注册登录企业应用平台。

② 在 UFIDA ERP-U8 窗口选择【业务工作】|【财务会计】|【总账】|【凭证】|【审核凭证】双击，打开【凭证审核】范围选择对话框，如图 3-55 所示。

图 3-55　【凭证审核】范围选择对话框

③ 录入查询条件，凭证类别"付款凭证"，月份"2008.07"，凭证号 0001，然后单击【确定】按钮，进入【审核凭证】方式选择对话框，如图 3-56 所示。

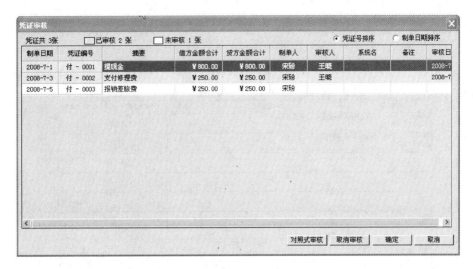

图 3-56　【凭证审核】方式选择对话框

④ 单击【取消审核】按钮,取消审核签字,然后单击【取消】按钮返回 UFIDA ERP-U8 窗口。在 UFIDA ERP-U8 窗口中,单击工具栏上的【重注册】按钮,以"KJ004"操作员的身份注册进入企业应用平台。

⑤ 进入【填制凭证】对话框,然后按例 22 的修改处理步骤完成对凭证的修改操作。

提示:

取消凭证审核只能由审核操作员本人进行。

4) 已记账凭证的修改

对于已审核记账的错误凭证,可通过红字冲销法来进行修改。

例 23　发现"付字 0003"号凭证有误,且该凭证已审核记账。

操作步骤如下。

① 在【填制凭证】对话框中,单击【制单】菜单中的【冲销凭证】子菜单,弹出【冲销凭证】选择对话框,如图 3-57 所示。

② 在【冲销凭证】选择对话框中,输入要冲销的凭证的制单月份、凭证类别和凭证号,然后单击【确定】按钮,系统自动按原错误凭证填制一张"红字"凭证,金额为红色(负数)的凭证,如图 3-58 所示。

图 3-57　【冲销凭证】选择对话框

③ 由于当前冲销的凭证涉及现金流量项目,在生成红字冲销凭证时,需要修改【现金流量录入修改】对话框中的相关现金流量数据。修改凭证的制单日期等信息,单击 按钮,对生成的红字凭证进行存储。

④ 单击 按钮,按新增凭证填制方法填制正确的凭证,并进行保存。

3. 作废及删除凭证

当某张凭证不再需要或出现不可修改的错误时,可以将该凭证作废删除。

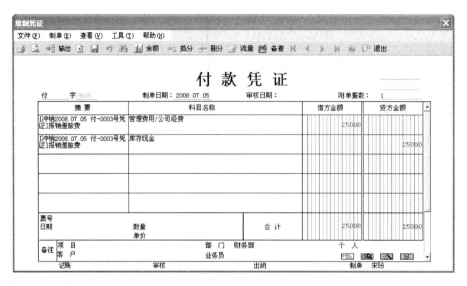

图 3-58　生成的红字凭证

1）凭证作废

在日常操作过程中，若遇到非法凭证需要作废删除时，可通过"作废/恢复"功能，将这些凭证作废。

例 24　作废"付字 0005 号"凭证。

操作步骤如下。

① 在【填制凭证】对话框中，通过功能找到要作废的凭证。

② 单击【制单】菜单中的【作废/恢复】子菜单，系统在凭证的左上角添加"作废"字样，如图 3-59 所示。

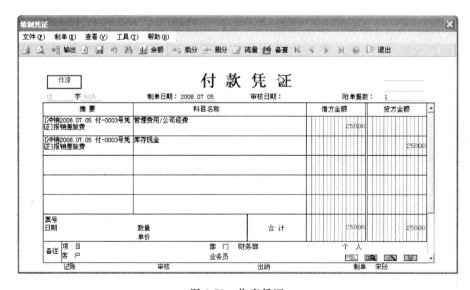

图 3-59　作废凭证

提示：

➢ 作废凭证仍保留凭证内容及编号，只显示作废字样。

➢ 作废凭证不能进行修改，也不进行审核。

➢ 在记账时，已作废凭证将参与记账，否则月末无法结账，但系统不对作废凭证进行数据处理，即相当于一张空白凭证。

➢ 账簿查询时，找不到作废凭证的数据。

➢ 若当前凭证已作废，可再次通过执行"作废/恢复"功能，取消作废标识，可将当前凭证恢复为有效凭证。

2）凭证删除

如果不想保留已作废的凭证，可以通过"整理凭证"功能将其删除，并对未记账凭证重新编号，确保凭证编号连续。

例 25　将上例中已作废的凭证从系统中彻底删除。

操作步骤如下。

① 单击【制单】菜单中的【整理凭证】子菜单，系统弹出【凭证期间选择】对话框，如图 3-60 所示。

② 参照选择凭证期间后，单击【确定】按钮，进入【作废凭证表】对话框，如图 3-61 所示。

图 3-60　【凭证期间选择】对话框

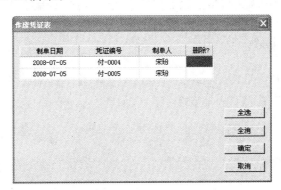

图 3-61　【作废凭证表】对话框

③ 对确实要删除的凭证，在作废凭证信息的【删除？】栏双击添加删除标志 Y，如图 3-62 所示。

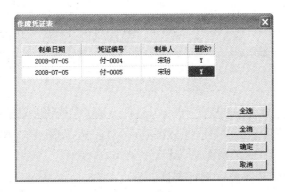

图 3-62　添加删除标志

④ 单击【确定】按钮，系统进行作废凭证删除处理。对所有删除凭证进行处理后，显示是否还需整理凭证断号提示对话框，如图 3-63 所示。

图 3-63 凭证号整理提示对话框

⑤ 单击【是】按钮，系统自动完成未记账凭证的凭证号重排处理，确保账簿记录中不会出现凭证断号现象。

提示：

只能对未记账凭证进行凭证整理。

4. 查询凭证

在凭证填制过程中，可以通过查询功能，随时了解经济业务的发生情况，确保凭证填制的正确性。

例 26 查询 2008 年 7 月，尚未记账的 0001 号付款凭证。

操作步骤如下。

① 方法一：在 UFIDA ERP-U8 窗口选择【业务工作】|【财务会计】|【总账】|【凭证】|【查询凭证】双击，打开【凭证查询】对话框，如图 3-64 所示。

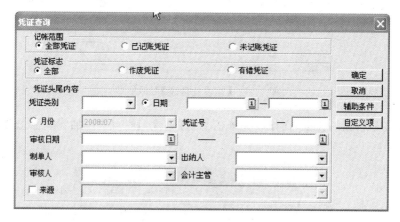

图 3-64 【凭证查询】对话框 A

方法二：在【填制凭证】对话框中，单击工具栏上的 按钮，或直接按 F3 功能键，或单击【查看】菜单中的【查询】子菜单，打开【凭证查询】对话框，如图 3-65 所示。

对话框 A 与对话框 B 的区别在于，对话框 A 可实现对已记账凭证和未记账凭证的查询，而对话框 B 只能对未记账凭证进行查询。

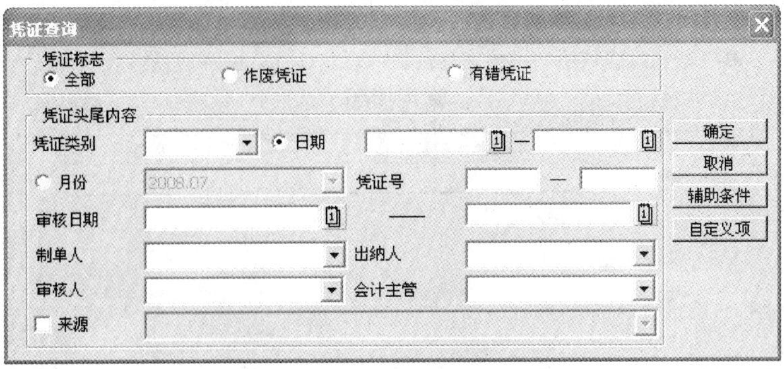

图 3-65 【凭证查询】对话框 B

② 在【凭证查询】对话框 A 中选择【未记账凭证】,然后录入查询条件,或在【凭证查询】对话框 B 中直接录入查询条件,单击【确定】按钮,显示找到的符合条件的凭证。

5. 常用摘要

在会计核算过程中,发生大量的经济业务,如果每次业务发生均通过键盘来录入摘要内容,势必会影响录入速度而影响工作效率。如果将经济业务信息摘要事先定义好,并存储在计算机中供随时调用,就会提高业务的处理速度。账务系统提供了该项功能,操作员可以利用该功能事先或伴随业务的发生逐步来补充完善常用摘要信息库。

凭证摘要是对已发生的经济业务内容的简要描述。摘要的内容应简单明了,定义常用摘要就是对使用频率较高、内容相同的凭证摘要,根据初始凭证定义录入到摘要库,供需要时随时调用。其目的就是通过将本单位日常重复发生的经济业务的摘要存储起来,在填制会计凭证时随时加以调用,以提高凭证填制的速度。定义常用摘要主要是对摘要编码、摘要内容、相关科目进行定义。

(1) 摘要编码。用来标识常用摘要的代码,便于直接调用。

(2) 摘要内容。根据经济业务的性质和本单位的实际情况,简要说明发生的经济业务的主要内容。

(3) 相关科目。

如果某常用摘要与某科目对应,则可以在此输入该科目,在以后日常业务处理中,可以通过调用常用摘要时,也同时调用该科目,减少输入工作量。

例 27 将从银行提取现金业务的摘要信息"提取现金"定义为常用摘要。

操作步骤如下。

① 方法一:在 UFIDA ERP-U8 窗口选择【基础设置】|【基础档案】|【其他】|【常用摘要】双击,打开【常用摘要】对话框,如图 3-66 所示。

方法二:在【填制凭证】对话框中,单击工具栏上的【增加】按钮增加一张新凭证,完成凭证头信息录入后,将光标定位在摘要栏,单击参照录入按钮或直接按 F2 功能键,弹出【常用摘要】设置对话框,如图 3-66 所示。

② 单击【增加】按钮,录入摘要编码 0001,摘要内容"提取现金",相关科目 1001。

③ 录入完毕,单击工具栏上的【退出】按钮结束常用摘要设置。

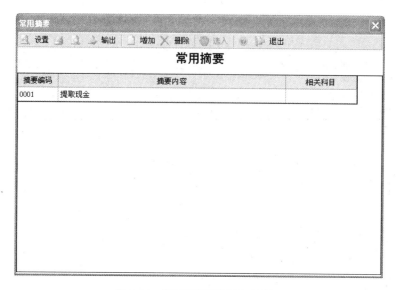

图 3-66 【常用摘要】设置对话框

例 28 填制从银行提取现金的业务凭证，调用已定义好的常用摘要"提取现金"。

操作步骤如下。

① 在【填制凭证】对话框中，单击工具栏上的【增加】按钮增加一张新凭证，完成凭证头信息录入后，将光标定位在摘要栏，单击参照录入按钮或直接按 F2 功能键，弹出【常用摘要】设置对话框。

② 将光标定位在"0001 提取现金"常用摘要栏上，单击工具栏上的【选入】按钮，完成常用摘要的调用。

6. 常用凭证

在企业会计核算过程中，有许多业务经常大量重复发生，如从银行提取现金、购买办公用品、报销职工差旅费等，这些业务性质基本相同，每笔业务的摘要内容和会计分录也没有太大区别，对于这样的业务可以将其定义为常用凭证，使用时直接调用，以提高凭证填制速度。

在账务处理系统中，系统提供了常用凭证定义功能，该功能提供了常用会计凭证的模板，在此模板中将日常经常发生的业务的摘要、对应会计科目预先进行定义，在填制凭证时可直接输入常用凭证的编码或按快捷键来调用此模板，填入各科目的发生额，即可快速完成一张凭证的填制。也可将一张已填的记账凭证生成常用凭证。

定义常用凭证主要是登记常用凭证的编号、常用凭证的类别、借方会计科目以及贷方会计科目。在调用常用凭证时，操作员可以根据当前处理的经济业务内容直接使用或修改后使用。

1）定义常用凭证

例 29 将从银行提取现金的业务定义为常用凭证。

操作步骤如下。

① 在 UFIDA ERP-U8 窗口选择【业务工作】|【财务会计】|【总账】|【凭证】|【常用凭证】，然后双击，打开【常用凭证】对话框，如图 3-67 所示。

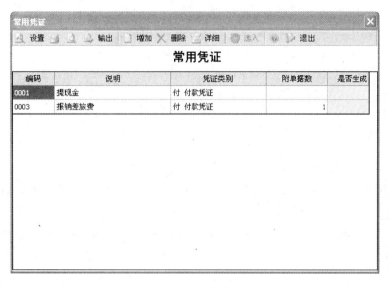

图 3-67 【常用凭证】对话框

② 单击【增加】按钮,录入常用凭证编码0001、录入说明信息即摘要信息"提现金",选择凭证类别"付 付款凭证",录入附单据数据1,录入完毕后单击工具栏上的【详细】按钮进入分录定义界面,如图 3-68 所示。

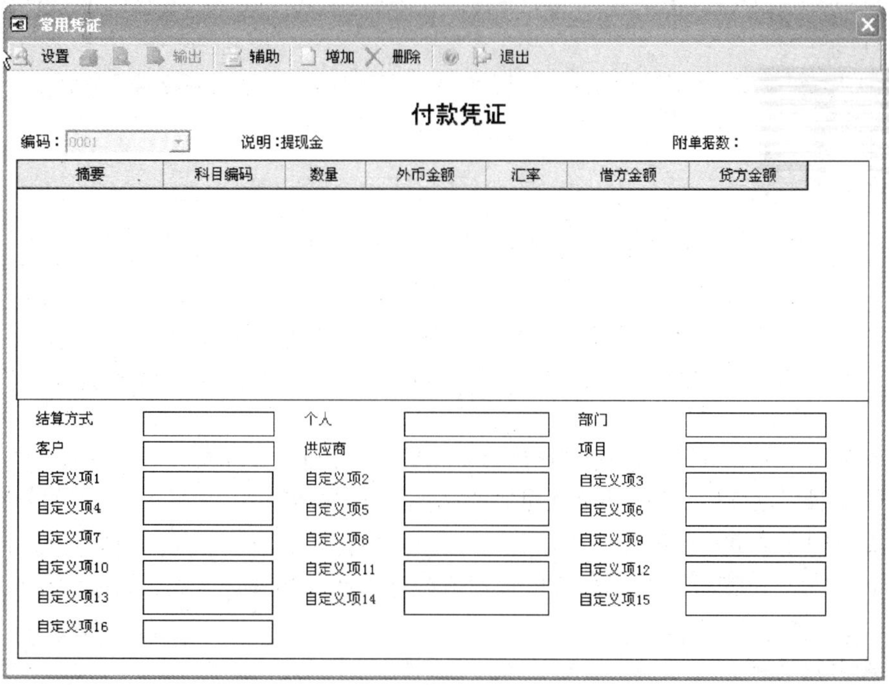

图 3-68 【常用凭证】分录定义界面

③ 单击工具栏上的【增加】按钮,增加一条分录,系统自动将输入的说明信息"提现金"作为摘要信息填入摘要栏中,回车直接录入或参照录入会计科目编码1001,再增加一条分

录,录入会计科目编码100201,然后回车,系统弹出【辅助信息】设置对话框,如图3-69所示。

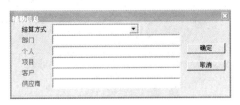

图3-69 【辅助信息】设置对话框

④ 在【辅助信息】设置对话框中显示所有辅助核算项,与该科目有关的辅助项呈现可用状态,无关的辅助项不可用。选择结算方式"01 现金支票",然后单击【确定】按钮返回【常用凭证】分录设置界面,如图3-70所示。

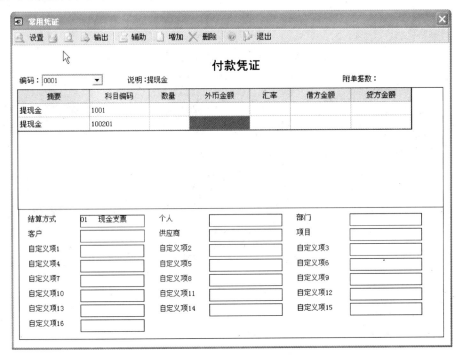

图3-70 【常用凭证】分录设置界面

⑤ 单击工具栏上的【退出】按钮,返回【常用凭证】增加窗口。

⑥ 重复第②～⑤步,进行其他常用凭证的定义。最后单击工具栏上的【退出】按钮返回UFIDA ERP-U8 窗口。

例30 将已填制的0003号付款凭证定义为常用凭证0003号。

操作步骤如下。

① 在【填制凭证】对话框中,通过查询功能找到0003号付款凭证。

② 单击【制单】菜单中的【生成常用凭证】子菜单项,弹出【常用凭证生成】对话框,如图3-71所示。

③ 录入常用凭证代号0003,说明内容"报销差旅

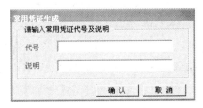

图3-71 【常用凭证生成】对话框

费",然后单击【确认】按钮完成常用凭证的生成。

④ 单击【退出】按钮,返回 UFIDA ERP-U8 窗口,选择【业务工作】|【财务会计】|【总账】|【凭证】|【常用凭证】,然后双击,打开【常用凭证】对话框,选中 0003 号常用凭证,单击工具栏上的【详细】按钮,进入 0003 号常用凭证编辑界面,查看生成的常用凭证,如图 3-72 所示。

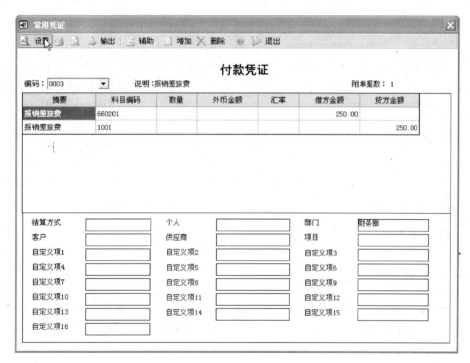

图 3-72 【常用凭证】编辑界面

⑤ 修改借方金额和贷方金额,将金额全部修改为 0,然后单击【退出】按钮退出常用凭证编辑界面。再单击【退出】按钮返回 UFIDA ERP-U8 窗口。

2)调用常用凭证

例 31 2008 年 7 月 10 日,总经理赵珂报销差旅费 800 元,以现金支付。

操作步骤如下。

① 在【填制凭证】对话框中,单击【制单】菜单中的【调用常用凭证】子菜单或按 F4 功能键,弹出【调用常用凭证】对话框,如图 3-73 所示。

图 3-73 【调用常用凭证】
对话框

② 直接录入或参照录入常用凭证代码 0003 后,单击【确定】按钮,系统自动按已定义的常用凭证格式增加一张新凭证,如图 3-74 所示。

③ 将制单日期修改为"2008.07.10",在第一条分录上录入借方金额 800,在第二条分录上录入贷方金额 800,回车进入【现金流量录入修改】对话框,选择现金流量项目,录入现金流量数据。最后,单击 按钮对增加的凭证进行保存。

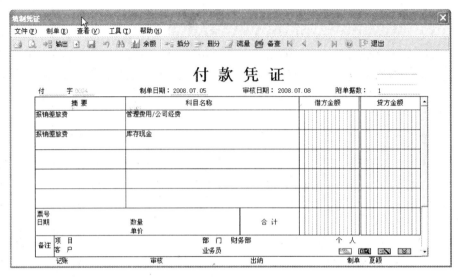

图 3-74　生成的记账凭证

3.3.2　审核凭证

1. 凭证审核的目的及功能

为确保登记到账簿的每一笔经济业务的准确性和可靠性，制单员填制的每一张凭证都必须经过审核员的审核。只有输入准确无误的凭证，才能保证以后处理结果的正确性。但在凭证填制输入过程中，系统虽具有自动校验机制，但却只对凭证的某类错误进行自动检测，如借贷不平衡、输入不存在的科目编码等。而对"串户"、借贷反向以及借贷金额同增减差错却无法通过系统自动检测发现，因此，对于填制的记账凭证必须进行人工审核。

审核凭证是审核员按照财会制度，对制单员填制的记账凭证进行检查核对，其目的主要有两个：

一是防止填制过程中发生错误和舞弊行为，而对凭证的正确性和合法性进行检查核对，主要审核记账凭证是否与原始凭证相符、会计分录科目是否正确、业务金额是否与原始凭证相符等，审查过程中认为错误或有异议的凭证，应予以标错并交由填制人员修改后，再次审核，以确保录入到系统中的凭证是正确的。

二是为系统记账提供一个标记，只有经过审核签字的凭证才能记账。

从内部控制制度出发，凭证审核模块应满足内部控制的要求，应体现出如下控制功能：

➢ 无论是审核签字还是取消审核，审核人和制单人不能是同一个人。

➢ 凭证一经审核，就不能修改、删除，只有取消审核后才能进行修改、删除处理。

➢ 取消审核只能由审核人自己完成。

2. 凭证审核的方法

在计算机账务处理系统中，系统提供了两种审核机制，一是静态屏幕审核，二是二次录入校验。

1）静态屏幕审核法

静态屏幕审核法是指计算机依次将未审核的凭证显示在屏幕上，由审核员通过目测等方式对已输入的凭证进行检查，若审核员发现凭证填制有误或认为有异议，此时应予以标错并交由制单人修改后重新审核；若审核员认为没有差错，则单击"签字"按钮进行审核签字，表明已审核通过。这种方法受操作员熟练程度的影响较大，而且长时间目测会引起眼睛疲劳，影响审核质量和效率。

在企业实际业务处理时，往往是先将凭证打印出来，通过对纸质凭证审核后，再在账务处理系统中执行批量审核功能对计算机系统内的凭证进行一次性审核处理。

例32　以审核员"王晓"的身份注册登录账务处理系统，对7月份1～10日所填制的凭证进行审核。

操作步骤如下。

① 以审核员"王晓"的身份注册登录企业应用平台，在 UFIDA ERP-U8 窗口选择【业务工作】|【财务会计】|【总账】|【凭证】|【审核凭证】双击，打开【凭证审核】范围选择对话框，如图3-75所示。

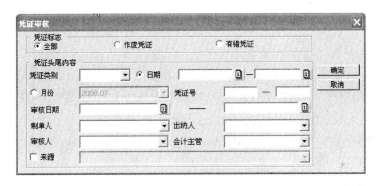

图3-75　【凭证审核】范围选择对话框

② 选择审核月份"2008.07"，单击【确定】按钮进入【凭证审核】范围信息对话框，如图3-76所示。若在范围选择时保持默认状态，则针对审核日期前所有未审核凭证进行审核。

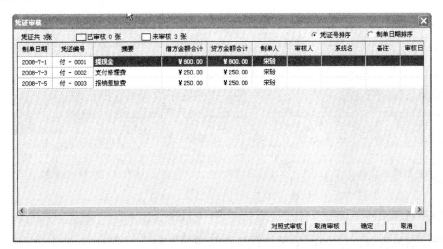

图3-76　【凭证审核】范围信息对话框

③ 单击【确定】按钮,进入【审核凭证】审核对话框,并将符合条件的凭证号最小的一张凭证显示出来,如图 3-77 所示。

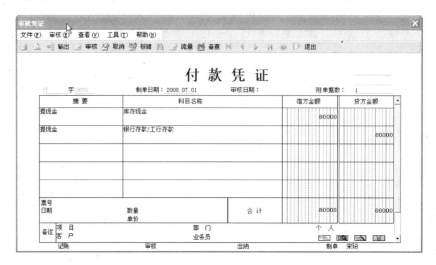

图 3-77 【审核凭证】审核对话框

④ 对凭证的信息进行检查,若认为该凭证有问题,可单击工具栏上的【标错】按钮,系统在该张凭证的左上角标注"有错"字样,同时弹出【填写凭证错误原因】录入对话框,如图 3-78 所示,录入错误原因后,单击【确定】按钮,完成标错处理。对已标错凭证,再次单击【标错】按钮可取消"有错"字样。

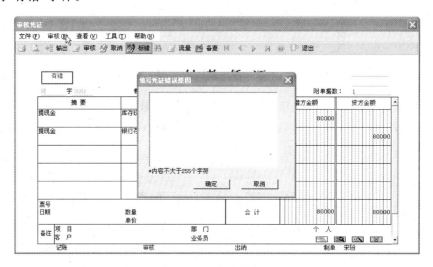

图 3-78 标错凭证

若检查无误,可单击工具栏上的【审核】按钮,系统在该张凭证的下方审核人位置添加审核人姓名"王晓",并自动进入下张待审核凭证供审核。

如果通过将机内凭证打印形成纸质凭证,并对纸质凭证审核无误后,可执行【审核】菜单中的【成批审核凭证】功能,一次性地将所有凭证进行审核签字处理。

⑤ 单击工具栏上的 ◀ 按钮,可查看已签字凭证信息,如图 3-79 所示。

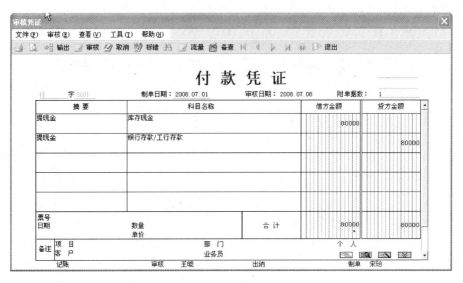

图 3-79 已审核签字凭证

⑥ 同样方式完成其他凭证的审核。

提示：

- 若想对已审核的凭证取消审核，可单击【取消】按钮取消审核。
- 审核人除了要具有审核权外，还需要有对待审核凭证制单人所制凭证的审核权，这个权限可通过"数据权限分配"功能完成。
- 审核人和制单人不能是同一个人。
- 凭证一经审核，就不能被修改、删除，只有取消审核签字后才可以进行修改或删除。
- 取消审核签字只能由审核人自己进行。
- 采用手工制单的用户，在凭单上审核完后还须对录入机器中的凭证进行审核。
- 作废凭证不能被审核，也不能被标错。
- 已标错的凭证不能被审核，若想审核，需先单击【标错】按钮取消标错后才能审核。
- 若企业采用将输入计算机的凭证通过打印机输出为纸质凭证进行审核，审核全部通过后，可在【审核凭证】审核对话框，单击【审核】菜单中的【成批审核凭证】子菜单项，一次性完成所有待审凭证的审核。

2）二次录入校验法

二次录入校验法是由不同的操作员将同一笔业务重复输入两次，通过计算机比较两次录入的结果，判定凭证是否正确的一种审核方法。采用这种方法可以检查出多输或漏输的凭证、数据不一的凭证等。这种方法检查凭证错误效率高，但是输入时间花费较多。

例 33 以审核员"王晓"的身份注册登录企业应用平台，使用二次录入校验方法审核 7 月份所填制的凭证。

操作步骤如下。

① 以审核员"王晓"的身份注册登录企业应用平台，在 UFIDA ERP-U8 窗口选择【业务工作】|【财务会计】|【总账】|【凭证】|【审核凭证】双击，打开【凭证审核】范围选择对话框。

② 保持默认选项，单击【凭证审核】范围选择对话框中的【确定】按钮，进入【凭证审核】方式选择对话框。

③ 在【凭证审核】方式选择对话框中选择要进行审核的凭证,然后单击【对照式审核】按钮,弹出【凭证审核】对话框,如图 3-80 所示。

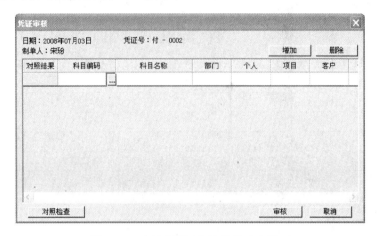

图 3-80　对照式凭证审核分录录入界面

④ 根据原始凭证,录入第一条分录信息,单击【增加】按钮,系统自动对当前分录进行对照式检查,并将对照结果显示在【对照结果】栏中,如果对照结果一致,显示 Y,并自动增加一条分录等待录入信息,如果对照结果不一致,则显示为 X,不能增加新分录,要求操作员对录入的信息进行检查,如图 3-81 所示。

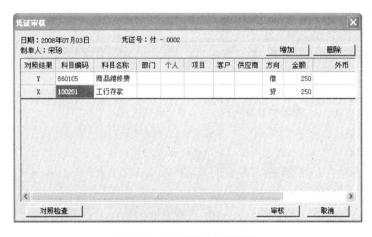

图 3-81　新录凭证分录信息

⑤ 如果对照检查结果不一致,可单击【对照检查】按钮,或按 F2 功能键,系统自动进行检查,并显示【审核检查对照表】对话框,如图 3-82 所示。

⑥ 如果经检查确属原凭证填制错误,可直接退回到【凭证审核】方式选择对话框,重新选择下张凭证进行审校;如果检查结果相符,可在如图 3-81 所示的界面中,单击【审核】按钮或按 F5 功能键完成审核签字,系统自动进入下张凭证审核录入界面,操作员可按第③~⑤步的方式完成对其他凭证的审核。对凭证审核完毕后,退回到【凭证审核】方式选择对话框,此时会发现通过审核的凭证在【审核人】栏添加了审核人姓名"王晓",未通过审核的【审核人】栏为空,如图 3-83 所示。

图 3-82 【审核检查对照表】对话框

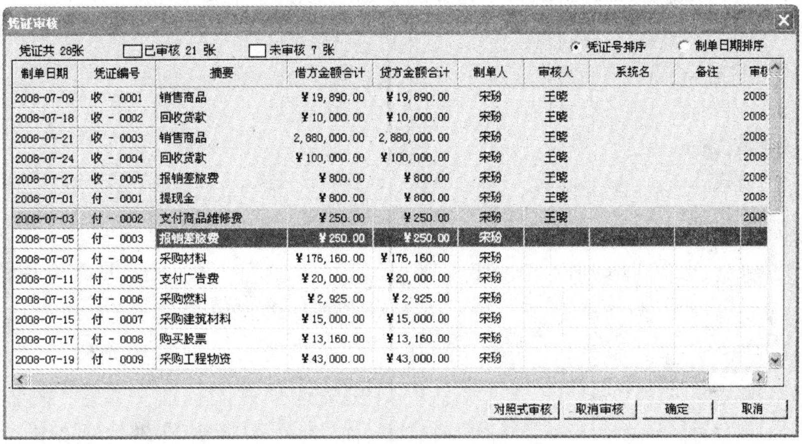

图 3-83 凭证审核结果

⑦ 单击【取消】按钮,结束本次审核操作。

3）取消审核

如果发现已审核的凭证有误,在未记账的情况下,可通过系统提供的取消审核签字功能,将审核签字取消。

例 34 记账前发现付字 0003 号凭证有错,要求审核员"王晓"取消审核签字。

取消审核签字的方式有两种。

操作步骤如下。

· 方式一

① 以审核员"王晓"的身份注册登录企业应用平台,在 UFIDA ERP-U8 窗口选择【业务工作】|【财务会计】|【总账】|【凭证】|【审核凭证】双击,打开【凭证审核】范围选择对话框。

② 保持默认选项,单击【凭证审核】范围选择对话框中的【确定】按钮,进入【凭证审核】方式选择对话框。

③ 在【凭证审核】方式选择对话框中选择要取消审核的凭证,然后单击【取消审核】按钮,【审核人】栏中签字人姓名被取消。

④ 单击【取消】按钮结束取消审核签字操作。

- 方式二

① 以操作员王晓的身份注册登录企业应用平台,在 UFIDA ERP-U8 窗口选择【业务工作】|【财务会计】|【总账】|【凭证】|【审核凭证】双击,打开【凭证审核】范围选择对话框。

② 保持默认选项,单击【凭证审核】范围选择对话框中的【确定】按钮,进入【凭证审核】方式选择对话框。

③ 在【凭证审核】方式选择对话框中直接单击【确定】按钮,进入【审核凭证】窗口。

④ 通过查询功能找到要取消审核签字的凭证。

⑤ 单击工具栏上的【取消审核】按钮取消审核签字。

⑥ 单击【退出】按钮,返回【凭证审核】方式选择对话框,单击【取消】按钮结束本次取消审核签字操作。

提示:

➤ 取消审核签字只能由审核人自己进行。

➤ 如果要取消所有凭证的审核签字,系统提供了成批取消签字功能,可通过此功能将所有已审核签字而未记账的凭证取消签字。

3.3.3　出纳签字

出纳凭证由于涉及企业现金的收入与支出,应加强对出纳凭证的管理。出纳人员可通过出纳签字功能对制单员填制的带有库存现金、银行存款科目的凭证进行检查核对,主要核对出纳凭证的出纳科目的金额是否正确,审查认为错误或有异议的凭证,应交由填制人员修改后再核对。从这一意义而言,出纳签字可视为一种特殊的凭证审核操作。

在使用出纳签字功能时,应首先在系统【选项】中选择系统控制参数【出纳凭证必须经由出纳签字】,这样出纳凭证才需要进行出纳签字;其次在会计科目指定处理时,指定出纳签字科目,这样才能进行出纳签字。

例 35　以出纳员"于洋"的身份登录系统,对出纳凭证进行出纳审核签字。

操作步骤如下。

① 以出纳员"于洋"的身份注册登录企业应用平台,在 UFIDA ERP-U8 窗口选择【业务工作】|【财务会计】|【总账】|【凭证】|【出纳签字】,然后双击,打开【出纳签字】范围选择对话框,如图 3-84 所示。

图 3-84　【出纳签字】范围选择对话框

② 选择要查询全部、作废凭证或有错凭证，三者任选其一。选择凭证的来源，为空表示所有系统的凭证。在此保持默认，单击【确定】按钮，显示【出纳签字】凭证一览表，如图 3-85 所示。

制单日期	凭证编号	摘要	借方金额合计	贷方金额合计	制单人	签字人	系统名	备注	审核
2008-07-09	收 - 0001	销售商品	¥19,890.00	¥19,890.00	宋玢				2008
2008-07-18	收 - 0002	回收货款	¥10,000.00	¥10,000.00	宋玢				2008
2008-07-21	收 - 0003	销售商品	2,880,000.00	2,880,000.00	宋玢				2008
2008-07-24	收 - 0004	回收货款	¥100,000.00	¥100,000.00	宋玢				2008
2008-07-27	收 - 0005	报销差旅费	¥800.00	¥800.00	宋玢				2008
2008-07-01	付 - 0001	提现金	¥800.00	¥800.00	宋玢				2008
2008-07-03	付 - 0002	支付商品维修费	¥250.00	¥250.00	宋玢				2008
2008-07-05	付 - 0003	报销差旅费	¥250.00	¥250.00	宋玢				
2008-07-07	付 - 0004	采购材料	¥176,160.00	¥176,160.00	宋玢				
2008-07-11	付 - 0005	支付广告费	¥20,000.00	¥20,000.00	宋玢				
2008-07-13	付 - 0006	采购燃料	¥2,925.00	¥2,925.00	宋玢				
2008-07-15	付 - 0007	采购建筑材料	¥15,000.00	¥15,000.00	宋玢				
2008-07-17	付 - 0008	购买股票	¥13,160.00	¥13,160.00	宋玢				
2008-07-19	付 - 0009	采购工程物资	¥43,000.00	¥43,000.00	宋玢				

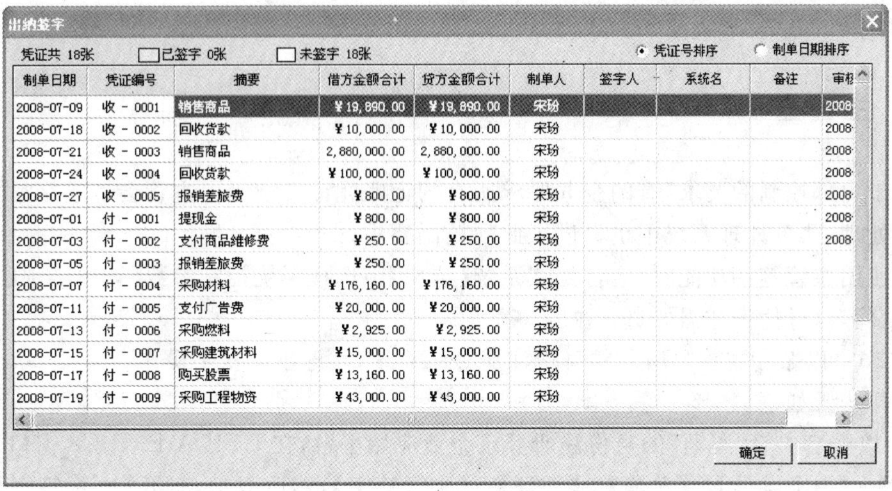

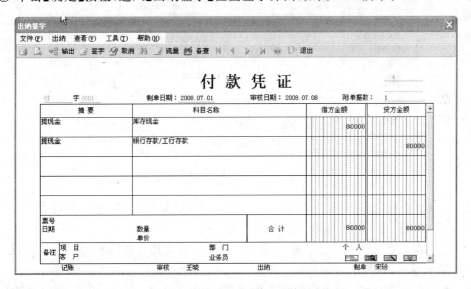

图 3-85 【出纳签字】凭证一览表

③ 单击【确定】按钮，进入【出纳签字】检查签字界面，如图 3-86 所示。

图 3-86 【出纳签字】检查签字界面

④ 对需进行出纳签字的凭证通过单击 ◀ 或 ▶ 按钮逐一审查，通过审查后，单击工具栏上的【签字】按钮进行出纳签字。

⑤ 出纳签字完成后，单击工具栏上的【退出】按钮返回【出纳签字】凭证一览表，单击【取消】按钮结束本次出纳签字操作。

提示：

➢ 企业可根据实际需要决定是否要对出纳凭证进行出纳签字管理，此功能通过【选项】中的【出纳凭证必须经由出纳签字】选项进行设置。

➤ 出纳凭证能否进行出纳签字，除上述选项设置外，还需同时指定出纳签字科目，即将"库存现金"科目指定为现金科目，将"银行存款"指定为银行科目，此项指定操作在"会计科目"设置中进行。

➤ 凭证一经签字，就不能被修改、删除，只有被取消签字后才可以进行修改或删除。

➤ 取消出纳签字只能由出纳人自己进行。

3.3.4 主管签字

出于内部控制的要求，有的企业要求所有的记账凭证必须经由主管会计签字后，方能进行记账处理，账务处理系统中也提供了此项控制要求。

在使用主管签字功能时，应首先在系统【选项】中选择系统控制参数【凭证必须经由主管会计签字】，这样凭证才需要进行主管签字。

例36 以账套主管"夏颖"的身份注册登录系统，实施主管签字操作。

操作步骤如下。

① 以账套主管"夏颖"的身份注册登录企业应用平台，在 UFIDA ERP-U8 窗口选择【业务工作】|【财务会计】|【总账】|【凭证】|【主管签字】，然后双击，打开【主管签字】范围选择对话框，如图 3-87 所示。

图 3-87 【主管签字】范围选择对话框

② 选择要查询全部、作废凭证或有错凭证。选择凭证的来源，为空表示所有系统的凭证。在此保持默认范围，单击【确定】按钮，进入【主管签字】凭证一览表，如图 3-88 所示。

③ 可以在需要进行主管签字的凭证记录上双击或直接单击【确定】按钮，进入【主管签字】审核签字界面，如图 3-89 所示。

④ 通过单击 ◀ 或 ▶ 按钮逐一检查每张凭证，对检查无差错的凭证，通过单击【签字】按钮，实施主管签字操作，签字后凭证如图 3-90 所示。

⑤ 完成主管签字后，单击【退出】按钮返回【主管签字】凭证一览表，单击【取消】按钮结束本次主管签字操作。

提示：

➤ 是否需要主管签字，通过系统【选项】中的【凭证必须经由主管会计签字】选项设置来实现。

➤ 凭证一经签字，就不能被修改、删除，只有被取消签字后才可以进行修改或删除。

➤ 取消主管签字只能由主管会计本人进行。

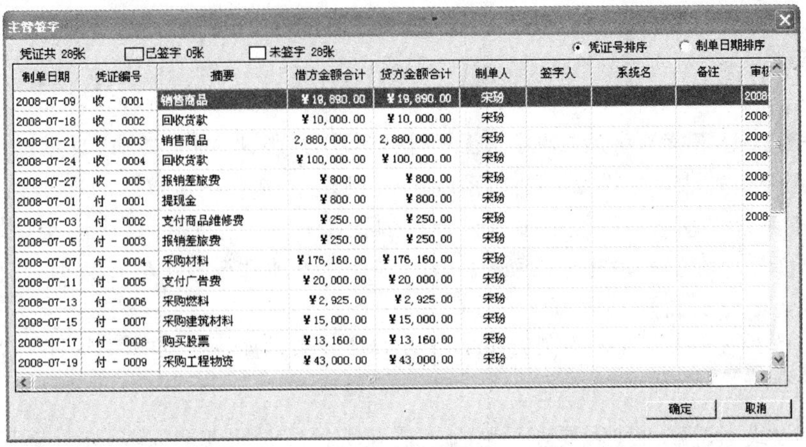

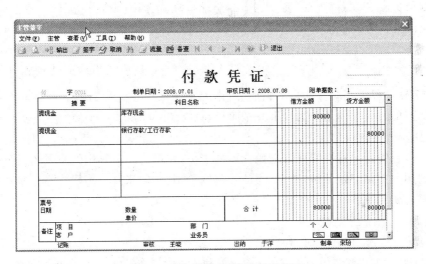

图 3-88 【主管签字】凭证一览表

图 3-89 【主管签字】审核签字界面

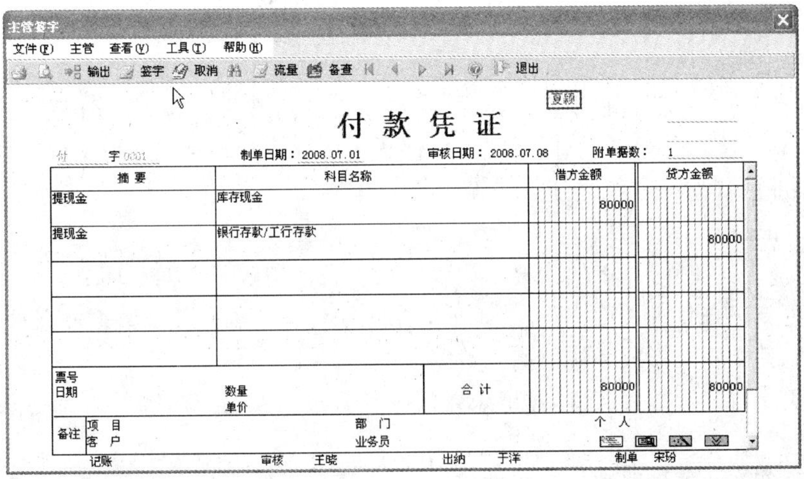

图 3-90 主管签字凭证

3.3.5　记账

记账凭证经过审核签字后，即可以正式计入总分类账、明细分类账、日记账、部门账、项目账、往来账及备查账中。在账务处理系统中，记账是由具有记账权限的操作员发出记账指令，由计算机系统自动按照系统中预先设计好的记账程序自动进行合法性检验、科目汇总、登记账目等操作。在记账过程中，系统采用向导方式自动进行会计核算数据处理，使计算机记账工作更加简化而高效。

1. 记账方式

在手工方式下记账工作需要若干财会人员花费很多时间才能完成，在计算机条件下，财会人员只要使用记账模块，记账工作便由计算机自动、准确、高速地完成。记账工作可以在编制一张凭证后进行，也可以在编制一天的凭证后记一次账，既可以一天记多次账，也可以多天记一次账。

2. 记账处理过程

由于记账过程采用向导式自动完成，所以人工无法干预记账过程。在计算机账务处理系统中，记账的过程大体划分为以下几个阶段。

1）记账范围选择

记账前，首先列出各期间尚未记账凭证的清单，并同时列出其中的空号与已审核凭证的范围，要求用户选择记账月份、类别、凭证号范围等，其中记账月份不能为空。采用默认设置时，系统将对所有审核通过的凭证进行记账。

2）记账凭证合法性检验

首先要检验记账凭证是否有不平衡的情况。虽然在填制凭证和审核凭证时对凭证的合法性和平衡问题都已做过检查，但为了防止病毒感染和非法库操作发生，系统记账前再统一做此项工作，以确保系统正常运转。如果系统发现借贷不平的凭证，就将该凭证的类型及凭证号显示给操作者，同时显示出不平的金额。当所有选择范围内的凭证检验通过后，就可进行下一步工作。

3）保护记账前状态

记账前，为防止记账过程中出现意外，系统自动进行数据备份，保存记账前数据。记账过程中一旦出现诸如停电等意外，系统立即停止记账并会自动利用备份文件恢复系统数据，恢复到记账前的状态，然后重新进行记账。

4）正式记账

系统完成上述工作后，就转入自动记账阶段。自动记账分为四个环节。

首先，更新记账凭证文件，将经过审核的未记账凭证从临时凭证数据库文件转入历史数据库文件中，使之正式形成系统的基础数据。

其次，更新科目汇总表文件，对记账凭证按科目进行汇总，更新"科目汇总表文件"相应科目的发生额，并计算余额。

再次，更新有关辅助账数据库文件。

最后，将临时凭证数据库文件中已记账的凭证删除，以防止重复记账。

例 37　以记账操作员“孙翠”的身份注册登录企业应用平台，对前期已审核的凭证进行记账操作。

操作步骤如下。

① 以记账操作员“孙翠”的身份注册登录企业应用平台，在 UFIDA ERP-U8 窗口选择【业务工作】|【财务会计】|【总账】|【凭证】|【记账】，然后双击，打开【记账】范围选择对话框，如图 3-91 所示。

记账
记账选择
2008.07月份凭证
其他月份调整期凭证
期间 类别 未记账凭证 已审核凭证 记账范围
2008.07 收 1-5 1-5
2008.07 付 1-13 1-13
2008.07 转 1-10 1-10
全选 全消 记账 记账报告 退出

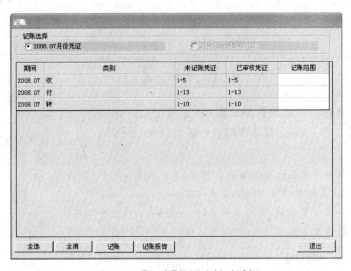

图 3-91　【记账】范围选择对话框

② 在【记账范围】栏可手工输入记账凭证范围，也可单击【全选】按钮选择所有凭证。如果要对所有凭证进行记账也可保持默认状态。单击【记账报告】按钮，显示记账信息报告，如图 3-92 所示。或者直接单击【记账】按钮，显示检查结果【期初试算平衡表】，如图 3-93 所示。

记账
记账选择
2008.07月份凭证
其他月份调整期凭证
凭证张数：3
科目编码 科目名称 外币名称 数量单位 金额合计 借方 贷方
1001 库存现金 800.00 500.00
1002 银行存款 800.00
100201 工行存款 800.00
5101 制造费用 250.00
510105 其他 250.00
6602 管理费用 250.00
660201 公司经费 250.00
合计 1,300.00 1,300.00
记账 返回 打印 预览 输出 退出

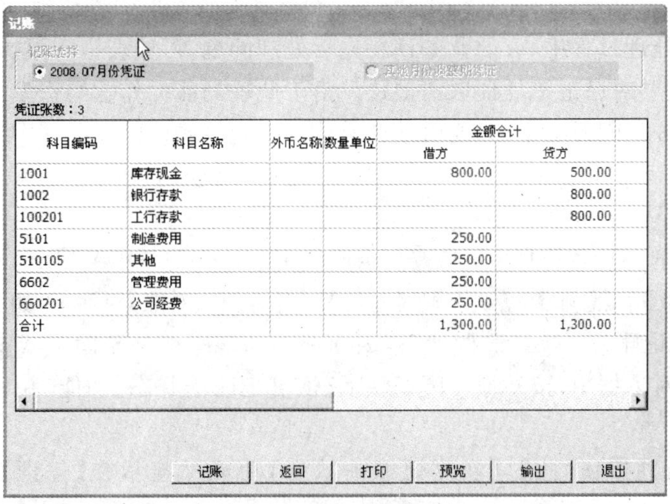

图 3-92　记账报告信息

③ 单击【记账】按钮，系统首先对期初数据进行试算平衡检查，并显示检查结果【期初试算平衡表】，如图 3-93 所示。

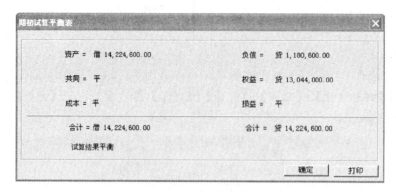

图 3-93 　【期初试算平衡表】对话框

④ 单击【确定】按钮，系统开始记账，并显示记账进程。

⑤ 系统记账完毕，显示记账完毕提示对话框，如图 3-94 所示。

提示：

图 3-94 　记账完毕提示
对话框

➤ 记账过程一旦断电或其他原因造成中断后，系统将自动调用"恢复记账前状态"恢复数据，然后需再次重新记账。

➤ 如果发现某一步设置错误，可通过单击【上一步】返回后进行修改。如果在设置过程中不想再继续记账，可通过单击【取消】按钮，取消本次记账工作。

➤ 在记账过程中，不得中断退出。

➤ 在第一次记账时，若期初余额试算不平衡，系统将不允许记账。

➤ 所选范围内的凭证如有不平衡凭证，系统将列出错误凭证，并重选记账范围。

➤ 所选范围内的凭证如有未审核凭证，系统提示是否只记已审核凭证或重选记账范围。

3. 取消记账

由于在账务处理过程中，有的业务存在先后处理问题，可能会由于误操作而引起记账信息错误，此时就需要对已记账凭证取消记账。由于此项功能操作也会引发信息混乱，必须控制其使用。在账务处理系统中，只能由主管会计进行此项操作。

例 38 　由账套主管"夏颖"对 2008 年 7 月份已记账凭证进行取消记账操作。

操作步骤如下。

① 以账套主管"夏颖"的身份注册登录企业应用平台，在 UFIDA ERP-U8 窗口选择【业务工作】|【财务会计】|【总账】|【期末】|【对账】双击，打开【对账】对话框，如图 3-95 所示。

② 由于取消记账是一项特殊的业务，因而此项功能一般处于隐藏状态，使用时需将其激活。在【对账】对话框中，按 Ctrl＋H 键激活【恢复记账前状态】功能，并显示状态信息，如图 3-96 所示。

③ 单击【确定】按钮，此时【恢复记账前状态】功能项显示在【凭证】功能节点中，如图 3-97 所示。

④ 在【对账】对话框中单击【退出】按钮返回 UFIDA ERP-U8 窗口。在 UFIDA ERP-U8 窗口选择【财务会计】|【总账】|【凭证】|【恢复记账前状态】，然后双击，进入【恢复记账前状态】方式选择对话框，如图 3-98 所示。

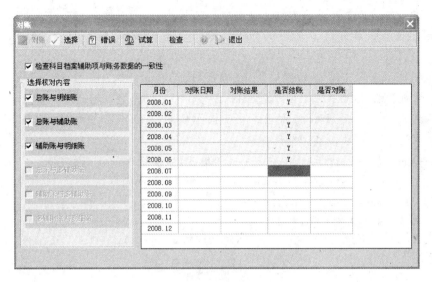

图 3-95 【对账】对话框

图 3-96 激活恢复记账前状态功能信息

图 3-97 显示【恢复记账前状态】
功能项

图 3-98 【恢复记账前状态】方式选择对话框

⑤ 选择恢复方式【2008 年 07 月初状态】后,单击
【确定】按钮,进入账套主管口令输入对话框,如图 3-99
所示。

⑥ 输入账套主管的口令 1,然后单击【确定】按钮,
系统开始取消记账,并显示取消记账进程状态。

图 3-99　账套主管口令输入对话框

⑦ 系统取消记账后显示取消记账完毕提示信息
框,单击【确定】按钮完成取消记账操作。

⑧ 重新进入【对账】对话框,按 Ctrl＋H 键隐藏【恢复记账前状态】功能。

提示:

➢ 取消记账只能由账套主管进行。

➢ 对于已结账月份,不能恢复记账前状态。

3.4　出　纳　管　理

出纳管理是财会核算管理的最基本、最重要的工作之一。在手工条件下,按照内部控制
制度的要求,一般单独设立出纳进行库存现金和银行存款的核算和管理工作。在账务处理
系统中,为了辅助出纳的管理工作,也设置了出纳管理功能,它主要完成库存现金和银行存
款日记账的输出、支票登记簿的管理、进行银行对账,以及对长期未达账项提供审计报告。

3.4.1　查询日记账及资金日报账

现金日记账及银行存款日记账查询功能,既可以查询某一天的现金或银行存款日记账,
也可以查询某一个月的现金及银行存款日记账。资金日报表反映现金、银行存款日发生额
及余额情况的报表,在企业财务管理中占据重要地位。

例 39　以出纳“于洋”的身份查询 2008 年 7 月 1 日的现金日记账。

操作步骤如下。

① 以出纳操作员“于洋”的身份注册登录企业应用平台,在 UFIDA ERP-U8 窗口选择
【业务工作】|【财务会计】|【总账】|【出纳】|【现金日记账】双击,打开【现金日记账查询条
件】设置对话框,如图 3-100 所示。

图 3-100　【现金日记账查询条件】设置对话框

② 选择【按日查】，输入查询条件"2008-07-01"—"2008-07-01"后，单击【确定】按钮，显示【现金日记账】查询结果，如图 3-101 所示。

图 3-101 【现金日记账】查询结果

例 40 以出纳"于洋"的身份查询 2008 年 7 月份的银行存款日记账总账金额。

操作步骤如下。

① 以出纳操作员"于洋"的身份注册登录企业应用平台，在 UFIDA ERP-U8 窗口选择【业务工作】|【财务会计】|【总账】|【出纳】|【银行日记账】双击，打开【银行日记账查询条件】设置对话框，如图 3-102 所示。

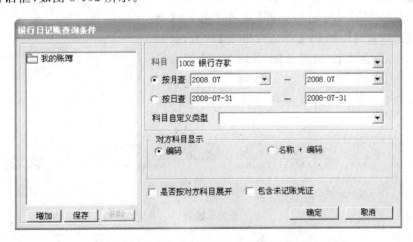

图 3-102 【银行日记账查询条件】设置对话框

② 选择科目"1002 银行存款"，再选择【按月查】，输入查询条件"2008.07"—"2008.07"后，单击【确定】按钮，显示【银行日记账】查询结果，如图 3-103 所示。

③ 单击【科目】下拉列表框，选择其他银行存款科目，可以显示所选择科目的日记账信息。

图 3-103　【银行日记账】查询结果

例 41　以出纳"于洋"的身份查询 2008 年 7 月 1 日的资金日报表。

操作步骤如下。

① 以出纳操作员"于洋"的身份注册登录企业应用平台，在 UFIDA ERP-U8 窗口选择【业务工作】|【财务会计】|【总账】|【出纳】|【资金日报表】双击，打开【资金日报表查询条件】设置对话框，如图 3-104 所示。

② 输入查询条件"2008-07-01"，选择【包含未记账凭证】，然后单击【确定】按钮，显示查询结果，如图 3-105 所示。

图 3-104　【资金日报表查询条件】
设置对话框

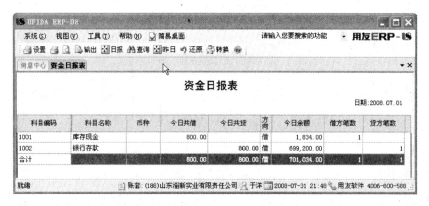

图 3-105　【资金日报表】查询结果

3.4.2 支票管理

在手工条件时,出纳员通常建立有支票领用登记簿,用来登记支票领用情况,为此在账务处理系统中也为出纳员提供了"支票登记簿"功能,以供其详细登记支票领用人、领用日期、支票用途、是否报销等情况。

1. 领用支票

当有人领用支票时,银行出纳员须进入"支票登记"功能登记支票领用日期、领用部门、领用人、支票号、备注等。

例 42 2008 年 7 月 1 日,因业务需要,出纳员"于洋"领用工商银行现金支票 XJ0013 号,金额 800 元,用于提取现金。

操作步骤如下。

① 以出纳操作员"于洋"的身份注册登录企业应用平台,在 UFIDA ERP-U8 窗口选择【业务工作】|【财务会计】|【总账】|【出纳】|【支票登记簿】双击,弹出【银行科目选择】对话框,如图 3-106 所示。

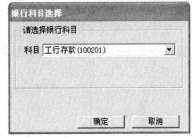

图 3-106 【银行科目选择】对话框

② 选择"工行存款(100201)"银行科目,单击【确定】按钮,进入【支票登记簿】视图窗口,如图 3-107 所示。

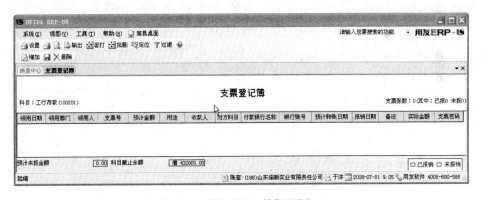

图 3-107 【支票登记簿】视图窗口

③ 单击工具栏上的【增加】按钮,录入相关信息:领用日期"2008.07.01"、领用部门"102"、领用人"于洋"、支票号 XJ0013、预计金额 800、用途"业务"等,信息输入完毕后单击 按钮进行保存,输入结果如图 3-108 所示。所有支票信息录入完毕后,关闭【支票登记簿】视图窗口。

2. 支票报销

当支票支出后,经办人持原始单据(发票)到财务部门报销,会计人员据此填制记账凭证,当在系统中录入该凭证时,系统要求录入该支票的结算方式和支票号,在系统填制完成该凭证后,系统自动在支票登记簿中将该号支票写上报销日期,该号支票即为已报销。

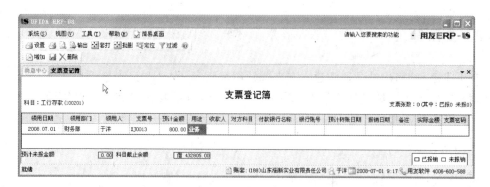

图 3-108　支票领用录入信息

支票登记簿中的报销日期栏，一般是由系统自动填写的，但对于有些已报销而由于人为原因所造成系统未能自动填写报销日期的支票，可进行手工填写，即将光标移到报销日期栏，然后写上报销日期。

例 43　出纳员"于洋"于 2008 年 7 月 1 日，提回现金，并进行支票报销。

操作步骤如下。

① 在【支票登记簿】视图窗口，找到要进行报销的支票记录。

② 将光标移到【报销日期】栏，参照或直接录入报销日期"2008.07.01"，在【实际金额】栏录入金额 800，录入完毕后，单击工具栏上的 ![save] 按钮进行保存，完成该支票报销处理，如图 3-109 所示。

图 3-109　报销支票

提示：
- 支票登记簿中报销日期为空时，表示该支票未报销，否则系统认为该支票已报销。
- 已报销的支票不能进行修改。若需要修改，可将光标移到报销日期处，按空格键后删除报销日期并进行保存后即可进行修改。
- 修改时，将光标移到需要修改的数据项上直接修改。

3.4.3　银行对账

由于每个企业的银行存款收付业务都比较频繁，而且企业与银行之间的账务处理和入账时间不一致，往往会发生双方账面记录不一致的情况，产生"未达账项"。为了防止记账发生差错,准确掌握银行存款的实际余额,了解企业可以运用的货币资金余额,企业必须定期将企业的银行存款日记账与银行对账单进行核对,并编制银行存款余额调节表,这就是银行对账。

为辅助企业出纳人员完成银行对账工作,账务系统提供了银行对账功能,即将系统登记的银行存款日记账与银行对账单进行核对。凡在会计科目设置时,设置为"银行账"的会计科目均可以进行银行对账。为了保证银行对账的正确性,在使用【银行对账】功能进行对账之前,必须在开始对账的月初先将日记账、银行对账单未达项录入系统中,即将利用计算机账务处理系统进行对账前,手工对账所编制的最后一张银行存款余额调节表录入到计算机系统中。

银行对账工作包括银行对账期初余额录入、录入银行对账单、对账、编制银行对账余额调节表、删除已达账项等。

1. 银行对账期初录入

进行期初未达账项的初始录入,必须在第一次使用系统且科目余额已经输入以后进行。在账务系统下,期初未达账项是指账务系统启用日期前的未达账项,即在完成手工账向计算机账转化后,手工方式所编制的最后一张银行存款余额调节表上的未达账项。为了确保银行对账的准确性,顺利完成手工对账向计算机账务处理系统对账的转换,在使用银行对账功能前,必须将银行未达账项和企业未达账项录入到计算机账务处理系统中。只有手工银行对账向账务处理系统银行对账转化时,即首次使用银行对账模块时,才需要录入银行对账期初未达账项。在使用银行对账模块后,一般不再需要录入银行对账期初余额。在录入未达账项时,一般录入未达账项发生时所填制凭证的日期、结算凭证的类别、结算凭证号、借贷金额等。同时将银行存款与单位银行账的账面余额调整平衡,否则系统将无法进行银行对账处理。

例 44　以操作员"赵祥"的身份注册登录 188 账套,录入山东淄新实业有限责任公司手工账向计算机账转化时的银行对账期初未达账项,其资料如表 3-3 所示。

表 3-3　银行存款余额调整表

日期:2008 年 6 月 30 日　　　　　　　　　　　　　　　　科目:银行存款—工行存款

项　目	余　额	项　目	余　额
单位日记账账面余额	400000.00	银行日记账账面余额	253807.00
加:银行已收企业未收	340007.00	加:企业已收银行未收	450000.00
2008.6.19/转账支票/ZZ2155	20007.00	2008.6.22/转账支票/ZZ3247	50000.00
2008.6.20/转账支票/ZZ2001	320000.00	2008.6.25/转账支票/ZZ1111	400000.00
减:银行已付企业未付	126200.00	减:企业已付银行未付	90000.00
2008.6.23/转账支票/ZZ0001	102000.00	2008.6.24/转账支票/ZZ3283	90000.00
2008.6.26/银行承兑汇票/CD0001	24000.00		
2008.6.27/现金支票/XJ0002	200.00		
企业调整后余额	613807.00	银行调整后余额	613807.00

操作步骤如下。

① 以操作员"赵祥"的身份注册登录企业应用平台，在 UFIDA ERP-U8 窗口选择【业务工作】|【财务会计】|【总账】|【出纳】|【银行对账】|【银行对账期初录入】，然后双击，弹出【银行科目选择】对话框，如图 3-110 所示。

② 选择"工行存款"银行科目后，单击【确定】按钮，进入【银行对账期初】录入对话框，如图 3-111 所示。

图 3-110 【银行科目选择】对话框

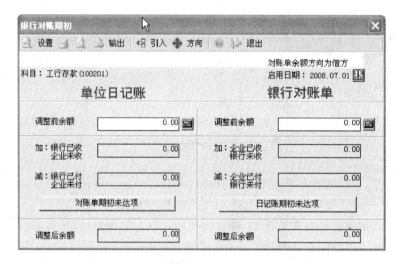

图 3-111 【银行对账期初】录入对话框

③ 首先录入【单位日记账】和【银行对账单】的调整前余额 400000 和 253807，然后单击【对账单期初未达项】按钮，进入【银行方期初】窗口，单击【增加】按钮，录入企业未达账项，如图 3-112 所示。

图 3-112 【银行方期初】窗口

④ 单击 按钮后，再单击【退出】按钮返回【银行对账期初】录入对话框，再单击【日记账期初未达项】按钮，进入【企业方期初】窗口，单击【增加】按钮，按凭证信息方式录入银行未达账项，如图 3-113 所示。

图 3-113 【企业方期初】窗口

⑤ 单击按钮后,再单击【退出】按钮返回【银行对账期初】录入对话框,显示银行对账期初录入后结果,如图 3-114 所示。

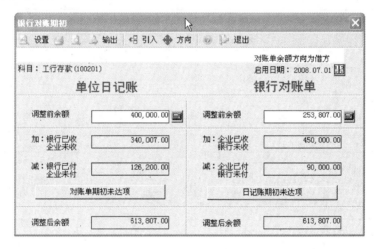

图 3-114 银行对账期初录入结果

⑥ 单击【退出】按钮结束银行对账期初未达账项的录入。

提示:

➢ 在启用日期处单击日期参照按钮可以调整银行账户的启用日期。

➢ 录入的银行对账单、单位日记账的期初未达项的发生日期不能大于等于此银行科目的启用日期。

➢ "银行对账期初"功能是用于第一次使用银行对账模块前录入日记账及对账单未达项,在开始使用银行对账之后一般不再使用。

➢ 在录入完单位日记账、银行对账单期初未达项后,请不要随意调整启用日期,尤其是向前调,否则可能会造成启用日期后的期初数不能再参与对账。

➢ 若某银行科目已进行过对账,在期初未达项录入中,对于已勾对或已核销的记录不能再修改。

➢ 银行对账单余额方向为借方时,借方发生表示银行存款增加,贷方发生表示银行存款减少;反之,借方发生表示银行存款减少,贷方发生表示银行存款增加。系统默认银行对账单余额方向为借方,单击【方向】按钮可调整银行对账单余额方向。

➢ 已进行过银行对账勾对的银行科目不能调整银行对账单余额方向。

➢ 在执行对账功能之前,应将【银行期初】中的【调整后余额】调平,即单位日记账的调整后余额=银行对账单的调整后余额,否则,在对账后编制银行存款余额调节表时,会造成银行存款与单位银行账的账面余额不平。

2.录入银行对账单

在每次银行对账前,必须将银行开具的银行对账单的内容输入到计算机账务系统中并加以保存,这样才能够进行银行对账。输入的内容主要包括对账单上的每一笔业务银行入账时间、结算方式、结算的凭证编号、借贷金额、银行账户的余额等。输入完毕后,系统按照"企业银行日记账期末余额＋企业未达账借方金额－企业未达账贷方余额＝开户银行对账单期末余额＋对账单未达账借方金额－对账单未达账贷方金额"的公式进行平衡校验,需检查修正直到平衡。

例45 以操作员"赵祥"的身份注册登录188账套,录入2008年7月29日从工商银行取得的2008年7月份的银行对账单,其资料如表3-4所示。

表3-4　银行对账单

结算日期	结算方式	结算单号	收方金额	付方金额	余额
2008.07.05	转账支票	ZZ3247	50000.00		
2008.07.06	转账支票	ZZ1111	400000.00		
2008.07.07	现金支票	XJ0013		800.00	
2008.07.10	转账支票	ZZ3283		90000.00	
2008.07.15	转账支票	ZZ2188	19890.00		
2008.07.17	转账支票	ZZ3001		20000.00	
2008.07.20	转账支票	ZZ2222		2925.00	
2008.07.23				9167.60	
2008.07.23	转账支票	ZZ2212		15000.00	
2008.07.25	转账支票	ZZ2213		13160.00	
2008.07.26	转账支票	ZZ4732		18000.00	
2008.07.26	转账支票	ZZ4533	100000.00		
2008.07.26	转账支票	ZZ2526		25000.00	
2008.07.28	转账支票	ZZ2530	100000.00		
2008.07.28				80000.00	
2008.07.29	转账支票	ZZ1895	5000.00		

操作步骤如下。

① 以操作员"赵祥"的身份注册登录企业应用平台,在 UFIDA ERP-U8 窗口选择【业务工作】|【财务会计】|【总账】|【出纳】|【银行对账】|【银行对账单】,然后双击,弹出【银行科目选择】对话框,如图 3-115 所示。

② 选择银行对账科目"工行存款",输入对账月份"2008.07"—"2008.07",然后单击【确定】按钮,进入【银行对账单】录入窗口,单击【增加】按钮,录入银行对账单数据信息资料,如图 3-116 所示。

图 3-115　【银行科目选择】对话框

③ 单击 按钮将数据存储在"银行对账单文件"中,最后关闭【银行对账单】录入窗口。

提示:

➤ 对账月份范围,终止月份必须大于等于起始月份。

图 3-116　【银行对账单】录入结果

> 银行对账单可手工录入,也可通过工具栏上的【引入】按钮引入对账单数据。可以引入的银行对账单
> 文件类型主要为: ＊.TXT(文本文件)、＊.DBF(FoxPro 数据库文件)、＊.MDB(Access 数据库文件)。
> 只需录入票号和借、贷方金额,系统自动计算余额,并按对账单日期顺序显示。输入的票号应同制
> 单时输入的票号位长相同。
> 录入过程中,可通过 Enter 键进行栏目移动和增加新记录。

3. 银行对账

　　企事业单位的大量经济业务要通过银行结算,银行要为每个单位记载这些经济业务,银
行对账是指银行记载的银行存款收付记录和单位自己记载的银行存款日记账相互核对。目的
就是将单位银行账与对账单进行核对,不仅要找出相同的经济业务进行核销,而且还要找出未
达账项和造成未达账项的根源,防止有意无意的错误。对于长期未达账项更应引起警惕。

　　在账务处理系统中,为了提高银行对账速度和效率,系统提供了两种对账方式:自动对
账和手工对账。

　　1) 自动对账

　　自动对账就是由计算机自动在"单位银行对账文件"和"银行对账单文件"中寻找完全相
同的经济业务进行核对或勾销。所谓完全相同的经济业务是指经济业务发生的时间、内容、
摘要、结算方式、结算号、金额等均相同的经济业务。由于同一笔经济业务在银行和企业间
分别由不同的操作员进行记载,经济业务发生的时间、摘要等不可能完全一样,因此,经济业
务是否相同,需要由对账操作员来进行设置,一般而言,其对账依据为:

> 支票号＋金额。即"单位银行对账文件"和"银行对账单文件"中支票号和金额完全
> 相同的业务。
> 结算方式＋结算号＋金额。即"单位银行对账文件"和"银行对账单文件"中结算方
> 式、结算号和金额完全相同的业务。

自动对账后，可能还有一些特殊的已达账项没有核对出来，仍列入未达账项中，这时可以采用手工对账加以补充。

2）手工对账

手工对账的目的是核对自动对账未能找到的已达账项。由于同一项经济在单位银行日记账和银行对账单上的记录内容有可能不会完全相同。自动对账不能核销这些本来相同的业务，从而无法实现全面彻底对账，需要通过手工对账来核销这些特殊业务。

在计算机账务处理系统中往往是采用自动对账与手工对账相结合的方式。自动对账是计算机根据对账依据自动进行核对、勾销，对于已核对上的银行业务，系统将自动在银行存款日记账和银行对账单双方写上两清标志，并视为已达账项，对于在两清栏未写上两清符号的记录，系统则视其为未达账项。手工对账是对自动对账的补充，使用完自动对账后，可能还有一些特殊的已达账没有对出来，而被视为未达账项，为了保证对账更彻底正确，可用手工对账来进行调整。

例 46 以操作员"赵祥"的身份注册登录 188 账套，对 2008 年 7 月份的银行账进行最大条件对账。

操作步骤如下。

① 以操作员"赵祥"的身份注册登录企业应用平台，在 UFIDA ERP-U8 窗口选择【业务工作】|【财务会计】|【总账】|【出纳】|【银行对账】|【银行对账】双击，弹出【银行科目选择】对话框，如图 3-117 所示。

② 选择银行对账科目"工行存款"，录入对账期间"2008.07"—"2008.07"，确保【显示已达账】处于选中状态，然后单击【确定】按钮，进入【银行对账】窗口，如图 3-118 所示。

图 3-117 【银行科目选择】对话框

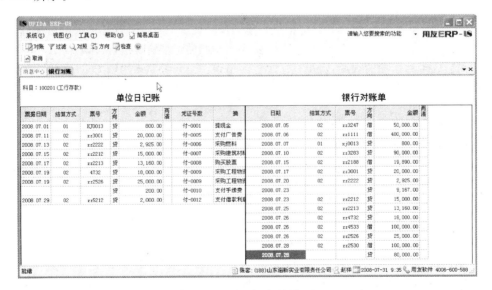

科目：100201（工行存款）

单位日记账

票据日期	结算方式	票号	方向	金额	两清	凭证号数	摘要
2008.07.01	01	KJ0013	贷	800.00		付-0001	提现金
2008.07.11	02	zz3001	贷	20,000.00		付-0005	支付广告费
2008.07.13	02	zz2222	贷	2,925.00		付-0006	采购燃料
2008.07.15	02	zz2212	贷	15,000.00		付-0007	采购建筑材料
2008.07.17	02	zz2213	贷	13,160.00		付-0008	购买股票
2008.07.19		4732	贷	18,000.00		付-0009	采购工程物资
2008.07.19	02	zz2526	贷	25,000.00		付-0009	采购工程物资
				200.00		付-0010	支付手续费
2008.07.29	02	zz5212	贷	2,000.00		付-0012	支付借款利息

银行对账单

日期	结算方式	票号	方向	金额	两清
2008.07.05	02	zz3247	借	50,000.00	
2008.07.06	02	zz1111	借	400,000.00	
2008.07.07	01	xj0013	贷	800.00	
2008.07.10	02	zz3283	贷	90,000.00	
2008.07.15	02	zz2188	借	19,890.00	
2008.07.17	02	zz3001	贷	20,000.00	
2008.07.20	02	zz2222	贷	2,925.00	
2008.07.23			贷	9,167.00	
2008.07.25	02	zz2212	贷	15,000.00	
2008.07.25	02	zz2213	贷	13,160.00	
2008.07.26	02	zz4732	借	18,000.00	
2008.07.26	02	zz4533	借	100,000.00	
2008.07.26	02	zz2526	贷	25,000.00	
2008.07.28	02	zz2530	借	100,000.00	
2008.07.26			贷	80,000.00	

账套：(188)山东淄博实业有限责任公司　赵祥　2008-07-31 9:35　用友软件 4006-600-588

图 3-118 【银行对账】窗口

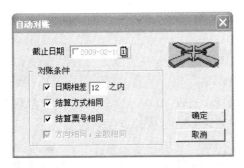

图 3-119 【自动对账】依据设置对话框

③ 单击工具栏上的【对账】按钮，弹出【自动对账】依据设置对话框，如图 3-119 所示。

④ 参照或直接录入对账截止日期"2008.07.29"，单击【日期相差 12 天之内】复选框，取消此项对账条件的限制，然后单击【确定】按钮，系统自动开始对账，对于已达账项，系统自动在银行存款日记账和银行对账单双方的两清栏打上圆圈标志，其所在行背景色变为淡黄色，如图 3-120 所示。

图 3-120 自动对账结果

⑤ 经查对，发现还有已达账项未能自动确认，需要通过手工方式核对，在确认相符的记录的两清栏双击添加两清标志"Y"，同时背景变为淡黄色显示。

⑥ 在进行完对账后，需要进行平衡检查以确保对账结果正确，单击工具栏上的【检查】按钮，系统自动对对账结果进行检查，并显示检查结果，如图 3-121 所示。

⑦ 如果对账不平，需要重新核对，直到平衡为止。如已平衡，关闭窗口，结束对账。

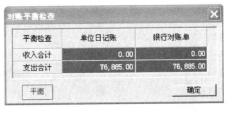

图 3-121 对账平衡检查结果

提示：

➢ 对账截止日期如果不输，则核对所有日期的账。

➢ 选择对账月份范围时，终止月份大于等于起始月份。

➢ 若选择【显示已达账】选项，则显示已两清勾对的单位日记账和银行对账单。

➢ 取消对账标志可通过自动或手动方式取消两清标志。

4. 编制银行存款余额调节表

在对账完毕后，系统已自动整理汇总未达账项和已达账项，并生成银行存款余额调节表，操作员仅能进行查看，不能直接进行修改。

例 47 以操作员"赵祥"的身份注册登录 188 账套，查看 2008 年 7 月份的银行存款余额调节表。

操作步骤如下。

① 以操作员"赵祥"的身份注册登录企业应用平台，在 UFIDA ERP-U8 窗口选择【业务工作】|【财务会计】|【总账】|【出纳】|【银行对账】|【余额调节表查询】双击，弹出【银行存款余额调节表】窗口，如图 3-122 所示。

图 3-122 【银行存款余额调节表】窗口

② 选择要查看的存款银行后，单击工具栏上的【查看】按钮，显示如图 3-123 所示的【银行存款余额调节表】对话框。

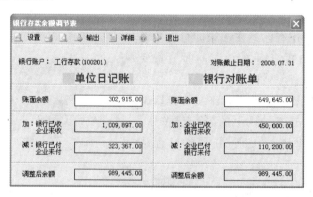

图 3-123 【银行存款余额调节表】对话框

5. 核销已达账项

在确保对账准确后，系统中已达账项已没有保留的必要，可以通过删除已达账项功能，删除用于对账的日记账已达账项和银行对账单已达账项，以便以后可以重新使用银行对账功能。

1）查询银行勾对情况

在进行核销已达账项之前，应先查询单位日记账与银行对账单的对账情况，在检查无误后，即可核销已达账项，核销后的单位日记账和银行对账单的数据将不再参与以后的银行对账勾对。

例48 以操作员"赵祥"的身份注册登录 188 账套，查询 2008 年 7 月份的单位日记账和银行对账单的勾对情况。

操作步骤如下。

① 以操作员"赵祥"的身份注册登录企业应用平台，在 UFIDA ERP-U8 窗口选择【业务工作】|【财务会计】|【总账】|【出纳】|【银行对账】|【查询对账勾对情况】双击，弹出【银行科目选择】对话框，如图 3-124 所示。

② 选择银行科目"工行存款"和【全部显示】选项后，单击【确定】按钮，进入【查询银行勾对情况】窗口，如图 3-125 所示。

图 3-124 【银行科目选择】对话框

图 3-125 【查询银行勾对情况】窗口

③ 分别打开【银行对账单】和【单位日记账】选项卡进行检查，检查无误后关闭【查询银行勾对情况】窗口，返回 UFIDA ERP-U8 窗口。

2）核销银行账

核销用于对账的银行日记账和银行对账单的已达账项，核销后的已达账项不能参与下次银行对账。如果银行对账不平衡，则不能使用核销银行账的功能。核销银行账不影响银行日记账的查询打印。

例 49 以操作员"赵祥"的身份注册登录 188 账套，核销 2008 年 7 月份的银行对账已达账项。

操作步骤如下。

① 以操作员"赵祥"的身份注册登录企业应用平台，在 UFIDA ERP-U8 窗口选择【业务工作】|【财务会计】|【总账】|【出纳】|【银行对账】|【核销银行账】双击，弹出【核销银行账】对话框选择核销银行科目，如图 3-126 所示。

② 选择核销科目"工行存款"后，单击【确定】按钮，系统弹出银行账核销确认对话框，如图 3-127 所示。

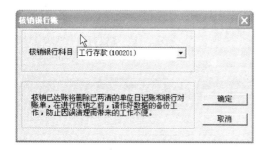

图 3-126　核销银行科目选择　　　　图 3-127　核销银行账确认对话框

③ 单击【是】按钮，系统核销银行已达账项，并显示【银行账核销完毕】提示对话框，单击【确定】按钮结束核销操作。

3）反核销银行账

例 50 以操作员"赵祥"的身份注册登录 188 账套，反核销 2008 年 7 月份的银行对账已达账项。

操作步骤如下。

① 以操作员"赵祥"的身份注册登录企业应用平台，在 UFIDA ERP-U8 窗口选择【业务工作】|【财务会计】|【总账】|【出纳】|【银行对账】|【核销银行账】双击，弹出【核销银行账】对话框选择核销银行科目。

② 选择核销银行账科目"工行存款"。

③ 按键盘上的 Alt＋U 键，弹出反核销确认对话框，如图 3-128 所示。

④ 单击【是】按钮，系统再次弹出确认对话框，如图 3-129 所示。

图 3-128　反核销确认对话框　　　　图 3-129　反核销银行科目确认对话框

⑤ 单击【是】按钮完成反核销操作。

3.4.4　长期未达账审计

本功能用于查询至截止日期为止未达天数超过一定天数的银行未达账项,以便企业分析长期未达原因,避免资金损失。

例 51　以操作员赵祥的身份注册登录 188 账套,查询截至 2008 年 7 月 29 日,超过 20 天的长期未达账项。

操作步骤如下。

① 以操作员"赵祥"的身份注册登录企业应用平台,在 UFIDA ERP-U8 窗口选择【业务工作】|【财务会计】|【总账】|【出纳】|【长期未达账审计】双击,弹出【长期未达账审计条件】对话框,如图 3-130 所示。

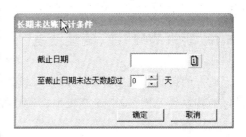

图 3-130　【长期未达账审计条件】对话框

② 参照或直接录入审计截止日期"2008.07.29",设置未达账超期天数"20",然后单击【确定】按钮,进入【长期未达审计】窗口,如图 3-131 所示。

图 3-131　【长期未达审计】窗口

③ 在【长期未达审计】窗口,分别单击【银行对账单】和【单位日记账】查看截至 2008 年 7 月 29 日超过 20 天尚未核销的未达账项。

④ 单击工具栏上的【查询】按钮,可以重新设置审计条件,最后单击 × 按钮结束本次长期未达账审计操作。

3.5 期末业务处理

期末处理即期末会计业务处理,是指会计人员在每个会计期末所完成的一些特定的会计工作。期末会计业务主要包括期末摊、提、结转业务的处理以及对账、结账等工作。期末会计业务是会计部门在每个会计期末都需要完成的特定业务,这些业务种类复杂、处理时间短、处理任务重,在手工会计工作中,每到会计期末,财会人员加班加点工作;而在计算机条件下,由于各会计期间的许多期末业务具有较强的规律性,容易形成有规律的处理,而这恰恰是计算机处理的优势,这些工作就可以交由计算机系统自动完成。

3.5.1 期末的摊、提、结转业务

期末的摊、提、结转业务处理具有较强的规律性,在账务处理系统中都通过调用事先设置好的转账凭证模板,由计算机根据转账模板定义自动生成转账凭证来完成。

使用自动转账生成功能需要注意以下几个问题。

(1) 转账凭证模板必须事先进行设置。

(2) 转账凭证中各科目的数据都是从账簿中提取、经处理后生成的,为了保证数据的完整、正确,在调用转账凭证模板生成转账凭证前必须将本月发生的各种具体业务登记入账。

(3) 期末的摊、提、结转业务具有严格的处理顺序,其具体处理顺序如图 3-132 所示。转账顺序如发生错误,即使所有的转账模板设置都正确,转账凭证中的数据也可能是错误的。为了避免结转顺序发生错误,转账凭证模板提供了转账序号,进行期末的摊、提、结转业务处理时,通过指定转账顺序号就可以分期、分批完成转账和记账工作。

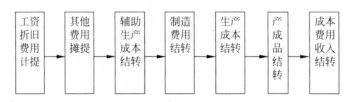

图 3-132 期末摊、提、结转业务处理顺序

(4) 结转生成的记账凭证系统将存于未记账凭证库,这些凭证必须经过审核后,才能登记入账。对这些凭证的审核主要是审核结转是否正确。对于错误的结转凭证,系统一般不提供修改功能,修改这些凭证的错误只能通过修改凭证模板设置来进行。

(5) 期末结转工作是一项比较复杂而重要的工作,应指定专人负责进行。

3.5.2 自动转账的基本概念

自动转账是计算机条件下会计信息系统出现的新概念,自动转账功能在国内外计算机会计信息系统中已被广泛使用。

1. 期末转账业务特点

期末转账业务几乎是所有企业单位在月底结账之前都要进行的固定业务,并且这类转账业务在单位管理体制或会计核算制度未改变的情况下,每个月都要重复进行。简单地说,转账是把某个或某几个会计科目中的余额或本期发生额结转到一个或多个会计科目中。一般来说,期末转账业务主要有以下几个特点。

(1) 期末转账业务大多数都在各个会计期的期末进行。

(2) 期末转账业务大多数只有会计人员自己编制的会计凭证,而不同于一般业务,没有具体反映该业务的原始凭证。

(3) 期末转账业务大多数要从会计账簿中提取数据,这就要求在处理期末转账业务前必须将其他业务登记入账。

(4) 有些期末转账业务必须依据其他一些期末转账业务产生的数据,这就产生了期末转账业务的分批按步骤处理问题。

2. 期末转账业务种类

期末转账业务都是比较固定的,包括凭证摘要是固定的,涉及的会计科目基本上也是固定的,会计分录中的资金来源和计算方法也是固定的。这些业务概括起来主要包括以下几点。

(1) "费用分配"的结转。如工资分配等。

(2) "费用分摊"的结转。如制造费用等。

(3) "税金计算"的结转。如增值税等。

(4) "提取各项费用"的结转。如补提福利费等。

(5) "部门核算"的结转。

(6) "项目核算"的结转。

(7) "个人核算"的结转。

(8) "客户核算"的结转。

(9) "供应商核算"的结转。

(10) "年终收入、费用"的结转,如收入转利润等。

3. 期末自动转账实现方法

通过上述分析可知,在期末会计业务中存在几类转账业务,它们每月反复有规律地重复发生,编制的转账凭证中的摘要、借方和贷方科目相同,金额的来源或计算方法基本保持不变,只有凭证中的金额每月不等。

如,年终成本费用结转分录

借:本年利润

　　贷:主营业务成本

　　　管理费用

　　　财务费用

　　　销售费用

　　　营业税金及附加

其他业务成本

营业外支出

资产减值损失

此外，账务处理系统是整个会计信息系统的核心，其他子系统每月都以凭证方式或其他方式向账务处理系统传递数据，这些凭证也是每个月反复有规律地重复发生的。

因此，在账务处理系统中，建立自动转账功能模块，并将其划分为两个子模块：定义自动转账凭证模块和生成转账凭证模块。利用定义模块设置自动转账凭证模板，利用生成模块依据模板规则生成自动转账凭证。这样将编制期末转账业务凭证的工作交给计算机自动完成，能够保证凭证的正确性和及时性。

3.5.3 自动转账业务设置

自动转账设置就是定义自动转账的规则，即告诉计算机此类凭证的摘要、借贷方会计科目、金额计算公式等，并将定义的转账分录存放在自动转账分录文件中。

1. 自动转账取数函数

期末自动转账分录金额基本来源于账务系统或凭证自身，因而计算公式设置过程中主要运用账务函数从账务系统中获取数据。

1）常用账务取数函数

在自动转账凭证定义过程中，应用到的主要账务函数及其功能如表 3-5 所示。

表 3-5 主要账务取数函数

函 数 名	函 数 名 称	功 能
QM()/WQM()/SQM()	期末余额函数	取某科目的期末余额
QC()/WQC()/SQC()	期初余额函数	取某科目的期初余额
JE()/WJE()/SJE()	年（月）净发生额函数	取某科目的年（月）净发生额
FS()/WFS()/SFS()	借（贷）方发生额函数	取某科目结转月份的借（贷）方发生额
LFS()/WLFS()/SLFS()	累计借（贷）方发生额	取某科目截止到结转月份的累计借（贷）方发生额
JG()/WJG()/SJG()	取对方科目计算结果函数	取对方某个科目或对方所有科目数据之和，一张凭证可以定义多个结果函数，但必须在同一方向
CE()/WCE()/SCE()	借贷平衡差额函数	取凭证的借贷方差额数，一张凭证最多定义一个差额函数
TY()	通用转账公式函数	取 Access 数据库中的数据
常数		取某个指定的数字
UFO()	UFO 报表取数函数	取 UFO 报表中某个单元的数据

注：其中函数名前加"W"和"S"的函数分别为其相应的外币函数和数量函数。

2）账务取数函数的基本格式

取数函数的基本格式为：函数名（科目编码，会计期间，方向，辅助项 1，辅助项 2），函数各参数项应用说明如下。

① 科目编码：

科目编码用于确定取哪个会计科目的数据，科目编码必须是总账系统中已定义的会计科目编码。如果转账凭证明细科目栏的科目与公式中的科目编码相同，则公式中的科目编码可省去不写。

如：QM( )表示取当前分录科目栏定义的科目的月末余额。WQM( )表示取当前分录科目栏定义的科目的外币月末余额。SQM( )表示取当前分录科目栏定义的科目的数量月末余额。

② 会计期间：

会计期间可以输为"年"或"月"或输入1、2，…，12。如果输入"年"，则按当前会计年度取数；如果输入"月"，则按结转月份取数；如果输入"1"、"2"等数字，则表示取此会计月的数据。会计期可以为空，为空时默认为"月"。当输入1～12的数字时，代表从1～12的会计期，而不是自然月。

如：QM(660101，月)表示取660101(销售费用/运输费)科目结转月份的月末本币余额。FS(660101，年，借)表示取660101(销售费用/运输费)科目的借方当前年度全年本币发生额合计。QM(660101，3)表示取660101(销售费用/运输费)科目的第3个会计月的月末本币余额。QM(660101，)表示取660101(销售费用/运输费)科目结转月份的月末本币余额。

③ 方向：

发生额函数或累计发生额函数的方向用"J"或"j"或"借"或"Dr"(英文借方缩写)表示借方；用"D"或"d"或"贷"或"Cr"(英文贷方缩写)表示贷方，其意义为取该科目所选方向的发生额或累计发生额。余额函数的方向表示方式同上，但允许为空，其意义为取该科目所选方向上的余额，即若余额在相同方向，则返回余额；若余额在相反方向，则返回0；若方向为空，则根据科目性质返回余额，如1001库存现金科目为借方科目，若余额在借方，则正常返回其余额，若余额在贷方，则返回负数。

如：FS(510101，月，J)表示取510101(制造费用/工资薪酬)科目的结转月份借方发生额。FS(510101，月，D)表示取510101(制造费用/工资薪酬)科目的结转月份贷方发生额。SFS(140301，月，Dr)表示取140301(原材料/A材料)科目的结转月份借方发生数量。LFS(140301，7，借)表示取140301(原材料/A材料)科目的截止到7月的借方累计发生数。QM(1231，月，贷)表示取1231(坏账准备)科目的结转月份的贷方余额。

④ 辅助项：

当科目为辅助核算科目(即科目账类设为辅助核算)时，可以指定辅助项取数。如果科目有两种辅助核算，则可输入两个末级辅助项。辅助项可输入编码也可输入名称，或者输入" * "，也可以不输入。如果输入辅助项，则按所输入的辅助项取数，如果输入" * "，则取科目总数，如果不输入，则按当前分录左边各辅助项栏中定义的辅助项取数。

如510101为部门核算科目，一车间为某明细级部门。则：QM(510101，月，，一车间)表示取一车间510101(制造费用/工资薪酬)科目的期末余额。QM(510101，月，，*)表示取510101(制造费用/工资薪酬)科目的各部门期末余额的总余额。QM(510101，月)表示取当前分录所定义的转账发生部门的510101(制造费用/工资薪酬)科目的期末余额。

如122102为个人往来科目。则：QM(122102，月，，一车间，张三)表示取一车间的张三

122102(其他应收款/应收个人款)科目的期末余额。QM(122102,月,,＊,＊)表示取122102(其他应收款/应收个人款)科目的每个人期末余额的总余额。QM(122102,月,,一车间,＊)表示取122102(其他应收款/应收个人款)科目的属于一车间的每个人期末余额的总余额。QM(122102,月)表示取当前分录所定义的122102(其他应收款/应收个人款)科目的期末余额。

如660201为部门项目科目。则：QM(660201,月,,部门一,项目一)表示取"部门一"、"项目一"下660201科目的期末余额。QM(660201,月,,＊,＊)表示取660201科目的各部门各项目期末余额的总余额。QM(660201,月,,部门一,＊)表示取660201科目"部门一"下各项目期末余额的总余额。QM(660201,月,,＊,项目一)表示取660201科目"项目一"下各部门期末余额的总余额。QM(660201,月)表示取当前分录所定义的转账发生部门、项目的期末余额。

3) 特殊取数函数

① 结果函数：

结果函数JG()用于取对方科目计算结果，如果输入JG(科目)，则表示取转账中对方该科目发生数合计；如果输入JG(zzz)或JG(ZZZ)或JG( )，则表示取对方所有发生数合计。

例如：某转账凭证分录定义如下。

科目	方向	公式
660101	借	QM(660101,月)
660102	借	QM(660102,月)
660103	借	QM(660103,月)
4103	贷	JG( )

也可以这样定义：

科目	方向	公式
660101	借	QM(660101,月)
660102	借	QM(660102,月)
660103	借	QM(660103,月)
4103	贷	JG(660101)
4103	贷	JG(660102)
4103	贷	JG(660103)

② 通用转账公式：

如果想从本公司的其他产品中直接取数，如从薪资管理系统中取应交所得税合计，从固定资产系统中取固定资产清理收入、清理费用等，由于这些数据都在SQL数据库中，可以使用通用转账公式，指定相应的数据库、数据表和数据字段取到相应的数据。其基本格式为：TY(SQL数据库文件名,数据表名,计算表达式,条件表达式)。函数参数说明如下：

SQL数据库文件名：必须为已存在的数据库，且应录入全部路径及数据库文件全名。如：C:\U8soft\admin\chenfj\zt188\2008\ufdata.mdf。

数据表名：必须为已存在的数据表。

计算表达式：可录入字段名，也可输入SQL语句中的统计函数。

条件表达式：可以录入查找条件，相当于SQL语句中where子句中的内容。

执行公式时,系统自动将输入内容拼写成 SQL 数据库查询语句,可从数据库中取到相应的数据。若执行结果有多个值,则函数返回第一个符合条件的值。

如定义取数公式为:TY(C:\U8soft\admin\chenfj\zt188\2008\ufdata.mdf,GL_accsum,sum(md),ccode="1001"),则表示取从 ufdata.mdf 数据库的总账数据表(GL_accsum)中取科目编码(ccode)为 1001 的科目的借方发生数(md)合计数。

③ UFO 函数:

UFO 函数用于从 UFO 报表中提取数据,如定义取数公式为:UFO(c:\My Document\损益表.rep,1,4,3),则表示取报表名为损益表中第一页第 4 行第 3 列单元的数据,公式中表页号可默认。

④ 借贷差额函数:

借贷差额函数用于从凭证中根据借贷平衡原理,自动计算借贷差额而填充数据。

如定义转账凭证分录如下:

科目	方向	公式
660101	借	QM(660101,月)
660102	借	QM(660102,月)
660103	借	QM(660103,月)
4103	贷	CE( )

借贷差额函数只能定义在最后一条分录上,否则系统计算数据会发生差错。

提示:

➤ 如果科目有两种辅助核算,则这两个辅助项在公式中的排列位置必须正确,否则系统将无法正确结转。五种辅助项在公式中先后顺序为:客户、供应商、部门、个人、项目。例如:660101 为某部门项目科目,则可以输入 QM(660101,月,,部门一,项目一),而不可以输入 QM(660101,月,,项目一,部门一)。

➤ 如果公式中最后一个辅助项不输入,则可以不输入逗号,否则仍须保留相应的逗号。如可以输入 QM(224101)或 QM(,月),但不能输入 QM(月)。

➤ 若同时使用了应收、应付系统,且公式中的科目为纯客户、供应商核算的科目,只能按该科目取数。如:1122 为客户往来科目,则只能输入 QM(1122,月,,*),而不能输入 QM(1122,月,,客户一)或 QM(1122,月),否则将取不到数据。

➤ 取数公式可以通过+、-、*、/运算符及括号组合形成组合式取数公式。例如:600101 为主营业务收入科目,140501 为库存商品科目,则输入以下公式 SFS(600101,月)*(QM(140501,月)/SQM(140501,月)),即可计算出当月的商品销售成本。

➤ 一张凭证中最多定义一个差额函数,一张凭证可以定义多个结果函数,但必须在同一方向。一张凭证可同时定义结果函数与差额函数,但必须在同一方向。如果一张凭证有差额函数,则在转账生成时总是最后执行差额函数。

4) 应用举例

【**案例 1**】 期末将技改办的制造费用科目余额按生产车间分摊,将"制造费用—技改办"科目期末余额的 33%分摊给一车间、33%分摊给二车间、34%分摊给三车间。

假定没有设置部门辅助核算,则转账分录为:

借:生产成本——一车间—制造费用(50010105)　　　　QM(510104,月)*0.33
　　生产成本—二车间—制造费用(50010205)　　　　QM(510104,月)*0.33
　　生产成本—三车间—制造费用(50010305)　　　　QM(510104,月)*0.34

贷：制造费用—技改办（510104）　　　　　　　　QM（510104，月）

【案例2】 期末将技改办的制造费用科目余额按生产车间分摊，假定使用了部门辅助核算，即生产成本和制造费用科目的账类被设为部门核算，假如科目结构为：

科目编码	科目名称	辅助核算
5001	生产成本	
500101	工资	部门核算
500102	材料费	部门核算
500103	制造费用	部门核算
5101	制造费用	
510101	工资	部门核算
510102	材料费	部门核算
510103	其他	部门核算

假定期末将技改办的制造费用科目余额的30%摊入一车间，则分录可设为：

借：生产成本—制造费用（500103）　　　　　　　　公式1
　贷：制造费用—工资（510101）　　　　　　　　　公式2
　　　制造费用—材料费（510102）　　　　　　　　公式3
　　　制造费用—其他（510103）　　　　　　　　　公式4

公式1为：JG（）或CE（）或（QM（510101，月，，技改办）＋QM（510102，月，，技改办）＋QM（510103，月，，技改办））＊0.3

公式2为：QM（510101，月，，技改办）＊0.3 或 QM（，，，技改办）＊0.3

公式3为：QM（510102，月，，技改办）＊0.3 或 QM（，，，技改办）＊0.3

公式4为：QM（510103，月，，技改办）＊0.3 或 QM（，，，技改办）＊0.3

2. 自动转账定义设置

转账凭证的定义系统提供了自定义转账凭证、对应结转、按加权平均计价结转销售成本、按售价（计划价）销售成本结转、汇况损益结转、期间损益结转和自定义比例结转七种方式。

1）自定义转账设置

自定义转账是系统中最具灵活性的自动结转设置方式，任何期末摊、提、结转业务均可通过自定义结转方式进行定义。

例52 假如山东淄新实业有限责任公司其坏账准备提取方式为按应收账款期末余额的2‰提取。

分析：由于山东淄新实业有限责任公司是按应收账款科目期末余额的2‰来计算提取坏账准备金，则坏账准备科目的期末余额应为：应收账款期末余额＊0.002，则本期应提坏账准备金为：应收账款借方期末余额＊0.002－坏账准备贷方期初余额＋借贷净发生额，或定义为：应收账款借方期末余额＊0.002－坏账准备贷方期末余额＋坏账准备借方期末余额。

操作步骤如下。

① 以操作员"宋玢"的身份注册登录企业应用平台，在 UFIDA ERP-U8 窗口选择【业务工作】|【财务会计】|【总账】|【期末】|【转账定义】|【自定义转账】双击，进入【自定义转账设置】窗口，如图3-133所示。

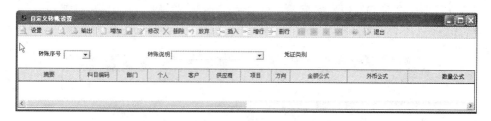

图 3-133　【自定义转账设置】窗口

② 单击工具栏上的【增加】按钮,弹出新增转账凭证【转账目录】对话框,如图 3-134 所示。

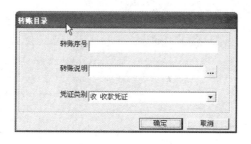

图 3-134　【转账目录】对话框

③ 录入转账序号"0001"、转账说明"提取坏账准备金",选择凭证类别"转 转账凭证"或"机机制凭证",然后单击【确定】按钮,进入【自定义转账设置】分录设置窗口,如图 3-135 所示。

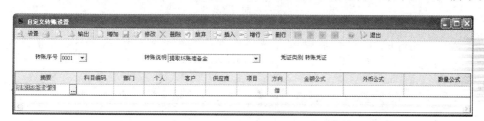

图 3-135　【自定义转账设置】分录设置窗口

④ 直接录入或参照录入科目编码"670101(资产减值准备/坏账准备)",选择方向为"借",在"金额公式"栏双击直接录入公式或参照输入公式,本例采用参照方式录入公式。在金额栏双击后单击┉按钮或按 F2 功能键,弹出【公式向导】对话框一:函数选择,如图 3-136 所示。

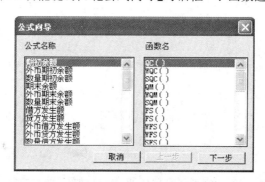

图 3-136　【公式向导】函数选择

⑤ 选择【期末余额 QM()】，然后单击【下一步】按钮，进入【公式向导】对话框二：函数参数设置，如图 3-137 所示。

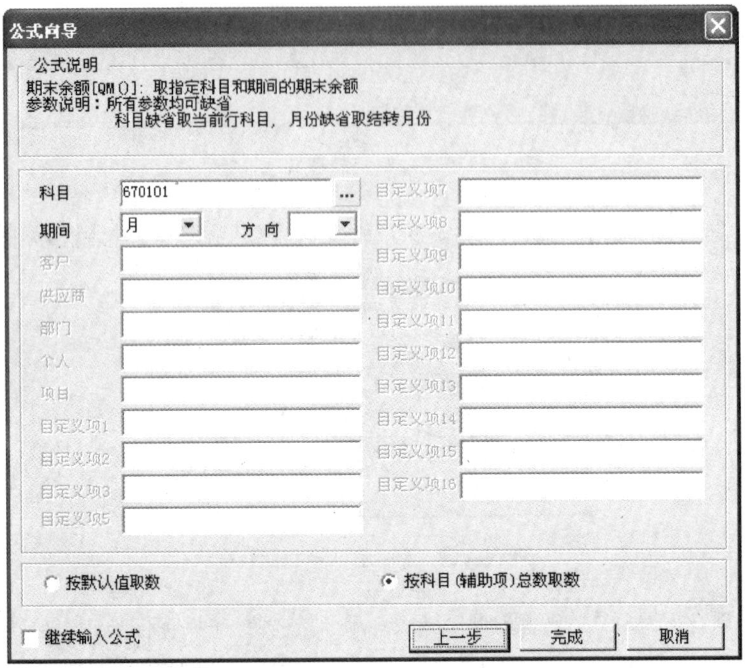

图 3-137　【公式向导】函数参数设置

⑥ 选择会计科目"1122 应收账款"、选择期间为"月"、方向为"借"，选择【继续输入公式】复选框，此时界面显示为如图 3-138 所示。

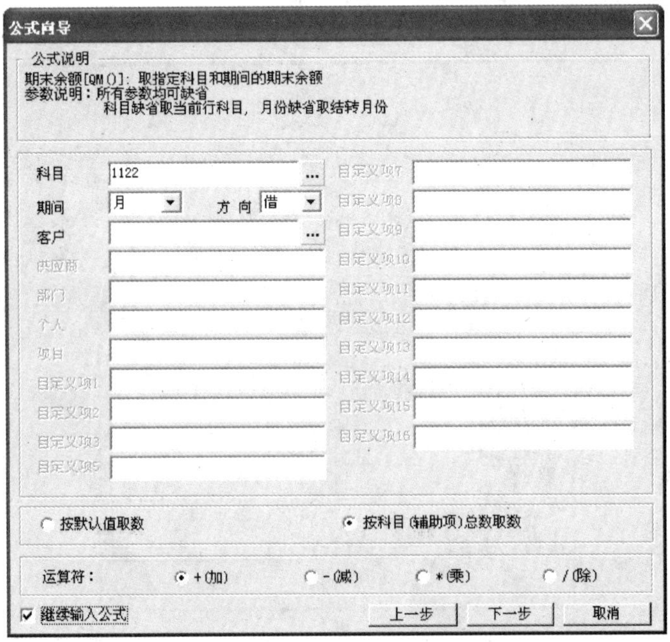

图 3-138　【公式向导】继续输入公式

⑦ 选择运算符【*（乘）】，然后单击【下一步】按钮，重新进入【公式向导】函数选择对话框，选择【常数】后，单击【下一步】按钮，进入【公式向导】常数录入对话框，如图 3-139 所示。

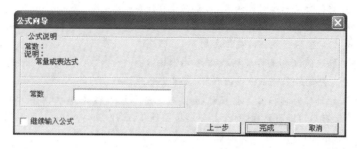

图 3-139 【公式向导】常数录入

⑧ 录入常数值"0.002"，选择【继续输入公式】复选框，在弹出的【公式向导】继续录入公式对话框中选择"－（减）"，然后单击【下一步】按钮，再次进入函数选择对话框，选择【期末余额】函数，单击【下一步】按钮，进入函数参数设置对话框，选择"123102 坏账准备/应收账款"科目、期间设为"月"、方向设为"贷"，选择【继续输入公式】复选框，选择运算符【＋（加）】，单击【下一步】按钮，再次进入函数选择对话框，选择【期末余额】函数，单击【下一步】按钮，进入函数参数设置对话框，选择"123102 坏账准备/应收账款"科目、期间设为"月"、方向设为"借"，单击【完成】按钮，显示定义结果如图 3-140 所示。

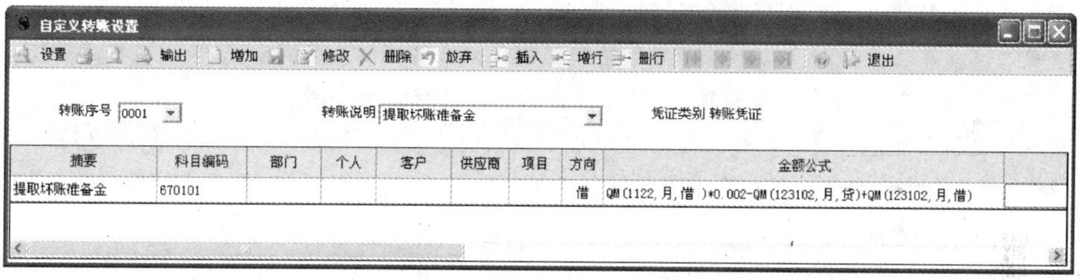

图 3-140 【自定义转账设置】结果 A

⑨ 单击工具栏上的【增行】按钮，增加一条新分录，录入会计科目编码"123102"，选择方向为"贷"，录入金额公式"JG()"或"CE()"或"QM（1122，月，借）＊0.002－QM（123102，月，贷）＋QM（123102，月，借）"，最后录入结果如图 3-141 所示。

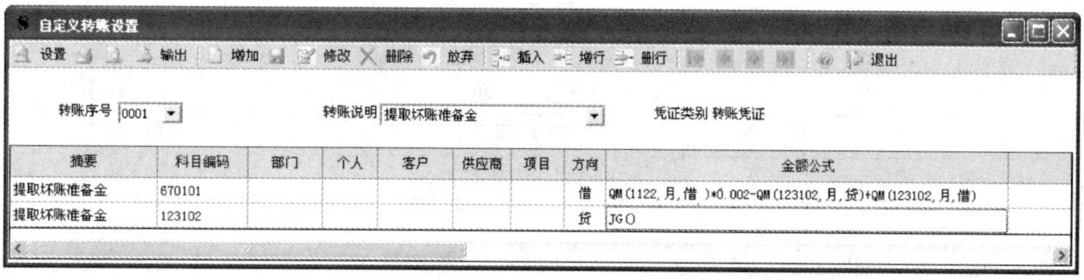

图 3-141 【自定义转账设置】结果 B

⑩ 单击工具栏上的 ▣ 按钮，对自定义转账凭证进行保存。单击【增加】按钮继续定义自定义转账凭证，单击【退出】按钮结束定义操作。

提示：

➤ 转账序号：是该张转账凭证的代号，转账编号不是凭证号，转账凭证的凭证号在每月转账时自动产生。一张转账凭证对应一个转账编号，转账编号可任意定义，但只能输入数字1～9，不能重号。

➤ 转账摘要：可单击参照按钮或按F2功能键参照常用摘要录入，亦可手工输入。

➤ 凭证类别：定义该张转账凭证的凭证类别。

➤ 摘要录入每笔转账凭证分录的摘要，可单击参照输入。

➤ 科目编码：录入每笔转账凭证分录的科目，可单击参照按钮参照输入科目编码。

➤ 部门：当输入的科目为部门核算科目时，如要按某部门进行结转时，则需在此指定部门，若此处不输，即表示按所有部门进行结转，对于非部门核算科目，此处不必输入。对于部门辅助核算科目，此处必须录入部门，部门只能录入明细级。

➤ 项目：当输入的科目为项目核算科目时，如要按某项目结转时，则需在此指定项目，若此处不输，即表示按所有项目进行结转，若此处输入为项目分类，则表示此项目分类所有项目进行结转，对于非项目核算科目，此处不必输入。

➤ 个人：当输入的科目为个人往来科目时，如要按某个人结转时，则需在此指定个人，若此处不输，即表示按所有个人结转，若只输入部门不输入个人，则表示按该部门下所有个人结转，对于非个人往来科目，此处不必输入。

➤ 客户：当输入的科目为客户往来科目时，如要按某客户结转时，则需在此指定客户，若此处不输，即表示按所有客户进行结转，对于非客户往来科目，此处不必输入。

➤ 供应商：当输入的科目为供应商往来科目时，如要按某供应商结转时，则需在此指定供应商，若此处不输，即表示按所有供应商进行结转，对于非供应商往来科目，此处不必输入。

➤ 方向：输入转账数据发生的借贷方向。

➤ 金额公式：单击参照按钮或按F2功能键可参照录入计算公式，若对公式输入不熟悉，建议通过参照录入公式；若已熟练掌握转账公式，也可直接输入转账函数公式。

➤ 若取数科目有辅助核算，应输入相应的辅助项内容，若不输入，系统默认按转账分录中定义的辅助项取数，即按默认值取数。但如果希望能取到该科目的总数，则应选择【取科目或辅助项总数】选项。

2）对应转账设置

对应结转不仅可进行两个科目一对一结转，还提供科目的一对多结转功能，对应结转的科目可为上级科目，但其下级科目的结构必须一致，即具有相同的明细科目且必须能一一对应，如有辅助核算，则两个科目的辅助核算类型也必须一一对应。

如某单位科目设置如表3-6所示。

表3-6　科目设置表

科 目 编 码	科 目 名 称	账 类
4103	本年利润	
410301	主营业务利润	项目核算
6001	主营业务收入	项目核算
6401	主营业务成本	项目核算

则对应结转定义如表3-7所示。

表3-7　对应账户结转定义

编号	转出科目	转入科目	凭证类别
1	6001	410301	转账凭证
2	6401	410301	转账凭证

又如某单位科目设置如表 3-8 所示。

表 3-8 科目设置表

科目编码	科目名称	账类
4103	本年利润	
410301	主营业务利润	
41030101	A 产品	
41030102	B 产品	
41030103	C 产品	
6001	主营业务收入	
600101	A 产品	
600102	B 产品	
600103	C 产品	
6401	主营业务成本	
640101	A 产品	
640102	B 产品	
640103	C 产品	

则对应结转定义如表 3-9 所示。

表 3-9 对应科目结转定义

编号	转出科目	转入科目	凭证类别
1	6001	410301	转账凭证
2	6401	410301	转账凭证

例 53 定义 188 账套山东淄新实业有限责任公司增值税对应结转的自动转账凭证。

分析：期末对于增值税明细科目余额需要进行 100％的结转，"进项税额"首先转入"转出多交增值税"科目，"销项税额"转入"转出未交增值税"科目，然后再将"转出多交增值税"转入"未交增值税"科目，将"转出未交增值税"转入"未交增值税"科目，这些结转可以定义为对应结转。

操作步骤如下。

① 以操作员"宋玢"的身份注册登录企业应用平台，在 UFIDA ERP-U8 窗口选择【业务工作】|【财务会计】|【总账】|【期末】|【转账定义】|【对应结转】双击，进入【对应结转设置】窗口，如图 3-142 所示。

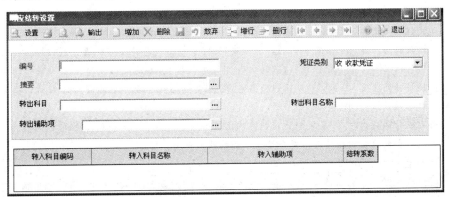

图 3-142 【对应结转设置】窗口

提示：

> 编号：是该张转账凭证的代号，转账编号不是凭证号，转账凭证的凭证号在每月转账时自动产生。一张转账凭证对应一个转账编号，转账编号可任意定义，但只能输入数字1～9，a～z，A～Z，不能重号。
> 转出科目：将此科目的余额转出到转入科目中去，可单击参照按钮或按F2功能键参照科目录入，有辅助项还需输入辅助项内容。
> 转入科目：可单击参照按钮或按F2功能键参照科目录入，可有多个转入科目，辅助项可与转出科目不同。
> 结转系数：即转入科目取数＝转出科目取值×结转系数，若未输入系统默认为1。所有转入科目结转系数之和为1。
> 凭证类别：结转时使用的凭证类别。

② 在【对应结转设置】窗口输入编号"0001"，选择凭证类别"转 转账凭证"或"机 机制凭证"，录入摘要"结转进项税额"、输入转出科目编码"22210101"，单击工具栏上【增行】按钮，增加一条空记录，输入转入科目编码"22210109"和结转系数"1"，然后单击 按钮对设置进行存储，设置结果如图3-143所示。

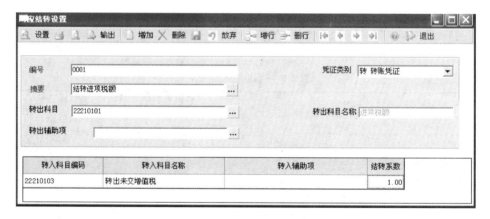

图3-143 对应结转结果

③ 重复第②步，定义其他对应结转凭证。
④ 单击【退出】按钮结束对应结转凭证定义。

提示：

> 对应结转只结转期末余额。
> 对应结转是将一个科目的期末余额100％地转入另一个科目或多个科目。
> 一张凭证可定义多行，转出科目及辅助项必须一致，转入科目及辅助项可不相同。
> 转出科目与转入科目必须有相同的科目结构，但转出辅助项与转入辅助项可不相同。
> 辅助项可根据科目性质进行参照，若转出科目有复合账类，系统弹出辅助项录入窗口，如该科目为部门项目辅助账类，要求录入结转的项目和部门，录入完毕后，系统用逗号分隔显示在表格中。
> 同一编号的凭证类别必须相同。
> 自动生成转账凭证时，如果同一凭证转入科目有多个，并且同一凭证的结转系数之和为1，则最后一笔结转金额为转出科目余额减当前凭证已转出的余额。

3）销售成本结转设置

销售成本结转，是将月末商品（或产成品）销售数量乘以库存商品（或产成品）的平均单价计算各类商品销售成本并进行结转。这种结转涉及三个会计科目"库存商品"、"主营业务收入"和"主营业务成本",采用这种方式结转销售成本,要求将这三个科目及其下级明细科目结构设置必须相同且一一对应,同时要求将其设置为数量核算,但不能设置为往来辅助账,否则将不能采用全月平均销售成本结转方法进行定义。

如某企业科目结构设置如表 3-10 所示。

表 3-10　销售成本结转科目设置表

级次	科目编码	科目名称	计量单位	级次	科目编码	科目名称	计量单位
1	1405	库存商品		4	6001010201	TCL	台
2	140501	彩电		4	6001010202	牡丹	台
3	14050101	64CM		4	6001010203	长虹	台
4	1405010101	TCL	台	2	600102	洗衣机	
4	1405010102	牡丹	台	3	60010201	小天鹅	台
4	1405010103	长虹	台	3	60010202	小鸭	台
3	14050102	74CM		1	6401	主营业务成本	
4	1405010201	TCL	台	2	640101	彩电	
4	1405010202	牡丹	台	3	64010101	64CM	
4	1405010203	长虹	台	4	6401010101	TCL	台
2	140502	洗衣机		4	6401010102	牡丹	台
3	14050201	小天鹅	台	4	6401010103	长虹	台
3	14050202	小鸭	台	3	64010102	74CM	
1	6001	主营业务收入		4	6401010201	TCL	台
2	600101	彩电		4	6401010202	牡丹	台
3	60010101	64CM		4	6401010203	长虹	台
4	6001010101	TCL	台	2	640102	洗衣机	
4	6001010102	牡丹	台	3	64010201	小天鹅	台
4	6001010103	长虹	台	3	64010202	小鸭	台
3	60010102	74CM					

上述"库存商品"、"主营业务收入"和"主营业务成本"科目结构相同,可采用全月平均销售成本结转方式进行定义,也可采用自定义方式进行定义,如表 3-11 所示。

表 3-11　自定义转账公式设置表

科　　　目	金 额 公 式	数 量 公 式
库存商品科目	SFS(主营业务收入科目,月,贷) * (QM(库存商品科目,月)/SQM(库存商品科目,月))	SFS(主营业务收入科目,月,贷)
主营业务成本科目	SFS(主营业务收入科目,月,贷) * (QM(库存商品科目,月)/SQM(库存商品科目,月))	

即结转金额为主营业务收入科目下某商品的贷方数量 *(库存商品科目下某商品的月末金额/月末数量)。

例 54　188 账套山东淄新实业有限责任公司"库存商品"、"主营业务收入"、"主营业务成本"三个会计科目结构相同,均无辅助核算,定义期末销售成本结转自动转账凭证。

操作步骤如下。

① 以操作员"宋玢"的身份注册登录企业应用平台,在 UFIDA ERP-U8 窗口选择【业务工作】|【财务会计】|【总账】|【期末】|【转账定义】|【销售成本结转】双击,进入【销售成

本结转设置】对话框，如图 3-144 所示。

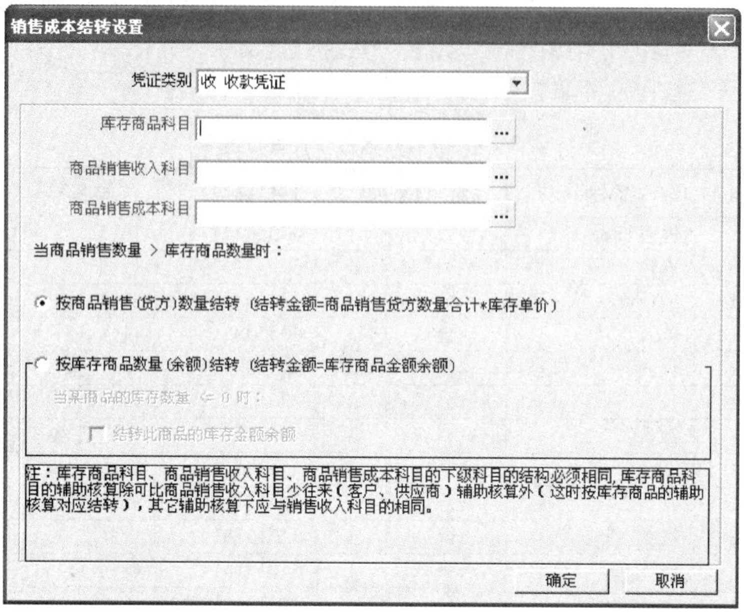

图 3-144 【销售成本结转设置】对话框

② 在【销售成本结转设置】对话框中选择凭证类别"转 转账凭证"或"机 机制凭证"直接输入或参照输入库存商品科目编码"1405"、商品销售收入科目编码"6001"和商品销售成本科目编码"6401"，然后单击【确定】按钮完成定义操作。

提示：

➤ 库存商品、商品销售收入、商品销售成本科目的账簿格式必须是数量金额式，且一一对应。

➤ 库存商品科目、销售收入科目、销售成本科目可以有部门、项目核算，但不能有往来核算。

➤ 当库存商品科目的期末数量余额小于商品销售收入科目的贷方数量发生额，若不希望结转后造成库存商品科目余额为负数，可选择按库存商品科目的期末数量余额结转。

➤ 计算公式为：数量＝商品销售收入科目下某商品的贷方数量；单价＝库存商品科目下某商品的月末金额/月末数量；金额＝数量＊单价。

➤ 如果想对带往来辅助账类的科目结转成本，需通过自定义结转方式进行定义。

4）按售价（计划价）销售成本结转设置

有的企业在结转销售成本时，是按售价（计划价）结转销售成本，期末统一调整差异额，其处理方式分按售价（计划价）结转销售成本或调整月末成本。

操作步骤如下。

① 在 UFIDA ERP-U8 窗口选择【业务工作】|【财务会计】|【总账】|【期末】|【转账定义】|【售价（计划价）销售成本结转】双击，进入【售价（计划价）销售成本结转】对话框，如图 3-145 所示。

栏目项目说明：

➤ 差异额计算方法分为售价法/计划价法。

☆ 售价法：差异额＝收入余额＊差异率（商业企业多用此法）；

☆ 计划价法：差异额＝成本余额＊差异率（工业企业多用此法）。

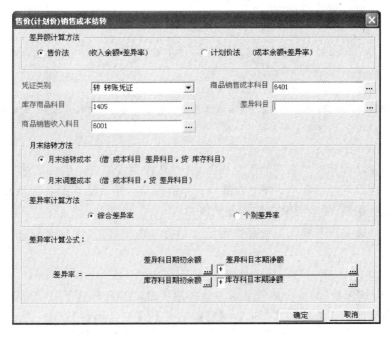

图 3-145　【售价(计划价)销售成本结转】对话框

➢ 凭证类别：所生成凭证的类别。

➢ 计算科目由用户指定库存商品科目、商品销售收入科目、商品销售成本科目、进销差价科目四个科目。用户可输入总账科目或明细科目，但要求这三个科目具有相同结构的明细科目，即要求库存商品科目和商品销售收入科目下的所有明细科目必须都有数量核算，且这三个科目的下级必须一一对应。

➢ 结转方式即转账生成分录的方式分为月末结转成本方式和月末调整成本方式。

　　☆ 月末结转成本：有些商业企业月中发生销售业务时不计算成本，在月末按当月销售情况结转成本。生成凭证分录为：

　　　　借：成本　　库存一差异

　　　　　　差异　　差异额

　　　　贷：库存　　　收入余额(售价法)/成本借方发生额(计划价法)

　　☆ 月末调整成本：有些工业企业平时在发生销售业务时即结转成本，到月末对成本及差异科目进行调整。生成凭证分录为：

　　　　借：差异　　差异额

　　　　贷：成本　　差异额

➢ 差异率计算方法分为综合差异率和个别差异率。综合差异率即按当前结转科目的上一级科目取数进行计算出当前科目的差异率，若当前结转科目为一级科目，则按该科目本身取数计算差异率。若当前结转的是项目，则按其隶属的科目进行计算。个别差异率即按当前结转科目或项目本身取数计算差异率。

➢ 差异率计算公式为：差异率＝(差异科目期初余额＋(－)差异科目本期净额)/(库存科目期初余额＋(－)库存科目本期净额)。

　　② 选择差异计算方法、凭证类别、直接录入或参照录入库存商品、商品销售收入和商品销售成本和差异科目编码、选择月末结转方式和差异率计算方法并预置差异率计算公式后，

单击【确定】按钮对设置进行保存。

提示：

> 库存商品、商品销售收入和商品销售成本和差异科目结构必须一致。允许有辅助核算，但只能是部门、项目。
> 库存商品科目与销售收入科目的末级科目必须为数量核算。
> 若差异额计算方法为【计划价法】，则【商品销售收入科目】和【月末结转成本】选择置灰不能选用。
> 差异公式中的分子、分母至少各定义一项。

5）汇兑损益结转设置

用于期末自动计算外币账户的汇兑损益，并在转账生成中自动生成汇兑损益转账凭证，汇兑损益只处理以下外币账户：外汇存款户；外币现金；外币结算的各项债权、债务，不包括所有者权益类账户、成本类账户和损益类账户。

例 55　188 账套山东淄新实业有限责任公司有外币核算，要求定义汇兑损益的自动转账凭证。

操作步骤如下。

① 以操作员"宋玢"的身份注册登录企业应用平台，在 UFIDA ERP-U8 窗口选择【业务工作】|【财务会计】|【总账】|【期末】|【转账定义】|【汇兑损益】双击，进入【汇兑损益结转设置】对话框，如图 3-146 所示。

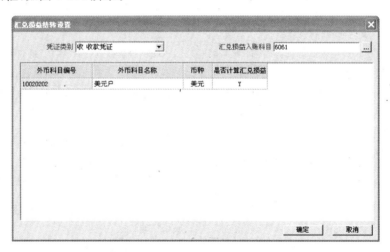

图 3-146　【汇兑损益结转设置】对话框

② 选择凭证类别"收 收款凭证"或"付 付款凭证"或"机 机制凭证"，选择汇兑损益入账科目"6061 汇兑损益"，在外币核算科目记录的【是否计算汇兑损益】栏双击添加计算标记 Y，然后单击【确定】按钮实施保存。

提示：

> 为了保证汇兑损益计算正确，填制某月的汇兑损益凭证时必须先将本月的所有未记账凭证先记账。
> 汇兑损益入账科目不能是辅助账科目或有数量外币。
> 若在会计科目设置时，将客户往来辅助核算科目的受控系统选为"应收系统"，将供应商往来辅助核算科目的受控系统设置为"应付系统"，则计算汇兑损益的外币科目不能是客户或供应商的科目。若要对客户、供应商科目计算汇兑损益，可到应收、应付系统中进行。

➢ 凭证类别若选择为"收款凭证"或"付款凭证",在生成转账凭证时需根据调整汇率进行类别调整,若记账汇率＞调整汇率,则为付款凭证,若记账汇率＜调整汇率,则为收款凭证。凭证类别调整分为两种方式,一是进入汇兑损益自动结转凭证定义窗口进行调整,二是在生成自动转账凭证后,在凭证上进行调整。

6）期间损益结转设置

用于在一个会计期间终了将损益类科目的余额结转到本年利润科目中,从而及时反映企业利润的盈亏情况。主要是对于管理费用、销售费用、财务费用、销售收入、营业外收支等科目的结转。

例56　定义 188 账套山东淄新实业有限责任公司的期间损益自动结转凭证。

操作步骤如下。

① 以操作员"宋玢"的身份注册登录企业应用平台,在 UFIDA ERP-U8 窗口选择【业务工作】|【财务会计】|【总账】|【期末】|【转账定义】|【期间损益】双击,进入【期间损益结转设置】界面,如图 3-147 所示。

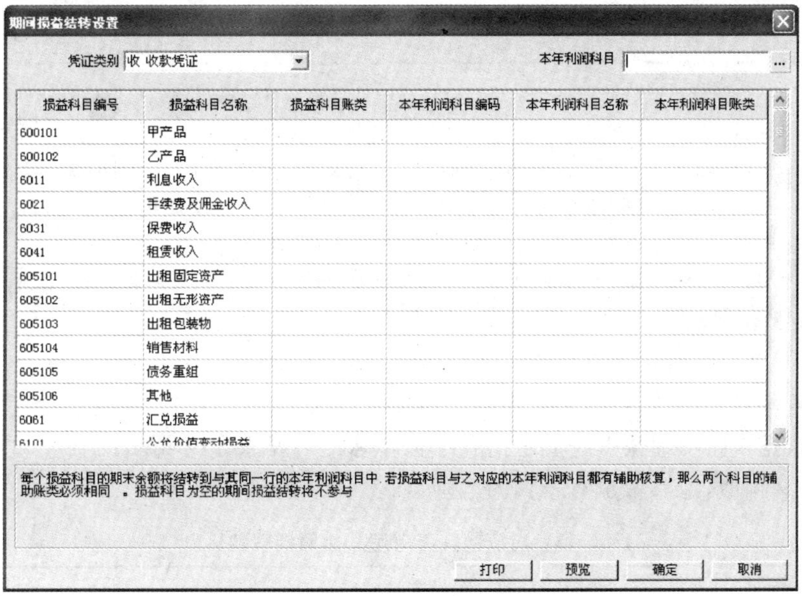

图 3-147　【期间损益结转设置】界面

② 选择凭证类别"转 转账凭证",直接录入或参照录入本年利润科目"4103",按回车键系统自动刷新界面,显示每一损益科目对应的结转入账科目"本年利润",如图 3-148 所示。

③ 由于"680101 当期所得税费用"需要在本年利润计算完毕后,才能进行计算,因此选择"680101 当期所得税费用"所在行的"本年利润编码"栏,删除本年利润会计科目编码。

④ 单击【确定】按钮对设置进行保存。

提示：

➢ 损益科目结转表中将列出所有的损益科目。如果希望某损益科目参与期间损益的结转,则应在该科目所在行的本年利润科目栏填写相应的本年利润科目,若不填本年利润科目,则将不转此损益科目的余额。

图 3-148　损益类科目对转对应表

➢ 损益科目结转表的每一行中的损益科目的期末余额将转到该行的本年利润科目中去。

➢ 若损益科目结转表的每一行中的损益科目与本年利润科目都有辅助核算，则辅助账类必须相同；损益类科目可为辅助核算，而本年利润账户可为非辅助核算。

➢ 损益科目结转表中的本年利润科目必须为末级科目，且为本年利润入账科目的下级科目。

7）自定义比例转账

当两个或多个科目及辅助项有一一对应关系时，可进行将其余额按一定比例系数进行对应结转，可一对一结转，也可多对多结转和多对一结转。在转账生成时显示生成的转账明细数据表，根据转账明细数据表显示信息结合实际结转要求定义结转的金额和比率。它与对应结转定义相似，但二者也有较大的区别，如表 3-12 所示。

表 3-12　对应结转与自定义比例结转的区别

	对应结转	自定义比例结转
转出科目	只能设一个	可以设置多个
转出金额	100％转出	可自定义结转金额或比率

自定义比例结转的操作步骤如下。

① 以操作员“宋玢”的身份注册登录企业应用平台，在 UFIDA ERP-U8 窗口选择【业务工作】|【财务会计】|【总账】|【期末】|【转账定义】|【自定义比例转账】双击，进入【自定义比例结转设置】窗口，如图 3-149 所示。

② 在【自定义比例结转设置】窗口输入转账编号、选择凭证类别、录入摘要信息、选择项目大类和项目分类、设置转出（转入）科目生成凭证方向后，单击工具栏上的【增行】按钮，增加一条空记录，输入转出科目和转入科目。

③ 继续单击工具栏上的【增行】按钮，录入其他结转科目。所有转入转出科目设置完毕后，单击工具栏上的 按钮对设置内容进行保存。

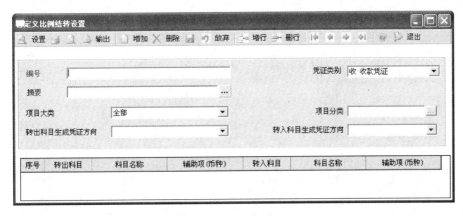

图 3-149 【自定义比例结转设置】窗口

提示：

➢ 一张凭证可定义多行,转出科目辅助项必须一致,转入科目及辅助项可不相同。若有数量辅助核算,则要求转入科目、转出科目设置相同的数量单位。

➢ 转出科目与转入科目必须是末级科目,转入辅助项可比转出辅助项少,但必须是转出科目已有的辅助项。

➢ 同一编号的凭证类别必须相同。

➢ 自动生成转账凭证时,同一辅助核算组合的转出科目有多个,结转比例是一致的。

➢ 结转凭证不受金额权限控制,不受辅助核算及辅助项内容的限制。

3.5.4 自动转账生成

在定义完转账凭证后,每月月末只需执行转账生成即可快速生成转账凭证,在此生成的转账凭证将自动追加到未记账凭证中去了,需要引起注意的是一定要按期末结转的顺序来执行自动转账生成功能。

由于转账是按照已记账凭证的数据进行计算的,所以在进行月末转账工作之前,先将所有未记账凭证记账,否则,生成的转账凭证数据可能有误。如果使用了应收、应付系统,则在总账系统中,不能按客户、供应商进行结转。在结转凭证生成选择界面,可进入转账定义功能窗口,对转账定义进行修改。

提示：

➢ 转账凭证每月只能生成一次。

➢ 生成的转账凭证仍需进行审核后,才能记账。

操作步骤如下。

① 登录企业应用平台,在 UFIDA ERP-U8 窗口选择【业务工作】|【财务会计】|【总账】|【期末】|【转账生成】双击,进入【转账生成】界面,如图 3-150 所示。

② 在【转账生成】界面,选择要进行的转账工作,如自定义转账、对应结转等,选择要进行结转的月份和要结转的凭证。

③ 单击【确定】按钮,系统自动生成相关的转账凭证,若凭证类别、制单日期和附单据数与实际有出入,可在凭证上直接修改;若生成的转账凭证无误,则单击凭证窗口工具栏上的 按钮将当前凭证追加到未记账凭证中。

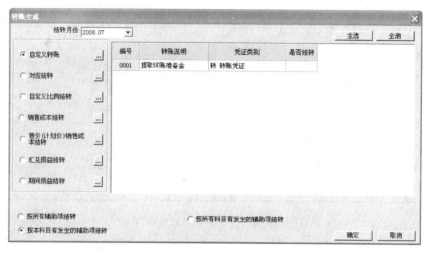

图 3-150 【转账生成】界面

1. 自定义转账凭证的生成

例 57 以制单操作员"宋玢"身份登录企业应用平台，完成 188 账套的坏账准备金的计提处理。

操作步骤如下。

① 以操作员"宋玢"的身份注册登录企业应用平台，在 UFIDA ERP-U8 窗口选择【业务工作】|【财务会计】|【总账】|【期末】|【转账生成】双击，进入【转账生成】对话框。

② 选择转账月份"2008.07"、选择转账工作【自定义转账】、选择转账编号"0001"，在【是否结转】栏双击添加结转标记"Y"，选择结果如图 3-151 所示。

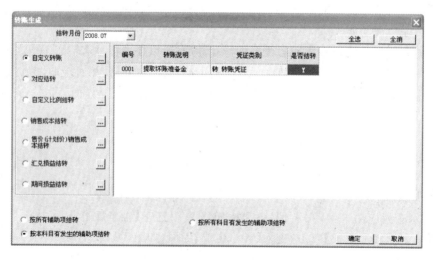

图 3-151 自定义转账选择

③ 单击【确定】按钮，显示生成的转账凭证，如图 3-152 所示。

④ 单击工具栏上的 按钮，系统自动调用数据生成凭证，并添加"已生成"标记，如图 3-153 所示。

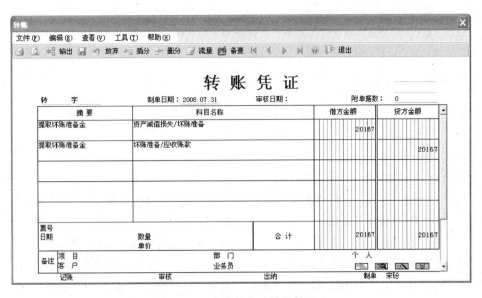

图 3-152 生成的自动转账凭证 A

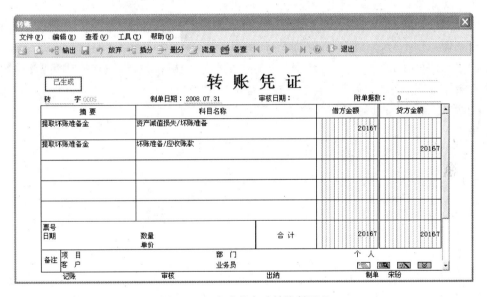

图 3-153 生成的自动转账凭证 B

⑤ 单击【退出】按钮返回【转账生成】对话框。

提示：

➤ 选择需要结转的转账凭证,在【是否结转】栏双击鼠标打上"Y",表示该转账凭证将执行结转。也可
按【全选】、【全消】,全部选择、全部取消选择要结转的凭证。

➤ 若转账科目有辅助核算,但未定义具体的转账辅助项,则应选择【按所有辅助项结转】还是【按有发
生的辅助项结转】。按所有辅助项结转表示转账科目的每一个辅助项生成一笔分录,如有 10 个部
门,则生成 10 笔分录,每个部门生成一笔转账分录;按有发生的辅助项结转表示按转账科目下每
一个有发生额的辅助项生成一笔分录,如有 10 个部门,其中转账科目下有 5 个部门有余额,则生成
5 笔分录,每个有余额的部门生成一笔转账分录。

> 在进行转账生成时,前后所生成的转账凭证如果不影响下张转账凭证的生成,可在不记账情况下进行下张凭证的生成;如果前面生成的凭证影响下张转账凭证的生成结果,则必须对前面生成的转账凭证审核记账后,再进行下张转账凭证的生成处理。

2. 对应结转凭证生成

例 58 以制单操作员"宋玢"身份登录企业应用平台,完成 188 账套的增值税的结转处理。

操作步骤如下。

① 以操作员"宋玢"的身份注册登录企业应用平台,在 UFIDA ERP-U8 窗口选择【业务工作】|【财务会计】|【总账】|【期末】|【转账生成】双击,进入【转账生成】对话框。

② 选择转账月份"2008.07"、选择转账工作【对应对转】,由于增值税的结转存在先后顺序问题,在此首先选择转账编号"0001"、结转进项税额和"0002"结转销项税额,在【是否结转】栏双击添加结转标记"Y",然后单击【确定】按钮,系统生成两张自动转账凭证,对生成的两张凭证分别进行保存,再返回到【转账生成】对话框,单击【取消】按钮返回 UFIDA ERP-U8 窗口。

③ 在 UFIDA ERP-U8 窗口单击工具栏上的【重注册】按钮,以审核员"王晓"身份注册登录企业应用平台,完成对自动生成凭证的审核操作。

④ 在 UFIDA ERP-U8 窗口单击工具栏上的【重注册】按钮,以账套主管"夏颖"身份注册登录企业应用平台,完成对自动生成凭证的主管签字。

⑤ 在 UFIDA ERP-U8 窗口单击工具栏上的【重注册】按钮,以记账操作员"孙翠"身份注册登录企业应用平台,完成对自动生成凭证的记账操作。

⑥ 重复第②～⑤步,选择其他对应结转凭证,完成其生成处理操作。

提示:

当月已进行过生成处理的凭证,注意不要重复选择生成。

3. 销售成本结转

例 59 以制单操作员"宋玢"身份登录企业应用平台,完成 188 账套的已销产品成本的结转处理。

操作步骤如下。

① 以操作员"宋玢"的身份注册登录企业应用平台,在 UFIDA ERP-U8 窗口选择【业务工作】|【财务会计】|【总账】|【期末】|【转账生成】双击,进入【转账生成】对话框。

② 选择转账工作【销售成本结转】,选择转账开始月份"2008.07"和结束月份"2008.07",单击【确定】按钮,进入【销售成本结转一览表】对话框,如图 3-154 所示。

提示:

系统默认对所有库存商品进行结转处理。

③ 单击【确定】按钮,系统自动计算生成结转凭证。

4. 汇兑损益结转凭证的生成

例 60 以制单操作员"宋玢"身份登录企业应用平台,完成 188 账套的汇兑损益的处理。

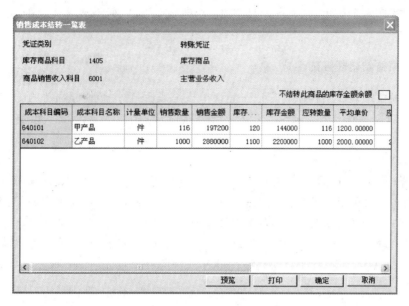

图 3-154 【销售成本结转一览表】对话框

操作步骤如下。

① 以操作员"宋玢"的身份注册登录企业应用平台,在 UFIDA ERP-U8 窗口选择【基础设置】|【基础档案】|【财务】|【外币设置】|【转账生成】双击,进入【外币设置】窗口,录入2008 年 7 月的调整汇率"6.80",单击【退出】返回 UFIDA ERP-U8 窗口。

② 以操作员"宋玢"的身份注册登录企业应用平台,在 UFIDA ERP-U8 窗口选择【业务工作】|【财务会计】|【总账】|【期末】|【转账生成】双击,进入【转账生成】对话框。

③ 选择转账工作【汇兑损益结转】、选择转账月份"2008.07"、外币币种"美元"、在【是否结转】栏双击添加结转标记"Y",然后单击【确定】按钮,进入【汇兑损益试算表】对话框,如图 3-155 所示。

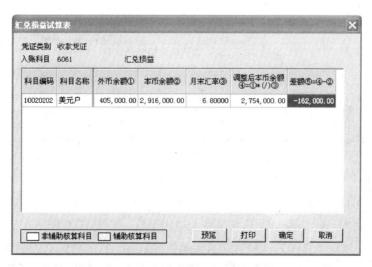

图 3-155 【汇兑损益试算表】对话框

④ 单击【确定】按钮，系统自动计算生成转账凭证，根据需要调整凭证类别，并进行保存。

5. 期间损益结转凭证的生成

在期间损益结转前应将所有未记账凭证审核记账后，再进行期间损益的结转。

例 61　以制单操作员"宋玢"身份登录企业应用平台，完成 188 账套的期间损益的处理。

操作步骤如下。

① 以操作员"宋玢"的身份注册登录企业应用平台，在 UFIDA ERP-U8 窗口选择【业务工作】|【财务会计】|【总账】|【期末】|【转账生成】双击，进入【转账生成】对话框。

② 选择转账工作【期间损益结转】，选择转账月份"2008.07"，选择类型"全部"、"收入"、"支出"中的一项，选择要进行结转的期间损益科目，即在【是否结转】栏双击添加结转标记"Y"或单击【全选】按钮选择所有期间损益科目，如图 3-156 所示。

图 3-156　期间损益结转科目选择

③ 单击【确定】按钮，系统自动计算相关数据生成转账凭证，对生成的凭证进行保存。

④ 更换操作员完成凭证的审核、记账操作。

提示：

考虑到利润表编制的需要，进行期间损益结转时，应按收入、支出分别进行结转。

6. 自定义比例结转凭证的生成

操作步骤如下。

① 以操作员"宋玢"的身份注册登录企业应用平台，在 UFIDA ERP-U8 窗口选择【业务工作】|【财务会计】|【总账】|【期末】|【转账生成】双击，进入【转账生成】对话框。

② 选择转账月份、选择转账工作【自定义比例结转】、选择转账编号，在【是否结转】栏双击添加结转标记"Y"。

③ 单击【确定】按钮，系统进行结转计算。计算完毕打开【转出明细列表】对话框。

④ 根据实际情况设置结转比例等信息后，单击工具栏上的【生成】按钮，生成结转凭证，对生成的凭证进行保存。

3.5.5 对账

对账是对账簿数据进行核对，以检查记账是否正确，以及账簿是否平衡。它主要是通过核对总账与明细账、总账与辅助账数据来完成账账核对。一般说来，只要记账凭证录入正确，计算机自动记账后各种账簿都应是正确、平衡的，但由于非法操作或计算机病毒或其他原因有时可能会造成某些数据被破坏，而引起账账不符，为了保证账证相符、账账相符，用户应经常使用本功能进行对账，至少一个月一次，一般可在月末结账前进行。

例 62 于 2008 年 7 月 31 日，以账套主管"夏颖"的身份登录企业应用平台，对 188 账套进行平衡检查。

操作步骤如下。

① 以账套主管"夏颖"的身份注册登录企业应用平台，在 UFIDA ERP-U8 窗口选择【业务工作】|【财务会计】|【总账】|【期末】|【对账】双击，进入【对账】界面，如图 3-157 所示。

图 3-157 【对账】界面

② 在 7 月份记录行的【是否对账】双击打上对账标记"Y"，然后单击工具栏上的【对账】按钮，系统自动对账，对账完毕后，显示对账结果，如图 3-158 所示。

③ 单击【试算】按钮，系统自动完成对 7 月份数据的试算检查，并显示试算结果，如图 3-159 所示。

④ 单击【确定】按钮，返回【对账】界面，单击【退出】按钮结束对账处理。

提示：

➢ 若对账结果为账账相符，则对账月份的对账结果处显示"正确"；若对账结果为账账不符，则对账月份的对账结果处显示"错误"，单击【错误】按钮可查看引起账账不符的原因。

图 3-158 对账结果

图 3-159 试算结果

> 若客户往来业务选定由"应收系统"核算或供应商往来业务由"应付系统"核算，则不能对往来客户账、供应商往来账进行对账。

3.5.6 结账

在手工会计处理中，都有结账的过程，在计算机会计处理中也应有这一过程，以符合会计制度的要求，结账只能每月进行一次。

例 63 于 2008 年 7 月 31 日，以账套主管"夏颖"的身份登录企业应用平台，对 188 账套 7 月份的账簿进行结账处理。

操作步骤如下。

① 以账套主管"夏颖"的身份注册登录企业应用平台，在 UFIDA ERP-U8 窗口选择【业务工作】|【财务会计】|【总账】|【期末】|【结账】双击，进入【结账】向导一：选择结账月份，如图 3-160 所示。

② 选择 7 月份，单击【下一步】按钮，进入【结账】向导二：对账，如图 3-161 所示。

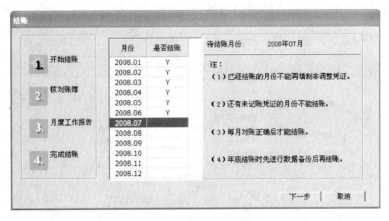

图 3-160　【结账】向导一：选择结账月份

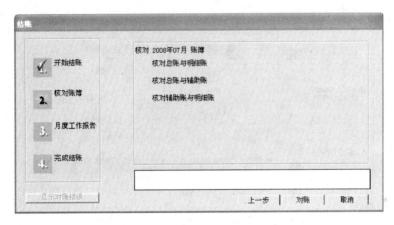

图 3-161　【结账】向导二：对账

③ 单击【对账】按钮，系统自动进行对账处理，对账完毕显示账簿核对结果，如图 3-162 所示。

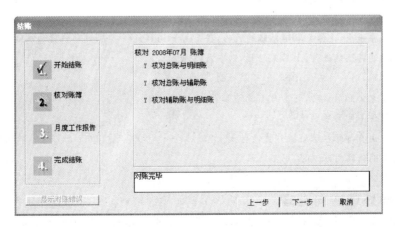

图 3-162　账簿核对结果

④ 单击【下一步】按钮，进入【结账】向导三：月度工作报告，如图 3-163 所示。

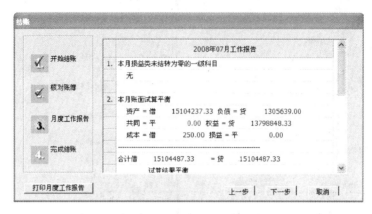

图 3-163　【结账】向导三：月度工作报告

⑤ 单击【下一步】按钮，进入【结账】向导四：完成结账，如图 3-164 所示。

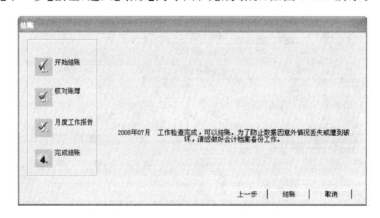

图 3-164　【结账】向导四：完成结账

⑥ 单击【结账】按钮，系统完成结账处理。

提示：

➤ 在结账向导一中，选择要取消结账的月份，按 Ctrl＋Shift＋F6 功能键可进行反结账。

➤ 结账必须逐月连续进行，上月未结账，则本月不能结账。

➤ 上月未结账，则本月不能记账，但可以填制、复核凭证。

➤ 本月还有未记账凭证时，则本月不能结账。

➤ 已结账月份不能再填制凭证。

➤ 结账只能由有结账权限的操作员进行。

➤ 若总账与明细账对账不符，则不能结账。

3.5.7　账务处理逆向处理

当账务处理系统出现账务混乱时，则需要进行逆向账务处理，为便于了解系统的逆向处理过程，在此以业务流程方式进行简要概括。

逆向处理的基本操作过程如下。

1. 取消结账

取消结账只能由账套主管进行。

以账套主管注册,进入企业应用平台→【业务工作】→【财务会计】→【总账】→【期末】→【结账】→选择最末结账月份→Ctrl＋Shift＋F6→输入主管口令→【确定】→【取消】→返回UFIDA ERP-U8 窗口。

2. 取消记账

取消记账只能由账套主管操作。

以账套主管注册,进入企业应用平台→【业务工作】→【财务会计】→【总账】→【期末】→【对账】→Ctrl＋H→【确定】→【退出】→返回 UFIDA ERP-U8 窗口→【凭证】菜单→【恢复记账前状态】→选择恢复方式→【确定】→【确定】→返回 UFIDA ERP-U8 窗口。

3. 取消审核

取消审核只能由审核人进行。

以凭证审核员身份注册,进入企业应用平台→【业务工作】→【财务会计】→【总账】→【凭证】→【审核凭证】→选择范围(和条件)→【确认】→【确定】→【审核】菜单→【取消审核】或【成批取消审核】→【退出】→返回 UFIDA ERP-U8 窗口。

4. 取消出纳签字

取消出纳签字只能由出纳员进行。

以出纳员身份注册,进入企业应用平台→【业务工作】→【财务会计】→【总账】→【凭证】→【出纳签字】→选择范围(和条件)→【确认】→【确定】→【签字】菜单→【取消签字】或【成批取消签字】→【退出】→返回 UFIDA ERP-U8 窗口。

5. 删除凭证

删除凭证只能由制单人进行。

以凭证制单员身份注册,进入企业应用平台→【业务工作】→【财务会计】→【总账】→【凭证】→【填制凭证】→选择欲删除凭证→【制单】菜单→【作废/恢复】(加作废标记)→【制单】菜单→【凭证整理】→选择凭证整理期间→【确定】→在欲删除的凭证行"删除?"栏双击打上"Y"→【确定】→【是】→【退出】→返回 UFIDA ERP-U8 窗口。

本 章 习 题

1. 账务处理系统初始化设置的含义是什么？初始设置主要包括哪些工作？

2. 科目设置的主要内容是什么？

3. 在凭证修改处理过程中,哪些凭证可以直接修改？哪些凭证不能修改？应如何修改那些不能直接修改的凭证？

4. 期末业务有何特点？如何进行期末业务处理？

5. 计算机账务处理系统中，对对账有何要求？

6. 计算机账务处理系统对结账有何要求？如何进行结账？

7. 为什么要进行银行对账？银行对账的基础数据如何获得？如何进行银行对账？

8. 简述账务系统初始化中编码档案设计的主要内容。

9. 出纳管理的主要内容是什么？

10. 跨月是否可以记账？是否可以结账？是否可以填写凭证？

11. 辅助核算有哪几种方式？从初始设置到辅助账查询如何处理？

12. 如何设置往来辅助核算科目？

13. 项目核算与管理是如何实施的？

14. 结合账务处理系统的应用，你认为当前账务处理系统有何不足之处？

第 4 章

报表管理与财务评价

教学目的及要求

系统学习 UFO 报表系统的使用及财务评估模块的应用。要求了解报表系统和财务评估的主要功能,熟悉报表、财务评估及财务分析的基本概念;掌握报表的格式设置、公式设定、数据处理、财务评估、财务分析的方法及处理过程;掌握资产负债表、利润表和现金流量表的编制方法。

会计报表是以日常会计核算资料为依据,总括地反映会计主体在一定时期内的财务状况、经营成果的报告文件,它是会计核算的最终结果。我国现行会计制度规定,企业必须编制并报送的会计报表包括资产负债表、利润表、现金流量表、所有者权益变动表和附注等。

4.1 报表系统概述

会计报表系统的目的是编制、输出会计报表和进行会计报表分析。企业实现电算化后并没有改变会计报表编制和分析的目的以及最终结果,但在会计报表的编制过程、报表数据输入形式、报表分析的手段、报表信息的传递方式及其使用管理等方面与手工会计系统有很大的区别。

4.1.1 会计报表分类

会计报表是根据企业会计准则的基本要求,按照《企业会计准则第 30 号——财务报表列报》和《企业会计准则第 31 号——现金流量表》应用指南所规定的内容编制的。会计报表的种类很多,可以按其不同标志进行分类。

1. 按经济内容分类

按会计报表所反映的经济内容的不同,分为财务状况报表和经营成果报表。财务状况报表是反映企业单位在一定时间财务状况的报表,主要有企业的资产负债和现金流量表。经营成果报表是反映企业单位在某一时期内收入实现、成本消耗和利润形成及分配情况的报表,主要有企业的利润表。

2. 按资金运动的状态分类

按会计报表反映的企业资金状态的不同,分为静态报表和动态报表。前者是综合反映企业单位一定时间资金的存在,即资产情况,以及资金的取得形成,即负债和所有者权益情况的报表,如资产负债表。后者是综合反映企业单位一定时期内资金的循环与周转情况的报表,如现金流量表。

3. 按编表时间分类

按会计报表编制的时期不同,分为月报表、季报表、半年报表和年报表。

4. 按编表单位分类

按会计报表编制单位的不同,分为基层报表、汇总报表和合并报表。基层报表是由独立核算的基层会计单位编制的报表,是对基层单位财务状况和经营成果的反映。汇总报表是由上级主管部门根据所属单位编制的基层报表加上本单位会计报表汇总编制的,用来反映某一部门或地区综合性指标。合并报表是一个企业对另一个企业的投资超过一定比例后,将被投资企业的财务状况、经营成果与本企业的有关内容合并反映而编制的报表。

5. 按报送单位分类

会计报表按报送单位的不同,分为外送报表和内部报表。外送报表是为了满足企业外部投资、债权人、政府管理部门及其他相关利益者的需要而编制的报表。内部报表是企业为了加强会计核算和管理,满足管理部门对内管理的需要而编制的报表。

不同种类的会计报表反映的是同一会计主体的资金运动情况,只是反映的角度和侧重点不同,这就决定了反映各个方面的会计指标之间,以及不同会计报表的指标之间存在必然的联系。会计报表之间或会计报表内部存在的这种指标的相互联系,称为会计报表的相互关系或会计报表的钩稽关系。会计报表的相互关系表现为以下两种形式:

(1) 各种会计报表之间的相互关系

它表现为同指标在不同报表中的运用和计算口径是一致的。如利润表中反映的未分配利润数,应当与资产负债表中的未分配利润数相吻合。

(2) 表内各指标间的相互关系

在一张报表内,会计指标之间存在相互关系,这种关系表现为指标之间的计算关系或对应关系。如在资产负债表中,全部资产类指标相加之和应当等于全部负债指标及权益类指标的相加之和。固定资产净值等于固定资产原值减去累计折旧;在利润表中利润总额应等于营业利润加上营业外收入减去营业外支出。

4.1.2　报表系统的功能结构

目前的报表系统是以 Excel 作为标准,运行于通用平台上的电子表系统。除了与账务处理系统之间存在良好的数据接口外,报表系统还与财务管理软件的其他子系统相辅相成。

报表系统具有自定义报表功能、报表数据处理功能、报表分析、报表输出等功能。

报表系统的功能模块主要包括报表基本结构设置、报表的日常管理、报表其他管理功能。报表系统主要功能结构如图 4-1 所示。

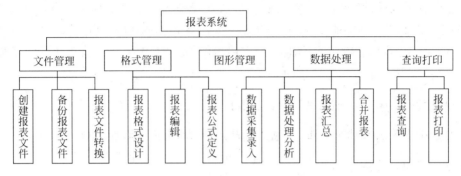

图 4-1　报表系统主要功能结构

1. 报表结构设置

会计报表的主要目的是向企业的有关各方反映企业的财务状况和经营成果。报表结构设置主要包括报表登记、格式设置和公式定义等。

报表登记。每一张报表在计算机中都有一个登记项,登记项包括报表编号、表名、附注等信息。报表文件名是报表的唯一外部标识。登记后的报表,其表名在各功能模块中提示或供用户选择,表名通常与表标题取得一致。报表编号是报表的唯一内部标识,主要用于系统内部处理报表时的报表识别,附注是报表的附加说明信息,根据需要可有可无。

报表格式设计主要是对报表格式进行设置,以及利用公式定义报表内经济指标的生成公式。

2. 报表日常管理

报表编制。会计报表应当根据已登记完整、核对无误的账簿记录和其他有关资料编制。计算机环境下,当用户完成报表格式设置和报表公式定义后,会计报表的编制工作就可以由计算机系统自动完成了。由于会计报表的经济指标数据来源于账簿或其他有关资料,为了保证会计报表的准确性,编制报表之前应完成记账、账项调整和结转、结账等工作。

报表系统的输出主要有两种形式:屏幕查询输出和打印输出。

报表汇总通常是按隶属关系,采用逐级汇总的方式编制的。报表系统的报表汇总只能处理那些结构相同、数据不同的会计报表,而不能用于编制合并报表。

3. 报表的其他功能

报表图形分析。对于企业管理者而言,要想直接从报表上了解数据所能反映的财务状况,不是一件容易的事情。利用报表的图形分析功能,用户可以将财务指标数据以图形的方式显示出来,较之于简单的数字更直观,且更具说服力。

报表文件管理。报表系统提供了各种文件管理功能,可以将报表系统生成的数据文件转换成其他格式的文件,以满足用户对数据共享的要求。

报表维护功能。进行报表的删除、报表的引入、导出等操作管理。

4.1.3　UFO 电子表系统的主要功能

UFO 电子表系统是基于 Web 应用网络分布式表格处理软件，是用友软件公司开发研制的三维立体表，在此基础上提供丰富的实用功能，完全实现了三维立体表的四维处理能力。概括起来，UFO 报表的主要功能如下。

1. 提供各行业报表模板(包括现金流量表)

提供多个行业的标准财务报表模板，包括新准则体系下的各种报表，可轻松生成复杂报表。提供自定义模板的新功能，可以根据本单位的实际需要定制模板。

2. 文件管理功能

提供了各类文件管理功能，并且能够进行不同文件格式的转换：文本文件、*.MDB 文件、*.DBF 文件、Excel 文件、LOTUS1-2-3 文件。支持多个窗口同时显示和处理，可同时打开的文件和图形窗口多达 40 个。提供了标准财务数据的"导入"和"导出"功能，可与其他流行财务软件交换数据。

3. 格式管理功能

提供了丰富的格式设计功能，如设计组合单元、画表格线（包括斜线）、调整行高列宽、设置字体和颜色、设置显示比例，等等，可以制作各种要求的报表。

4. 数据处理功能

UFO 以固定的格式管理大量不同的表页，能将多达 99999 张具有相同格式的报表资料统一在一个报表文件中管理，并且在每张表页之间建立有机的联系。

提供了排序、审核、舍位平衡、汇总功能；提供了绝对单元公式和相对单元公式，可以方便、迅速地定义计算公式；提供了种类丰富的函数，可以从账务、应收、应付、薪资、固定资产、销售、采购、库存等用友产品中提取数据，生成财务报表。

5. 图表功能

采用"图文混排"，可以很方便地进行图形数据组织，制作包括直方图、立体图、圆饼图、折线图等分析图表。可以编辑图表的位置、大小、标题、字体、颜色等，并打印输出图表。

6. 打印功能

采用"所见即所得"的打印，报表和图形都可以打印输出。提供"打印预览"，可以随时观看报表或图形的打印效果。报表打印时，可以打印格式或数据，可以设置财务表头和表尾，可以在 0.3～3 倍之间缩放打印，可以横向或纵向打印，等等。支持对象的打印及预览，包括 UFO 生成的图表对象和插入 UFO 中的嵌入和链接对象。

7. 二次开发功能

提供批命令和自定义菜单,自动记录命令窗口中输入的多个命令,可将有规律性的操作过程编制成批命令文件。提供了 Windows 风格的自定义菜单,综合利用批命令,可以在短时间内开发出本企业的专用系统。

4.1.4 UFO 电子报表系统的基本概念

UFO 报表系统虽然也是按人们在手工方式下进行报表处理的思路来处理报表数据,即先编制报表的格式,然后进行数据的处理,最后生成报表。要使用 UFO 报表系统,首先就要了解 UFO 报表系统的基本概念,这些概念包括以下内容。

1. 报表结构

就报表结构而言,报表可分为简单表和复合表。

1) 简单表

简单表由若干行和列组成,如资产负债表、利润表等。其格式如表 4-1 所示。

表 4-1　利润表

编制单位:××公司　　　　　2008 年 6 月 30 日　　　　　　　　　单位:元

项　　目	本期金额	上期金额
一、营业收入		
减:营业成本		
营业税金及附加		
销售费用		
管理费用		
财务费用		
资产减值损失		
加:公允价值变动收益(损失以"一"号填列)		
投资收益(损失以"一"号填列)		
其中:对联营企业和合营企业的投资收益		
二、营业利润(亏损以"一"号填列)		
加:营业外收入		
减:营业外支出		
其中:非流动资产处置损失		
三、利润总额(亏损总额以"一"号填列)		
减:所得税费用		
四、净利润(净亏损以"一"号填列)		
五、每股收益		
(一)基本每股收益		
(二)稀释每股收益		

制表人:×××

2）复合表

复合表是由多个简单表组合形成的，还可能出现表中套表的现象。表 4-2 是复合表的一个实例。

表 4-2　成本分析表

单位：××公司

产 品 名 称	A 产品		
本月产量	100 件		
定额工时	800 小时		
定额用水量	100 吨		
定额用电量	500 度		
成本项目	去年同月	本月实际	增减幅度
工资			
动力			
……			
合计			
各月成本分布			
月份	单位成本	单位工资成本(%)	单位材料成本(%)	单位制造费用(%)
1				
2				
……				
合计				

通过表 4-2 所示的成本分析表可以看出，该复合表由三个简单表组成，上方是一个简单表，反映产品的名称、产量等信息；中间又是一个简单表，反映产品成本的详细组成和同去年同期的比较；下方也是一个简单表，反映该产品各月的单位成本及主要成本项目所占的比重。复合表的结构较简单表要复杂得多，但是无论多么复杂，都可以看成是由简单表组成的，它也具有报表的特性。

2. 报表结构的基本要素

无论简单表还是复合表，其格式一般都由标题、表头、表体和表尾四个基本要素组成。不同报表之间的区别，必然体现在这四个基本要素上，也就是说，不同单位、不同企业、不同地区、不同时间的各种报表的区别就是上述四个要素的不同。

1）标题

标题用来表示报表的名称。报表的标题可能不止一行，有时会有副标题、修饰线等内容。

2）表头

表头主要用来描述报表的编制单位、编制时间、编制计量单位、报表栏目名称等内容。特别是报表的栏目名称，是表头的最重要的内容。有的报表表头栏目比较简单，只有一层；而有的报表的表头栏目却比较复杂，分若干层次。也就是说，大的表栏下分若干小栏目，小栏目下又分更小的栏目。在通用报表系统中，最小的栏目称为基本单元(表单元)，包含有小栏目的上层栏目称为组合单元。

3) 表体

表体是一张报表的核心，它是报表数据的主要表现区域，是报表的主体。表体在纵向上由若干行组成，这些行称为表行；在横向上，每个表行又由若干个表栏目所构成，这些栏目称为表列；由表行和表列交叉组成的最小区域，称为基本单元。表单元可以用坐标表示，即 (X, Y) 表示表体的第 X 行和第 Y 列交叉形成的表单元，其表示名称为"YX"。

4) 表尾

表体以下进行辅助说明的部门以及编制人、审核人等内容都是表尾所包含的内容。

3. 报表文件与报表

1) 报表（表页）

报表由若干行和列组成。如果一张表页是由若干行、列组成的，则这个表是二维表，通过行和列可以找到二维表中任何位置的数据。在一张二维表中，确定一个数据所在位置的要素为：＜列＞、＜行＞。

一个 UFO 报表最多可容纳 99999 张表页，每一张表页是由许多单元组成的。

一个报表中的所有表页具有相同的格式，但其中的数据不同。

表页在报表中的序号以标签的形式出现在表页的下方，称为"页标"。页标用"第 1 页"～"第 99999 页"表示。

2) 报表文件

在报表系统中，报表文件（有的报表系统称工作簿）是报表系统中存储数据的基本单位，它以文件的形式保存在磁介质中，报表系统的打开、关闭、保存等命令都是针对报表文件名进行处理的。每个报表文件都有一个名字，名字的结构是：名称.扩展名。名称可以根据需要设置，扩展名则根据不同报表系统自动添加。

如在 Excel 报表系统中，报表文件扩展名为"XLS"，在 UFO 报表系统中，文件扩展名为"REP"。

每个报表文件中又包含若干张报表（表页），如资产负债表文件中可以包含 1 月到 12 月 12 张资产负债表；每一张报表都有一个名字，如"第 1 页"、"第 2 页"等。把经济意义相近的报表放在一个报表文件中便于管理和操作。

如果将多个结构相同的二维表叠在一起，这一叠表即可称为一个三维表。所以报表文件实际上就是一个三维表。在报表文件中确定一个数据的要素为：＜表页名或表页号＞、＜列＞、＜行＞。

在 UFO 报表系统中，报表大小为：

行数：1～9999，系统默认值为 50 行；列数：1～255，系统默认值为 7 列；行高：0～160 毫米，系统默认值为 5 毫米；列宽：0～220 毫米，系统默认值为 26 毫米；表页数：1～99999 页，系统默认值为 1 页。

4. 格式状态和数据状态

UFO 将含有数据的报表分为两大部分来处理，即报表格式设计工作与报表数据处理工作。报表格式设计工作和报表数据处理工作是在不同的状态下进行的。实现状态切换的是一个特别重要的按钮——【格式/数据】按钮，单击这个按钮可以在格式状态和数据状态之间切换。

1）格式状态

在格式状态下设计报表的格式，如表尺寸、行高列宽、单元属性、单元风格、组合单元、关键字、可变区等。报表的三类公式：单元公式（计算公式）、审核公式、舍位平衡公式也在格式状态下定义。

在格式状态下所做的操作对本报表所有的表页都发生作用。在格式状态下不能进行数据的录入、计算等操作。在格式状态下时，所能看到的是报表的格式，报表的数据则全部被隐藏了。

2）数据状态

在数据状态下管理报表的数据，如输入数据、增加或删除表页、审核、舍位平衡、做图形、汇总、合并报表等。在数据状态下不能修改报表的格式。在数据状态下时，所看到的是报表的全部内容，包括格式和数据。

5. 单元

单元是组成报表的最小单位，单元名称由所在行、列标识。行号用数字 1～9999 表示，列标用字母 A～IU 表示。例如：D22 表示第 4 列第 22 行对应的单元。

6. 单元类型

UFO 报表系统中的单元分为数值单元、字符单元和表样单元三种类型。

1）数值单元

数值单元是报表的数据，在数据状态下（格式/数据按钮显示为【数据】时）输入。数值单元的内容可以是 $1.7 * (10E-308) \sim 1.7 * (10E+308)$ 之间的任何数（15 位有效数字），数字可以直接输入或由单元中存放的单元公式运算生成。建立一个新表时，所有单元的类型默认为数值。

2）字符单元

字符单元是报表的数据，在数据状态下（格式/数据按钮显示为【数据】时）输入。字符单元的内容可以是汉字、字母、数字及各种键盘可输入的符号组成的一串字符，一个单元中最多可输入 63 个字符或 31 个汉字。字符单元的内容也可由单元公式生成。

3）表样单元

表样单元是报表的格式，是定义一个没有数据的空表所需的所有文字、符号或数字。一旦单元被定义为表样，则在其中输入的内容对所有表页都有效。表样在格式状态下（格式/数据按钮显示为【格式】时）输入和修改，在数据状态下（格式/数据按钮显示为【数据】时）不允许修改。一个单元中最多可输入 63 个字符或 31 个汉字。

7. 组合单元

组合单元由相邻的两个或更多的单元组成，这些单元必须是同一种单元类型（表样、数值、字符），UFO 在处理报表时将组合单元视为一个单元。

可以组合同一行相邻的几个单元，可以组合同一列相邻的几个单元，也可以把一个多行多列的平面区域设为一个组合单元。组合单元的名称可以用区域的名称或区域中的单元的名称来表示。

例如把 B2 到 B3 定义为一个组合单元,这个组合单元可以用"B2"、"B3"或"B2：B3"表示。

8. 区域

区域由一张表页上的一组单元组成,自起点单元至终点单元是一个完整的长方形矩阵。

在 UFO 中,区域是二维的,最大的区域是一个二维表的所有单元,即整个表页,最小的区域是一个单元。

9. 固定区及可变区

固定区是指组成一个区域的行数和列数的数量是固定的数目。一旦设定好以后,在固定区域内其单元总数是不变的。

可变区是指屏幕显示一个区域的行数或列数是不固定的数字,可变区的最大行数或最大列数是在格式设计中设定的。

在一个报表中只能设置一个可变区,或是行可变区或是列可变区,行可变区是指可变区中的行数是可变的;列可变区是指可变区中的列数是可变的。

设置可变区后,屏幕只显示可变区的第一行或第一列,其他可变行列隐藏在表体内。在以后的数据操作中,可变行列数随着数据处理的需要而增减。

有可变区的报表称为可变表。没有可变区的报表称为固定表。

10. 关键字

关键字是游离于单元之外的特殊数据单元,可以唯一标识一个表页,用于在大量表页中快速选择表页。

UFO 共提供了以下六种关键字,关键字的显示位置在格式状态下设置,关键字的值则在数据状态下录入,每个报表可以定义多个关键字。

单位名称:字符型(最大 30 个字符),为该报表表页编制单位的名称。

单位编号:字符型(最大 10 个字符),为该报表表页编制单位的编号。

年:数字型(1904～2100),该报表表页反映的年度。

季:数字型(1～4),该报表表页反映的季度。

月:数字型(1～12),该报表表页反映的月份。

日:数字型(1～31),该报表表页反映的日期。

4.1.5　报表系统基本操作流程

进入报表系统后,用户需要确定是要建立一张新表,还是利用系统提供的标准报表模板。如果选择新建报表,则需要定义完整的报表结构,包括报表格式、报表数据来源公式等。如果是建立标准财务报表,则可选择报表模板,系统内置的报表模板提供了多个行业的各种标准财务报表格式,以方便用户的使用。

要完成一般的报表处理,一定要有启动系统建立报表、设计格式、数据处理、退出系统这些基本过程。从新建报表的角度来看,其操作步骤大体分为七步,在具体应用时,具体涉及哪几步应视具体情况而定。

1. 启动 UFO,建立报表

注册登录企业应用平台后,在 UFIDA ERP-U8 窗口选择【业务工作】|【财务会计】|【UFO 报表】双击启动 UFO。启动 UFO 后,首先要创建一个报表。通过单击【文件】菜单中的【新建】命令或单击工具栏上新建图标后,建立一个空的报表,并进入格式状态。这时可以在这张报表上开始设计报表格式,在保存文件时用自己的文件名给这张报表命名。

2. 设计报表的格式

报表的格式在格式状态下设计,格式对整个报表都有效。报表格式设计主要包括以下内容:

(1) 设置表尺寸:即设定报表的行数和列数。

(2) 定义行高和列宽。

(3) 画表格线:即确定哪些区域在打印时显示表格线。

(4) 设置单元属性:即把固定内容的单元如"项目"、"行次"、"期初数"、"期末数"等定为表样单元;把需要输入数字的单元定为数值单元;把需要输入字符的单元定为字符单元。

(5) 设置单元风格:即设置单元的字形、字体、字号、颜色、图案、折行显示等。

(6) 定义组合单元:即把几个单元作为一个单元使用。

(7) 设置可变区:即确定可变区在表页上的位置和大小。

(8) 确定关键字在表页上的位置,如单位名称、年、月等。

设计好报表的格式之后,可以输入表样单元的内容,如"项目"、"行次"、"期初数"、"期末数"等。如果需要制作一个标准的财务报表如资产负债表等,可以利用 UFO 提供的财务报表模板自动生成一个标准财务报表。UFO 还提供了 11 种套用格式,可以选择与报表要求相近的套用格式,再进行一些必要的修改即可。

3. 定义各类公式

UFO 有三类公式:计算公式(单元公式)、审核公式、舍位平衡公式,公式的定义在格式状态下进行。

计算公式定义了报表数据之间的运算关系,在报表数值单元中输入"="就可直接定义计算公式,所以称为单元公式。

审核公式用于审核报表内或报表之间的钩稽关系是否正确,需要用【审核公式】菜单项定义。

舍位平衡公式用于报表数据进行进位或小数取整时调整数据,避免破坏原数据平衡,需要用【舍位平衡公式】菜单项定义。

4. 报表数据处理

报表格式和报表中的各类公式定义好之后,就可以录入数据并进行处理了。报表数据处理在数据状态下进行。数据处理主要包括以下内容。

（1）追加表页：因为新建的报表只有一张表页，需要追加多个表页。

（2）录入关键字：如果报表中定义了关键字，则录入每张表页上关键字的值。

例如录入关键字"单位名称"的值：给第一页录入"甲单位"，给第二页录入"乙单位"；给第三页录入"丙单位"等。

（3）录入数据：在数值单元或字符单元中录入数据。

（4）如果报表中有可变区，可变区初始只有一行或一列，需要追加可变行或可变列，并在可变行或可变列中录入数据。

随着数据的录入，当前表页的单元公式将自动运算并显示结果。如果报表有审核公式和舍位平衡公式，则执行审核和舍位。需要的话，做报表汇总和合并报表。

5. 报表图形处理

选取报表数据后可以制作各种图形，如直方图、圆饼图、折线图、面积图、立体图。图形可随意移动；图形的标题、数据组可以按照需要进行设置。图形设置好之后可以打印输出。

6. 打印报表

可通过报表打印功能将报表通过打印机向外输出。打印时可控制打印方向，横向或纵向打印；可控制行列打印顺序；不但可以设置页眉和页脚，还可设置财务报表的页首和页尾；可缩放打印；利用打印预览可观看打印效果。

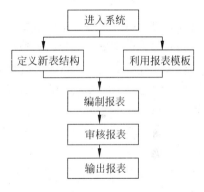

图 4-2 报表系统应用流程

7. 退出 UFO

所有操作进行完毕之后，对报表文件进行保存。保存后可以退出 UFO 系统。

在上述的七步中，第一、二、四、七步是任何报表处理所必需的。其他操作步骤视具体操作内容而定，概括起来，报表系统的应用流程如图 4-2 所示。

4.2 报表结构设置

报表结构设置实际上就是定义报表的基本格式、报表公式、设置关键字等。

4.2.1 报表系统启动

在使用报表系统处理报表之前，应首先启动报表系统，并建立一张空白的报表，然后在这张空白报表的基础上设计报表格式。

例1 以操作员"高静"的身份登录 UFO 报表系统。

操作步骤如下。

① 以操作员"高静"的身份登录企业应用平台。

② 在 UFIDA ERP-U8 窗口选择【业务工作】|【财务会计】|【UFO 报表】双击，进入

【UFO 报表】窗口，如图 4-3 所示。

图 4-3　【UFO 报表】窗口

③ 单击【文件】菜单中的【新建】菜单项，或单击工具栏上的新建命令图标，进入新建 UFO 报表窗口，如图 4-4 所示。

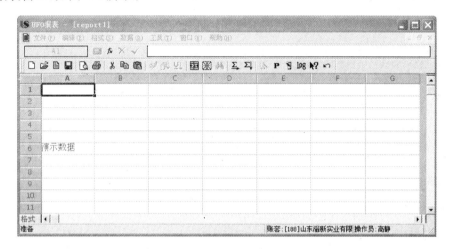

图 4-4　新建 UFO 报表窗口

提示：

➢ 新建 UFO 报表名称系统默认为 Report1.rep。

➢ 空白报表建立后，系统默认状态为格式状态，所有单元的类型默认为数值单元。

4.2.2　报表格式定义

报表格式设计是数据录入、数据计算处理的基础。没有报表格式，报表数据毫无意义。只有将这些数据放入相应的报表中，才能用文字说明其意义所在。所以，报表格式设计工作是整个报表系统的重要组成部分，是报表数据录入和处理的依据，也是使用者操作使用报表系统的基础。

在正式定义报表前，应对报表的内容、样式做到心中有数。定义一张报表，首先，应该确定报表的结构，即报表的项目及其相互结合的方式，如资产负债表建立的依据是会计等式"资产＝负债＋所有者权益"，所以，资产负债表的项目应包括资产、负债、所有者权益三方面的内容。其次，进行报表格式的设计，包括报表表样、单元类型及单元属性等内容。报表表样主要包括设计报表的表格、输入报表的表间项目及定义项目的显示风格、定义单元属性。通过设置报表表样可以确定整张报表的大小和外观。

报表格式设计总的来说,其设计内容主要包括:设置报表尺寸、表标题、表日期、表头、表尾和表体固定栏目、画表格线、设置单元属性、单元风格等。

1.设置报表表样

(1) 设置报表表尺寸

设置报表表尺寸是指设置报表的行数和列数。

例 2 将报表设置为 7 行 4 列。

操作步骤如下。

① 在新建 UFO 报表窗口,单击【格式】菜单中的【表尺寸】菜单项,打开【表尺寸】对话框,如图 4-5 所示。

② 直接输入或单击对话框中微调按钮输入行数"7"、列数"4"。

③ 单击【确认】按钮完成表尺寸设置。

提示:

报表的尺寸设置好后,还可以通过【表尺寸】来调整报表的大小。

(2) 定义报表行高或列宽

如果报表某些单元的行或列要求比较特殊,则需要调整该行的行高或列宽。

例 3 定义报表第 1 行的行高为 12mm,第 2~7 行的行高为 8mm。

操作步骤如下。

① 选定第 1 行中的任意单元。

② 单击【格式】菜单中的【行高】菜单项,系统弹出【行高】对话框,如图 4-6 所示。

图 4-5 【表尺寸】对话框   图 4-6 【行高】对话框

③ 输入行高值"12",单击【确认】按钮,完成第 1 行的行高设置。

④ 将光标定位在 A2 单元上,按住鼠标左键不放,拖动鼠标选中 A2~A7 区域,单击【格式】菜单中的【行高】菜单项,弹出【行高】对话框,录入行高值"8",然后单击【确认】按钮,完成报表行高的调整处理。

提示:

➢ 行高与列宽值单位为毫米。

➢ 列宽设置与行高设置相似。

(3) 画表格线

报表尺寸设置完成后,在数据状态下,该报表没有任何表格线,为了满足报表查询与打印的需要,还应为报表画上表格线。

例4 为报表 A3：D6 区域画上网格线。

操作步骤如下。

① 选定报表要画线的区域"A3：D6"。

② 单击【格式】菜单中的【区域画线】菜单项，系统弹出【区域画线】对话框，如图 4-7 所示。

③ 选择【网线】，同时选择线条样式，然后单击【确认】按钮完成报表画线处理。

（4）定义组合单元

有些内容如标题、编制单位、日期及货币单位等信息可能一个单元容纳不下，为了实现这些内容的输入和显示，需要进行单元的组合。

例5 将单元 A1：A4 组合成一个单元。

操作步骤如下。

① 选定欲组合的单元区域 A1：A4。

② 单击【格式】菜单中的【组合单元】菜单项，弹出【组合单元】对话框，如图 4-8 所示。

图 4-7 【区域画线】对话框　　　　　　图 4-8 【组合单元】对话框

③ 单击【整体组合】按钮，完成所选单元的组合操作。

组合单元实际上就是一个大的单元，所有对单元的操作对组合单元均有效。若要取消所定义的组合单元，可在【组合单元】对话框中单击【取消组合】按钮。

（5）输入表间项目

报表项目是指报表的文字内容，主要包括表头内容、表体项目和表尾项目等。

例6 根据图 4-9 完成报表项目的录入操作。

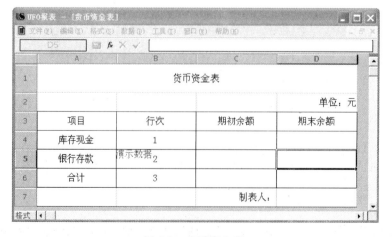

图 4-9 货币资金表

操作步骤如下。

① 选择组合单元 A1:A4,录入"货币资金表"。

② 选择 D2 单元录入"单位:元"。

③ 选择 A3 单元录入"项目"。

④ 与上述操作一样,选择其他单元,录入单元项目内容。

在输入报表项目时,编制单位、日期一般不需要输入,UFO 报表系统中将其单独设置为关键字。项目输完后,默认的格式为普通字体 12 号,居左对齐,单元为表样单元。一个表样单元最多能输入 63 个字符或 31 个汉字,允许换行显示。

(6) 设置单元风格

单元风格主要是指单元内容的字体、字号、字形、对齐方式、背景图案等,设置单元风格会使报表更符合阅读习惯,更加美观清晰。

例 7　将"货币资金表"设置字体为宋体 14 号、加粗、红色、水平方向和垂直方向居中。

操作步骤如下。

① 选择组合单元 A1:A4,即选择"货币资金表"所在单元。

② 单击【格式】菜单中的【单元格属性】菜单项,进入【单元格属性】对话框,如图 4-10 所示。

③ 打开【字体图案】选项卡,如图 4-11 所示,选择【字体】下拉列表中的"宋体"、【字形】下拉列表中的"加粗",在【字号】下拉列表中选择"14",选择【前景色】中的红色。

④ 打开【对齐】选项卡,如图 4-12 所示,水平方向选择【居中】、垂直方向选择【居中】。

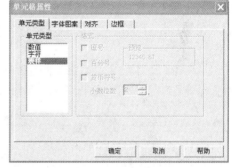

图 4-10　【单元格属性】对话框

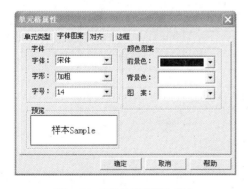

图 4-11　【字体图案】选项卡

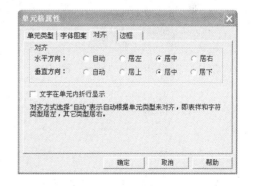

图 4-12　【对齐】选项卡

⑤ 单击【确定】按钮,对设置进行保存。

⑥ 同样方式完成其他项目单元风格的设置。

2. 关键字设置

在一个报表文件中,可能会有若干张表结构相同,而编制单位、编制时间不同的表页,只有依靠"关键字",才能在若干张表页准确地找到所需要的表页及表格单元,进而对其进行相应操作。在 UFO 报表系统中关键字主要有六种：单位名称、单位编号、年、季、月、日，另外用户还可根据需要设置一个自定义关键字。

（1）设置关键字

设置关键字就是选择用于报表区分的标识有哪些。每张报表可以定义多个关键字，在定义时要综合考虑编制报表的需要，又要考虑报表打印的需要。

例 8　为货币资金表设置关键字"单位名称"、"年"、"月"。

操作步骤如下。

① 将报表状态选定在"格式"状态。

② 选择欲放置关键字的单元 A2，单击【数据】|【关键字】菜单中的【设置】菜单项，进入【设置关键字】对话框，如图 4-13 所示。

③ 选择【单位名称】，单击【确定】按钮。

④ 选定 B2 单元，单击【数据】|【关键字】菜单中的【设置】菜单项，进入【设置关键字】对话框，选择【年】，单击【确定】按钮。

图 4-13　【设置关键字】对话框

⑤ 单击【数据】|【关键字】菜单中的【设置】菜单项，进入【设置关键字】对话框，选择【月】，单击【确定】按钮，完成关键字设置，设置结果如图 4-14 所示。

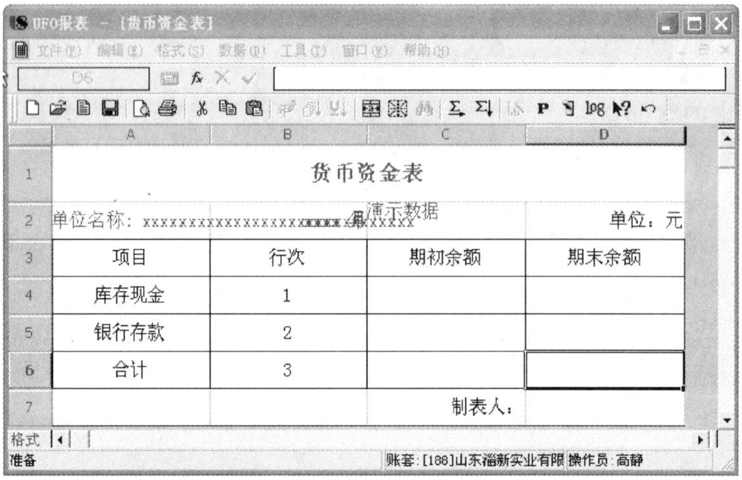

图 4-14　关键字设置结果

提示：

➢ 要取消设置关键字，需通过【数据】|【关键字】菜单中的【取消】菜单项，进入【取消关键字】对话框，如图 4-15 所示，在【取消关键字】对话框中实施关键字取消处理。

➢ 设置的关键字呈红色显示，可调整其显示风格，但不能通过【单元格属性】对话框来调整其位置。

（2）调整关键字位置

关键字是游离于报表单元的特殊的单元，其位置需要通过关键字偏移功能来完成。

例 9　在例 8 中所定义的关键字"年"和"月"处于重叠状态，通过关键字偏移调整其显示位置。

操作步骤如下。

① 将报表状态选定在"格式"状态。

② 单击【数据】菜单中的【关键字】|【偏移】菜单项，进入【定义关键字偏移】对话框，如图 4-16 所示。

图 4-15　【取消关键字】对话框　　　　图 4-16　【定义关键字偏移】对话框

③ 输入月偏移量"40"，单击【确定】按钮，完成关键字偏移处理。

提示：

偏移量值录入正数表示向右偏移，录入负数表示向左偏移。

4.2.3　定义报表取数公式

在报表格式设计完毕后，需要转换到数据状态填写报表数据，这样就得到包含格式和数据的完整报表。在手工条件下，报表中的数据一部分是财会人员从账簿、其他报表上获取，然后手工填入报表；还有一部分数据是根据基本数据计算后，将结果填入报表。当报表中的一个数据出错，整张报表都需要重新计算，然后再填写。在手工条件下编制报表是一件费时、费工、费力的事情。在计算机条件下，财会人员应用报表系统后，如果报表中的数据仅仅用手工来输入，从某种意义上讲就失去了利用高科技数据处理工具进行报表处理的意义。使用报表系统后，报表中的数据获取方法发生了很大的变化：对于小部分最基本的、最原始的报表数据，必须通过手工直接输入的方法获取；对于报表内小计、合计等数据，通过建立单元公式自动计算的方法获取；对于需要从其他报表中提取的数据，通过建立表与表之间数据连接公式的方法来获取；对于需要从账簿中提取的数据，通过建立账中取数函数公式，自动从账务处理系统或其他会计核算系统中采集数据。由于大部分报表的单元公式，以及获取数据的方法相对稳定，在以后各月中不再进行大的变动。当会计期发生变化时，系统自动根据定义的公式和获取数据的方法采集数据。因此。在报表系统中，合理地利用获取数据的方法，能够大大节省编制报表的时间，减少编制错误，省时又经济，把大量重复、复杂的劳动简单化，从而提高工作效率。

根据报表中数据的来源，报表取数公式主要分为四类：从报表内部取数、从账务处理系统取数、表表之间取数、从其他报表文件取数。

1. 表页内取数公式定义

在报表系统中，有些报表单元的数据不是直接录入的，而是根据报表内其他单元的数据通过设置报表内部运算公式计算而得到的，如报表中的小计、合计等单元的数据。在报表系统中，对于这类数据没有必要按照手工方式填入，应根据数据间的钩稽关系，通过建立单元公式，系统自动根据单元公式计算出这些数据填入相应的单元中。单元公式一次定义可多次使用，而且数据间的钩稽关系采用自动连接方式，当原数据发生变化时，目标数据将自动改变。不同报表系统单元公式的格式、定义方法不尽相同。一般而言，定义单元公式的方法主要有两种：一是直接输入，二是参照交互输入。

表页内取数公式可以用表单元名称的加、减、乘、除等运算方式定义，也可以通过函数方式定义，如 C6 单元的数据来源为 C4 单元的数据与 C5 单元的数据之和，则 C6 单元的取数公式可定义为：C6＝C4＋C5，也可定义为：C6＝PTOTAL(C4：C5)。表页内常用取数函数如表 4-3 所示。

表 4-3　表页内取数函数

函　数　名	格　式
数据合计	PTOTAL()
平均值	PAVG()
计数	PCOUNT()
最大值	PMAX()
最小值	PMIN()
方差	PVAR()
偏方差	PSTD()

例 10　在例 6 图 4-9 的货币资金表中，期初数合计单元(C6)和期末数合计单元(D6)是通过表内单元数据计算获取，定义这两个单元的单元公式。

操作步骤如下。

① 选择 C6 单元。

② 按键盘上的"＝"键或单击工具栏上的 fx 按钮，弹出【定义公式】对话框，如图 4-17 所示。

图 4-17　【定义公式】对话框

③ 在【定义公式】对话框中输入公式"C4＋C5"或"PTOTAL(C4：C5)"。

④ 单击【确认】按钮，完成 C6 单元的公式定义，单元显示"单元公式"字样。

⑤ 重复第①～④步，定义 D6 单元的取数公式"D4＋D5"或"PTOTAL(D4：D5)"。

提示：

PTOTAL(X：Y)是区域求和函数。

2.账务处理系统取数公式定义

在许多报表中，报表数据并不一定来自报表本身，更多地来源于账务处理系统、薪资管理系统等系统,如资产负债表、利润表中绝大多数的单元数据都来源于账务处理系统。在会计报表系统中一般都提供了账务函数,账务函数架起了报表系统与账务处理系统之间的数据传递桥梁。账务函数的使用可以实现账表一体化。利用账务函数定义单元连接公式,每期的会计数据无须过多的操作,系统自动地将会计数据传递到会计报表中。在 UFO 报表系统中提供了 12 种 170 个业务函数,可以实现从账务系统、薪资、固定资产、应收、应付等系统中获取数据。

(1) 账务函数的基本格式

函数名(科目编码,会计期间,[方向],[账套号],[会计年度],[编码 1],[编码 2])

说明:

➢ 科目编码也可以是科目名称,必须用双引号引起来。

➢ 会计期间可以是"年"、"季"、"月"等变量。

➢ 方向即"借"或"贷",可以省略。

➢ 账套号为数字,默认为当前账套。

➢ 会计年度即数据取数的年度,可以省略。

➢ 编码 1、编码 2 与科目编码的核算账类有关,可以取科目的辅助账,无则省略。

(2) 账务取数函数

在 UFO 报表系统中提供了 24 种账务取数函数,其中应用最多也最重要的账务取数函数,如表 4-4 所示。

表 4-4 主要用友账务函数

总 账 函 数	金额式	数量式	外币式
期初余额函数	QC()	SQC()	WQC()
期末余额函数	QM()	SQM()	WQM()
发生额函数	FS()	SFS()	WFS()
累计发生额函数	LFS()	SLFS()	WLFS()
条件发生额函数	TFS()	STFS()	WTFS()
对方科目发生额函数	DFS()	SDFS()	WDFS()
净额函数	JE()	SJE()	WJE()
汇率函数	HL()		
现金流量项目金额函数	XJLL()		

(3) 账务函数的应用

例 11 定义货币资金表中"库存现金"、"银行存款"的"期初余额"和"期末余额"的取数公式。

公式设置可以直接录入,也可通过函数向导来定义,本例以函数向导方式介绍账务取数公式的定义。

操作步骤如下。

① 选择 C4 单元,按键盘上的"＝"键或单击工具栏上的 fx 按钮,进入【定义公式】对话框。

② 在【定义公式】对话框中,单击【函数向导】按钮,进入【函数向导】第一步:选择函数,如图 4-18 所示。

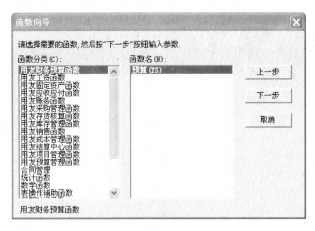

图 4-18 【函数向导】选择函数

③ 在【函数分类】中选择【用友账务函数】，在【函数名】中选择【期初（QC）】函数，单击【下一步】按钮，进入【函数向导】第二步【用友账务函数】对话框，如图 4-19 所示。

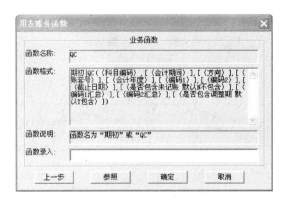

图 4-19 【用友账务函数】对话框

④ 单击【参照】按钮，进入【账务函数】参数设置对话框，如图 4-20 所示。

图 4-20 【账务函数】参数设置对话框

⑤ 选择科目"1001"，期间"月"，方向"借"，其他保持默认设置，单击【确定】按钮，返回【用友账务函数】对话框。

⑥ 在【用友账务函数】对话框中,单击【确定】按钮,返回【定义公式】对话框。

⑦ 在【定义公式】对话框中,单击【确认】按钮,完成公式定义。

⑧ 重复第①～⑦步,定义 C5 单元的取数公式"QM("1001",月,"借",,,,,,,,)"、D4 单元的取数公式"QC("1002",月,"借",,,,,,,,)"、D5 单元的取数公式"QM("1002",月,"借",,,,,,,,)"。

提示:

➤ 用友账务取数函数参数较多,定义时一个也不能缺少,取默认值时用","分隔体现。

➤ 可通过"＋"、"－"、"＊"、"/"运算符连接账务函数形成较复杂的账务取数公式。

➤ 直接录入公式时,注意标点符号应为英文标点。

3. 表页间取数公式定义

表页间取数也称为表表间取数,是指同一报表文件不同报表(表页)之间通过数据链接获取数据。在实际工作中,财会人员常常将经济意义相同但会计期间不同的报表存放在同一个报表文件中,有些新报表中的数据是从历史报表中获取的。如一个报表文件"利润表.rep"中有 12 张报表(表页),存放着不同月份的利润表,表页 1 是 1 月份利润表,表页 2 是 2 月份利润表,……,表页 12 是 12 月份利润表。利润表中的上期金额＝上月报表的本期金额,则利润表的上期金额涉及从上月报表取数,如图 4-21 所示。

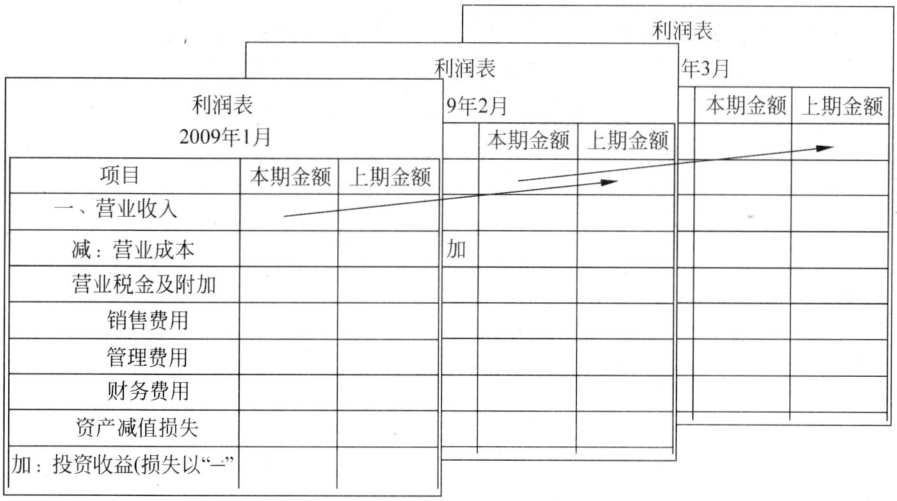

图 4-21 表表间获取数据

表页间取数可通过 SELECT( )函数来完成,SELECT( )的基本格式为:SELECT(<区域>,[<筛选条件>]),其中,区域是用绝对地址表示的数据来源区域;筛选条件是用以确定数据源所在的表页,筛选条件基本格式为<目标页关键字 @|目标页单元 @|常量><关系运算符><数据源表页关键字|目标页单元|常量>,该项如缺省表示与目标页在同一表页。

例如:C1 单元取自于上个月的 C2 单元的数据,则 C1 单元的取数公式可定义为:C1＝SELECT(C2,月@＝月＋1),其中,"月@＝月＋1"是筛选条件,"@"表示当前表页、"月@"为本表中的关键字"月"、等号右边的"月＋1"中的"月"为被取数表页的关键字。"月@＝月＋1"是一个恒等式,假如当前表页是 3 月,则等号右边的"月"的取值为 2 时才能满足这种恒等关系,即实现了取上一月表页数据的目的。依次类推,当取前三个月的数据就可描述为"月@＝月＋3"。

当系统中存储了多年的数据，仅依靠关键字"月"并不能实现准确取数，则可使用复合筛选条件来进行设置，如 C1 单元取自上年同月的 C1 单元的数据，则公式可定义为：C1＝SELECT(C1,年@＝年＋1 AND 月@＝月)。

4．其他报表取数公式定义

在报表编制过程中有时会涉及要从其他报表来获取数据，这种取数方式可通过建立报表文件之间的 RELATION 关联关系而获取或通过 SELECT( )函数来获取。

（1）通过 RELATION 关联条件取数

通过 RELATION 关联条件从其他报表获取数据公式的基本格式为：目标单元＝"＜他表名＞"－＞＜单元＞   RELATION   ＜关键字＞   WITH   "＜他表表名＞"－＞＜关键字＞。根据数据源情况，其取数又分为两种情况：

第一是取他表确定页号表页的数据，该种方式公式基本格式为：＜目标区域＞＝"＜他表表名＞"－＞＜数据源区域＞[@＜页号＞]。

如：令当前表页 D5 的值等于表"Y"第四页 D5 的值，则取数公式定义为：D5＝" Y "－＞D5@4。

第二是用关联条件从他表取数，该种方式取数公式基本格式为：RELATION ＜单元|关键字＞   WITH "＜他表表名＞"－＞＜单元|关键字＞。

如：令本表各页 A 列取"LRB"表上月各页 B 列数值，则公式定义为 A＝"LRB. REP"－＞B   RELATION 月 WITH   "LRB. REP"－＞月＋1。

（2）通过 SELECT( )函数取数

通过 SELECT( )函数从其他报表取数，其取数公式基本格式为：目标单元＝SELECT("他表表名"－＞ 单元,目标页关键字@＝"他表表名"－＞关键字)。

为准确获取数据，其他报表定位需采用绝对路径，即格式中"他表表名"应按"盘符:\文件夹\报表名"方式进行定义。

如：令本表各页 A4 单元取"LRB"表上月各页 B5 单元的数值，则公式可定义为：A＝SELECT("LRB. REP"－＞ 单元,月@＝"LRB. REP"－＞月)。

4.2.4   审核公式与舍位平衡公式定义

1.审核公式定义

在财会报表中，每个数据都有特定而明确的经济意义，并且数据间往往存在着某种对应关系，称为钩稽关系。比如，资产负债表中的资产合计应等于负债与所有者权益之和，这种平衡关系就是钩稽关系。如果在资产负债表编制结束后，发现没有满足这种平衡的钩稽关系，即可以肯定该表在编制过程中出现了错误。所以，在实际工作中，利用钩稽关系对报表进行检查是保证报表正确性的重要手段。

为了满足财会人员编制报表时对数据审核的要求，报表系统同样提供了数据审核功能，通过将报表数据之间的钩稽关系用审核公式方式表示出来，计算机按所定义的审核公式对报表数据进行审核。如资产负债表中的"资产总计"期初数应等于"负债及所有者权益总计"期初数；"资产总计"期末数应等于"负债及所有者权益总计"期末数。则可为其定义审核公式如下：

C42＝G42 MESS "资产总计期初不等于负债及所有者权益总计期初"

D42＝H42 MESS "资产总计期末不等于负债及所有者权益总计期末"

其中,C42单元和D42单元分别表示"资产总计"的期初数和期末数;G42单元和H42单元分别表示"负债及所有者权益"的期初数和期末数;MESS或MASSEGE后面的字符串是当其前面的条件不相等时应在屏幕上出现的提示信息。

整个公式的含义是:资产负债表中C42单元的值必须等于G42单元的值,否则屏幕上将显示"资产总计期初不等于负债及所有者权益总计期初";资产负债表中D42单元的值必须等于H42单元的值,否则屏幕上将显示"资产总计期末不等于负债及所有者权益总计期末"。

例12 为资产负债表定义审核公式。

操作步骤如下。

① 登录UFO报表系统,创建或打开资产负债表文件。

② 在"格式"状态下,单击【数据】菜单中的【编辑公式】|【审核公式】菜单项,进入【审核公式】设置对话框,如图4-22所示。

③ 在【审核公式】设置对话框的"审核关系"栏直接录入审核公式,或通过导入文件功能引入审核公式,可导入的文件类型为文本文件(.TXT)。

④ 定义完毕后,单击【确定】按钮,保存审核公式定义。

图4-22 【审核公式】设置对话框

提示:

➢ 每一审核公式定义完成后,尾部不要添加任何标点符号。

➢ 上一审核公式与下一审核公式之间用回车体现。

➢ 审核公式需要在格式状态下进行定义。

2. 舍位平衡公式

在实际工作中常常遇到这样的问题,有些会计报表数据非常大,看起来非常麻烦,常常希望将原报表中的单位"元"转换为"千元"或"万元"等,原来的数据平衡关系保持不变。这种问题称为舍位平衡问题。

资产负债表部分数据信息如表4-5所示。

表4-5 资产负债表

资 产		权 益	
……		……	
流动资产	224505.89	负债合计	189454.88
……	……	……	……
长期资产	594551.78	所有者权益合计	629602.79
·资产合计	819057.67	权益合计	819057.67

原始报表数据的平衡关系为:

资产合计＝流动资产＋长期资产

权益合计＝负债合计＋所有者权益合计

$$资产合计＝权益合计$$

舍掉三位整数和小数位变成千元表，数据平衡关系被打破。

① 第一个平衡公式被打破后：

$$流动资产＋长期资产＝224＋594＝818$$

$$资产合计＝819$$

舍位处理后：　　　　　　$$流动资产＋长期资产＜＞资产合计$$

② 第二个平衡公式被打破后：

$$负债合计＋所有者权益合计＝189＋629＝818$$

$$权益合计＝819$$

舍位处理后：　　　　　　$$负债合计＋所有者权益合计＜＞权益合计$$

原始平衡关系被破坏，不能满足报表中应有的平衡要求，应当进行调整，使报表数据仍能满足平衡关系。在手工条件下，调整工作量非常大。因为既要将原报表中的元转变为千元、万元，又要使原来的数据平衡关系保持不变，财会人员就要反复计算、推算，最后才能得到满意的结果。

在报表系统中提供了舍位平衡功能，财会人员只要将舍位平衡后的要求告诉计算机，即财会人员在报表系统中定义舍位平衡公式，并告诉计算机需要舍去几位后，计算机便可以按照舍位要求，自动、快捷地进行计算、推算，完成舍位和平衡处理，并按照财会人员的要求生成一张舍位后的报表。

例 13　定义利润表的舍位平衡公式，使其转换为千元报表。

操作步骤如下。

① 登录 UFO 报表系统，创建或打开利润表文件，如图 4-23 所示。

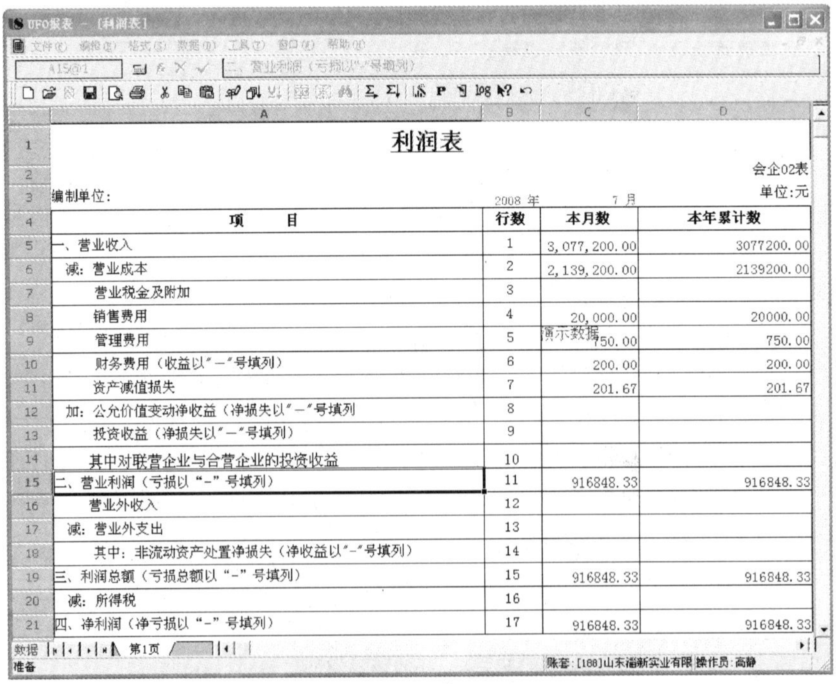

图 4-23　利润表

② 在"格式"状态下,单击【数据】菜单中的【编辑公式】|【舍位公式】菜单项,进入【舍位平衡公式】设置对话框,如图4-24所示。

③ 在【舍位平衡公式】设置对话框中,录入舍位表名"利润表舍位表"、录入舍位范围"C6:D21"、录入舍位位数"3"。

④ 在平衡公式栏录入舍位平衡公式:

图 4-24 【舍位平衡公式】设置对话框

$$C21 = C19 - C20$$
$$D21 = D19 - D20$$
$$C19 = C15 + C16 - C17$$
$$D19 = D15 + D16 - D17$$
$$C15 = C5 - C6 - C7 - C8 - C9 - C10 - C11 + C12 + C13$$
$$D15 = D5 - D6 - D7 - D8 - D9 - D10 - D11 + D12 + D13$$

⑤ 录入完毕后,单击【完成】按钮保存设置。

提示:

➢ 舍位表名:新表名,注意不要与取数表重名。

➢ 舍位范围:原表区域(数据区域)。

➢ 舍位位数:输1表示原表数/10,输2表示原表数/100,即:输 N 表示取数为原表数据的 10^N 分之一。

➢ 平衡公式设置的基本原则为:舍位平衡公式定义根据表内钩稽关系定义;公式定义采用倒序书写,即写最终运算结果,然后一步一步倒推;公式中只能使用"+"、"-"运算符,不能使用函数、"*"、"/"等;等号左边只能有一个单元;一个单元只允许在等号右边出现一次;每个公式一行,各公式间用","隔开。

➢ 公式编辑需在英文状态下录入。

4.2.5 报表模板

自定义报表功能可以设计出个性化的报表,但对于一些会计实务上常用的、格式基本固定的财务报表,如果逐一自定义无疑费时、费力。针对这种情况,报表系统均提供了报表模板供用户选择使用。用友 UFO 电子报表系统为用户提供了多个行业的各种标准财务报表格式。用户可以套用系统提供的标准报表格式,并在标准报表格式基础上根据自己单位的具体情况加以局部的修改,免去从头建立报表、定义公式的烦琐工作。

利用报表模板可以迅速建立一张符合需要的财务报表。另外,对于一些本企业经常使用但报表模板没有提供标准格式的报表,在定义完成这些报表后可以将其定制为报表模板,以后使用时可以直接调用这个模板。

例 14 调用报表模板建立所有者权益变动表。

操作步骤如下。

① 注册登录 UFO 报表系统。

② 单击【文件】菜单中的【新建】菜单项,或单击工具栏上的新建命令图标,创建一张新

报表。

③ 单击【格式】菜单中的【报表模板】菜单项，进入【报表模板】选择对话框，如图 4-25 所示。

④ 通过单击下拉列表框按钮，选择所在行业为“2007 年新会计制度科目”，选择财务报表类型为“所有者权益变动表”，单击【确认】按钮，弹出报表覆盖信息提示对话框，如图 4-26 所示。

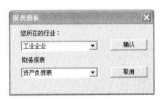

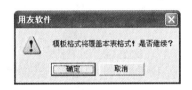

图 4-25 【报表模板】选择对话框

图 4-26 报表覆盖信息提示对话框

⑤ 单击【确定】按钮，系统自动完成报表格式的设置，如图 4-27 所示。

所有者权益(股东权益)变动表

编制单位： xxxx 年

项目	行次	本年金额					
		实收资本(或股本)	资本公积	盈余公积	未分配利润	库存股(减项)	所有者权益合计
一、上年年末余额	1						
1. 会计政策变更	2						
2. 前期差错更正	3						
二、本年年初余额	4						
三、本年增减变动金额（减少以“-”号填列）	5						
（一）本年净利润	6						
（二）直接计入所有者权益的利得	7						
1. 可供出售金融资产公允价值变	8						
2. 权益法下被投资单位其他所有者权益变动的影响	9						
3. 与计入所有者权益项目相关的	10						
4. 其他	11						
小计	12		演示数据				
（三）所有者投入和减少资本	13						
1. 所有者本期投入资本	14						
2. 股份支付计入所有者权益的金额	15						
3. 其他	16						
（四）本年利润分配	17						
1. 对所有者（或股东）的分配	18						
2. 提取盈余公积	19						
3. 其他	20						
（五）所有者权益内部结转	21						
1. 资本公积转增资本	22						
2. 盈余公积转增资本	23						
3. 盈余公积弥补亏损	24						
四、本年年末余额	25						

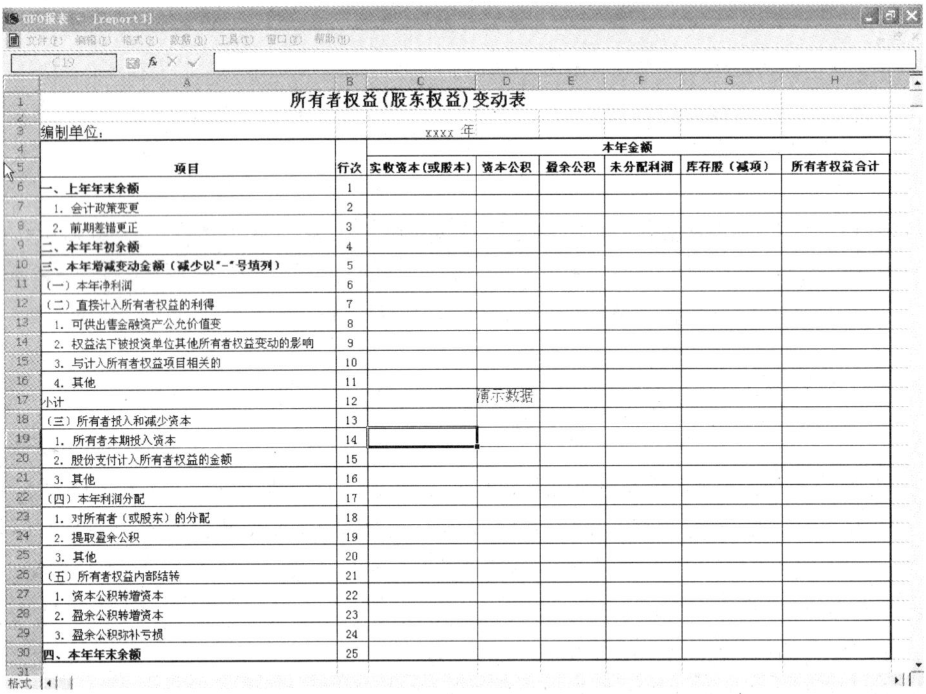

图 4-27 所有者权益变动表格式

⑥ 在此基础上对报表进行修改，重点是定义取数公式或对已有公式进行修改，使之满足本企业的实际情况。

⑦ 单击【文件】菜单中的【保存】菜单项或单击工具栏上的保存命令图标，系统弹出【另存为】对话框，如图 4-28 所示。

⑧ 选择报表存放位置，录入报表文件名“所有者权益变动表”后，单击【另存为】按钮完成报表定义。

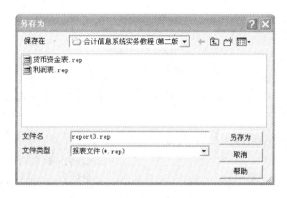

图 4-28　【另存为】对话框

4.3　报表日常管理

在报表系统中完成报表格式设置后，就可以进入到数据状态进行数据处理、报表审核、舍位平衡计算、报表排序及图形分析等基本业务处理。

4.3.1　报表数据处理

当打开一个已有的报表时，系统自动进入数据状态，第一页为当前页。报表内的虚格线全部消失，窗口内显示设计好的报表格式和表样文字，此时可以进行报表数据处理：录入关键字和报表数据等。

1. 录入关键字

关键字可以唯一标识一张表页，关键字的值和表页中的数据是相关联的，所以要在数据状态下，在每张表页上录入关键字的值。设置关键字的目的是能在大量表页中找到特定的表页。例如，一张"资产负债表"，只要一次性定义好报表的格式及计算公式，以后各期都可以自动生成一张本期的"资产负债表"，下月增加一张新的表页，输入正确的关键字，通过自动计算就可得到一张新的"资产负债表"，也就是说报表编制可重复进行，每次生成一张表页都存放在同一个报表文件中，管理起来比较容易。

例 15　为"货币资金表"录入关键字：2008 年、7 月。

操作步骤如下。

① 登录 UFO 报表系统，打开"货币资金表"。

② 单击【数据】菜单中的【关键字】|【录入】菜单项，弹出【录入关键字】对话框，如图 4-29 所示。

③ 录入关键字【单位名称】的值"山东淄新实业公司"、【年】的值"2008"、【月】的值"7"，然后单击【确认】按钮，系统弹出【是否重算】信息提示对话框，如图 4-30 所示。

④ 单击【是】按钮，系统将根据关键字定位和单元公式自动计算完成数据填充；单击【否】按钮，系统不计算取数，以后可通过【数据】菜单中的【表页重算】菜单项完成报表取数处理。

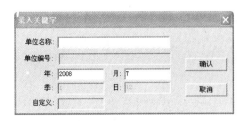

图 4-29 　【录入关键字】对话框 　　　　　　图 4-30 　表页重算信息提示对话框

2. 录入报表数据

在报表格式设计中已经定义了各单元的单元类型，表样单元是报表格式的一部分，在格式设计时已经录入完毕，在数据状态下不能改变它们。当前单元移动到表样单元上时，编辑栏将变灰，不能输入。在格式设计时定义了单元公式的单元，在数据状态下将显示单元公式结果，编辑栏变灰并显示单元公式，不能在其中录入新数据。在数据状态下可以直接录入数据的单元是数值单元和字符单元，此类单元的内容都是报表的数据。录入数据的方法是：将光标移动到要录入或修改的单元，输入内容，按回车键或移动光标到编辑框录入或修改单元数据。在录入过程中，按 Esc 键则放弃录入的内容。在录入时，数值类型的单元只能录入数字，字符型单元只能录入字符。

3. 报表审核

报表中审核公式进行定义后，只要报表中数据发生变化或有新的数据产生，都可以用审核公式对报表进行审核。通过审核可以找出一张报表内、不同报表文件间等存在的不符合钩稽关系要求的问题。审核步骤方式为：选择要审核的报表后，单击【数据】菜单中的【审核】菜单项，系统自动按照审核公式对报表进行审核，并显示审核结果。

4. 报表舍位处理

在定义报表舍位平衡公式后，就可以根据需要进行报表舍位处理生成所需的报表。

例 16 　对 2008 年 7 月份的利润表进行舍位处理，形成千元报表。

操作步骤如下。

① 打开报表文件"利润表. rep"。

② 在格式状态下定义或修改报表舍位公式等信息。

③ 在数据状态下，单击【数据】菜单中的【舍位平衡】菜单项，系统弹出【是否确定全表重算】信息提示框。

④ 单击【是】按钮，系统将根据报表单元公式生成数据，单击【否】按钮，系统将按照舍位平衡公式进行舍位平衡处理并生成舍位平衡表。再次单击【否】按钮生成舍位平衡表并显示在当前窗口。

⑤ 单击工具栏上的保存按钮对生成的舍位平衡表进行保存。

4.3.2　表页管理及报表输出

1.表页管理

伴随着报表系统的使用,要对报表文件中所包含的表页进行增加、删除、排序等管理工作,这些管理工作需要在数据状态下进行。

（1）插入表页

插入表页是指在当前表页的前方插入一张或多张表页,当前表页名自动后移,若当前表页为"第 2 页",若插入一张表页,则插入的表页名为"第 2 页",当前表页名自动变为"第 3 页"。

例 17　为利润表插入一张表页。

操作步骤如下。

① 打开"利润表.rep"。

② 单击【编辑】菜单中的【插入】|【表页】菜单项,弹出【插入表页】对话框,如图 4-31 所示。

③ 录入插入的表页数目,然后单击【确认】按钮,完成表页插入操作。

（2）追加表页

追加表页是在报表文件的最后添加一张或多张表页,追加的表页名称按顺序增加。

例 18　为利润表追加一张表页。

操作步骤如下。

① 打开"利润表.rep"。

② 单击【编辑】菜单中的【追加】|【表页】菜单项,弹出【追加表页】对话框,如图 4-32 所示。

图 4-31　【插入表页】对话框　　　图 4-32　【追加表页】对话框

③ 录入追加的表页数目,然后单击【确认】按钮,完成表页追加操作。

（3）删除表页

当报表文件中的某些表页不再需要时,可从报表文件中将其删除。

例 19　删除利润表文件中的第一张表页。

操作步骤如下。

① 打开"利润表.rep"。

② 单击【编辑】菜单中的【删除】|【表页】菜单项,弹出【删除表页】对话框,如图 4-33 所示。

③ 录入欲删除的表页编号或录入删除条件,然后单击【确认】按钮,完成表页删除操作。

表页删除后系统自动对表页重新编号。

（4）交换表页

交换表页是指调整表页的原有排列顺序，如将第1页与第3页交换，则第3页的名称转换为第1页，原第1页名称转换为第3页。

例20 将利润表的第3页与第1页进行交换。

操作步骤如下。

① 打开"利润表. rep"。

② 单击【编辑】菜单中的【交换】|【表页】菜单项，弹出【交换表页】对话框，如图4-34所示。

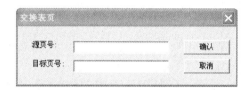

图4-33　【删除表页】对话框　　　　　　　　图4-34　【交换表页】对话框

③ 录入源页号"3"、目标页号"1"，然后单击【确认】按钮，完成表页交换操作。

（5）表页排序

表页排序是指将报表按某一关键词或某几个关键词递增或递减顺序实现报表表页的交换。

例21 对利润表按关键词"月"递增顺序进行排序。

操作步骤如下。

① 打开"利润表. rep"。

② 单击【数据】菜单中的【排序】|【表页】菜单项，弹出【表页排序】对话框，如图4-35所示。

图4-35　【表页排序】对话框

③ 单击【第一关键值】下拉列表选择"月"关键词，再选择【递增】排序方式，最后单击【确认】按钮，完成表页排序操作。

2. 外观显示设置

（1）显示风格

用户可以根据需要来调整报表行标、列标是否显示，是否要为不同的单元类型设置不同的颜色，是否要修改网格颜色等。

操作步骤如下。

① 单击【工具】菜单中的【显示风格】菜单项，弹出【显示风格】对话框，如图 4-36 所示。

② 对显示风格项目进行选择后，单击【确认】按钮，完成报表显示风格的设置。

（2）设置报表显示比例

操作步骤如下。

① 单击【工具】菜单中的【显示比例】菜单项，弹出【显示比例】设置对话框，如图 4-37 所示。

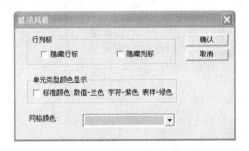
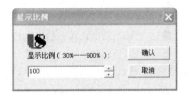

图 4-36　【显示风格】对话框　　　　图 4-37　【显示比例】设置对话框

② 选择或录入显示比例后，单击【确认】按钮，报表显示比例的调整，报表自动按设定的比例调整报表显示大小。

3. 报表输出

报表系统的输出形式多种多样，用户可以根据需求进行选择。报表输出的主要方式有打印输出、屏幕显示输出、文件类型转换输出等。

4.3.3　图表处理

对于企业管理者而言，要想直接从报表上了解数据所能反映的财务状况，不是一件很容易的事情。利用报表图形分析可以对报表中的数据进行对比分析、构成分析、变化趋势分析，可以为计划、预测、评估和调整提供依据。图形功能较之于枯燥的数字更直观、更具说服力。

1. 追加图形显示区域

要完成图形处理，首先要增加一个区域用于存放所增加的图形，其基本处理过程如下。

① 打开报表文件，并将其切换到格式状态下。

② 单击【编辑】菜单中的【追加】|【行】菜单项，弹出【追加行】对话框，如图 4-38 所示。

图 4-38　【追加行】对话框

③ 录入要追加的行的数目,单击【确认】按钮,完成行的追加处理。

2. 选取数据区域

在进行图形处理时,要确定对报表中的哪些数据进行处理,也就是要确定数据区域。数据区域选择的基本方法为:在数据状态下,用鼠标拖动方式进行数据区域选择。

3. 插入图表对象

操作步骤如下。

① 在选择数据区域后,单击【工具】菜单中的【插入图表对象】菜单项或单击工具栏上的插入图表对象图标按钮,弹出【区域作图】对话框,如图 4-39 所示。

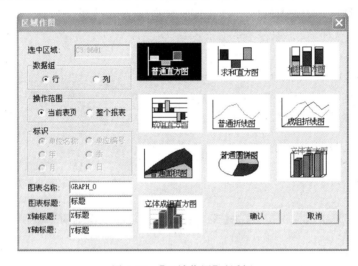

图 4-39 【区域作图】对话框

② 选择图表类型如"普通直方图"、数据组的类型如"行"、录入图表名称如"货币资金"、图表标题如"货币资金期初、期末对比"、录入 X 轴和 Y 轴标题,然后单击【确认】按钮,插入图形。

③ 用鼠标拖动调整图表的位置和尺寸。

4. 编辑图表对象

（1）编辑标题

操作步骤如下。

① 单击图表的任意部位,激活图表。

② 单击【编辑】菜单中的【主标题】或【X 轴标题】或【Y 轴标题】菜单项,弹出【编辑标题】对话框,三种标题的对话框相似,图 4-40 为主标题对话框。

③ 输入标题后,单击【确认】按钮,完成标题编辑操作。

（2）改变标题的字形、字体

操作步骤如下。

① 单击要改变的标题,使之激活。

② 单击【编辑】菜单中的【标题字体】菜单项,弹出【标题字体】对话框,如图 4-41 所示。

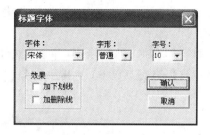

图 4-40　【编辑标题】对话框　　　　　　图 4-41　【标题字体】对话框

③ 根据需要进行选择,然后单击【确认】按钮,完成标题字体的编辑处理。

(3) 改变图表格式

有时为比较处理,需要对图表类型进行更改,此时通过单击【格式】菜单中的所需要的图表格式菜单项,即可完成图表格式的转换。

4.3.4　报表其他功能

1. 文件管理

报表系统提供了各类文件的管理功能,除能完成一般文件的管理外,还能实现数据文件类型的转换、财务数据的导入与导出、数据共享处理等管理功能。

(1) 数据文件类型转换

用友 UFO 报表文件,可以转换为文本文件、∗.MDB 文件、∗.DBF 文件、Excel 文件、LOTUS1-2-3 文件等类型。

例 22　将"利润表.rep"文件转换为"利润表.xls"文件。

操作步骤如下。

① 打开"利润表.rep"文件,并使之处于数据状态。

② 单击【编辑】菜单中的【另存为】菜单项,弹出【另存为】对话框,如图 4-42 所示。

图 4-42　【另存为】对话框

③ 选择文件存放位置、保存文件类型、录入文件名,然后单击【保存】按钮,完成文件类型的转换。

（2）报表导出与导入

例 23　将"货币资金表"导出生成备份文件数据。

操作步骤如下。

① 打开"货币资金表.rep"，并使之处于数据状态。

② 单击【编辑】菜单中的【其他财务软件数据】|【导出】菜单项，弹出【报表导出】对话框，如图 4-43 所示。

图 4-43　【报表导出】对话框

③ 在【报表导出】对话框中选择文件存放位置，录入文件名后，单击【打开】按钮，弹出【导出报表】对话框，如图 4-44所示。

④ 在【导出报表】对话框中，录入导出文件的文件名，然后单击【确定】按钮，完成报表备份处理。

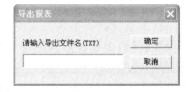

图 4-44　【导出报表】对话框

　提示：

➢ 报表导出后生成两个文件，一个是初始化文件 *.ini，一个是文本文件。

➢ 报表导入过程与报表导出过程相反，可参照导出过程进行处理。

2. 报表维护

报表维护功能包括删除无用的和过期的报表、报表更名、报表结构复制以及为保证报表数据安全而提供的备份和恢复功能。

报表备份功能完成报表数据从硬盘备份到软盘等磁性介质的工作。当报表格式变动时，建议在变动之前将该表备份。在删除报表之前应当将报表数据备份。一次可备份某一时间段内的一个或一批报表。备份某个报表指备份该表的结构及其指定时间范围内的编制数据。

报表恢复是指将软盘等磁性介质上的报表数据恢复到计算机硬盘上。一次可恢复某一时间段内的一个或一批报表。根据恢复内容选项的设置，可以只恢复报表数据而不恢复报表定义，或只恢复报表定义而不恢复数据，或全部恢复。恢复时，自动用备份软盘上的数据覆盖当前账套中相同编号的报表数据。

两个结构相同或相近的报表中，已定义了结构的报表称为源报表，由结构复制功能复制过来的报表称为目标报表。进行复制时，先选择源报表，然后选择目标报表，通过单击工具栏的【复制】按钮将源报表的结构复制到目标报表。

4.4 资产负债表与利润表编制

4.4.1 资产负债表的编制

资产负债表是反映企业在某一特定日期财务状况的报表。它反映企业在某一特定日期所拥有或控制的经济资源、所承担的现时义务和所有者对净资产的要求权。在我国,资产负债表采用账户式结构,报表分左右两方,左方列示资产各项目,反映全部资产的分布及存在形态;右方列示负债及所有者权益各项目,反映全部负债和所有者权益的内容及构成情况。资产各项目按其流动性由大到小顺序排列;负债各项目按其到期日的远近顺序排列。资产负债表左右双方平衡,即资产总计等于负债和所有者权益总计。在报表系统中,提供资产负债表模板,在此模板中已按现行会计制度的要求定义了其格式并定义了其单元取数公式,用户可以在此模板的基础上,通过修改使之形成适合单位会计科目结构体系的资产负债表。

在用友 UFO 报表系统中,利用模板编制资产负债表的基本过程如下。

① 注册登录 UFO 报表系统。

② 单击工具栏上的新建按钮,建立一张新报表。

③ 单击【格式】菜单中的【报表模板】菜单项,弹出的【报表模板】对话框,如图 4-45 所示。

④ 在【报表模板】对话框中,选择行业"2007 年新会计制度科目"和财务报表"资产负债表",然后单击【确认】按钮,弹出覆盖信息提示对话框,如图 4-46 所示。

图 4-45 【报表模板】对话框　　　图 4-46 模板格式覆盖本表格式信息框

⑤ 单击【确定】按钮,系统以模板定义资产负债表格式,在此基础上进行适当修改。如将"未分配利润"的"年初数"公式修改为"QC("4103",全年,,,年,,)+QC("4104",全年,,,年,,)",将"期末数"修改为"QM("4103",月,,,年,,)+QM("4104",月,,,年,,)"。根据《企业会计准则第 30 号——财务报表列报》关于资产负债表列报方法的规定,需要进行修改的项目有"存货"、"应收票据"、"应收账款"、"其他应收款"、"预付账款"、"应付账款"和"预收账款"等。

⑥ 单击【格式/数据】切换按钮,切换到数据状态,单击【数据】菜单中的【关键字】|【录入】菜单项,弹出【录入关键字】对话框,如图 4-47 所示。

⑦ 在【录入关键字】对话框中,录入关键字,然后单击【确认】按钮,弹出表页重算提示信息框,如图 4-48 所示。

⑧ 单击【是】按钮,系统自动完成报表数据计算填充。

图 4-47　【录入关键字】对话框　　　　图 4-48　表页重算信息提示对话框

⑨ 单击【文件】菜单中的【保存】菜单项或单击工具栏上的保存命令图标，在弹出的【另存为】对话框中选择文件保存位置，录入文件名后，单击【确定】按钮完成当前月份资产负债表的编制。

⑩ 下月资产负债表编制时，在数据状态下单击【编辑】菜单中的【追加】|【表页】菜单项，输入追加的表页数目后，单击【确定】按钮完成表页添加操作，然后重复第⑦～⑨步完成新月份资产负债表的编制。

4.4.2　利润表的编制

利润表是反映企业一定会计期间经营成果的报表，该表是按照各项收入、费用以及构成利润的各个项目分类分项编制而成的。由于利润表结构中存在"上期金额"项目，该项目即涉及上月报表的数据，因此在企业实施电算化系统后，利用 UFO 电子报表系统编制利润表会因账务处理系统启用时期的不同在编制方法上也存在一定的差异。

1. 年初启用账务系统编制利润表

年初启用账务处理系统编制利润表，其编制方法与资产负债表的编制思路基本相同，即先利用报表模板完成报表格式定义，然后切换到数据状态录入关键字生成利润表，其具体处理流程可参阅资产负债表的编制。

2. 年中启用账务系统编制利润表

由于利润表中"上期金额"是由上月报表的"本期金额"数构成，若企业年中而非年初（1月份）启用账务处理系统进行利润表编制，此时系统中不存在启用月份前"上期金额"数据，在编制利润表时，启用月份利润表的"上期金额"项目的数据为零，这显然与利润表的编制要求是不相符的。

为解决上述问题，在编制启用月份利润表之前必须手工编制启用月份上月的利润表，并对该利润表进行加锁保护使手工编制的报表不能由报表取数公式对其进行计算处理，以保证 UFO 报表系统正确生成启用月份及以后各月份的利润表。

假如企业于 7 月份完成手工账向计算机账的转化，利用用友 UFO 报表系统编制 7 月份的利润表时，应按如下方式进行处理。

① 进入利润表文件，在格式状态下，将利润表中的"本期金额"一列的取数公式选定，然后单击工具栏上的【剪切】按钮，将本期金额数取数公式剪切掉或将其删除。

② 单击【格式/数据】状态切换按钮,切换到数据状态,在"本期金额"栏录入 6 月份的本期金额,录入完毕后,单击【数据】菜单中的【表页不计算】菜单项使其处于选中状态,以保证该表页不能参与 UFO 报表的自动生成计算。

③ 单击【格式/数据】状态切换按钮,返回格式状态,粘贴还原本期金额数取数公式或重新定义。

④ 定义"上期金额"栏的取数公式。

⑤ 切换到数据状态,单击【格式】菜单中的【追加表页】菜单项,添加一张新表页,然后再录入启用月份 7 月份的报表关键字,生成 7 月份的利润表。

3. 利润表"本期金额"取数方式设置

利润表是三大会计报表之一,是反映一定会计期间经营成果的报表,该报表"本期金额"栏各项目的数据是根据有关损益类账户的本月实际发生数(净发生额)填列。在企业的实际业务中,同一损益类科目的发生额有时既有借方发生额,也有贷方发生额,编制利润表时必须同时兼顾。在定义报表"本期金额"取数公式时应充分考虑以下基本要求:

➢ 定义报表取数公式必须考虑计算机处理的特点,即为报表项目指定准确的数据源。

➢ 报表取数公式要综合考虑各类经济业务情况,要涵盖可能发生的所有业务,不能有遗漏。

➢ 报表公式定义要考虑报表编制的灵活性,即任何时间均可进行报表生成处理。

基于上述要求考虑,利润表"本期金额"可通过以下四种方式实现。

(1) 利用模板默认取数公式实现

在用友财务软件系统中,利润表模板已预设了各项目的取数公式,公式利用发生额函数取损益类科目默认方向的发生额,以"资产减值损失"项目为例,此项目的取数公式为FS("6701",月,"借",,,,)。

利用这种方式进行取数存在如下优缺点:

优点:由于这种方式取数,只取单一固定方向的发生额,所以报表的编制不受编制时间限制,既可以在期间损益结转前编制,也可以在期间损益结转后编制。

缺点:除期间损益结转外,与利润表项目有关的经济业务发生后,均需按默认方向编制会计凭证,否则将会导致取数错误。

以"资产减值损失"科目为例分析如下:

按照常规,企业财务制度规定,企业发生资产减值损失时,借记"资产减值损失",贷记有关科目。规定企业应对应收款项提取坏账准备金,当本期应提取的坏账准备金大于其账面余额时,应按其差额提取,借记"资产减值损失—坏账准备",贷记"坏账准备";当应提取的坏账准备金小于其账面余额时,按其差额冲销,借记"坏账准备",贷记"资产减值损失—坏账准备"。规定对存货企业应计提存货跌价准备,若应提数大于已提数,按其差额补提,借记"资产减值损失—存货跌价准备",贷记"存货跌价准备";若应提数小于已提数,按其差额冲销,借记"存货跌价准备",贷记"资产减值损失—存货跌价准备"。

例 24　某企业××年 12 月坏账准备期初余额 5000 元,本月未发生坏账,也无坏账收回业务,企业应收款项期末余额为 3000000 元,按 3‰计提坏账准备金;企业存货账面成本为 100000 元,可变现净值为 97000 元,前期存货跌价准备 5000 元,企业采用"成本与可变现净值孰低法"进行期末存货计价。

按制度规定有关会计分录编制如下：

① 借：资产减值损失   4000

     贷：坏账准备   4000

② 借：存货跌价准备   2000

     贷：资产减值损失   2000

凭证记账后，"资产减值损失"科目本期发生额明细情况如表 4-6 所示。

表 4-6   资产减值损失发生额明细

业　务	借　方	贷　方
①发生额	4000.00	
②发生额		2000.00
③期末结转		2000.00
合计	4000.00	4000.00

从表 4-6 中可知，本期资产减值损失净发生额为①－②＝4000－2000＝2000，但报表取数结果为 FS("6701",月,"借",,,)＝4000，取数结果是错误的。为解决这类问题，当出现冲减业务时，会计科目的借贷方向不变，但金额用红字（负数）填写，以满足利润表编制的要求。

上例有关会计分录按以下方式编制：

① 借：资产减值损失   4000

     贷：坏账准备   4000

② 借：资产减值损失   －2000

     贷：存货跌价准备   －2000

凭证记账后，"资产减值损失"科目本期发生额明细情况如表 4-7 所示。

表 4-7   资产减值损失发生额明细

业　务	借　方	贷　方
①发生额	4000.00	
②发生额	－2000.00	
③期末结转		2000.00
合计	2000.00	2000.00

从表 4-7 中可知，本期资产减值损失净发生额为①＋②＝4000＋（－2000）＝2000，报表取数结果为 FS("6701",月,"借",,,)＝2000，取数结果与实际相符。

与"资产减值损失"科目相似的会计科目还有：主营业务收入、主营业务成本、汇兑损益、投资收益等，在进行业务处理时，应对这些科目进行科目方向控制，在发生冲减业务时，应编制红字（负数）凭证，以确保报表取数准确。

（2）利用借贷净发生额实现

采用上述方式编制利润表，会使部分业务处理与会计制度规定不符，也容易由于控制疏忽，未按科目控制方向编制凭证而导致报表取数错误。为避免因控制疏忽而影响报表编制，可考虑采用借贷净发生额进行取数，仍以"资产减值损失"项目为例，取数公式定义为

FS("6701",月,"借",,,,)－ FS("6701",月,"贷",,,,),或者定义为 JE("6701",月,,,,,)。

采用这种方式编制利润表存在如下优缺点：

优点：在编制会计凭证时，不必考虑特殊业务的影响，按常规方式编制或按冲减方式编制，报表结果均不受影响。

缺点：按这种方式编制报表，报表生成时间有严格的限制，报表必须在期间损益结转前编制，否则，报表取数结果将为 0，报表编制的灵活性受到一定的限制。

仍以例 24 为例分析说明，编制会计凭证可按常规方式进行，结果如表 4-6 所示，此时本期资产减值损失净发生额为①－②＝4000－2000＝2000，期间损益结转前报表取数结果为FS("6701",月,"借",,,,)－FS("6701",月,"贷",,,,)＝4000－2000＝2000，期间损益结转后报表取数结果为 FS("6701",月,"借",,,,)－ FS("6701",月,"贷",,,,)＝4000－4000＝0。

（3）利用结转额实现

解决第一种方式的缺陷，也可通过取结转到"本年利润"科目的数据实现，即利用系统提供的对方发生额函数实现。仍以"资产减值损失"项目为例，此时取数公式定义为 DFS("6701","4103",月,借,,,,,)。

采用这种方式编制利润表存在如下优缺点：

优点：在编制会计凭证时，不必考虑特殊业务的影响，按常规方式编制或按冲减方式编制，报表结果均不受影响。

缺点：按这种方式编制报表，报表生成时间有严格的限制，报表必须在期间损益结转后编制，否则，报表取数结果将为 0，报表编制的灵活性受到一定的限制。

仍以例 24 为例分析说明，编制会计凭证可按常规方式进行，结果如表 4-6 所示，此时本期资产减值损失净发生额为①－②＝4000－2000＝2000，期间损益结转前，报表取数结果为DFS("6701","4103",月,借,,,,,)＝0；期间损益结转后，报表取数结果为 DFS("6701","4103",月,借,,,,,)＝2000。

（4）利用净发生额和结转额实现

前述三种方式编制利润表均存在一定程度的限制因素，或者时间受限，或者凭证编制方式受限，若因工作流程出现差错，报表的准确性就会受到影响。综合上述各种方式的优缺点，可采用净发生额和结转额解决上述缺陷。仍以"资产减值损失"项目为例，此时取数公式定义为FS("6701",月,"借",,,,)－FS("6701",月,"贷",,,,)＋DFS("6701","4103",月,借,,,,,)。

仍以例 24 为例分析说明，期间损益结转前，报表取数结果为 FS("6701",月,"借",,,,)－FS("6701",月,"贷",,,,)＋DFS("6701","4103",月,借,,,,,)＝4000－2000＋0＝2000；期间损益结转后，报表取数结果为 FS("6701",月,"借",,,,)－ FS("6701",月,"贷",,,,)＋DFS("6701","4103",月,借,,,,,)＝4000－4000＋2000＝2000。

四种方式编制利润表，各有优缺点，如表 4-8 所示。

表 4-8 本期金额取数方式比较

方 式	凭 证 编 制	编 制 时 间
利用模板默认取数公式实现	受限制	不受限制
利用借贷净发生额实现	不受限制	受限制,损益结转前编制
利用结转额实现	不受限制	受限制,损益结转后编制
利用净发生额和结转额实现	不受限制	不受限制

4.5　现金流量表编制

现金流量表反映的是企业一定时期内现金和现金等价物流入和流出的信息，是以现金收付实现制为基础编制的，作为财政部规定的对外编报的报表之一，自颁布实施以来越来越引起了使用者的重视。由于现金流量表信息量大、专业性强、编制比较困难且容易出现差错，大多数会计人员和电脑程序员都在试图寻找一种简易的编制方法。

4.5.1　现金流量表的编制原理

1. 现金流量表编制的基本概念

为了更好地理解和运用现金流量表，必须界定现金、现金等价物、现金流量等概念。

（1）现金

现金是指企业库存现金以及存入银行或其他金融机构并可随时用于支付的款项。应该注意的是，现金流量表中的"现金"不仅包括"库存现金"账户核算的库存现金，还包括企业"银行存款"账户核算的存入金融企业随时可以用于支付的存款、"其他货币资金"账户的存款。但"银行存款"和"其他货币资金"中有些不能随时用于支付的定额存款不能作为现金而应作为投资。

（2）现金等价物

现金等价物是指企业持有的期限短、流动性强、易于转换为已知金额现金、价值变动风险很小的投资。这里的"期限短"是指自购买日起3个月内到期。因而确认现金等价物必须满足上述条件，通常包括3个月内到期的短期债券投资，而权益性投资变现的金额通常不确定，因而不能视作现金等价物。

（3）现金流量

现金流量是指企业一定时期的现金及现金等价物的流入和流出的数量。如企业销售商品提供劳务、出售固定资产、向银行借款等取得的现金形成企业的现金流入；购买原材料、接受劳务、购建固定资产、偿还债务等而支付现金形成企业的现金流出。现金流入量与现金流出量的差额，称为现金净流量。为了分析企业现金流量的形成，应将现金流入量、流出量和净流量分为生产经营活动现金流量、投资活动现金流量和筹资活动现金流量三类。

2. 现金流量表编制依据

现金流量表编制所依据的基本原理，主要体现在两个公式：

$$现金净流量＝现金收入－现金支出 \qquad 公式①$$
$$现金＝负债＋所有者权益－非现金资产 \qquad 公式②$$

具体而言，现金流量表编制体现在以下三个方面：

（1）公式②左边即现金各项目之间的增减变动。如从银行提取现金、将现金存入银行、开出银行汇票等，表现为一种"现金"的增加，另一种"现金"的减少，最终不会影响现金流量净额的变动。

（2）公式②右边即非现金资产各项目之间的增减变动。如用原材料、固定资产、无形资产进行对外投资,接受其他单位以实物进行的投资,生产领用材料等,表现为实务资产的增加与减少,并未涉及现金的流入与流出,最终也不会影响现金流量净额的变动。

(3) 公式②两边即现金各项目与非现金资产各项目之间的增减变动。如销售商品收到货款、收回投资、收到股利等引起现金流入;用现金购买原材料、支付职工工资等表现为现金流出,可见,等式两边之间的增减变动直接影响现金流量净额的变动。

在编制现金流量表时,只需将现金各项目与非现金资产各项目之间的经营业务反映到现金流量表上,从而计算出现金流入、现金流出、现金净流量数额。

4.5.2 财务软件中现金流量表编制方法

在报表系统软件中编制现金流量表的基本处理应从经济业务发生、会计数据录入计算机系统时,就将同一科目中与现金流量有关和与现金流量无关的数据进行分类,以便于编制现金流量表时分类汇总直接在报表中列示。基于这种分析,在用友财务软件中编制现金流量表的方法有多种,概括起来主要有以下四种方式:

1. 在现金科目下按现金流量表项目分类设置明细科目的方法

财务软件中编制现金流量表存在的问题是,在现有的科目体系中与现金流量表有关的"库存现金"、"银行存款"等科目中记录的内容既有与现金流量变化有关的数据,也有与现金流量变化无关的数据。因此在编制现金流量表时需要根据有关会计资料分析填列。为了从根本上解决这一问题,可以在上述会计科目下,按与现金流量变化有关与无关的项目设置明细科目。如在"库存现金"科目下设置"提现"、"销售税金变换"、"销售价款"等明细科目。在编制凭证时就将经济业务发生的数据按现金流量表需要填列的项目进行分类,在报表中定义取数公式时直接从现金等科目的明细科目中进行取数。采用这种方法可避免报表编制时的数据遗漏,使报表数据精确程度提高,但这种方法会使会计科目体系变得较为庞大。

2. 使用设置现金辅助账的方法

目前财务管理软件系统均提供了比较完善的辅助核算处理功能,如部门核算、项目核算等。这些功能解决的问题尽管不尽相同,但其基本作用和处理方式是相同的,就是对需要进行辅助核算的科目根据需要进行进一步的分类,以细化核算。这些功能的作用和设置明细科目的作用是相同的,因此,对于具有完善辅助核算功能的财务管理软件系统,可以使用辅助核算功能,特别是专项核算功能,解决现金流量表填列项目分类处理的问题。由于这种处理方式不必设置明细科目,可以避免设置明细科目带来的限制,使得解决问题更加灵活。

这种方法编制现金流量表就是将与编制现金流量表有关的会计科目设为项目等辅助核算科目,同时按现金流量表项目来定义项目辅助核算档案,填制凭证时涉及与现金流量表有关的会计科目时必须输入项目辅助账,报表定义取数公式直接从现金等科目的辅助账中取数。

3. 利用现金流量控制科目的方法

这种方法就是利用财务软件系统内置的现金流量项目,通过修改、设置账务系统的现金流量处理选项,在凭证填制时将数据录入现金流量项目,报表编制时通过现金流量项目函数定义取数公式。利用这种方法用户可以随时查询企业任意时间的现金流量情况，有助于提高企业的经营决策质量，在未记账情况下也可根据需要随时出表。

4.利用现金流量表功能模块进行现金流量表编制

当前的财务管理软件中均提供了现金流量表系统，利用该系统进行现金流量表编制，财务处理系统不需进行专项设置，用户就可以编制所需的现金流量表。但用这种方法编制现金流量表需要用户定义凭证拆分规则，并进行凭证拆分后，才能完成现金流量表的编制。而凭证的拆分必须在凭证记账后才能进行，这样使得报表编制灵活性下降，不能满足用户事中控制决策的需求。

4.5.3　现金流量表系统编制现金流量表

1.现金流量表系统概述

编制现金流量表，是为报表使用者提供企业一定期间内现金流入和流出的信息，以便及时掌握和评价企业获取现金的能力，并据以预测企业未来现金流量。现金流量表系统的主要功能包括以下内容。

（1）自动生成财政部最新发布的现金流量表及附表。

（2）可对企业的现金流量进行按日、按月、按季、按年的准确反映。

（3）可对已生成的期间现金流量表进行汇总。

（4）可按设置的应收应付科目和增值税率，自动进行价税分离。

（5）对多借多贷的凭证提供了多种自动拆分方法，同时也可以根据实际情况进行手工拆分。对一借多贷、多借一贷的凭证提供全自动拆分。

（6）对于项目的数据来源，提供了五种获取方法，供使用者根据不同情况选择使用。

（7）对现金流量表及附表上的项目，根据实际需要进行适当的修改。

（8）可适用于有外币核算的企业，解决汇率变动对现金的影响。

（9）提供了方案导出和方案引入功能。

（10）可查询、打印所有分析期间的现金流量表。

（11）对生成的分析表均提供另存为报表文件、文本文件、dBASE 文件、Access 文件、Excel 文件或LOTUS1-2-3 文件的功能，以便进一步处理。

2.现金流量表系统的启动与注册

操作步骤如下。

① 注册登录企业应用平台，在 UFIDA ERP-U8 窗口选择【业务工作】|【财务会计】|【现金流量表】双击，打开【现金流量表日期设置】对话框，如图 4-49 所示。

提示：

➢ 设置需要生成的现金流量表的期间，可以选择按月、

图 4-49 【现金流量表日期设置】对话框

按日为单位生成不超过一个会计年度的任意期间的现金流量表。当按月设置分析期间时,1月至3月是指从第1会计月份至第3会计月份,当选择按月分析时,可按相应会计月份生成现金流量表主表及整个附表。当按日设置分析期间时,4月1日至4月25日是指自然月份的4月1日至4月25日。当选择按日分析时,可按相应自然日生成现金流量表主表,不能生成整个附表,只能生成其中的现金及现金等价物净增加情况的部分。

➢ 如果设置的期间是已经使用并设置过的期间,则系统保留着上次已拆分凭证的结果,此时系统会询问是否需要进行重新拆分。如果与该期间相对应的系统中的凭证未发生变化而且不需要改变设置参数,就无须重新拆分、设置,而应在前次的基础上继续工作。

➢ 用友现金流量表软件除了支持以公历年度为准的会计年度,还支持以自然年度为准的会计年度。

➢ 期间设置完成后,初始化【拆分凭证】中所拆分的凭证范围也由此确定。

➢ 当更换账套或分析期间时,系统将询问是否保留上一次的初始化设置,如果保留,检查所有初始化设置是否与原有账套及分析期间相符,并进行相应调整;如果选择不保留,系统将回到默认的初始设置,重新进行初始化的工作。

② 选择【按月】分析,设置分析期间,然后单击【确定】按钮,进入【现金流量表】主窗口,如图 4-50 所示。

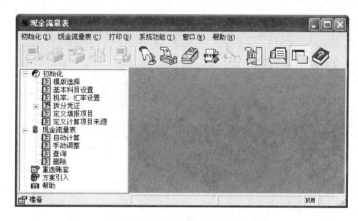

图 4-50　【现金流量表】主窗口

3. 现金流量表初始设置

现金流量表的初始化设置工作是现金流量表系统使用的基础,其主要内容包括:基本科目设置、税率及汇率设置、定义填报项目、定义计算项目数据来源等。

(1) 模板选择

虽然财政部已颁布新企业会计准则,但仍有部分企业沿用旧会计制度,系统提供模板选择功能,目的就是满足不同用户对会计制度选择的需要。

操作步骤如下。

① 在【现金流量表】主窗口,选择【初始化】|【模板选择】双击,打开【选择会计制度】对话框,如图 4-51 所示。

② 选择要应用的会计制度后,单击【确定】按钮,系统弹出修改模板类型提示信息框,如图 4-52 所示。

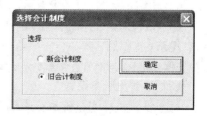

图 4-51　【选择会计制度】对话框

图 4-52   修改模板类型提示信息框

③ 单击【是】按钮，完成模板选择。

（2）基本科目设置

基本科目设置是指对现金科目、应收科目和应付科目所进行的设置。其中现金科目包括"库存现金"、"银行存款"和"其他货币资金"科目；应收科目包括"应收账款"、"应收票据"和"预收账款"等；应付科目包括"应付账款"、"应付票据"和"预付账款"等。

根据 2006 年 2 月 15 日财政部公布的财会［2006］3 号文件《企业会计准则第 31 号——现金流量表》的精神，现金流量表中的应收、应付款价税可以不分离，故企业编制现金流量表时可只设现金科目，可以不设应收、应付科目。

现金科目设置操作步骤如下。

① 在【现金流量表】主窗口，选择【初始化】|【基本科目设置】双击，进入【基本科目设置】对话框，如图 4-53 所示。

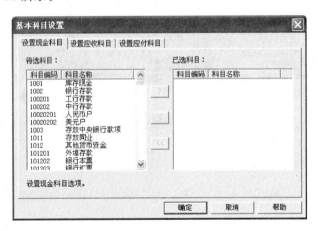

图 4-53   【基本科目设置】对话框

② 在【基本科目设置】对话框中，选择【设置现金科目】选项卡，然后将现金科目从【待选科目】列表中添加到【已选科目】列表中。

提示：

系统对多级次科目进行级次控制，选择了某级次的科目，该科目的上级和下级科目均无法选择。

③ 科目选择完毕后，单击【确定】按钮结束设置操作。

提示：

应收科目和应付科目的设置方法与现金科目的设置方法相同。

（3）税率及汇率设置

税率设置是指实行价税分离编制现金流量表的企业所进行的设置，其中包括进项税率和销项税率的设置。其目的是将应收、应付科目进行价税分离。设置后，系统将按照所设置的增值税率,自动将在【基本科目设置】中指定的应收、应付科目的发生额分解成货款和税款。如果在账务处理系统中的应收、应付科目设置了价款和税款明细科目,则在此可不进行税率设置;如果现金流量表编制时不进行价税分离,则不需要在此设置税率。

如果企业有外汇核算业务,需要设置汇兑损益科目及外币的期末汇率。系统将根据所指的外币核算科目及相应的期末汇率,计算主表中的"汇率变动对现金的影响额"项目,以及计算附表中的"现金及现金等价物净增加情况"中所涉及的外币问题。若企业无外币核算业务,则不需要设置。

税率及汇率设置的操作步骤如下。

① 在【现金流量表】主窗口选择【初始化】|【税率、汇率设置】双击,进入【税率、汇率设置】对话框,如图 4-54 所示。

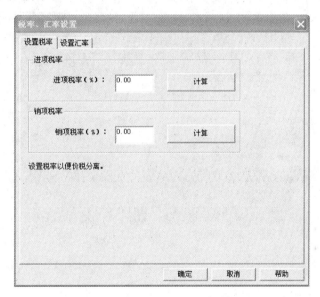

图 4-54 【税率、汇率设置】对话框

② 在【税率、汇率设置】对话框中,打开【设置税率】选项卡,录入【进项税率】和【销项税率】。

③ 打开【设置汇率】选项卡,如图 4-55 所示。

④ 在【设置汇率】选项卡中,直接输入或参照输入汇兑损益科目编码"6061",然后单击【重置】按钮,自动显示外币种类列表,如图 4-56 所示。

⑤ 在相关外币科目记录的【期末汇率】栏双击录入期末汇率值"6.8"或单击后再单击【修改】按钮后录入期末汇率值。

⑥ 录入完毕后,单击【确定】按钮,结束税率及汇率的设置。

(4)定义填报项目

填报项目就是反映现金流量表格式中数据的填报项目。现金流量表的格式应依据《企业会计准则——现金流量表》的要求确定,设计好哪些为填报项目,其所对应的行次该是多少。现金流量表系统中已预置了财政部最新颁布的现金流量表项目,一般不需要修改。

图 4-55　【设置汇率】选项卡

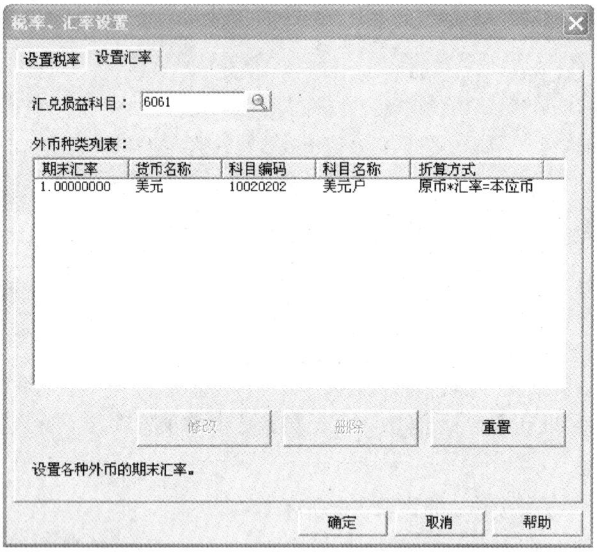

图 4-56　显示的外币种类列表

　　为适应国家有关政策的变化，系统同时提供了填报项目的增加、删除和修改功能，用户可以根据需要手工调整增加或修改现金流量表填报项目。

　　（5）定义计算项目来源

　　计算项目是指为了反映填报项目的组成而设置的中间项目。其目的是描述填报项目具体的数据来源，设定现金流量表的取数公式，指定计算项目和填报项目之间的关系。

　　例如，定义填报项目为"销售商品、提供劳务收到的现金"，定义计算项目为"销售商品收到的现金"和"提供劳务收到的现金"。则填报项目"销售商品、提供劳务收到的现金"＝计算项目"销售商品收到的现金"＋计算项目"提供劳务收到的现金"。

计算项目的数据来源可以分为若干个计算步骤。计算步骤是现金流量表取数的原始计算单位,而取数公式直接定义在计算步骤下。

计算步骤的数据来源分为凭证分析、查账指定、取自报表、取自总账、未定义五种方法,其中,对应主表的计算项目,提供凭证分析、查账指定、未定义;对应附表的计算项目则五种方法都可以。

➤ 凭证分析

定义凭证分析实质上是定义若干个符合取数条件的凭证模板。

凭证分析首先由使用者定义凭证的取数条件,包括摘要、借方必有科目和贷方必需科目,然后系统根据所指定的条件,对分析期间内的拆分凭证进行筛选,将所有满足条件的凭证发生额进行汇总,得到需要的数据。

例如,在借方科目中选择"现金科目",贷方科目选择"主营业务收入"。其含义是:将符合借方科目是现金科目,贷方科目是主营业务收入的所有凭证发生额汇总,然后将数据提取出来放入选定的计算步骤中,再按照计算步骤的加减关系填列到计算项目中。

例 25 在现金流量表的第 1 行"销售商品、提供劳务收到现金"=本期发生的商品或劳务收入+本期发生的材料现销收入+本期收到的前期销售产生的货款-本期发生的现销退货支出。

操作步骤如下。

先定义"第 1 数据来源"。

① 在【现金流量表】主窗口,选择【初始化】|【定义计算项目来源】双击,打开【定义计算项目来源】对话框,如图 4-57 所示。

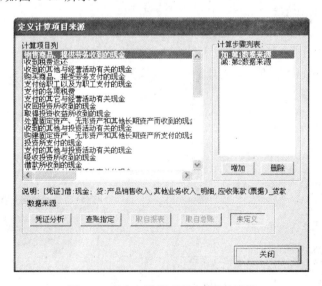

图 4-57 【定义计算项目来源】对话框

② 在【计算项目列】列表框中,选择【销售商品、提供劳务收到的现金】选项,在【计算步骤列表】框选择【加:第 1 数据来源】选项。

③ 单击【凭证分析】按钮,打开【凭证分析】对话框,如图 4-58 所示。

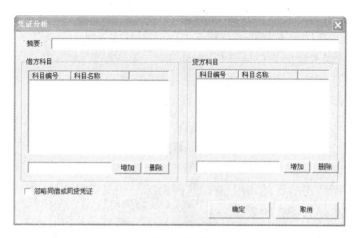

图 4-58　【凭证分析】对话框

④ 在【凭证分析】对话框中,在【摘要】文本框中录入"销售商品收到的现金",在【借方科目】选项组,单击【增加】按钮,打开【增加科目】对话框,如图 4-59 所示。

⑤ 在【增加科目】对话框中,选择【1 现金科目】选项,单击【确定】按钮,完成借方科目的添加。

⑥ 同样方式,将"主营业务收入"设置为贷方科目。

⑦ 在【凭证分析】对话框中,单击【确定】按钮,返回【定义计算项目来源】对话框。

再定义"第 2 数据来源"。

① 在【定义计算项目来源】对话框中,选择【计算步骤列表】中的【减：第 2 数据来源】选项,然后单击【凭证分析】按钮,进入【凭证分析】对话框。

② 在【凭证分析】对话框中,录入摘要信息"销售退回流出的现金"。

③ 确定借方科目为"主营业务收入",贷方科目为"1 现金科目"。

④ 单击【确定】按钮,返回【定义计算项目来源】对话框。

然后定义其他数据来源。

① 在【定义计算项目来源】对话框的【计算步骤列表】中,单击【增加】按钮,打开【增加计算步骤】对话框,如图 4-60 所示。

图 4-59　【增加科目】对话框

图 4-60　【增加计算步骤】对话框

② 在【增加计算步骤】对话框中,选择【与上一计算步骤的运算关系】选项区域的【加】单选按钮,在【说明】文本框中输入"[凭证]借：现金；贷：应收账款,应收票据"。然后单击【确

定】按钮,返回【定义计算项目来源】对话框。

③ 在【定义计算项目来源】对话框中,单击【凭证分析】按钮,进入【凭证分析】对话框。

④ 在【凭证分析】对话框中,录入摘要信息"收回前期销售的货款"。

⑤ 确定借方科目为"1 现金科目",贷方科目为"应收账款"和"应收票据"。

⑥ 单击【确定】按钮,返回【定义计算项目来源】对话框。

⑦ 同样方式,完成其他计算项目的定义。最后单击【关闭】按钮结束计算项目来源的定义。

➤ 取自总账

取自总账是指从总账系统取得数据,包括应收、应付科目经价税分离后,形成的货款、税款两个明细科目的金额。定义取自总账需要指定取数的会计科目、取数的月份和取数方式。

例 26   在现金流量表的第 82 行"固定资产折旧"项目,该项目的数据来源为本期间所提取的折旧数额,即累计折旧科目的贷方发生额,取数公式为期末数与期初数之差。

操作步骤如下。

① 在【定义计算项目来源】对话框中,选择【计算项目列】中的【固定资产折旧】选项,在【计算步骤列表】中选择【加:第 1 数据来源】,然后单击【取自总账】按钮,打开【取自总账】对话框,如图 4-61所示。

② 在【取科目】中直接录入或参照录入累计折旧科目的编码"1602",在【会计月】中直接录入"7",在【取数方式】选项区域选择【期末余额】,然后单击【确定】按钮,返回【定义计算项目来源】对话框。

③ 在【定义计算项目来源】对话框的【计算步骤列表】中,选择【减:第 2 数据来源】,然后单击【取自总账】按钮,进入【取自总账】对话框。

图 4-61   【取自总账】对话框

④ 在【取科目】中直接录入或参照录入累计折旧科目的编码"1602",在【会计月】中直接录入"7",在【取数方式】选项区域选择【期初余额】,然后单击【确定】按钮,返回【定义计算项目来源】对话框。

➤ 取自报表

生成现金流量表的附表时,许多数据来源于相应的资产负债表和利润表,可通过现金流量表系统提供的"取自报表"功能来实现取数。定义取自报表时需要指定报表的路径和名称、数据源所属的表页、数据所在的单元位置。

图 4-62   【取自报表】对话框

例 27   在现金流量表的第 80 行"净利润"项目是取自本期利润表的第 21 行"净利润"项目。

操作步骤如下。

① 在【定义计算项目来源】对话框中,选择【计算项目列】中的【净利润】选项,在【计算步骤列表】中选择【加:第 1 数据来源】,然后单击【取自报表】按钮,打开【取自报表】对话框,如图 4-62 所示。

② 在【取自报表】对话框中，直接输入或通过浏览方式确定报表文件"利润表"，输入与现金流量表相对应的月份所在的页号"1"，录入"净利润"项目所在单元的列号"D"和行号"21"，然后单击【确定】按钮，返回【定义计算项目来源】对话框。

> 查账指定

查账指定是指一定范围内、一定借贷科目条件下的账中取值，也就是当使用者无法通过凭证分析得出数据时，通过"查账指定"功能逐步缩小数据搜索范围，最终找到符合条件的凭证，将其数据归入现金流量表的计算项目。

"查账指定"功能对于企业来说运用范围比较窄，除非大型企业或者现金流入与流出的业务量较大。建议不要经常使用查账指定，尽量设置明细科目细化数据，从而通过凭证分析筛选得到需要的信息。

操作步骤如下。

① 在【定义计算项目来源】对话框中，选择【计算项目列】中欲查账指定的项目，在【计算步骤列表】中选择相关数据源，然后单击【查账指定】按钮，打开【查账指定】对话框，如图 4-63 所示。

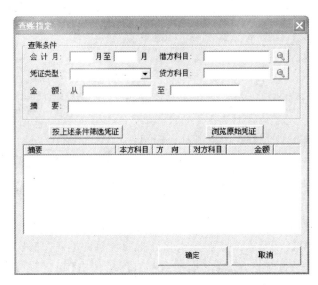

图 4-63　【查账指定】对话框

② 在【查账指定】对话框中设定查账条件后，单击【确定】按钮，返回【定义计算项目来源】对话框。

4. 现金流量表数据处理

现金流量表数据处理是指编制现金流量表的具体过程，一般需要经过凭证拆分、凭证准备、自动计算和手工调整等过程。

1）凭证拆分

根据现金流量表填报要求，在生成现金流量表之前，需要对企业所填制的凭证进行一次规范性处理，用以明确每笔业务的流向。规范性处理的内容是将多借多贷的凭证、一借多贷的凭证、一贷多借的凭证按需要都拆分成一借一贷的凭证，并且同时进行价税分离的工作。

经过拆分的凭证,只是从形式上发生了变化,各科目的金额仍与账务系统相等。

需要注意的是,在现金流量表系统中所提到的"多借多贷"凭证,除了通常意义的多借多贷凭证外,还包括以下两种特例。

① 如果有外币核算业务,在"设置汇率"时设置了"汇兑损益"科目,那么凡是涉及该科目并且不是"一借一贷"形式的凭证,都必须拆分成"一借一贷"的子凭证。

② 如果在账务系统中填制了既有负数发生额,又有正数发生额,并且不是"一借一贷"形式的凭证时,也必须拆分成非特例型。

除上述两种特例外,在进行凭证拆分时,只需要将通常形式的多借多贷凭证,拆分成一借多贷或一贷多借的形式即可,系统在执行"凭证准备"时,会自动将一借多贷或一贷多借的凭证拆分成一借一贷的形式。

拆分凭证的方法主要有:金额对应、成批金额对应、比例分配、月末结转、手工拆分,其中前四种均由系统自动进行拆分。

(1) 金额对应拆分

金额对应拆分就是按照"有借有贷,借贷金额一一对应相等"的原则,将借方每条分录的金额,依次从贷方中寻找相同金额的分录,符合条件的进行一借一贷组合,形成子凭证号。

适合金额对应拆分的多借多贷凭证应符合下例格式。

多借多贷凭证:

借:银行存款——工商银行	6250	
银行存款——农业银行	3000	
管理费用	90	
贷:应收票据——北京		2000
应收票据——重庆		4250
应收账款		3000
库存现金		90

系统将借方每一条分录的金额,依次到贷方去找相同金额的分录,符合条件的进行一借一贷组合,并形成子凭证号。

子凭证一:

| 借:银行存款——农业银行 | 3000 | |
| 贷:应收账款 | | 3000 |

子凭证二:

| 借:管理费用 | 90 | |
| 贷:库存现金 | | 90 |

对于没有组合成功的分录,当在借方或贷方只剩下一条分录时,系统自动把该条分录与对方剩余的若干条分录进行组合,完成整张多借多贷凭证的拆分。

子凭证三:

借:银行存款——工商银行	6250	
贷:应收票据——北京		2000
应收票据——重庆		4250

对于没有组合成功的分录,如果借方或贷方都剩下多条分录时,将不适用金额对应拆

分，系统将给予相应提示。

    例 28   对多借多贷凭证按金额对应方式进行拆分。

    操作步骤如下。

    ① 在【现金流量表】主窗口，选择【初始化】|【拆分凭证】|【拆分多借多贷】双击，打开【拆分多借多贷】凭证对话框，如图 4-64 所示。

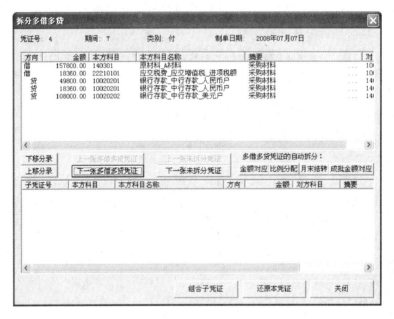

图 4-64   【拆分多借多贷】凭证对话框

    ② 单击【金额对应】按钮，系统自动按金额对应拆分凭证，拆分结果如图 4-65 所示。

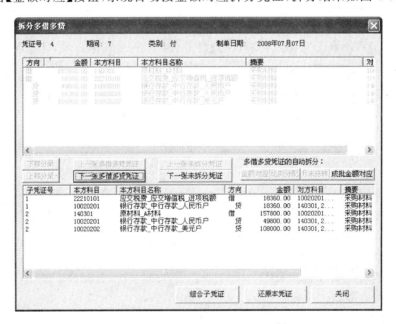

图 4-65   金额对应凭证拆分结果

③ 重复第①、②步操作,对符合金额对应拆分条件的凭证按金额对应方式进行拆分。

(2) 比例分配拆分

比例分配拆分就是通过指定一个拆分方向,然后将拆分方向科目的金额按照一定的比例进行拆分。拆分的方法是:一借多贷,拆借方;一贷多借,拆贷方;多借多贷则拆指定方向的科目。一般情况下,只需要对多借多贷的凭证进行拆分。

比例分配型拆分多借多贷凭证主要涉及费用归集分配的业务,应具备以下基本格式。

多借多贷凭证:

借:产成品——A产品	100	
产成品——B产品	200	
产成品——C产品	300	
贷:生产成本——材料		160
生产成本——工资		90
生产成本——福利费		80
生产成本——折旧		100
生产成本——制造费用		170

对于比例分配型多借多贷凭证的拆分,首先需要指定拆分方向,然后系统自动按非拆分方向的科目次序,逐个完成操作。依次把每个非拆分方向的科目金额分配到拆分方向各个科目中去,形成由一个非拆分方向的科目和所有拆分方向科目组成的一借多贷或一贷多借子凭证,分配的原则是拆分方向各科目金额占本凭证发生额的权重。如"生产成本—材料"占本凭证发生额的权重为 $160/600＝26.67\%$ 。

为了避免小数位误差,保证拆分后每个科目的发生额与原凭证相等,在子凭证中系统对拆分方最后一条分录的金额使用了倒挤减法求出。对于最后一张子凭证的处理方法也是同理。

假如指定的拆分方向为贷方,即以借方科目为非拆分方向的科目,系统将首先求得本凭证的发生额合计 600,然后生成子凭证。

子凭证一:

借:产成品——A产品	100	
贷:生产成本——材料		$100 * 160/600＝26.67$
生产成本——工资		$100 * 90/600＝15.00$
生产成本——福利费		$100 * 80/600＝13.33$
生产成本——折旧		$100 * 100/600＝16.67$
生产成本——制造费用		

$$100-(26.67＋15.00＋13.33＋16.67)＝28.33$$

子凭证二:

借:产成品——B产品	200	
贷:生产成本——材料		$200 * 160/600＝53.33$
生产成本——工资		$200 * 90/600＝30.00$
生产成本——福利费		$200 * 80/600＝26.67$
生产成本——折旧		$200 * 100 /600＝33.33$
生产成本——制造费用		

$$200-(53.33＋30.00＋26.67＋33.33)＝56.67$$

子凭证三：

借：产成品——C产品　　　　　　　　300

　　贷：生产成本——材料　　　　　　$160-(26.67+53.33)=80$

　　　　生产成本——工资　　　　　　　　$90-(15+30)=45$

　　　　生产成本——福利费　　　　　$80-(13.33+26.67)=40$

　　　　生产成本——折旧　　　　　　$100-(16.67+33.33)=50$

　　　　生产成本——制造费用　　　　$170-(28.33+56.67)=85$

例 29　按比例分配方式拆分多借多贷凭证。

操作步骤如下。

① 在【拆分多借多贷】凭证对话框中，对不适合金额对应拆分的凭证通过单击【上一张未拆分凭证】或【下一张未拆分凭证】按钮，进行查找，然后单击【比例分配】按钮，弹出拆分方向选择对话框，如图 4-66 所示。

② 选择拆分方向后，对适合采用比例分配拆分的凭证，系统自动进行拆分，拆分结果如图 4-67 所示。

图 4-66　拆分方向选择对话框

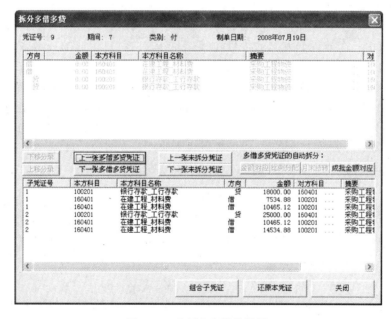

图 4-67　比例分配拆分结果

（3）月末结转拆分

月末结转拆分是指拆分涉及月末结转期间损益业务的凭证，其原理是系统根据原凭证自动将各个损益科目进行逐笔结转，形成"一借一贷"形式的子凭证，特点是总有一个科目为主科目。

月末结转型多借多贷凭证应具备以下基本格式。

多借多贷凭证：

借：主营业务收入　　　　　　　　　　　　180

营业外收入	60
贷：主营业务成本	130
管理费用	70
本年利润	40

月末结转型多借多贷的特点是凭证中总有一个科目是主科目,拆分前应指定哪一科目为主科目。指定主科目后,主科目与所有其他科目形成若干张新的一借一贷子凭证,其金额按其他会计科目的发生额确定。需要注意的是对于与主科目方向相同的其他科目,应该形成方向相同,金额一正一负的子凭证,其他科目保持原金额,主科目的金额等于其他科目的金额乘以"−1"。

假如指定本年利润为主科目,则生成以下子凭证。

子凭证一：

借：主营业务收入	180
贷：本年利润	180

子凭证二：

借：营业外收入	60
贷：本年利润	60

子凭证三：

贷：主营业务成本	130
贷：本年利润	−130

子凭证四：

贷：管理费用	70
贷：本年利润	−70

例30 按月末结转方式拆分多借多贷凭证。

操作步骤如下。

① 在【拆分多借多贷】凭证对话框中,对不适合比例分配拆分的凭证通过单击【上一张未拆分凭证】或【下一张未拆分凭证】按钮进行查找,在需要作为主科目的分录上单击,然后单击【月末结转】按钮,弹出主科目确认对话框,如图 4-68 所示。

图 4-68 主科目确认对话框

② 对适合采用月末结转拆分的凭证,系统自动进行拆分,拆分结果如图 4-69 所示。

(4) 手工拆分

对于无法通过上述三种方法拆分的多借多贷凭证,可通过手工方式进行拆分。

操作步骤如下。

① 在【拆分多借多贷】凭证对话框中,对不适合通过自动拆分方式拆分的多借多贷凭证通过单击【上一张未拆分凭证】或【下一张未拆分凭证】按钮,找到需要拆分的凭证。

② 将光标移到一借方分录上,单击【下移分录】按钮,将选定的分录移到对话框下方的列表框中。同理将一贷方分录也移下来。

③ 此时移到下方列表框中两条分录可能借贷不平,假如贷方金额大于借方金额,可将光标在贷方分录的子凭证号上单击,手工方式将借贷方金额调整平衡。

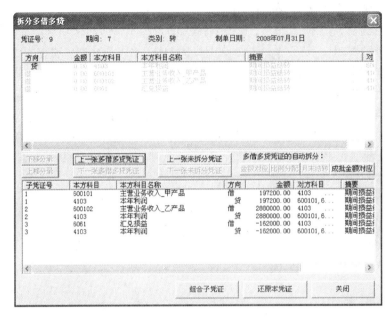

图 4-69　月末结转拆分结果

④ 单击【组合子凭证】按钮，下移到【拆分多借多贷】凭证对话框下方列表框中的两条分录即可组合为一张子凭证，同时将剩余的金额在上方列表框中显示。

⑤ 同样的方式，进行其他子凭证的手工组合。

提示：

➢ 如果对拆分结果不满意，可单击【还原本凭证】按钮，系统将自动还原已拆分的凭证，还可再选取其他方法或手工进行拆分。

➢ 拆分凭证是为初始化的下一步【凭证准备】做准备。

➢ 拆分凭证是根据账务系统形成的凭证数据，在现金流量表系统中进行处理，不会影响在账务系统中做过的工作。

➢ 对于通常形式的多借多贷凭证，无论采用何种拆分方法，只要拆成一借多贷或一贷多借的形式即可。系统在【凭证准备】中将会把一借多贷或一贷多借的凭证自动拆分成一借一贷的形式。

2）凭证准备

凭证准备是将符合条件的凭证准备出来供自动计算所用。凭证准备包括两个过程：一是根据前面设置的应收、应付科目和税率自动进行价税分离；二是根据凭证拆分后的结果，自动将拆分后的一借多贷和多借一贷的凭证自动分离成一借一贷的凭证。

值得注意的是，选择此项工作后，系统将自动完成，不需要人工干涉。如果还有未拆分的多借多贷凭证，则无法进行凭证准备。

操作步骤如下。

① 在【现金流量表】主窗口，选择【初始化】|【拆分凭证】|【凭证准备】双击，系统自动完成凭证准备工作。

② 凭证准备处理工作完成后，系统弹出【完成凭证准备】信息提示对话框，如图 4-70 所示。

图 4-70　完成凭证准备信息提示对话框

3）自动计算

完成凭证准备工作后，记账凭证的基本数据已经符合系统的规范要求，即可进行报表的自动计算。系统将按照计算项目中定义的数据来源自动从相关的数据源中提取数据，不需要人工干涉。

操作步骤如下。

在【现金流量表】主窗口，选择【现金流量表】|【自动计算】双击，系统自动按照定义的数据来源进行分析计算，生成现金流量表。

提示：

> 对于生成的现金流量表，可以修改各项的金额。

> 在生成的现金流量表的最后两行分别为"单位负责人"、"财会负责人"、"操作员"、"复核人"项，其中操作员项由系统自动带入登录时的操作员名称。双击这四项所对应的单元格，该单元格即变为可编辑状态，用户可根据自己的需要输入相应人员的姓名。

4）手工调整

现金流量表生成之后，自动和资产负债表保持钩稽平衡关系，并处于可编辑状态，如果发现某些数据不符合实际情况，可以直接在数据单元内进行修改，也可以利用"手动调整"功能进行修改。

例如，由于企业未按软件需要将应付工资设置经营人员和工程人员明细科目，因而无法区分应付工资是属于经营活动还是投资活动，这时可以根据具体的业务将报表的数据直接进行修改调整，将支付给在建工程人员的工资调整至投资活动的现金流出中，修改后，系统会自动按照修改后的数据重新进行整表重算生成一张新的报表。

采用手工调整功能进行报表调整的操作步骤如下。

① 在【现金流量表】主窗口，选择【现金流量表】|【手工调整】双击，打开【手动调整】对话框，如图 4-71 所示。

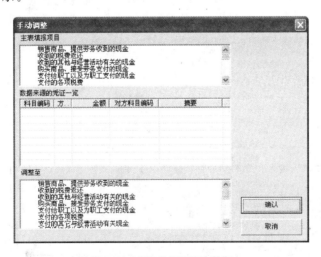

图 4-71　【手动调整】对话框

② 在【手动调整】对话框中，在【主表填报项目】列表中选择相关项目，与该项目有关的数据信息显示在【数据来源的凭证一览】列表中。

③ 查看项目构成数据源是否符合要求，若发现有不合适的数据源，可到【调整至】列表

框中查找适合该数据源的项目。

④ 单击【确认】按钮，系统自动将该数据源调整至相关项目，并重新计算生成新的现金流量表。

4.5.4 用友现金流量控制科目法编制现金流量表

用友现金流量控制科目方式编制现金流量表方法简单、灵活性大，可随时查询现金流量信息，实现事前、事中、事后三方面管理的需要，不会因会计科目变化而影响报表编制质量。利用这种方法编制现金流量表，在系统初始设置时就应充分考虑编制的要求，利用现金流量控制科目编制现金流量表需进行如下设置。

1. 设置现金流量科目

设置现金流量科目的目的就是告诉计算机系统哪些科目是与现金流量有关的科目，以便于系统在数据处理时正确地归集。其设置的基本过程为：在 UFIDA ERP-U8 窗口选择【基础设置】|【基础档案】|【财务】|【会计科目】双击，打开【会计科目】设置窗口，单击【编辑】菜单中【指定科目】级联菜单项，在弹出的【指定科目】对话框中将库存现金、银行存款和其他货币资金指定为现金流量科目，需要注意的是，所能指定的现金流量科目必须是最末级科目。

2. 设置现金流量科目控制选项

在凭证填制时如何保证涉及与现金流量表有关的经济业务能够正确地录入现金流量项目，需要对凭证填制设置控制选项。其基本设置方法为：在 UFIDA ERP-U8 窗口选择【业务工作】|【财务会计】|【总账】|【设置】|【选项】双击，打开【选项】对话框，如图 4-72 所示，在【凭证控制】中选中【现金流量科目必录现金流量项目】选项，这样在凭证填制时涉及现金流量科目时必须将信息录入到现金流量项目中，否则凭证不能保存，这样就避免了数据信息的遗漏。

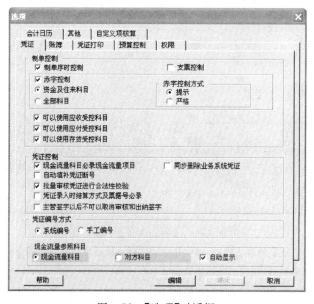

图 4-72 【选项】对话框

3.修改完善现金流量项目

在用友 ERP-U871 财务软件中内设了现金流量项目如图 4-73 所示,其所设内容根据《企业会计准则第 31 号——现金流量表》应用指南所规定的一般企业现金流量表格式结构中的现金流量分类和现金流量表项目进行了设置,如果不符合企业实际情况,可以在此基础上进行修改补充。由于用友 ERP-U871 在处理现金流量时,按凭证上现金流入和流出净额进行控制,已有效解决现金内部流动问题,对系统预设分类体系可默认使用。但若企业同时也要对现金内部的变动情况进行分析,则可在原有分类体系基础上,增加"现金内部变动"分类,同时在项目目录中增加"内部流入"和"内部流出"两个项目来记载现金内部流动情况。

图 4-73 【项目档案】对话框

4.录入现金流量初始余额

在现金流量表编制过程中,如果年中启用系统,则需要录入系统启用日期之前的现金流量数据,以满足现金流量表编制与查询需要。用友 ERP-U871 财务软件基于现金流量科目控制法编制现金流量表提供了总账系统录入现金流量期初的功能,使用者可以根据企业管理实际进行数据初始设置。现金流量数据初始的基本操作步骤如下。

① 在 UFIDA ERP-U8 窗口选择【业务工作】|【财务会计】|【总账】|【现金流量表】|【期初录入】双击,打开【现金流量期初录入】对话框,如图 4-74 所示。

② 单击工具栏上的【增加】按钮,增加一空白记录,参照选择现金流量项目、会计科目、方向,输入现金流量金额等信息。

③ 重复第②步操作录入其他现金流量信息,所有现金流量期初数据信息录入完毕后,单击【退出】按钮结束期初录入处理。

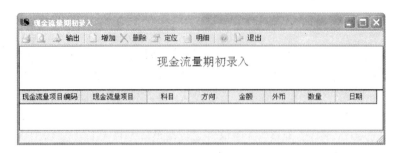

图 4-74　【现金流量期初录入】对话框

提示：

➢ 当现金流量查询表需要跟踪辅助信息时，需要指定具有相应辅助核算的科目后，单击【明细】按钮，进入明细界面，录入辅助核算信息。

➢ 当不需要针对当前现金流量项目跟踪科目及辅助项时，科目可以不必录入。

5. 凭证填制分项目录入现金流量信息

在凭证填制时，涉及现金流量科目时，必须将现金流量信息正确地记录到现金流量项目中，这样可将现金流量的分解处理工作化解到日常凭证填制中，可以有效地减轻期末业务的工作量。但采用这种方法要求会计人员要有较高的会计业务处理能力，特别是伴随企业信息化建设，会计人员应不断加强自身业务修养，提高业务能力以适应财务信息发展的要求。

在凭证填制时将现金流量录入现金流量项目后，就可以通过系统提供的查询功能随时了解现金流量的变化，系统提供了两种查询方式，一是"现金流量明细表"查询，这种查询能够显示每笔业务的现金流量和每一项目目录的累计现金流量；另一种是"现金流量统计表"查询，这种查询按现金流量表结构方式显示选定期间的现金流量情况。查询时可选择【包含未记账凭证】选项，这样不论是否记账均可查询现金流量，极大地方便了用户对信息的需求。如果企业未采用报表系统编制现金流量表，则可通过这种查询方式将相关项目的信息数据直接摘录到纸质的现金流量表上，完成手工现金流量表的编制。

6. UFO 现金流量表定义

在完成上述设置后，就可以启用用友 UFO 报表系统来编制现金流量表，UFO 报表系统提供了现金流量表模板，但该模板考虑现金流量表编制方法的不同，并未给出取数公式，需要用户自行定义。本节所探讨的编制方法为现金流量科目控制法，因而这里应用到用现金流量项目函数来定义取数公式，该函数的基本格式为：XJLL([＜起始日期＞，＜截止日期＞]，＜方向＞，＜项目编码＞，[＜账套号＞]，[＜会计年度＞]，[＜是否包含未记账＞]，[＜会计期间＞])。

在定义公式时，考虑到现金流量表编制的灵活性，"起始日期"、"截止日期"、"账套号"、"会计年度"等函数参数均采用默认值，而"会计期间"将其设置为"月"，目的是可实现月度现金流量表的编制，将"是否包含未记账"设定为包含未记账凭证，即"y"，这样可满足现金流量表随时编制的要求。基于上述分析，现金流量表取数公式定义如表 4-9 所示。

表 4-9 现金流量表取数公式设置一览表

列 行	A	B	C	D
4	项 目	行次	本期金额	上期金额
5	一、经营活动产生的现金流量			
6	销售商品、提供劳务收到的现金	1	=XJLL（,,"借","01",,,"y",月）	=select(D6,年@=年 and 月@=月+1)
7	收到的税费返还	2	=XJLL（,,"借","02",,,"y",月）	=select(D7,年@=年 and 月@=月+1)
8	收到的其他与经营活动有关的现金	3	=XJLL（,,"借","03",,,"y",月）	=select(D8,年@=年 and 月@=月+1)
9	现金流入小计	4	=PTOTAL(? C6:? C8)	=select(D9,年@=年 and 月@=月+1)
10	购买商品、接受劳务支付的现金	5	=XJLL（,,"贷","04",,,"y",月）	=select(D10,年@=年 and 月@=月+1)
11	支付给职工以及为职工支付的现金	6	=XJLL（,,"贷","05",,,"y",月）	=select(D11,年@=年 and 月@=月+1)
12	支付的各项税费	7	=XJLL（,,"贷","06",,,"y",月）	=select(D12,年@=年 and 月@=月+1)
13	支付的其他与经营活动有关的现金	8	=XJLL（,,"贷","07",,,"y",月）	=select(D13,年@=年 and 月@=月+1)
14	现金流出小计	9	=PTOTAL（? C10:? C13)	=select(D14,年@=年 and 月@=月+1)
15	经营活动产生的现金流量净额	10	=? C9-? C14	=select(D15,年@=年 and 月@=月+1)
16	二、投资活动产生的现金流量			
17	收回投资收到的现金	11	=XJLL（,,"借","08",,,"y",月）	=select(D17,年@=年 and 月@=月+1)
18	取得投资收益收到的现金	12	=XJLL（,,"借","09",,,"y",月）	=select(D18,年@=年 and 月@=月+1)
19	处置固定资产、无形资产和其他长期资产收回的现金净额	13	=XJLL（,,"借","10",,,"y",月）	=select(D19,年@=年 and 月@=月+1)
20	处置子公司及其他营业单位收到的现金净额	14	=XJLL（,,"借","11",,,"y",月）	=select(D20,年@=年 and 月@=月+1)
21	收到的其他与投资活动有关的现金	15	=XJLL（,,"借","12",,,"y",月）	=select(D21,年@=年 and 月@=月+1)
22	现金流入小计	16	=PTOTAL（? C17:? C21)	=select(D22,年@=年 and 月@=月+1)
23	购建固定资产、无形资产和其他长期资产支付的现金	17	=XJLL（,,"贷","13",,,"y",月）	=select(D23,年@=年 and 月@=月+1)

续表

列 行	A	B	C	D
4	项　　目	行次	本期金额	上期金额
24	投资支付的现金	18	＝XJLL（,,"贷","14",,,"y",月）	＝select(D24,年@＝年 and 月@＝月＋1)
25	取得子公司及其他营业单位支付的现金净额	19	＝XJLL（,,"贷","15",,,"y",月）	＝select(D25,年@＝年 and 月@＝月＋1)
26	支付的其他与投资活动有关的现金	20	＝XJLL（,,"贷","16",,,"y",月）	＝select(D26,年@＝年 and 月@＝月＋1)
27	现金流出小计	21	＝PTOTAL（?C22:?C24）	＝select(D27,年@＝年 and 月@＝月＋1)
28	投资活动产生的现金流量净额	22	＝?C22－?C27	＝select(D28,年@＝年 and 月@＝月＋1)
29	三、筹资活动产生的现金流量			
30	吸收投资收到的现金	23	＝XJLL（,,"借","17",,,"y",月）	＝select(D30,年@＝年 and 月@＝月＋1)
31	取得借款收到的现金	24	＝XJLL（,,"借","18",,,"y",月）	＝select(D31,年@＝年 and 月@＝月＋1)
32	收到的其他与筹资活动有关的现金	25	＝XJLL（,,"借","19",,,"y",月）	＝select(D32,年@＝年 and 月@＝月＋1)
33	现金流入小计	26	＝PTOTAL（?C30:?C32）	＝select(D33,年@＝年 and 月@＝月＋1)
34	偿还债务支付的现金	27	＝XJLL（,,"贷","20",,,"y",月）	＝select(D34,年@＝年 and 月@＝月＋1)
35	分配股利、利润或偿付利息支付的现金	28	＝XJLL（,,"贷","21",,,"y",月）	＝select(D35,年@＝年 and 月@＝月＋1)
36	支付的其他与筹资活动有关的现金	29	＝XJLL（,,"贷","22",,,"y",月）	＝select(D36,年@＝年 and 月@＝月＋1)
37	现金流出小计	30	＝PTOTAL（?C34:?C36）	＝select(D37,年@＝年 and 月@＝月＋1)
38	筹资活动产生的现金流量净额	31	＝?C37－?C33	＝select(D38,年@＝年 and 月@＝月＋1)
39	四、汇率变动对现金的影响额	32	＝XJLL（,,"借","23",,,"y",月）	＝select(D39,年@＝年 and 月@＝月＋1)
40	五、现金及现金等价物净增加额	33	＝?C15＋?C28＋?C38＋?C39	＝select(D40,年@＝年 and 月@＝月＋1)
41	加：期初现金及现金等价物余额	34	＝select（C42,年@＝年 and 月@＝月＋1）	＝select(D41,年@＝年 and 月@＝月＋1)
42	六、期末现金及现金等价物余额	35	＝?C40＋?C41	＝select(D42,年@＝年 and 月@＝月＋1)

4.6　财　务　评　价

财务评价是以企业财务报表和其他资料为依据和起点,采用专门的方法,对企业经营活动的过程进行研究和评价,以分析企业在生产经营过程中的利弊得失、财务状况及发展趋势,为评价和改进财务管理工作,并为未来经营决策提供重要的决策信息。财务分析对公司经理、投资人、贷款人和企业管理人员来说,都是至关重要的。在企业实现财务信息化后,会计的职能将由以"核算"为核心转换为以"管理"为核心,财务分析也将成为财务管理工作的重点内容。在用友财务软件中整合了财务评估与财务分析功能,形成了以财务评估为重点的财务评估分析体系——专家财务评估系统,为企业管理人员提供决策支持。

4.6.1　专家财务评估系统概述

1. 专家财务评估分析系统的功能

财务报表是企业信息的载体,反映了企业的财务状况和经营成果。然而报表中大量的数据让人眼花缭乱,即使是经验丰富的财务人员,在报表分析上也需要花费大量的时间。专家财务评估系统根据国内外财务分析大师的理论,结合国内多位专家的经验,以专家财务评估为主,综合运用了各种专门的分析方法,对账务数据作进一步的加工、整理、分析和研究,从中取得有用的信息,为决策提供正确的依据。其功能主要体现在以下方面。

（1）允许用户灵活选择不同的分析模式

用户可以对企业的某一方面,如偿债能力进行分析,也可以全方位地分析企业的财务状况,如盈利能力、资产管理效率、偿债能力和投资回报能力;用户既可以将企业当期的财务状况和经营成果与上期的相比,又可以将企业本期的财务业绩与同行业的标准相比,甚至还可以与同业的竞争对手的情况、企业自身的预算和企业自定义的内部标准相比。这样使得企业不仅通过纵向分析了解自己的进步或退步,而且可以通过横向分析了解自己在竞争中的优势和劣势、机会和风险。正所谓"知己知彼,百战不殆"。

（2）行业标准值和同业上市公司财务数据的动态更新

利用软件自身功能可实现对所有数据随时进行下载更新,保证上市公司公布的数据和同业竞争对手的数据能够及时地得到更新。同时也实现了系统升级的动态维护,节约了厂商和用户的使用成本。

（3）面向单个企业和集团

系统既可对单个企业的财务绩效进行分析,又可对集团的整体财务情况乃至其经济效益的分布进行分析。

（4）面向同一企业内的不同用户

系统提供了各层次的决策支持信息,总经理可以通过系统了解企业的风险点、集团的整体和个别成员公司的财务绩效,从中形成解决关键问题的方案;财务经理可以通过系统迅速分析和发现公司在财务方面的强弱点,并据此提出合理化建议;人力资源部经理可以通过系统形成对所考核企业的整体财务绩效水平的评价,并以此作为考核企业和经理人的依据；销售经理可以通过系统了解应收账款管理的好坏和存货周转的快慢。

（5）提供了高效分析企业财务情况的工具

用户既可以通过系统设置和记忆组合查询条件并实施查询以找到满足条件的企业，又可以通过将自己最感兴趣的项目定义为"分析项目"，对同一行业的不同企业就最关心的财务指标进行比较，还可以通过不同的分类浏览查询，迅速地发现公司基本信息，决算和预算的财务报表的各科目总计数、变化百分比和共同比数值，财务比率的预决算值、行业标准值和行业排名，增长率的决算值、行业标准值和行业排名，利润分配和资本变化情况等。

（6）自动化财务报表分析功能

系统提供了自动化财务报表分析的功能，它运用财务专家的知识对企业的局部或整体进行分析，自动形成具有专业或执业财务专家水平的分析报告，内容有公司异常财务状况的分析、综合评述、单个企业的经济效益分析、集团整体和经济效益分布状况的分析，报告的形式有文字、图形和表格。还可以将分析意见和系统产生的报告相结合，形成含有企业本身的专家意见的最终报告。从而确保经理人员将精力用于根据分析的结果进行调查情况、实施控制。

（7）提供了优化的效绩评价体系

系统提供了功效系数法企业效绩评价体系、企业创值评价体系等先进的效绩评价体系进行效绩评价。功效系数法企业效绩评价体系是基于传统的财务指标，根据功效系数法的原理形成的效绩评价体系，分为主指标和辅助指标，全面考核企业的财务状况和经营成果。企业创值评价体系总结了在全球很多知名企业都已经采用的余留利润和经济增加值的概念，并与国内具体情况相结合，从企业创造的利润是否足以抵补企业投资者的资本成本的角度评价企业经营管理的效果。

（8）提供了自定义效绩评价标准功能

为了进一步适应不同用户的实际经营情况，系统提供了用户根据历史数据或者集团内部数据自行推导效绩评价的标准，甚至可以手工编辑输入符合自身需要的效绩评价标准，极大地提高了系统应用的范围和灵活性。

（9）提供了自动编制预算功能

可以将预算与实际数据比较分析，进行全面预算管理，既可对部门、项目中每个科目进行精细预算分析，又可按整个部门、项目核算进行粗放预算分析。

2. 专家财务评估系统的特点

专家财务评估系统根据国内外财务分析大师的理论，融合了国内诸多专家的经验，以专家财务评估为主，全面提升财务分析的功能，成为企业管理者的好参谋、好助手，其特点表现为广泛兼容、各取所需、高效解剖、动态维护、专家评析、提升决策。

4.6.2　专家财务评估系统初始化

专家财务评估系统的初始设置分为三个方面，一是创建专家财务数据库，二是进行决策管理的公共配置，三是完成基础设置与数据准备工作。

1. 创建专家财务数据库

使用专家财务评估系统，首先要创建专家财务数据库，其操作步骤如下。

① 单击【开始】按钮，依次选择【程序】|【用友ERP-U81】|【系统服务】|【专家财务数据库维护】，进入【专家财务数据库维护】对话框，如图4-75所示。

② 输入 SQL Server 数据库管理员 SA 的登录密码后，单击【确定】按钮，打开【用友专家财务评估系统】窗口，如图4-76所示。

图4-75 【专家财务数据库维护】对话框

图4-76 【用友专家财务评估系统】窗口

③ 单击【系统工具】菜单中的【创建环境】菜单项，打开【用友专家财务评估系统-建立数据库】对话框，如图4-77所示。

图4-77 【用友专家财务评估系统-建立数据库】对话框

图4-78 建立数据库提示信息框

④ 输入数据库名称（如"cwsjk"）后，单击【建立数据库】按钮，弹出建立数据库系统提示信息框，如图4-78所示。

⑤ 单击【确定】按钮，系统开始创建专家财务数

据库,数据库创建完毕后,弹出【数据库已经成功建立】信息框。

⑥ 单击【确定】按钮,结束专家财务数据库的创建工作。

2. 决策管理初始设置

完成专家财务数据库创建后,还需要完成决策管理的公共配置,即建立专家财务数据库与财务账套的关联,设置步骤如下。

① 以账套主管身份注册登录【系统管理】窗口,单击【账套】菜单中的【决策管理设置】菜单项,打开【决策管理设置】对话框,如图 4-79 所示。

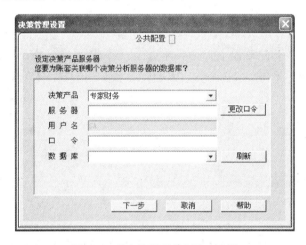

图 4-79　【决策管理设置】对话框

② 输入 SQL Server 数据库服务器的名称(如"chenfj")和 SA 用户的登录口令后,单击【刷新】按钮,此时系统自动显示已创建的专家财务数据库,然后单击【下一步】按钮,弹出【决策管理设置】结果信息对话框,如图 4-80 所示。

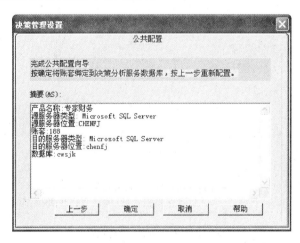

图 4-80　【决策管理设置】结果信息对话框

③ 单击【确定】按钮,系统弹出【保存成功】信息提示对话框,单击【确定】按钮完成决策管理公共配置设置处理。

3. 基础设置与数据准备

基础设置与数据准备是专家财务评估的前提条件,在进行财务评估分析前应完成数据准备工作,数据准备工作按如图 4-81 所示的操作流程进行。

图 4-81 数据准备操作流程

（1）系统启用

操作步骤如下。

① 以账套主管身份注册登录企业应用平台。

② 在 UFIDA ERP-U8 窗口选择【基础设置】|【基本信息】|【系统启用】双击,进入【系统启用】窗口。

③ 在【系统启用】窗口,选择【专家财务评估】模块,设置系统启用为"2008-07-01"后,退出【系统启用】窗口,完成系统启用操作。

（2）新增公司

除产品中已经存在的公司之外,还可以根据需要增加新的公司,新增公司作为"我的公司"保存,是私有公司,只有创建人才能对自己新增公司的财务报表数据进行分析。

操作步骤如下。

① 在 UFIDA ERP-U8 窗口选择【业务工作】|【决策管理】|【专家财务评估】|【数据维护】|【新增公司】双击,进入【新增公司】对话框,如图 4-82 所示。

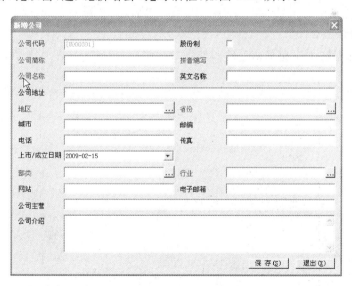

图 4-82 【新增公司】对话框

② 输入公司相关信息后,单击【保存】按钮,将该公司信息存入数据库。

（3）新增期间

在日常使用过程中,当一个新的月度、季度、年中或年度开始时,首先需要增加新的报表期间,之后才能导入新报表期间的数据并进行分析。

操作步骤如下。

① 在 UFIDA ERP-U8 窗口选择【业务工作】|
【决策管理】|【专家财务评估】|【数据维护】|【新增
期间】双击,进入【新增期间】对话框,如图 4-83 所示。

② 选择报表期间后,单击【确定】按钮,增加新报
表期间。

提示:

> 系统只为用户保存一定期间的报表数据,用户每新增
  一个期间,最早一个期间的报表数据就会被删除。

> 增加期间需要逐期增加。

图 4-83 【新增期间】对话框

（4）导入报表

用户在新增期间之后,需要导入新一期的报表数据,也可以选择导入以前期间的报表数据,把准备好的资产负债表、利润表、现金流量表等报表数据导入或手工输入系统,构建财务分析的"原始数据"源。

导入报表的基本操作过程如下。

① 在 UFIDA ERP-U8 窗口选择【业务工作】|【决策管理】|【专家财务评估】|【数据维护】|【导入报表】双击,进入【导入报表】对话框。

② 在【导入报表】对话框中,选择公司名称后,单击【下一步】按钮,进入【打开报表文件】对话框。

③ 在【打开报表文件】对话框中,单击 ... 按钮选择要导入的报表文件并打开。

④ 设置拟生成的报表属性,执行项目匹配后,执行导入操作,完成报表引入操作。

（5）维护报表数据

维护报表数据用于实现对任一公司的报表数据进行复制、移动或删除处理。

操作步骤如下。

① 在 UFIDA ERP-U8 窗口选择【业务工作】|【决策管理】|【专家财务评估】|【数据维护】|【维护报表数据】双击,进入【维护报表数据】对话框,如图 4-84 所示。

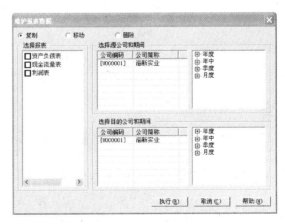

图 4-84 【维护报表数据】对话框

② 首先选择一个源公司和源期间,再选择要进行操作的报表,然后选择一个目的公司和目的期间,完成以上选择处理之后,单击【执行】按钮即可实现对所选公司和期间的报表数据进行复制、移动或删除处理。

(6) 推导标准设置

通常,当一个新的季度、年中、年度开始时,由于上市公司公开披露报表的滞后性,使得当期的行业标准值、部类标准值不可能及时更新,并且上市公司目前没有披露月报,所以对于月度的部类标准值与行业标准值还无法提供,针对这种情况,可采用参照推导的方式来推导最新期间的部类及行业标准值。由于部类、行业标准值具有相对稳定性,其波动性一般不会太大,因此,可以把最近的年度标准值作为当前最新的年度标准值,也可以把最近的年中标准值作为当前最新月度标准值。

操作步骤如下。

① 在 UFIDA ERP-U8 窗口选择【业务工作】|【决策管理】|【专家财务评估】|【数据维护】|【推导标准】双击,进入【推导标准】对话框,如图 4-85 所示。

图 4-85 【推导标准】对话框

② 选择部类和行业标准的推导方法及企业内部标准的计算方法后,单击【确定】按钮,系统进行标准值的推导计算。完成计算后,系统弹出重新计算评价值信息提示框,如图 4-86 所示。

图 4-86 重新计算评价值信息提示框

③ 单击【是】按钮,进入【计算指标】对话框,如图 4-87 所示。

④ 选择公司、期间、需要计算的指标和数据后,单击【计算】按钮,重新对各类指标数据进行计算。完成计算后,弹出计算完成信息提示框,如图 4-88 所示。

⑤ 单击【确定】按钮,完成指标的计算处理。

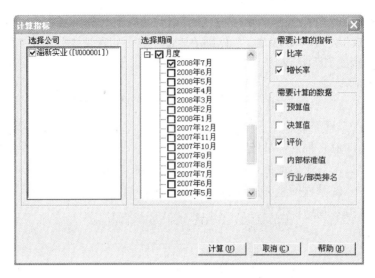

图 4-87 【计算指标】对话框

图 4-88 计算完成信息提示框

（7）计算指标设置

报表数据更新之后，需要重新计算各种财务指标和部类标准值、行业标准值及公司内部标准值。需要计算的指标主要包括两大类，即比率指标（主要包括清偿能力比率、长期偿债比率、盈利能力比率、资产管理效率比率、投资报酬率、发展能力比率等）和增长率指标（主要包括销售增长率、毛利增长率、利润增长率、净利润增长率等）；需要计算的数据主要有比率的预算及决算值、指标状况的评价、内部标准值、行业/部类排名和功效系数评价得分五种。比率的预算及决算值是根据导入报表数据的预算值或决算值进行计算，它是进行预算或决算完成情况分析的基础；指标状况的评价是指根据五档标准值对当前指标状况进行评价；内部标准值是根据当前公司历史数据按一定规则由系统计算生成的一种内部标准；行业/部类排名是指当前指标在企业所属行业或部类中的排名情况；功效系数评价得分是根据多目标规划原理，把所要评价的各项指标分别对照各自的标准，并根据各项指标的权数，通过功效函数转化为可以度量的评价分数，再对各项指标的单项评价分数进行加总，求得综合评价的分数。

操作步骤如下。

① 在 UFIDA ERP-U8 窗口选择【业务工作】|【决策管理】|【专家财务评估】|【数据维护】|【指标计算】双击，进入【计算指标】对话框。

② 选择公司、期间、需要计算的指标和数据后，单击【计算】按钮，重新对各类指标数据进行计算。

（8）下载上市公司数据

通过下载上市公司数据，引入上市公司最新的行业标准值，具体操作如下。

① 在 UFIDA ERP-U8 窗口选择【业务工作】|【决策管理】|【专家财务评估】|【数据维护】|【下载上市公司数据】双击,系统自动链接用友公司网站查找数据,找到数据后,弹出【文件下载】对话框,如图 4-89 所示。

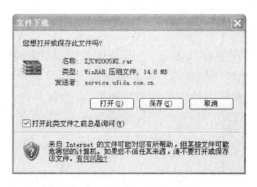

图 4-89 【文件下载】对话框

② 直接单击【打开】按钮,系统进行文件下载,下载完毕后进入解压窗口,如图 4-90 所示。

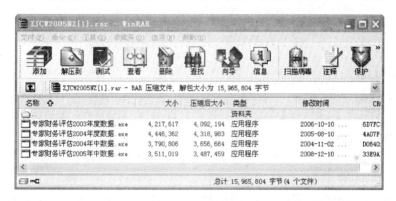

图 4-90 解压窗口

③ 选择要安装的数据双击,系统对文件解压开始进行安装,并弹出【验证 SA 密码】对话框,如图 4-91 所示。

④ 输入管理员 SA 的密码后,单击【确定】按钮,系统进行密码验证,系统通过验证后,打开【数据更新】对话框,如图 4-92 所示。

图 4-91 【验证 SA 密码】对话框

图 4-92 【数据更新】对话框

⑤ 选择目标数据库后，单击【添加新期间数据】按钮，系统开始更新数据库，更新完毕，弹出添加成功信息提示框，如图 4-93 所示。

图 4-93　添加成功信息
提示框

⑥ 单击【确定】按钮，完成上市公司行业标准值的更新处理。

（9）下载财政部效绩评价标准值

通过下载财政部效绩评价标准值，引入财政部效绩评价的最新标准值，以满足对企业效绩评价需求。下载安装财政部效绩评价标准值的操作方法与流程同下载安装上市公司行业标准值的操作方法相同，可参照其操作进行。

4.6.3　报表分析

报表分析是针对报表的有关数据开展分析工作。报表分析内容包括资产负债表、利润表及分配表、现金流量表、效绩评价基础指标表、分部报表、明细报表、比率分析、增长率分析等，分析方法主要有决算数或预算数、变化百分比、结构分析表、期间组合、定基百分比分析。

各类报表分析包括年度报表分析、年中报表分析、季度报表分析和月度报表分析。虽然报表分析的内容较多，但其操作基本相同，此处仅以资产负债表的年度报表分析为例进行说明。

分析操作步骤如下。

① 在 UFIDA ERP-U8 窗口选择【业务工作】|【决策管理】|【专家财务评估】|【报表分析】|【资产负债表】|【年报】双击，打开报表分析窗口，如图 4-94 所示。

图 4-94　报表分析窗口

② 单击【选择类型】选项卡，可以选择分析方法，可供选择的分析方法有决算数或预算数、变化百分比、结构分析表、期间组合、定基百分比分析；单击【选择分类】选项卡，可以选择分析的数据类型，可供分析的数据类型有公司预算数、公司决算数；单击【选择报表】选项卡，可以选择切换到效绩评价基础指标表；单击【选择期间】选项卡，可以选择分析的期间

（近七年）；单击【选择公司】选项卡，可以更换分析的公司。

提示：

> ➢ 比率分析提供了所选公司月度、季度、年度和年中的各种财务比率，包括清偿能力比率、长期偿债比率、盈利能力比率、资产管理效率比率、投资报酬比率、发展能力比率等，同时提供了公司指标数值、部类行业均值和排名等信息。
> ➢ 增长率分析提供了所选公司年报、中报、季报、月报的各种增长率，包括销售增长率、毛利增长率、利润增长率、净利润增长率等，同时提供了公司决算数、预算数、部类行业平均值、排名等信息。

4.6.4　对比分析

对比分析就是通过指标对比，从数量上确定差异的一种分析方法，通过对比分析可以客观地揭示各种差异，以便挖掘各种潜力。在应用对比分析时，需要根据分析的需求，选择合适的比较指标，如将实际指标与计划指标对比，分析计划完成情况；将本期指标与上期指标对比，评价企业的发展速度和生产技术经营管理改进情况等。

1.分析项目定义

专家财务评估系统提供了公司长达七年的数据，具有 5000 多类数据项。这些数据项简单地排列在一起，既不便于用户观察分析，也不能突出重点，因此，需要根据分析的重点进行合理、有效的组织与排列，以便于统计分析。通过分析项目定义，可以实现数据项的有效组织，为分析提供便利。分析项目分为系统预置和用户自定义两种。其中，系统预置分析项目是安装好本软件之后就具有的，不可修改。而用户自定义分析项目，则是由用户自己根据需要或爱好编辑创建的。

分析项目定义就是用于设置对比分析的指标，分析项目定义的操作步骤如下。

① 在 UFIDA ERP-U8 窗口选择【业务工作】|【决策管理】|【专家财务评估】|【对比分析】|【分析项目定义】双击，打开【分析项目定义】对话框，如图 4-95 所示。

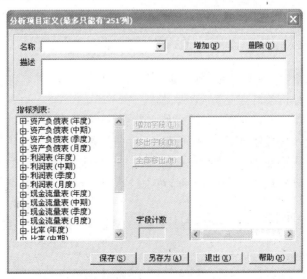

图 4-95　【分析项目定义】对话框

提示：

分析项目名称不能重复，且一个分析项目最多包含 251 个项目（列）。

② 单击【增加】按钮，在弹出的【名称编辑】对话框中输入项目名称及项目描述，然后单击【确定】按钮返回【分析项目定义】对话框。

③ 从【指标列表】中选择分析指标，单击【增加字段】按钮将其添加到右侧的分析指标列表框中。

④ 所有的分析指标选定后，单击【保存】按钮，系统弹出【当前分析项目保存成功】信息框，单击【确定】按钮完成定义。

2. 分析条件定义

分析条件定义用于筛选分析数据，定义分析条件实质在于定义数据筛选的条件表达式，一个分析条件实际上就是一个指标的比较式，它由三个部分组成：指标、比较关系符号和比较项。比较项可以是指标、数字或者文字，在比较项的前面可以乘以一个系数。

分析条件定义的操作步骤如下。

① 在 UFIDA ERP-U8 窗口选择【业务工作】|【决策管理】|【专家财务评估】|【对比分析】|【分析条件定义】双击，打开【分析条件定义】对话框，如图 4-96 所示。

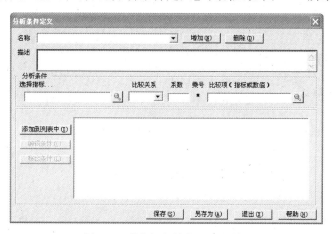

图 4-96　【分析条件定义】对话框

② 单击【增加】按钮，在弹出的【名称编辑】对话框中输入项目名称及项目描述，然后单击【确定】按钮返回【分析条件定义】对话框。

③ 在【分析条件定义】对话框中，通过选择指标、比较关系、比较项等内容构建分析条件，条件设置完成后，单击【添加到列表中】按钮，将分析条件添加到右下方的编辑框中。

④ 同样方式构建其他分析条件，所有的分析条件构建完成后，单击【保存】按钮，弹出【保存当前分析条件成功】信息提示对话框，单击【确定】按钮结束分析条件定义。

提示：

使用另存条件的功能，可以在一个已有条件的基础上通过编辑建立另外一个条件。

3. 分析内容定义

分析内容定义用于选择对比分析的对象，即与哪些公司进行比较。分析内容定义的操作步骤如下。

① 在 UFIDA ERP-U8 窗口选择【业务工作】|【决策管理】|【专家财务评估】|【对比分析】|【分析内容定义】双击,打开【分析内容定义】对话框,如图 4-97 所示。

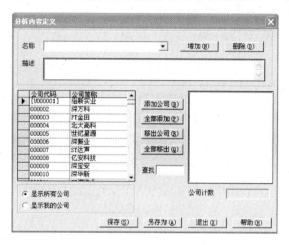

图 4-97 【分析内容定义】对话框

② 单击【增加】按钮,在弹出的【名称编辑】对话框中输入项目名称及项目描述,然后单击【确定】按钮返回【分析内容定义】对话框。

③ 在【分析内容定义】对话框中,选择要分析的公司,单击【添加公司】按钮,将其添加到分析列表中。

④ 所有分析公司添加完毕后,单击【保存】按钮,弹出【当前分析内容定义保存成功】信息提示对话框,单击【确定】按钮结束分析内容定义。

4. 对比分析展现

对比分析展现就是在指标选择、数据筛选和比较对象设置的前提下,完成对比信息的生成与显示,其基本操作步骤如下。

① 在 UFIDA ERP-U8 窗口选择【业务工作】|【决策管理】|【专家财务评估】|【对比分析】|【对比分析展现】双击,打开【对比分析展现】窗口,如图 4-98 所示。

图 4-98 【对比分析展现】窗口

② 单击【选择分析条件】选项卡，可以选择已定义的分析条件；单击【选择分析内容】选项卡，可以选择已定义的分析内容；单击【选择分析项目】选项卡，可以选择已定义的分析项目；单击【选择行业】选项卡，可以选择要分析的行业类型；单击【选择公司】选项卡，可以更换分析的公司；单击【标准分析项目】选项卡，可以显示所有的公司信息。

4.6.5　指标分析

指标分析是指同一期财务报表上的相关项目互相比较，求出它们间的比率，以说明财务报表上所列项目与项目之间的关系，从而揭示企业的财务状况，是财务分析的核心。财务分析指标可以分为七类：清偿能力、长期偿债能力、盈利能力、资产管理效率、投资报酬率、发展能力和其他。财务分析系统提供财政部公布的评价经济效益的指标体系，共 28 个分析指标。在进行指标分析时，可以根据分析需要进行指标的定义和选择。

1. 指标定义

财务指标多种多样，但分析专家往往有自己独特的价值分析指标。系统提供了独特分析指标的定义功能，通过自定义指标，可以将其运用于财务报表分析当中，从而提高财务分析的独特性。

操作步骤如下。

① 在 UFIDA ERP-U8 窗口选择【业务工作】|【决策管理】|【专家财务评估】|【指标分析】|【指标定义】双击，打开【指标定义】对话框，如图 4-99 所示。

图 4-99　【指标定义】对话框

② 单击【增加】按钮，在弹出的【指标名称】对话框中输入指标名称，然后单击【确定】按钮返回【指标定义】对话框。

③ 通过窗口中的加减乘除运算符、增加字段按钮、增加函数按钮在【表达式】组合框中录入指标的计算公式,录入完毕后,单击【检验表达式】按钮检验表达式是否合乎语法,通过检验后,单击【保存】按钮,对定义的指标进行保存。

④ 完成上述设置后,单击【计算指标】按钮对指标值进行计算。

2. 计算自定义指标

如果自定义指标发生了变化,或者数据进行了更新,自定义指标就需要进行重新计算。否则,指标就不能及时反映这些变化和更新。

操作步骤如下。

① 在 UFIDA ERP-U8 窗口选择【业务工作】|【决策管理】|【专家财务评估】|【指标分析】|【计算自定义指标】双击,打开计算自定义指标信息提示对话框,如图 4-100 所示。

② 单击【是】按钮,系统计算指标,计算完毕弹出【自定义指标计算完毕】信息对话框,单击【确定】按钮,完成自定义指标的计算。

图 4-100　计算自定义指标
　　　　　信息提示对话框

3. 显示自定义指标

显示自定义指标就是在指标定义与计算的基础上,将指标计算结果显示出来,供使用者参考。其操作步骤如下。

① 在 UFIDA ERP-U8 窗口选择【业务工作】|【决策管理】|【专家财务评估】|【指标分析】|【显示自定义指标】双击,打开【自定义指标】窗口,如图 4-101 所示。

② 单击【选择分类】选项卡,可以选择分析数据类型;单击【选择公司】选项卡,可以更换分析的公司。在窗口中,单击鼠标右键,弹出分析指标快捷菜单,如图 4-102 所示。

③ 选择相关指标单击,可以跳转到相应的指标处。

图 4-101　【自定义指标】窗口

图 4-102　分析指标快捷菜单

4.6.6　财务预算

预算分析即预算完成情况分析，主要用于考核企业在当年任一期间的预算执行情况，以便尽早发现问题，保证预算的实施。预算管理是加强计划性的主要内容，是实际执行过程中的参考指标，是财务分析的重点。

财务分析系统提供了预算编制、预算数追加、预算与实际比较分析的功能，可进行部门、项目、收入、支出、科目预算执行分析。对部门、项目提供了两种类型的预算分析方式，一种是精细预算分析，另一种是粗放预算分析，在同一个会计年度里只可以选择其一（系统默认为精细预算）。预算类型选定后可随时修改。精细预算是对某个部门或某个项目中的核算科目制定预算数。粗放预算是将某个部门或某个项目里需要进行预算控制的各科目按照选定的控制方向，制定一个部门或项目的总预算数，并不对每个科目制定预算数。

概括起来系统提供的预算分析表如表 4-10 所示。

表 4-10　财务预算分析表

报 表 名 称	预 算 分 析	
部门预算分析表	√（精细）	√（粗放）
项目预算分析表	√（精细）	√（粗放）
收入预算分析表	√	
成本费用预算分析表	√	
科目预算分析表	√	
利润预算分析表	√	

1. 预算管理的过程

预算管理过程是指从初始化到生成预算分析表的整个过程。其处理流程如下。

（1）在系统初始中，首先进行预算初始，预算初始包括两部分内容，第一步进行预算类型初始，第二步进行预算数初始。

（2）初始化完毕后，在 UFIDA ERP-U8 窗口选择【业务工作】|【决策管理】|【专家财务评估】|【财务预算】|【预算分析】单击，将列出下一级节点：部门预算分析表、项目预算分析表、收入预算分析表、成本费用预算分析表、科目预算分析表、利润预算分析表。根据实际情况双击需要分析的预算分析表。

（3）指定分析期间和对比期间。

（4）根据需要选择表项。

（5）确认后，将进入分析表窗口，显示报表分析结果。

在分析表窗口中，可以给分析表加入文字说明；打印分析表；把分析表保存为各种文件格式；或者生成各种图形。

2. 预算类型初始

财务分析对部门、项目预算提供了两种类型的分析方式，一种是精细预算分析，另一种是粗放预算分析，在同一个会计年度里只可以选择其一（系统默认为精细预算）。预算类型选定后还可随时修改。

> 精细预算是指对某个部门或某个项目中的核算科目制定预算数。
> 粗放预算就是将某个部门或某个项目里需要进行预算控制的各科目按照选定的控制方向,制定一个部门或项目的总预算数,而并不对每个科目制定预算数。

操作步骤如下。

① 在 UFIDA ERP-U8 窗口选择【业务工作】|【决策管理】|【专家财务评估】|【财务预算】|【预算初始】|【预算类型】双击,进入【选择预算类型】对话框,如图 4-103 所示。

② 选择【精细预算】或【粗放预算】其一,然后单击【确定】按钮,完成预算类型的初始设置。

提示:

图 4-103　【选择预算类型】
对话框

> 对于部门预算、项目预算有粗放或精细两种不同类型的预算方式,对于科目、利润预算是不受预算类型控制的,两种方式的效果是一样的。
> 如果选定粗放预算后,则部门、项目预算数的初始、分析和在账务系统中年报警数的控制都按粗放类型的方式;反之,如果选定精细预算后,则部门、项目预算数的初始、分析和在账务系统中年报警数的控制都按精细类型的方式。
> 虽然预算类型可随时修改,但需要十分谨慎。因为在一个会计年度里,如果改变预算类型,系统对在本会计年度修改预算类型前编制的预算数不进行保存,即一年只能进行一种类型的预算分析。
> 对于不同的会计年度,系统可以保存不同类型的预算数据。

3. 预算数初始

在财务分析中,有四类预算数初始对象:部门预算、项目预算、科目预算和利润预算。通过预算初始,能选定要进行预算分析的对象,并编制相应的预算数。

(1) 部门预算

财务分析对部门预算提供了两种类型的分析方式,一种是精细部门预算分析,另一种是粗放部门预算分析。精细部门预算是指可以对部门中的每一个部门核算科目进行预算管理。粗放部门预算就是将某个部门里需要进行预算控制的各科目按照选定的控制方向,制定一个部门的总预算数,并不对每个部门核算科目制定预算数。

操作步骤如下。

① 在 UFIDA ERP-U8 窗口选择【业务工作】|【决策管理】|【专家财务评估】|【财务预算】|【预算初始】|【预算数】|【部门预算】双击,进入【部门预算】对话框,如图 4-104、图 4-105 所示。

图 4-104　【部门预算】(精细)对话框

图 4-105   【部门预算（粗放）】对话框

　　② 在【部门预算】对话框中，从【部门名称】下拉列表中选择部门，然后从【待选科目】列表中选择部门辅助核算科目添加到【已选科目】列表，单击【确定】按钮，进入【编制部门预算数】对话框，如图 4-106 所示。

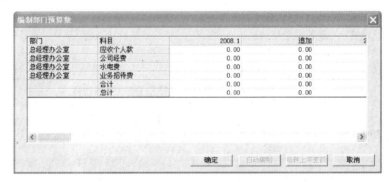

图 4-106   【编制部门预算数】对话框

　　③ 选择某一科目记录，找到相关月份在相应栏目上双击，进入【部门预算追加】对话框，如图 4-107 所示。

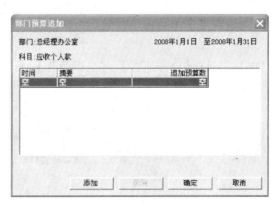

图 4-107   【部门预算追加】对话框

　　④ 单击【添加】按钮，录入追加的预算金额。
　　⑤ 单击【确定】按钮，返回【编制部门预算数】对话框。
　　⑥ 重复第③～⑤步编制其他部门辅助核算科目的预算数。

⑦ 在【编制部门预算数】对话框中,单击【确定】按钮返回【部门预算】对话框。

⑧ 重复第②～⑦步,对其他部门进行预算编制。

⑨ 在【部门预算】对话框中,单击【确定】按钮完成部门预算编制。

提示:

➤ 一个部门能对应几个科目,一个科目能对应几个部门,并且对同一部门的同一科目也可以选择同时对应"借方发生额"、"贷方发生额"、"余额"三种控制方向。例如:对于"管理费用——业务招待费"这个科目,在粗放部门预算的某个部门中控制了它的"借方发生额"后,仍然可以再选择同时控制其"余额"。

➤ 在进行粗放部门预算控制时,对于某个多级次科目,无论它的哪一级,在控制了下级后就不能再控制其上级;同理在控制了上级后就不能再控制其下级。因为粗放部门预算的编制原理就是将某个部门里需要进行预算控制的科目按照选定的控制方向求总和,作为这个部门的预算数进行分析,所以,如果对某个科目的一级科目进行了粗放预算控制,又对其明细级科目进行粗放预算控制,就会造成部门预算数的重复。

(2)项目预算

财务分析对项目预算提供了两种类型的分析方式,一种是精细项目预算分析,另一种是粗放项目预算分析。精细项目预算是指可以对项目中的每一个项目核算科目进行预算管理。粗放项目预算就是将某个项目里需要进行预算控制的各科目按照选定的控制方向,制定一个项目的总预算数,并不对每个项目核算科目制定预算数。

操作步骤如下。

① 在 UFIDA ERP-U8 窗口选择【业务工作】|【决策管理】|【专家财务评估】|【财务预算】|【预算初始】|【预算数】|【项目预算】双击,进入【项目预算】对话框,如图 4-108、图 4-109 所示。

图 4-108 【项目预算】(精细)对话框

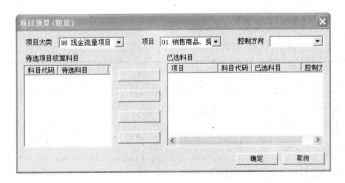

图 4-109 【项目预算(粗放)】对话框

提示：

项目大类为在账务系统设置的所有项目大类名称。项目为该项目大类的所有项目目录。待选科目为核算该大类项目的所有科目。

② 在【项目预算】对话框中，从【项目大类】下拉列表中选择项目大类，从【项目】下拉列表中选择项目，然后从【待选项目核算科目】列表中选择项目辅助核算科目添加到【已选科目】列表，单击【确定】按钮，进入【编制项目预算数】对话框，如图 4-110 所示。

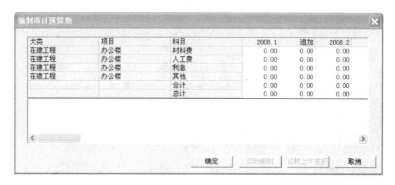

图 4-110　【编制项目预算数】对话框

③ 选择某一科目记录，找到相关月份在相应栏目上双击，进入【项目预算追加】对话框，如图 4-111 所示。

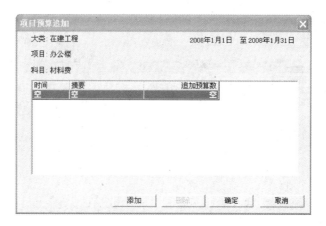

图 4-111　【项目预算追加】对话框

④ 单击【添加】按钮，录入追加的预算金额。

⑤ 单击【确定】按钮，返回【编制项目预算数】对话框。

⑥ 重复第③～⑤步编制其他项目辅助核算科目的预算数。

⑦ 在【编制项目预算数】对话框中，单击【确定】按钮返回【项目预算】对话框。

⑧ 重复第②～⑦步，对其他项目进行预算编制。

⑨ 在【项目预算】对话框中，单击【确定】按钮完成项目预算编制。

提示：

一个项目能对应几个科目，一个科目能对应几个项目，并且对同一项目的同一科目也可以选择同时对应"借方发生额"、"贷方发生额"、"余额"三种控制方向。

（3）科目预算

科目预算初始用于选定预算分析的科目，预算分析科目可以设为任意级别的科目。

操作步骤如下。

① 在 UFIDA ERP-U8 窗口选择【业务工作】|【决策管理】|【专家财务评估】|【财务预算】|【预算初始】|【预算数】|【科目预算】双击，进入【科目预算】对话框，如图 4-112 所示。

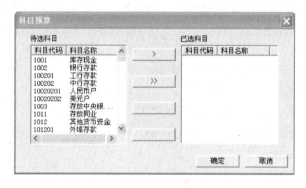

图 4-112 【科目预算】对话框

② 将需要进行预算的科目从【待选科目】列表中添加到【已选科目】列表中，然后单击【确定】按钮，进入【编制科目预算数】对话框，如图 4-113 所示。

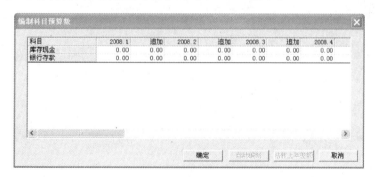

图 4-113 【编制科目预算数】对话框

③ 在相关栏目上双击进入【科目预算追加】对话框，如图 4-114 所示。

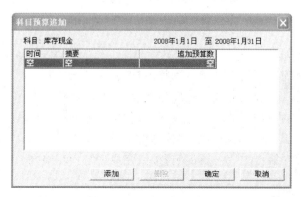

图 4-114 【科目预算追加】对话框

④ 单击【添加】按钮,录入追加预算金额,单击【确定】按钮,返回【编制科目预算数】对话框。

⑤ 同样方式完成其他科目预算数的编制。

提示：

➢ 考核科目预算完成情况时,借方科目分析借方发生额,贷方科目分析贷方发生额。

➢ 科目预算不受预算类型的控制,两种预算方式的效果是一样的。

（4）利润预算

在日常工作中,经常需要考核利润预算完成情况,系统已根据"利润表"的内容定义了考核利润预算的项目,在分析时只要根据内容编制预算数即可。

操作步骤如下。

① 在 UFIDA ERP-U8 窗口选择【业务工作】|【决策管理】|【专家财务评估】|【财务预算】|【预算初始】|【预算数】|【利润预算】双击,进入【编制利润预算数】对话框,如图 4-115 所示。

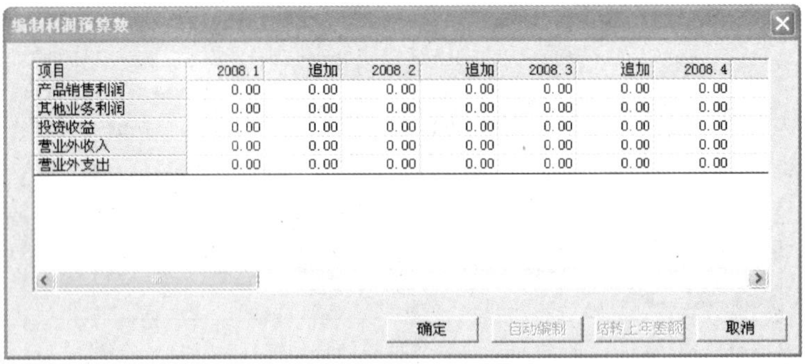

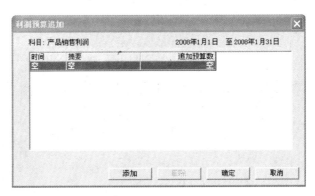

图 4-115 【编制利润预算数】对话框

② 在需要编制预算数的项目的相关栏目双击,进入【利润预算追加】对话框,如图 4-116 所示。

图 4-116 【利润预算追加】对话框

③ 单击【添加】按钮,在相关栏目上单击录入预算数等信息,然后单击【确定】按钮返回【编制利润预算数】对话框。

④ 同样方式,完成其他项目预算数的编制。

提示：

➢ 行政事业单位没有利润表，因此也没有相应的利润预算初始和利润预算分析表。

➢ 利润预算不受预算类型的控制，两种预算方式的效果是一样的。

4. 预算分析

执行预算分析，就是分析实际与预算的差异，考核企业在当年任一期间的预算执行情况，以便尽早发现问题，保证预算的实施。预算分析的内容如前所述主要包括部门预算分析、项目预算分析、收入预算分析、成本费用预算分析、科目预算分析和利润预算分析，各种预算分析处理的操作大同小异，在此以部门预算分析为例说明预算分析的基本操作。

部门预算分析的操作步骤如下。

① 在 UFIDA ERP-U8 窗口选择【业务工作】|【决策管理】|【专家财务评估】|【财务预算】|【预算分析】|【部门预算分析表】双击，打开【预算分析选择】对话框，如图 4-117 所示。

图 4-117　【预算分析选择】对话框

提示：

➢ 预算分析可以实现按月、按季、按年分析。按月分析时，分析当年指定月的预算完成情况；按季分析时，分析当年指定季度的预算完成情况；按年分析时，分析全年预算完成情况。

➢ 可以实现与任一会计期的比较分析，选定分析日期的数据与任一相应期数据进行比较。

② 选择分析日期和比较日期后，单击【确定】按钮，进入【部门预算执行报告选项】对话框，如图 4-118 所示。

图 4-118　【部门预算执行报告选项】对话框

提示：

➢ 表名：可以根据实际需要为分析表定义表名，系统最多可保存十个，数量超出后将保存最近的十个。在此定义的表名将显示在确定生成的报表上。

➢ 通过选择待选科目组织分析表的项目。

➢ 分析方式：提供了按部门、按科目两种分析方式。

③ 在【部门预算执行报告选项】对话框中，输入或选择分析表名，如"业务招待费预算执行情况"；选择待选科目添加到【已选科目】列表中，如各部门的"业务招待费"科目；选择分析方式，如"按部门"分析。录入、选择完毕后，单击【确定】按钮，进入【报表】窗口，如图 4-119 所示。

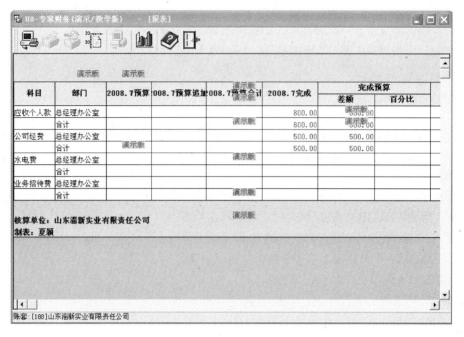

图 4-119　【报表】窗口

④ 在【报表】窗口，可以为报表添加分析说明文字，可以进行图形分析。

提示：

➢ 科目预算分析、项目预算分析、收入预算分析、成本费用预算分析、利润预算分析与部门预算分析的操作界面及操作流程基本相同，不再一一介绍。

➢ 可通过多次选择分别组织多张预算分析表页。

4.6.7　现金收支

现金收支分析反映引起现金变化的会计科目即现金的流入流出渠道的增减变化状况。通过现金收支分析能随时了解现金净收支状况。这里提到的现金是广义现金，即在系统初始【现金科目设置】中定义的现金类科目，可以包括库存现金、银行存款、其他货币资金等一级借方科目，可根据单位的实际情况决定。

如果想得到现金收支完成预算的情况，在系统初始的【现金科目预算】中必须输入现金的流入预算和流出预算。

在账务系统中制作凭证，涉及现金类科目为"多借多贷"的形式时，系统采用了"先进先出"法进行处理。

例如：借：物资采购　　　　　　　　　　　　　700

　　　　管理费用　　　　　　　　　　　　　500

　　　　贷：银行存款　　　　　　　　　　　　　　900

　　　　　　其他应收款　　　　　　　　　　　　　300

此时，现金流出为 900，对方科目的金额系统只按先后次序取满为止。即物资采购 700，管理费用 500。

财务分析系统提供三种现金收支分析表。

➤ 现金收支表：某一时间区间内，现金流入、流出科目的情况。

➤ 现金收支增减表：某二个时间区间，现金流入、流出科目的对比。

➤ 现金收支结构表：某二个时间区间，现金流入、流出科目的结构对比。

1. 现金收支初始

通过现金收支初始，能设定进行预算分析的现金流入科目、现金流出科目，并录入预算数。现金收支初始分为两项内容：现金科目设置和现金科目预算设置。

（1）现金科目设置

现金科目设置是指设置与现金收支相关的基本会计科目，其基本操作步骤如下。

① 在 UFIDA ERP-U8 窗口选择【业务工作】|【决策管理】|【专家财务评估】|【现金收支】|【现金收支初始】|【现金科目设置】双击，打开【现金科目设置】对话框，如图 4-120 所示。

② 通过单击【添加】、【删除】、【参照】等按钮，调整现金科目的设置情况，使之与企业账套设置信息相符。

图 4-120　【现金科目设置】对话框

③ 现金科目调整完毕后，单击【确定】按钮对设置进行保存。

提示：

➤ 只能录入一级科目代码。

➤ 现金类科目可以增加或删除（第一个现金科目不能删除）。

➤ "项目名称"和"科目名称"是不能更改的，"科目代码"可以修改。

➤ 现金科目是指广义的现金，可包括库存现金、银行存款、其他货币资金等一级借方科目。

（2）现金科目预算设置

现金科目预算是指现金流入科目、现金流出科目的预算，现金流入科目是指引起现金增加的科目，如"产品销售收入"、回收"应收账款"等，现金流出科目是指引起现金减少的科目，如"长期投资"、"材料采购"等。

操作步骤如下。

① 在 UFIDA ERP-U8 窗口选择【业务工作】|【决策管理】|【专家财务评估】|【现金收支】|【现金收支初始】|【现金科目设置】双击，进入【现金科目预算】对话框，如图 4-121 所示。

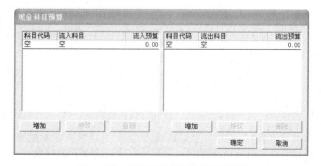

图 4-121　【现金科目预算】对话框

② 单击流入科目端的【增加】按钮，弹出【流入科目】设置对话框，如图 4-122 所示。

③ 从【待选的流入科目】列表中选择流入科目，然后录入流入科目预算额，再单击【确定】按钮返回【现金科目预算】对话框。

④ 单击流出科目端的【增加】按钮，弹出【流出科目】设置对话框，如图 4-123 所示。

图 4-122　【流入科目】设置对话框　　　　图 4-123　【流出科目】设置对话框

⑤ 从【待选的流出科目】列表中选择流出科目，然后录入流出科目预算额，再单击【确定】按钮返回【现金科目预算】对话框。

⑥ 在【现金科目预算】对话框中，单击【确定】按钮，完成现金科目预算初始处理。

提示：

➢ 预算数为年预算数。

➢ 如果没有进行现金收支预算初始，则在现金收支表中将得不到有关预算数的信息；但只要在基本项目初始中定义了现金类科目，就可得到有关实际发生数的信息。

2. 现金收支分析

现金收支分析就是分析企业当前会计年度中现金流入、流出的基本状况，主要包括现金收支分析、现金收支增减分析和现金收支结构分析三种分析方法。

（1）现金收支表

现金收支表反映当前会计年度中任一时间区间内引起现金流入、流出的会计科目及现金净流量的状况。

操作步骤如下。

① 在 UFIDA ERP-U8 窗口选择【业务工作】|【决策管理】|【专家财务评估】|【现金收支】|【现金收支分析】|【现金收支表】双击，打开【现金收支表日期设置】对话框，如图 4-124 所示。

② 选择分析期间后，单击【确定】按钮，进入【报表】现金收支表窗口，如图 4-125 所示。

图 4-124　【现金收支表日期设置】对话框

提示：

➢ 在【现金收支表日期设置】对话框中设置分析期间，分析期间中年度默认为当前会计年，月份、日期必须要录全，默认为当前会计月的第一天至当天。如要得到 7 月的现金收支表，请录入 7 月 1 日至 7 月 31 日。

现金流入科目	本年预算	本期发生	本年累计	本年累计完成预算	现金流出科目	本年预
应收账款		110,000.00	110,000.00		交易性金融资产	
其他应收款		300.00	300.00		应收股利	
应交税费		2,890.00	2,890.00		其他应收款	
主营业务收入		2,897,000.00	2,897,000.00		原材料	
					在建工程	
					应交税费	
					应付利息	
					汇兑损益	
					销售费用	
					管理费用	
					财务费用	
现金流入合计		3,010,190.00	3,010,190.00		现金流出合计	
					现金净流量	

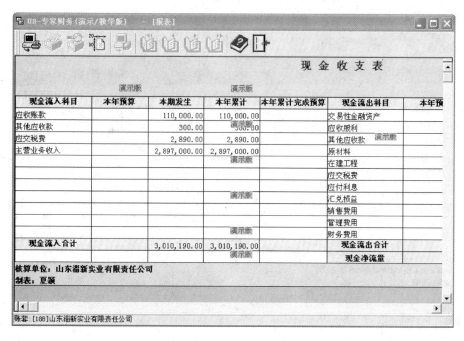

图 4-125 现金收支表

➢ 在现金收支分析表中有一现金净流量项，其计算公式为“现金净流量=现金流入合计－现金流出合计”。

(2) 现金收支增减分析

现金收支增减表反映当前会计年度中任二个时间区间内引起现金流入、流出的会计科目的金额对比。

操作步骤如下。

① 在 UFIDA ERP-U8 窗口选择【业务工作】|【决策管理】|【专家财务评估】|【现金收支】|【现金收支分析】|【现金收支增减表】双击，打开【现金收支增减表日期设置】对话框，如图 4-126 所示。

图 4-126 【现金收支增减表日期设置】对话框

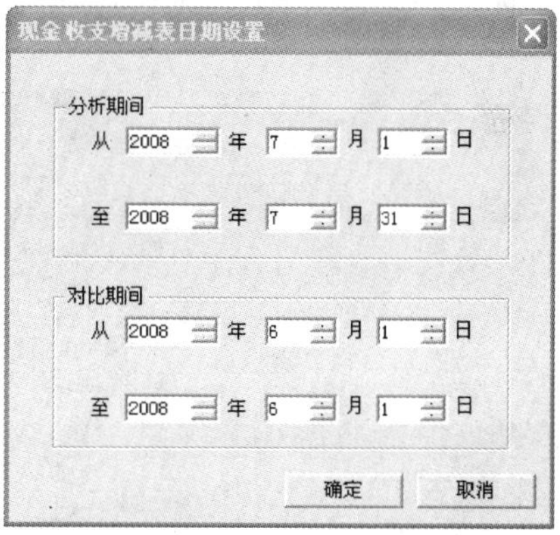

提示：

➢ 分析期间年度默认为当前会计年。月份、日期必须要录全，默认为当前会计月的第一天至当天。

➢ 对比期间的录入相同，对比期间为当前会计年度的任一期间，可以比分析日期早，也可以比分析日期晚。默认为上一会计月的第一天至最后一天。

② 选择分析期间和对比期间后，单击【确定】按钮，进入现金收支增减分析表窗口，如图 4-127 所示。

(3) 现金收支结构分析

现金收支结构表反映当前会计年度中任二个时间区间内引起现金流入、流出的会计科目的结构对比。

图 4-127　现金收支增减分析表

操作步骤如下。

① 在 UFIDA ERP-U8 窗口选择【业务工作】|【决策管理】|【专家财务评估】|【现金收支】|【现金收支分析】|【现金收支结构表】双击，打开【现金收支结构表日期设置】对话框，如图 4-128 所示。

图 4-128　【现金收支结构表日期设置】对话框

提示：

➢ 分析期间年度默认为当前会计年。月份、日期必须要录全，默认为当前会计月的第一天至当天。

➢ 对比期间为当前会计年度的任一期间，可以比分析日期早，也可以比分析日期晚。默认为上一会计月的第一天至最后一天。

② 选择分析期间和对比期间后，单击【确定】按钮，进入现金收支结构对比表窗口，如图 4-129 所示。

	U8-专家财务(演示/教学版) - [报表]							

现 金 收 支 结 构 对 比 表

现金流入科目	从2008.7.1 到2008.7.31	结构	从2008.6.1 到2008.6.1	结构	结构增减	现金流出科目	从2008.7.1 到2008.7.31	结构
应收账款	110,000.00	3.65%			3.65%	交易性金融资产	12,150.00	2.79%
其他应收款	300.00	0.01%			0.01%	应收股利	1,000.00	0.23%
应交税费	2,890.00	0.10%			0.10%	其他应收款	800.00	0.18%
主营业务收入	2,897,000.00	96.24%			96.24%	原材料	160,300.00	36.79%
						在建工程	58,000.00	13.31%
						应交税费	18,785.00	4.31%
						应付利息	2,000.00	0.46%
						汇兑损益	162,000.00	37.18%
						销售费用	20,250.00	4.65%
						管理费用	250.00	0.06%
						财务费用	200.00	0.05%
现金流入合计	3,010,190.00	100.0%			100.00%	现金流出合计	435,745.00	100.0%

核算单位: 山东淄新实业有限责任公司
制表: 夏颖

账套: [188]山东淄新实业有限责任公司

图 4-129　现金收支结构对比表

4.6.8　因素分析

因素是指反映企业整体经营状况、财务状况、组成结构的所有因素,例如:利润总额、总资产额、总负债额、现金净流量、科目结构、部门结构等。利用因素分析,可以自动生成各个相关科目的综合数据,从而使企业经营管理人员掌握企业的整体情况。

1. 科目结构分析

科目结构分析即在企业科目结构中,选定任一非末级科目为总体,以该科目下一级为部分,计算百分比,进行科目结构分析。

操作步骤如下。

① 在 UFIDA ERP-U8 窗口选择【业务工作】|【决策管理】|【专家财务评估】|【因素分析】|【科目结构分析】双击,打开【科目结构分析】对话框,如图 4-130 所示。

提示:

➤ 分析日期分为按月、按季、按年分析。按月分析时,各科目取其月发生额,按季或按年分析时,各科目取其季或年累计发生额。

图 4-130　【科目结构分析】对话框

➤ 分析方向分为借方发生额、贷方发生额、余额。当不选定时,系统默认借方科目分析借方发生额,贷方科目分析贷方发生额。

➤ 对比日期为任一期,即选定分析日期数据与任一相应期比较。

> 在【分析科目】列表框中，最末级科目不显示。
> 在进行科目结构分析时，每次只能选中一个科目进行分析。

② 选择分析日期、分析方向和对比日期后，再在【分析科目】列表中选择欲分析的科目，然后单击【确定】按钮，进入科目结构分析表窗口，如图 4-131 所示。

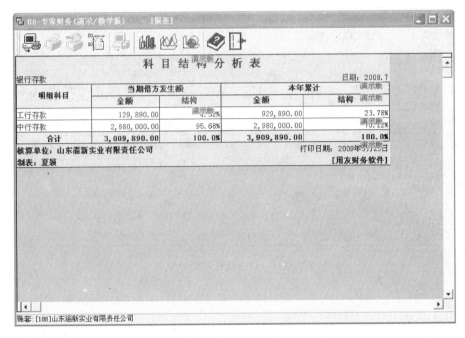

图 4-131　科目结构分析表

2. 部门结构分析

部门结构分析用于分析各部门下各科目的比重或各科目下各部门的比重。系统提供按部门分析和按科目分析两种方案。

按部门分析，是指分析同一部门下各科目结构。以该部门下各科目的发生额合计数为总体，各科目的发生额为部分，计算百分比。这里的"部门"是指在账务系统设立的所有末级部门，如该部门下科目既有贷方又有借方，则所有贷方科目列—"部门收入结构表"，贷方科目取其贷方发生数；所有借方科目列—"部门支出结构表"，借方科目取其借方发生数。

按科目分析，是指分析同一科目下各部门结构。这里的科目为账务系统的所有部门核算科目，以该科目的发生数为总体，各部门的发生数为部分，计算百分比。当该科目为借方科目，则分析其借方发生额；为贷方科目，则分析其贷方发生额。

操作步骤如下。

① 在 UFIDA ERP-U8 窗口选择【业务工作】|【决策管理】|【专家财务评估】|【因素分析】|【部门结构分析】双击，打开【选择分析对象】对话框，如图 4-132 所示。

② 选择分析对象，如【按部门分析】，选择分析部

图 4-132　【选择分析对象】对话框

门、分析月份、对比日期,完成选择后,单击【确定】按钮,进入部门收入分析表窗口,如图 4-133 所示。

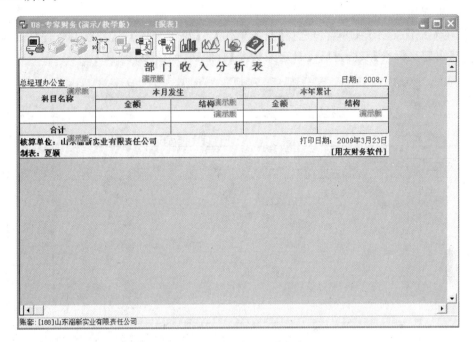

图 4-133　部门收入分析表

③ 单击工具栏上的【支】和【收】按钮图标,可以实现【部门收入分析表】和【部门支出分析表】的切换。

④ 单击工具栏上的作图命令图标,可以实现作图处理。

提示:

在部门结构分析中,图形分析按列行数据作图,按本月发生金额、"任一期"发生额、本年累计金额、"任一期"累计金额作图。

4.6.9　效绩评价

企业效绩是指企业一定经营期间的经营效益和经营者业绩。企业效绩评价是指运用数理统计和运筹学方法,采用特定的指标体系,对照统一的评价标准,按照一定的程序,通过定量、定性对比分析,对企业一定经营期间的经营效益和经营者业绩,做出客观、公正和准确的综合评判。企业效绩评价的核心是企业的财务效益状况。开展企业效绩评价有助于企业建立和完善激励与约束机制,有助于企业对经营目标实施考核和对财务运动实施监督,有助于企业提高经济效益。企业开展效绩评价的质量主要取决于评价标准的设计,因而开展效绩评价,首先,要定义或选择评价标准,即定义评价指标体系;其次,要为各项评价指标设置标准值;最后,获取企业经营数据信息实施评价。

1. 自定义标准

自定义效绩评价标准,就是从企业管理的实际有重点地设计或选择评价指标,构建评价指标体系。在设计评价指标体系时，可以选择系统已预设的指标，也可以从企业实际设计更贴近企业的评价指标。

操作步骤如下。

① 在 UFIDA ERP-U8 窗口选择【业务工作】|【决策管理】|【专家财务评估】|【效绩评价】|【自定义标准】双击，打开【自定义标准】对话框，如图 4-134 所示。

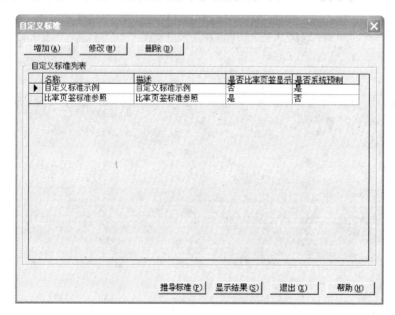

图 4-134　【自定义标准】对话框

② 单击【增加】按钮，弹出【自定义标准编辑】对话框，如图 4-135 所示。

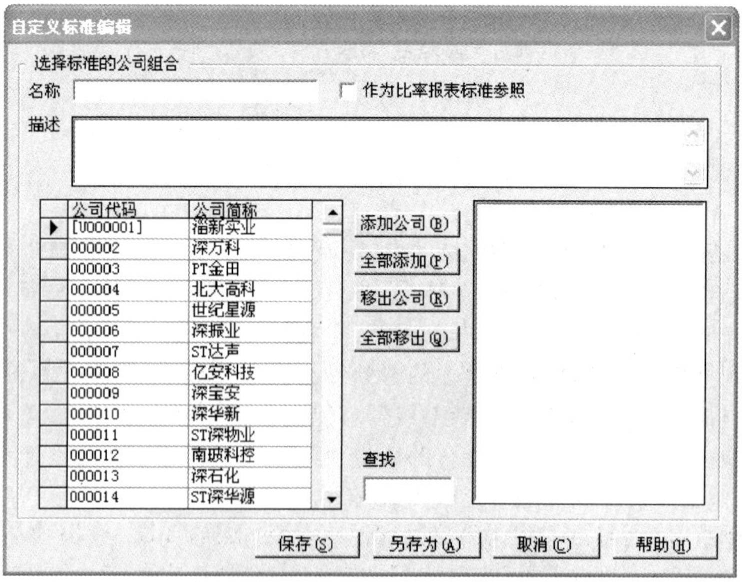

图 4-135　【自定义标准编辑】对话框

③ 在【自定义标准编辑】对话框中，输入标准名称、添加标准公司组合后，单击【保存】按钮进行保存并返回【自定义标准】对话框。

④ 在【自定义标准】对话框中，单击【推导标准】按钮，弹出【自定义标准推导】对话框，如图 4-136 所示。

⑤ 选择数据期间后，单击【确定】按钮，系统开始进行推导计算，推导计算完毕，弹出【自定义标准计算完毕】信息提示框，单击【确定】按钮完成推导计算，并返回【自定义标准】对话框。

⑥ 在【自定义标准】对话框中，单击【显示结果】按钮，弹出【自定义标准推导结果】对话框，如图 4-137 所示。

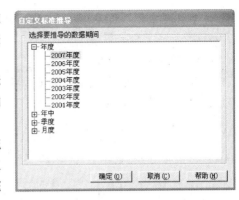

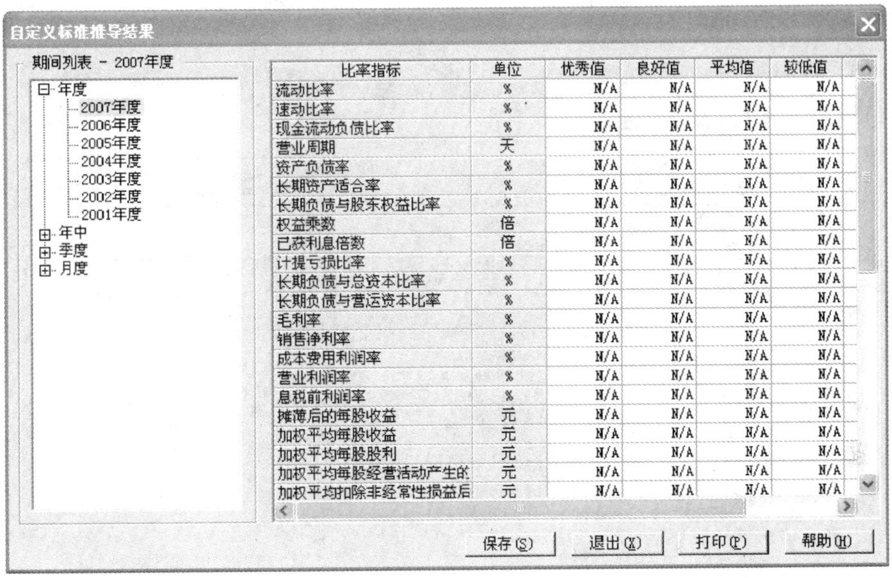

图 4-136 【自定义标准推导】对话框

图 4-137 【自定义标准推导结果】对话框

⑦ 在【自定义标准】对话框中，单击【退出】按钮结束自定义标准的设置。

2. 编辑标准值

在评价指标设计完毕后，就要为各评价指标设定科学、合理的评价标准值，以此标准值与企业实际值进行比较，从而对企业经营状况和业绩作出评价。

操作步骤如下。

① 在 UFIDA ERP-U8 窗口选择【业务工作】|【决策管理】|【专家财务评估】|【效绩评价】|【编辑标准值】双击，打开【编辑标准值向导】对话框，如图 4-138 所示。

② 选择效绩评价模板后，单击【下一步】按钮，打开【编辑标准值】对话框，如图 4-139 所示。

③ 输入各项目的评价指标值后单击【保存】按钮，系统弹出【数据保存完成】信息提示框，单击【确定】按钮，完成标准值的编辑。

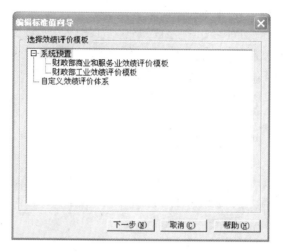

图 4-138 【编辑标准值向导】对话框

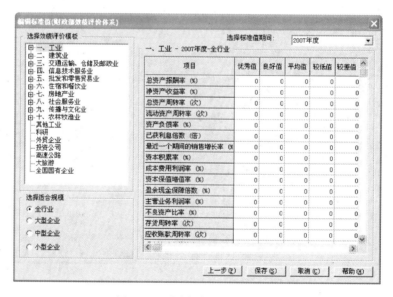

图 4-139 【编辑标准值】对话框

3. 自定义效绩评价模板

企业完成评价指标体系和评价标准值的设置后，可以将设置结果定义为评价模板，满足企业后续评价的需要，在进行评价模板定义时，可以借鉴财政部效绩评价体系进行创建，或在其基础上通过修改进行定义。

操作步骤如下。

① 在 UFIDA ERP-U8 窗口选择【业务工作】|【决策管理】|【专家财务评估】|【效绩评价】|【自定义效绩评价模板】双击，打开【自定义效绩评价模板】对话框，如图 4-140 所示。

② 单击【增加】按钮，弹出【自定义效绩评价模板编辑】对话框，如图 4-141 所示。

③ 在【名称编辑】选项卡中，录入评价模板名称。

图 4-140　【自定义效绩评价模板】对话框

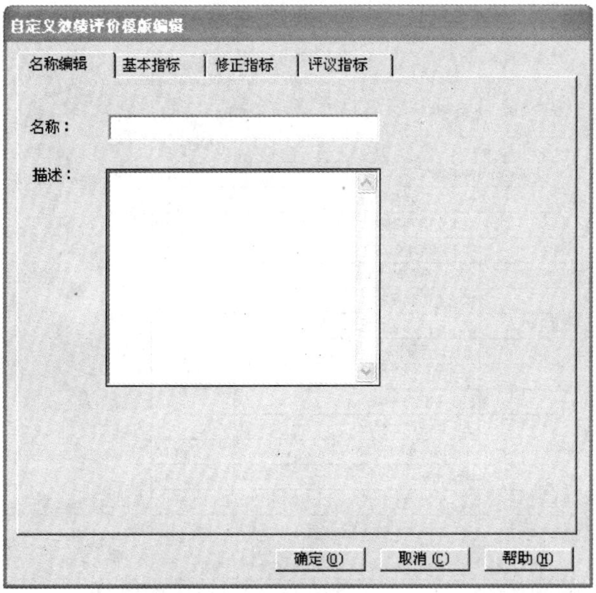

图 4-141　【自定义效绩评价模板编辑】对话框

④ 单击【基本指标】标签，切换到【基本指标】选项卡，增加新指标并录入用户权数值，如图 4-142 所示。

⑤ 单击【修正指标】标签，切换到【修正指标】选项卡，增加新指标并录入用户权数值，如图 4-143 所示。

⑥ 单击【评议指标】标签，切换到【评议指标】选项卡，增加新指标并录入用户权数值，如图 4-144 所示。

图 4-142 【基本指标】选项卡

图 4-143 【修正指标】选项卡

⑦ 所有指标信息设置完毕后，单击【确定】按钮完成自定义评价模板的设置。

4. 生成效绩评价报告

企业在一定经营周期结束后，可通过调用已设置好的评价模板，对企业的效绩进行评价并生成效绩报告供使用者参考。

图 4-144 【评议指标】选项卡

操作步骤如下。

① 在 UFIDA ERP-U8 窗口选择【业务工作】|【决策管理】|【专家财务评估】|【效绩评价】|【生成效绩评价报告】双击,打开【生成效绩评价报告】对话框,如图 4-145 所示。

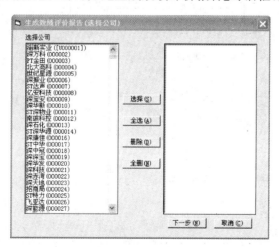

图 4-145 【生成效绩评价报告】对话框

② 选择评价公司后,单击【下一步】按钮,打开【生成效绩评价报告向导】对话框 A,如图 4-146 所示。

③ 选择评价期间、评价模板和评价标准后,单击【下一步】按钮,打开【生成效绩评价报告向导】对话框 B,如图 4-147 所示。

④ 选择企业规模和企业类型后,单击【下一步】按钮,打开【生成效绩评价报告向导】对话框 C,如图 4-148 所示。

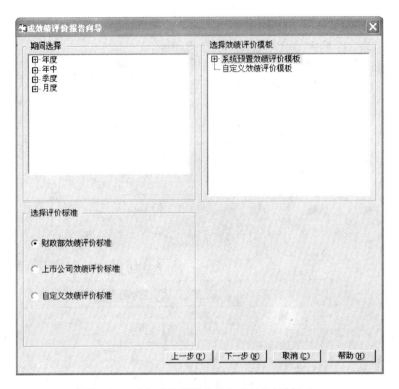

图 4-146 【生成效绩评价报告向导】对话框 A

图 4-147 【生成效绩评价报告向导】对话框 B

图 4-148 【生成效绩评价报告向导】对话框 C

⑤ 修改各指标等级后,单击【完成】按钮,生成效绩评价报告,如图 4-149 所示。

图 4-149 效绩评价报告

⑥ 单击【批保存】按钮,对生成的报告进行保存。

4.6.10　自动化分析报告

一份标准的分析报告应包括综合评述、异常财务情况分析、企业财务评价体系、企业经济效益分析和明细报表分析等内容。综合评述是对企业财务报表的整体评价;异常财务情况分析则是查找企业财务报表中的异常情况,提请用户注意,揭示潜在的风险,如企业的应收账款金额过大,应注意财务风险等;企业财务评价体系主要是通过功效系数法和企业创值评价法对企业的财务状况进行综合评价;企业经济效益分析是通过成长性分析、投资报酬率分析、盈利能力分析、资产管理效率分析、偿债能力分析等侧面分析企业的财务状况;明细报表分析根据企业的明细报表,深层次地挖掘企业管理中的问题。

在用友专家财务评估系统中,提供了自动化生成报告的处理功能,使用此项功能时,首先要求用户定义报告的构成项目,并将其定义为报告模板供后续分析使用;其次,调用分析指标等信息生成分析报告,用户可以将此报告保存为 Word 文档;然后,通过 Word 文档进行进一步修改,形成最终的分析报告提供给使用者。

1. 自定义分析报告模板

用友专家财务评估系统提供了分析报告模板的自定义功能,通过此功能可以定义分析报告所涉及的分析报告内容、分析指标体系等内容,并将其存储为模板使用。

操作步骤如下。

① 在 UFIDA ERP-U8 窗口选择【业务工作】|【决策管理】|【专家财务评估】|【自动化分析报告】|【自定义分析报告模板】双击,打开【自定义分析报告模板】对话框,如图 4-150 所示。

图 4-150　【自定义分析报告模板】对话框

② 单击【增加模板】按钮,增加模板名称;单击【模板类别】按钮,增加或选择模板类别;在【模板定义】列表中,单击【插入/修改描述】项,输入描述值。

③ 所有模板项目设置完毕后,单击【保存】按钮进行保存。

2. 使用分析报告模板

为帮助企业经营决策,企业可以在一定经营周期结束或在经营过程中,通过调用分析报告模板生成分析报告为决策使用。

操作步骤如下。

① 在 UFIDA ERP-U8 窗口选择【业务工作】|【决策管理】|【专家财务评估】|【自动化分析报告】|【使用分析报告模板】双击,打开【使用分析报告模板】对话框,如图 4-151 所示。

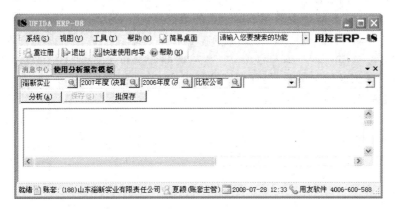

图 4-151　【使用分析报告模板】对话框

② 选择分析公司、分析期间、对比期间、对比公司和分析模板后,单击【分析】按钮生成分析报告,如图 4-152 所示。

图 4-152　分析报告

③ 单击【保存】按钮，将生成的分析报告保存为 Word 文档。

本 章 习 题

1. 报表系统和财务评估的主要功能有哪些？

2. 报表公式分为哪几类？设置时应注意哪些事项？

3. 什么是报表格式设计？格式设计应包括哪些内容？

4. 列举 UFO 报表格式状态和数据状态的主要功能。

5. 何谓关键字？报表关键字主要包括哪些？

6. 现金流量表编制的方法有哪些？你认为哪种方法在实际应用中更具优势？

7. 简述以下报表基本概念：格式状态与数据状态、单元与组合单元、区域、表样单元、报表文件与表页。

第5章

固定资产管理

教学目的及要求

　　系统学习固定资产管理系统的特点及固定资产增减变动的业务处理机制。要求熟悉固定资产系统的各项功能及应用准备工作的内容,重点掌握固定资产变动、评估管理以及折旧处理和凭证生成处理;了解固定资产卡片以及各种账表的生成与管理。

　　固定资产是指使用年限较长、单位价值较高,并且在使用过程中保持原有实物形态的主要劳动资料和其他物质设备。它是企业进行生产经营活动的物质基础,在企业的资产总额中占有相当大的比重。由于企业固定资产种类繁多、构成复杂,固定资产用于企业的生产经营活动不是为了出售,因而加强固定资产的管理,是固定资产管理系统的重要功能之一。

5.1　固定资产管理系统概述

　　固定资产管理系统是企业管理信息系统的一个重要组成部分,用于固定资产的核算与管理工作。手工条件下由于固定资产数量大、种类多、保管和使用分散;固定资产使用、管理和核算工作由企业内多个部门分别进行处理。因此反映固定资产情况的各种账、表、卡片数据极易出现填写不全、数据不一致、账实不符等情况。限于手工条件,固定资产折旧的计提也只能采用综合分类计提折旧。数据处理较粗,难以反映固定资产磨损情况,导致成本计算工作无法细化,难以准确反映实际情况。从上述情况分析不难看出,手工条件下对固定资产的核算已难尽人意,及时提供固定资产管理信息更加难以做到。使用固定资产管理系统对固定资产进行核算和管理,可以细化固定资产管理,及时提供固定资产管理的综合的、详细的、准确的资料,有助于提高固定资产的使用效率和保护企业的财产安全,对提高企业的管理水平具有重要意义。

5.1.1　固定资产管理系统的特点

　　根据对固定资产核算和管理的分析可以看出,固定资产管理系统与其他核算管理系统相比较具有以下特点。

1. 数据量大、数据在计算机内保留时间长

企业所拥有的固定资产数量一般较多,为了便于企业各部门随时掌握固定资产的详细情况,系统内需要保留每一固定资产的详细资料。为了加强企业对固定资产的管理,保留必要的审计线索,即使是已淘汰的固定资产这些资料也必须保留。因此系统需要保留的数据量较大,所有资料需要跨年度长期在系统内保留。

2. 数据处理的频率较低

除了在系统初始设置时需要输入大量的固定资产详细数据外,在系统的日常业务处理中一般只需要输入少量的固定资产变动数据、每月计提折旧以及必要时输出报表和统计分析数据,数据处理的频率明显小于购、销、存等核算管理系统。

3. 数据处理方式较简单

固定资产管理系统的数据处理主要是固定资产折旧的计算和各种统计分析报表的输出。虽然计提折旧,特别是采用单台折旧计算折旧的工作量较大,但计提折旧的算法比较简单,因此系统数据处理比较简单、单纯。

4. 数据综合查询和统计要求较强

为了满足企业对固定资产核算和管理的多方面需要,固定资产管理系统具有较强的查询和分类统计功能。数据输出主要以报表形式提供。

5. 需要灵活的证、表定义功能

由于在实际工作中,企业固定资产的各种信息通常以各种报表的形式提供,为了便于用户的使用,系统应具有允许用户根据企业的需要自定义报表格式的功能。另外,各企业对固定资产管理的要求不尽相同,固定资产卡片的项目也不同,因此需要有灵活的用户自定义固定资产卡片项目的功能。

5.1.2　固定资产管理系统的主要功能

固定资产核算管理是企业财务核算的重要组成部分,满足企业固定资产核算管理的要求,固定资产管理系统具有如下功能:

1. 灵活的自定义功能

用户可根据管理的需要自定义资产分类编码方式和资产类别,同时定义该类别级次的使用年限、残值率等;用户自定义部门核算的科目,转账时自动生成凭证;用户可自定义使用状况,并增加折旧属性,使用更灵活。提供卡片项目自定义,可自定义或按类别定制本企业的卡片样式,增加系统的适用性;可定义自定义卡片项目与其他项目的数据关系,还可按自定义项目模糊查询。

2. 提供多方案选择机制

为适应行政事业单位固定资产管理的需要,还提供整套账不提折旧功能,并提供专用卡片模板;支持用户根据需要选择外币(非人民币)来管理资产。

3. 固定资产卡片导入

如果在使用本系统之前,已经建立了固定资产核算系统,则可将已有的资产卡片数据导入到固定资产管理系统中,以减少手工录入卡片的工作量,提高工作效率。

4. 计提折旧

提供两种平均年限法(计算公式不同)计提折旧;除常规的平均年限法、工作量法、年数总和法、双倍余额递减法外,提供折旧公式自定义功能;自定义折旧分配周期,满足不同行业的需要;折旧分配表更灵活全面,包括部门折旧分配表和类别折旧分配表,各表均按辅助核算项目汇总;考虑原值、累计折旧、使用年限、净残值和净残值率、折旧方法的变动对折旧计提的影响,系统自动更改折旧计算,计提折旧,生成折旧分配表,并按分配表自动生成记账凭证。

5. 固定资产卡片及其变动管理

支持资产附属设备和辅助信息的管理,增加原值变动表、停启用记录、部门转移记录、大修记录、清理信息等附表。提供固定资产原始卡片录入功能,因用户失误录入的卡片当月月末结账前可无痕迹删除。资产减少提供输入清理信息,提供误减少的资产恢复功能。提供常用参照字典,供卡片录入使用,增加正确性和方便性。卡片输出全面灵活,可批量打印、单张打印,还可选择打印内容、打印范围、打印纸张大小、打印方向等。可以选择外币(非人民币)管理资产。提供固定资产的评估,主要是批量完成经评估发生的原值、累计折旧、使用年限、净残值率变动的录入,同时生成变动表。提供系统纠错功能,即提供恢复月末结账前状态功能。

6. 报表管理与输出功能

提供多种账簿和报表进行固定资产的核算、分析和管理,包括账簿、折旧表、统计表、分析表、一览表,使报表更加丰富多样;提供直观的报表图形分析功能;支持用户自定义报表;灵活更换查询条件,自动刷新报表。

7. 提供与账务处理系统的数据接口

固定资产管理系统提供增加资产、减少资产以及原值和累计折旧的调整、折旧计提都要将有关数据通过记账凭证的形式传输到到账务处理系统;提供固定资产管理系统和账务处理系统的对账功能,确保固定资产账目的平衡。提供批量制单和汇总制单功能,提高效率。

5.1.3　固定资产管理系统业务处理的基本原则

1. 固定资产管理的基本原则

固定资产管理系统对固定资产管理采用严格的序时管理,序时到日,具体而言体现在以下几方面。

（1）当以一个日期登录对系统进行编辑操作后，以后只能以该日期或以后的日期登录才能再次进行编辑操作。

（2）对任何固定资产的操作均是序时的，比如要无痕迹删除一张卡片，必须按与制作时相反的顺序，删除该卡片所做的所有变动单和评估单。

2. 各种固定资产变动后折旧计算和分配汇总原则

固定资产管理系统对固定资产变动后折旧的处理和分配遵循财政部有关制度的规定，具体来说体现在以下几方面。

（1）固定资产管理系统发生与折旧计算有关的变动后，加速折旧法在变动生效的当期以净值作为计提原值，以剩余使用年限作为计提年限计算折旧；直线法还以原公式计算（因公式中已考虑了价值变动和年限调整）。以前修改的月折旧额或单位折旧的继承值无效。

（2）与折旧计算有关的变动是指除了部门转移、类别调整、使用状况调整外的由变动单引起的变动。

（3）原值调整、累计折旧调整、净残值（率）调整下月有效。

（4）折旧方法调整、使用年限调整当月生效。使用状况调整下月有效。

（5）折旧分配：部门转移和类别调整当月计提的折旧分配到变动后的部门和类别。

（6）固定资产管理系统各种变动后计算折旧采用未来适用法，不自动调整以前的累计折旧，采用追溯适用法的企业只能手工调整累计折旧。

（7）报表统计：当月折旧和计提原值的汇总，汇总到变动后的部门和类别。

（8）在固定资产初始设置时，如选项中"当月初使用月份＝使用年限＊12－1时是否将折旧提足"的判断结果是"是"，则除工作量法外，该月月折旧额＝净值－净残值，并且不能手工修改；如果选项中"当月初使用月份＝使用年限＊12－1时是否将折旧提足"的判断结果是"否"，则该月不提足，并且可手工修改，但如以后各月按照公式计算的月折旧率或额是负数时，认为公式无效，令月折旧率＝0，月折旧额＝净值－净残值。

5.1.4　固定资产管理系统的功能结构

固定资产管理系统作为一个完整的管理系统，除具备所有核算管理系统共有的系统维护功能（包括数据备份、恢复、删除历史数据、工作日志登录、重建文件索引等功能）、操作员管理功能（包括操作员的增加和删除、操作员工作权限的分配等）外，针对固定资产管理的特点，还应具备固定资产管理系统初始化、固定资产变动数据录入与调整、折旧处理、账表查询和转账处理等功能。

另外为保证数据输入的可靠，对输入的原始数据系统一般应设有审核功能，这种审核与账务处理系统中的审核功能相似，在固定资产增加、减少、内部调动、原值变动等模块下均应设置输入、修改、审核等功能模块。

固定资产管理系统的功能模块结构如图 5-1 所示。

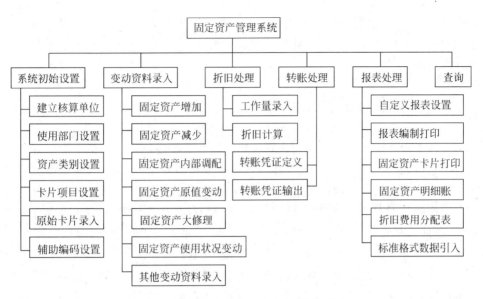

图 5-1 固定资产管理系统功能模块结构图

5.1.5 固定资产管理系统的业务流程

固定资产管理系统的业务流程如图 5-2 所示。

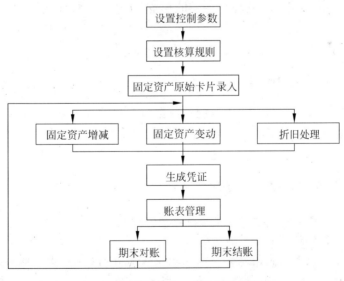

图 5-2 固定资产管理系统业务流程图

5.2 固定资产管理系统的初始设置

系统初始设置是固定资产管理系统正常使用的重要基础工作,这一工作的基本任务是使企业可以根据本单位的实际需要设置会计业务处理规则、方法和输入系统投入使用前的基础数据，从而将一个通用的系统转化为适用于处理本单位会计业务的专用系统，初始设置质量的优劣对于能否高效率地使用具有举足轻重的作用，而做好初始设置的基本条件是认真做好设置的准备工作。

5.2.1 系统使用前的准备工作

固定资产管理系统在投入使用前认真细致地做好系统使用前的准备工作具有极其重要的意义。这是因为，企业固定资产的管理和核算由设备和会计部门分别进行，而固定资产的使用几乎与企业的所有部门均有关系，数据来源分散。由于现行管理体制和历史原因，有关同一固定资产的数据在不同部门归口收集、汇总、使用，数据重复多、交叉现象严重，产生较大的差异，各部门都无法提供完整的信息。其次，限于手工处理的能力，对固定资产核算的处理一般单位都采用简化的粗略方法，这些方法远远不能满足企业现代化管理的要求，例如固定资产的计提折旧是固定资产核算的核心工作之一，手工条件下限于人的处理能力，多数企业采用按固定资产类别计提折旧的方法，这种方法对成本核算到班组甚至核算到岗位的企业是远远不能满足要求的。因此，固定资产管理系统进行初始设置时不必要、不可能，也不应该将手工核算的一切方式照搬到系统中。

企业固定资产的管理从手工向计算机过渡，其基本的目的是细化固定资产的核算、规范固定资产的管理，固定资产管理系统使用前的准备工作主要就是围绕这两个方面进行的。另外，计算机处理与手工处理在处理方法上有很大区别，不同的固定资产管理软件系统对初始设置的要求也是不尽相同的，在做使用前的准备工作时必须充分考虑这些区别和要求所带来的影响。

固定资产使用前的准备工作主要包括以下几方面。

1. 规范固定资产数据的收集

根据企业管理的需要对现有手工系统的数据情况进行调查分析，搞清楚存在的数据冗余、遗漏、脱节的原因；制定制度规定数据收集的方法、内容、凭证格式；优化数据传递的渠道；规定数据管理的责任部门，从而保证固定资产数据的完整、系统和及时。

2. 规范固定资产的基础数据和历史数据

（1）固定资产的基础数据主要是进行计算机处理必不可少的各种编码和为了管理需要而制定的各种控制指标数据。

数据编码是系统高效运行的基础。在系统投入使用前必须根据企业对数据处理的要求加以规范，对编码进行规范时必须考虑：第一，编码是否科学、合理；第二，编码在各个会计子系统中是否统一，也就是要保证固定资产编码在企业管理的各个系统中保持一致；第三，确定的编码体系是否符合财务管理软件对编码的要求。

控制指标数据是指进行管理和会计监督所需要的费用开支标准和预算等数据。在固定资产管理系统中，设备的维修费用是一个弹性较大，也是固定资产日常使用开支较大的项目，制定合理的费用标准，对节省开支提高企业经济效益有重大意义。有了这种标准，固定资产管理系统在处理有关费用时即可对超过标准数据给予提示，从而达到事前、事中控制的要求。

（2）对固定资产的历史数据的规范其根本目的在于对手工系统进行一次全面清理，对历史遗留问题进行一次彻底解决，以便固定资产管理系统一开始就在一个良好的基础上运行。固定资产历史数据的清理规范主要解决两个问题：第一，会计部门固定资产二级明细账与设备部门管理的固定资产卡片的分类合计是否符合，固定资产账上的数据与固定资产卡片上的数据是否吻合；第二，所有部门记录的固定资产的单、证、账、表上的数据与实际存在的固定资产是否符合。这两个方面在大多数单位都不同程度地存在一些问题，解决这些问题的工作量也许比较大，但必须引起高度重视。

3. 确定折旧方法

固定资产折旧的计算是固定资产核算的核心工作。由于固定资产管理系统不必考虑处理能力的问题，因此在进行手工向计算机管理过渡时只需要从企业细化管理的要求出发，在会计制度允许的范围内选择固定资产折旧方法即可。一般来说选用单台折旧方法核算固定资产折旧更有助于固定资产的细化管理。

4. 规范信息输出

固定资产信息的输出主要是以报表形式提供，满足企业不同管理需求，在固定资产管理系统投入使用前应允许考虑报表的种类、格式和具体内容，以便于据此确定报表的格式和计算公式。

5. 规范业务处理的工作流程

规范固定资产管理系统的业务工作流程，目的有二：一是要确保数据处理的正确性，二是通过规范工作流程从制度上建立系统使用的内部控制体系。这是因为会计核算工作有其固定的工作顺序：固定资产的各种增减、内部调动和使用状况变动如没有进行处理，计提折旧就可能发生错误；固定资产管理系统生成的记账凭证没有向账务系统传递，账务系统就已结账，凭证就无法传递，账务系统与固定资产管理系统有关的账簿记录就会出现差错。虽然财务管理软件系统已内设了部分控制，但仍存在一定缺陷，因此必须从制度的角度进一步加以规范。

5.2.2　系统初始设置

固定资产管理系统的初始设置主要包括以下几方面。

1. 建立核算单位

建立核算单位又称为建立账套。固定资产管理系统中建立核算单位的含义和作用与账务系统是一致的，由于企业财务管理软件系统的集成使用，固定资产管理系统核算单位的建立，实质上就是一个启用问题，其核心内容是设定系统主要编码的编码方式和固定资产管理系统与账务处理系统的数据接口。各种软件的设置方法不完全相同，但一般都提供建账向导功能引导用户完成设置。

核算单位建立过程如下。

（1）固定资产管理系统启用

① 在 UFIDA ERP-U8 窗口选择【基础设置】|【基本信息】|【系统启用】双击，进入【系统启用】界面，如图 5-3 所示。

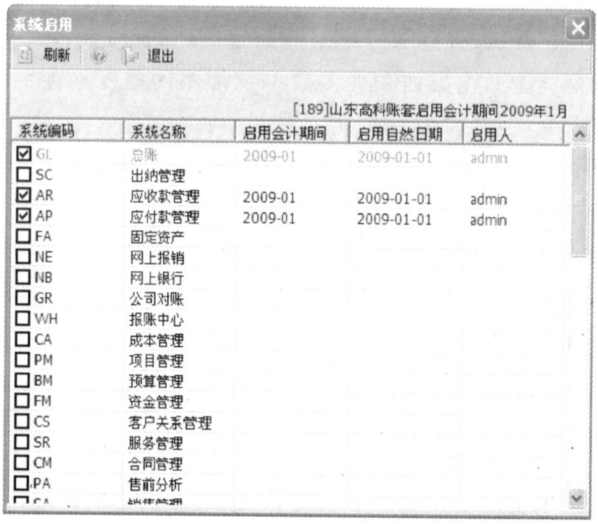

图 5-3 【系统启用】界面

② 在【系统启用】界面中选择【固定资产】系统，在弹出启用日期对话框中选择固定资产管理系统的启用日期，单击【确定】按钮，弹出系统启用确认对话框，如图 5-4 所示。

③ 单击【是】按钮，完成固定资产管理系统的启用操作。

（2）登录固定资产管理系统，完成初始定义

① 在 UFIDA ERP-U8 窗口选择【业务工作】|【财务会计】|【固定资产】双击，由于初次登录固定资产管理系统，系统将弹出固定资产初始提示对话框，如图 5-5 所示。

图 5-4 系统启用确认对话框　　　图 5-5 固定资产初始提示对话框

② 由于是第一次为 189 账套启用固定资产系统，故在固定资产初始提示对话框中，单击【是】按钮，系统调用数据，打开【初始化账套向导】之一：【约定及说明】，如图 5-6 所示。

③ 在【约定及说明】窗口列出了固定资产核算的基本原则，选择【我同意】单选按钮，单击【下一步】按钮，进入向导第二步：【启用月份】，如图 5-7 所示。

④ 启用月份在此仅能浏览，不能修改，单击【下一步】按钮，进入向导第三步：【折旧信息】，如图 5-8 所示。

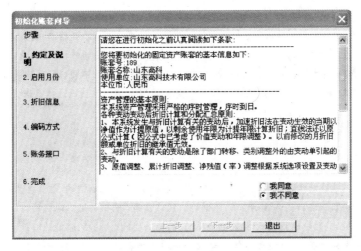

图 5-6 【初始化账套向导】之一：约定及说明

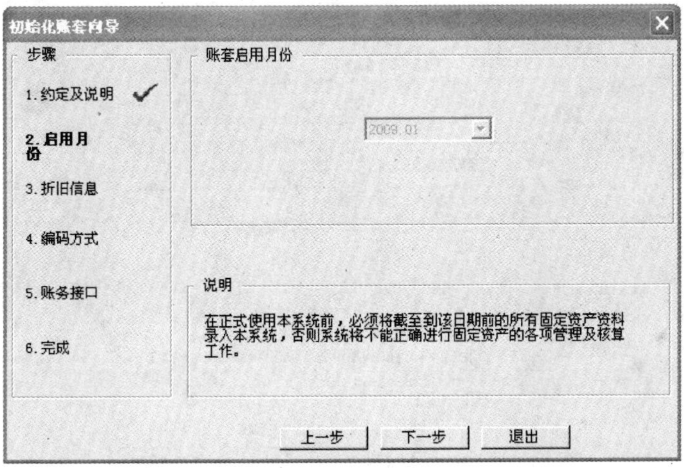

图 5-7 【初始化账套向导】之二：启用月份

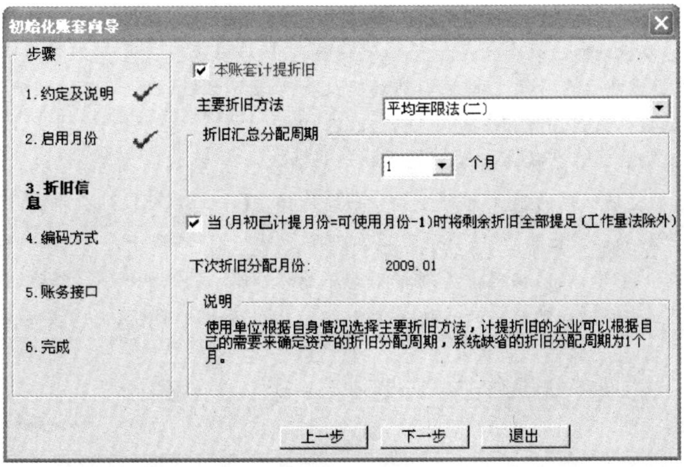

图 5-8 【初始化账套向导】之三：折旧信息

提示：

➤ 本账套计提折旧：在系统初始设置时根据使用单位性质确定本账套计提折旧的性质。如果选用的是行政事业单位应用方案，按照制度规定单位的所有资产并不计提折旧，则取消选择，表示本账套不计提折旧。一旦确定本账套不计提折旧，账套内与折旧有关的功能不能操作；如果选用企业单位应用方案，根据制度规定资产需要计提折旧，则选择本账套计提折旧。该项选择在保存初始化设置后不能修改。

➤ 主要折旧方法：选择本系统常用的折旧方法，以便在资产类别设置时缺省。

➤ 折旧汇总分配周期：企业在实际计提折旧时，不一定每个月计提一次，可能因行业和自身情况的不同，每季度计提一次或半年、一年计提一次，同时折旧费用的归集也按照这样的周期进行。所以系统提供折旧汇总分配周期调整功能，使企业可根据所处的行业和自身实际情况确定计提折旧和将折旧归集入成本和费用的周期。系统具体的处理办法是，每个期间均计提折旧，但折旧的汇总分配按设定的周期进行，把该周期内各期间计提的折旧汇总分配。一旦选定折旧汇总分配周期，系统自动提示第一次分配折旧，也是本系统自动生成折旧分配表制作记账凭证的期间。

⑤ 选定折旧处理方式后，单击【下一步】按钮，进入向导第四步：【编码方式】，如图 5-9 所示。

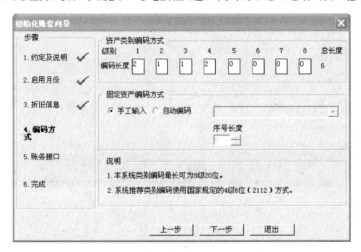

图 5-9 【初始化账套向导】之四：编码方式

提示：

➤ 资产类别编码方式：资产类别是单位根据管理和核算的需要给资产所做的分类，可参照国家标准分类，也可根据需要自己分类。系统类别编码最多可设置 8 级、20 位，可以设定级数和每一级的编码长度。系统推荐采用国家规定的 4 级 6 位(2112)方式。

➤ 固定资产编码方式：固定资产编码是资产的管理者给资产所编的编号，可以在输入卡片时手工输入，也可以选用自动编码的形式自动生成。如果选择了【手工输入】，则卡片输入时通过手工输入的方式录入资产编码；如果选择了【自动编码】，则可选择"类别编码＋序号、部门编码＋序号、类别编码＋部门编码＋序号、部门编码＋类别编码＋序号"四种方案中的一种。自动编码中序号的长度可自由设定为 1～5 位。自动编码的好处一方面在于输入卡片时简便，更重要的是便于资产管理，根据资产编码很容易了解资产的基本情况。

➤ 资产类别编码方式设定以后，一旦某一级设置了类别，则该级的长度不能修改，没有使用过的各级的长度可修改。

➤ 每一个账套资产的自动编码方式只能一种，一经设定，该自动编码方式不得修改。

⑥ 设定固定资产类别编码方式和固定资产编码方式后，单击【下一步】按钮，进入向导

第五步:【账务接口】,如图 5-10 所示。

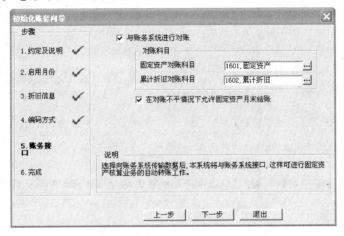

图 5-10 【初始化账套向导】之五:账务接口

提示:

➤ 与账务系统进行对账:在存在对应的账务系统的情况下才可操作。如果在该判断的判断框内打钩,表示本系统要与账务系统对账,对账的含义是将固定资产系统内所有资产的原值、累计折旧和账务系统中的固定资产科目和累计折旧科目的余额核对,看数值是否相等。可以在系统运行中任何时候执行对账功能,如果不平,肯定在两个系统出现偏差,应引起注意,予以调整。如果不想与账务系统对账,可不打钩,表示不对账。

➤ 固定资产对账科目:单击参照按钮或 F2 键参照账务系统的科目选择。因固定资产系统提供要对账的数据是系统内全部资产的原值,所以选择的对账科目应是账务系统内固定资产的一级科目。

➤ 累计折旧对账科目:参照账务系统的科目选择。因固定资产系统提供要对账的数据是系统内全部资产的累计折旧,所以选择的对账科目应是账务系统内累计折旧的一级科目。

➤ 在对账不平情况下允许固定资产月末结账:系统在月末结账前自动执行"对账"功能一次(存在相对应的账务账套的情况下),给出对账结果,如果不平,说明两系统出现偏差,应予以调整。但是偏差并不一定是由错误引起的,有可能是操作的时间差异(在账套刚开始使用时比较普遍,如第一个月原始卡片没有录入完毕等)造成的,因此给出判断是否"在对账不平情况下允许固定资产月末结账",如果希望严格控制系统间的平衡,并且能做到两个系统录入的数据没有时间差异,则应取消该项选择。

⑦ 进行选择设置后,单击【下一步】按钮进入向导第六步:【完成】,如图 5-11 所示。

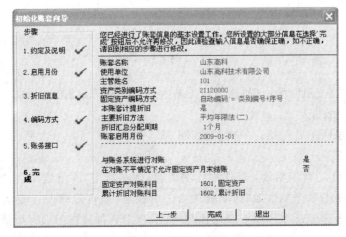

图 5-11 【初始化账套向导】之六:完成

⑧ 窗口显示固定资产管理系统初始的设置信息，如果有问题可单击【上一步】按钮返回修改；如果设置正确，则单击【完成】按钮，弹出设置确认对话框，如图 5-12 所示。

⑨ 单击【是】按钮，弹出初始化成功提示对话框，如图 5-13 所示。

图 5-12　账套初始设置确认对话框

图 5-13　初始化成功提示对话框

⑩ 单击【确定】按钮，激活 UFIDA ERP-U8 窗口固定资产模块各节点功能。

2. 账套参数设置

账套参数设置包括在账套初始化中设置的参数和其他一些在账套运行中使用的参数或判断，主要包括基本信息、折旧信息、与账务系统接口、编码方式和其他五方面的内容，它是固定资产管理系统运行的前提条件。部分在账套初始化过程中设置的参数可在此进行修改。此处仅简要阐述变动单生效原则和制单对账原则两方面的内容。

基本操作步骤如下。

① 在 UFIDA ERP-U8 窗口选择【业务工作】|【财务会计】|【固定资产】|【设置】|【选项】双击，打开【选项】对话框，如图 5-14 所示。

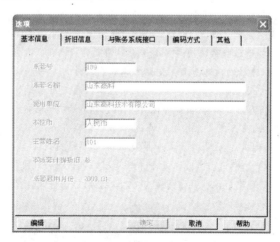

图 5-14　【选项】对话框

② 单击【编辑】按钮激活窗口，修改相关参数后，单击【确定】按钮对修改进行保存。

（1）变动单生效原则

变动单生效原则主要包括三项内容，如图 5-15 所示。

几点说明如下。

① 原值增减变动当期生效：若选中此项内容，则在新增"原值增加"或"原值减少"变动单时，变动单"本变动单当期生效"选项默认为选中状态，但可以修改。变动单上的"当期生效"选项选中时，上述变动在当期折旧计提时生效，否则下月计提折旧时生效。

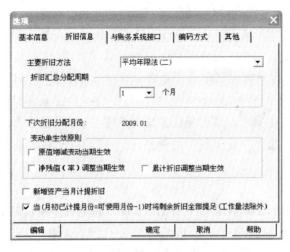

图 5-15　折旧信息参数

② 净残值(率)调整当期生效：若选中此项内容,则在计提当期折旧时,折旧公式里的净残值(率)按变动后的净残值(率)计算。

③ 累计折旧调整当期生效：若选中此项内容,则在计提当期折旧时,折旧公式里的累计折旧按变动后的累计折旧计算。

(2) 制单对账设置

固定资产制单对账参数设置内容如图 5-16 所示。

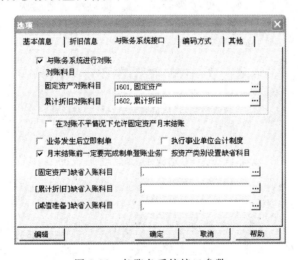

图 5-16　与账务系统接口参数

几点说明如下。

① 业务发生后立即制单：选定此项后,在发生新增、减少固定资产和固定资产原值变动等业务后,会立即生成凭证。未制单的业务或凭证未保存的业务将被收集到批量制单模块中,这些业务可以通过批量制单完成凭证的生成处理。

② 【固定资产】缺省入账科目、【累计折旧】缺省入账科目、【减值准备】缺省入账科目：固定资产系统制作记账凭证时,凭证中上述科目的缺省值将根据此处设置确定自动填列。

若在此处未设置缺省入账科目,则凭证中缺省科目为空。

③ 在对账不平情况下允许固定资产月末结账:在进行系统结账时,若要求严格控制系统间的平衡,确保固定资产系统与总账系统中的数据一致,则选定此项。

④ 月末结账前一定要完成制单登账业务:有些业务在存在对应的总账账套的情况下应制作凭证,并把凭证传递到总账系统,但也会存在一些经济业务已在其他系统制单,为避免重复制单,可不选定此项。如果想保证系统的严谨性,相关业务发生后一定要制单,则选定此项。此项选定后,如果存在未制单的业务,则本期间不允许结账。

3. 基本编码设置

固定资产管理系统的基本编码主要有使用部门、固定资产类别等,这些编码其他管理系统也可能需要使用,因此有时也将其称为公共码表。基本码表的设置有两种方式:一是设置公共码表设置功能,所有管理子系统均需要使用的编码可在此功能中进行设置,各管理子系统共用;二是在各个管理子系统中分别设置有关编码,其他管理子系统需要使用这些编码时可以向有关子系统调用。在处理这些编码时需要注意以下几个问题。

(1) 凡具有国家标准的,如固定资产类别,国家标准 GT/T14885-96 将固定资产类别编码规定为四级六位,即 2112 编码方案。如果没有特殊情况应尽量参照使用国家标准。

(2) 编码应尽量具有一定的层次,例如,固定资产使用部门编码可按照"使用部门—车间—工段—班组"设为四级群码以便按级分类汇总,提供尽量多层次的管理信息。

(3) 多数软件对编码总长度都有规定,在设计编码时应注意不能超越系统编码总长度的要求。

(4) 对没有提供公共码表一致性控制的软件,各管理子系统的公共码表应尽量保持一致。

4. 基础信息设置

固定资产管理系统的基础设置就是完成通用管理系统向专用管理系统的转换,涉及的固定资产管理系统的基础设置包括:卡片项目、卡片样式、折旧方法、部门、资产类别、使用状况、增减方式等,这些基础设置是利用固定资产管理系统进行资产管理和核算的基础。在系统的各项基础设置中,除资产分类必须由用户设置外,其他各部分都有缺省的内容,如果没有特殊需要,可以在此基础上进行适当修改或不再进行设置。

(1) 设置资产类别

固定资产的种类繁多,规格不一,要强化固定资产管理,及时、准确地做好固定资产核算,必须科学地对固定资产进行分类,为核算和统计管理提供依据。企业可根据自身的特点和管理要求,确定一个较为合理的资产分类方法。如果使用者以前对资产没有明确的分类,可参考《固定资产分类与代码》一书,来选择本企业的资产类别。

例1　对 189 山东高科技术有限公司的固定资产分为四大类八小类,其固定资产类别方案如表 5-1 所示。

表 5-1　固定资产类别方案

编　　码	类 别 名 称	净残值率	单　　位	计提属性
01	房屋及建筑物	4		正常计提
011	房屋	4		正常计提
012	建筑物	4		正常计提
02	通用设备	4		正常计提
021	生产用设备	4		正常计提
022	非生产用设备	4		正常计提
03	交通运输设备	4		正常计提
031	生产用运输设备	4	辆	正常计提
032	非生产用运输设备	4	辆	正常计提
04	电子及通信设备	4		正常计提
041	生产用设备	4	台	正常计提
042	非生产用设备	4	台	正常计提

操作步骤如下。

① 在 UFIDA ERP-U8 窗口选择【业务工作】|【财务会计】|【固定资产】|【设置】|
【资产类别】双击,打开【资产类别】窗口,如图 5-17 所示。

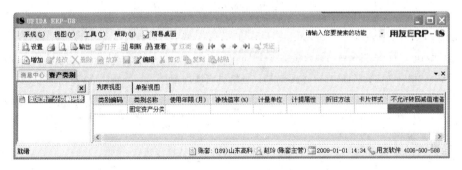

图 5-17　【资产类别】窗口

② 单击工具栏上的【增加】按钮,打开【资产类别】设置窗口,如图 5-18 所示。

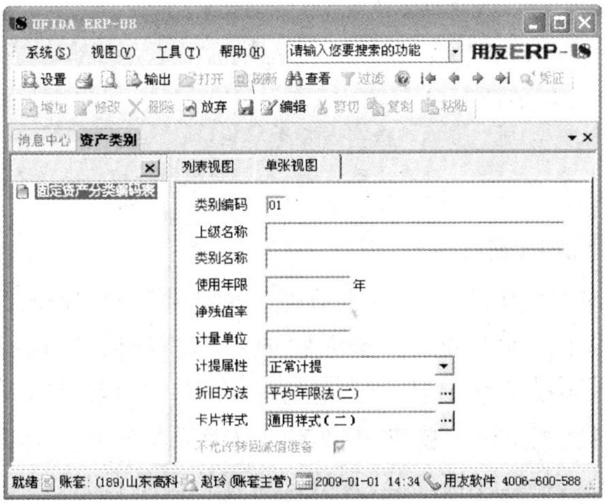

图 5-18　【资产类别】设置窗口

③ 在【资产类别】设置窗口，录入类别名称"房屋及建筑物"、净残值率"4％"、选择计提属性"正常计提"、折旧方法、卡片样式、使用年限等取默认设置，然后单击工具栏上的 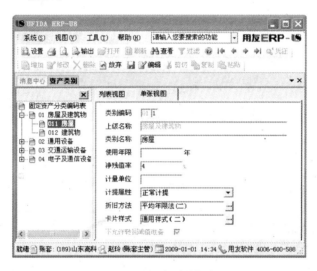 按钮，对输入类别进行保存，同时进入同级别下一类别增加界面。同样方式录入其他一级类别信息。

④ 选择"01 房屋及建筑物"一级类别，然后单击工具栏上的【增加】按钮，弹出下级类别增加对话框，如图 5-19 所示。

图 5-19　下级类别增加窗口

⑤ 录入二级类别信息：类别名称"房屋"，其他采用默认设置，单击工具栏上的 按钮，继续录入"建筑物"二级类别。

⑥ 重复第④、⑤步完成其他一级类别的二级类别的设置。

提示：

➢ 可以对已有资产类别进行修改。非明细级类别编码不能修改，明细级类别编码修改时只能修改本级的编码；使用过的类别的计提属性不能修改；使用过的类别的卡片样式修改后会影响已录入系统该类别的卡片的样式，因此建议非特殊情况不要修改。

➢ 可以将已有的资产类别进行删除。系统已使用（录入卡片时选用过）的类别不允许删除；非明细级不能删除。

➢ 资产类别编码不能重复，同一上级的类别名称不能相同。

➢ 类别编码、名称、计提属性、卡片样式不能为空，其他各项内容的输入是为了输入卡片方便要缺省的内容，可以为空。

（2）设置部门对应折旧科目

对应折旧科目是指计提折旧时所对应的成本或费用科目。资产计提折旧后必须把折旧归入成本或费用，根据不同使用者的具体情况，有按部门归档的，也有按类别归档的。当按部门归档折旧费用时，一般情况下，某一部门的固定资产的折旧费用将归入到一个比较固定的科目，在此对每个部门指定一个折旧科目，录入卡片时，该科目自动缺省，不必一一输入。

因在录入卡片时，只能选择明细部门，所以设置折旧科目时，只有对明细科目的设置才有意义。如果对某一上级部门设置了对应的科目，下级部门将继承上级部门的设置。

例2 为山东高科技术有限公司设置部门对应折旧科目,设置方式如表5-2所示。

表5-2　部门对应折旧科目设置方案

部门名称	对应折旧科目
1 行政科	管理费用/折旧费 660204
201 机装车间	制造费用/折旧费 510101
202 辅助车间	辅助生产成本 500102
301 销售部	销售费用/折旧费 660109
302 供应部	管理费用/折旧费 660204

操作步骤如下。

① 在 UFIDA ERP-U8 窗口选择【业务工作】|【财务会计】|【固定资产】|【设置】|【部门对应折旧科目】双击,打开【部门对应折旧科目】窗口,如图 5-20 所示。

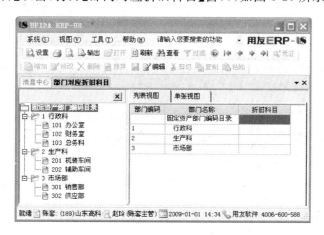

图 5-20　【部门对应折旧科目】设置窗口

② 在【部门对应折旧科目】设置窗口,选择一个部门如"行政科",然后单击【修改】按钮,进入【部门对应折旧科目】设置窗口,如图 5-21 所示。

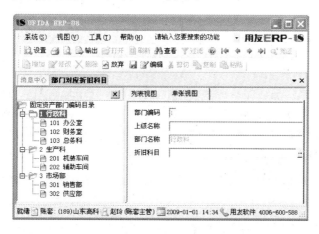

图 5-21　【部门对应折旧科目】设置窗口

③ 直接录入或参照录入折旧科目"660204"，然后单击  按钮，由于此处选择的为一级部门，系统弹出下级部门对应折旧科目应用对话框，如图 5-22 所示。

图 5-22　下级应用上级对应折旧科目对话框

④ 单击【是】按钮，系统自动将上级部门对应折旧科目作为下级部门对应折旧科目。

⑤ 重复第②～④步完成其他部门对应折旧科目的设置。

（3）设置增减方式

固定资产增减方式的设置主要是在固定资产有增加或减少业务时使用，类似于一摘要，系统内置了六种增加方式和七种减少方式，也可根据单位实际需要增加或减少增减方式。增加方式主要有：直接购入、投资者投入、捐赠、盘盈、在建工程转入、融资租入。减少方式主要有：出售、盘亏、投资转出、捐赠转出、报废、毁损、融资租出等。增减方式的对应入账科目是指增加或减少固定资产时所对应的科目，如在直接购入方式中，可将对应科目设置为"银行存款"。

操作步骤如下。

① 在 UFIDA ERP-U8 窗口选择【业务工作】|【财务会计】|【固定资产】|【设置】|【增减方式】双击，打开【增减方式】窗口，如图 5-23 所示。

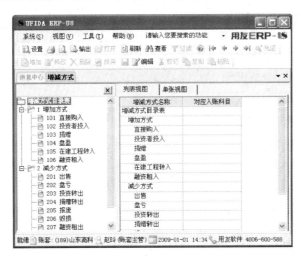

图 5-23　【增减方式】窗口

② 选择某一级别增加或减少方式，单击工具栏上的【增加】按钮，进入增减方式增加界面可以增加增减方式，如图 5-24 所示。

③ 在【增减方式】窗口，选择某一增加或减少方式，单击工具栏上的【修改】按钮，可以对增减方式信息进行修改调整。

④ 录入增减方式对应的入账科目后，单击工具栏上的 按钮对修改结果进行保存。

⑤ 重复第③、④步操作，修改其他增减方式的对应入账科目。

提示：

➢ 如果增加的是第一级，则从增减方式目录中选中"增加方式"或"减少方式"；如果增加的是第二级，则应选中要添加下级的方式后，单击【增加】按钮。

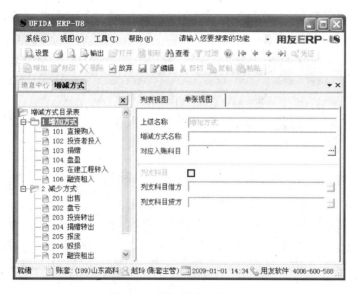

图 5-24　增加增减方式界面

> 设置对应入账科目是为了在生成凭证时使用，例如，以购入方式增加资产时该科目可设置为"银行存款"，投资者投入时该科目可设置为"实收资本"，将默认在贷方；资产减少时，该科目可设置为"固定资产清理"，将默认在借方。
> 已使用（卡片已选用过）的方式不能删除；非明细级方式不能删除；系统默认的增减方式中"盘盈、盘亏、毁损"不能修改和删除。

（4）设置使用状况

从固定资产核算和管理的角度，需要明确资产的使用状况，一方面可以正确地计算和计提折旧，另一方面便于统计固定资产的使用情况，提高资产的利用效率。主要的使用状况有：在用、季节性停用、经营性出租、大修理停用、不需用、未使用等。

操作步骤如下。

① 在 UFIDA ERP-U8 窗口选择【业务工作】|【财务会计】|【固定资产】|【设置】|【使用状况】双击，打开【使用状况】窗口，如图 5-25 所示。

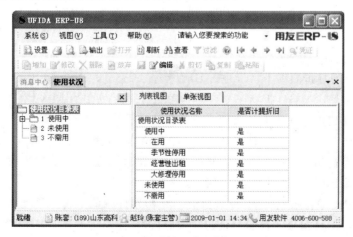

图 5-25　【使用状况】窗口

② 在【使用状况】窗口中选择一种使用状况，单击【增加】按钮，可以为选中的使用状况增加下级使用状况，如图 5-26 所示。

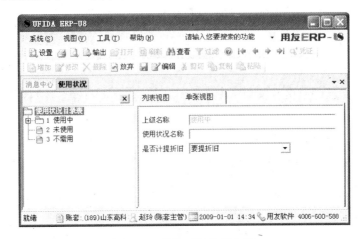

图 5-26 增加下级使用状况

③ 在【使用状况】窗口，选择某一末级使用状况方式，单击【修改】按钮可以对其信息进行修改处理。

提示：

➢ 系统预置第一级使用状况：使用中、未使用、不需用，不能增加、修改和删除。

➢ 修改某一使用状况名称后，卡片中该使用状况变为修改后的名称。

➢ 修改某一使用状况的【是否计提折旧】判断后，对折旧计算的影响从当期开始，不调整以前的折旧计算。

➢ "在用"状况下级缺省的内容因涉及卡片的大修理记录和停启用记录表的自动填写，不能删除，名称可以修改。修改名称后系统认为保持原有概念不变。

（5）设置折旧方式

折旧方法设置是系统自动计算折旧的基础。系统给出了常用的五种方法：不提折旧、平均年限法（一和二）、工作量法、年数总和法、双倍余额递减法，并列出了它们的折旧计算公式。这几种方法是系统设置的折旧方法，只能选用，不能删除和修改。另外可能由于各种原因，这几种方法不能满足需要，系统提供了折旧方法的自定义功能，可定义适合企业特点的折旧方法的名称和计算公式。

系统中提供的折旧方法的含义如下。

➢ 不提折旧：月折旧率 $R=0$，月折旧额＝0。

➢ 平均年限法（一）：月折旧率 $R=$（1－净残值率）/（使用年限 $*$ 12），月折旧额＝（月初原值－月初累计减值准备金额＋月初累计转回减值准备金额）$*$ R。

➢ 平均年限法（二）：月折旧率 $R=$（1－净残值率）/（使用年限 $*$ 12），月折旧额＝（月初原值－月初累计减值准备金额＋月初累计转回减值准备金额－月初累计折旧－月初净残值）/（使用年限 $*$ 12－已计提月份）。

➢ 工作量法：单位折旧 $R=$（月初原值－月初累计减值准备金额＋月初累计转回减值准备金额－月初累计折旧－月初净残值）/（工作总量－累计工作量），月折旧额＝本月工作量 $*$ R。

> 年数总和法：月折旧率 R＝剩余使用年限/（年数总和＊12），月折旧额＝（月初原值－月初累计减值准备金额＋月初累计转回减值准备金额－净残值）＊R。

> 双倍余额递减法：月折旧率 R＝2/（使用年限＊12），月折旧额＝（期初账面余额－期初累计减值准备金额＋期初累计转回减值准备金额）＊R。

系统提供了当当月折旧额小于直线法计提的折旧额时，采取直线法计提的功能。

操作步骤如下。

① 在 UFIDA ERP-U8 窗口选择【业务工作】|【财务会计】|【固定资产】|【设置】|【折旧方法】双击，打开【折旧方法】窗口，如图 5-27 所示。

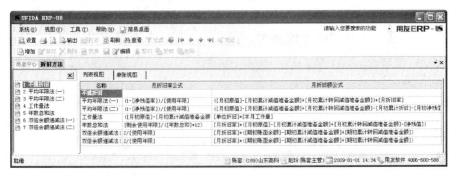

图 5-27　【折旧方法】窗口

② 单击【增加】按钮，进入【折旧方法定义】对话框，如图 5-28 所示。

图 5-28　【折旧方法定义】对话框

③ 在【折旧方法定义】对话框中，可以根据企业的实际情况添加新的折旧方法。

提示：

> 自定义折旧方法中公式所使用的项目只能使用系统提供的项目。

> 月折旧额和月折旧率公式定义时必须有单向包含关系，即或月折旧额公式中包含月折旧率项目，或月折旧率公式中包含月折旧额项目，但不能同时互相包含。

> 计提折旧时，如果自定义的折旧方法的月折旧额或折旧率出现负数，自动终止折旧计提。

> 修改卡片已使用的折旧方法的公式，将使得所有使用该方法的资产折旧的计提按修改过的公式计算折旧，但以前期间已经计提的折旧不变。

> 如果自定义的折旧方法中包含了工作量相关的项目，修改后不允许与其无关。
> 正在使用的折旧方法（包括类别设置中已选用或录入的卡片已选用）不允许删除。

（6）定义卡片项目

卡片项目是固定资产卡片上要显示的用来记录资产资料的栏目，如原值、资产名称、使用年限、折旧方法等是卡片最基本的项目。固定资产系统提供了一些常用卡片必需的项目，称为系统项目，但这些项目不一定能满足企业对固定资产特殊管理的需要，可通过卡片项目定义来定义所需要的项目，定义的项目称为自定义项目，这两部分构成卡片项目目录。下一步定义卡片样式时把这些项目选择到样式中，得到真正属于企业定制的卡片样式。

例3　增加三个项目"主要使用者"、"负责人"和"固定资产成新率"，其中"主要使用者"和"负责人"为字符型项目，"资产成新率"为数值型项目，其计算公式为：（原值－累计折旧）/原值。

操作步骤如下。

① 在 UFIDA ERP-U8 窗口选择【业务工作】|【财务会计】|【固定资产】|【卡片】|【卡片项目】双击，打开【卡片项目】窗口，如图 5-29 所示。

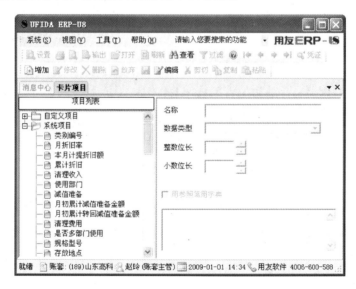

图 5-29 【卡片项目】窗口

② 在【卡片项目】窗口中，单击工具栏上的【增加】按钮，激活窗口，录入项目名称"主要使用者"，选择数据类型"字符型"等信息后，单击 按钮，对增加的卡片项目进行保存，同时进入下一项目录入界面，同样的方式录入"负责人"项目。

③ 由于"资产成新率"是数值型项目，并且要定义和其他项目的数据关系，当将项目类型选择为数值型时，界面自动添加【定义项目公式】按钮，单击进入【定义公式】对话框，如图 5-30 所示。

④ 通过在项目名称中选择相关项目，构成

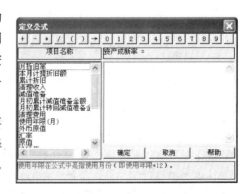

图 5-30 【定义公式】对话框

"资产成新率"计算公式,单击【确定】按钮,对添加的公式进行保存。

提示:

➢ 项目的数据类型可从【数据类型】下拉列表框中选择已定义的项目类型,从"数值型、字符型、日期型、标签型"中选择一种。

➢ 字符数是当定义的项目数据类型为字符型时,文本所能达到的最大字符数。可以选择1～255之间的任一数值。

➢ 整数位长度是当定义的项目数据类型为数值型时,数值整数位的最长长度,但必须保证整数位长度和小数位长度之和不能大于15。

➢ 小数位长度是当定义的项目数据类型为数值型时,数值小数位的最长长度,在0～8之间选择,并且必须保证整数位长度和小数位长度之和不能大于15。

➢ 所有系统项目可以修改名称,卡片上该项目名称也改变,但该项目代表的意义不因名称更改而变化。如将"累计折旧"改为"回收基金",但该项目的内容表示的仍然是该卡片的累计折旧值,内容并不随名称改变而改变。

➢ 单位折旧、净残值率、月折旧率的小数位长度系统默认为4(没有换算成百分数),可以根据用户要求的精度修改。

➢ 系统项目除"使用部门、资产类别、增减方式、币种、折旧方法、使用状况"外,其他项目"是否可参照常用字典"的属性可以修改,默认是不参照;自定义项目使用后,除数据类型不能修改外,其他内容均可修改。

➢ 系统项目不允许删除;卡片中正在使用的自定义项目的删除将造成数据的丢失。

(7) 定义卡片样式

卡片样式指卡片的整个外观,包括其格式(是否有表格线、对齐形式、字体大小、字形等)、所包含的项目和项目的位置。不同的企业所设计的卡片样式可能不同,同一企业对不同的资产,企业管理的内容和侧重点可能不同,所以系统提供了卡片样式定义功能,增大灵活性。系统默认的卡片样式有:通用样式、土地房屋类卡片样式、机械设备类卡片样式、运输设备类卡片样式。可以修改默认的样式,也可以定义新的卡片样式。

由于固定资产管理信息较多,固定资产卡片样式基本上包括七个选项卡,如图5-31所示。

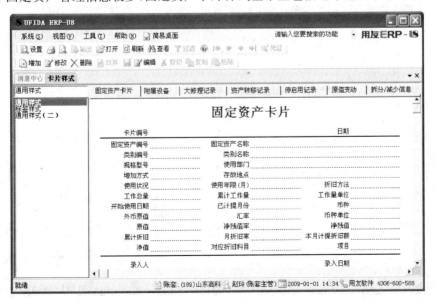

图 5-31 【卡片样式】窗口

①【固定资产卡片】选项卡：它是固定资产的主卡，有关固定资产的主要信息均在该选项卡内显示，可以通过各种操作定制该选项卡的样式，包括项目类别、项目的位置、边框线、格式等。

②【附属设备】选项卡：用来记录固定资产的附属设备信息，可以设置行、列间距和边框线，以及文字的格式，附属设备的价值已包含在主卡价值中。

③【大修理记录】选项卡：用来记录固定资产的大修理信息，可以设置行、列间距和边框线，以及文字的格式。

④【资产转移记录】选项卡：用来记录固定资产在单位内部各使用部门之间转移的信息，可以设置行、列间距和边框线，以及文字的格式。

⑤【停启用记录】选项卡：用来记录固定资产的停用和启用信息，可以设置行、列间距和边框线，以及文字的格式。

⑥【原值变动】选项卡：用来记录固定资产的价值变动信息，可以设置行、列间距和边框线，以及文字的格式。

⑦【拆分/减少信息】选项卡：用来记录固定资产减少的信息，可以设置行、列间距和边框线，以及文字的格式。

因为卡片样式定义比较复杂，尤其是很多系统项目在样式卡片上是不能缺少的，否则无法正确计算折旧，因此一般借助系统提供的通用卡片样式来创建一种新的卡片样式。

例 4　新建一种卡片样式，其中包括"负责人"，并将其命名为"常用样式"。

操作步骤如下。

① 在 UFIDA ERP-U8 窗口选择【业务工作】|【财务会计】|【固定资产】|【卡片】|【卡片样式】双击，打开【卡片样式】窗口。

② 在【卡片样式】窗口中，单击工具栏上的【增加】按钮，系统弹出【是否以当前卡片样式为基础建立新样式】对话框，如图 5-32 所示。

图 5-32　应用当前卡片样式建立新样式对话框

③ 单击【是】按钮，进入【卡片模板定义】窗口，如图 5-33 所示。

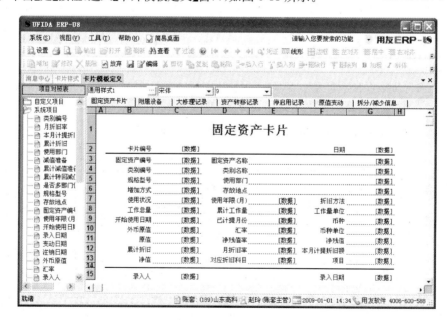

图 5-33　【卡片模板定义】窗口

④ 输入卡片样式名称"常用样式"。

⑤ 定义所需要的卡片样式,根据需要可以设置以下几部分内容。

➢ 项目设置:它是对卡片样式中包含的项目的设置。可通过【编辑】功能菜单下的【项目移入】和【项目移出】功能来增加或删除卡片上的项目。项目的位置的调整可通过鼠标的剪切或拖动来完成。本例中增加"负责人"项目,其操作方式有二:一是在卡片上选择放置项目的位置,再在【项目对照表】中单击要添加的项目"负责人",然后单击【编辑】功能菜单下的【项目移入】功能菜单,实现项目的添加;二是用鼠标选中要添加的项目"负责人",然后将其拖到卡片的合适位置。

➢ 格式设置:它是对卡片样式的行、列进行设置,包括行高、列宽设置,均行或均列、插入行或列、删除行或列等设置。

➢ 文字格式设置:它是对卡片上显示的文字的字形、字号、格式、在单元中的位置等进行设置,主要包括字体设置、大小设置、字形设置、拆行设置、文字位置设置等。

➢ 边框设置:它是对样式上各单元格的边框进行设置,主要包括边框类型设置、边框线型设置等。

⑥ 分别调整各标签内表格的行高、列宽、字体。

⑦ 单击 按钮,完成卡片样式的定义。

提示:

➢ "外币原值、汇率、货币单位"这三个项目要移动位置必须同时移动。"工作总量、累计工作量、工作量单位"三个项目要移动位置也必须同时移动。

➢ 卡片样式上必须同时有或同时没有"项目"和"对应折旧科目"。

➢ 卡片样式定义好后,最好预览一下该样式打印输出的效果,如不满意及时调整,避免输入卡片后发现问题再返回修改。

(8) 原始卡片录入

当固定资产管理账套建立完成,并做好了基础的设置工作后,下一步在使用固定资产管理系统进行核算前,必须将原始卡片资料录入系统,即将建账日期以前的数据录入到系统中,以保持历史资料的连续性。原始卡片的录入不限制必须在第一个期间结账前,任何时候都可以录入原始卡片。固定资产原始卡片是固定资产核算和管理的基础、依据,固定资产卡片所记录的固定资产的开始使用日期的月份必须大于其录入系统的月份。

例5　山东高科技术有限公司固定资产管理系统使用前,其固定资产原始数据资料如表5-3所示,根据系统管理要求完成固定资产原始卡片的录入。

表 5-3　固定资产原始资料

固定资产名称	类别编码	所在部门	增加方式	使用年限	开始使用日期	原　　值	累计折旧
办公楼	011	办公室	在建工程转入	30	1996.3.1	1500000	522450
厂房	011	机装车间	在建工程转入	30	1996.3.1	1200000	417960
厂房	011	辅助车间	在建工程转入	30	1996.3.1	500000	174150
车床	021	机装车间	直接购入	10	2002.3.1	80000	21120
铣床	021	机装车间	直接购入	10	2002.3.1	180000	47520
刨床	021	机装车间	直接购入	10	2002.3.1	20000	5280
钳工平台	021	机装车间	直接购入	10	2002.3.1	70000	18480

续表

固定资产名称	类别编码	所在部门	增加方式	使用年限	开始使用日期	原 值	累计折旧
专用量具	021	机装车间	直接购入	10	2002.3.1	15000	1320
磨床	021	机装车间	直接购入	10	2002.3.1	50000	13200
吊车	021	机装车间	直接购入	10	2002.3.1	100000	26400
原料库	011	总务	在建工程转入	30	1993.3.1	100000	34830
成品库	011	总务	在建工程转入	30	1993.3.1	250000	83370
汽车	032	办公室	直接购入	10	2003.3.1	250000	18000
复印机	042	办公室	直接购入	6	2004.9.1	6000	1596
微机	042	财务室	直接购入	6	2002.9.1	6000	3705
微机	042	财务室	直接购入	6	2004.9.1	6000	798

备注：净残值率均为 4%，使用状况均为"在用"；折旧方法均采用平均年限法。

操作步骤如下。

① 在 UFIDA ERP-U8 窗口选择【业务工作】|【财务会计】|【固定资产】|【卡片】|【录入原始卡片】双击，打开【固定资产类别档案】窗口，如图 5-34 所示。

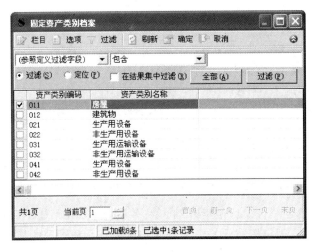

图 5-34 【固定资产类别档案】窗口

② 在【固定资产类别档案】窗口中，选择"011 房屋"，然后单击【确定】按钮，进入【固定资产卡片】录入窗口，如图 5-35 所示。

③ 录入或参照选择各项目的内容。固定资产名称"办公楼"、类别编号"011"、部门名称"办公室"、增加方式"在建工程转入"、使用年限（月）"360"、开始使用日期"1996-3-1"、原值"1500000"、累计折旧"522450"、使用状况"在用"、净残值率"4%"，固定资产卡片主卡信息录入完毕后，单击其他选项卡，录入其他固定资产管理信息。

④ 所有固定资产管理信息录入完毕后，单击工具栏上的 按钮，系统弹出【数据成功保存】信息对话框，单击【确定】按钮完成保存，同时进入下一固定资产原始卡片界面，系统自动对固定资产卡片编号在上一张基础上加1。

⑤ 重复第③、④步操作，依次录入其他固定资产原始卡片信息。

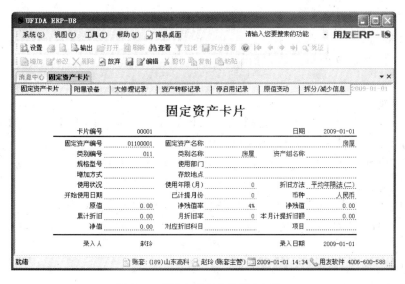

图 5-35　【固定资产卡片】录入窗口

⑥ 在所有固定资产原始卡片录入完毕一定要进行期初对账,以确保固定资产管理系统与账务处理系统"固定资产"科目和"累计折旧"科目总额平衡。方式是:退出固定资产原始卡片录入窗口,然后在 UFIDA ERP-U8 窗口选择【业务工作】|【财务会计】|【固定资产】|【处理】|【对账】双击,系统开始将固定资产管理系统与账务处理系统进行对账,对账完毕弹出【与账务对账结果】信息对话框,如图 5-36 所示。

图 5-36　【与账务对账结果】
信息对话框

⑦ 单击【确定】按钮,完成固定资产管理系统的初始设置工作。

提示:

➢ 与计算折旧有关的项目录入后,系统会按照输入的内容将本月应提的折旧额显示在"月折旧额"项目内,可将该值与手工计算的值比较,看是否有录入错误。

➢ 其他页签录入的内容只是为管理卡片设置,不参与计算。并且除附属设备外,其他内容在录入月结账后除"备注"外不能修改和输入,由系统自动生成。

➢ 原值、累计折旧、累计工作量录入的一定要是卡片录入月月初的价值,否则将会出现计算错误。

➢ 已计提月份必须严格按照该资产已经计提的月份数,不包括使用期间停用等不计提折旧的月份,否则不能正确计算折旧。

5.3　固定资产日常管理

固定资产的日常管理是指固定资产的增加、减少、原值变动、固定资产的调入与调出等。

5.3.1　固定资产增加

固定资产增加操作也称"新卡片录入",它与"原始卡片录入"相对应。在系统日常使用过程中,可能会购进或通过其他方式增加企业资产,该部分资产通过"资产增加"操作录入系统。资产通过哪种方式录入，在于资产的开始使用日期，只有当开始使用日期的期间≤录入的期间时，才能通过"资产增加"录入。

例6 1月6日，办公室新购扫描仪一台，价值1500元，净残值率4%，预计使用年限5年。

操作步骤如下。

① 在 UFIDA ERP-U8 窗口选择【业务工作】|【财务会计】|【固定资产】|【卡片】|【资产增加】双击，打开【固定资产类别档案】窗口。

② 在【固定资产类别档案】窗口中选择"042 非生产用设备"，然后单击【确定】按钮，进入【固定资产卡片】录入窗口。

③ 在【固定资产卡片】录入窗口，输入该固定资产的相关信息资料。

④ 单击工具栏上的 按钮，对增加的固定资产进行保存。

提示：

➢ 固定资产的增加操作与原始卡片录入操作相关要求相同。

➢ 新卡片第一个月不计提折旧，折旧额为空或零。

➢ 原值录入的一定要是卡片录入月月初的价值，否则将会出现计算错误。

➢ 如果录入的累计折旧、累计工作量不是零，说明是旧资产，该累计折旧或累计工作量是在进入本企业前的值。

➢ 已计提月份必须严格按照该资产在其他单位已经计提或估计已计提的月份数，不包括使用期间停用等不计折旧的月份，否则不能正确计算折旧。

5.3.2 固定资产减少

资产在使用过程中，总会由于各种原因，如毁损、出售、盘亏等，退出企业，该部分操作称为"资产减少"。固定资产管理系统提供资产减少的批量操作，为同时清理一批资产提供方便。减少固定资产只有当账套开始计提折旧后方可使用。否则减少资产只能通过删除固定资产卡片的途径来完成。

例7 1月13日，财务室一台微机因电源故障导致毁损，该项固定资产卡片编号为00016，资产编号为04200003，该项资产清理实现收入500元。

操作步骤如下。

① 在 UFIDA ERP-U8 窗口选择【业务工作】|【财务会计】|【固定资产】|【卡片】|【资产减少】双击，打开【资产减少】窗口，如图5-37所示。

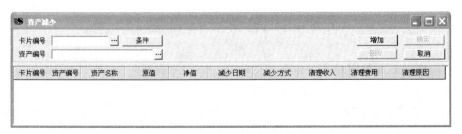

图 5-37 【资产减少】窗口

② 在【资产减少】窗口中直接录入或参照录入减少的固定资产卡片编号或资产编号,如卡片编号"00016",然后单击【增加】按钮,在【资产减少】窗口下方列表中追加该项固定资产,结果如图 5-38 所示。

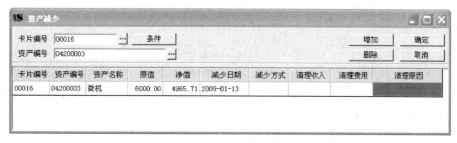

图 5-38　减少资产添加结果

③ 录入减少日期,选择减少方式"毁损",输入清理收入"500",然后单击【确定】按钮,系统弹出卡片成功减少信息提示对话框,如图 5-39 所示。

④ 单击【确定】按钮,完成固定资产减少处理。

提示:

系统提供了固定资产减少的恢复纠错的功能,当月减少的资产可以通过本功能恢复使用。通过资产减少的资产只有在减少的当月可以恢

图 5-39　卡片成功减少信息
提示对话框

复。从卡片管理界面中,选择【已减少的资产】选项,再选中要恢复的资产,单击【恢复减少】即可。如果资产减少操作已制作凭证,必须删除凭证后才能恢复。

5.3.3　固定资产变动

固定资产在使用过程中,可能会调整卡片上的一些项目,此类变动必须留下原始凭证,这样制作的原始凭证称为变动单。固定资产变动单包括原值变动、部门转移、使用状况变动、使用年限调整、折旧方法调整、净残值(率)调整、工作总量调整、累计折旧调整、资产类别调整、计提减值准备、转回减值准备、变动单管理等。对于其他项目的修改,如名称、编号、自定义项目等的变动可直接在固定资产卡片上进行。

1. 原值变动

资产在使用过程中,除发生下列情况外,价值不得任意变动。

(1)根据国家规定对固定资产重新估价。

(2)增加补充设备或改良设备。

(3)将固定资产的一部分拆除。

(4)根据实际价值调整原来的暂估价值。

(5)发现原记固定资产价值有误的。

原值发生变动包括原值增加和原值减少两种,通过系统提供的"原值变动"功能来实现。

例 8　1 月 13 日,汽车添置新配件,价值 10000 元。

操作步骤如下。

① 在 UFIDA ERP-U8 窗口选择【业务工作】|【财务会计】|【固定资产】|【卡片】|

【变动单】|【原值增加】双击，打开【固定资产变动单】原值增加窗口，如图 5-40 所示。

图 5-40　【固定资产变动单】原值增加窗口

② 直接输入或参照录入固定资产卡片编号"00013"、输入增加金额"10000"、输入变动原因"添置新配件"。

③ 单击 按钮，对录入信息进行保存。

提示：

➤ 当月原始录入或增加的固定资产不允许进行原值变动处理。

➤ 变动单不能修改，只有当月可删除重做，所以请仔细检查后再保存。

➤ 固定资产原值减少处理与增加处理方法相同。

2. 部门转移

固定资产在使用过程中，因内部调配而发生了部门变动，如不对其处理，将会影响到部门折旧的计算。

例9　因业务需要，将办公室的复印机转到财务室使用。

操作步骤如下。

① 在 UFIDA ERP-U8 窗口选择【业务工作】|【财务会计】|【固定资产】|【卡片】|【变动单】|【部门转移】双击，打开【固定资产变动单】部门转移窗口，如图 5-41 所示。

② 直接输入或参照录入固定资产卡片编号、输入变动后的部门名称和变动原因，然后单击 按钮进行保存。

3. 计提减值准备

企业应当在期末至少在每年年度终了，对固定资产逐项进行检查，如果由于市价持续下跌，或技术陈旧等原因导致其可回收金额低于账面价值的，应当将可回收金额低于账面价值的差额作为固定资产减值准备。固定资产减值准备按单项资产计提。

操作步骤如下。

① 在 UFIDA ERP-U8 窗口选择【业务工作】|【财务会计】|【固定资产】|【卡片】|【变动单】|【计提减值准备】双击，打开【固定资产变动单】计提减值准备窗口，如图 5-42 所示。

图 5-41　【固定资产变动单】部门转移窗口

图 5-42　【固定资产变动单】计提减值准备窗口

② 直接输入或参照录入固定资产卡片编号,然后录入固定资产减值的各项信息,然后
单击■按钮实施保存处理。

③ 继续选择其他固定资产,完成固定资产减值准备计提处理。

提示:

➢ 减值准备金额:允许手工录入该资产的预计减值金额,但录入的金额的范围必须大于零,且小于等
于"原值－累计折旧－累计减值准备"的余额。

➢ 原值:显示该资产的原值(包含原值增加或减少的变动金额),不允许修改。

➢ 累计折旧:显示该资产的原值累计折旧总额,不允许修改。

➢ 累计减值准备金额:显示该资产的累计已计提的减值准备金额,不允许修改。

➢ 累计转回准备金额:根据 2006 年财政部新颁布的《企业会计准则第 8 号——资产减值》有关规定,
资产减值损失一经确认,在以后会计期间不得转回。变动单中的此项目为多余项目,在使用时要确
保此项目数据为零,否则将与新准则规定相违背。

➤ 可回收市值：等于"原值－累计折旧－累计减值准备"，不允许修改。

固定资产的变动处理的方法基本相似，其余的固定资产变动方式可参照上述固定资产原值变动、部门转移、计提减值准备的变动处理过程。

5.3.4　折旧处理

自动计提折旧是固定资产系统的主要功能之一。系统每期计提折旧一次，根据录入系统的资料自动计算每项资产的折旧，并将当期的折旧额自动累加到累计折旧项目，自动生成折旧分配表，然后制作记账凭证，将本期的折旧费用自动登账。

影响折旧率的因素有：原值变动、累计折旧调整、净残值（率）调整、折旧方法调整、使用年限调整、使用状况调整。由于在使用过程中，上述因素可能发生变动，这样就会对折旧计算产生影响。为此，当上述因素发生变动时，折旧计提和分配应遵循固定资产管理系统的基本业务处理原则。

操作步骤如下。

① 在 UFIDA ERP-U8 窗口选择【业务工作】|【财务会计】|【固定资产】|【处理】|【计提本月折旧】双击，弹出【是否要查看折旧清单】信息提示对话框，如图 5-43 所示。

② 单击【是】按钮，打开折旧计提信息对话框，如图 5-44 所示。

图 5-43　【是否要查看折旧清单】对话框　　　图 5-44　固定资产折旧计提信息对话框

③ 单击【是】按钮，系统自动计算折旧，并进入【折旧清单】窗口，如图 5-45 所示。

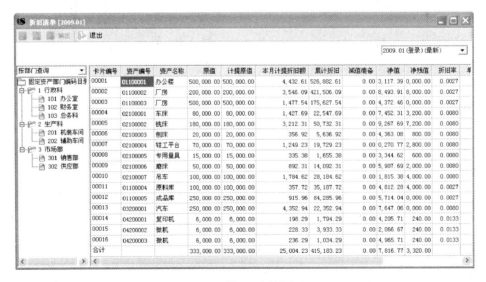

卡片编号	资产编号	资产名称	原值	计提原值	本月计提折旧额	累计折旧	减值准备	净值	净残值	折旧率
00001	01100001	办公楼	500,000.00	500,000.00	4,432.61	526,882.61	0.00	3,117.39	0,000.00	0.0027
00002	01100002	厂房	200,000.00	200,000.00	3,546.09	421,506.09	0.00	8,493.91	8,000.00	0.0027
00003	01100003	厂房	500,000.00	500,000.00	1,477.54	157,624.54	0.00	4,372.46	6,000.00	0.0027
00004	02100001	车床	80,000.00	80,000.00	1,427.69	22,547.69	0.00	7,452.31	3,200.00	0.0080
00005	02100002	铣床	180,000.00	180,000.00	3,212.31	50,732.31	0.00	9,267.69	7,200.00	0.0080
00006	02100003	刨床	20,000.00	20,000.00	356.92	5,636.92	0.00	4,363.08	800.00	0.0080
00007	02100004	钳工平台	70,000.00	70,000.00	1,249.23	19,729.23	0.00	0,270.77	2,800.00	0.0080
00008	02100005	专用量具	15,000.00	15,000.00	335.38	1,655.38	0.00	3,344.62	600.00	0.0080
00009	02100006	磨床	50,000.00	50,000.00	892.31	14,092.31	0.00	5,907.69	2,000.00	0.0080
00010	02100007	吊车	100,000.00	100,000.00	1,784.62	28,184.62	0.00	1,815.38	4,000.00	0.0080
00011	01100004	原料库	100,000.00	100,000.00	357.72	35,187.72	0.00	4,812.28	4,000.00	0.0027
00012	01100005	成品库	250,000.00	250,000.00	915.96	84,285.96	0.00	5,714.04	0,000.00	0.0027
00013	03200001	汽车	250,000.00	250,000.00	4,352.94	22,352.94	0.00	7,647.06	0,000.00	0.0080
00014	04200001	复印机	6,000.00	6,000.00	198.29	1,794.29	0.00	4,205.71	240.00	0.0133
00015	04200002	微机	6,000.00	6,000.00	228.33	3,933.33	0.00	2,066.67	240.00	0.0133
00016	04200003	微机	6,000.00	6,000.00	236.29	1,034.29	0.00	4,965.71	240.00	0.0133
合计			333,000.00	333,000.00	25,004.23	415,183.23	0.00	7,816.77	3,320.00	

图 5-45　【折旧清单】窗口

④ 单击【退出】按钮,弹出【折旧分配表】窗口,如图 5-46 所示。

部门编号	部门名称	项目编号	项目名称	科目编号	科目名称	折旧 额
101	办公室			660204	折旧费	8,983.84
102	财务室			660204	折旧费	464.62
103	总务科			660204	折旧费	1,273.68
201	机装车间			510101	折旧	12,804.55
202	辅助车间			500102	辅助生产成本	1,477.54
合计						25,004.23

图 5-46　【折旧分配表】窗口

⑤ 由于固定资产的变动,有的会影响当期折旧处理,所以在此单击【退出】按钮,系统弹出【计提折旧完成】信息对话框,如图 5-47 所示。若为期末进行折旧计提处理,可单击【凭证】按钮进行制单处理。

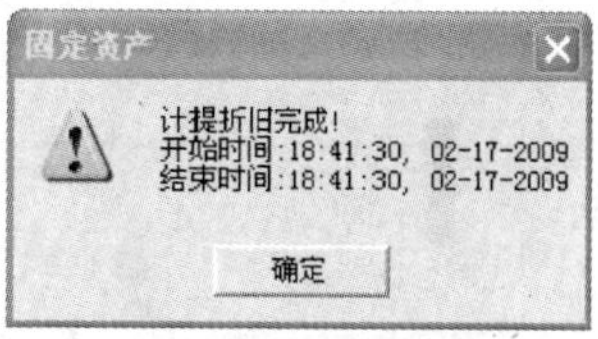

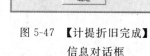

⑥ 单击【确定】按钮,结束折旧处理。

图 5-47　【计提折旧完成】信息对话框

提示:

➢ 固定资产管理系统在一个期间内可以多次计提折旧,每次计提折旧后,只是将计提的折旧累加到月初的累计折旧,不会重复累计。

➢ 如果上次计提折旧已制单把数据传递到账务系统,则必须删除该凭证才能重新计提折旧。

➢ 计提折旧后又对账套进行了影响折旧计算或分配的操作,必须重新计提折旧,否则系统不允许结账。

➢ 如果自定义的折旧方法月折旧率或月折旧额出现负数,自动中止计提。

5.4　固定资产的其他处理

5.4.1　固定资产评估

随着市场经济的发展,企业在经营活动中,根据业务需要或国家要求需要对部分资产或全部资产进行评估和重估,而其中固定资产评估是资产评估很重要的部分。固定资产管理提供了固定资产评估功能模块,其主要功能包括:将评估机构的评估数据手工录入或定义公式录入到系统;根据国家要求手工录入评估结果或根据定义的评估公式生成评估结果。

资产评估功能提供可评估的资产内容包括原值、累计折旧、净值、使用年限、工作总量、净残值率,企业可根据需要选择。

固定资产评估的基本过程分为三个阶段。

➢ 选择要评估的项目。

➢ 选择要评估的固定资产。

➢ 制作评估单。

1. 选择要评估的项目

进行资产评估时，每次要评估的内容可能不一样，根据需要从系统给定的可评估项目中选择。

操作步骤如下。

① 在 UFIDA ERP-U8 窗口选择【业务工作】|【财务会计】|【固定资产】|【卡片】|【资产评估】双击，打开【资产评估】窗口 A，如图 5-48 所示。

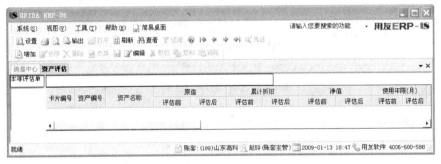

图 5-48 【资产评估】窗口 A

② 单击工具栏上的【增加】按钮，弹出【评估资产选择】对话框，如图 5-49 所示。

③ 在【评估资产选择】对话框中，从左侧的【可评估项目】目录中选择要评估的项目（在项目前的框内打钩）。

提示：

原值、累计折旧和净值三个项目中只能选两个，并且必须选择两个，另一个通过公式"原值－累计折旧＝净值"推算得到。

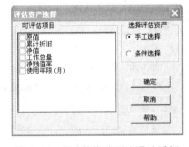

图 5-49 【评估资产选择】对话框

2. 选择要评估的固定资产

每次评估的固定资产可能不同，可通过手工选择或条件选择方式挑选出要进行评估的固定资产。

（1）手工选择

操作步骤如下。

① 在【评估资产选择】对话框中，选择【手工选择】单选按钮，单击【确定】按钮，打开【资产评估】窗口 B，如图 5-50 所示。

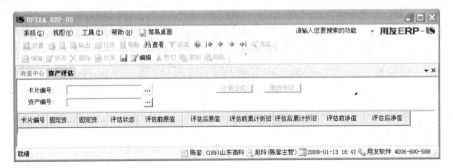

图 5-50 【资产评估】窗口 B

② 在【资产评估】窗口中,直接录入或参照选择在进行评估的固定资产的卡片编号或资产编号,系统自动将所选固定资产追加到下方记录列表中,结果如图 5-51 所示。

图 5-51　评估资产选择结果

(2) 条件选择

操作步骤如下。

① 在【评估资产选择】对话框中,选择【条件选择】单选按钮,单击【确定】按钮,打开【查询定义】对话框,如图 5-52 所示。

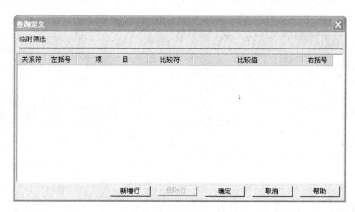

图 5-52　【查询定义】对话框

② 单击【新增行】按钮,选择录入查询条件,如"部门名称＝办公室",然后单击【确定】按钮,显示查询结果,如图 5-53 所示。

图 5-53　条件选择查询结果

③ 如果发现有不需要评估的固定资产,可将其选中,然后单击工具栏上的【删除】按钮将其从列表中删除。

3. 制作评估单

选择了评估项目和评估资产后,必须录入评估后数据或通过自定义公式生成评估后数据,系统才能生成评估单,评估单显示评估资产所评估的项目在评估前和评估后的数据。

在图 5-53 中,评估表的表头除卡片编号、资产编号、资产名称外,第四列为"评估状态",当该表中列出的资产有一个项目发生变化,表示该资产已评估,该列自动打钩。如果评估结束后,某一资产该标志为空,表示该资产在评估前后没有变化,请将该资产移出。其他各列表示选择的要评估的项目评估前和评估后的数据。

评估数据可通过定义公式或手工修改来输入。当评估后的数据和评估前的数据有数据关系时,可通过定义公式自动生成评估后的数据;如果评估后的数据没有规律,可以用手工的办法将评估后的数据输入评估变动表中。

当评估变动表中评估后的原值和累计折旧的合计数据,与评估前的数据不同时,可以通过【制单】命令将数据输送到账务处理系统中。

（1）定义公式生成评估数据

例 10　固定资产的使用年限在评估前年限基础上增加一年,则评估公式应为:评估后使用年限（月）＝使用年限（月）＋12。

操作步骤如下。

① 在如图 5-51 所示的【资产评估】窗口中,单击"评估后使用年限（月）",然后单击【计算公式】按钮,弹出【评估计算公式】设置对话框,如图 5-54 所示。

② 添加评估公式"使用年限（月）＋12",然后单击【确定】按钮完成评估数据的生成。

③ 单击【撤销修改】按钮,可还原评估前数据。

④ 单击工具栏上的 🖳 按钮,对评估数据进行保存。

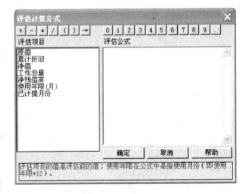

图 5-54　【评估计算公式】设置对话框

（2）手工输入和修改评估数据

操作方法是:选择要输入或修改数据的单元格,双击该单元格后,即可输入数据。

提示:

评估后的数据必须满足以下公式要求:原值－净值＝累计折旧≥0;净值≥净残值率＊原值;工作总量≥累计工作量。

5.4.2　制单

制作记账凭证即制单。固定资产系统和账务系统之间存在着数据的自动传输,该传输通过制作传送到账务的凭证实现。固定资产管理系统需要制单或修改凭证的情况包括:资产增加(录入新卡片)、资产减少、卡片修改(涉及原值或累计折旧时)、资产评估(涉及原值或累计折旧变化时)、原值变动、累计折旧调整、折旧分配。

在固定资产管理系统选项设置中,如果选择了【业务发生后立即制单】选项,则在上述固定资产变化时,自动生成凭证并处理编辑修改状态以供修改处理;如未选择【业务发生后立即制单】选项,则可通过"批量制单"来完成。

操作步骤如下。

① 在 UFIDA ERP-U8 窗口选择【业务工作】|【财务会计】|【固定资产】|【处理】|【批量制单】双击,打开【批量制单】对话框,如图 5-55 所示。

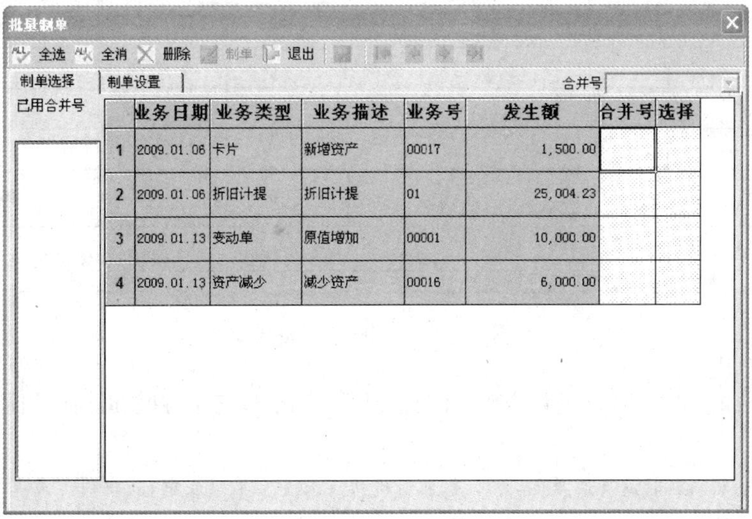

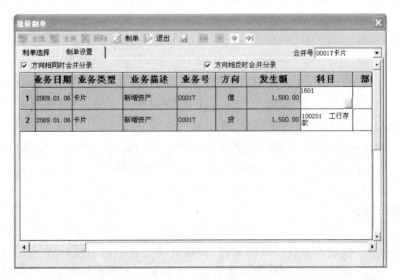

图 5-55 【批量制单】对话框

② 在【批量制单】对话框中打开【制单选择】选项卡,然后在要生成凭证的业务的【选择】栏双击添加制单标志"Y",然后单击【制单设置】选项卡,进入制单设置界面,如图 5-56 所示。

图 5-56 制单设置界面

③ 在制单设置界面,为每笔分录设置入账会计科目及相关辅助核算方式,然后单击工具栏上的【制单】按钮,系统生成不完整凭证,如图 5-57 所示。

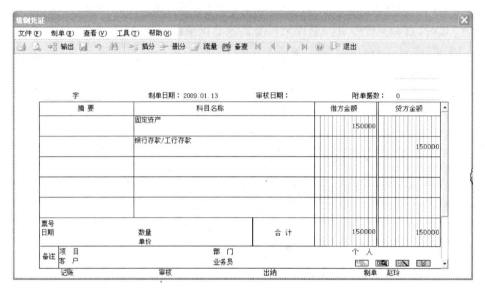

图 5-57   生成的不完整凭证

④ 对生成的不完整凭证进行修改、补充信息后,单击 ▣ 按钮,将数据输送到账务处理系统。

提示:

> ➢ 凡是业务发生当时没有制单的,该业务自动排列在批量制单列表中,表中列示应制单而没有制单的业务发生的日期、类型、原始单据号,默认的借贷方科目和金额,以及制单选择标志。
> ➢ 如该单据在其他系统已制单或发生其他情况不应制单,可选中该行后单击【删除】按钮,将该应制单业务从表中删除。
> ➢ 如果在选项中选择了【应制单业务没有制单不允许结账】选项,则只要本表中有记录,该月不能结账。

5.4.3   对账

系统在运行过程中,应保证固定资产管理系统管理的固定资产的价值和账务处理系统中固定资产科目的数值相等。而两个系统的资产价值是否相等,通过执行系统提供的对账功能实现,对账操作不限制执行的时间,任何时候均可进行对账。系统在执行月末结账时自动对账一次,给出对账结果,并根据初始化或选项中的判断确定不平情况下是否允许结账。只有系统初始化或选项中选择了与账务对账,本功能才可操作。

5.4.4   月末结账

每月月底手工记账都要有结账的过程,实现管理信息化后也应体现这一过程。月末结账每月进行一次,结账后当期的数据不能修改,如果必须修改结账前的数据,只有通过使用"恢复结账前状态"功能来返回修改。

月末结账操作步骤如下。

① 在 UFIDA ERP-U8 窗口选择【业务工作】|【财务会计】|【固定资产】|【处理】|【月末结账】双击,打开【月末结账】对话框,如图 5-58 所示。

② 单击【开始结账】按钮,系统自动进行数据备份和进行结账处理,处理完毕,系统显示【与账务对账结果】信息对话框,如图 5-59 所示。

③ 单击【确定】按钮,系统弹出【月末结账成功完成】信息提示框,如图 5-60 所示。

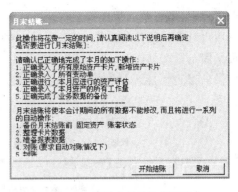

图 5-58 【月末结账】对话框

图 5-59 【与账务对账结果】对话框

图 5-60 【月末结账成功完成】信息提示框

④ 单击【确定】按钮,系统弹出系统应用信息提示框,如图 5-61 所示。

图 5-61 系统应用信息提示框

⑤ 单击【确定】按钮,完成本月固定资产系统结账处理。

提示:

➢ 固定资产月末结账前,应先登录总账系统将本月固定资产管理系统所生成的凭证进行审核记账后,才能进行月末结账处理。

➢ 可通过系统提供的反结账功能取消结账。

➢ 不能跨年度恢复数据,即本系统年末结转后,不能利用本功能恢复年末结转。

➢ 成本管理系统每月从固定资产管理系统提取折旧费用数据,因此,一旦成本管理系统提取了某期的数据,该期不能反结账。

➢ 恢复到某个月月末结账前状态后,本账套内对该结账后所做的所有工作都无痕迹删除。

5.4.5 账表管理

固定资产管理的任务是反映和监督固定资产的增加、调出、保管、使用、清理报废等情况,保护企业财产的安全、完整,充分发挥固定资产的效能,以便于成本计算。在固定资产管理过程中,需要及时掌握固定资产的统计、汇总和其他各方面的信息。固定资产管理系统根据用户对系统的日常操作,自动提供这些信息,以报表的形式提供给财务人员和资产管理人员。固定资产管理系统提供的报表分为四类：账簿、折旧表、汇总表、分析表。另外如果所提供的报表不能满足要求,系统提供自定义报表功能,可以根据需要定义符合企业要求的报表。

报表查询的基本操作如下。

① 在 UFIDA ERP-U8 窗口选择【业务工作】|【财务会计】|【固定资产】|【账表】|【我的账表】双击,打开【报表】窗口,如图 5-62 所示。

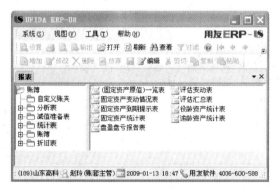

图 5-62 【报表】窗口

② 在【报表】窗口中,单击相关报表,可以查看有关信息。

本 章 习 题

1. 固定资产系统设置时,应做哪些准备工作？
2. 固定资产变动时如何处理？
3. 如何设置固定资产折旧处理方式？
4. 固定资产评估的基本依据是什么？
5. 固定资产管理系统有何特点？
6. 固定资产管理系统各类编码的原则是什么？
7. 在数据处理过程中,系统应提供哪些控制措施来保障数据处理的正确性？

第6章

薪资管理系统

教学目的及要求

系统学习薪资管理系统的应用方式及薪资管理系统的业务处理特点和流程。要求了解薪资管理系统的特点和工作任务,掌握薪资管理系统的业务处理流程,掌握薪资管理系统的基础设置及薪资管理系统的基本使用方法,重点掌握薪资管理系统的日常业务处理。

人力资源的核算和管理工作是企业管理的重要方面,也是企业会计信息系统的基本业务之一。正确地核算企业人力资源对于企业,尤其是技术密集型的高科技企业具有重要意义。其中对企业员工的业绩考核和薪酬的确定正确与否关系到企业每一个职工的切身利益,对于调动每一个职工的工作积极性、正确处理企业与职工之间的经济关系具有重要意义。薪资管理作为人力资源管理体系的重要组成部分,有效的薪资管理体系,对于促进企业持续、健康、稳定发展,确保社会和谐稳定具有非常重要的意义。本章主要通过企业薪资核算与管理来阐述薪资管理系统的基本知识与业务处理。

6.1　薪资管理系统概述

薪资的核算和管理是企业人力资源管理的基本内容。薪资是企业依据职工付出劳动的数量和质量,在一定时期内以货币形式支付给职工的劳动报酬。薪资核算是所有单位会计核算中最基本的业务之一。薪资核算和管理的正确与否关系到企业每一个职工的切身利益,对于调动每一个职工的工作积极性、正确处理企业与职工之间的经济关系具有重要意义。企业的工资费用是产品成本的重要组成部分,加强劳动薪资管理,合理调配人员组织生产,有效控制工资费用在成本中的比例,可以有效地降低产品成本。薪资是国民收入中消费基金的重要组成部分,其数额的大小关系到国民收入中积累和消费的比例,因此也是国家重点管理和控制的内容。另外,在职工较多的单位,薪资核算也是一项任务繁重、时效性较强的工作,因此,薪资管理系统也是企业会计人员要求迫切、使用广泛的专项管理系统。

薪资管理系统就是以职工个人的工资数据为基础,完成职工工资的计算、工资发放、工资费用的汇总和分配、计算个人所得税等。薪资管理系统可分别对计件工资和计时工资进行管理,给用户日常管理工作带来了极大的方便。薪资管理系统既能与其他系统,如账务处理系统、成本管理系统集成使用,也可独立运行。薪资管理系统不仅提供了简单方便的工资核算和发放功能,而且还提供了强大的工资分析和管理功能,它可以自由设置工资项目和计算公式、提供多工资类别管理功能、方便工资数据的录入、计算和汇总。

6.1.1　薪资管理系统的特点

薪资数据的核算和管理是所有单位财会部门最基本的业务之一。薪资核算的时效性强,在职工人数较多的企业,薪资业务的处理是一项繁重的工作,这就决定了薪资管理系统具有如下特点。

1. 数据量大

由于历史原因,大多数企业工资项目较多,因此薪资管理系统原始数据量大。其中有关职工姓名、编码、标准工资等每月固定不变的数据需要在系统中长期跨年保存;另外,每月变动的数据量也比较大,在进行工资业务处理时的数据修改、输入工作量也较大。

2. 业务处理的时限性、准确性要求高

工资的发放时间有确定的时间限制,工资问题与职工的个人利益密切相关,因此必须按企业规定的工资发放日期完成工资的处理并保证数据处理的正确。

3. 计算复杂,但核算方法简单

企业职工的工资计算比较复杂,尤其是病假要考虑职工的工龄及相应的扣款标准,个人所得税要考虑收入及适用税率,加班要考虑是否节假日,是双薪还是三薪等情况。但在薪资管理系统中,这些数据的计算只需在系统初始定义好核算规则,每月进行工资业务处理时只要输入每一职工的有关变动数据即可,有很强的规律性和重复性,便于计算机处理。

4. 涉及面广

薪资核算和管理不仅涉及企业的每一位职工,而且涉及企业的所有组织机构。同时,工资又是成本的重要组成部分,合理地组织薪资的核算和管理,能有效地控制成本中的工资费用,达到降低成本、提高经济效益的目的。

5. 项目繁杂

我国工业企业应付工资项目和应扣款项内容繁多,有些企业在职职工的工资项目多达30～40项。

6. 原始数据来源分散

由于工资来源于企业的多个部门,从而导致工资数据分散。如考勤统计出自人事部门,产量出自生产部门,人员调动出自人事部门,水电、房租出自后勤管理部门,工会会费出自工会等。必须建立健全完善的工资数据采集管理制度,以保证原始数据及时、准确地集中到数

据处理部门。

6.1.2　薪资管理系统的工作任务

薪资管理系统的核算和管理任务主要包括以下内容。

1. 工资数据计算

根据企业各部门提供的职工劳动的数量和质量及考勤情况,及时、准确输入与职工工资有关的原始数据,并计算职工的工资,包括职工应发工资、个人所得税和各种代扣款并编制工资单,以便发放工资并正确反映和监督与职工的工资结算情况。

2. 工资费用的分配与计提

根据职工的工作部门和工作性质,汇总分配工资费用和补提职工福利费、提取劳动保险费等,并生成相应的记账凭证,以便进行工资费用的账务处理和正确计算产品的成本。

3. 对工资数据进行统计分析

根据管理的需要,及时提供有关的工资统计分析数据。

4. 处理职工的工资变动

及时处理职工的调入、调出、内部变动等,及由此引起的工资数据变动。

6.1.3　薪资管理系统的功能结构

根据薪资业务处理的需要,薪资管理系统应具有的基本功能如下。

1. 系统初始设置

系统的初始设置主要是设置系统工作必不可少的各种编码信息和原始数据。在薪资管理系统中,由于各单位的工资项目一般相差较大,因此系统应具有设置适合具体单位需要的工资项目设置功能,以便生成工资数据库。

2. 日常业务数据录入

主要是录入考勤、产量、工时等每月变动的工资数据。另外,可能发生的人员变动和工资数据变动也应在此功能中进行处理。

3. 工资的结算与分配

工资的结算包括职工日工资的计算、职工个人应付工资合计、个人所得税计算及实发工资的计算公式设置和计算,工资费用的分配包括工资费用分类、汇总、统计和进行工资费用的明细分类核算。

4. 工资数据的输出

工资数据的输出包括工资数据的查询，工资单、工资汇总表的打印以及向账务处理系统、成本核算管理系统输送规定格式的数据和薪资管理所需要的各种管理信息等。

5. 系统维护和管理

系统维护和管理包括系统备份、恢复、操作人员权限的分配及口令的设置等。此项功能在各个管理子系统中结构相同，在功能结构图中不再赘述。

薪资管理系统的功能结构如图 6-1 所示。

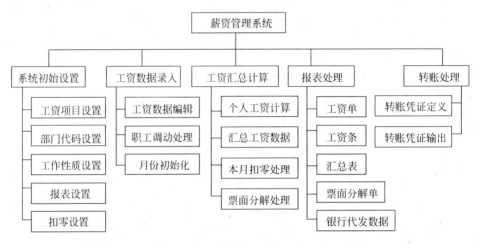

图 6-1　薪资管理系统功能结构图

6.1.4　薪资管理系统的业务处理流程

薪资管理由于涉及处理的先后问题，所以进入系统后，必须按正确的顺序调用系统的各项功能，只有按正确的次序使用，才能保证少走弯路，并保证数据的正确性，特别是首次使用更应遵守使用次序。同时由于企业在工资业务处理上存在差异，导致薪资管理系统在业务处理上也不尽相同，因而要正确区分企业薪资管理系统的应用方案，选择合适的业务处理流程。

1. 薪资管理系统应用方案

由于不同的企业在薪资核算管理上存在一些差异，为了满足企业的这种差异性需求，在薪资管理系统中，为不同工资核算类型的企业提供了不同的解决方案。

薪资管理系统所提供的薪资核算管理方案主要如下。

（1）所有人员统一工资核算的企业。

（2）分别对在职人员、退休人员、离休人员进行核算的企业。

（3）分别对正式工、临时工进行核算的企业。

（4）每月进行多次工资发放，月末统一核算的企业。

（5）在不同地区有分支机构，而由总管机构统一进行工资核算的企业。

2. 普通薪资核算管理的业务流程

如果企业中所有人员的工资统一管理,而人员的工资项目、工资计算公式全部相同,则可按下列方法建立薪资管理系统。

(1) 安装薪资管理系统。

(2) 设置工资账的参数(选择单个工资类别)。

(3) 设置部门。

(4) 设置工资项目、银行名称和账号长度,设置人员类别。

(5) 录入人员档案。

(6) 设置工资计算公式。

(7) 录入工资数据。

(8) 进行其他业务处理。

普通薪资核算管理的业务流程如图 6-2 所示。

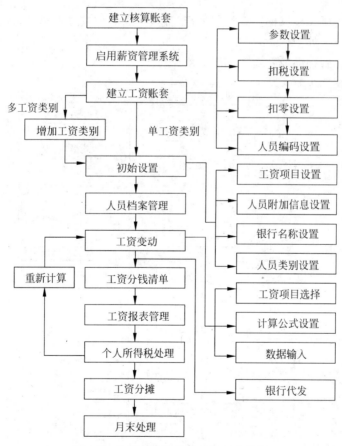

图 6-2　普通薪资核算管理业务流程图

3. 汇总薪资核算管理的业务处理流程

如果单位按周或一月多次发放工资,或者是有多种不同类别的人员,工资发放项目不尽相同,计算公式也不相同,但需进行统一工资核算管理,则可按下列方法建立薪资管理系统。

（1）安装薪资管理系统。

（2）设置工资账参数（选择多个工资类别）。

（3）设置所涉及的部门、所有工资项目、人员类别、银行名称和账号长度。

（4）建立第一个工资类别，选择所管理的部门。

（5）录入人员档案。

（6）选择第一个工资类别所涉及的工资项目并设置工资计算公式。

（7）录入工资数据。

（8）建立第二个工资类别并选择所管理的部门。

（9）录入人员档案或从第一个人员类别中复制人员档案。

（10）选择第二个工资类别所涉及的工资项目并设置工资计算公式。

（11）录入工资数据。

（12）建立第三个工资类别并选择所管理的部门。

（13）……

月末处理前将所要核算的工资类别进行汇总，生成汇总工资类别，然后对汇总工资类别进行工资核算的业务处理。

汇总薪资核算管理的业务流程如图 6-3 所示。

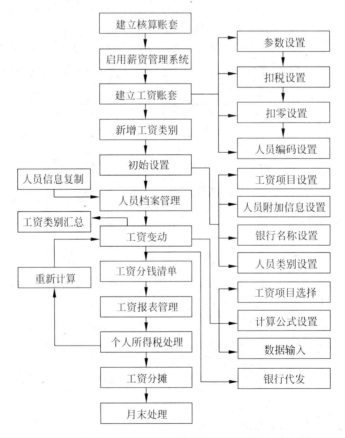

图 6-3　汇总薪资核算管理业务流程图

提示：

➢ 薪资管理系统共可建立999套工资账。

➢ 每个薪资账套中,可建立999个工资类别,其中第998、999号为系统用于汇总工资类别使用。

➢ 系统中部门设置、工资项目设置只有在未打开工资类别的情况下进行。

➢ 部门选择、公式设置是对打开的工资类别进行设置。

6.2　薪资管理系统初始化

薪资管理系统的初始化就是通过对工资数据整理,并将其录入计算机系统中,使通用的薪资管理系统转化为企业的专用薪资管理系统。

6.2.1　应用基础准备工作

薪资管理系统在应用之前必须按系统的要求进行数据的整理,使之既适合于系统应用,又满足企业对工资的核算管理。应用基础准备工作包括数据准备和目录档案准备。

1. 数据准备

在使用薪资管理系统前,应当规划设置企业内部所有部门的名称和简称规范、人员编码的编排方式、人员类别的划分形式,整理好准备设置的工资项目及核算方法,并准备好人员的档案数据、工资数据等基本信息。

2. 目录档案准备

使用薪资管理系统前,如果未使用其他系统,则需按要求编辑基础信息有关内容,建立部门档案；若进行的薪资管理中含有外币,则需进行外币设置。

6.2.2　建立核算单位

建立核算单位工作是整个薪资管理系统正确运行的基础。建立一个完整的核算单位体系,是系统正常运行的根本保障。建立核算单位可通过系统提供的建账向导,逐步完成整个薪资账套的创建工作。

例1　为山东高科技术有限公司启用薪资管理系统,并建立薪资账套。该公司账套基本信息为工资类别多个、无外币核算、代扣个人所得税、不进行扣零处理。

薪资核算管理账套的创建分两大步,一是启用薪资管理系统,二是进行账套创建。

（1）启用薪资管理系统

薪资管理系统的启用方法和操作过程与固定资产管理系统的启用相同,其操作步骤可参阅固定资产管理系统的启用步骤。

（2）登录薪资管理系统,完成薪资账套的创建

薪资账套的创建可根据系统建账向导来进行,系统提供的建账向导分为四步,即参数设

置、扣税设置、扣零设置和人员编码。

操作步骤如下。

① 注册登录企业应用平台，在 UFIDA ERP-U8 窗口选择【业务工作】|【人力资源】|【薪资管理】双击，弹出【请先设置工资类别】信息对话框，如图 6-4 所示。

② 单击【确定】按钮，进入【建立工资套】向导第一步【参数设置】，如图 6-5 所示。

图 6-4　设置工资类别信息提示框

提示：

➢ 请选择本账套所需处理的工资类别个数：单个或多个。如单位按周或一月发多次工资，或者是单位中有多种不同类别（部门）的人员，工资发放项目不尽相同，计算公式也不相同，但需进行统一工资核算管理，则应选择【多个】工资类别；如果单位中所有人员的工资统一管理，而人员的工资项目、工资计算公式全部相同，则选择【单个】工资类别，可提高系统的运行效率。

➢ 请选择币别名称：可参照选择，如果选择账套本位币以外其他币种，则应在工资类别参数维护中设置汇率。

➢ 是否核算计件工资：系统根据此参数判断是否显示计件工资核算的相关信息。计件工资核算相关信息显示为：工资项目设置根据该选项判断显示【计件工资】项目；人员档案根据该选项判断显示人员【是否核算计件工资】复选框；计件工资标准设置根据该选项判断显示功能菜单；计件工资统计根据该选项判断显示功能菜单。

③ 选择【多个】工资类别，其他保持默认，然后单击【下一步】按钮，进入向导第二步【扣税设置】，如图 6-6 所示。

图 6-5　【建立工资套】向导第一步"参数设置"

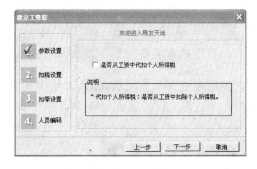

图 6-6　【建立工资套】向导第二步"扣税设置"

提示：

如果企业实行代扣代缴个人所得税，则应选择【是否从工资中代扣个人所得税】复选框，系统自动根据设置扣缴个人所得税；如果企业由职工个人申报所得税，则不应选择该项。

④ 根据要求选择【是否从工资中代扣个人所得税】，然后单击【下一步】按钮，进入向导第三步【扣零设置】，如图 6-7 所示。

提示：

➢ 扣零即扣零处理，系统在计算工资时将依据扣零类型进行扣零计算。

图 6-7　【建立工资套】向导第三步"扣零设置"

➢ 如果企业实行现金发放工资,为减少工资发放的工作量,可选择扣零设置,所扣零金额系统自动累加到下月的工资额中;如果企业采用银行代发工资,则不用选择扣零处理。

⑤ 山东高科技术有限公司实行银行代发工资,不进行扣零设置。单击【下一步】按钮,进入向导第四步【人员编码】,如图 6-8 所示。

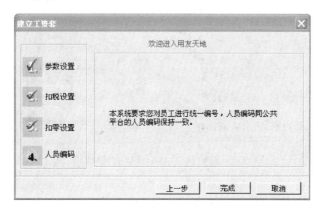

图 6-8　【建立工资套】向导第四步"人员编码"

⑥ 单击【完成】按钮,激活薪资管理各项功能,并返回 UFIDA ERP-U8 窗口。

6.2.3　工资类别设置与管理

薪资管理系统提供处理多个工资类别功能,可为按周或一月多次发放工资,或者是有多种不同类别的人员,工资发放项目不尽相同,计算公式也不相同,为需要进行统一工资核算管理的单位提供解决方案。工资类别是指一套工资账中,根据不同情况而设置的工资数据管理类别。如某企业中将正式工和临时工分设为两个工资类别,两个工资类别对应同一套账务。

1.新建工资类别

例 2　山东高科技术有限公司将职工分为两类正式职工和临时职工,并分别为其建立工资类别"正式职工"和"临时职工"工资类别,临时工仅销售组存在。

操作步骤如下。

① 在 UFIDA ERP-U8 窗口选择【业务工作】|【人力资源】|【薪资管理】|【工资类别】|【新建工资类别】双击,进入【新建工资类别】向导一对话框,如图 6-9 所示。

提示:

工资类别名称最长不得超过 15 个汉字或 30 个字符。

② 输入工资类别"正式职工",然后单击【下一步】按钮,进入【新建工资类别】向导二对话框,如图 6-10 所示。

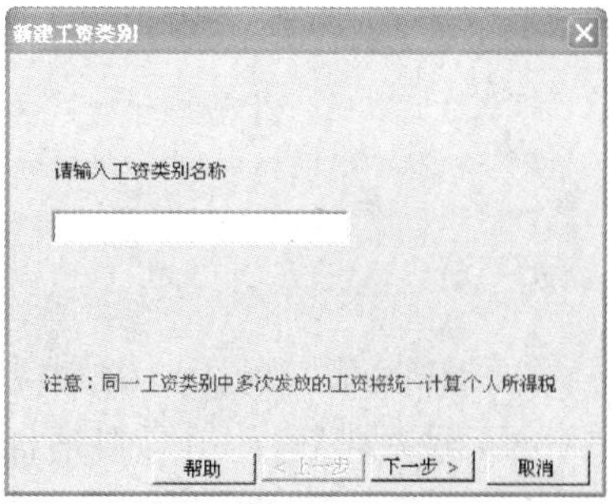

提示:

此向导用于指定新建工资类别所包含的部门。

图 6-9　【新建工资类别】向导一对话框

③ 在部门名称前方的文件夹图标 📁 上逐一单击选择,使其转化为 📁 状态,或单击【选定全部部门】按钮,选择所有部门,然后单击【完成】按钮,弹出工资类别启用日期确认信息对

话框，如图 6-11 所示。

图 6-10 【新建工资类别】向导二对话框　　　图 6-11　工资类别启用日期确认信息对话框

④ 单击【是】按钮，完成该工资类别的建立，同时使该工资类别处于打开状态。

提示：

工资类别的建立需要在工资类别关闭状态下才能进行。

⑤ 重复第①～④步进行其他工资类别的定义。

2. 删除工资类别

当某些工资类别因设置错误或其他原因不再需要时，可将其从系统中删除。

操作步骤如下。

① 在 UFIDA ERP-U8 窗口选择【业务工作】|【人力资源】|【薪资管理】|【工资类别】|【删除工资类别】双击，打开【删除工资类别】对话框，如图 6-12 所示。

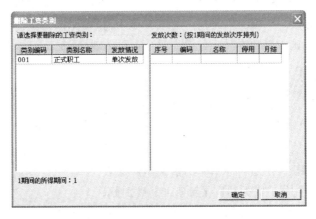

图 6-12　【删除工资类别】对话框

② 选中要删除的工资类别，然后单击【确定】按钮，弹出【是否删除工资类别】确认信息对话框，如图 6-13 所示。

③ 单击【是】按钮，将此工资类别删除。

提示：

➢ 只有账套主管才有权删除工资类别。

➢ 删除工资类别只有在关闭工资类别的状态才能进行。

➢ 工资类别删除后数据不可再恢复。

图 6-13　【是否删除工资类别】
确认信息对话框

3. 打开工资类别

在进行工资数据处理时,必须使操作的工资类别处于打开状态,也就是要将工资类别打开。操作步骤如下。

① 在 UFIDA ERP-U8 窗口选择【业务工作】|【人力资源】|【薪资管理】|【工资类别】|【打开工资类别】双击,打开【打开工资类别】对话框,如图 6-14 所示。

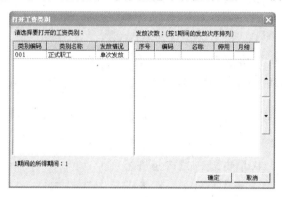

图 6-14 【打开工资类别】对话框

② 选择要打开的工资类别,然后单击【确定】按钮,将工资类别打开,打开的工资类别编号和名称显示在系统窗口的状态栏上。

提示:

打开新的工资类别时,系统会自动将原打开的工资类别关闭。

4. 关闭工资类别

某一工资类别数据处理完毕,或要对工资类别进行基础信息设置,如定义系统可以使用的工资项目,则必须将工资类别关闭。

操作步骤:在 UFIDA ERP-U8 窗口选择【业务工作】|【人力资源】|【薪资管理】|【工资类别】|【关闭工资类别】双击,系统自动将当前打开的工资类别关闭。

提示:

➢ 新增工资类别、删除工资类别、定义系统工资项目、工资类别汇总等操作必须在工资类别关闭状态下进行。

➢ 定义工资公式、录入职工档案、进行工资数据处理、修改账套参数等必须在工资类别打开状态下进行。

6.2.4 薪资管理系统基础设置

对工资类别初始化后,即可利用形成的专用薪资管理系统处理本单位的薪资业务。

1. 部门设置

薪资管理系统中所使用的部门与其他管理系统共用,如果尚未建立部门档案,或要对部门档案进行修改、删除等处理,需要通过基础设置来进行;如果要调整工资类别所包含的部门情况,则可在打开工资类别的情况下,在薪资管理系统中进行。薪资管理系统所指部门设置,是指定工资类别所包含的部门情况,指定的部门必须是在基础设置中所建立的部门档案。

2. 人员附加信息设置

在薪资管理系统中已预设了职工的基本信息项目，但这些项目有时并不能满足企业管理的需求。在薪资管理系统中设置了人员附加信息设置功能，通过此功能可以增加其他信息项目，丰富人员档案的内容，便于对人员进行更加有效的管理。

例3　增加设置人员的信息项目：性别、民族、婚否等。

操作步骤如下。

① 在 UFIDA ERP-U8 窗口选择【业务工作】|【人力资源】|【薪资管理】|【设置】|【人员附加信息设置】双击，打开【人员附加信息设置】对话框，如图 6-15 所示。

② 单击【增加】按钮，激活窗口。在【栏目参照】下拉列表中选择项目"性别"双击，将其添加到【信息名称】文本框中，再单击【增加】按钮进行保存。也可直接在【信息名称】文本框中输入项目名称，单击【增加】按钮进行保存。

③ 同样方式完成其他项目的添加处理。

提示：

人员附加信息最多允许增加到 100 个。

图 6-15　【人员附加信息设置】对话框

3. 工资项目设置

由于各个单位工资项目不尽相同，为了以后工资数据录入与管理更加适合企业管理的需求，需要用户根据本单位的实际情况定义工资表中的工资项目。工资项目定义的内容主要有：序号或栏目号、项目名称、数据类型和数据长度。定义工资项目时需要注意以下几点。

> 工资项目定义的基本作用是定义存储工资数据的数据库文件的库结构。因此工资项目定义的先后顺序将决定该项目在数据库中和在工资表、工资单中的位置。因此定义时应考虑各工资项目的先后顺序。

> 工资项目中有些项目是所有单位必须有的，如部门编码、职工编码、姓名、签名等。这些项目一般薪资管理系统均要定义为字符型。这些项目的数据类型与程序中设计的处理方式密切相关，为了避免出现混乱，系统一般事先已将这些项目定义好提供给用户，在使用时一般不应修改这些项目的名称和数据类型，只在必要时修改这些项目的数据长度即可。

> 工资项目定义并输入数据后，如要修改、增加或删除这些工资项目时，一般会使已输入的数据丢失或出错。因此在定义工资项目时应适当考虑一段时期的发展需要，以保证系统投入使用后保持较长时间的稳定。

> 在定义各个工资项目的数据宽度时，应以能容纳该项目下可能出现的最大数据的宽度为依据，以免出现数据溢出的错误。

> 部分工资项目如应发工资、实发工资、个人所得税项目的数据是由其他项目的数据经过计算得出的，因此凡是参与这些工资项目计算的工资项目的数据类型必须设置成数值型。

由于各个单位所使用的工资项目不同,同时各个工资类别所使用的工资项目也不尽相同,因此,工资项目的设置分为两种情况:一是在关闭工资类别的情况下定义工资项目,此时的定义是针对整个薪资管理系统的,在此称为薪资管理系统工资项目定义;二是在打开工资类别的情况下定义工资项目,此时的定义是针对打开的工资类别的,所能定义的工资项目只能从第一种情况下定义的工资项目中选择使用,在此称为工资类别工资项目定义。

1)薪资管理系统工资项目的定义

例4　山东高科技术有限公司工资构成项目如表 6-1 所示。

表 6-1　工资构成项目(不含系统默认项目)

工资项目	类型	长度	小数位数	增减项	工资项目	类型	长度	小数位数	增减项
基础工资	数字	8	2	其他	医疗保险费	数字	8	2	减项
基本工资	数字	8	2	增项	失业保险费	数字	8	2	减项
岗位工资	数字	8	2	增项	代扣税	数字	8	2	减项
基础津贴	数字	8	2	增项	物业管理费	数字	8	2	减项
奖金	数字	8	2	增项	应税工资额	数字	8	2	其他
交通补贴	数字	8	2	增项	日工资	数字	8	2	其他
物价补贴	数字	8	2	增项	事假天数	数字	4	0	其他
福利补助	数字	8	2	增项	工龄	数字	4	0	其他
工资总额	数字	8	2	其他	病假扣款	数字	8	2	减项
应付工资	数字	8	2	其他	事假扣款	数字	8	2	减项
住房公积金	数字	8	2	减项	病假天数	数字	4	0	其他
养老保险费	数字	8	2	减项	职务	字符	16		其他

操作步骤如下。

① 如果工资类别处于打开状态,先关闭工资类别,然后在 UFIDA ERP-U8 窗口选择【业务工作】|【人力资源】|【薪资管理】|【设置】|【工资项目设置】双击,打开【工资项目设置】对话框,如图 6-16 所示。

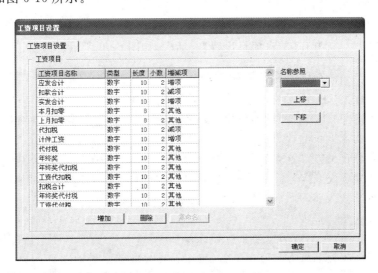

图 6-16　【工资项目设置】对话框一

提示：

➤ 工资项目类型，即数据类型，分为数值型和字符型两种。

➤ 增减项方案分三种：增项、减项和其他项，其中增项直接参与构成"应发合计"工资项目的数据源；减项构成"扣款合计"工资项目的数据源；其他项不直接参与"应发合计"和"扣款合计"的构成，间接影响工资数据。

➤ 首次启动工资项目设置功能，窗口中显示的"应发合计"、"扣款合计"、"实发合计"和"代扣税"等工资项目是系统默认的工资项目，不能修改和删除。

② 在【工资项目设置】对话框中，单击【增加】按钮，追加一空记录，然后从【名称参照】下拉列表中选择系统已预设的工资项目并单击，如"基本工资"，将工资项目名称添加到【工资项目】列表的【工资项目名称】栏，再分别在【类型】、【长度】、【小数】和【增减项】上双击并选择合适的选项值；如果要添加的工资项目在【名称参照】下拉列表中不存在，可直接通过键盘录入工资项目名称，然后再设置其类型、长度、小数、增减项等内容。

③ 重复上述操作，完成其他工资项目的定义。

④ 单击【确定】按钮，系统弹出工资项目改变确认对话框，如图 6-17 所示。

⑤ 单击【确定】按钮，保存工资项目增加处理。

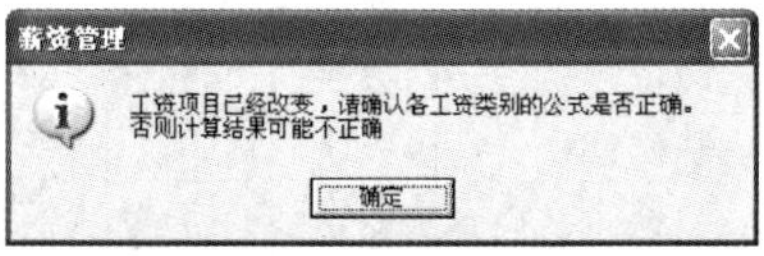

图 6-17　工资项目改变确认对话框

提示：

➤ 可通过【移动】按钮调整工资项目的排列顺序。

➤ 在关闭工资类别条件下进行的工资项目定义对整个薪资管理系统有效。

➤ 系统提供的工资固定项目不允许修改、不允许删除。

➤ 工资项目一经使用，数据类型不允许修改。

2）工资类别工资项目定义

例5　山东高科技术有限公司正式职工工资类别涉及的工资项目与表 6-1 所示相同。操作步骤如下。

① 在 UFIDA ERP-U8 窗口选择【业务工作】|【人力资源】|【薪资管理】|【工资类别】|【打开工资类别】双击，打开【打开工资类别】对话框，选择"正式职工"后，单击【确定】按钮，将"正式职工"工资类别打开。

② 在 UFIDA ERP-U8 窗口选择【业务工作】|【人力资源】|【薪资管理】|【设置】|【工资项目设置】双击，打开【工资项目设置】对话框，如图 6-18 所示。

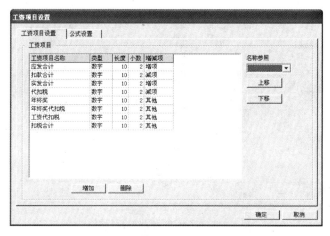

图 6-18　【工资项目设置】对话框二

③ 单击【增加】按钮,追加一条空记录,然后从【名称参照】下拉列表中选择相关工资项目并单击,将其添加至【工资项目】列表框中。

④ 单击【移动】按钮,调整工资项目排列顺序,构成"应发合计"的工资项在前,构成"扣款合计"的工资项在后,其他工资项排在最后的方式调整顺序,调整结果如图 6-19 所示。

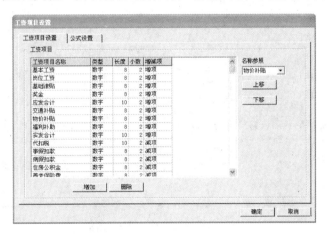

图 6-19　工资项目添加结果

⑤ 单击【确定】按钮,保存设置。

4. 银行名称设置

银行名称设置主要用于设置职工工资发放的银行名称和账号长度。在薪资管理系统中可以设置多个发放工资的银行,以适应不同的需要。例如,同一工资类别中的人员由于在不同的工作地点,需在不同的银行代发工资,或者不同的工资类别由不同的银行代发工资。

例 6　山东高科技术有限公司通过"交通银行淄博分行"发放工资,个人银行账号长度为 11 位。

操作步骤如下。

① 在 UFIDA ERP-U8 窗口选择【基础设置】|【基础档案】|【收付结算】|【银行档案】双击,打开【银行档案】窗口,如图 6-20 所示。

序号	银行编码	银行名称	个人账号是否定长	个人账号长度	自动带出的个人账号长度
1	00001	中国光大银行	否	11	
2	00002	中国银行	否	11	
3	00003	交通银行	否	11	
4	00004	华夏银行	否	11	
5	00005	民生银行	否	11	
6	00006	兴业银行	否	11	
7	00007	上海浦东发展银行	否	11	
8	00008	中信实业银行	否	11	
9	00009	日本瑞穗实业银行	否	11	
10	00010	广东发展银行	否	11	
11	00011	北京银行	否	11	
12	00012	三菱东京日联银行	否	11	
13	01	中国工商银行	否	11	
14	02	招商银行	否	11	

图 6-20　【银行档案】窗口

② 单击工具栏上的【增加】按钮，打开【增加银行档案】对话框，如图 6-21 所示。

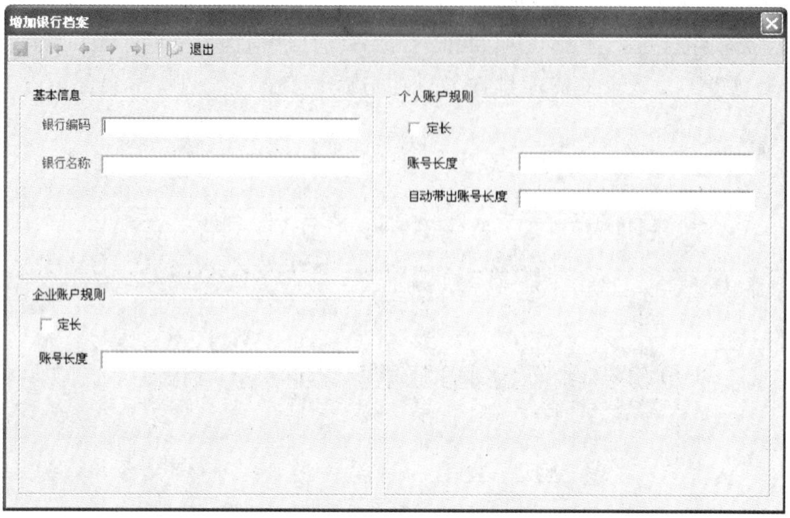

图 6-21 【增加银行档案】对话框

③ 输入银行编码"000001"、银行名称"交通银行淄博分行"、账号长度"11"，然后单击 按钮，将其添加到银行名称列表框中。

④ 单击【退出】按钮，返回【银行档案】对话框。单击【退出】按钮，返回 UFIDA ERP-U8 窗口。

提示：

➢ 在新增银行名称时，银行名称不允许为空。

➢ 银行账号长度不得为空，且不能超过 30 位。

➢ 银行账号定长是指此银行要求所有人员的账号长度必须相同。

➢ 银行账号不定长，需指定最长账号的长度，否则系统默认为 30 位。

➢ 删除银行名称时，则同此银行有关的所有设置将一同删除，包括银行的代发文件格式的设置、磁盘输出格式的设置及同此银行有关人员的银行名称和账号等。

5. 人员档案设置

人员档案用于登记工资发放人员的姓名、职工编号、所在部门、人员类别等信息，处理员工的增减变动等。对人员档案的设置包括增加人员、人员调离与停发工资、数据替换等。

1）增加人员

例 7 增加正式职工。

操作步骤如下。

① 打开工资类别"正式职工"。

② 在 UFIDA ERP-U8 窗口选择【业务工作】|【人力资源】|【薪资管理】|【设置】|【人员档案】双击，打开【人员档案】窗口，如图 6-22 所示。

③ 单击工具栏上的【增加】按钮，打开【人员档案明细】对话框，如图 6-23 所示。

提示：

➢ 人员编号：不可重复，且与人员姓名必须一一对应，必须从在基础设置中所建立的职员档案中选择。

➢ 人员类别：只有末级部门才能设置人员，人员类别必须选择。

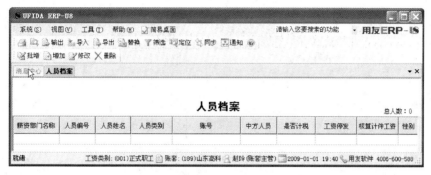

图 6-22　【人员档案】窗口

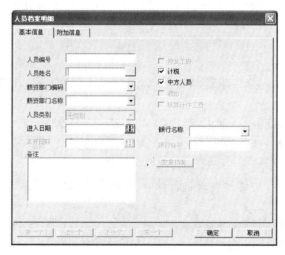

图 6-23　【人员档案明细】对话框

➤ 进入日期：人员的进入日期不应大于当前的系统注册日期。

➤ 停发工资：是指把停发工资的人员设置为既不参与工资发放，也不参与工资汇总，直到该人员的停发工资标志被取消，其工资才参与整体工资的计算。

➤ 计税：若用户选择计税，则在工资变动和个人所得税功能中对该人员进行扣税计算；若选为不计税，则在工资变动和个人所得税中无该人员的扣税记录。

➤ 调出：标识为调出的人员，将不参与工资的发放和汇总。该人员在当月尚未结算前可去除调出标志，结算后，此标志将不能恢复。

➤ 数据档案：单击此按钮，可进入【工资数据录入—页编辑】对话框，如图 6-24 所示，进行工资数据录入。此按钮只有在修改状态下才可使用。

④ 在打开的【人员档案明细】对话框中，单击"人员姓名"右端的 ▢ 按钮，弹出【人员选入】对话框，如图 6-25 所示。

⑤ 根据该工资类别人员构成情况，选择人员后，单击【确定】按钮或直接双击选入，并返回【人员档案明细】对话框。

⑥ 单击【确定】按钮，保存设置，并进入下一人员档案录入界面。

⑦ 重复上述操作，录入所有职工个人档案信息资料。

2）人员调离与停发工资

操作步骤如下。

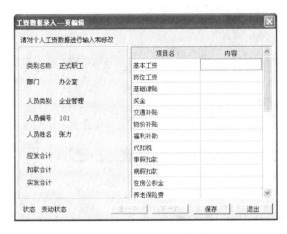

图 6-24　【工资数据录入—页编辑】对话框　　　　图 6-25　【人员选入】对话框

① 在【人员档案】窗口选择要修改的职工,然后单击【修改】按钮,进入【人员档案明细】对话框。

② 在【人员档案明细】对话框中,选择【调出】或【停发工资】复选框。

③ 单击【确定】按钮,弹出【写入该人员档案信息吗】信息提示对话框,如图 6-26 所示。

④ 单击【确定】按钮,对修改处理进行保存。

提示:

➢ 已做调出标志的人员,所有档案信息不可修改。

➢ 调出人员的编号可以再次使用。

➢ 调出人员调出当月即不再参与工资发放计算。

➢ 调出人员可在当月未做月末结算前,取消调出标志,但编号已被其他人员使用时,不可取消。

➢ 做完月(年)结算处理后,调出标志不可取消。

➢ 为保证数据的完整性和一致性,调出人员当年不可删除,如要删除,可在进行年末处理后,在新的一年开始时,将此人删除。

图 6-26　【写入该人员档案信息吗】
信息提示对话框

6.3　设置工资项目计算公式

设置工资核算公式是指设置工资项目之间的计算等式或运算关系,以便于系统根据计算公式进行数据处理。运用公式可直观表达各工资项目的实际含义以及显示与该项目有关的各参数信息。定义公式可通过选择工资项目、运算符、关系符、函数等组合完成。

如:事假扣款的计算公式可定义为:事假扣款＝基本工资/22 * 事假天数。

该公式表示事假扣款由日工资乘以事假天数得出。

如:全勤奖计算公式可设置为:IFF(人员类别＝"管理人员",300,200)。

该公式表示:管理人员的全勤奖是 300 元,除管理人员以外的其他人员的全勤奖是 200 元。

再如:岗位工资的计算工资可定义为:IFF(人员类别＝"经理",800,IFF(人员类别＝"工程师",700,IFF(人员类别＝"会计",600,500)))。

该公式表示：如果人员类别是经理，则他的岗位工资是 800 元；如果人员类别是工程师，则他的岗位工资是 700 元；如果是会计，则岗位工资是 600 元，其他各类人员的岗位工资是 500 元。

例 8 定义山东高科技术有限公司的工资计算公式，该公司工资项目处理情况如下：

（1）基本工资＝IFF(职务＝"总经理"，3000，IFF(职务＝"主任"，2000，1000))

（2）岗位工资＝IFF(人员类别＝"企业管理"，800，IFF(人员类别＝"车间管理"，700，500))

（3）基础津贴＝ IFF(职务＝"总经理"，1200，IFF(职务＝"主任"，800，600))

（4）基础工资＝基本工资＋岗位工资＋基础津贴

（5）日工资＝基础工资/21

（6）住房补贴＝ IFF(职务＝"总经理"，600，IFF(职务＝"主任"，400，300))

（7）交通补贴＝ IFF(人员类别＝"市场营销"，300，200)

（8）失业保险费＝基础工资 * 0.01

（9）医疗保险费＝基础工资 * 0.03

（10）养老保险费＝基础工资 * 0.05

（11）住房公积金＝基础工资 * 0.06

（12）事假扣款＝事假天数 * 日工资

（13）病假扣款＝病假天数 * 日工资 * 0.5

（14）奖金＝IFF(事假天数＞10，0，500－事假天数 * 20－病假天数 * 10)

（15）工资总额＝基本工资＋岗位工资＋基础津贴＋奖金＋住房补贴＋物价补贴－病假扣款－事假扣款

（16）应税工资额＝工资总额－住房公积金－养老保险费－医疗保险费－失业保险费

（17）应付工资＝基本工资＋岗位工资＋基础津贴＋奖金＋住房补贴＋物价补贴＋福利补助－病假扣款－事假扣款

工资项目公式定义操作步骤如下。

① 打开工资类别"正式职工"。

② 在 UFIDA ERP-U8 窗口选择【业务工作】|【人力资源】|【薪资管理】|【设置】|【工资项目设置】双击，打开【工资项目设置】对话框。

③ 打开【公式设置】选项卡，如图 6-27 所示。

④ 单击【增加】按钮，增加一空工资项目，从下拉列表中选择"岗位工资"并单击添加此项目。

⑤ 在公式定义窗口为"岗位工资"项目定义计算公式，计算公式可直接录入，也可通过单击【公式输入参照】选项区域中的运算符、函数、项目等构成计算公式。在此以参照方式说明定义方式：在【函数参照】下拉列表中选择 IFF 函数，将光标定位在 IFF 函数的第一个参数位置上，依次单击【工资项目】列表框中的"职务"项、【公式输入参照】选项区域中的"＝"，在"＝"后输入值"总经理"，然后将光标定位在 IFF 函数的第二个参数位置上，录入参数值"3000"，再定位在第三个参数位置上，单击【函数参照】下拉列表中 IFF 将第三个参数设置为嵌套的 IFF 函数。按上述方式定义嵌套的第二个嵌套的 IFF 函数的三个参数：职务＝"主任"、2000、1000。定义结果如图 6-28 所示。

⑥ 单击【公式确认】按钮，对设置的计算公式进行保存。保存时，系统自动对计算公式进行合规性检验。

⑦ 同样方式完成其他计算公式定义。

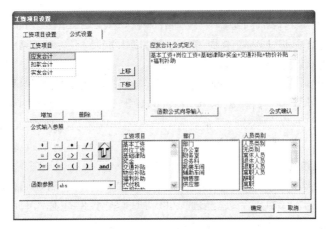

图 6-27　【公式设置】选项卡

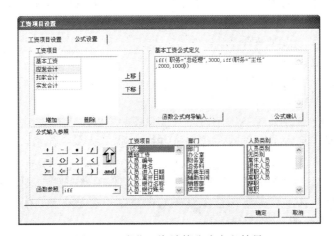

图 6-28　岗位工资计算公式定义结果

⑧ 调整计算公式排列顺序，最后单击【确定】按钮。

提示：

➢ 定义工资项目计算公式要符合逻辑，系统将对公式进行合法性检查。

➢ 应发合计、扣款合计和实发合计公式不用设置。

➢ 函数公式向导只支持系统提供的函数。

➢ 定义公式时要注意先后顺序，先得到的数应先设置公式。

➢ 应发合计、扣款合计和实发合计公式应是公式定义框的最后三个公式，且实发合计的公式要在应发合计和扣款合计公式之后。

6.4　日常业务处理

薪资管理系统的日常业务处理包括工资变动处理、工资报表管理、个人所得税计算等。

6.4.1　工资变动

初次使用薪资管理系统时，应先进行职工个人工资基本数据的输入，在日常工资数据处理过程中，仅就变动的工资数据进行修改或录入，如平常水电费扣发、事病假扣发、奖金录入等,都是工资数据经常变动的内容。而人员的增减、部门变更则必须在人员档案中进行处理。在进行工资数据变动处理前,如果是第一次使用薪资管理系统,应确认已进行工资项目设置和计算公式设置,然后再录入数据。

工资数据的编辑和调整是工资变动处理的主要内容,也是薪资管理系统的主要工作之一。为简化日常性的工资数据编辑工作,薪资管理系统将工资数据分为两大类:固定不变项目和变动项目。

固定项目是指每月基本不变的项目,如基本工资、基础津贴、固定补贴、岗位工资等;变动项目是指每月均要发生变化的项目,如病、事假扣款、水电费扣款等。在薪资管理系统中对固定项目和变动项目的数据处理方式有所不同,固定项目可以在系统初始时输入,当月不需要进行修改;变动项目在项目发生变动时输入或修改,如果工资变化数据有规律,可利用函数进行修改。

例9　录入山东高科技术有限公司的职工基本工资数据。

录入基本工资数据的途径有二,一是通过【人员档案明细】对话框进入,二是通过【工资变动】窗口进入。

方式一:通过【人员档案明细】对话框进入,录入基本工资数据的操作步骤如下。

① 打开"正式职工"工资类别。

② 在 UFIDA ERP-U8 窗口选择【业务工作】|【人力资源】|【薪资管理】|【设置】|【人员档案】双击,打开【人员档案】窗口。

③ 在【人员档案】窗口中单击工具栏上的【修改】按钮,进入【人员档案明细】对话框,单击【数据档案】按钮,进入【页编辑】对话框,如图 6-29 所示。

图 6-29　【页编辑】对话框

④ 在【页编辑】对话框中单击工资项目的【内容】栏,直接录入工资数据。

⑤ 单击【保存】按钮对所输入信息进行保存并返回【页编辑】对话框。

⑥ 在【页编辑】对话框中单击【下一个】按钮,继续录入下一职工的基本工资数据。

⑦ 重复第④、⑤步,录入完所有职工的基本工资数据后,单击【确定】按钮完成工资数据输入。

方式二:通过【工资变动】窗口进入,录入基本工资数据的操作步骤如下。

① 打开"正式职工"工资类别。

② 在 UFIDA ERP-U8 窗口选择【业务工作】|【人力资源】|【薪资管理】|【业务处理】|【工资变动】双击,打开【工资变动】窗口,如图 6-30 所示。

图 6-30　【工资变动】窗口

③ 在【工资变动】窗口中，单击相关人员的相关工资项目，直接录入工资数据，或单击工具栏上的【编辑】按钮，进入【页编辑】对话框，录入工资数据。

提示：

为了能够快速、准确、方便地录入数据，系统提供了替换、定位、筛选、过滤、编辑等功能，通过这些功能可以提高数据修改、录入的速度。

1）数据定位

在对某一个职工的数据修改调整时，可通过定位功能快速地定位在需要修改的记录上。操作方式如下。

① 单击工具栏上的【定位】按钮，打开【部门/人员定位】对话框，如图 6-31 所示。

② 选择录入定位条件，然后单击【确定】按钮，系统定位在符合条件的记录上。

2）数据筛选

操作步骤如下。

① 单击工具栏上的【筛选】按钮，打开【数据筛选】对话框，如图 6-32 所示。

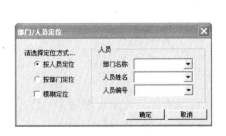

图 6-31　【部门/人员定位】对话框

图 6-32　【数据筛选】对话框

② 录入筛选条件，然后单击【确定】按钮，系统仅保留符合筛选条件的记录。

3）数据过滤

在录入数据时，有时仅输入某一工资项目的数据，此时可通过数据过滤功能，保留要录入数据的工资项目，以提高数据录入速度。

操作步骤如下。

① 单击窗口中【过滤器】下拉列表中的【过滤设置】，打开【项目过滤】对话框，如图 6-33 所示。

② 将需要显示的工资项目添加到【已选项目】列表中，然后单击【确定】按钮，【工资变动】窗口仅保留选择的工资项目。

4）数据替换

如果要对同一工资项目进行统一变动，则可通过替换功能一次性地将所有职工相关的工资项目的数据进行调整。

例 10　根据政府有关文件通知精神，自本月起物价补贴统一调整为 200 元，将基本生产工人的奖金向上普调 200 元。

操作步骤如下。

① 单击工具栏上的【替换】按钮，打开【工资项数据替换】对话框，如图 6-34 所示。

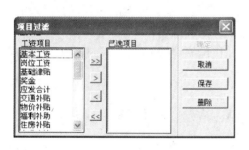

图 6-33 【项目过滤】对话框

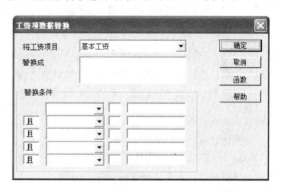

图 6-34 【工资项数据替换】对话框

② 选择工资项目"物价补贴"，在【替换成】编辑框中录入公式"200"，替换条件保持默认，然后单击【确定】按钮，系统弹出数据替换提示信息对话框，如图 6-35 所示。

③ 单击【是】按钮，系统弹出【记录被替换，是否重新计算】提示对话框，如图 6-36 所示。

图 6-35　数据替换提示信息对话框

图 6-36 【记录被替换，是否重新计算】提示对话框

④ 单击【是】按钮，进行重新计算。

5）计算工资数据

在修改了某些数据、重新设置了计算公式、进行了数据替换或在个人所得税中执行了自动扣税等操作，最好调用本功能对个人工资数据重新计算，以保证数据正确。通常实发合计、应发合计、扣款合计在修改完数据后不自动计算合计项，如要检查合计项是否正确，可先执行重算工资，如果不执行重算工资，在退出工资变动时，系统会自动提示重新计算。

6）汇总数据

若对工资数据的内容进行了变更，在执行了重算工资后，为保证数据的准确性，可调用本功能对工资数据进行重新汇总。在退出工资变动时，如未执行工资汇总处理，系统会自动提示进行汇总操作。

7）动态计算

在数据或项目发生变动后，为使数据根据变动自动计算工资数据，而不必单击重新计算功能按钮。即当光标离开当前行时，若当前行发生数据变动，则系统自动予以计算。

设置方法为：在【工资变动】窗口单击鼠标右键，在弹出的快捷菜单中选中【动态计算】菜单项，则在进行数据变动时，系统自动对变动的数据进行计算。

6.4.2 扣缴所得税

个人所得税是根据《中华人民共和国个人所得税法》对个人所得征收的一种税种。手工情况下，每月末财务部门都要对超过扣除金额的部分计算纳税申报额。

鉴于许多企业、事业单位计算职工工资所得税工作量较大，在薪资管理系统中提供了个人所得税自动计算功能，这时所提到的个人所得税计算仅是一个查询功能，所有的计算均是由计算机来完成的，这样既减轻了会计部门的工作负担，又提高了工作效率。

要进行个人所得税管理，首先需要设置申报项目和税率，然后系统自动根据设置完成计算。

操作步骤如下。

① 在 UFIDA ERP-U8 窗口选择【业务工作】|【人力资源】|【薪资管理】|【设置】|【选项】双击，打开【选项】对话框，如图 6-37 所示。

② 切换到【扣税设置】选项卡，如图 6-38 所示。

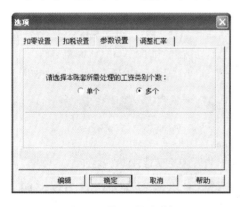

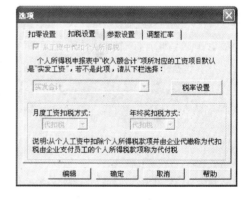

图 6-37 【选项】对话框　　　　　　　　图 6-38 【扣税设置】选项卡

③ 单击【编辑】按钮激活窗口，将纳税工资项目调整为"应税工资额"，然后单击【税率设置】按钮，打开【个人所得税申报表—税率表】对话框，如图 6-39 所示。

④ 修改纳税基数、附加费用和各级税率，如将纳税基数修改为"2000"，附加费用修改为"2800"，然后单击【确定】按钮，返回【选项】对话框。

⑤ 单击【确定】按钮，完成个人所得税基础信息设置，并返回 UFIDA ERP-U8 窗口。

⑥ 在 UFIDA ERP-U8 窗口选择【业务工作】|【人力资源】|【薪资管理】|【业务处理】|【扣缴所得税】双击，打开【个人所得税申报模板】对话框，如图 6-40 所示。

图 6-39　【个人所得税申报表—税率表】对话框

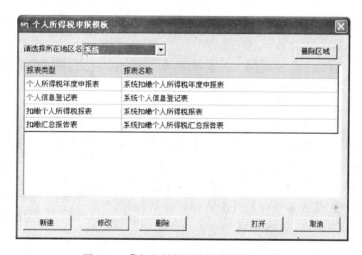

图 6-40　【个人所得税申报模板】对话框

⑦ 选择报表类型(如选择"系统扣缴个人所得税报表")后,单击【打开】按钮,进入【所得税申报】对话框,如图 6-41 所示。

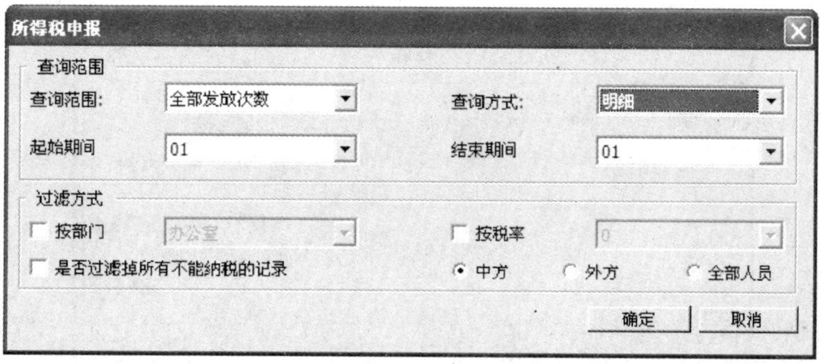

图 6-41　【所得税申报】对话框

⑧ 设置范围条件后,单击【确定】按钮,打开扣缴个人所得税报表,如图 6-42 所示。

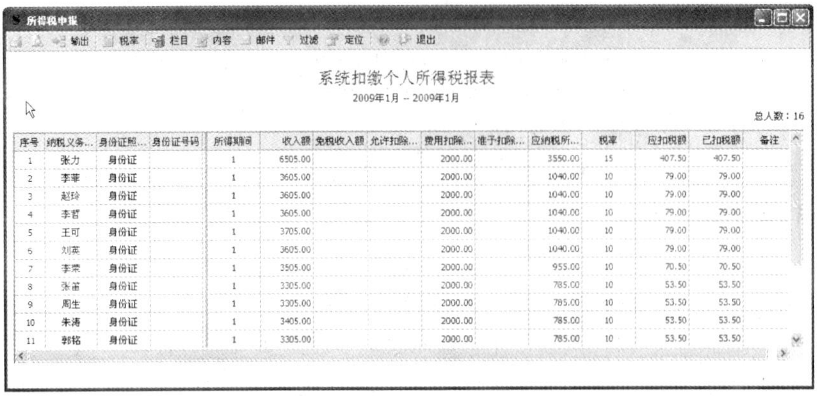

序号	纳税义务...	身份证照...	身份证号码	所得期间	收入额	免税收入额	允许扣除...	费用扣除...	准予扣除...	应纳税所...	税率	应扣税额	已扣税额	备注
1	张力	身份证		1	6505.00			2000.00		3550.00	15	407.50	407.50	
2	李菲	身份证		1	3605.00			2000.00		1040.00	10	79.00	79.00	
3	赵玲	身份证		1	3605.00			2000.00		1040.00	10	79.00	79.00	
4	李哲	身份证		1	3605.00			2000.00		1040.00	10	79.00	79.00	
5	王可	身份证		1	3705.00			2000.00		1040.00	10	79.00	79.00	
6	刘英	身份证		1	3605.00			2000.00		1040.00	10	79.00	79.00	
7	李荣	身份证		1	3505.00			2000.00		955.00	10	70.50	70.50	
8	张苗	身份证		1	3305.00			2000.00		785.00	10	53.50	53.50	
9	周生	身份证		1	3305.00			2000.00		785.00	10	53.50	53.50	
10	朱涛	身份证		1	3405.00			2000.00		785.00	10	53.50	53.50	
11	郭铭	身份证		1	3305.00			2000.00		785.00	10	53.50	53.50	

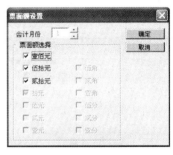

图 6-42　扣缴个人所得税报表

6.4.3　工资分钱清单

工资分钱清单是按单位计算的工资发放分钱票面额清单，会计人员根据此表从银行取款并发给各部门。此功能必须在个人数据输入调整完之后进行，如果个人数据在计算后又做了修改，须重新执行该功能，以保证数据正确。工资分钱清单分部门分钱清单、人员分钱清单、工资发放取款单三部分。

图 6-43　【票面额设置】对话框

操作步骤如下。

① 在 UFIDA ERP-U8 窗口选择【业务工作】|【人力资源】|【薪资管理】|【业务处理】|【工资分钱清单】双击，弹出【票面额设置】对话框，如图 6-43 所示。

② 在【票面额设置】对话框中，选择发放工资时需要的票面种类，然后单击【确定】按钮，进入【分钱清单】窗口，如图 6-44 所示。

部门	壹佰元	伍拾元	贰拾元	拾元	金额合计
办公室	82	1	2		8302.64
财务室	93		4		9387.14
总务科	31		2		3141.00
机装车间	170	1	6	3	17220.25
辅助车间	58		2		5853.00
销售部	30			1	3011.50
供应部	31		2		3141.00
票面合计数	495	2	18	4	------
金额合计数	49500.00	100.00	360.00	40.00	50056.53

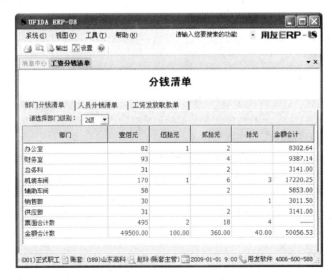

图 6-44　【分钱清单】窗口

提示:

➤ 财务会计部门可以按"工资发放取款单"上的票面分解情况到银行提取现金,再按"部门分钱清单"发放到各个部门,各个部门再按"人员分钱清单"发放到职工手中。

➤ 如果企业通过银行代发工资,该项功能在系统中没有作用。

6.4.4 银行代发工资

银行代发即由银行发放企业职工个人工资。伴随企业信息建设的发展,目前企业发放职工工资基本上已实现由银行代发工资,为满足此项业务的要求,薪资管理系统提供了银行代发功能和薪资管理系统与网上银行系统的接口,整理工资系统的银行代发输出格式,满足网上银行系统的数据读取要求,同时还提供银行代发输出文件的加密功能。

操作步骤如下。

① 在 UFIDA ERP-U8 窗口选择【业务工作】|【人力资源】|【薪资管理】|【业务处理】|【银行代发】双击,打开【请选择部门范围】对话框,如图 6-45 所示。

② 选择部门范围后,单击【确定】按钮,弹出【银行文件格式设置】对话框,如图 6-46 所示。

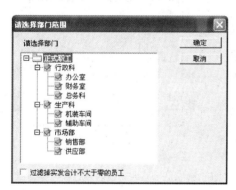

图 6-45 【请选择部门范围】对话框

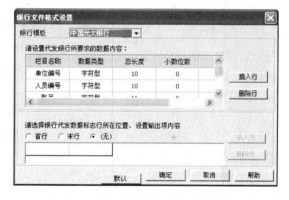

图 6-46 【银行文件格式设置】对话框

③ 根据银行的要求,设置提供数据中所包含的项目,以及项目的数据类型、长度和取值范围等。

提示:

➤ 如果在数据内容输入的不是工资项目,系统则自动将输入的内容作为该栏目的数据。

➤ 标志行:银行要求有一个与其他数据内容格式不一致的特殊行,可作一些特定项目的输出,如单位账号、人员总数、金额合计等。

➤ 标志行有单位代号、银行代发金额合计数、发放日期、代发工资人数,单位账号、发放日期必须由企业输入;金额合计数、总人数从参照中选择,系统自动计算。

➤ 标志行在银行代发一览表中不能预览。

④ 单击【确定】按钮,系统弹出【确认设置的银行文件格式】信息提示对话框,如图 6-47 所示。

图 6-47 【确认设置的银行文件格式】信息提示对话框

⑤ 单击【是】按钮,进入【银行代发】窗口,如图 6-48 所示。

图 6-48 【银行代发】窗口

⑥ 单击工具栏上的【方式】按钮，弹出【文件方式设置】对话框，如图 6-49 所示。

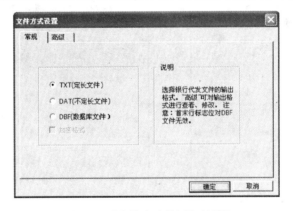

图 6-49 【文件方式设置】对话框

⑦ 选择银行数据文件类型，然后单击【确定】按钮，在系统弹出的【确认当前设置文件格式】信息框中单击【是】按钮。

⑧ 再在【银行代发】窗口中，单击工具栏上的【传输】按钮，将工资数据生成所选类型文件，将此文件交由银行发放工资。

提示：

生成何种类型的银行文件，由代发银行所确定。

6.5 月 末 处 理

6.5.1 工资费用分摊计提

工资费用包括工资及按照工资总额计算的各项费用，它又分为直接工资费用和间接工资费用。

直接工资费用是指基本生产车间直接从事产品生产的工人工资及提取的各项费用。凡是只生产一种产品或采用计件工资制的，其工资费用可以直接根据有关凭证直接计入该产品或各种产品的"生产成本"明细账中的"直接人工"的成本项目；若采用计时工资、且生产两种以上产品的，其工资费用要按一定标准进行分配，分别计入各产品的"生产成本"明细账中的"直接人工"成本项目。

间接工资费用是指车间、职能部门管理人员和其他人员的工资费用及提取的各项费用。应按职工的工作部门、类别等分别计算。属于车间管理人员的工资费用计入"制造费用"，厂部管理人员的工资费用计入"管理费用"，专职销售人员的工资费用计入"销售费用"。

月末根据"工资汇总表"分配当月应付工资，并按规定补提福利费、计提工会经费、计提职工教育经费和"五险一金"等。

工资总额就是在一定时期内支付给职工的工资总额。企业在月内发生的全部工资，不论是否在当月领取，都应当按照工资的用途进行分摊计提。

例 11 山东高科技术有限公司根据应付工资总额提取工会经费、职工教育经费等，计提比例分别为 2％和 1.5％。

操作步骤如下。

① 在 UFIDA ERP-U8 窗口选择【业务工作】|【人力资源】|【薪资管理】|【业务处理】|【工资分摊】双击，弹出【工资分摊】对话框，如图 6-50 所示。

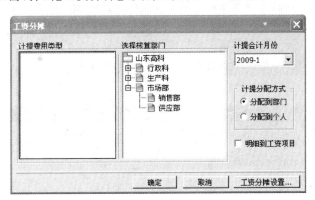

图 6-50 【工资分摊】对话框

② 单击【工资分摊设置】按钮，弹出【分摊类型设置】对话框，如图 6-51 所示。

③ 单击【增加】按钮，弹出【分摊计提比例设置】对话框，如图 6-52 所示。

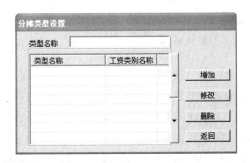

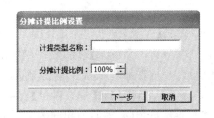

图 6-51 【分摊类型设置】对话框　　　　图 6-52 【分摊计提比例设置】对话框

④ 录入计提类型名称"计提工会经费"和分摊计提比例"2％"，然后单击【下一步】按钮，进入【分摊构成设置】对话框，如图 6-53 所示。

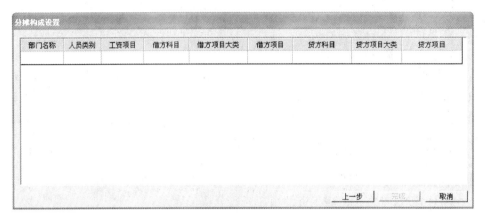

图 6-53 【分摊构成设置】对话框

提示：

➤ 部门名称：选择部门。不同部门，相同人员类别可设置不同分摊科目。

➤ 人员类别：选择费用分配人员类别。

➤ 工资项目：对应选中部门、人员类别，选择计提分配的工资项目。每个人员类别可选择多个计提分配的工资项目。工资项目包括当前工资类别所有的增项、减项和其他项目。

➤ 借方科目：对应选中部门、人员类别的每个工资项目的借方科目。

➤ 贷方科目：对应选中部门、人员类别的每个工资项目的贷方科目。

⑤ 用鼠标双击相关栏目，进行选择设置，设置结果如图 6-54 所示。

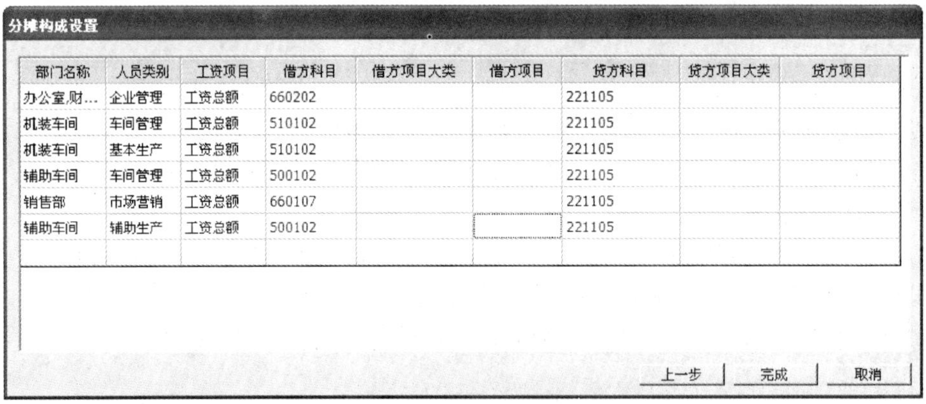

部门名称	人员类别	工资项目	借方科目	借方项目大类	借方项目	贷方科目	贷方项目大类	贷方项目
办公室,财...	企业管理	工资总额	660202			221105		
机装车间	车间管理	工资总额	510102			221105		
机装车间	基本生产	工资总额	510102			221105		
辅助车间	车间管理	工资总额	500102			221105		
销售部	市场营销	工资总额	660107			221105		
辅助车间	辅助生产	工资总额	500102			221105		

图 6-54 分摊构成设置结果

⑥ 单击【完成】按钮，返回【分摊类型设置】对话框，重复第③～⑤步完成其他计提项目的设置。在【分摊类型设置】对话框中，单击【返回】按钮回到【工资分摊】设置对话框，选择"计提费用类型"、"核算部门"等后，单击【确定】按钮，进入【工资分摊明细】窗口，如图 6-55 所示。

⑦ 在【借方科目】和【贷方科目】直接录入或对照录入会计科目编码。录入完毕后，选中窗口中【合并科目相同、辅助项相同的分录】复选框，然后单击工具栏上的【制单】按钮，系统生成不完整凭证，对凭证进行修改后，单击工具栏上的 ⊟ 按钮，将凭证传输到账务处理系统。

图 6-55 【工资分摊明细】窗口

⑧ 同样的方式完成其他项目计提处理。

6.5.2 月末结转

月末结转是将当月数据经过处理后结转至下月。每月工资数据处理完毕后均可进行月末结转。由于在工资项目中,有的项目是变动的,即每月的数据均不相同,在每月工资处理时,均需将其数据清为 0,而后输入当月的数据,此类项目即为清零项目。

操作步骤如下。

① 在 UFIDA ERP-U8 窗口选择【业务工作】|【人力资源】|【薪资管理】|【业务处理】|【月末处理】双击,弹出【月末处理】对话框,如图 6-56 所示。

② 单击【确定】按钮,系统弹出月末处理确认信息对话框,如图 6-57 所示。

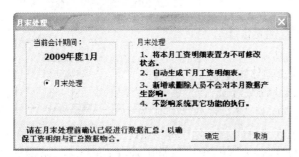

图 6-56 【月末处理】对话框

图 6-57 月末处理信息确认对话框

③ 单击【是】按钮，系统弹出【是否选择清零项】对话框，如图 6-58 所示。

④ 单击【是】按钮，系统弹出【选择清零项目】对话框，如图 6-59 所示。

图 6-58 【是否选择清零项】对话框   图 6-59 【选择清零项目】对话框

⑤ 选择变动工资项目，然后单击【确定】按钮，系统自动进行月末结账处理，并弹出【月末处理完毕】信息提示对话框，单击【确定】按钮完成月末处理工作。

提示：

➢ 月末结转只有在会计年度的 1～11 月进行，12 月需要进行年度结账。

➢ 若为处理多个工资类别，则应打开工资类别，分别进行月末结算。

➢ 若本月工资数据未汇总，系统将不允许进行月末结转。

➢ 进行期末处理后，当月数据将不再允许变动。

➢ 月末结账后，选择的需清零的工资项系统将予以保存，不用每月再重新选择。

➢ 月末处理功能只有主管人员才能执行。

6.5.3 工资类别汇总

薪资管理系统提供了按工资类别进行核算管理的功能，在分类管理的情况下，有时需要将所有工资类别进行汇总，以了解企业整体工资状况。

在多个工资类别中，以按部门编号、人员编号、人员姓名为标准，将三项内容相同的人员的工资数据进行合计。如需要统计所有工资类别本月发放工资的合计数，或某些工资类别中的人员工资都由一个银行代发，希望生成一套完整的工资数据传到银行，此时则需要对工资数据进行汇总处理。

操作步骤如下。

① 关闭已打开的工资类别。

② 在 UFIDA ERP-U8 窗口选择【业务工作】|【人力资源】|【薪资管理】|【维护】|【工资类别汇总】双击，弹出【工资类别汇总】对话框，如图 6-60 所示。

③ 选择要进行汇总的工资类别，然后单击【确定】按钮，系统自动完成工资类别汇总，并自动生成工资类别"998 汇总工资类别"。

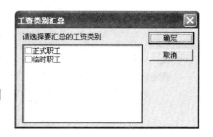

图 6-60 【工资类别汇总】对话框

提示：

➢ 汇总工资类别可以按月存数。

➢ 所选工资类别中必须有汇总月份的工资数据。

➤ 如为第一次进行工资类别汇总，需在汇总工资类别中设置工资项目计算公式。如每次汇总的工资类别一致，则公式不需重新设置。如与上一次的所选择的工资类别不一致，则需重新设置计算公式。

➤ 汇总工资类别不能进行月末结算和年末结算。

➤ 汇总前的系统检查中发现如下三种情况，系统不予汇总：相同人员编号，但人员姓名不同的情况；相同人员编号和姓名，但部门不同的情况；人员不同但银行账号相同的情况。

6.5.4　反结账

在薪资管理系统结账后，发现还有一些业务或其他事项需要在已结账月进行账务处理，此时需要使用反结账功能，取消已结账标记。

操作步骤如下。

① 以账套主管以下月份登录企业应用平台。

② 在 UFIDA ERP-U8 窗口选择【业务工作】|【人力资源】|【薪资管理】|【业务处理】|【反结账】双击，弹出【反结账】对话框，如图 6-61 所示。

③ 在【反结账】对话框中选择要反结账的工资类别，然后单击【确定】按钮，系统弹出【反结账】对话框，如图 6-62 所示。

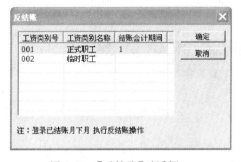

图 6-61　【反结账】对话框一

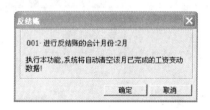

图 6-62　【反结账】对话框二

④ 单击【确定】按钮，系统弹出【反结账已成功完成】信息提示框，单击【确定】按钮完成反结账处理。

提示：

➤ 反结账只能由账套（类别）主管执行。

➤ 本月工资类别已制单到总账系统，不允许反结账，要反结账需删除单据。

➤ 成本管理系统上月已结账，不允许反结账。

➤ 总账系统上月已结账，不允许反结账。

➤ 汇总工资类别的会计月份＝反结账会计月，且包括需反结账的工资类别时，不允许反结账。

6.6　其他业务处理

6.6.1　账表查询

一个单位的工资表现形式是工资表，系统提供了一些主要的报表。报表的格式是根据工资项目，按照一定的格式由系统设定的。如果对系统提供的固定报表格式不满意，可以通过新建和修改功能建立适合单位需求的报表格式。

工资报表管理中包括工资表、工资分析表两个报表账夹，通过它们可以实现对工资的查询的统计。

1. 工资表

工资表包括工资发放签名表、工资发放条、工资卡、部门工资汇总表、人员类别汇总表、部门条件汇总表、条件统计表、条件明细表、工资变动明细表、工资变动汇总表等由系统提供的原始表，它们主要用于本月工资的发放和统计。工资表可以进一步修改和重建。

以"工资发放签名表"为例说明工资表的查询操作步骤如下。

① 在 UFIDA ERP-U8 窗口选择【业务工作】|【人力资源】|【薪资管理】|【统计分析】|【账表】|【工资表】双击，打开【工资表】对话框，如图 6-63 所示。

② 选择要查看的工资表类型【工资发放签名表】，单击【查看】按钮，弹出【选择分析部门】对话框，如图 6-64 所示。

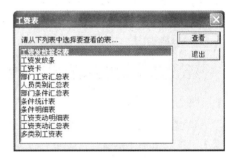

图 6-63 【工资表】对话框

图 6-64 【选择分析部门】对话框

③ 选择查询部门，如"行政科"，单击【确定】按钮，显示【工资发放签名表】一览表，如图 6-65 所示。

人员编号	姓名	基本工资	岗位工资	基础津贴	奖金	应发合计	交通补贴	物价补贴	福利补助
101	张力	3,000.00	800.00	1,200.00	500.00	6,505.00	200.00	200.00	5.00
102	李菲	1,000.00	800.00	600.00	480.00	3,585.00	200.00	200.00	5.00
103	赵玲	1,000.00	800.00	600.00	500.00	3,605.00	200.00	200.00	5.00
104	李哲	1,000.00	800.00	600.00	480.00	3,585.00	200.00	200.00	5.00
105	王可	1,000.00	800.00	600.00	500.00	3,705.00	200.00	200.00	105.00
106	刘英	1,000.00	800.00	600.00	500.00	3,605.00	200.00	200.00	5.00
合计		8,000.00	4,800.00	4,200.00	2,960.00	24,590.00	1,200.00	1,200.00	130.00

图 6-65 工资发放签名表

2. 工资分析表

工资分析表的功能是以工资数据为基础,对部门、人员类别的工资数据进行分析和比较,产生分析表,供决策人员使用。工资分析表包括分部门各月工资构成分析表、分类统计表(按部门、按项目、按月)、工资项目分析表、工资增长情况、部门工资项目构成分析表、员工工资汇总表、员工工资项目统计表等。

以【工资项目分析(按部门)】为例说明工资分析表查询操作步骤如下。

① 在 UFIDA ERP-U8 窗口选择【业务工作】|【人力资源】|【薪资管理】|【统计分析】|【账表】|【工资分析表】双击,打开【工资分析表】对话框,如图 6-66 所示。

② 选择【工资项目分析表(按部门)】,单击【确定】按钮,弹出【请选择分析部门】对话框,如图 6-67 所示。

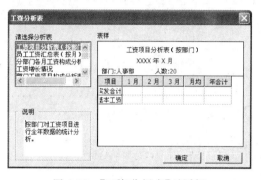

图 6-66 【工资分析表】对话框

图 6-67 【请选择分析部门】对话框

③ 选择分析部门后,单击【确定】按钮,弹出【分析表选项】对话框,如图 6-68 所示。

④ 选择分析项目将其从【项目】列表框添加到【已选项目】列表框,单击【确定】按钮,显示【工资项目分析表(按部门)】一览表,如图 6-69 所示。

图 6-68 【分析表选项】对话框

图 6-69 工资项目分析表一览表

6.6.2 数据维护

1. 数据上报

数据上报主要是指本月与上月相比新增加人员数量信息及减少人员数量信息的上报,是针对基层单位形成上报数据文件。

在单工资类别账中，数据上报功能一直可用；在多工资类别账中，需关闭所有工资类别才可使用。

上报数据信息内容主要是职工人员信息，包括人员档案的所有字段信息、工资数据包含所有工资项目的信息。

操作步骤如下。

① 关闭当前打开的工资类别。

② 在 UFIDA ERP-U8 窗口选择【业务工作】|【人力资源】|【薪资管理】|【维护】|【数据上报】双击，打开【数据上报】对话框，如图 6-70 所示。

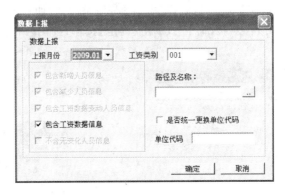

图 6-70 【数据上报】对话框

提示：

➢ 上报月份：下拉列表框中列示建账第一个月至系统已有数据月份。

➢ 工资类别：单工资类别时，默认为 001，此项不显示；多工资类别时，可选择。

➢ 选择：可选择上报数据中是否包含新增、减少、无变化人员及工资数据。系统默认为本月全部人员信息及工资数据，即包含新增人员信息、包含减少人员信息、包含工资数据变动人员信息、包含工资数据信息为默认选中。

➢ 工资数据变动人员：指本月与上月相比工资数据有变化的人员。

➢ 无变化人员：指非新增人员、非减少人员、工资数据与上月相比无变化人员。

➢ 路径及名称：输入，指定盘符、存放目录及文件名称。

➢ 是否统一更换单位代码：如选中此项，则要求输入导出部门的代码。

➢ 单位代码：导入账套的末级部门代码，如不要求更换则此项不可输入。

➢ 内部格式由设计决定，*.SBP 文件为系统导出时的固定类型。

③ 选择上报数据内容等后，单击【确定】按钮，系统上报数据并弹出【数据上报完成】信息对话框，单击【确定】按钮完成数据上报操作。

2. 数据采集

数据采集是指人员信息采集，人员信息采集是指将人员上报的信息读入至系统中。数据采集功能是在统发账中使用，用于人员的增加、减少、工资数据的变更。数据采集功能在单工资类别账中，一直可用；多工资类别账中，需关闭所有工资类别才可使用。

操作步骤如下。

① 关闭当前打开的工资类别。

② 在 UFIDA ERP-U8 窗口选择【业务工作】|【人力资源】|【薪资管理】|【维护】|

【数据采集】双击,打开【数据采集】对话框,如图 6-71 所示。

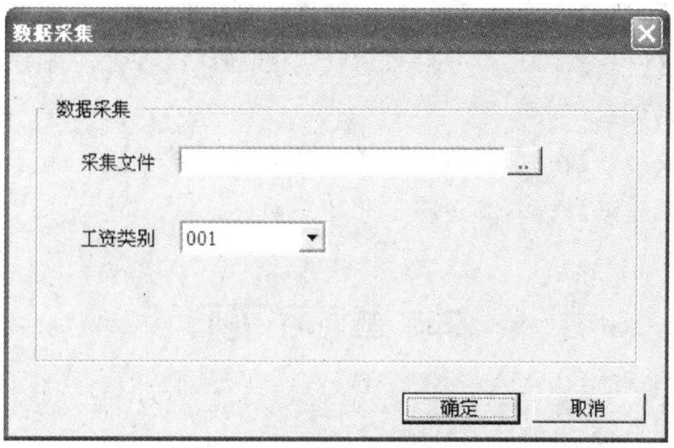

图 6-71 【数据采集】对话框

③ 参照选择采集文件的文件名和工资类别后,单击【确定】按钮,系统导入数据并显示【数据采集完成】信息对话框,单击【确定】按钮完成数据采集操作。

提示:

➢ 要求上报人员编号长度一致、对应导入的工资类别人员编号唯一(各上报账套中的人员不能有重复的人员编号,否则认为是同一人)。

➢ 已结账月份不能导入数据。

➢ 不存在的部门编码或部门非末级,则不能导入。

➢ 不存在的人员类别或人员类别非末级,则不能导入。

6.6.3 凭证查询

薪资管理系统传输到总账系统的凭证,只能在薪资管理系统中进行修改、删除和冲销等处理。

操作步骤如下。

① 打开工资类别"正式职工."

② 在 UFIDA ERP-U8 窗口选择【业务工作】|【人力资源】|【薪资管理】|【统计分析】|【凭证查询】双击,打开【凭证查询】对话框,如图 6-72 所示。

业务日期	业务类型	业务号	制单人	凭证日期	凭证号	标志
2009-01-01	计提工会经费	1	赵玲	2009-01-01	转-1	未审核
2009-01-01	扣缴个人所得税	10	赵玲	2009-01-01	转-9	未审核
2009-01-01	代扣物业管理费	11	赵玲	2009-01-01	转-10	未审核
2009-01-01	补提职工福利	12	赵玲	2009-01-01	转-11	未审核
2009-01-01	个人负担住房公积金	13	赵玲	2009-01-01	转-12	未审核
2009-01-01	企业负担住房公积金	14	赵玲	2009-01-01	转-13	未审核
2009-01-01	个人承担医疗保险费	15	赵玲	2009-01-01	转-14	未审核
2009-01-01	企业承担医疗保险费	16	赵玲	2009-01-01	转-15	未审核
2009-01-01	个人承担养老保险费	17	赵玲	2009-01-01	转-16	未审核
2009-01-01	分配职工工资	3	赵玲	2009-01-01	转-2	未审核
2009-01-01	提取职工教育经费	4	赵玲	2009-01-01	转-3	未审核
2009-01-01	企业承担养老保险费	5	赵玲	2009-01-01	转-4	未审核

图 6-72 【凭证查询】对话框

提示：

➢ 选中一张凭证，单击【删除】按钮则可对标志为"未审核"的凭证进行删除操作。

➢ 选中一张凭证，单击【冲销】按钮，则可对当前标志为"记账"的凭证进行红字冲销操作，自动生成与原凭证相同的红字凭证。

➢ 选中一张凭证，单击【单据】按钮，显示生成凭证的原始凭证"费用一览表"。

➢ 选中一张凭证，单击【凭证】按钮，显示单张凭证界面。

本 章 习 题

1. 薪资管理系统的主要功能有哪些？

2. 薪资管理系统初始化工作需要完成哪些工作？

3. 如何设置工资项目？如何定义工资项目计算公式？

4. 工资分摊如何处理？简述其处理过程。

5. 月末处理需要完成哪些工作？

6. 为什么需要进行清零处理？

7. 写出普通工资核算管理的企业建立薪资管理系统的流程。

8. 简述凭证查询和凭证处理的步骤。

第 7 章

往来账款核算与管理

教学目的及要求

　　系统学习往来账款核算管理的含义、任务及管理方式,学习往来款项核算初始化及业务处理的过程和内容。要求掌握往来账款核算初始化的内容和不同模块集成使用时往来账款业务处理的内容和方法。熟悉往来科目的管理方式。了解往来账款核算管理的含义、任务和账表分析的内容。

7.1　往来账款核算管理概述

　　往来账款核算管理是指对因赊销、赊购商品或提供、接受劳务而发生的将要在一定时期内收回或支付的款项的核算管理,它包括应收账款和应付账款的核算管理两部分,其中,应收账款核算管理主要用于核算和管理客户往来的款项;应付账款核算管理主要用于核算和管理供应商往来的款项。

7.1.1　往来账款核算与管理的含义

　　在财务管理软件系统中提到的"往来"与手工核算系统中的"往来"的概念是两个不同的概念。在手工核算中,往来是指资金的往来业务,往来科目是对核算和管理应收应付和预收预付资金科目的统称,包括应收账款、应付账款、预收账款、预付账款、其他应收款、其他应付款等会计科目。在财务管理软件系统中,也引用了往来的概念,但它并不是指所有与资金有关的往来科目,而是指对根据企业会计核算与财务管理的具体要求,在会计科目初始设置时,设置为往来辅助核算的会计科目的"往来管理"。

　　往来辅助核算包括个人往来核算、单位往来核算。个人往来是指企业与单位内部职工发生的往来业务;单位往来是指企业与外单位发生的各种债权债务业务,单位往来根据与外单位经济业务的特点又划分为客户往来与供应商往来两种类型。

　　由于个人往来核算与单位往来核算的处理基本相同,所以本章主要介绍单位往来核算与管理。

7.1.2   往来账款核算与管理的任务

往来账款的核算管理是以发票、费用单、其他应收应付单等原始单据为依据，记录采购与销售业务以及其他业务形成的往来款项，可以正确地反映往来账款的形成、收回或偿还以及坏账处理等情况。通过建立往来客户或供应商档案，可以动态地反映每一客户的欠款情况、偿还能力和信用情况，为企业销售决策提供信息；可以动态了解企业的欠款情况，及时偿还债务，提高企业的信誉。在赊销、赊购业务中，可根据业务发票，建立往来业务档案，及时准确地反映每一笔往来业务账款的发生时间、金额、业务性质等详细情况。在收回或偿还账款时，可根据收回或偿还账款的凭证，使其动态地反映各往来账款的收回、偿还和余额变动情况，自动更新往来业务档案和相应的往来客户账款余额，最终完成往来账款的核销、应收应付账款的账龄分析、打印催款单等。

7.1.3   往来账款核算管理的方式

在财务管理软件系统中，对往来科目的核算管理主要有两种方式：常规方式和往来方式。各往来科目只能选择其中的一种方式进行管理。

1. 常规方式

常规方式是指在账务处理系统的建立会计科目功能模块中，将往来科目设置为一级科目并开设总账账户，通过二级或三级等明细科目以往来单位名称开设各类明细账户。这种方式比较简单，与手工核算方式基本一致，适用于往来账款业务量较少的单位，但这种方式不灵活而且往来单位的数量也会受到一定的限制。

2. 往来方式

往来方式是指对往来科目进行深入核算与管理而设置的一种方式。这种方式比较复杂，其具体的核算与管理是通过在账务处理系统中设置辅助核算管理模块或独立的核算管理系统来实现。根据企业对往来账款核算管理的精细程度和往来业务的多少，这种方式又分为了两种应用方案：

（1）通过总账往来辅助核算功能实现对往来账款的核算管理

这种方案适应于业务量较少或不需要进一步核算与管理的企业。这种方式通过在会计科目设置中将相关会计科目设置为往来辅助核算科目，并将这类会计科目设置为可供总账系统填制凭证使用，并在账务处理系统中设置往来客户和供应商档案。业务发生时，在账务处理系统中进行凭证填制，录入辅助核算信息。

（2）通过往来账款核算管理系统实现对往来账款的核算管理

这种方案适用于业务量较多且需要进行精细化管理的企业。当销售业务以及应收账款核算与管理业务比较复杂，需要追踪每一笔业务的赊销和收款情况，或将应收账款核算到产品一级时，应选择在应收账款管理系统核算客户往来款项。如果选择在应收账款管理系统核算客户往来款项，则所有的客户往来凭证全部由应收账款管理系统生成，其他系统不再生成这类凭证。当采购业务以及应付账款核算与管理业务比较复杂,需要追踪每一笔业务的赊购和还款情况,或将应付账款核算到产品一级时,应选择在应付账款管理系统核算供应商往来款项。如果选择在应付账款管理系统核算供应商往来款项,则所有的供应商往来凭证全部由应付账款管理系统生成,其他系统不再生成这类凭证。

应收账款管理系统和应付账款管理系统可以与其他管理系统集成使用,满足企业信息化管理的要求。

应收/应付账款管理系统的使用与总账系统的使用一样,首先应进行初始化设置,然后再进行日常业务处理。初始设置就是设置业务处理的参数和核算规则,建立客户和供应商档案,录入期初未结算的往来业务。日常业务处理就是对日常发生的应收应付业务进行处理,包括单据处理、票据管理等。

7.1.4 往来账款核算管理系统的功能结构

往来账款管理系统应提供系统设置、日常处理、单据查询、账表管理等功能。

1. 系统设置

提供系统参数的定义,用户结合企业管理要求进行参数设置,使通用管理系统转化为适合企业核算管理要求的专用系统,系统参数设置是整个系统运行的基础。提供单据类型设置、账龄区间设置,为各种往来业务的日常处理及统计分析做准备。提供期初余额的录入,保证数据的完整性与连续性。

2. 日常处理

提供各种原始单据的录入、处理、核销、转账、汇兑损益、制单等处理。提供票据的跟踪管理功能,可以随时对票据的计息、背书、贴现、转出等操作进行监控。提供收款单的批量审核、自动核销功能,并能与网上银行进行数据的交互。

3. 单据查询

提供查阅各类单据的功能,满足核算管理的要求。

4. 账表管理

提供总账表、余额表、明细账等多种账表查询功能。提供各种分析统计功能,如欠款分析、账龄分析、综合分析及收付款项预测分析。提供全面的账龄分析功能,支持多种分析模式,帮助企业强化对往来款项的管理和控制,满足企业决策分析的要求。

5. 其他处理

其他处理提供用户进行远程数据传递的功能;提供用户对核销、转账等处理进行恢复的功能;提供月末结账等处理功能;提供总公司和分销处之间数据的导入、导出及其服务功能,为企业提供完整的远程数据通信方案;提供各种预警,及时进行到期账款的催收,以防止发生坏账;提供信用额度的控制,有助于随时了解客户的信用情况。

往来账款核算管理功能结构如图 7-1 所示。

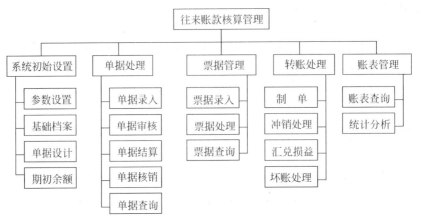

图 7-1　往来账款核算管理功能结构图

7.1.5　系统接口

　　应收账款管理系统主要与账务处理系统、销售管理系统、应付账款管理系统、财务分析系统等有数据接口关系。应收账款管理系统能接收销售管理系统录入的发票，由此生成凭证，并对发票进行收款结算处理，销售中的现结业务不在应收账款管理系统中处理，而是在销售管理系统处理。另外，应收账款管理系统可向账务处理系统传递凭证且查询其所生成的凭证。应收账款管理系统和应付账款管理系统之间可以进行转账处理，并向财务分析系统提供各种分析数据。

　　应付账款管理系统主要与账务处理系统、采购管理系统、应收账款管理系统、财务分析系统等有数据接口关系。应付账款管理系统能接收采购管理系统录入的发票，由此生成凭证，并对发票进行付款结算处理，并且可向账务处理系统传递凭证且查询其所生成的凭证。应付账款管理系统和应收账款管理系统之间可以进行转账处理，并向财务分析系统提供各种分析数据。

　　应收账款管理系统、应付账款管理系统、账务处理系统、采购管理系统、销售管理系统、财务分析系统之间的数据传递关系，如图 7-2 所示。

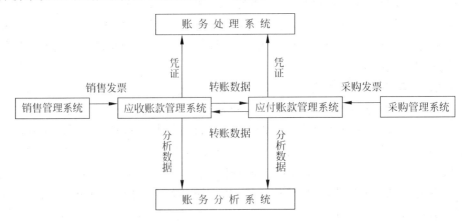

图 7-2　数据传递关系图

7.1.6　应用准备工作

在应收账款/应付账款管理系统使用之前,应首先对现有的数据资料进行整理,以便能够及时、顺利、准确地运用该系统。

1. 期初数据的准备

为便于系统初始化,应该准备如下数据和资料。

（1）和企业有业务往来的所有供应商/客户的详细资料:包括供应商/客户名称、地址、联系电话、开户银行、信用额度、最后的交易情况等。可以根据管理系统中供应商/客户目录的内容来准备各种资料。确定供应商/客户的分类方式,以便于按照分类进行各种统计分析。

（2）用于采购和销售的所有存货的详细资料:包括存货的名称、规格型号、价格、成本等数据。可以根据系统中存货目录的内容来准备各种资料。确定存货的分类方式,以便于按照分类进行各种统计分析。

（3）上一期期末,本期期初所有供应商的应付账款、预付账款、应付票据等数据及所有客户的应收账款、预收账款、应收票据等数据。这些期初数据最好能够精确到某一笔具体的发票或业务。

2. 日常处理的准备

为便于日常的处理业务,应准备好如下数据和资料。

（1）除销售业务之外,还应准备能够经常形成应收款的业务

准备这类资料的目的是将应收单划分为不同的类型,以便于按照业务类型统计应收账款。应收账款系统用发票来核算涉及存货赊销的所有业务,用应收单来记录销售以外的其他应收账款的核算。将业务详细分类后,就可以根据不同的业务类型设置不同的应收单,以便核算分析应收账款的构成。

（2）除采购业务之外,还应准备能够经常形成应付款的业务

准备这类资料的目的是将应付单划分为不同的类型,以便于按照业务类型统计应付账款。应付账款系统用发票来核算涉及存货采购的所有业务,用应付单来记录采购以外的其他应付账款的核算。将业务详细分类后,就可以根据不同的业务类型设置不同的应付单,以便核算分析应付账款的构成。

（3）发票、应收单、应付单的格式

系统提供了一系列基本的票据格式,如客户收款单、客户付款单、供应商付款单、供应商收款单,这些格式中已经包含了绝大多数的必要的项目,基本上能够满足用户的需求,但如果用户有特殊要求,可以增加新的自定义项目,自行调整或定义自己的专用单据格式。

（4）核算销售/采购、收款/付款等业务的科目

往来核算管理系统中使用的会计科目要与账务处理系统的会计科目相一致,系统根据预先设置的各种科目生成记账凭证。

7.1.7 往来账款核算管理的业务处理流程

往来账款核算管理的业务流程如图 7-3 所示。

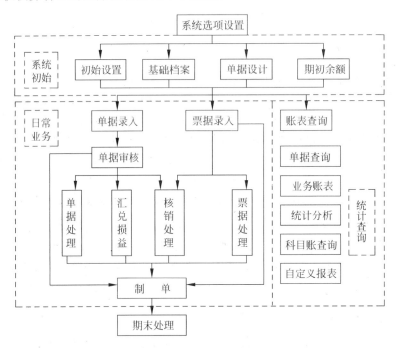

图 7-3　往来账款核算管理业务流程图

由于应收款管理系统与应付款管理系统在业务处理上非常相似，因此以下内容将以应收款管理系统为例来阐述系统的具体应用。

7.2　应收款管理系统初始化

系统初始化设置工作，就是要根据企业的实际情况，将一个通用的系统转化为一个专用的系统，以适合企业核算管理的要求。

7.2.1 业务处理控制参数设置

在运行应收款管理系统前，应设置应收款管理系统运行所需要的账套参数，以便系统根据所设定的参数进行相应的处理。参数设置是指对应收业务进行控制的参数设置，它是进入应收款管理系统的首项工作。参数设置的内容主要包括：应收账款核销方式、控制科目的依据、存货销售科目、制单方式、坏账处理方式、汇兑损益计算方式、预收款核销方式和现金折扣显示等，参数设置是应收款管理系统运行的基础设置，其设置质量直接影响业务处理质量。

1. 常规参数设置

常规参数设置包括：应收账款核算模型、汇兑损益方式、坏账处理方式、代垫费用类型、核算管理类型、是否自动计算现金折扣等，如图 7-4 所示。

（1）单据审核日期依据

系统提供了两种确认单据审核日期的依据，即单据日期和业务日期。

如果选择单据日期，则在单据处理功能中进行单据审核时，自动将单据的审核日期（即入账日期）记为该单据的单据日期；如果选择业务

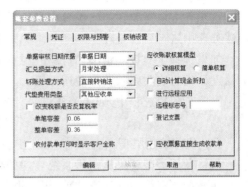

图 7-4　常规参数设置对话框

日期，则在单据处理功能中进行单据审核时，自动将单据的审核日期（即入账日期）记为当前业务日期（即登录日期）。

单据审核日期依据是单据日期还是业务日期，将决定业务总账、业务明细账、余额表等的查询期间取值。如果使用单据日期为审核日期，则月末结账时单据必须全部审核。因为下月无法以单据日期为审核日期。业务日期无此要求。在账套使用过程中，可以随时将选项从按单据日期改成按业务日期。若需要将选项从按业务日期改成按单据日期，则需要判断当前未审核单据中有无单据日期在已结账月份的单据。若有，则不允许修改。

（2）汇兑损益方式

系统提供了两种汇兑损益的方式，即外币余额结清时计算和月末处理两种方式。

外币余额结清时计算是指仅当某种外币余额结清时才计算汇兑损益，在计算汇兑损益时，界面中仅显示外币余额为 0 且本币余额不为 0 的外币单据；月末计算是指每个月末计算汇兑损益，在计算汇兑损益时，界面中显示所有外币余额不为 0 或者本币余额不为 0 的外币单据。

汇兑损益方式在账套使用过程中可以随时进行修改。

（3）坏账处理方式

坏账处理的方式有两种：备抵法和直接转销法。其中，直接转销法是指只在实际发生坏账时，才将坏账损失计入当期损益，同时冲销应收款项；备抵法是指按期估计坏账损失，形成坏账准备，当某一应收款项全部或部分被确认为坏账时，应根据其金额冲减坏账准备，同时转销相应的应收款项金额的一种核算方法。企业会计制度规定，企业只能采用备抵法核算坏账损失。

备抵法核算坏账损失有三种方法，即应收余额百分比法、销售余额百分比法、账龄分析法。

- 销售余额百分比法是根据历史数据确定的坏账损失占全部销售额的一定比例估计可能发生的坏账损失。其计算方法为：估计坏账损失＝销售总额×估计坏账百分比；估计坏账百分比＝（估计坏账－估计坏账回收）/估计赊销额。
- 应收账款余额百分比法是以应收账款余额为基础，估计可能发生的坏账损失。其计算方法为：本期计提坏账准备数额＝应收账款年末余额×坏账计提百分比－坏账准备账户计提前余额。

➤ 账龄分析法是根据应收账款账龄的长短来估计坏账损失的方法。账龄越长，即账款被拖欠的可能性也越大，应估计的坏账准备金额也越大。

这三种方法需要在初始设置中录入坏账准备期初和计提比例或输入账龄区间等，并在坏账处理中进行后续处理。

如果选择了直接转销法，直接在下拉列表框中选择该方法即可。当坏账发生时，直接在坏账发生处将应收账款转为费用即可。

在账套使用过程中，如果当年已经计提过坏账准备，则此参数不可以修改，只能下一年度修改。

（4）代垫费用类型

代垫费用类型解决从销售系统传递的代垫费用单在应收系统用何种单据类型进行接收的功能。系统默认为其他应收单，用户也可在单据类型设置中自行定义单据类型，然后在系统选项中进行选择。该选项随时可以更改。

（5）应收账款核算模型

系统提供了两种应收系统的应用模型，用户可以选择：简单核算、详细核算。用户必须选择其中一种方式，系统默认选择详细核算方式。

选择简单核算是指应收只是完成将销售传递过来的发票生成凭证传递给总账这样的模式。在总账中以凭证为依据进行往来业务的查询。如果销售业务以及应收账款业务不复杂，或者现销业务很多，则可以选择此方案；选择详细核算是指应收、应付可以对往来进行详细的核算、控制、查询、分析。如果销售业务以及应收款核算与管理业务比较复杂；或者需要追踪每一笔业务的应收款及其收款等情况；或者需要将应收款核算到产品一级，则需要选择详细核算。

该选项在系统启用时或者还未进行任何业务，包括期初数据录入，才允许进行选择设置、修改。

（6）是否自动计算现金折扣

可以选择自动计算现金折扣和不自动计算现金折扣两种方式。如果为了鼓励客户在信用期间内提前付款而采用现金折扣政策，则可以在系统中选择是否自动计算现金折扣。若选择自动计算，则需要在发票或应收单中输入付款条件，在进行核销处理时，系统依据付款条件自动计算该发票或应收单可享受折扣，根据情况输入折扣并进行结算，结算规则为"原币余额＝原币金额－本次结算金额－本次折扣"；如果选择了不自动计算现金折扣，系统将不自动计算现金折扣。在账套使用过程中，该参数可以修改。

2. 凭证参数设置

凭证参数设置包括：受控科目制单方式、非控科目制单方式、控制科目依据、销售科目依据、制单选项等，如图 7-5 所示。

（1）受控科目制单方式

有两种制单方式供选择，即明细到客户、明细到单据的方式。

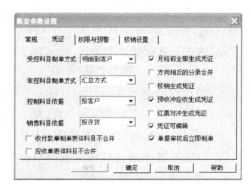

图 7-5 　凭证参数设置对话框

明细到客户是指当将一个客户的多笔业务合并生成一张凭证时,如果核算这多笔业务的控制科目相同,系统自动将其合并成一条分录。这种方式的目的是在总账系统中能够根据客户来查询其详细信息。明细到单据是指当将一个客户的多笔业务合并生成一张凭证时,系统会将每一笔业务形成一条分录。这种方式的目的是在总账系统中也能查看到每个客户的每笔业务的详细情况。

受控科目在合并分录时若自动取出的科目相同,辅助项为空,则不予合并成一条分录。在账套使用过程中,可以随时修改该参数的设置。

(2) 非控科目制单方式

有三种制单方式供选择,即明细到客户、明细到单据、汇总制单的方式。

明细到客户是指当将一个客户的多笔业务合并生成一张凭证时,如果核算这多笔业务的非控制科目相同且其所带辅助核算项目也相同,则系统将自动将其合并成一条分录。这种方式的目的是在总账系统中能够根据客户来查询其详细信息。明细到单据是指当将一个客户的多笔业务合并生成一张凭证时,系统会将每一笔业务形成一条分录。这种方式的目的是在总账系统中也能查看到每个客户的每笔业务的详细情况。汇总制单是指当将多个客户的多笔业务合并生成一张凭证时,如果核算这多笔业务的非控制科目相同且其所带辅助核算项目也相同,则系统将自动将其合并成一条分录。这种方式的目的是精简总账中的数据,在总账系统中只能查看到该科目的一个总的发生额。

非受控科目在合并分录时若自动取出的科目相同,辅助项为空,则合并成一条分录。在账套使用过程中,可以随时修改该参数的设置。

(3) 控制科目依据

控制科目在应收款管理系统中是指所有带有客户往来辅助核算的科目。系统提供了三种设置控制科目的依据,即按客户分类、按客户、按地区分类。

按客户分类设置是指客户分类是根据一定的属性将往来客户分为若干大类,例如可以将客户根据时间分为长期客户、中期客户和短期客户;也可以根据客户的信用将客户分为优质客户、良性客户、一般客户和信用较差的客户等。在这种方式下,可以针对不同的客户分类设置不同的应收科目和预收科目。按客户设置是指可以针对不同的客户在每一种客户下设置不同的应收科目和预收科目。这种设置适合特殊客户的需要。按地区设置是指可以针对不同的地区分类设置不同的应收科目和预收科目。例如可以将客户分为华东、华南、东北等地区,并可以在不同的地区分类下设置科目。

(4) 销售科目依据

系统提供了两种设置存货销售科目的依据,即按存货分类和按存货设置存货销售科目。在此设置的销售科目,是系统自动制单科目取值的依据。

按存货分类设置是指存货分类是根据存货的属性对存货所划分的大类,例如可以将存货分为原材料、燃料及动力、产成品等大类,可以针对这些存货分类设置不同的科目;按存货设置是指如果存货种类不多,可以直接针对不同的存货设置不同的科目。

设置销售科目依据是为了在【产品科目设置】中可以针对不同的存货(存货分类)设置不同的产品销售收入科目、应交增值税科目。账套使用过程中,可以随时修改该参数的设置。

(5) 制单选项

凭证生成有多种选项:月前是否全部生成凭证、方向相反的分录是否合并、核销是否生成凭证、预收冲应收是否生成凭证、红票对冲是否生成凭证等。

① 月结前是否全部生成凭证

如果选择了月末结账前需要将全部的单据和处理生成凭证，则在进行月末结账时将检查截止到结账月是否有未制单的单据和业务处理。若有，系统将提示不能进行本次月结处理，但可以详细查看这些记录；若没有，才可以继续进行本次月结处理；如果选择了在月末结账前不需要将全部的单据和处理生成凭证，则在月结时只是允许查询截止到结账月的未制单单据和业务处理，不进行强制限制。

② 方向相反的分录是否合并

方向相反的分录是否合并是指科目相同、辅助项相同、方向相反的凭证分录是否合并。如果选择合并，则在制单时若遇到满足合并分录的要求，且分录的情况如上所描述的，则系统自动将这些分录合并成一条，根据在那边显示为正数的原则来显示当前合并后分录的显示方向；如果选择不合并，则在制单时若遇到满足合并分录的要求，且分录的情况如上述所描述的，则不能合并这些分录，还是根据原样显示在凭证中。

需要注意的是，即使选择合并分录，在坏账处理制单时也不合并应收账款科目，即该选项对坏账处理制单无效。

③ 核销是否生成凭证

如果选择不生成凭证时，不管核销双方单据的入账科目是否相同均不需要对这些记录进行制单；如果选择生成凭证时，则需要判断核销双方的单据其当时的入账科目是否相同，不相同时，需要生成一张调整凭证。

④ 预收冲应收是否生成凭证

如果选择需要生成凭证，则对于预收冲应收业务，当预收、应收科目不相同时，需要生成一张转账凭证，月末结账时需要对预收冲应收进行分别检查有无没有制单的记录；如果选择不需要生成凭证，则对于预收冲应收业务不管预收、应收科目是否相同均不需要生成凭证，月末结账时不需要检查预收冲应收记录有无制单。

⑤ 红票对冲是否生成凭证

如果选择需要生成凭证，则对于红票对冲处理，当对冲单据所对应的受控科目不相同时，需要生成一张转账凭证，月末结账时需要对红票对冲处理分别检查有无需要制单的记录；选择不需要生成凭证，则对于红票对冲处理，不管对冲单据所对应的受控科目是否相同均不需要生成凭证，月末结账时不需要检查红票对冲处理制单情况。

凭证控制科目设置的作用在于为系统自动生成凭预置会计科目，具体来说体现在以下几方面：

① 对销售发票制单时，贷方取【产品科目设置】中对应的销售收入科目和应交增值税科目、销售退回科目，借方取【控制科目设置】中的应收科目。

② 对现结/部分现结的销售发票制单时，借方取【产品科目设置】中对应的销售科目和应交增值税科目，贷方取【结算方式科目】中的结算方式对应的科目，未结算部分依旧取【控制设置】中的应付科目。

③ 对款项类型为预收款的收款单制单时，借方取【结算方式科目设置】中对应的结算方式，贷方取【控制科目】中的预收科目。

④ 对款项类型为应收款的收款单制单时，借方取【结算方式科目设置】中对应的结算方

式,贷方取【控制科目】中的应收科目。

⑤ 若在【控制科目设置】中未设置控制科目,则系统将取【设置科目】|【基本科目设置】中设置的应收科目;若在【基本科目设置】中未设置科目,则需要手工输入凭证科目。

3.权限与预警设置

权限与预警设置包括:权限启用、自动报警设置、信用额度控制设置等,如图7-6所示。

（1）权限启用

权限启用包括是否启用客户权限、是否启用部门权限两个方面。

① 是否启用客户权限

只有在账套参数设置对客户进行记录及数据权限控制时,该选项才可设置;账套参数中对客户的记录及权限不进行控制时,应收款管理系统中不对客户进行数据权限控制。

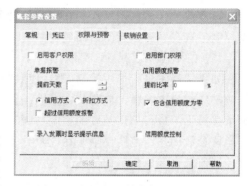

图 7-6　权限与预警参数设置对话框

若选择启用,则在所有的处理、查询中均需要根据该用户的相关客户数据权限进行限制;若选择不启用,则在所有的处理、查询中均不需要根据该用户的相关客户数据权限进行限制。

启用客户数据权限,且在应收款管理系统中查询包括对应供应商数据时不考虑该用户是否对对应供应商有权限,即只要该用户对客户有权限就可以查询包含其对应供应商的数据。

② 是否启用部门权限

只有在账套参数设置对部门进行记录及数据权限控制时,该选项才可设置;账套参数中对部门的记录及权限不进行控制时,应收款管理系统中不对部门进行数据权限控制。

若选择启用,则在所有的处理、查询中均需要根据该用户的相关部门数据权限进行限制;若选择不启用,则在所有的处理、查询中均不需要根据该用户的相关部门数据权限进行限制。

（2）自动报警设置

自动报警设置包括是否根据单据自动报警、是否根据信用额度自动报警两个方面。

① 是否根据单据自动报警

是否根据单据自动报警,有以下三种选择。

如果选择了根据信用期自动报警,则需要设置报警的提前天数。每次登录系统时,系统自动将单据到期日－提前天数≤当前注册日期的已经审核的单据显示出来,以提醒用户及时通知客户哪些业务应该回款了。如果选择了根据折扣期自动报警,则需要设置报警的提前天数。每次登录本系统时,系统自动将单据最大折扣日期－提前天数≤当前注册日期的已经审核的单据显示出来,以提醒用户及时通知客户哪些业务将不能享受现金折扣待遇。如果选择了不进行自动报警,则每次登录本系统时不会出现报警信息。

单据的到期日、最大折扣日期全部根据单据中的付款条件计算。

② 是否根据信用额度自动报警

用户可以选择是否需要根据客户的信用额度进行自动预警,有如下选择。

信用比率＝信用余额/信用额度,信用余额＝信用额度－应收账款余额。

选择根据信用额度进行自动预警时,需要输入预警的提前比率,且可以选择是否包含信用额度＝0的客户；当选择自动预警时，系统根据设置的预警标准显示满足条件的客户记录，即只要该客户的信用比率小于等于设置的提前比率时就对该客户进行报警处理。若选择信用额度＝0的客户也预警，则当该客户的应收账款＞0时，即进行预警。若登录的用户没有信用额度报警单查看权限时就算设置了自动报警也不显示该报警单信息；不选择需要自动预警时，任何用户登录时均不显示按信用额度进行预警的信息。

该参数的作用范围仅限于在应收款管理系统中增加发票和应收单时，才有效。信用额度控制值选自客户档案的信用额度。

（3）信用额度控制

如果选择了进行信用控制，则在应收款管理系统中保存录入的发票和应收单时，当票面金额＋应收借方余额－应收贷方余额＞信用额度，系统会提示用户本张单据不予保存处理；如果选择了不进行信用额度的控制，则在保存发票和应收单时不会出现控制信息。

该参数的作用范围仅限于在应收款管理系统中增加发票和应收单时，才有效。信用额度控制值选自客户档案的信用额度。

4. 核销设置

核销设置主要包括应收款核销方式、核销规则及控制方式等，如图7-7所示。

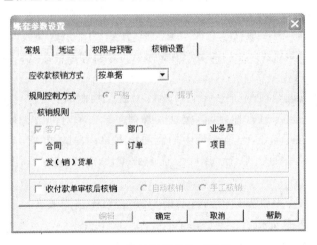

图7-7　核销设置参数对话框

（1）应收款核销方式

系统提供了两种应收款的核销方式，即按单据、按产品两种方式。

按单据核销是指系统将满足条件的未收款单据全部列出，由用户选择要结算的单据，根据所选择的单据进行核销；按产品核销是指系统将满足条件的未收款单据按存货列出，由用户选择要结算的存货，根据所选择的存货进行核销。

如果企业收款时，没有指定具体是收取哪种存货的款项，则可以采用按单据核销。对于单位价值较高的存货，企业可以采用按产品核销，即收款指定到具体存货上。一般情况下按单据核销即可。

（2）规则控制方式

规则控制方式分严格和提示两种情况，系统默认为严格控制。

严格控制方式,是指核销时严格按照选择的核销规则进行核销,如果不符合核销规则,则不能完成核销。

提示控制方式,是指核销时如果不符合核销规则,则系统给予提示。提示后,用户可以选择是否完成核销处理。

(3) 核销规则

系统提供了多种核销处理机制,其中按客户核销是系统默认的核销规则,也是必选核销规则。在具体使用时,需要根据企业控制的特点,在按客户核销规则基础上,添加其他核销方式,构成以客户核销为主的组合式核销规则,即: 按客户＋其他项进行组合设置。如果选择"客户＋部门"核销规则,则表示在进行核销时,只有客户相同,并且部门也相同的单据才能进行核销。

(4) 收付款单审核后核销

此项参数主要用于控制收付款单据在进行审核时,是否立即进行核销处理。系统默认为不选择,即在收付款单审核后不进行立即核销操作。若选择为手工核销,则表示收付款单审核后,立即自动进入手工核销界面,由用户手工完成核销处理。

例 1　山东高科技术有限公司应收款管理系统的账套控制参数为: 按单据核销应收账款、按客户控制科目、产品销售科目按存货分类、按余额核销预付款、制单明细到客户、按应收账款百分比进行坏账处理、自动计算现金折扣、录入发票时提示信息,其他采取默认设置。

操作步骤如下。

① 注册登录企业应用平台。

② 在 UFIDA ERP-U8 窗口选择【业务工作】|【财务会计】|【应收款管理】|【设置】|【选项】双击,进入【账套参数设置】对话框,参见图 7-4。

③ 在【常规】选项卡中,单击【编辑】按钮,然后将【坏账处理方式】选为"应收余额百分比"、选择【自动计算现金折扣】选项。选择完毕后,单击【凭证】标签,进入【凭证】选项卡界面,参见图 7-5。

④ 在【凭证】选项卡中,将【受控科目制单方式】选择为"明细到客户"、将【控制科目依据】选择为"按客户"、将【销售科目依据】选择为"按存货"。选择设置完毕后,单击【权限与预警】标签,进入【权限与预警】选项卡界面,参见图 7-6。

⑤ 在【权限与预警】选项卡中,选择【录入发票时显示提示信息】,选择设置完毕后,单击【核销设置】标签,进入【核销设置】选项卡界面,参见图 7-7。

⑥ 在【核销设置】选项卡中,将【应收款核销方式】选为"按单据"然后单击【确定】按钮。对参数设置进行保存。

7.2.2　凭证科目设置

由于应收业务类型较固定,生成的凭证类型也较固定,因此为简化凭证生成操作,可以预先设置各业务类型凭证中常用的会计科目。凭证科目设置包括基本科目设置、控制科目、产品科目、结算方式科目等。

1. 基本科目设置

基本科目是在核算应收款项时经常用到的科目,可以作为常用科目设置,而且科目必须是最末级科目。"应收账款"和"预收账款"是最常用的核算本位币赊销欠款和预收款的科目，可以作为应收款管理系统基本科目进行设置。企业也可以根据需要将预收款并入"应收账款"核算。应收和预收款科目必须是有"客户"类辅助核算的科目。

销售收入科目、应交税金（应交增值税销项税额）科目、销售退回科目是最常用的核算销售业务的科目，可以作为核算销售收入、销项税额及销售退回的基本科目，在应收款管理系统中进行设置，销售退回也可并入销售收入科目核算。

除上述基本科目外，现金折扣科目、票据利息科目、票据费用科目、应收票据科目、坏账入账科目等都可作为企业核算某类业务的基本科目。

操作步骤如下。

① 在 UFIDA ERP-U8 窗口选择【业务工作】|【财务会计】|【应收款管理】|【设置】|【初始设置】双击，进入【初始设置】窗口，如图 7-8 所示。

图 7-8　【初始设置】窗口

② 单击【设置科目】|【基本科目设置】，进入基本科目设置界面。

③ 在基本科目设置界面，根据企业业务要求特点，直接录入或参照录入相关科目的编码。

提示：

➤ 如果用同一个科目核算应收账款和预收账款，则预收账款科目可以和应收账款科目相同。

➤ 如果为不同的客户（客户分类、地区分类）分别设置了应收款核算科目和预收款核算科目，则可以在此处不输入这些科目。系统提供了针对不同的客户（客户分类、地区分类）分别设置科目的功能。

➤ 应收和预收科目必须是已经在科目档案中指定为应收系统的受控科目。

➢ 如果为不同的存货(存货分类)分别设置了销售收入核算科目,则可以在此处不输入这些科目,系统提供了针对不同的存货(存货分类)分别设置科目的功能。

➢ 应收票据科目必须是已经在科目档案中指定为应收系统的受控科目,其他科目必须是非应收/应付的受控科目。

➢ 币种兑换差异科目用来记录币种核销时产生的本币差异账。

➢ 所设置的科目必须是最明细科目。

2. 控制科目设置

在核算客户的赊销欠款时,如果针对不同的往来单位分别设置了不同的应收账款科目和预收账款科目,则应先根据账套参数设置时的选项,即选择是针对不同的客户设置,还是针对不同的客户分类设置,还是按不同地区分类设置,然后依次进行往来单位按客户分类或地区分类的编码、名称、应收科目、预收科目等内容的设置。

如果某个往来单位核算应收账款和预收账款的科目与基本科目设置中的一样,则可以不输入,否则应进行设置。科目必须是带有"客户"往来辅助核算的末级科目。

操作步骤如下。

① 在【初始设置】窗口中,单击【设置科目】|【控制科目设置】进入控制科目设置界面,如图 7-9 所示。

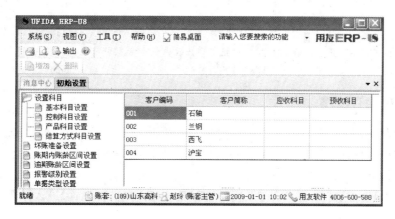

图 7-9　控制科目设置界面

② 为每个客户设置【应收科目】和【预收科目】。

提示:

➢ 如果某个客户(客户分类、地区分类)的核算应收账款或预收账款的科目与常用科目设置中的一样,则可以不输入;否则,应在此设置。

➢ 应收和预收科目必须是已经在科目档案中指定为应收系统的受控科目。

3. 产品科目设置

如果针对不同的存货或存货分类分别设置不同的销售收入科目、应交销项税额科目和销售退回科目,则应先在账套参数中选择设置依据,即选择是针对不同的存货设置,还是针对不同的存货分类设置,然后按存货分类的编码、名称、销售收入科目、应交销项税科目、销售退回科目进行产品科目的设置。

操作步骤如下。

① 在【初始设置】窗口中，单击【设置科目】|【产品科目设置】进入产品科目设置界面，如图 7-10 所示。

图 7-10　产品科目设置界面

② 为每种产品类别设置【销售收入科目】、【应交增值税科目】和【销售退回科目】。

提示：

➤ 如果某个存货（存货分类）的科目与常用科目设置中的一样，则可以不输入；否则，应在此设置。

➤ 存货销售科目不能是已经在科目档案中指定为应收系统或者应付系统的受控科目。

➤ 销售收入科目和销售退回科目可以相同。

4. 结算方式科目设置

不仅可以设置常用科目，还可以为每种结算方式设置一个默认的科目，以便在应收账款核销时，直接按不同的结算方式生成相应的账务处理中所对应的会计科目。

操作步骤如下。

① 在【初始设置】窗口中，单击【设置科目】|【结算方式科目设置】进入结算方式科目设置界面，如图 7-11 所示。

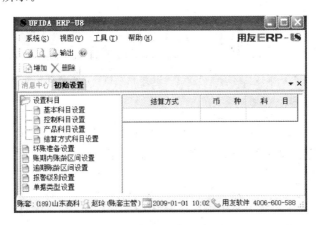

图 7-11　结算方式科目设置界面

② 为每种结算方式、每种币种设置对应的入账科目。

提示：

➢ 科目所核算的币种必须与所输入的币种一致。

➢ 科目必须是最明细科目。

➢ 结算科目不能是已经在科目档案中指定为应收系统或者应付系统的受控科目。

7.2.3　坏账准备设置

坏账准备设置是指对坏账准备期初余额、坏账准备科目、对方科目及提取比例等进行设置。在第一年使用时，应直接输入期初余额，在以后年度使用时，坏账准备的期初余额由系统自动生成，不能进行修改。坏账提取比率可分别按销售收入百分比法和应收账款余额百分比法，直接输入计提比例；按账龄百分比提取，可直接输入各账龄期间计提的比率。根据坏账准备在账套参数中的选项不同其设置内容也有所不同。

例 2　山东高科技术有限公司坏账处理方式为应收账款余额百分比法，提取比率为 0.5%，坏账准备期初余额为 2223 元，坏账准备科目为 1231，对方科目为 670101。

操作步骤如下。

① 在【初始设置】窗口中，单击【坏账准备设置】，进入坏账准备设置界面。坏账设置界面因坏账准备计提方法不同而异，当按应收账款余额百分比或按销售收入百分比计提坏账准备时，其设置界面相似，如图 7-12 所示；当按账龄分析法计提坏账准备时，其设置界面如图 7-13 所示。

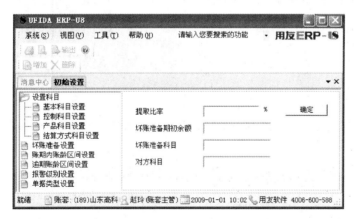

图 7-12　应收账款余额（销售收入）百分比法坏账准备设置界面

② 在图 7-12 所示的坏账准备设置界面中输入提取比率，如"0.5%"、录入坏账准备期初余额，如"2223"、设置坏账准备科目"1231"、对方科目"670101"，然后单击界面上的【确定】按钮，对设置进行保存。系统弹出【存储完毕】信息框，单击【确定】按钮完成坏账准备设置。

提示：

➢ 在账套使用过程中，如果当年已经计提过坏账准备，则此坏账处理方法不可以修改，只能下一年度修改。

➢ 当做过任意一种坏账处理后，如坏账计提、坏账发生、坏账收回，就不能修改坏账准备数据，只允许查询。

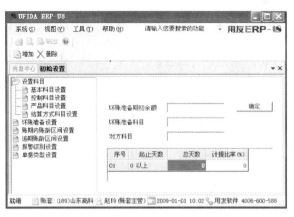

图 7-13　账龄分析法坏账准备设置界面

7.2.4　账龄区间设置

账龄区间设置指用户定义应收账款或收款时间间隔的功能,它的作用是便于用户根据自己定义的账款时间间隔,进行应收账款或收款的账龄查询和账龄分析,清楚了解在一定期间内所发生的应收款、收款情况。在进行账龄区间的设置时,账龄区间总天数直接输入,系统根据输入的总天数自动生成相应的区间。账龄区间设置分账期内账龄区间设置和逾期账龄区间设置两种,其设置方法相同,在此以账期内账龄区间设置为例进行说明。

例 3　山东高科技术有限公司账期内账龄分析区间设置如表 7-1 所示。

表 7-1　账龄区间

序号	起止天数	总天数
1	0～30	30
2	31～60	60
3	61～90	90
4	90～120	120
5	121 以上	

操作步骤如下。

①　在【初始设置】窗口中,单击【账期内账龄区间设置】,进入账龄区间设置界面,如图 7-14 所示。

②　录入总天数"30",然后回车,系统设置起止天数,并且自动追加一行。

③　同样的方式录入其他区间的总天数。

提示:

➤ 系统根据输入的总天数自动生成相应的区间。序号由系统生成,从 01 开始,不能修改。

➤ 区间可以删除和修改,删除或修改后,系统自动调整各区间值。最后一个区间由系统自动生成,不能修改和删除。序号为 01 的区间由系统自动生成,不能修改、删除。

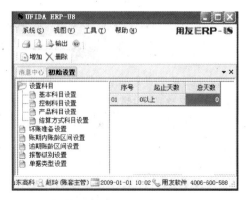

图 7-14　账龄区间设置界面

7.2.5　报警级别设置

可以通过对报警级别的设置,将客户按照客户欠款余额与其授信额度的比例分为不同的类型,以便于掌握各个客户的信用情况。

如果企业要对应收账款的还款期限做出一定规定,则可使用超期报警功能。在运行此功能时,系统自动列出到当天为止超过规定期限的应收账款清单。这一信息可以按往来单位,也可按分管人员进行分类,从而使企业可以及时催款,避免不必要的损失。

在进行报警级别设置时,直接输入级别名称和各区间比率。其中,级别名称可以采用编号或其他形式,但名称最好能上下对应。

例4　山东高科技术有限公司实施报警设置,报警级别设置方案如表7-2所示。

表7-2　报警级别

序号	总比率(%)	级别名称
01	10	A
02	30	B
03	50	C
04	100	D
05		E

操作步骤如下。

① 在【初始设置】窗口中,单击【报警级别设置】,进入报警级别设置界面,如图7-15所示。

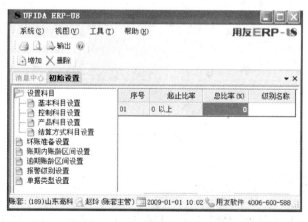

图7-15　报警级别设置界面

② 录入总比率"10"和级别名称"A",然后回车,系统设置起止比率,并且自动追加一行。

③ 同样的方式录入其他级别的总比率和级别名称。

提示:

➢ 序号由系统生成,从01开始。

➢ 区间可以删除和修改,删除或修改后,系统自动调整各区间值。序号为01的区间由系统自动生成,不能修改、删除。最后一个区间由系统自动生成,不能修改和删除。

7.2.6　单据类型设置

单据类型设置指用户将应收、应付、收付款及收款单据与各自的单据模板建立对应关系的工作，即用户确定哪些单据将要使用哪些系统默认模板或用户自定义模板，它的主要作用是可以充分利用用户在单据模板设置中所建立的自定义单据模板，使单据处理更加符合自己的需要。

系统提供了发票和应收单两大类型的单据。

如果同时使用销售系统，则发票的类型包括增值税专用发票、普通发票、销售调拨单和销售日报。如果单独使用应收系统，则发票的类型不包括后两种。

应收单记录销售业务之外的应收款情况，可以将应收单划分为不同的类型，以区分应收货款之外的其他应收款。例如，可以将应收单分为应收代垫费用款、应收利息款、应收罚款、其他应收款等。应收单的对应科目由用户根据需要自行定义。

操作步骤如下。

① 在【初始设置】窗口中，单击【单据类型设置】进入单据类型设置界面，如图 7-16 所示。

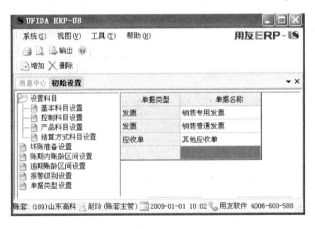

图 7-16　单据类型设置界面

② 在【单据名称】栏直接录入单据名称，然后按回车键保存。

7.2.7　付款优惠条件

企业在销售商品的同时，还要面临资金能否及时、安全回笼，资金周转率是否变化等问题。企业通过在赊销过程中制定相应的现金折扣政策（即付款条件），以向客户提供购买商品价格上扣减，鼓励客户为享受优惠而提前付款，进而缩短平均收款期。

付款条件的表达式为：扣除百分点/货款回笼期。10/30 表示在 30 天内付款的客户可以享受到 10％的价格优惠，即实际只需支付原价的 90％。N/30 则表示付款的信用期限为30 天，不存在优惠条件。

不管本企业为了促进应收账款的及时回笼，还是供应商自己制定的现金折扣政策，都应通过建立付款条件实现企业合理地运筹资金和对往来账款的准确计算。付款条件在应收/

应付款管理系统共享使用,在使用时,可以根据实际业务对付款条件进行选择使用,或进行补充完善。

例5 山东高科技术有限公司实施现金折扣优惠政策,现金折扣优惠条件设置方案为"10/10,5/30,N/90"。

操作步骤如下。

① 在 UFIDA ERP-U8 窗口选择【基础设置】|【基础档案】|【收付结算】|【付款条件】双击,进入【付款条件】设置窗口,如图 7-17 所示。

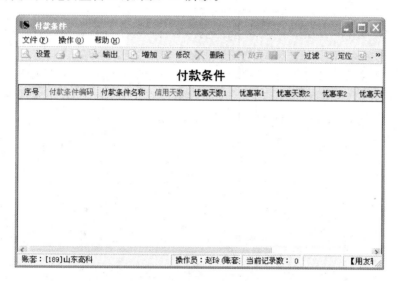

图 7-17 【付款条件】设置窗口

② 单击工具栏上的【增加】按钮,增加一空白记录,输入付款条件编码"XS1"、信用天数"90"、优惠天数 1 为"10"、优惠率 1 为"10"、优惠天数 2 为"30"、优惠率 2 为"5",输入完毕,单击工具栏上的 按钮对输入信息进行保存,系统自动添加付款条件名称,同时进行增加一空的记录。

③ 重复上述操作,输入新的付款条件,所有付款条件输入完毕后,单击工具栏上的【退出】按钮,结束付款条件的设置操作。

7.2.8 本单位开户银行设置

开户银行设置用于满足企业进行收款结算的处理,系统支持多个开户行及账号的设置情况,满足企业不同业务的处理。

例6 山东高科技术有限公司通过中国工商银行淄博分行结算国内业务,并以此作为企业的开户银行。其基本信息如表 7-3 所示。

表 7-3 本单位开户银行

编码	银行账号	币种	开户银行	所属银行编码
001	053382847968	人民币	中国工商银行淄博分行	01-中国工商银行

操作步骤如下。

① 在 UFIDA ERP-U8 窗口选择【基础设置】|【基础档案】|【收付结算】|【本单位开户银行】双击,进入【本单位开户银行】设置窗口,如图 7-18 所示。

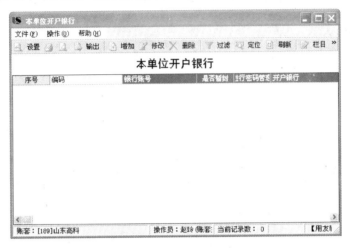

图 7-18　【本单位开户银行】设置窗口

② 单击工具栏上的【增加】按钮,打开【增加本单位开户银行】对话框,如图 7-19 所示。

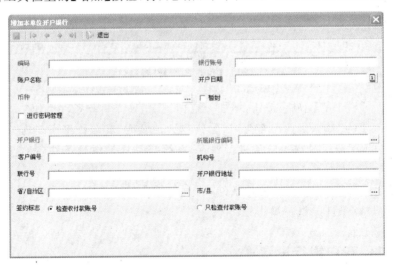

图 7-19　【增加本单位开户银行】对话框

③ 输入开户银行的基本信息后,单击工具栏上的 按钮进行保存,然后单击【退出】按钮返回【本单位开户银行】设置窗口。

④ 在【本单位开户银行】设置窗口,单击【退出】按钮结束设置。

7.2.9　收发类别设置

收发类别设置是为了满足用户对材料\商品的出入库情况进行分类管理与汇总统计而设计,用户可根据各单位的实际需要自由灵活地进行设置。

例7　山东高科技术有限公司存货收发类别设置方案如表 7-4 所示。

表 7-4　存货收发类别

收发类别编码	收发类别名称	收发标志	收发类别编码	收发类别名称	收发标志
1	入库分类	收	2	出库分类	发
101	采购入库	收	201	材料领用	发
102	产成品入库	收	202	销售出库	发
103	销售退货	收	203	采购退货	发
104	其他入库	收	204	其他出库	发
105	暂估入库	收	205	调拨出库	发
106	盘盈入库	收	206	盘亏出库	发

操作步骤如下。

① 在 UFIDA ERP-U8 窗口选择【基础设置】|【基础档案】|【业务】|【收发类别】双击，进入【收发类别】设置窗口，如图 7-20 所示。

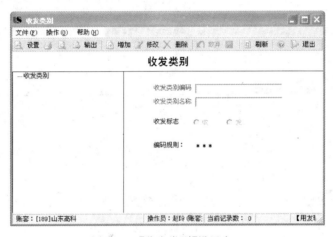

图 7-20　【收发类别】设置窗口

提示：

➢ 类别编码：用户必须输入。系统规定收发类别最多可分三级，最大位数 5 位。必须逐级定义，即定义下级编码之前必须先定义上级编码。

➢ 类别名称：最大位数为 12 位。用户必须输入。相同级次且上级级次相同的类别名称不可以相同。

➢ 收发标志：系统规定收发类型只有两种，即收和发。输入此项目时，系统显示一选择窗，让用户选择，而不能直接输入。

② 单击工具栏上的【增加】按钮，激活窗口，输入类别编码"1"、类别名称"入库分类"，选择收发标志为"收"，输入完毕，单击工具栏上的 ┓ 按钮进行保存。

③ 同样方式设置其他收发类别，所有类别设置完毕后，单击工具栏上的【退出】按钮结束设置。

7.2.10　销售类型设置

销售类型设置的目的在于方便用户按销售类型对销售业务数据进行统计和分析。用户在处理销售业务时，可以根据企业管理的实际情况自定义销售类型。

例8 山东高科技术有限公司销售类型设置如表 7-5 所示。

表 7-5　销售类型

销售类型编码	销售类型名称	出库类别	是否默认值
1	批发	销售出库	否
2	零售	销售出库	是
3	代销	销售出库	否

操作步骤如下。

① 在 UFIDA ERP-U8 窗口选择【基础设置】|【基础档案】|【业务】|【销售类型】双击，进入【销售类型】设置窗口，如图 7-21 所示。

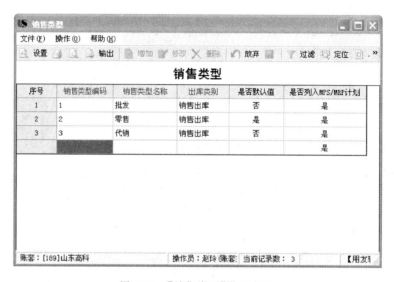

图 7-21　【销售类型】设置窗口

提示：

➢ 销售类型编码、名称：不能为空，必须唯一。

➢ 出库类别：输入销售类型所对应的出库类别，以便销售业务数据传递到库存管理系统和存货核算系统时进行出库统计和财务制单处理。可以直接输入出库类别编号或名称，也可以用参照输入法。

➢ 是否默认值：标识销售类型在单据录入或修改被调用时，是否作为调用单据的销售类型的默认取值。

➢ 是否列入 MPS/MRP 计划：选择是或否，可以按类型控制销售订单等单据是否列入 MPS/MRP 计划。

② 单击工具栏上的【增加】按钮，增加一空白记录，输入销售类型编码"1"、销售类型名称"批发"，选择出库类别为"销售出库"，是否默认值设置为"否"，设置完毕，单击工具栏上的 按钮进行保存。

③ 同样方式设置其他销售类型，所有类别设置完毕后，单击工具栏上的【退出】按钮结束设置。

提示：

由于在填制销售发票（或采购发票）时，必须选择销售类型（或采购类型），而销售类型（或采购类型）设置需要在启用销售管理系统（或采购管理系统）后才能进行，但启用销售管理系统（或采购管理系统）后，将不能通过应收款管理系统(或应付款管理系统)填制销售发票(或采购发票),若要通过应收款管理系统(或应付款管理系统)填制销售发票(或采购发票),则必须在完成收发类别、销售类型、采购类型设置后,取消销售管理系统(或采购管理系统)的启用。

7.2.11 期初余额录入

1. 期初新增单据业务规则

在应收款管理系统中,录入期初余额应遵循以下规则。

(1)期初发票是指还未核销的应收账款,在系统中以单据的形式列示,已核销部分金额不显示。

(2)期初应付单是指还未结算的其他应付单,在系统中以单据的形式列示,已核销部分金额不显示。

(3)期初预收单是指提前收取的客户款项。

(4)期初票据是指还未结算的票据。

(5)年结时,系统将所有单据的原始单据编码结转到下年,使用系统内置的 ID 号来作为单据的唯一标识,新增的期初单据其单据编码根据编码方案自动生成。

(6)期初余额与总账对账:根据客户＋受控科目进行一一对账,即一个客户＋一个科目显示一条记录。

(7)数据权限:当系统选项中设置了启用数据权限,则在查询、编辑期初余额数据时均需要根据登录用户的对应数据权限进行相应的限制。单据中的部门为空时,相当于该单据的部门权限不受控制。如:一张单据中出现的客户是该用户可以查看的,而部门是该用户禁止查看的记录,则该张单据禁止该用户查看。

(8)当系统中设置了不允许修改、删除其他人填制的单据,则在编辑期初单据时需要查看当前单据的制单人是否当前登录的用户,若不相同则不允许编辑当前单据。

2. 增加期初余额

系统通过录入期初单据的形式建立期初数据。在启用应收系统之前,将账套启用会计期间以前的未处理完的应收、收款、预收单据录入到系统中,系统对其可进行后续处理。目的是详细记录每一笔往来业务,加强往来款项的处理。

例 9 山东高科技术有限公司期初应收账款余额信息资料如表 7-6 所示。

表 7-6 应收账款期初余额

单据名称	单据类型	开票日期	客户	税率%	付款条件	部门	业务员	科目编码	货物名称	数量	价税合计
销售发票	专用发票	8.15	西飞	17	10/10,5/30,N/90	销售部	马同	1122	甲 A 产品	5 台	280800
销售发票	专用发票	9.13	沪宝	17	10/10,5/30,N/90	销售部	马同	1122	甲 B 产品	5 台	163800

操作步骤如下。

① 在 UFIDA ERP-U8 窗口选择【业务工作】|【财务会计】|【应收款管理】|【设置】|【期初余额】双击,进入【期初余额—查询】对话框,如图 7-22 所示。

② 采取默认设置,单击【确定】按钮,进入【期初余额】窗口,如图 7-23 所示。

图 7-22 【期初余额—查询】对话框

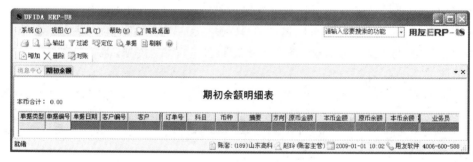

图 7-23 【期初余额】窗口

③ 单击工具栏上的【增加】按钮，弹出【单据类别】选择
对话框，如图 7-24 所示。

提示：

➢ 方向为正向表示是蓝字单据，为负向表示红字单据。

➢ 销售发票分普通发票和专用发票两种。

④ 选择【单据名称】如"销售发票"、【单据类型】如"销售
专用发票"和【方向】如"正向"后，单击【确定】按钮，弹出【期
初销售发票】窗口，如图 7-25 所示。

图 7-24 【单据类别】选择对话框

⑤ 单击工具栏上的【增加】按钮，录入发票有关信息，如开票日期、客户名称、付款条件、
税率、销售部门、业务员等基本信息后，在【货物编号】栏双击，然后输入货物名称、数量、价税
合计金额等销货信息，系统自动根据所设税率进行价税分离处理，输入完毕后，单击 按
钮，系统自动检测信息是否完整，如果完整，则自动对输入信息进行保存；不完整将提示相
关信息。

⑥ 同样的方式，完成其他期初单据余额信息的录入。

提示：

➢ 单据日期必须小于该账套启用期间(第一年使用)或者该年度会计期初(以后年度使用)。

图 7-25 【期初销售发票】窗口

➤ 单据中的科目栏目,用于输入该笔业务的入账科目,该科目可以为空。建议在录入期初单据时,最好录入科目信息,这样不仅可以执行与总账对账功能,而且可以查询正确的科目明细账、总账。

➤ 发票和应收单的方向包括正向和负向,类型包括系统预置的各类型以及用户定义的类型。

➤ 如果是预收款和应收票据,则不用选择方向,系统均默认为正向。

➤ 增加预收款时,可以通过选择单据类型(收款单、付款单)来达到增加预收款、预付款的目的。

3. 与账务处理系统对账

与账务处理系统进行对账的目的是保证应收款管理系统与账务处理系统期初余额平衡,以满足精细化管理的需求。

操作步骤如下。

在【期初余额】窗口,单击工具栏上的【对账】按钮,弹出【期初对账】窗口,如图 7-26 所示。

图 7-26 【期初对账】窗口

7.3   应收款管理系统日常业务处理

日常业务处理是应收款管理系统的重要组成部分，是经常性的应收业务处理工作。日常业务主要完成企业日常的应收/收款业务录入、应收/收款业务核销、应收并账、汇兑损益以及坏账的处理，及时记录应收、收款业务的发生，为查询和分析往来业务提供完整、正确的资料，加强对往来款项的监督管理，提高工作效率。

7.3.1   单据处理

单据处理是应收款管理系统业务处理的起点，可以录入销售业务中各类发票以及销售业务之外的应收单据。若与销售管理系统集成，则销售发票及代垫费用产生的其他应收单不在应收款管理系统中录入，而由销售管理系统传递，除此之外的应收单在应收款管理系统中录入；若不与销售系统集成，则可以录入销售业务中的各类发票，以及销售业务之外的应收单。

1. 应收单据处理

（1）应收单据录入

应收单据录入是对未收款项的单据进行录入，录入时首先用代码录入客户名称，与客户相关的内容由系统自动填列。其次进行货物名称、数量、金额等内容的录入。

在进行应收单据录入之前，应首先确定单据名称、单据类型以及方向，然后根据业务内容录入相关信息。

采购发票是企业给客户开具的增值税专用发票、普通发票及所附清单等原始销售票据。代垫费用是由于企业随货物销售有代垫费用的发生而形成的，如代垫运杂费、保险费等。其中一部分以应税劳务的方式通过发票作了处理，不通过发票处理而形成的代垫费用，形成了本企业对客户的其他应收款。

例 10   销售部销售甲 B 产品一台给兰州钢窗厂，价款 28000 元（含税），同时，代垫铁路运费 500 元，款项未收。

操作步骤如下。

① 在 UFIDA ERP-U8 窗口选择【业务工作】|【财务会计】|【应收款管理】|【应收单据处理】|【应收单据录入】双击，弹出【单据类别】选择对话框。

② 在【单据类别】选择对话框中，选择单据名称"销售发票"、单据类型"销售专用发票"和方向"正向"，然后单击【确定】按钮，进入【销售发票】录入界面，如图 7-27 所示。

③ 单击工具栏上的【增加】按钮，录入发票相关信息，然后单击工具栏上的 按钮对填制的发票进行保存，然后关闭【销售发票】录入窗口。

④ 在 UFIDA ERP-U8 窗口再次选择【业务工作】|【财务会计】|【应收款管理】|【应收单据处理】|【应收单据录入】双击，在弹出的【单据类别】对话框中选择单据名称"应收单"、单据类型"其他应收单"，然后单击【确定】按钮，进入【应收单】录入窗口，如图 7-28 所示。

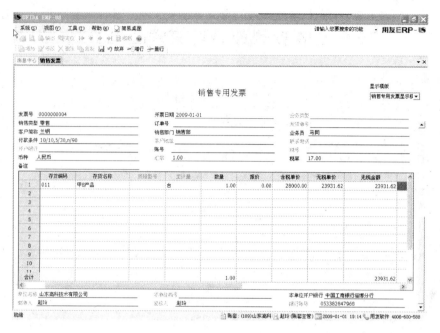

图 7-27 【销售发票】录入界面

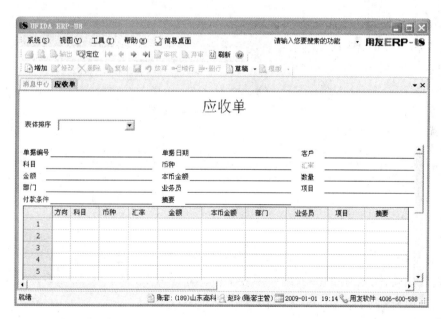

图 7-28 【应收单】录入窗口

⑤ 单击【增加】按钮,录入相关信息资料后,单击 按钮,对录入的单据进行保存。

提示:

科目只能参照选择在会计科目设置中设置为客户往来辅助核算的科目。

(2) 应收单据审核

应收单据审核是在单据保存后对单据正确性进一步审核确认。审核人和制单人可以是同一操作员。单据审核后,将从单据处理功能中消失,但可以通过单据查询功能查看此单据。系统提供了手工审核、自动批量审核两种审核方式,其中手工审核又分为单张审核与批量审核两种方式。

操作步骤如下。

① 在 UFIDA ERP-U8 窗口选择【业务工作】|【财务会计】|【应收款管理】|【应收单据处理】|【应收单据审核】双击,弹出【应收单过滤条件】设置对话框,如图 7-29 所示。

图 7-29 【应收单过滤条件】设置对话框

提示:

单击对话框中的【批审】按钮,系统根据当前的过滤条件将所有符合条件的未审核单据自动进行一次性审核处理。如果未设定条件,将对所有未审核单据进行审核。

② 设置过滤条件或保持默认,然后单击【确定】按钮,进入【单据处理】窗口,如图 7-30 所示。

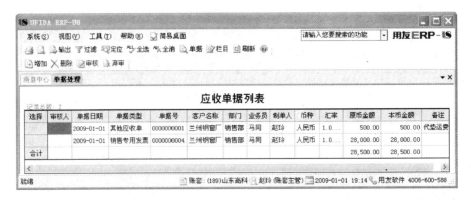

图 7-30 【单据处理】窗口

③ 在【选择】栏双击添加审核标志"Y"选中要审核的单据,然后单击工具栏上的【审核】按钮,系统开始审核,并弹出审核信息对话框,如图7-31所示。

④ 单击【确定】按钮,系统完成审核处理,并在【审核人】栏添加审核人姓名。

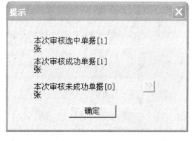

图7-31 审核信息对话框

提示:

➢ 在【单据处理】窗口可以通过【过滤】、【定位】等按钮查找未审核单据;可以通过【弃审】按钮实现对已审核单据的取消审核处理;可以在【选择】栏选择多张单据,然后进行批量审核;可以通过【全选】按钮选择所有单据,然后进行全部单据的审核或弃审处理。

➢ 当选项中设置审核日期的依据为单据日期时,该单据的入账日期选用自己的单据日期。审核时若发现该单据日期所在会计月已经结账,则系统将提示不能审核该单据,除非修改审核方式为业务日期。

➢ 当选项中设置审核日期的依据为业务日期时,该单据的入账日期选用当前的登录日期。

➢ 在销售系统中增加的发票也在应收系统中审核入账。

➢ 在销售系统中录入的发票若未经其复核,则不能在应收系统中审核。

➢ 不能在已结账月份中进行审核处理;不能在已结账月份中进行弃审处理。

➢ 已经审核过的单据不能进行重复审核;未经审核的单据不能进行弃审处理。已经做过后续处理(如核销、转账、坏账、汇兑损益等)的单据不能进行弃审处理。

➢ 当审核的发票已经做过现结处理,则系统在审核记账的同时,将自动进行相应的核销处理。对于收款单有剩余的部分,自动作预收款处理;对于发票有剩余的部分,再作应收账款处理。

2. 收款单据处理

收款单据处理主要是对收款单据(收款单、红字收款单)进行管理,包括收款单、红字收款单的录入、审核。

应收款管理系统的收款单用来记录企业所收到的客户款项,款项性质包括应收、预收款、其他费用等,其中应收、预收款性质的收款单将与发票、应收单进行核销勾对。当收到每一笔款项时,应知道该款项是客户结算所欠货款,还是提前支付的货款,还是支付其他费用。系统用款项类型来区别不同的性质。在录入收款单时,需要指定其款项性质。如果对于同一张收款单,如果包含不同性质的款项,则应在表体记录中分行显示。对于不同性质的款项,系统提供的后续业务处理不同。对于冲销应收账款,以及形成预收款的款项,需要进行收款结算,即将收款单与其对应的销售发票或应收单进行核销勾对,进行冲销客户债务的处理。对于其他费用性质的款项则不需要进行核销。

应收款管理系统付款单用来记录发生销售退货时,企业开具的退付给客户的款项,该付款单可与应收、预收性质的收款单、红字应收单、红字发票进行核销。当发生销售退货时,支付客户的款项时,同样需要指明红字收款单是应收款项退回、预收款退回,还是其他费用退回。

(1)收款单据录入

收款单据录入,是将已收回的款项,作为收款单录入到应收款管理系统中。

例11 收回石家庄轴承厂前欠货款280000元,银行转账支票ZZ865648号。

操作步骤如下。

① 在UFIDA ERP-U8窗口选择【业务工作】|【财务会计】|【应收款管理】|【收款单

据处理】|【收款单据录入】双击，进入【收付款单录入】窗口，如图7-32所示。

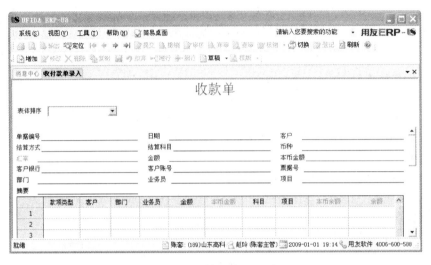

图7-32 【收付款单录入】窗口

② 单击【增加】按钮，然后选择客户"石家庄轴承厂"、结算方式"转账支票"、结算科目"100201工行存款"、输入结算金额"280000"、输入票据号如"ZZ865648"、输入其他信息，选择输入完毕后，单击工具栏上的 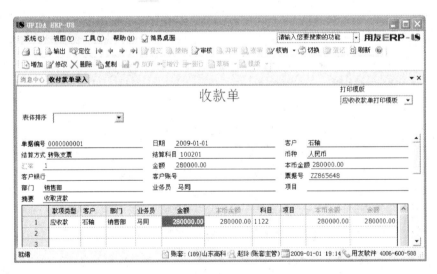 按钮对录入的收款单进行保存。结果如图7-33所示。

图7-33 收款单保存结果

③ 单击工具栏上的【审核】按钮，将弹出【是否制单】信息对话框，单击【是】按钮，将在完成审核的同时生成凭证；单击【否】按钮，将只完成审核处理。用户也可不在该界面立即对录入的收款单进行审核，而通过收款单审核功能来进行。

（2）收款单据审核

主要完成收款单的自动审核、批量审核。它是对收款单信息的再确认，目的是保证录入信息的准确性。

操作步骤如下。

① 在 UFIDA ERP-U8 窗口选择【业务工作】|【财务会计】|【应收款管理】|【收款单据处理】|【收款单据审核】双击，弹出【收款单过滤条件】设置对话框，如图 7-34 所示。

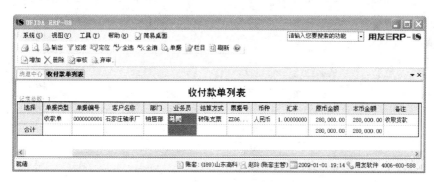

图 7-34 【收款单过滤条件】设置对话框

② 设置过滤条件或保持默认，然后单击【确定】按钮，进入【收付款单列表】窗口，如图 7-35 所示。

图 7-35 【收付款单列表】窗口

③ 在【选择】栏双击添加审核标志"Y"选中此张单据，然后单击工具栏上的【审核】按钮，系统开始审核，并弹出审核结果信息对话框，单击【确定】按钮，完成该收款单的审核处理。

提示：

➤ 单据录入状态下不允许进行审核、弃审处理。

➤ 收款单的审核日期＝单据日期，审核人＝当前用户。

➤ 收款单记录按单据表体的明细记录显示，但是选择标志框是一张单据一个选择标志框。在销售、采购系统中录入的收款单不在该列表中显示。

➤ 已审核、已制单、已核销的单据不能修改、删除。

➤ 删除单据受单据数据权限控制。

7.3.2　票据管理

应收票据是指企业因销售商品、产品、提供劳务等而收到的商业汇票，包括银行承兑汇票和商业承兑汇票。为了反映和监督企业应收票据的取得和回收情况，企业需要设置"应收票据"科目进行核算。在应收款管理系统中，设置了对银行承兑汇票和商业承兑汇票进行管理的功能，包括：记录票据详细信息，记录票据处理情况。如果要进行票据登记簿管理，必须将应收票据科目设置为带有客户往来辅助核算的科目。票据管理主要包括对票据进行计息、贴现、转出、结算、背书转让等处理。

1. 票据录入

当企业销售商品、产品或提供劳务而收到客户开出、承兑的商业汇票时，应根据票据所记载的信息将该汇票录入到应收款管理系统的票据管理中。

例 12　8 日销售给兰州钢窗厂甲 A 产品 5 台，价税合计 280800 元，当日收到三个月的商业承兑汇票一张，票号 SH8767556。

操作步骤如下。

① 在 UFIDA ERP-U8 窗口选择【业务工作】|【财务会计】|【应收款管理】|【票据管理】双击，弹出【过滤条件选择】设置对话框，如图 7-36 所示。

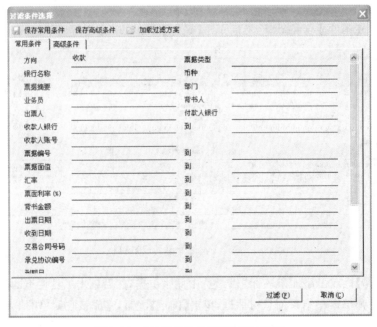

图 7-36　【过滤条件选择】设置对话框

提示：
- 收到日期：输入收到该张票据的日期。
- 票据种类：票据的种类包括银行承兑汇票和商业承兑汇票，可直接输入或者在系统提供的下拉框中选择。
- 票据编号：可直接输入票据的编号进行查找。

> 承兑单位：承兑单位的输入有以下几种方法：直接输入、输入代码或参照输入。

> 承兑银行：如果所选的票据的类型是银行承兑汇票,需要在此输入承兑银行的名称。承兑银行的输入可以直接输入或者在提供的下拉框中选择。

> 票据面值：票据的面值即票据的票面价值,可以直接在此输入票据的面值。

> 利率：如果票据为带息票据,应该在此输入票据的票面利率;如果票据为不带息票据,可以保持此栏为空。

> 背书单位：如果增加的票据是经过背书转让的,应该输入背书单位。背书单位的输入也可以通过直接输入或参照输入的方法。

> 背书金额：背书金额即经过背书转让的金额,背书的金额不一定等于票据的面值。

> 签发日期：签发日期即实际签发票据的日期。签发日期可直接输入或根据日历参照输入。

> 到期日：输入票据的到期日。

> 部门：输入部门信息,可以为空。

> 业务员：输入业务员信息,可以为空。

> 利息：输入所查找票据的利息。

> 费用：输入所查找票据的费用。

> 提示：以上项目可输可不输,不输则代表全部。

> 只显示即将到期票据：可以直接用打钩方式选择该选项。系统默认为不选。用户选择该选项,则票据列表中只显示符合当前输入的条件信息,且票据到期日符合输入的提前期范围的所有票据信息。显示的票据其到期日必须满足如下条件：票据到期日－报警提前日＜＝当前注册日期。

> 报警提前期：可以直接在输入框中输入报警提前天数,也可以通过单击按钮一个一个增加数值。只能输入大于等于0的整数。如果查询报警票据时,需要用户输入报警提前期,系统将依此判断显示票据。只有当选择了【只显示即将到期票据】选项时,才允许输入报警提前期。

② 设置查询条件或保持默认设置,单击【过滤】按钮,进入【票据管理】窗口,如图 7-37 所示。

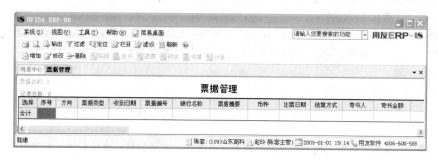

图 7-37 【票据管理】窗口

③ 单击【增加】按钮,打开【票据】窗口,如图 7-38 所示。

④ 录入承兑汇票的有关信息,收到日期"2009-1-8"、票据种类"商业承兑汇票"、出票人"兰州钢窗厂"、票据面值"280800"、出票日期"2009-1-7"、到期日"2009-4-8"、结算方式"商业承兑汇票"、票据编号"SH8767556"等,然后单击工具栏上的 按钮,系统弹出【保存成功】信息框,单击【确定】完成票据的增加录入处理。

提示：

> 收到日期：收到该张票据的日期。该日期应该大于已经结账月。

> 结算方式：输入票据结算所对应的结算方式,以便于生成收款单并进行收款统计,如商业承兑汇票结算方式。

图 7-38 【票据】窗口

- ➤ 票据种类：票据的种类包括银行承兑汇票和商业承兑汇票，可直接输入或者在系统提供的下拉框中选择。
- ➤ 票据编号：票据的编号可直接输入。
- ➤ 承兑单位：承兑单位的输入有以下几种方法：直接输入、输入代码或参照输入。
- ➤ 承兑银行：如果所选的票据的类型是银行承兑汇票，需要在此输入承兑银行的名称。承兑银行的输入可以直接输入或者在提供的下拉框中选择。
- ➤ 票据面值：票据的面值即票据的票面价值，可以直接在此输入票据的面值。
- ➤ 票面利率：如果票据为带息票据，应该在此输入票据的票面利率，如果票据为不带息票据，可以保持此栏为空。
- ➤ 背书单位：如果增加的票据是经过背书转让的，应该输入背书单位。背书单位的输入也可以通过直接输入或参照输入的方法。
- ➤ 背书金额：背书金额即经过背书转让的金额，背书的金额不一定等于票据的面值。
- ➤ 签发日期：签发日期即实际签发票据的日期。签发日期可直接输入或根据日历参照输入。
- ➤ 到期日：所输入的到期日应大于或等于签发日期，
- ➤ 部门：输入部门信息，可以为空。
- ➤ 业务员：输入业务员信息，可以为空。

2. 票据贴现

票据贴现是指持票人因急需资金，将未到期的商业汇票背书后转让给银行，银行受理后，从票面金额中扣除按银行的贴现率计算确定的贴现息后，将余额付给贴现企业的业务活动。在贴现中，企业付给银行的利息称为贴现利息，银行计算贴现利息的利率称为贴现率，企业从银行获得的票据到期值扣除贴现利息后的货币收入，称为贴现所得。在票据管理模块中提供了票据贴现功能以满足用户票据贴现处理的要求。

例 13 因资金需要，13 日将收到的兰州钢窗厂开出的编号为 SH8767556、面值为

280800 元的无息商业承兑汇票进行贴现处理,贴现率 10%。

操作步骤如下。

① 在 UFIDA ERP-U8 窗口选择【业务工作】|【财务会计】|【应收款管理】|【票据管理】双击,在弹出的【过滤条件选择】设置对话框中录入查询条件,单击【过滤】按钮进入【票据管理】窗口,如图 7-39 所示。

图 7-39　【票据管理】窗口

② 在【票据管理】窗口中,选择编号为"SH8767556"由兰州钢窗厂开具的价值 280800 元的商业承兑汇票记录,然后单击工具栏上的【贴现】按钮,打开【票据贴现】对话框,如图 7-40 所示。

③ 在【票据贴现】对话框中选择贴现银行、录入贴现日期"2009-1-13"和贴现率"10"、选择结算科目"100201"等信息,然后单击【确定】按钮,系统弹出【是否立即制单】信息对话框,如图 7-41 所示。

图 7-40　【票据贴现】对话框　　　　图 7-41　【是否立即制单】信息对话框

④ 单击【是】按钮,可立即生成凭证;单击【否】按钮,可在系统集中制单模块进行凭证的生成。系统自动将票据处理信息添加到票据登记簿中。

提示:

➢ 贴现日期:贴现日期是向银行申请贴现的日期,贴现日期可直接输入,也可根据日历参照输入,贴现日期应大于已结账月以及该票据签发日期,小于等于本业务时间月。

➢ 贴现率:可直接输入实际的贴现率。

➢ 贴现净额:系统会根据输入的贴现率、贴现日期自动计算出贴现净额以供参考输入,可以在此基础上进行修改。

➢ 利息:如果贴现净额大于票据余额,系统自动将其差额作为利息,用户不能修改。

➤ 费用：如果贴现净额小于票据余额，系统自动将其差额作为费用，用户不能修改。

➤ 结算科目：结算科目即发生贴现业务时所对应的科目。可以直接输入或者参照输入科目，结算科目一般为银行存款科目，此栏目可以为空。

➤ 票据贴现后，将不能再对其进行其他处理。

3. 票据背书转让

企业可以将自己持有的商业汇票背书转让，用于偿还债务。背书是指持票人在票据背面签字，签字人称为背书人，背书人对票据的到期付款负连带责任。在应收款管理系统中提供了三种背书转让方式：冲销应付账款、退客户款项、其他，背书处理时只能且必须从系统提供的这三种背书方式中选择其中一种。系统默认选择冲销应付账款。票据背书转让时，若需要冲销客户的红字应收款，或者需要退客户款项，只需要在背书处理时选择背书方式为退客户款项即可。

例 14   19 日因经济债务原因，将编号为"LZ6876845"的由兰州钢窗厂公司开具的价值 280800 元商业承兑汇票背书转让给山东铸造厂用以偿还部分欠款。

操作步骤如下。

① 在【票据管理】窗口中，选择编号为"LZ6876845"由兰州钢窗厂开具的价值 280800 元的商业承兑汇票记录，然后单击工具栏上的【背书】按钮，打开【票据背书】对话框，如图 7-42 所示。

② 输入背书日期"2009-1-19"、背书金额"280800"、选择被背书单位"山东铸造厂"、选择对应科目"100201 工行存款"，然后单击【确定】按钮，系统弹出【是否立即制单】信息提示对话框，单击【是】按钮，立即生成凭证；单击【否】按钮，可在系统集中制单模块进行凭证的生成。系统自动将票据处理信息添加到票据登记簿中。

图 7-42 【票据背书】对话框

提示：

➤ 票据背书后，将不能再对其进行其他处理。

➤ 如果选择的供应商的控制方式是由总账控制，则票据背书时，不能选择【冲销应付账款】，只能选择【其他】。

➤ 当背书方式为【冲销应付账款】时，如果背书金额大于应付账款，则将剩余金额记为供应商的预付款，并结清该张票据。

4. 票据计息

企业收到的带息应收票据，在票据到期或进行贴现等业务处理时，应按应收票据的票面价值和确定的利率计算计提票据利息，并增加应收票据的账面余额。在应收账款管理系统中提供了票据计息功能，用户可以利用系统提供的计息功能计算票据的利息费。

操作步骤如下。

① 在【票据管理】窗口中，选择要进行计息处理的带息票据记录，然后单击工具栏上的【计息】按钮，打开【票据计息】对话框，如图 7-43 所示。

② 选择计算日期，系统自动根据票据面值和票面利率计算利息，单击【确定】按钮，系统弹出【是否立即制单】信息提示对话框，单击【是】按钮，立即生成凭证；单击【否】按钮，可在

系统集中制单模块进行凭证的生成。系统自动将票据处理信息添加到票据登记簿中。

提示：

> ➤ 计息日期：计息日期是对票据计算利息的时间，计息日期可直接输入或根据日历参照输入。
> ➤ 计息日期应小于等于当前业务月日期，大于已经结账月。
> ➤ 利息：系统会根据计息时间和票面利率自动计算出利息以供参考，可以在此基础上修改。

5. 票据结算

当企业根据应收票据收回货款时，可进行票据结算处理。在票据结算时，如果是带息票据则应先运行计息功能，计算票据利息，然后再进行票据结算处理。

例15　15日收回了兰州钢窗厂2009年1月3日以银行承兑汇票支付的货款，银行承兑汇票编号为"YH9699887"，结算时利息为1250元、支付银行费用100元。

操作步骤如下。

① 在【票据管理】窗口中，选择编号为"YH9699887"的银行承兑汇票记录，然后单击工具栏上的【结算】按钮，打开【票据结算】对话框，如图7-44所示。

图7-43　【票据计息】对话框　　　　图7-44　【票据结算】对话框

② 录入结算日期"2009-1-15"、结算金额"1000000"、利息"1250"、费用"100"、选择结算科目"100201工行存款"，然后单击【确定】按钮，系统弹出【是否立即制单】信息提示对话框，单击【是】按钮，立即生成凭证；单击【否】按钮，可在系统集中制单模块进行凭证的生成。系统自动将票据处理信息添加到票据登记簿中。

提示：

> ➤ 结算日期：结算日期是对票据进行结算的时间。结算日期的输入方法有直接输入或根据日历参照输入的方法。
> ➤ 结算金额：应该直接输入结算金额。
> ➤ 利息：如果应付票据为带息票据，应直接在此输入利息。如果是不带息票据，可以保持此栏为空。
> ➤ 费用：费用是在制作收款单据时所发生的相关费用，可以直接输入。如果没有发生费用，可以保持此栏为空。
> ➤ 结算科目：结算科目是票据结算时的对应科目，一般为银行存款科目，该栏目可以为空。

6. 票据转出

应收票据到期如不能收回款项，则应将其转为应收账款处理。

例16　5日，上海宝花公司于2009年1月5日开具的编号为"SH2222228"的100000元的商业承兑汇票到期，因多种原因无法收回货款，将其转回应收账款。

操作步骤如下。

① 在【票据管理】窗口中,选择编号为"SH2222228"的商业
承兑汇票记录,然后单击工具栏上的【转出】按钮,打开【票据转
出】对话框,如图 7-45 所示。

② 选择应收单科目"1122"和应收单类型"其他应收单",然后单
击【确定】按钮,系统弹出【是否立即制单】信息提示对话框,单击【是】
按钮,立即生成凭证;单击【否】按钮,可在系统集中制单模块进行凭
证的生成。系统自动将票据处理信息添加到票据登记簿中。

图 7-45 【票据转出】对话框

提示:

➤ 转出日期:可以直接输入或根据系统提供的日历参照输入。

➤ 转出金额:输入转出的金额。

➤ 利息:如果转出金额大于票据余额,系统自动将其差额作为利息,此项不能修改。

➤ 费用:如果转出金额小于票据余额,系统自动将其差额作为费用,此项不能修改。

➤ 应收单类型:选择票据转为应收款的类型。

➤ 应收款科目:输入票据要转入的科目,该科目必须是应收系统控制科目。

7. 票据查询

票据查询可以实现多条件查询,查询操作步骤如下。

① 在 UFIDA ERP-U8 窗口选择【业务工作】|【财务会计】|【应收款管理】|【票据管
理】双击,弹出【过滤条件选择】设置对话框。

② 在【过滤条件选择】设置对话框输入查询条件,然后单击【过滤】按钮,进入【票据管
理】窗口,显示符合查询条件的票据。

③ 在【票据管理】窗口,选择相关记录并双击,弹出【票据】窗口,如图 7-46 所示。如果
票据未作任何处理,在该窗口可以修改其信息;如果已作过处理,则只能查看,不能修改。

图 7-46 【票据】窗口

④ 单击工具栏上的 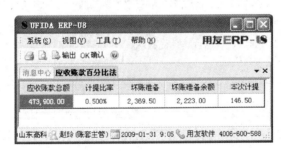 按钮,可以查看其他票据的基本信息。

7.3.3 坏账处理

坏账是指企业无法收回或收回的可能性极小的应收款项,由于发生坏账而产生的损失称为坏账损失。应收款管理系统提供了坏账处理功能,用以自动计提应收款的坏账准备,当坏账发生时进行坏账核销,当被核销坏账又收回时,进行相应处理。坏账处理的内容包括:坏账计提、坏账发生、坏账收回、坏账业务查询等。

1. 坏账计提

应收款管理系统提供的计提坏账的方法主要有销售收入百分比法、应收账款百分比法和账龄分析法。在进行坏账处理之前,应做好如下准备工作:首先在系统选项中选择坏账处理的方法,然后在初始设置中设置有关参数。此处以应收账款百分比法计提坏账准备为例阐述操作处理。

操作步骤如下。

① 在 UFIDA ERP-U8 窗口选择【业务工作】|【财务会计】|【应收款管理】|【坏账处理】|【计提坏账准备】双击,弹出【应收账款百分比法】计提坏账准备信息界面,如图 7-47 所示。

图 7-47 【应收账款百分比法】计提坏账准备信息界面

② 单击工具栏上的【确认】按钮,系统弹出【是否立即制单】信息提示对话框,单击【是】按钮,立即生成凭证;单击【否】按钮,可在系统集中制单模块进行凭证的生成。

提示:

➢ 初次计提时,如果没有进行预先的设置,用户首先应在初始设置进行设置。设置的内容包括提取比率、坏账准备期初余额。

➢ 应收账款的余额默认值为本会计年度最后一天的所有未结算完的发票和应收单余额之和减去预收款数额。外币账户用其本位币余额,可以根据实际情况进行修改。

➢ 计提比率在此不能修改,只能在初始设置中改变计提比率。

➢ 采用销售收入百分比法计提坏账准备时,销售总额默认值为本会计年度发票总额,可以根据实际情况进行修改。

➢ 采用账龄分析法计提坏账准备时,各区间余额由系统生成(本会计年度最后一天的所有未结算完的发票和应收单余额之和减去预收款数额),可以根据实际情况进行修改。

2. 坏账发生

坏账发生指用户确定某些应收款为坏账的工作。通过坏账发生功能用户可选定发生坏账的应收业务单据，确定一定期间内应收款发生的坏账，便于及时用坏账准备进行冲销，避免应收款长期呆滞的现象。

例 17 兰州钢窗厂因经营问题破产，导致未收的款项 500 元，经确认认为无法收回，作坏账处理。

操作步骤如下。

① 在 UFIDA ERP-U8 窗口选择【业务工作】|【财务会计】|【应收款管理】|【坏账处理】|【坏账发生】双击，弹出【坏账发生】对话框，如图 7-48 所示。

坏账发生
日期 2009-01-31
客户
部门
业务员
币种 人民币
汇率
确定
取消
辅助条件

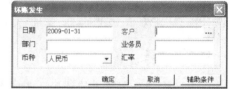

图 7-48 【坏账发生】对话框

② 在【坏账发生】对话框中，选择客户“兰州钢窗厂”，然后单击【确定】按钮，进入【发生坏账损失】窗口，如图 7-49 所示。

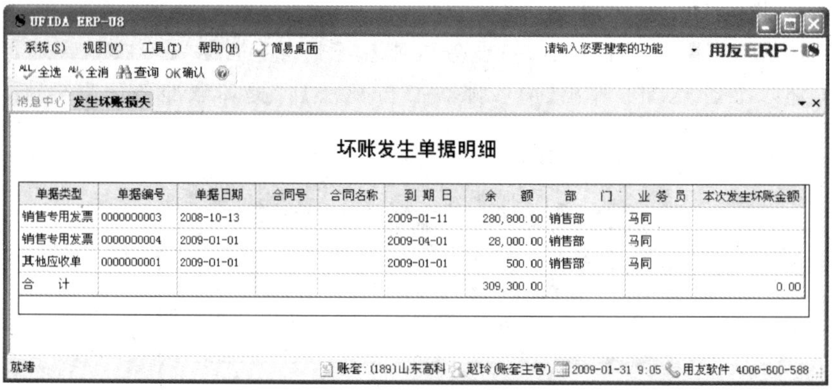
UFIDA ERP-U8
系统(S) 视图(V) 工具(T) 帮助(H) 简易桌面
请输入您要搜索的功能
用友ERP-U8
全选 全消 查询 OK确认
消息中心 发生坏账损失
坏账发生单据明细
单据类型 单据编号 单据日期 合同号 合同名称 到期日 余额 部门 业务员 本次发生坏账金额
销售专用发票 0000000003 2008-10-13 2009-01-11 280,800.00 销售部 马同
销售专用发票 0000000004 2009-01-01 2009-04-01 28,000.00 销售部 马同
其他应收单 0000000001 2009-01-01 2009-01-01 500.00 销售部 马同
合 计 309,300.00 0.00
就绪
账套:(189)山东高科 赵玲(账套主管) 2009-01-31 9:05 用友软件 4006-600-588

图 7-49 【发生坏账损失】窗口

③ 在【本次发生坏账金额】栏单击，并修改其金额，然后选定单据类型，单击工具栏上的【确认】按钮，系统弹出【是否立即制单】信息提示对话框，单击【是】按钮，立即生成凭证；单击【否】按钮，可在系统集中制单模块进行凭证的生成。

3. 坏账收回

坏账收回指系统提供的对应收款已确定为坏账后又被收回的业务处理功能。通过坏账收回功能可以对一定期间发生的坏账收回业务进行处理，反映应收账款的真实情况，便于对应收款的管理。

例 18 因经营破产的兰州钢窗厂被其他单位收购，并承担其债务。单位也因此收回了前欠货款 500 元。

操作步骤如下。

① 先进入【收付款单录入】窗口，录入收款单，录入时注意与发生坏账时的业务金额一一对应，并注意不要进行审核处理。

② 在 UFIDA ERP-U8 窗口选择【业务工作】|【财务会计】|【应收款管理】|【坏账处理】|【坏账收回】双击,弹出【坏账收回】对话框,如图 7-50 所示。

③ 在【坏账收回】对话框中,选择客户"兰州钢窗厂"、部门"销售部"、业务员"马同",并参照选择与之对应的收款单,金额自动显示。

④ 单击【确定】按钮,系统弹出【是否立即制单】信息提示对话框,单击【是】按钮,立即生成凭证;单击【否】按钮,可在系统集中制单模块进行凭证的生成。

图 7-50　【坏账收回】对话框

提示:

➢ 在录入一笔坏账收回的款项时,应该注意不要把该客户的其他的收款业务与该笔坏账收回业务录入到同一张收款单中。如客户付给了一笔货款,同时还付了一笔以前的坏账款项,此时应录入两张收款单,分别记录收到的货款和收到的坏账款项。

➢ 客户:直接输入客户的名称或者用鼠标单击右边的参照框或者按 F2 键参照输入客户的名称。

➢ 日期:可直接输入或参照输入,如果不进行输入,系统默认为当前业务日期。输入的日期应大于已经记账日期,小于当前业务日期。

➢ 业务员:可以直接输入业务员编号或业务员名称,也可单击右边的参照框或者按 F2 键参照输入。

➢ 部门:可以直接输入部门编号或部门名称,也可单击右边的参照框或者按 F2 键参照输入。

➢ 收款单号:单击右边的按钮,系统将调出该客户所有未经过处理的,并且金额等于收回金额的收款单,可以用鼠标选择该次收回业务所形成的收款单。

7.3.4　汇兑损益

汇兑损益是在持有外币货币性资产或负债期间,由于外币汇率变动而引起的外币货币性资产或负债的价值发生变动而产生的损益。当外币汇率上升时,引起企业产生汇兑收益;当外币汇率下降时,引起企业产生汇兑损失。为了有效地进行外币汇兑损益处理,在应收账款管理系统中设置了汇兑损益处理功能模块,通过此功能可以计算外币单据的汇兑损益并对其进行相应的处理。

使用汇兑损益功能处理汇兑损益时,应首先在系统选项中选择汇兑损益的处理方法。应收账款管理系统提供了两种汇兑损益的处理方法:月末计算汇兑损益和单据结清时计算汇兑损益,企业可以根据实际需要作出选择。

在此以月末计算汇兑损益处理方法为例,说明汇兑损益处理的基本过程。

操作步骤如下。

① 在 UFIDA ERP-U8 窗口选择【业务工作】|【财务会计】|【应收款管理】|【汇兑损益】双击,弹出【汇兑损益】对话框,如图 7-51 所示。

提示:

➢ 直接输入或者用鼠标单击右边的日期参照框参照输入日期,输入的日期应该小于等于第一个未结账月月末并且小于等于当前业务日期,大于已结账月。

➢ 可以选择按币种或按科目计算汇兑损益。默认选择根据币种进行汇兑损益。

➢ 选择按币种时,右边的列表显示币种、上次计算时间、月末汇率、选择标志四栏,币种显示外币表中所有的外币记录,月末汇率自动将外币表中的对应调整汇率带出,允许修改,但必须输入大于 0 的数字,对于已经有选择标志的币种其汇率不能为空。

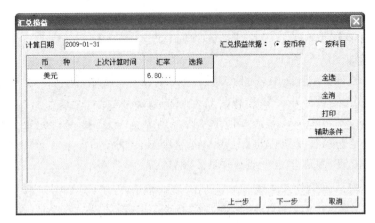

图 7-51 【汇兑损益】对话框

> 选择按科目时，右边的列表显示科目、币种、上次计算时间、月末汇率、选择标志四栏。科目显示应收（付）所有的末级外币受控科目记录，币种根据该条记录的科目自动带出，月末汇率自动将外币表中的对应调整汇率带出，允许修改，但必须输入大于 0 的数字，对于已经有选择标志的记录其汇率不能为空，科目不相同、币种相同的记录其月末汇率允许修改成不相同。

> 屏幕列示了所有的外币币种和本月内该币种上次计算汇兑损益的时间。如果要选择某种币种，可以在该币种的选择标志一栏内双击鼠标，系统会自动在此处添加标志"Y"，如果想取消该次选择，可以在有标志的栏目内再双击鼠标，系统会取消选择。也可以单击【全选】或【全消】进行选择或取消选择。

② 根据要求进行相关选择，选择完成后，单击【下一步】按钮，进入【汇兑损益】列表界面，如图 7-52 所示。

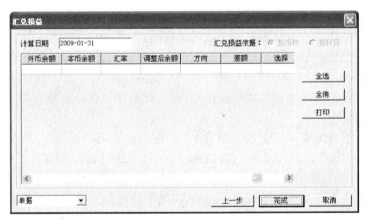

图 7-52 【汇兑损益】列表界面

提示：

> 屏幕显示所选择的所有的币种的汇兑损益的计算情况，包括币种的外币余额、本币余额、调整后的本币金额及两者的差额。

> 可以通过单击左下角的下拉列表框，实现按单据、客户、币种的查看。

③ 选择进行汇兑损益处理的单据后，单击【完成】按钮，系统弹出【是否立即制单】信息提示对话框，单击【是】按钮，立即生成凭证；单击【否】按钮，可在系统集中制单模块进行凭证的生成。

7.3.5　核销处理

单据结算指用户日常进行的收款核销应收款的工作。单据核销的作用是解决收回客户款项核销该客户应收款的处理，建立收款与应收款的核销记录，监督应收款及时核销，加强往来款项的管理。应收款管理系统提供了两种核销处理方式：手工核销与自动核销。

手工核销指由用户手工确定收款单核销与它们对应的应收单的工作。首先根据查询条件选择需要核销的单据，然后手工核销，加强了往来款项核销的灵活性。

自动核销指用户确定收款单核销与它们对应的应收单的工作。首先可以根据查询条件选择需要核销的单据，然后系统自动核销，加强了往来款项核销的效率性。

1. 手工核销操作步骤

① 在 UFIDA ERP-U8 窗口选择【业务工作】|【财务会计】|【应收款管理】|【核销处理】|【手工核销】双击，弹出【核销条件】设置对话框，如图 7-53 所示。

图 7-53　【核销条件】设置对话框

提示：

➤ 系统提供三部分核销过滤条件：通用、收款单和单据。

➤ 通用选项卡系统提供客户等多项过滤条件设置内容。

　☆ 客户：每次只能且必须输入一个本次需要核销的客户信息。

　☆ 币种：每次只能且必须选择一种本次核销的币种，默认为选择本位币。自动核销可以输入币种，可以为空，为空代表所有币种。

　☆ 部门：可输入或参照部门。

　☆ 业务员：范围选择，可输入或参照输入。

➤ 收付款单选项卡系统提供单据类型等多项过滤条件设置内容。

☆ 单据类型：每次只能选择一种单据类型，可选择的内容只有收款单、付款单两种。

☆ 包含预收款：若选择收款单过滤条件中包含预收（付）款，则过滤出来的收款单列表中应该包含收款单表体记录中款项类型为预收（付）的数据，否则不应该显示这些记录。

➤ 单据选项卡提供单据名称、类型等多种过滤条件设置内容。

☆ 单据名称：可选择的内容有：空（即表示全部）、销售（采购）发票、应收（付）单、预收（付）单。

☆ 单据类型：被核销单据过滤中的单据类型应该根据当前选择的收款单类型进行相应的处理。

☆ 应收系统核销时若选择收款单类型为收款单，则当选择被核销单据的单据名称为预收单时，对应的单据类型只能是付款单。且当选择全部单据类型时，也只能将符合条件的蓝字应收单、蓝字发票、红字预收单（即付款单）过滤出来。

☆ 应收系统核销时若选择收款单类型为付款单，则当选择被核销单据的单据名称为预收单时，对应的单据类型只能是收款单。且当选择全部单据类型时，也只能将符合条件的红字应收单、红字发票、蓝字预收单（即收款单）过滤出来。

➤ 客户为必须录入的过滤条件。

② 设置核销条件，然后单击【确定】按钮，进入【单据核销】窗口，如图 7-54 所示。

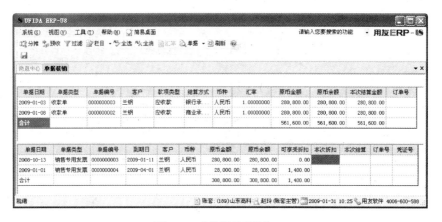

图 7-54　【单据核销】窗口

③ 在收款单列表窗口单击【本次结算金额】栏，录入结算金额，在专用发票窗口单击【本次结算】栏，录入结算金额。两个窗口结算金额合计应相等。

④ 单击 按钮，系统自动保存结算核销信息。

提示：

➤ 单击【分摊】按钮，系统即将当前收款单列表中已经输入的本次结算金额合计根据当前被核销单据列表的界面排列顺序进行自动分摊到对应本次结算栏目中。

➤ 手工核销时一次只能显示一个客户的单据记录，且收款单列表根据表体记录明细显示。当收款单有代付处理时，只显示当前所选客户的记录即可。

➤ 一次只能对一种收款单类型进行核销，即手工核销的情况下需要将收款单和付款单分开核销。

➤ 手工核销保存时，若收款单列表的本次结算金额合计＜＞被核销单据列表的本次结算金额合计，系统将弹出【结算金额不相等，差额为 XXX，是否按小值保存当前核销记录？】信息框提示用户，选择是，则按小的本次结算金额保存当前核销数据，从列表的自然排列顺序将差额从后往前减去；选择否，则不保存当前核销数据，回到核销界面上。

➤ 手工核销保存时，若收款单列表的本次结算金额合计＜＞被核销单据列表的本次结算金额合计，则将本次核销数据根据原来的记账规则一一记入明细账中。

➢ 核销的记账日期＝处理时的注册日期,保存时必须保证核销的借贷两方本币金额相等。

➢ 若发票中同时存在红蓝记录,则核销时必须先进行单据的内部对冲。

➢ 用户可以根据收款单单张取消核销处理。

➢ 核销方式按单据时,被核销单据列表按单据显示记录,若此时有产品栏目,则只显示该单据的第一个产品信息;核销方式按产品时,被核销单据列表明细到产品显示记录,产品栏目中显示每条记录对应的产品信息。

➢ 没有审核过的或者原币余额＝0 的单据记录均不显示在收款单、被核销单据列表中。收款单表体中款项类型为其他费用的记录不在收款单列表中显示。

➢ 应收系统中选择收款单类型为收款单时,被核销单据列表中可以显示的记录有:蓝字应收单、蓝字发票、红字预收款单。

➢ 应收系统中选择收款单类型为付款单时,被核销单据列表中可以显示的记录有:红字应收单、红字发票、蓝字预收款单。

➢ 红字单据整条记录均显示红色,金额、余额均以正数显示。

➢ 收款单列表和被核销单据列表的最后均提供显示一合计行,将原币金额、原币余额、本币金额、本币余额、本次结算金额、可享受折扣、本次折扣栏目进行列合计计算。

2. 自动核销操作步骤

① 在 UFIDA ERP-U8 窗口选择【业务工作】|【财务会计】|【应收款管理】|【核销处理】|【自动核销】双击,弹出【核销条件】设置对话框。

② 输入核销条件,单击【确定】按钮,弹出【确定】信息提示框,单击【是】按钮,系统开始自动核销,并显示核销进程,核销完毕后,弹出【自动核销报告】对话框,如图 7-55 所示。

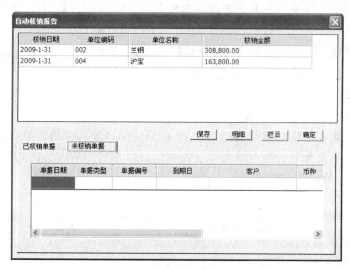

图 7-55 【自动核销报告】对话框

③ 单击【确定】按钮,完成自动核销处理。

提示:

➢ 核销记账的规则是一个客户＋一张收款单给一个处理号。允许在取消操作中可以按客户进行分别取消处理。

➢ 自动核销完成后系统显示一份核销报告,内容有:客户编码、客户名称、核销币种、原币金额、对冲本币金额。

➢ 自动核销按下列顺序进行核销处理。

☆ 第一步：用收款单核销蓝字应收单和发票，此时的发票需要先进行单据内部冲销。

☆ 第二步：用收款单核销红字预收款。

☆ 第三步：预收款冲销蓝字应收单和发票，此时的发票也需要先进行单据内部冲销（该种情况是在过滤条件中包含了预收款时进行的）。

☆ 最后核销的是单据中的预收/付款记录。

3. 核销业务综合举例

（1）收款单的数额等于原有单据的核销数额，收款单与原有单据完全核销。

例 19　2009 年 1 月 8 日，销售给往来单位"石家庄轴承厂"甲 A 产品 5 台，当时未收到货款，价税合计金额为 280800 元，发票号为 23465312。同年 1 月 10 日，收到该单位 280800 元货款，以转账支票作为结算方式，结算科目为 100201，部门为销售部，业务员为马同。

业务处理过程如下。

① 销售货物时，填制应收单。在 UFIDA ERP-U8 窗口选择【业务工作】|【财务会计】|【应收款管理】|【应收单据处理】|【应收单据录入】双击，选择应收单类型"销售专用发票"后，进入【销售发票】窗口。单击【增加】按钮，根据收到的发票信息录入销售发票信息，并进行保存。然后单击工具栏上的【审核】按钮对单据进行审核并生成凭证。

② 收到货款时，填制收款单。在 UFIDA ERP-U8 窗口选择【业务工作】|【财务会计】|【应收款管理】|【收款单据处理】|【收款单据录入】双击，进入【收付款单录入】窗口。单击【增加】按钮，根据货款取得方式及信息录入收款单信息，并对收款单进行保存、审核、生成凭证。

③ 对应收单和收款单进行核销。在 UFIDA ERP-U8 窗口选择【业务工作】|【财务会计】|【应收款管理】|【核销处理】|【自动核销】双击，设置核销条件客户为"石家庄轴承厂"，单击【确定】按钮，在弹出的【是否进行自动核销】信息框中单击【是】按钮，系统自动完成核销处理。

（2）在核销时使用预收款。

如果客户在购货前预付了一部分订货款，在购货后又付清了剩余的款项，并且要求这两笔款项同时结算，则在核销时需要使用预收款，但可使用的预收款的币种必须与核销的收款单币种相同，而且如果预收款的币种与需要核销的应收单的币种不一致，也需要将预收款的金额折算成中间币种后进行核销。

例 20　2009 年 1 月 3 日收到上海宝花公司为采购货物，以转账支票支付的 200000 元订货款，用于采购甲 B 产品。同年 1 月 7 日，根据合同要求，向上海宝花公司发送甲 B 产品 20 台，总价及税款合计 655200 元。1 月 13 日收到上海宝花公司开具的转账支票一张，金额 500000 元，并要求使用上次的订货款进行结算。

业务处理过程如下。

① 收到第一笔款项时，录入一张收款单，形成预收款。在 UFIDA ERP-U8 窗口选择【业务工作】|【财务会计】|【应收款管理】|【收款单据处理】|【收款单据录入】双击，进入【收付款单录入】窗口。单击【增加】按钮，根据货款取得方式及信息录入收款单信息，将记录中的【款项类型】设为"预收款"、将科目设为"2203 预收账款"，并对收款单进行保存、审核、生成凭证。

② 发送货物时，根据发票填制应收单据。在 UFIDA ERP-U8 窗口选择【业务工作】|【财务会计】|【应收款管理】|【应收单据处理】|【应收单据录入】双击，选择应收单类型"销售专用发票"后，进入【销售发票】窗口。单击【增加】按钮，根据收到的发票信息录入销售发

票信息,并进行保存。然后单击工具栏上的【审核】按钮对单据进行审核并生成凭证。

③ 收到第二笔款项后,录入一张收款单,收款单据记录科目为"1122 应收账款"。在 UFIDA ERP-U8 窗口选择【业务工作】|【财务会计】|【应收款管理】|【收款单据处理】|【收款单据录入】双击,进入【收付款单录入】窗口。单击【增加】按钮,根据货款取得方式及信息录入收款单信息,并对收款单进行保存、审核、生成凭证。

④ 对业务进行核销。在 UFIDA ERP-U8 窗口选择【业务工作】|【财务会计】|【应收款管理】|【核销处理】|【手工核销】双击,设置核销条件客户为"上海宝花公司",单击【确定】按钮,进入【单据核销】窗口,将预收的核销金额改为"155200",然后单击工具栏上的【分摊】按钮,然后单击 按钮完成核销处理。

(3) 收款单的数额小于原有单据的数额,单据仅得到部分核销。

例 21　2009 年 1 月 8 日,往来单位西安西飞公司购买本单位甲 A 产品,应付货款为 30000 元,该产品适用税率为 17%,该笔业务形成应收账款总额为 35100 元。同年 1 月 17 日,该单位由于资金困难,暂付部分款项 20000 元,以转账方式支付。

业务处理过程如下。

① 销售货物时,填制应收单。在 UFIDA ERP-U8 窗口选择【业务工作】|【财务会计】|【应收款管理】|【应收单据处理】|【应收单据录入】双击,选择应收单类型"销售专用发票"后,进入【销售发票】窗口。单击【增加】按钮,根据收到的发票信息录入销售发票信息,并进行保存。然后单击工具栏上的【审核】按钮对单据进行审核并生成凭证。

② 收到货款时,填制收款单。在 UFIDA ERP-U8 窗口选择【业务工作】|【财务会计】|【应收款管理】|【收款单据处理】|【收款单据录入】双击,进入【收付款单录入】窗口。单击【增加】按钮,根据货款取得方式及信息录入收款单信息,并对收款单进行保存、审核、生成凭证。

③ 对应收单和收款单进行核销。在 UFIDA ERP-U8 窗口选择【业务工作】|【财务会计】|【应收款管理】|【核销处理】|【手工核销】双击,设置核销条件客户为"西安西飞公司",单击【确定】按钮,进入【单据核销】窗口,将"本次结算"金额设置为"20000",然后单击工具栏上的【分摊】按钮,然后单击 按钮完成核销处理。

(4) 收款单的数额部分核销以前的单据,部分形成预收款。

和当前结算的客户有往来款,但是收到的款项大于原有单据的数额,收到的货款一部分核销原来的单据,一部分形成预收款。

例 22　2009 年 1 月 10 日,向兰州钢窗厂销售甲 A 产品 5 台,价税合计为 280800 元,当时未收到货款。同年 1 月 17 日,收到该单位转账支票一张,金额为 300000 元。

业务处理过程如下。

① 销售货物时,填制应收单。在 UFIDA ERP-U8 窗口选择【业务工作】|【财务会计】|【应收款管理】|【应收单据处理】|【应收单据录入】双击,选择应收单类型"销售专用发票"后,进入【销售发票】窗口。单击【增加】按钮,根据收到的发票信息录入销售发票信息,并进行保存。然后单击工具栏上的【审核】按钮对单据进行审核并生成凭证。

② 收到货款时,填制收款单。在 UFIDA ERP-U8 窗口选择【业务工作】|【财务会计】|【应收款管理】|【收款单据处理】|【收款单据录入】双击,进入【收付款单录入】窗口。单击【增加】按钮,根据货款取得方式及信息录入收款单信息,并对收款单进行保存、审核、生成凭证。其中将 280800 元作为应收,剩余的 19200 元作预收款,收款单填制结果如

图 7-56 所示，并对收款单进行保存、审核、生成凭证。

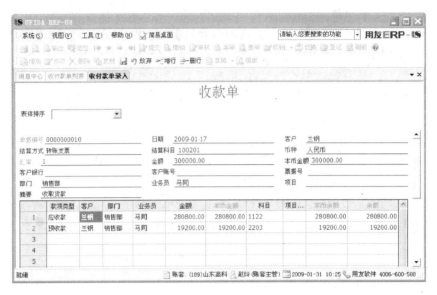

图 7-56　收款单填制结果

③ 对应收单和收款单进行核销。在 UFIDA ERP-U8 窗口选择【业务工作】|【财务会计】|【应收款管理】|【核销处理】|【手工核销】双击，设置核销条件客户为"西安西飞公司"，单击【确定】按钮，进入【单据核销】窗口，单击工具栏上的【分摊】按钮，然后单击 🔲 按钮完成核销处理。

（5）预收往来单位款项大于实际结算的货款，需退付给往来单位货款。

例 23　2009 年 1 月 12 日，预收客户石家庄轴承厂货款 300000 元，同年 1 月 15 日发送甲 A 产品 5 台，价税合计 280800 元，当日进行结算时，应收款总额为 280800 元，需付给石家庄轴承厂款项为 19200 元。

业务处理过程如下。

① 收到订货款项时，录入收款单，形成预收款。在 UFIDA ERP-U8 窗口选择【业务工作】|【财务会计】|【应收款管理】|【收款单据处理】|【收款单据录入】双击，进入【收付款单录入】窗口。单击【增加】按钮，根据货款取得方式及信息录入收款单信息，将记录中的【款项类型】设为"预收款"、将科目设为"2203 预收账款"，并对收款单进行保存、审核、生成凭证。

② 销售货物时，填制应收单。在 UFIDA ERP-U8 窗口选择【业务工作】|【财务会计】|【应收款管理】|【应收单据处理】|【应收单据录入】双击，选择应收单类型"销售专用发票"后，进入【销售发票】窗口。单击【增加】按钮，根据收到的发票信息录入销售发票信息，并进行保存。然后单击工具栏上的【审核】按钮对单据进行审核并生成凭证。

③ 将差额款项退回，填制付款单。在 UFIDA ERP-U8 窗口选择【业务工作】|【财务会计】|【应收款管理】|【收款单据处理】|【收款单据录入】双击，进入【收付款单录入】窗口。单击工具栏上的【切换】按钮，将【收款单】转换为【付款单】。单击【增加】按钮，根据支付货款的方式及信息录入付款单信息，将记录中的【款项类型】设为"应付款"、将科目设为"2203 预收账款"，并对付款单进行保存、审核、生成凭证。

④ 将收款单、付款单、应收单据三者进行结算。在 UFIDA ERP-U8 窗口选择【业务工作】|【财务会计】|【应收款管理】|【核销处理】|【手工核销】双击,设置核销条件客户为"石家庄轴承厂",单击【确定】按钮,进入【单据核销】窗口,单击工具栏上的【分摊】按钮,然后单击 ▣ 按钮完成核销处理。

7.3.6 转账处理

应收款管理系统的转账处理包括预收款冲抵应收款、应收款冲抵应付款、应收款冲抵应收款、红字单据冲抵正向单据等方式。

1. 预收款冲抵应收款

预收款冲抵应收款是指用客户的预收款核销该客户的应收欠款,预收冲应收业务处理应遵循如下规则:

(1) 系统自动对冲的原则是对有预收款和应收款的客户进行挨个对冲。

(2) 蓝字预收款冲销蓝字应收款,红字预收款冲销红字应收款,两者只能分开处理,不能同时进行。要想进行红字预收款冲销红字应收款时,则选择类型为付款单即可。

(3) 当该客户的预收款大于等于应收款时,则该客户最终自动冲销的金额以应收款总额为准。

(4) 当该客户的预收款小于应收款时,则该客户最终自动冲销的金额以预收款总额为准。

(5) 进行红字预收款冲销红字应收款时,则上述比较应该加上绝对值进行。

(6) 自动进行预收冲应收后可以即时生成凭证,此时若选择生成凭证,系统会将本次涉及的所有对冲记录合并生成一张凭证;若不想生成一张凭证或者不想即时生成凭证,则可以在制单功能中进行该工作,在制单功能中系统允许合并生成一张凭证或者按客户生成多张凭证。

(7) 若输入了客户、部门、业务员的范围,然后单击【自动转账】按钮,则系统针对所输入的范围之内的客户、部门、业务员款项进行自动对冲。

(8) 成批进行自动对冲时,每次只对应一种币种。

例 24 用上海宝花公司的 200000 元预收货款冲抵其应收货款。

操作步骤如下。

① 在 UFIDA ERP-U8 窗口选择【业务工作】|【财务会计】|【应收款管理】|【转账】|【预收冲应收】双击,进入【预收冲应收】对话框,如图 7-57 所示。

② 在【预收冲应收】对话框中,选择【预收款】选项卡,参照选择录入客户"上海宝花公司",然后单击【过滤】按钮,将上海宝花公司的预付款分笔显示在列表框。

③ 切换到【应收款】选项卡,单击【过滤】按钮,将上海宝花公司的应收账款分笔显示在列表框。

④ 在【转账总金额】文本框中录入对冲金额"200000",然后单击【分摊】按钮,系统根据对冲金额分别填列【预收款】选项卡和【应收款】选项卡的【转账金额】栏。

⑤ 单击【自动转账】按钮,系统自动完成对冲处理,并弹出【是否立即制单】信息提示对话框,单击【是】按钮,立即生成凭证;单击【否】按钮,可在系统集中制单模块进行凭证的生成。

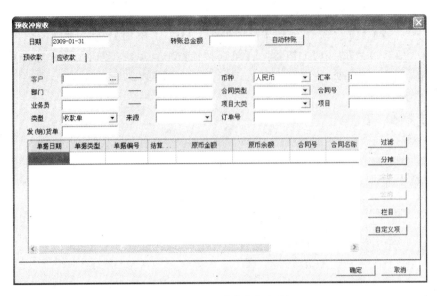

图 7-57 【预收冲应收】对话框

提示：

➢ 每一笔应收款的转账金额不能大于其余额。

➢ 应收款的转账金额合计应该等于预收款的转账金额合计。

➢ 可手工录入转账金额，也可以使用【分摊】按钮对当前各单据的转账金额根据输入的转账总金额进行分摊和取消分摊处理。

➢ 无论是手工输入的单据转账金额还是自动分摊添入的转账金额，均不能大于该单据的余额。

➢ 最终确认的转账金额以单据上输入的转账金额为准。

2. 应收款冲抵应付款

应收款冲抵应付款是指用某客户的应收账款冲抵某供应商的应付款项。应收款冲抵应付款业务应遵循如下规则。

（1）应收款的转账金额合计应该等于应付款的转账金额合计。

（2）如果应付账款系统采用的是总账控制方式，则该功能不能执行。

（3）应收冲应付功能可以进行不等额对冲。如果应收金额大于应付金额，则多余金额作为预付处理，即将多余金额生成一张该供应商的预付款凭证。如果应付款金额大于应收款金额，则多余金额作为预收处理，即将多余金额生成一张该客户的预收款凭证。

例 25 经协商用兰州钢窗厂的 168480 元应收账款冲抵山东铸造厂的 168480 元的应付账款。

操作步骤如下。

① 在 UFIDA ERP-U8 窗口选择【业务工作】|【财务会计】|【应收款管理】|【转账】|【应收冲应付】双击，进入【应收冲应付】对话框，如图 7-58 所示。

② 在【应收冲应付】对话框中，选择【应收冲应付】选项，然后单击【应收】选项卡，参照选择录入客户"兰州钢窗厂"，然后单击【过滤】按钮，将兰州钢窗厂的应收账款分笔显示在列表框。

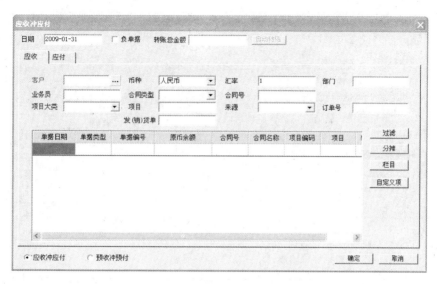

图 7-58 【应收冲应付】对话框

③ 切换到【应付】选项卡,参照选择录入供应商"山东铸造厂",然后单击【过滤】按钮,将山东铸造厂的应付账款分笔显示在列表框。

④ 在【转账总金额】文本框中录入对冲金额"168480",然后单击【分摊】按钮,系统根据对冲金额分别填列【应收】选项卡和【应付】选项卡的【转账金额】栏。

⑤ 单击【自动转账】按钮,弹出【是否进行自动转账】信息提示框,单击【是】按钮,系统自动完成对冲处理,并弹出【是否立即制单】信息提示对话框,单击【是】按钮,立即生成凭证;单击【否】按钮,可在系统集中制单模块进行凭证的生成。

提示:

➤ 每一笔应收款的转账金额不能大于其余额,每一笔应付款的转账金额也不能大于其余额。

➤ 对自动分摊好的金额可以进行手工修改。

➤ 若已经分摊好转账金额,再次单击【分摊】按钮,则此时系统将自动清空所有单据上的转账金额。

➤ 在应收选项卡中输入完客户后,若该客户档案中有对应供应商信息,则自动将该客户对应的供应商信息带出在应付选项卡中。

➤ 可以修改应付选项卡中的供应商信息,即不限制必须对冲对应供应商的数据。修改应付选项卡中供应商信息不自动修改应收选项卡中的客户信息。

➤ 可以实现预收款冲抵预付款的业务。

3.应收款冲抵应收款

应收款冲抵应收款是指将一家客户的应收款转到另一家客户中,通过该功能将应收款业务在客户之间进行转入、转出,实现应收业务的调整,解决应收款业务在不同客户间入错户或合并户问题。

例26 经三方协商,将应收兰州钢窗厂的28000元应收账款转为应收上海宝花公司的款项。操作步骤如下。

① 在 UFIDA ERP-U8 窗口选择【业务工作】|【财务会计】|【应收款管理】|【转账】|【应收冲应收】双击,进入【应收冲应收】对话框,如图 7-59 所示。

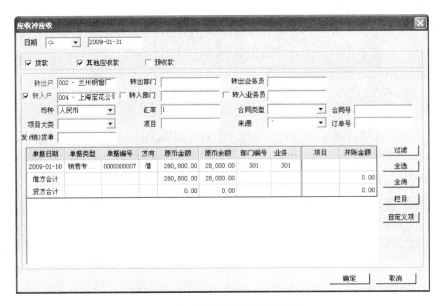

图 7-59　【应收冲应收】对话框

② 选择转出户"兰州钢窗厂"、转入户"上海宝花公司"，然后单击【过滤】按钮，显示兰州钢窗厂的应收款单据信息。

③ 在【并账金额】栏录入并账金额"28000"，然后单击【确定】按钮，系统进行转账处理，并弹出【是否立即制单】信息提示对话框，单击【是】按钮，立即生成凭证；单击【否】按钮，可在系统集中制单模块进行凭证的生成。

提示：

➢ 每一笔应收款的转账金额不能大于其金额。

➢ 每次只能选择一个转入单位。

➢ 可手工输入或双击选择并账金额，金额大于 0，小于等于余额，双击本行则并账金额自动填充余额。

➢ 如果核算已经精确到了个人，需要在此输入业务员。直接输入业务员的编号和名称，也可以单击右边的参照框或者按 F2 键参照输入。如果不输入业务员，系统会将所选客户的所有业务员的单据列出。

➢ 如果进行了部门核算，在此输入部门。直接输入部门的编号和名称，也可以单击右边的参照框或者按 F2 键参照输入。如果不输入部门，系统会将所选客户的所有部门的单据列出。

4. 红票对冲

红票对冲是指用某客户的红字发票与其蓝字发票进行冲抵，该功能可以进行红字单据冲销正向单据的处理。系统提供了两种处理方式：系统自动冲销和手工冲销。如果红字单据中有对应单据号，系统会自动执行对冲；如果单据发票中无对应单据号或红字单据所对应的单据已经转账，可以通过手工选择相互转账的单据以冲减部分应收款。可以实现红字应收单据冲销红字应付单据处理。

（1）自动对冲

在进行自动红票对冲业务处理时应遵循如下规则。

① 自动对冲的过滤条件只可以输入客户的范围。

② 币种、汇率根据自动对冲时输入的内容确认记账，记账日期为当前处理的注册日期。

③ 自动对冲的顺序如下。

第一步,当单据本身存在有红蓝表体记录的情况时,先进行单据的内部对冲。

第二步,红字单据中有对应蓝字单据编码的红票。

第三步,根据当前查询出来的红蓝单据顺序对冲。

上述三步的实现过程,其前提条件均是根据选择的客户编码顺序进行。

④ 在每一步实现过程中均根据单据的到期日从前往后顺序进行对冲。对冲金额应该是 MIN(|红票对冲总金额|,蓝票对冲总金额)。

⑤ 在自动对冲记账时,一个客户记一个处理号,在取消操作中可以根据客户来取消相应的红票对冲处理。

⑥ 自动对冲完成后应显示一份对冲报告:客户编码、客户名称、对冲原币金额、对冲本币金额。

⑦ 根据当前输入的对冲总金额自动分摊到当前列示的红蓝单据列表中,对冲总金额只能输入正数。

⑧ 自动根据单据当前显示的顺序进行分摊,可分摊的最大金额为 MIN(|红字单据总余额|,蓝字单据总余额,输入的对冲总金额)。

操作步骤如下。

① 在 UFIDA ERP-U8 窗口选择【业务工作】|【财务会计】|【应收款管理】|【转账】|【红票对冲】|【自动对冲】双击,进入【红票对冲条件】设置对话框,如图 7-60 所示。

图 7-60　【红票对冲条件】设置对话框

② 设置对冲条件后,单击【确定】按钮,系统弹出【是否进行自动红票对冲】信息提示框,单击【确定】按钮,系统自动对符合条件的红字单据与蓝字单据进行对冲,并显示自动对冲进程,对冲完成后,弹出【自动红冲报告】信息框,如图 7-61 所示。

图 7-61　【自动红冲报告】信息框

③ 关闭【自动红冲报告】信息框,然后再退出【红票对冲条件】设置对话框。

提示:

自动对冲时提供两条进度条,上面显示自动对冲保存的客户(供应商)进程,即把本次自动对冲的单位个数作为 100% 来处理;下面显示当前处理单位的数据保存进程,即对应一个单位的对冲数据作为 100% 处理,每处理完一个单位的数据即从 0% 开始。

（2）手工红票对冲

在进行手工红票对冲业务处理时应遵循如下规则。

① 保存之前，用户可以任意输入各单据的对冲金额，输入的原则是对冲金额不能大于该单据的余额。

② 对冲的顺序如下。

第一步，当单据本身存在有红蓝表体记录的情况时，先进行单据的内部对冲。

第二步，红字单据中有对应蓝字单据编码的红票。

第三步，根据当前红蓝单据排列顺序对冲。

③ 最后可对冲的总金额为 MIN(|输入的红票对冲总金额|，输入的蓝票对冲总金额)，即当输入的红蓝票对冲金额不相等时，只能按两者中的绝对值小值进行确认记账。

④ 保存对冲记录时一次处理给一个处理号，允许在取消操作中按红冲次数进行反向处理。

⑤ 红票对冲的记账日期为当前处理的注册日期，记账汇率使用当前输入的汇率。

⑥ 根据当前输入的对冲总金额自动分摊到当前列示的红蓝单据列表中，对冲总金额只能输入正数。

⑦ 自动根据单据当前显示的顺序进行分摊，可分摊的最大金额为 MIN(|红字单据总余额|，蓝字单据总余额，输入的对冲总金额)。

⑧ 可以对分摊好的对冲金额进行手工修改，修改的原则是对冲金额不能大于该单据的余额。

例 27 15 日，因产品质量问题，兰州钢窗厂退回 2 台甲 A 产品，价款 112320 元。企业销货时已收款，但尚未结算。单位同时进行退货与退款处理，金额 112320 元。

操作步骤如下。

① 填制红字销售发票：在 UFIDA ERP-U8 窗口选择【业务工作】|【财务会计】|【应收款管理】|【应收单据处理】|【应收单据录入】双击，选择应收单类型"销售专用发票"、方向为"负向"后，进入【销售发票】窗口。单击【增加】按钮，根据退货信息录入销售发票信息（数量价税合计以负数输入），并进行保存。然后单击工具栏上的【审核】按钮对单据进行审核并生成凭证。

② 填制付款单：在 UFIDA ERP-U8 窗口选择【业务工作】|【财务会计】|【应收款管理】|【收款单据处理】|【收款单据录入】双击，进入【收付款单录入】窗口。单击工具栏上的【切换】按钮，将【收款单】转换为【付款单】。单击【增加】按钮，根据退货情况录入付款单信息，并对付款单进行保存、审核、生成凭证。

③ 在 UFIDA ERP-U8 窗口选择【业务工作】|【财务会计】|【应收款管理】|【转账】|【红票对冲】|【手工对冲】双击，进入【红票对冲条件】设置对话框。

提示：

➢ 手工对冲时每次只能对冲一个客户十一种币种的单据。

➢ 手工对冲时每次只能对一个方向的单据进行红冲处理，即不能同时进行借贷双向的红票对冲。

➢ 红/蓝票过滤条件中单据名称允许选择全部、销售发票、应收单，全部即表示同时选择销售发票和应收单。

④ 在【红票对冲条件】设置对话框中设置对冲条件，客户为"兰州钢窗厂"、红票类型为"销售发票"、蓝票类型为"销售发票"，然后单击【确定】按钮，进入【红票对冲】窗口，如图 7-62 所示。

⑤ 单击工具栏上的【分摊】按钮，再单击 按钮，完成红票对冲处理。

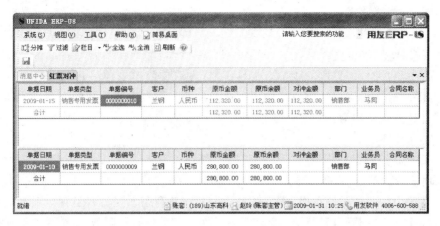

图 7-62 【红票对冲】窗口

⑥ 对于退款处理,应先填制付款单,然后再进入【核销处理】,通过手工核销方式进行收款单与付款单的核销。

提示:

➤ 对冲金额合计不能大于红票金额。

➤ 手工对冲时提供一条进度条,显示本次核销数据保存的进程。

7.3.7 凭证处理

可在单据审核后由系统自动编制凭证,也可集中处理。在应收款管理系统中生成的凭证由系统自动传递到账务处理系统中,并由有关人员进行审核、记账等账务处理工作。系统在各个业务处理的过程中都提供了实时制单的功能,如发票、应收单审核后即可制单;收付款单审核后即可制单;对票据的增加、计息、转出、背书进行制单;依据系统选项,对转账业务进行制单;对坏账业务进行制单等。除此之外,系统提供了一个统一制单的平台,可以在此模块中快速、成批生成凭证,并可依据规则进行合并制单等处理。

1. 制单科目规则

在制单处理即生成凭证时,应遵循以下分录形成规则。

(1)应收发票制单

对销售发票制单时,系统先判断控制科目依据,根据控制科目依据取【控制科目设置】中对应的科目。然后系统判断销售科目依据,单据销售科目依据取【产品科目设置】中对应的科目。若没有设置,则取【基本科目设置】中设置的应收科目和销售科目,若无,则需手工输入。

例如,控制科目依据为按客户,则系统依据销售发票上的客户,取该客户在【控制科目设置】设置中的科目为应收账款——A 客户。销售科目依据为按存货分类,则系统依据销售发票上的存货,找寻其存货分类的销售科目为主营业务收入——A 产品,税金科目为应交增值税——销项税。

核销会计分录科目构成为:

借:应收账款——A 客户

    贷：主营业务收入——A产品

         应交增值税——销项税

（2）应收单制单

对应收单制单时，借方取应收单表头科目，贷方取应收单表体科目，若应收单上没有科目，则需要手工输入科目。受控科目使用方法与应收发票制单规则相同。

核销会计分录结构为：

    借：应收科目

        贷：对方科目

（3）收款单制单

应收系统中的收款单制单时，借方科目为表头结算科目。贷方科目视款项类型而定，若款项类型为应收款，则贷方科目为应收科目；款项类型为预收款，则贷方科目为预收科目；款项类型为其他费用，则贷方科目为费用科目。若无科目，则需要用户手工输入科目。

核销会计分录结构为：

    借：结算科目   表头金额

        贷：应收科目   款项类型＝应收款

        贷：预收科目   款项类型＝预收款

        贷：费用科目   款项类型＝其他费用

应收系统中的付款单制单时，借方科目为结算科目，取表头金额，金额为红字。贷方科目视款项类型而定，若款项类型为应收款，则贷方科目为应收科目，金额为红字；款项类型为预收款，则贷方科目为预收科目，金额为红字；款项类型为其他费用，则贷方科目为费用科目，金额为红字。若无科目，则需要用户手工输入科目。

核销会计分录结构为：

    借：结算科目（红字）   表头金额

        贷：应收科目（红字）   款项类型＝应收款

        贷：预收科目（红字）   款项类型＝预收款

        贷：费用科目（红字）   款项类型＝其他费用

（4）核销制单

核销制单功能受系统初始选项的控制，若选项中选择核销不制单，则即使入账科目不一致也不制单。核销制单需要应收单及收款单已经制单，才可以进行核销制单。收款单核销制单满足以下两种情况，才需要制单。

① 当核销双方的入账科目不相同的情况下才需要进行核销制单。

应用举例：如应收单入账科目为应收科目1（核销金额＝130），收款单入账时对应受控科目有应收科目1（核销金额＝30）、应收科目2（核销金额＝80）、预收科目（核销金额＝20），则这两张单据核销时生成的凭证应该是：

    借：应收科目2   80

    借：预收科目   20

        贷：应收科目1   100

② 当核销双方的入账科目其对应核算的辅助项不同时也需要进行核销制单。

应用举例：如发票与收款单的核销，相关科目情况如表7-7所示。

表 7-7　发票与收款单科目情况

单据类型	入账科目	科目核算辅助项	核销金额
发票	应收科目 1	部门 1	20
	应收科目 1	部门 2	80
收款单	应收科目 1	部门 3	100

核销会计分录结构为：

借：应收科目 1 部门 3 100

　　贷：应收科目 1 部门 1 20

　　贷：应收科目 1 部门 2 80

核销数据不在明细账中体现，只在对账单（按回款、核销情况对账时）、业务分析表以及单据余额中体现。

（5）票据处理制单

收到承兑汇票制单时，借方取【基本科目】设置中的应收票据科目，贷方取【产品科目设置】设置中的销售收入科目及税金科目；若无，则取【基本科目】设置中销售收入科目及税金科目；若都没有设置，则需要手工输入科目。

① 收到票据

会计分录结构为：

借：应收票据

　　贷：销售收入科目

　　　　应交税金科目

② 票据计息

会计分录结构为：

借：应收票据

　　贷：票据计息科目

③ 票据背书

会计分录结构为：

借：应付账款

　　预付账款

　　贷：应收票据

④ 票据贴现

会计分录结构为：

借：贴现科目

　　贷：应收票据

⑤ 票据结算

会计分录结构为：

借：结算科目

　　贷：应收票据

⑥ 票据转出

会计分录结构为：

借：应收账款

　　贷：应收票据

（6）汇兑损益制单

汇兑损益制单时，汇兑损益科目取【基本科目】设置中的汇兑损益科目。

（7）转账制单

依据系统选项进行判断转账是否制单。

① 应收冲应收

会计分录结构为：

借：应收账款 A 转入户

　　贷：应收账款 B 转出户

② 预收冲应收

会计分录结构为：

借：预收账款

　　贷：应收账款

③ 红票制单

同方向一正一负

④ 应收冲应付制单

会计分录结构为：

借：应付账款

借：预收账款

　　贷：应收账款

　　贷：预付账款

（8）现结制单

对现结或部分现结的销售发票制单时，借方取【产品科目设置】中对应的销售科目和应交增值税科目。贷方取【结算方式科目】设置中的结算方式对应的科目，未结算部分依旧取【控制设置】设置中的应收科目。

会计分录结构为：

借：应收账款

　　银行存款

　　贷：产品销售收入科目

　　　　应交增值税——销项税科目

（9）坏账处理制单

坏账处理制单，借方则取【坏账准备设置】设置中的坏账准备科目，贷方取【坏账准备设置】设置中的对方科目。

① 坏账发生处理制单

会计分录结构为：

借：坏账准备

　　贷：应收账款

② 坏账计提制单

会计分录结构为：

借：资产减值损失——坏账损失

　　贷：坏账准备

③ 坏账收回处理制单

会计分录结构为：

借：应收账款（红字）

　　贷：坏账准备

借：结算科目

2. 制单操作步骤

① 在 UFIDA ERP-U8 窗口选择【业务工作】|【财务会计】|【应收款管理】|【制单处理】双击，进入【制单查询】设置对话框，如图 7-63 所示。

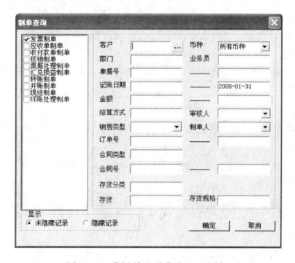

图 7-63 【制单查询】设置对话框

提示：

　　发票制单、应收单制单和收付款单制单三者可以同时选择；汇兑损益制单、转账制单和并账制单三者可以同时选择；其他制单方式只能独立使用。

② 选择查询条件，将【发票制单】、【应收单制单】和【收付款单制单】三者同时选择，然后单击【确定】按钮，进入【制单】窗口，如图 7-64 所示。

③ 在要生成凭证的记录上双击，系统根据选择的顺序用 1、2、……数字来表示该记录已被选择，再次双击将取消选择；也可通过单击工具栏上的【全选】或【全消】按钮进行选择或取消选择。

④ 完成选择后，单击工具栏上的【制单】按钮，系统根据制单规则和选择标志数字，生成凭证，对凭证类型和其他信息进行修改后，单击 ▣ 按钮对凭证进行保存并传输到账务处理系统。如果单击工具栏上的【合并】按钮，系统会自动将所有记录添加选择标志为"1"，单击【制单】按钮，将所有记录合并生成一张凭证。

提示：

➢ 制单日期系统默认为当前业务日期。制单日期应大于等于所选的单据的最大日期，但小于当前业务日期。

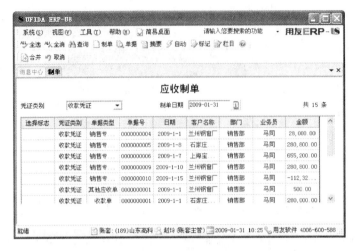

图 7-64 【制单】窗口

> 如果同时使用了总账系统，所输入的制单日期应该满足总账制单日期要求：即大于同月同凭证类别的日期。
> 一张原始单据制单后，将不能再次制单。
> 如果在退出凭证界面时，还有未生成的凭证，则系统会提示是否放弃对这些凭证的操作。如果选择是，则系统会取消本次对这些业务的制单操作。
> 各种制单类型均可以实现合并制单处理，只有坏账处理制单暂时只能独立制单。

7.4 应收款管理系统月末处理

　　期末处理指用户进行的期末结账工作。如果当月业务已全部处理完毕，就需要执行月末结账功能，只有月末结账后，才可以开始下月工作。如果已经确认本月的各项处理已经结束，则可以选择执行月末结账功能。当执行了月末结账功能后，该月将不能再进行任何处理。

　　在进行月末结账前，应先登录账务处理系统，凭证进行审核记账后，才能在应收款管理系统中执行月末结账处理，否则系统结账检查有未记账凭证将不允许结账。

1. 月末结账

操作过程如下。

　　① 在 UFIDA ERP-U8 窗口选择【业务工作】|【财务会计】|【应收款管理】|【期末处理】|【月末结账】双击，进入【月末处理】对话框，如图 7-65 所示。

　　② 在要结账的月份【结账标志】栏双击，添加结账标志"Y"，然后单击【下一步】按钮，系统进行结账检查，并显示检查结果，如图 7-66 所示。

　　③ 单击【完成】按钮，系统开始结账，并弹出【×月份结账成功】信息框，单击【确定】按钮，结束本次结账处理。

　　提示：

> 应收系统与销售管理系统集成使用，应在销售管理系统结账后，才能对应收系统进行结账处理。
> 当选项中设置审核日期为单据日期时，本月的单据（发票和应收单）在结账前应该全部审核。

图 7-65 【月末处理】对话框　　　　　　图 7-66　月末结账检查结果

> 当选项中设置审核日期为业务日期时,截止到本月末还有未审核单据(发票和应收单),照样可以进行月结处理。
> 如果本月的收款单还有未核销的,不能结账。
> 当选项中设置月结时必须将当月单据以及处理业务全部制单并在账务处理系统进行审核记账,否则月结时,若检查当月有未制单的记录或有未记账的记录时,将不能进行月结处理。
> 当选项中设置月结时不用检查是否全部制单,则无论当月有无未制单的记录,均可以进行月结处理。
> 如果是本年度最后一个期间结账,建议将本年度进行的所有核销、坏账、转账等处理全部制单。
> 如果是本年度最后一个期间结账,建议将本年度外币余额为 0 的单据的本币余额结转为 0。

2. 取消结账

系统提供了取消结账的处理功能,以避免误操作而引起业务处理中断。

操作步骤如下。

① 在 UFIDA ERP-U8 窗口选择【业务工作】|【财务会计】|【应收款管理】|【期末处理】|【取消月结】双击,进入【取消结账】对话框,如图 7-67 所示。

② 选择要取消结账的月份,然后单击【确定】按钮,系统弹出【取消结账成功】信息框,单击【确定】按钮,完成取消结账处理。

提示:

取消结账必须按倒序取消。

图 7-67　【取消结账】对话框

7.5　应收款管理系统其他业务处理

7.5.1　单据查询

系统提供对应收单、收款单、凭证等的查询,可以查询已审核的各类应收单据的收款情况、结余情况,查询收款单的使用情况以及应收款管理系统中生成的凭证等。在查询列表中,系统提供自定义显示栏目、排序等功能,可以通过单列表操作来制作符合企业要求的单据的列表。系统提供了多条件查询功能，用户可以根据自己查询的要求任意设置查询条件，系统将根据用户所设置的查询条件生成查询结果。

1. 应收单据/收款单据查询

单据查询包括发票查询、应收单查询、收款单查询、单据报警查询、信用报警查询。这些查询处理方式过程基本相似，这里以发票查询为例说明单据查询的操作步骤。

① 在 UFIDA ERP-U8 窗口选择【业务工作】|【财务会计】|【应收款管理】|【单据查询】|【发票查询】双击，弹出【发票查询】条件设置对话框，如图 7-68 所示。

图 7-68　【发票查询】条件设置对话框

② 设置查询条件后，单击【确定】按钮，进入【单据查询结果列表】窗口，如图 7-69 所示。

图 7-69　【单据查询结果列表】窗口

③ 将鼠标移到相关单据记录上双击，可以显示该记录的原始单据。

2. 凭证查询

通过凭证查询可以查看、修改、删除、冲销应收账款系统传到账务系统中的凭证。

操作步骤如下。

① 在 UFIDA ERP-U8 窗口选择【业务工作】|【财务会计】|【应收款管理】|【单据查询】|【凭证查询】双击,打开【凭证查询条件】设置对话框,如图 7-70 所示。

② 设置查询条件后,单击【确定】按钮,进入【凭证查询】窗口,如图 7-71 所示。

图 7-70　【凭证查询条件】设置对话框

图 7-71　【凭证查询】窗口

③ 在【凭证查询】窗口,选择一条凭证记录,单击【修改】按钮,可进入凭证界面对凭证信息进行修改处理;单击【删除】按钮,可以将选择的凭证删除掉;单击【单据】按钮,可以查看与该凭证相关的单据信息;单击【冲销】按钮,可以制作红字冲销凭证;单击【凭证】按钮,可以查看凭证信息。

提示:

➢ 如果要对一张凭证进行删除操作,该凭证的凭证日期不能在本系统的已结账月内。如,本系统生成一张 7 月 27 日的凭证后,7 月份执行了月末结账,则在查询该张凭证时,就不能删除该张凭证。

➢ 一张凭证被删除后,它所对应的原始单据及操作可以重新制单。如,一张发票所生成的凭证被删除后,可以重新对发票生成凭证。

➢ 只有未审核、未经出纳签字的凭证才能删除。

➢ 只有已记账凭证才能制作红字冲销凭证。

7.5.2　账表查询

为帮助用户及时了解应收账款信息和客户信用等级信息,系统提供了账表查询分析功能。用户可以通过账表查询功能及时了解应收款的动态,及时发现问题,及时处理,以提高对往来款项的监督管理。系统提供了业务账表、统计分析、科目账查询三种查询处理方式。

1. 业务账表查询

通过账表查询,可以及时地了解一定期间内期初应收款结存汇总情况、应收款发生、收款发生的汇总情况、累计情况及期末应收款结存汇总情况;还可以了解各个客户期初应收款结存明细情况、应收款发生、收款发生的明细情况、累计情况及期末应收款结存明细情况，能及时发现问题，加强对往来款项的监督管理。账表查询分为业务总账、业务明细账、业务余额表、对账单等内容。

（1）业务总账表

通过此功能可根据查询对象查询在一定期间内发生的业务汇总情况。应收业务总账既可以完整查询既是客户又是供应商的单位信息，又可以包含未审核单据查询，还可以包含未开票已出库的数据内容。

（2）业务余额表

通过此功能可查看客户、客户分类、地区分类、部门、业务员、客户总公司、主管业务员、主管部门在一定期间所发生的应收、收款以及余额情况。应收业务余额表既可以完整查询既是客户又是供应商的单位信息，又可以查询包含未审核单据，还可以包含未开票已出库的数据内容。另外，应收业务余额表以金额式显示时可以查看应收账款的周转率和周转天数。

（3）业务明细账

通过此功能可查看客户、客户分类、地区分类、部门、业务员、存货分类、存货、客户总公司、主管业务员、主管部门在一定期间内发生的应收及收款的明细情况。应收/应付业务明细账既可以完整查询既是客户又是供应商的单位信息，又可以包含未审核单据查询，还可以包含未开票已出库的数据内容。

（4）对账单

可以获得一定期间内各客户、客户分类、客户总公司、地区分类、部门、业务员、主管部门、主管业务员的对账单并生成相应的催款单。应收/应付对账单既可以完整查询既是客户又是供应商的单位信息，又可以包含未审核单据查询，还可以包含未开票已出库的数据内容。另外，对账单数据的明细程度可以由用户自己设定，对账单打印的表头格式可以设置。

上述四种账表查询处理在操作处理方式上基本相同，在此以业务余额表为例说明其操作处理步骤。

① 在 UFIDA ERP-U8 窗口选择【业务工作】|【财务会计】|【应收款管理】|【账表管理】|【业务账表】|【业务余额表】双击，进入【过滤条件选择-应收余额表】对话框，如图 7-72 所示。

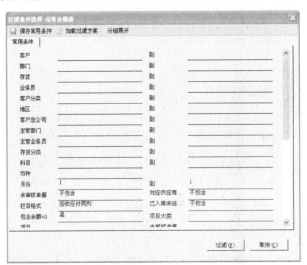

图 7-72 【过滤条件选择-应收余额表】对话框

② 选择或录入过滤条件，然后单击【过滤】按钮，进入【应收余额表】窗口，如图 7-73 所示。

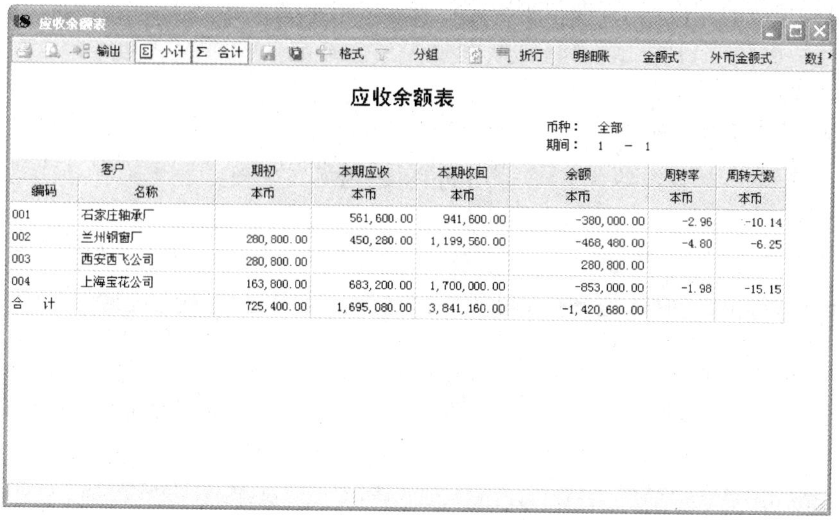
应收余额表

输出　小计　合计　格式　分组　折行　明细账　金额式　外币金额式

应收余额表

币种：　全部
期间：　1　-　1

客户		期初	本期应收	本期收回	余额	周转率	周转天数
编码	名称	本币	本币	本币	本币	本币	本币
001	石家庄轴承厂		561,600.00	941,600.00	-380,000.00	-2.96	-10.14
002	兰州钢窗厂	280,800.00	450,280.00	1,199,560.00	-468,480.00	-4.80	-6.25
003	西安西飞公司	280,800.00			280,800.00		
004	上海宝花公司	163,800.00	683,200.00	1,700,000.00	-853,000.00	-1.98	-15.15
合　计		725,400.00	1,695,080.00	3,841,160.00	-1,420,680.00		

图 7-73　【应收余额表】窗口

2. 统计分析

通过统计分析，可以按用户定义的账龄区间，进行一定期间内应收款账龄分析、收款账龄分析、往来账龄分析，了解各个客户应收款周转天数、周转率，了解各个账龄区间内应收款、收款及往来情况，能及时发现问题，加强对往来款项动态的监督管理。统计分析分为应收账龄分析、收款账龄分析、欠款分析、收款预测等内容。

(1) 应收账龄分析

可以分析客户、存货、业务员、部门或单据的应收款余额的账龄区间分布，同时可以设置不同的账龄区间进行分析，既可以进行应收款的账龄分析，也可以进行预收款的账龄分析。

(2) 收款账龄分析

可以分析客户、产品、单据的收款账龄。收款账龄分析的范围包括正常的收款、退款、系统形成的预收款单。当预收款单做过汇兑损益后，收款账龄分析里显示的预收款单本币金额为做完损益后的本币余额。对于应收冲应付的处理，系统不分析对冲的记录，只显示对冲时形成的预收款单。

(3) 欠款分析

可以分析截止到某一日期，客户、部门或业务员的欠款金额，以及欠款组成情况。分析对象包括客户分类、客户总公司、地区分类、部门、主管部门、业务员、主管业务员、客户、存货、存货分类十项。如果不按产品核销，则不能查看存货和存货分类两项。

(4) 收款预测

可以预测将来的某一段日期范围内，客户、部门或业务员等对象的收款情况，而且提供比较全面的预测对象、显示格式功能。系统按以下条件进行预测。

- 预测对象客户＋所有币种＋当前日期－当前月末＋所有款项＋不包含未审核单据＋包含已过期欠款。

> 收款总计＝货款＋其他应收款－预收款。
> 货款＝到期日在预测日期范围内的红蓝发票余额之和＋包含的已过期发票之余额。
> 其他应收款＝到期日在预测日期范围内的红蓝应收单余额之和＋包含的已过期应收单之余额。
> 预收款＝截止到预测日期的终止日期前的预收款余额之和。

应收账龄分析、收款账龄分析、欠款分析、收款预测在处理方式上基本相似，在此以应收账龄分析为例说明其查询操作步骤。

① 在 UFIDA ERP-U8 窗口选择【业务工作】|【财务会计】|【应收款管理】|【账表管理】|【统计分析】|【应收账龄分析】双击，进入【过滤条件选择-应收账龄分析】对话框，如图 7-74 所示。

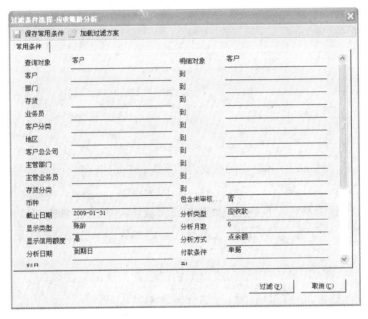

图 7-74　进入【过滤条件选择-应收账龄分析】对话框

② 设置查询过滤条件后，单击【过滤】按钮，进入【应收账龄分析】窗口，如图 7-75 所示。

图 7-75　【应收账龄分析】窗口

3. 科目账表查询

可以查询科目明细账、科目余额表,可以根据查询结果联查到凭证等。

（1）科目余额表

用于查询应收受控科目各个客户的期初余额、本期借方发生额合计、本期贷方发生额合计、期末余额。它包括科目余额表、客户余额表、三栏式余额表、业务员余额表、客户分类余额表、部门余额表、项目余额表七种查询方式。

（2）科目明细账

用于查询应收受控科目下各个往来客户的往来明细账。包括科目明细账、客户明细账、三栏式明细账、多栏式明细账、客户分类明细账、业务员明细账、部门明细账、项目明细账八种查询方式。

7.5.3 取消操作

在系统业务处理过程中为防止因误操作而影响后续业务的处理,系统提供了误操作的恢复机制。当对原始单据进行了审核、对收款单进行了核销等操作后,发现操作失误,可通过误操作恢复功能将其恢复到操作前的状态,以便进行修改处理。系统提供的恢复功能包括:恢复应收单据(发票和应收单)的未审核状态、恢复收款单的核销前状态、恢复票据的处理前状态、恢复坏账处理前状态、恢复转账处理前状态、恢复计算汇兑损益前状态。

1. 恢复应收单据的未审核状态

如果应收单据在审核后已经经过核销等处理,则不能恢复;如果应收单据日期在已经结账的月份内,不能被恢复;如果应收单据在审核后已经制单,应先删除其对应的凭证,再进行恢复;由于系统提供用户在单据卡片界面与单据列表界面中可以实时弃审,因此用户可以不需要到取消操作中进行弃审操作。

2. 恢复收款单的核销前状态

如果收款单日期在已经结账的月份内,则不能被恢复;如果收款单在核销后已经制单,应先删除其对应的凭证,再进行恢复。

3. 恢复票据的处理前状态

如果票据日期在已经结账的月份内,则不能被恢复;如果票据在处理后已经制单,应先删除其对应的凭证,再进行恢复;票据转出后所生成的应收单,如果已经进行了核销等处理,则不能恢复;票据背书的对象如果是应付账款系统的供应商,且应付账款系统该月份已经结账,则不能恢复;票据计息和票据结算后,如果又进行了其他处理,例如票据贴现等,则不能恢复。

4. 恢复坏账处理前状态

如果坏账处理日期在已经结账的月份内,则不能被恢复;如果该处理已经制单,应先删除其对应的凭证,再进行恢复。

5.恢复转账处理前状态

如果转账处理日期在已经结账的月份内,则不能被恢复;如果该处理已经制单,应先删除其对应的凭证,再进行恢复。

6.恢复计算汇兑损益前状态

如果计算汇兑损益日期在已经结账的月份内,则不能被恢复;如果该处理已经制单,应先删除其对应的凭证,再进行恢复。

各种恢复处理在操作方式上是相同的,在此以坏账处理为例说明其操作步骤。

① 在 UFIDA ERP-U8 窗口选择【业务工作】|【财务会计】|【应收款管理】|【其他处理】|【取消操作】双击,打开【取消操作条件】设置对话框,如图 7-76 所示。

② 在【取消操作条件】设置对话框中,选择操作类型下拉列表中核销、坏账处理、汇兑损益、票据处理、应收冲应收、应收冲应付、预收冲应收、

图 7-76　【取消操作条件】设置对话框

红票对冲八种类型中的一种,这里选择"坏账处理",然后单击【确定】按钮,进入【取消操作】窗口,如图 7-77 所示。

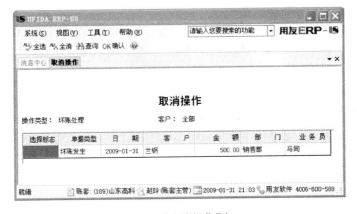

图 7-77　【取消操作】窗口

③ 在【取消操作】窗口中,选择要取消操作的记录,并在【选择标志】栏双击添加选择标志"Y",然后单击【确认】按钮,系统自动进行取消处理。

本 章 习 题

1. 在使用应收账款管理系统之前,应对基础数据资料进行整理,具体应做哪些应用准备工作?

2. 设置计算汇兑损益的方式有哪几种? 如何计算?

3．如果对原始单据进行了审核，对对账单进行了核销，或进行了其他操作后，发现操作失误，可取消这些操作以便恢复到操作前的状态，进行数据修改。系统提供了哪些恢复操作前状态类型？

4．应收账款管理系统初始化内容包括哪些？

5．单据的处理内容有哪些？方法有哪些？如何处理？

6．坏账处理的方法有几种可供选择？各是如何处理坏账的？

7．转账处理如何进行？

8．往来账款日常业务处理的主要内容有哪些？

9．单据核销分哪几种情况？

第 8 章

成 本 管 理

教学目的及要求

系统学习成本管理系统的基本理论知识，了解成本管理系统的基本功能和成本核算的基本方法，熟悉成本核算的业务处理流程，了解成本计划、成本预测和成本分析的基本方法，掌握成本核算所需数据的获取途径。重点掌握成本管理系统的数据处理机制，成本核算的计算规则和成本核算的操作流程。

成本管理是指企业生产经营过程中各项成本核算、成本分析、成本决策和成本控制等一系列科学管理行为的总称。成本管理一般包括成本预测、成本决策、成本计划、成本核算、成本控制、成本分析、成本考核等职能。它是企业管理的一个重要组成部分，要求系统全面、科学合理，它对于促进增产节支、加强经济核算，改进企业管理，提高企业整体成本管理水平具有重大意义。通过成本管理，可以充分动员和组织企业全体人员，在保证产品质量的前提下，对企业生产经营过程的各个环节进行科学合理的管理，力求以最少生产耗费取得最大的生产成果。

8.1 成本管理系统概述

企业生存和发展的关键，在于不断提高经济效益。提高经济效益的手段，一是增收，二是节支。增收靠创新，节支靠成本控制，而成本控制的基础是成本核算工作。目前，在企业的财务工作中，成本核算往往是工作量最大、占用人员最多的工作，企业迫切需要应用成本核算管理系统来更加准确、及时地完成成本的核算工作。

8.1.1 成本管理系统基本功能

成本管理系统主要提供了成本核算、成本计划、成本预测和成本分析四方面的功能。

1. 成本核算功能

成本管理系统根据企业定义的产品结构（即物料清单，简称 BOM），选择的成本核算方法和各种费用的分配方法，自动对从其他系统读取的数据或手工录入的数据进行汇总计算，输出管理所需要的成本核算结果及其他统计资料。

2. 成本计划功能

通过费用计划单价和单位产品费用耗量生成计划成本,成本的计划功能主要是为成本预测和分析提供数据。

3. 成本预测功能

成本管理系统运用一次移动平均和年度平均增长率法以及计划(历史)成本数据对成本中心总成本和任意产量的产品成本进行预测,满足企业经营决策需要。

4. 成本分析功能

成本管理系统可以对分批核算的产品进行追踪分析,计算成本中心内部利润,对历史数据对比分析,分析计划成本与实际成本差异,分析产品的成本项目构成比例。

8.1.2 成本核算基本方法

在成本管理系统中,当每个月完成了成本资料录入工作后,就可以进行成本的计算处理。在进行成本计算时,必须遵循一定的计算规则,按选定的计算方法进行处理。

1. 成本核算基本方法

成本核算的基本方法有品种法、分步法、分类法、分批法。

1) 品种法

品种法是以产品的品种作为成本计算对象,主要适用于大量大批的单步骤生产,如发电、采掘等生产。在大量大批多步骤生产中,如生产规模小,或生成车间按封闭式车间设置,生产按流水线组织,不要求按生产步骤计算成本,则可以采用品种法计算产品成本。它的特点是以产品的品种作为计算对象,在管理上不需要分步骤计算产品成本,月末有在产品,需要将生产费用在完工产品和在产品间进行分配。此种核算方法与成本管理系统中的品种法或分步法相对应。

2) 分步法

分步法是按照产品的生产步骤作为成本计算对象(即以各工序产品为成本计算对象),适用于连续加工式多步骤生产,大量大批生产,其生产过程划分为若干个生产步骤,在管理上需要掌握各加工步骤成本。它的特点是计算对象以产品的各生产步骤的半成品和最后的产成品为成本计算对象,月末在产品与完工产品之间需要分配生产费用。此种核算方法与成本管理系统中的品种法或分步法相对应。

3) 分批法

分批法是以产品的批别或订单作为成本计算对象。适用于小件单批的多步骤或单步骤生产。当生产按小批或单件组织时,一批产品往往同时完工,有可能按照产品的批别归集费用,计算成本。为了考核、分析各批产品成本水平,也有必要分批计算产品成本。分批法适用于企业完全按照订单生产产品的情况,可以将一个订单定义为一个批号,通过系统提供的按批号核算成本的方法，对订单完成情况进行管理。它的特点是以产品批号或订单作为成本计算对象。一般这种方法生产，不会有在产品，所以月末不需在完工和在产品中分摊生产费用。此种核算方法与成本管理系统中设置的完全分批法或者部分分批法相对应。

4）分类法

分类法是按照产品类别归集费用，计算成本采用分类法计算产品成本。凡是产品的品种繁多，而且可以按照要求划分为若干类别的企业和车间，均可以采用分类法计算成本。分类法与产品生产的类型没有直接联系，因而可以在各种类型的生产中应用，此种核算方法与成本管理系统中的分类法相对应。

2. 成本计算规则

成本管理系统将成本计算方法分为手动卷积与自动卷积两种计算方式，以满足不同企业计算各层半成品成本的使用需要。

卷积运算是自动卷积的一种，可一次性按顺序由低层到高层完成所有 BOM 层次成本计算，包含各层入库单、出库单记账、期末处理、材料及外购半成品耗用表取数、成本计算、产成品成本分配，在计算过程中无交互操作。卷积运算时可支持存货的计价方式主要有：移动平均、全月平均、先进先出、后进先出、计划价。

手动卷积完全由用户控制各卷积层次的计算顺序及操作步骤，分为"自动完成"和"分步完成"两种模式，其计算的算法和结果是完全相同的，只不过在"分步完成"状态下，计算的过程由用户来控制进行。

不管是自动卷积运算，还是手动卷积运算，成本计算的基本线索都是"产品结构（或物料清单）"，基本算法都是以品种法为基础的逐步结转分步法，并辅助以生产批号以实现按批次归集成本费用的分批法核算。

1）成本计算的基本流程

成本计算的基本处理流程分为以下四步。

① 对直接费用进行归集，将直接费用直接归集到各产品下。

② 对间接费用在各成本中心内进行归集。

③ 对归集到成本中心下的费用，依据分配率在不同产品间进行分配。

④ 在完工产品与在产品间进行分配。

2）成本计算的约束条件

成本计算按以下要求进行控制和判断，只有在满足以下要求时，才能进行成本计算处理。

① 成本管理系统只有在录入的成本资料满足了成本计算的需要，才可以随时进行成本计算；只有成本数据有效时的计算结果才可以定义凭证。

② 成本管理系统判断数据是否有效的依据是：除总账和存货核算系统以外的所有成本管理系统读取数据的其他子系统（薪资管理、固定资产）均已经进行了月末结账，即数据不再发生变更，同时必须在成本管理系统的相关资料数据录入表中重新执行了取数功能。

③ 以有效数据计算成本后，不能再进行本期的成本计算。但是，可以通过执行【恢复结账前状态】功能，将"占用其他系统数据"的标志取消；同时还需将已经生成的凭证全部删除（如果凭证已经记账，可以在【凭证处理】功能中做红字冲销凭证，并将该红字凭证记账），才

可以重新进行成本计算。

8.1.3　成本管理系统应用方案

成本管理系统与总账、固定资产、薪资管理、存货核算及生产制造等系统存在数据传递关系,成本管理系统从固定资产、薪资管理、存货核算、总账及生产制造系统获取成本计算的基础数据,同时将成本计算的结果传递到存货核算系统计算入库产成品的成本,生成凭证传递到总账系统。成本管理系统与其他系统间的数据传递关系如图 8-1 所示。

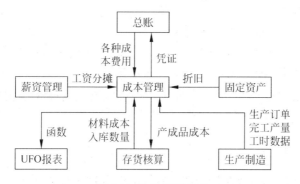

图 8-1　数据传递关系

成本管理系统既可以单独应用,也可以与其他系统集成应用。单独应用时,所有成本计算所需要的数据均需通过手工方式输入,与其他系统集成使用,数据则可从相关系统自动获取。

1. 与存货核算系统集成应用

成本管理系统引用存货核算系统提供的以出库类别和会计期间划分的领料单(出库单)汇总表,包括领料部门、成本对象(产品)、批号、领用量、领料额、实际单价;存货核算系统从成本管理系统中获取产品单位成本数据。采用全月平均计价方式的存货必须在存货核算系统对其所在仓库进行了月末处理之后才能向成本管理系统传递数据。采用计划价计价方式的存货必须在存货核算系统对其所在仓库进行了差异率计算和分摊之后才能向成本管理系统传递材料的实际价格数据,否则为计划价格。采用卷积运算时,成本管理系统自动完成存货计价核算、提取材料及半成品数据、分配产成品成本等操作过程。

2. 与薪资管理系统集成应用

成本管理系统引用薪资管理系统提供的以人员类别划分并且按部门和会计期间汇总的应计入生产成本的直接人工费用和间接人工费用。

3. 与固定资产系统集成应用

成本管理系统引用固定资产系统提供的按部门和会计期间汇总的折旧费用分配表。

4. 与总账系统集成应用

成本管理系统引用总账系统提供的应计入生产成本的间接费用(制造费用)或其他费用

数据。如果成本管理系统未与无固定资产系统、薪资管理系统集成使用，也可以引用总账系统中应计入生产成本的人工费用及折旧费用数据。成本管理系统将成本核算结果自动生成转账凭证，传递到总账系统。

5. 与生产制造系统集成应用

如果启用了生产制造系统，并且在成本管理系统的"选项"中选择了"启用生产制造数据来源"选项，则只有在"生产制造"系统制定了生产订单的产品，并且该产品已经符合投产日期条件后，方能进行该产品及其相关子项产品的日常成本资料录入工作。

8.1.4　成本管理系统业务处理流程

成本管理系统业务处理流程视不同的应用方案、不同的成本计算方法、不同的数据获取方式存在一定的差异，但总体而言，其业务处理流程均包括初始设置、日常成本核算、材料费用核算、其他费用核算等几方面。

1. 初始化业务流程

成本管理系统初始化处理流程如图 8-2 所示。

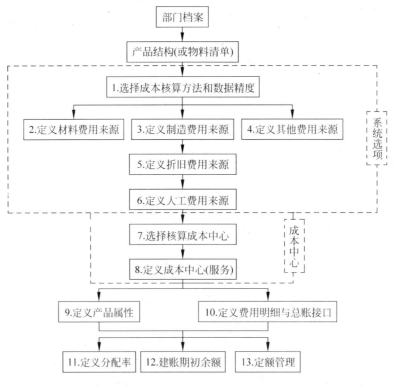

图 8-2　初始化处理流程图

2. 日常成本核算流程

成本管理系统日常成本核算处理流程如图 8-3 所示。

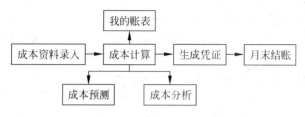

图 8-3　日常成本核算处理流程图

3. 材料费用核算流程

材料费用核算处理流程如图 8-4 所示。

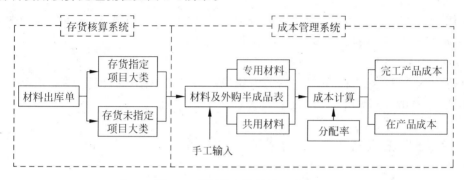

图 8-4　材料费用核算处理流程

4. 其他费用核算流程

其他费用核算处理流程如图 8-5 所示。

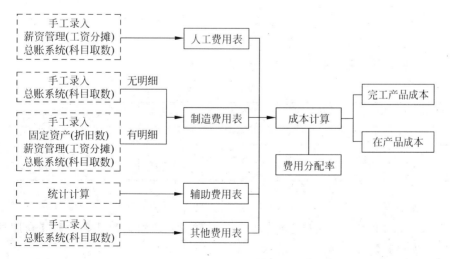

图 8-5　其他费用核算处理流程图

8.2 成本管理系统初始设置

成本管理系统的初始设置主要是完成基础资料设置、系统参数设置和初始数据录入工作，为成本管理各类业务提供所必需的各种要素。在进行正常的成本核算之前，首先要进行系统参数的定义，然后进行成本中心、产品、定额、费用明细、分配率、建账余额的设置工作。当完成这些初始设置后，才可以进行正常的成本核算工作。

8.2.1 基础资料准备工作

基础资料准备工作是系统应用的前提条件，需要从企业管理的实际需求出发进行基础数据的整理工作，成本管理系统的基础资料准备工作主要有以下两个方面。

1）公共基础档案

使用成本管理系统，需要整理好存货分类、部门档案、人员档案、存货档案、仓库档案、收发类别、产品结构、基本科目等基础档案资料。

2）期初数据

使用成本管理系统之前，需要整理好系统应用的初始数据，主要包括在产品数量、在产品成本余额、费用分配率以及产品定额数据等。

8.2.2 基础档案设置

成本管理系统需要设置的基础档案较多，特别与其他子系统集成使用时，需要确保基础档案设置的完整与全面。存货分类、存货档案等基础资料的设置方法前几章已经进行了阐述，此处主要介绍一下仓库档案和产品结构的设置方法与要求。

1. 仓库档案

存货一般是用仓库来保管的，对存货进行核算管理，首先应对仓库进行管理，因此进行仓库设置是存货管理的重要基础准备工作之一。

例1 企业仓库档案设置情况如表8-1所示。

表8-1 仓库档案

仓库代码	仓库名称	出库计价方式
01	原料库	全月平均法
02	半成品库	全月平均法
03	成品库	全月平均法

操作步骤如下。

① 在 UFIDA ERP-U8 窗口选择【基础设置】|【基础档案】|【业务】|【仓库档案】双击，打开【仓库档案】窗口，如图8-6所示。

② 单击工具栏上的【增加】按钮，弹出【增加仓库档案】对话框，如图8-7所示。

图 8-6 【仓库档案】窗口

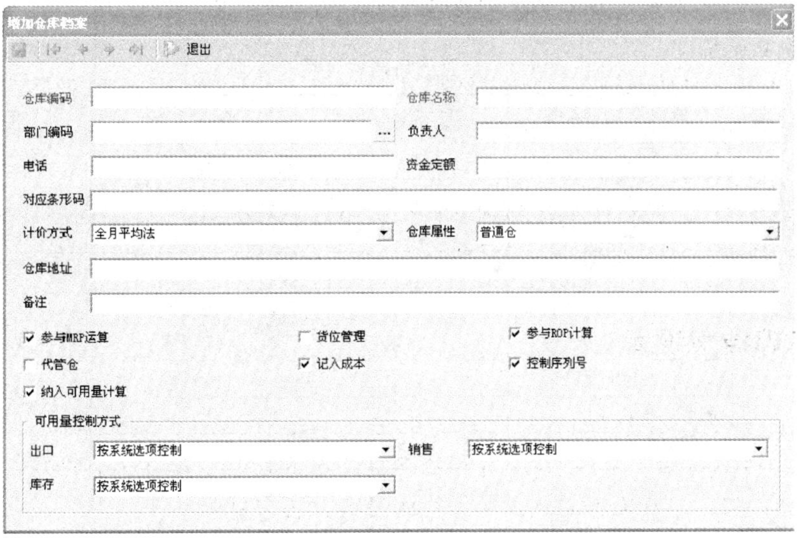

图 8-7 【增加仓库档案】对话框

③ 录入仓库编码、仓库名称,选择计价方式后,单击 按钮进行存储。

④ 重复第③步,继续录入其他仓库信息。所有仓库档案输入完毕后,单击【退出】按钮,返回【仓库档案】窗口。

⑤ 在【仓库档案】窗口中,单击【退出】按钮结束仓库档案设置操作。

2. 产品结构

产品结构是指产品的组成成分及其数量,即企业生产的产品由哪些材料组成。产品结构又称为物料清单(Bill of Material,BOM),是成本管理系统进行成本计算的主线索。一张物料清单,它显示所有与母件关联的子件及每一物料如何与母件相关联的信息,如图 8-8 所示。

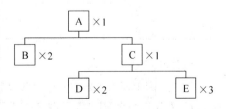

图 8-8 产品结构(物料清单)模式图

如图 8-8 所示，成品 A 由两个原料 B 及一个半成品 C 所组成，而半成品 C 则由两个原料 D 及三个原料 E 所组成。依其组成关系，A 为 B、C 的母件，B、C 为 A 的子件；C 为 D、E 的母件，D、E 为 C 的子件。

产品结构（或物料清单）定义的级次关系直接影响成本计算的结果，并且该结构一经使用将不再允许修改，因此，对于产品结构的定义必须考虑完备。

在定义产品结构时，可按以下原则进行产品结构设置。

（1）如果产品仅需要采用品种法进行核算，且产品为单步骤生产，此时应定义单层次结构，即"产品——原材料"。

（2）如果产品仅需要采用分步法进行核算，且产品为多步骤生产，此时应定义多层次结构，即"母件产品——子件产品——原材料"。

正确使用与维护产品结构是系统运行期间十分重要的工作，也是企业成本核算的基础工作之一。

例 2 企业所生产的产品结构情况如表 8-2 所示。

表 8-2　企业产品结构及用料计划

产品名称（父项）	用料名称（子项）	定额数量	仓库名称	用料车间
车轮总成	轮圈	1 个	材料库	一车间
	轮胎	1 个	材料库	
	辐条	30 根	材料库	
独轮山地车	大车架	1 个	材料库	二车间
	车轮总成	1 个	半成品库	
	包装袋	5 米	材料库	
儿童车	小车架	1 个	材料库	二车间
	车轮总成	1 个	半成品库	
	包装袋	3 米	材料库	

操作步骤如下。

① 在 UFIDA ERP-U8 窗口中选择【基础设置】|【基础档案】|【业务】|【产品结构】双击，打开【产品结构】窗口，如图 8-9 所示。

图 8-9　【产品结构】窗口

② 单击工具栏上的【增加】按钮,选择母件编码,如"201",输入版本代号(如"10")、版本说明(如"2009版"),然后选择子件编码"103 轮圈"、输入基本用量"1"、仓库编码"01 原料库"、领用部门"101 一车间"等信息,设置完毕后回车或单击【增行】按钮,继续输入其他子件信息,设置结果如图 8-10 所示。

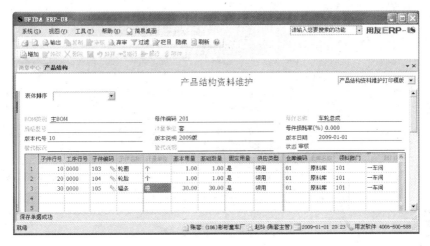

图 8-10　产品结构设置结果

③ 单击工具栏上的 ⊟ 按钮,对设置信息进行保存。
④ 重复第②、③步,完成其他产品结构的定义。

8.2.3　系统参数设置

系统参数设置主要用来定义成本的核算方法、设置成本计算所需要的各类数据的来源。成本管理系统需要定义的系统参数包括:成本核算方法、数据精度、人工费用来源、制造费用来源、折旧费用来源、存货数据来源和其他费用来源等。

1. 系统参数设置基本步骤

操作步骤如下。
① 在 UFIDA ERP-U8 窗口选择【基础设置】|【业务参数】|【管理会计】|【成本管理】双击或选择【业务工作】|【管理会计】|【成本管理】|【设置】|【选项】双击,打开【选项】对话框,如图 8-11 所示。
② 单击【编辑】按钮激活窗口,根据企业成本核算管理的实际情况,对各类参数进行合理选择或设置后,单击【确定】按钮对设置进行保存。

2. 成本核算方法参数设置

成本核算方法参数设置对话框参见图 8-11 所示。
企业在采用成本管理系统进行成本核算之初,首先要根据企业自身的生产特点和核算要求确定所要采用的成本核算方法。成本管理系统提供了品种法或分步法、完全分批法、部分分批法和分类法四种成本核算方法供选择。

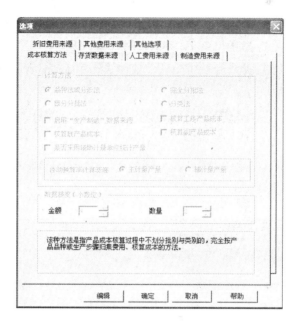

图 8-11 【选项】对话框

提示：

➢ 完全分批法是指企业生产的所有产品，包括需要核算的工序产品都是按批号计算成本的，选择了这种成本计算方法，需要在【成本资料录入】中输入生产批号，在领用材料时需要输入产品批号。系统提供【批产品成本追踪分析】功能，可以完整地反映每批产品的整个生产过程。以订单为生产基础以销定产的生产企业都可以采用这种方法。

➢ 部分分批法是指企业有一部分产品采用分批法进行核算，同时也有不采用分批法核算的情况。采用这种成本计算方法，需要在【成本资料录入】中输入生产批号，在分批核算成本的产品直接领用材料时需要输入产品批号。系统提供【批次产品成本追踪分析】功能，可以完整地反映每批产品的整个生产过程。系统自动根据成本资料，计算出批产品和非批产品的成本。

➢ 分类法是以产品类别作为成本核算对象，归集生产费用，计算产品成本的方法。采用这种计算方法，在【定义产品属性】时，可以为每种产品定义产品大类。

➢ 品种法或分步法是指产品成本核算过程中不划分批别与类别，完全按产品品种和核算步骤归集费用，核算成本的方法，并可以计算出每一步骤的产品成本。在系统中最终的产成品和半成品均视为产品。当作为手工以分步法核算的企业选择了这种方法后还要注意存货档案和产品结构中要定义半成品。这种方法适合所有手工成本采用品种法或分步法的企业。

3. 存货数据来源参数设置

存货数据来源参数设置对话框如图 8-12 所示。

存货数据来源系统提供了两种方案：来源于手工和来源于存货核算系统。成本管理系统将依据所选择的方案作为判断存货数据的取值依据。

如果选择"来源于手工"，则需要手工输入每月成本核算所需的费用数据，同时在材料及外购半成品耗用表、完工产品处理表数据录入界面中的自动取数功能将被限制；如果选择"来源于存货核算系统"，则在每个会计期间，需要在材料及外购半成品耗用表和完工产品处理表数据录入界面执行自动取数功能，系统将自动从存货核算系统读取成本核算所需的材料消耗数据和产成品入库数据，无须手工输入。

如果选择"来源于存货核算系统",还需要定义哪些出库类别记入直接材料费用,哪些入库类别记入入库数量。

提示:

➢ 如果存货核算系统未启用,则"来源于存货核算系统"单选按钮不能选择,需要先启用存货核算系统并重新启动成本管理系统后,才可以选择。

➢ 如果选择"启用'生产制造'数据来源",则在"完工产品处理表"中能够取数的前提条件是必须启用库存系统。

➢ 如果定义工作中心(非部门)作为成本基本核算成本中心,则不支持"共用材料"从存货中取数。

4. 人工费用来源参数设置

人工费用来源参数设置对话框如图 8-13 所示。

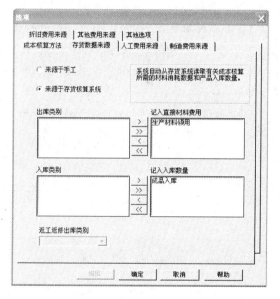

图 8-12　存货数据来源参数

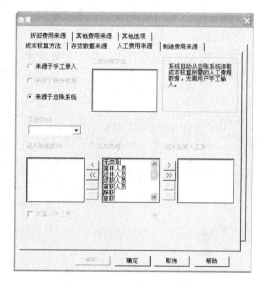

图 8-13　人工费用来源参数

在成本管理系统中,提供了三种人工费用取数方式:来源于手工录入、来源于薪资管理、来源于总账系统,企业可以根据实际情况进行选择,系统将依据所选定的方案进行人工费用的取值,并进行成本计算。

选择"来源于手工录入",需要手工输入每月成本核算所需的人工费用数据;选择"来源于总账系统",则在每个会计期间,需要在人工费用表数据录入界面执行自动取数功能,系统从总账系统读取成本核算所需的人工费用数据,无须手工输入;选择"来源于薪资管理",则在每个会计期间,需要在成本资料录入的人工费用表界面执行自动取数功能,系统将自动从薪资管理系统读取成本核算所需的人工费用数据,无须手工输入。

提示:

➢ 选择"来源于薪资管理"时,需要选择工资类别、人员类别和工资分摊类型。

➢ 如果薪资管理系统未启用,则"来源于薪资管理"选项不能选择,需要先启用薪资管理系统并重新启动成本管理系统后,才可以选择。

➢ 如果总账系统未启用,则"来源于总账系统"选项不能选择,需要先启用总账系统并重新启动成本管理系统后，才可以选择。

➢ 如果已经在【制造费用来源】参数设置对话框中选择了"制造费用无明细"选项，则"记入制造费用"的"人员类别"选项呈不可用状态。

5. 制造费用来源参数设置

制造费用来源参数设置对话框如图 8-14 所示。

在成本管理系统中，提供了制造费用的数据来源于手工录入和来源于总账系统两种方案，企业可以根据实际情况进行选择，系统将依据所选择的方案进行制造费用的取值，并进行成本计算。

如果选择"来源于手工录入"，则需要手工输入每月成本核算所需的制造费用数据；如果选择"来源于总账系统"，则在每个会计期间，需要在制造费用表数据录入界面执行自动取数功能，系统将自动从总账系统读取成本核算所需的制造费用数据，无须手工输入。

在参数设置对话框中，"制造费用无明细"选项是一个控制开关，决定了成本管理系统中制造费用是否需要定义明细项目，此选项在参数设置完毕后，将不再允许修改。如果选择"制造费用无明细"选框，则在人工费用来源参数设置对话框中的"记入制造费用"的"人员类别"以及折旧费用来源参数对话框呈不可用状态。

如果存在产品完全报废业务，则可选择"产品完全报废时是否按制造费用摊销"复选框。此选项选定后，成本管理系统将自动在制造费用明细中增加"废品分摊"项目，并且按制造费用所定义的分配率在报废产品所在成本中心内分摊报废成本到此项目中。

6. 折旧费用来源参数设置

折旧费用来源参数设置对话框如图 8-15 所示。

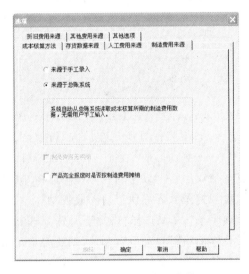

图 8-14　制造费用来源参数

图 8-15　折旧费用来源参数

在成本管理系统中，系统提供了折旧费用的数据来源于手工录入、来源于固定资产系统和来源于总账系统三种应用方案，企业可以根据管理的实际进行选择，系统将依据所选定的方案进行折旧费用的取值，并进行成本计算。

选择"来源于手工录入",则需要手工输入每月成本核算所需的折旧费用数据;选择"来源于固定资产系统",则在每个会计期间,需要在折旧费用表数据录入界面执行自动取数功能,系统将自动从固定资产系统读取成本核算所需的折旧费用数据,无须手工输入;选择"来源于总账系统",则在每个会计期间,需要在折旧费用表数据录入界面执行自动取数功能,系统自动从总账系统读取成本核算所需的折旧费用数据,无须手工输入。

提示:

➢ 如果已经在制造费用来源参数设置对话框中选择了"制造费用无明细"选项,则"折旧费用来源"参数标签为暗,不可激活。

➢ 如果固定资产系统未启用,则"来源于固定资产系统"选项不能选择,需要先启用固定资产系统并重新启动成本管理系统后,才可以选择。

➢ 如果总账系统未启用,则"来源于总账系统"选项不能选择,需要先启用总账资产系统并重新启动成本管理系统后,才可以选择。

7. 其他费用来源参数设置

其他费用来源参数设置对话框如图 8-16 所示。

在成本管理系统中,系统提供了其他费用的数据来源于手工录入、来源于总账系统和无此数据项三种方案,企业可以根据管理的实际进行选择,系统将依据所选定的方案进行其他费用的取值,并进行成本计算。

选择"无此数据项",则成本费用项目中将仅包括材料费用、人工费用、制造费用、辅助费用四项费用大类;选择"来源于手工录入",则需要手工输入每月成本核算所需的其他费用数据;选择"来源于总账系统",则在每个会计期间,需要在其他费用表数据录入界面执行自动取数功能,系统自动从总账系统读取成本核算所需的其他费用数据,无须手工输入。

图 8-16　其他费用来源参数

对话框中的"其他费用无明细"是一个控制开关选项,选择此项,则成本项目中的其他费用不划分明细。

提示:

➢ 如果已经确认了选项,则只允许在"来源于手工录入"和"来源于总账系统"之间转换,如果定义的是"无此数据项"或选择了"其他费用无明细"项,则不允许再改变。

➢ 如果总账系统未启用,则"来源于总账系统"选项不能选择,需要先启用总账系统并重新启动成本管理系统后,才可以选择。

8. 其他选项

其他选项用于设置除成本的计算方法、数据来源之外的其他选项,主要包括汇总表使用新报表和启用降级品处理功能两项内容。

提示：

启用降级品处理功能仅当选项中选择了"启用生产制造数据来源"选项时，才可进行选择，否则为不可编辑状态。启用降级品处理功能后，在生产报检后，质检处理完毕，确认为不合格品，通过不合格品处理单，将其降级成另一产品入库。成本管理系统提供降级品处理功能来完成以上降级业务的成本核算。

8.2.4 定义成本中心

定义成本中心的功能是确定哪些部门或工作中心参与成本核算，以及确定辅助生产成本中心的辅助服务。此处所指部门是指包含若干下级部门或工作中心的成本核算单位，其具体划分可以由企业根据核算需要和实际情况确定；所指工作中心是指部门下所属的工作中心作为成本核算单位，只有选项中选择了"核算工序产品成本"，才可显示部门下所属工作中心供选择，其具体划分可以由企业根据核算需要和实际情况确定；所指辅助生产成本中心，是指企业自身配备的能为基本生产成本中心和企业行政管理成本中心提供辅助服务的生产成本中心，其中有的只生产一种产品或劳务，如供电、动力等，有的则生产多种产品或劳务，如从事工模具的修理、制造等。

在确定成本中心时，首先要从在基础信息设置中定义的所有部门或工作中心中，确定这些部门或工作中心的属性，是基本生产成本中心还是辅助生产成本中心。对于辅助生产部门必须定义服务类型及其单位。

操作步骤如下。

① 在 UFIDA ERP-U8 窗口选择【业务工作】|【管理会计】|【成本管理】|【设置】|【定义成本中心】双击，打开【选择成本基本核算中心】对话框，如图 8-17 所示。

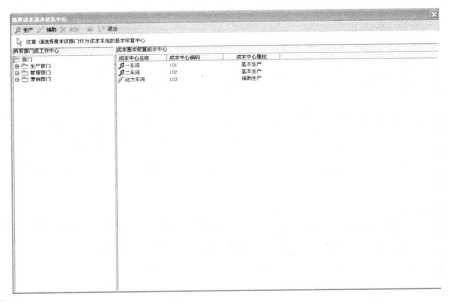

图 8-17 【选择成本基本核算中心】对话框

② 选择部门列表中的"一车间"，然后单击工具栏上的【生产】按钮，将一车间定义为基本生产中心。

③ 同样方式,将二车间定义为基本生产中心,将动力车间定义为辅助生产中心。

④ 生产中心定义完毕后,单击工具栏上的【退出】按钮,系统弹出【定义辅助服务】对话框,如图 8-18 所示。

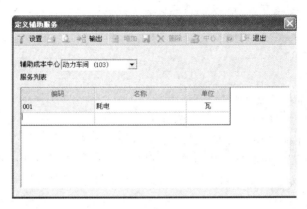

图 8-18　【定义辅助服务】对话框

⑤ 选择辅助生产中心后,单击工具栏上的【增加】按钮,增加一空白记录,输入编码、名称和单位,然后单击工具栏上的"保存"按钮进行保存。

⑥ 重复第⑤步,定义其他的服务项目。所有服务项目定义完成后,单击工具栏上的【退出】按钮,系统弹出【要保存当前正在编辑的数据吗】信息提示框,单击【是】按钮进行保存,结束生产中心的定义操作。

提示:

只有被选择为基本成本核算成本中心的部门,才能在成本管理系统内核算其产品或辅助服务的成本,因此在此处选择的基本生产成本中心必须与用户在产品结构(或物料清单)中定义的子件领料部门或与生产订单、车间管理中部门或工作中心相匹配。

8.2.5　定义产品属性

对于属于成本核算范围的产品,即已在【产品结构或物料清单】或生产订单中定义的产品,需要进行产品属性的定义、产品大类的定义。其目的在于确认每月成本核算系统的产品核算范围,定义产品的所属大类,实现在成本报表查询中,按产品的大类进行查询范围的细分。

操作步骤如下。

① 在 UFIDA ERP-U8 窗口选择【业务工作】|【管理会计】|【成本管理】|【设置】|【定义产品属性】双击,打开【过滤条件选择】对话框,如图 8-19 所示。

提示:

➢ 过滤条件中的"成本对象类型",主要分为基本成本对象、计划成本对象、实际成本对象、实际成本对象(当月)四种,未作选择时,系统默认为"基本成本对象"。

➢ 过滤条件中的"成本对象状态",主要分为启用、停用、全部三种状态,未作选择时,系统默认为"启用"状态。

② 设置过滤条件后,单击【过滤】按钮,进入【定义产品属性】界面,如图 8-20 所示。

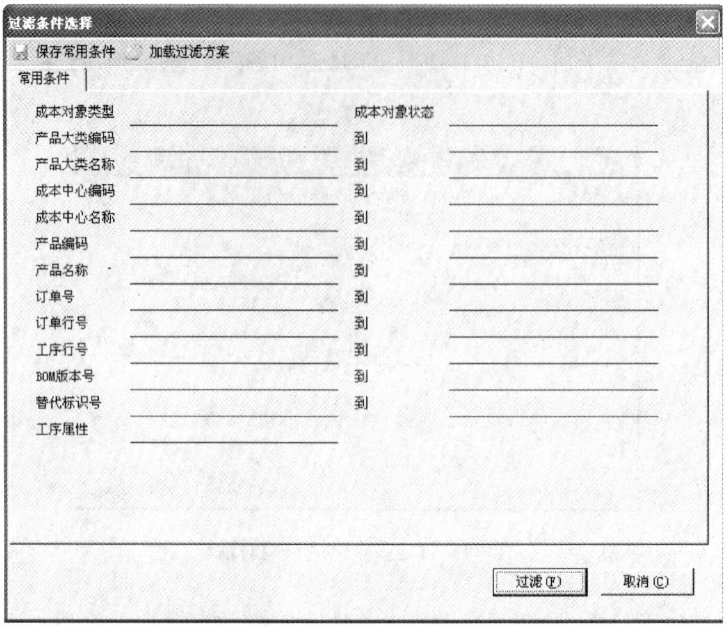

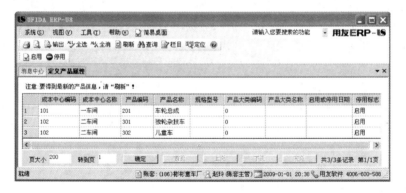

图 8-19 【过滤条件选择】对话框

	成本中心编码	成本中心名称	产品编码	产品名称	规格型号	产品大类编码	产品大类名称	启用或停用日期	停用标志
1	101	一车间	201	车轮总成		0			启用
2	102	二车间	301	独轮杂技车		0			启用
3	102	二车间	302	儿童车		0			启用

图 8-20 【定义产品属性】界面

③ 单击工具栏上的【启用】或【停用】按钮，再单击【刷新】按钮，系统将最新的产品信息显示在窗口中。

8.2.6 定义费用明细与总账接口

如果在系统参数设置时，选择了制造费用、其他费用、折旧、人工费用的数据来源于总账系统，则需要定义与总账接口的公式。

各类费用与总账接口的公式的基本格式为：函数名("科目编码",期间,"借贷方向","账套号",年度,"部门或项目编码")。

公式中的科目编码、期间、借贷方向为必输项，其他可根据具体情况确定。

如：取 2009 年 186 账套"510102 制造费用——折旧"科目的"101 一车间"的借方发生额，公式可定义为：FS("510102",月,"借","186",2009,"101")。

公式定义既可以通过向导进行定义,也可直接输入。各类费用与总账系统的接口公式定义过程、方法和要求基本相同,此处以制造费用为例说明其设置过程。

操作步骤如下。

① 在 UFIDA ERP-U8 窗口选择【业务工作】|【管理会计】|【成本管理】|【设置】|【定义费用明细与总账接口】双击,打开【定义费用明细与总账接口】界面,如图 8-21 所示。

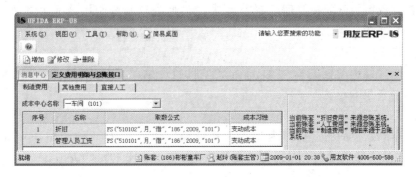

图 8-21 【定义费用明细与总账接口】界面

② 选择成本中心名称"一车间(101)"后,再在制造费用明细项目名称"折旧"对应的【取数公式】单元双击,直接输入取数公式或参照录入公式"FS("510102",月,"借","186",2009,"101")",然后选择成本习性为"变动成本"。

③ 同样方式,定义制造费用其他明细项目的取数公式。

④ 重复第②、③步,为其他成本中心定义制造费用与总账系统的接口公式。

提示:

➢ 如果在系统参数设置时,未选择"制造费用无明细",则列表中显示序号 1 为"折旧",序号 2 为"管理人员工资",此两行为固定行,不允许修改。如果制造费用还有其他项目,可通过单击工具栏上的【增加】按钮添加其他项目。如果在系统参数设置时,选择了"制造费用无明细",则列表中仅显示制造费用一项。

➢ 成本习性栏目的定义不区分成本中心属性,即对于同一费用项目所有成本中心的成本习性属性均相同,在某一成本中心定义后,其他成本中心不需要再定义。成本习性是从管理会计角度对成本费用进行划分的标准,系统将成本习性划分为变动成本和固定成本,一般对于随产量的增减变化而变化的费用划分为变动成本,如装卸费;对于相对固定,一般不随产量的增减变化而变化的费用划分为固定成本,如管理人员工资等。

➢ 人工费用、其他费用与总账系统的接口公式定义可参照制造费用与总账系统接口公式定义的方法进行设置。

8.2.7 定义分配率

经过对料、工、费的来源进行设置,已基本完成了成本费用的初次分配和归集,即将大部分专用费用归集到了各产品名下,将其他间接成本费用归集到各成本中心范围内。为了计算最终产成品的成本,还必须将按成本中心归集的成本费用在成本中心内部各产品之间、在产品和完工产品之间进行分配,因此,在成本管理系统中,需要定义各种分配率,为系统自动计算产品成本提供计算依据。

所谓费用分配率，其实质是计算的"权重"，指某一待分配费用，在各个负担对象中应分摊的比例。目前，在成本管理系统中提供了六大类、共 16 种分配方法，其中包括一种自定义分配方法，企业在具体应用时可以根据需要进行选择，并可随时进行修改。

1. 费用分配规则

对于各类费用的分配在处理机制上大同小异，此处以制造费用分配为例来阐述各种分配方法的分配规则。

（1）平均分配

假设一车间发生的制造费用为 100，该车间当月生产 C、D 两种产品，则分配算法为 100/2，C、D 各负担 50。

（2）按实际工时

假设一车间发生的制造费用为 100，该车间当月生产 C、D 两种产品，C 产品实际工时 20 小时，D 产品实际工时 30 小时，则分配算法为 100/(20＋30)，C 负担 2 * 20＝40，D 负担 100－40＝60。

（3）按定额工时

假设一车间的制造费用为 100，该车间当月生产 C、D 两种产品，C 产品单位定额工时 2 小时，当月产量 100，D 产品单位定额工时 4 小时，当月产量 50，则分配算法为 100/(2 * 100＋4 * 50)，C 负担 2 * 100 * 0.25＝50，D 负担 100－50＝50。

（4）按产品产量

假设一车间发生的制造费用为 100，该车间当月生产 C、D 两种产品，C 产品当月产量 100，D 产品当月产量 300，则分配算法为 100/(100＋300)，C 负担 100 * 0.25＝25，D 负担 100－25＝75。

（5）按产品权重系数

假设一车间发生的制造费用为 100，该车间当月生产 C、D 两种产品，C 产品当月产量 100，产量约当系数 1，D 产品当月产量 100，产量约当系数 3，则分配算法为 100/(100 * 1＋100 * 3)，C 负担 100 * 1 * 0.25＝25，D 负担 100－25＝75。

（6）按材料定额

假设一车间发生的制造费用为 100，该车间当月生产 C、D、E 三种产品，C 产品当月产量 100，D 产品当月产量 50，E 产品当月产量 200，同时在"定额管理"中制定的材料定额为：C 产品单位消耗 A 为 2，D 产品单位消耗 A 为 4，E 产品不消耗 A 材料。则分配算法为 100/(100 * 2＋50 * 4)，C 负担 100 * 2 * 0.25＝50，D 负担 100－50＝50，E 产品因为未消耗 A 材料，所以不参与分配。

（7）自定义分配率

企业可以根据自身的分配要求选择适当的分配标准或定义分配标准计算公式。

2. 分配率定义

成本管理系统需要定义的分配率有共用材料分配率、直接人工分配率、制造费用分配率、在产品成本分配率、辅助费用分配率等内容。各种分配率定义的要求、方法基本相同，在此以制造费用分配率定义为例说明。

操作步骤如下。

① 在 UFIDA ERP-U8 窗口选择【业务工作】|【管理会计】|【成本管理】|【设置】|【定义分配率】|【制造费用分配率】双击，打开【定义分配率】对话框，如图 8-22 所示。

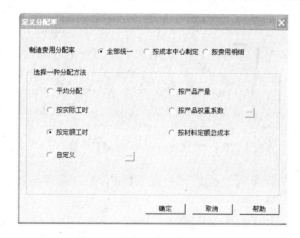

图 8-22 【定义分配率】对话框

提示：

➢ 分配率方案分为全部统一、按成本中心制定、按费用明细三种，分配方法分为平均分配、按产品产量、按实际工时、按产品权重系数、按定额工时、按材料定额总成本和自定义七种。

➢ 采用全部统一制造费用分配率方案，从七种分配方法中任选其一，表示所有生产成本中心的制造费用分配均采用这种方法。

➢ 采用按成本中心制定制造费用分配率方案，一个成本中心对应一行，从以上七种分配方法中任选其一，表示该成本中心的制造费用分配采用这种方法。

➢ 采用按费用明细制造费用分配率方案，系统将显示所有的基本生产成本中心，并显示已在"定义费用明细"中定义的所有制造费用名称，每种费用明细从七种分配方法任选其一，系统默认为"平均分配"。

② 选择制造费用分配率方案（如"全部统一"）、选择分配方法（如"按定额工时"），选定后，单击【确定】按钮，完成制造费用分配率方案的设置。

8.2.8 定义分配范围

共用材料及公共费用可以在选定成本对象范围内进行分配，适用更广泛的业务场景，以进一步满足成本计算准确性要求，如包装材料只在最终产成品之间分摊。

操作步骤如下。

① 在 UFIDA ERP-U8 窗口选择【业务工作】|【管理会计】|【成本管理】|【设置】|【定义分配范围】双击，打开【过滤条件选择】对话框，如图 8-23 所示。

提示：

➢ 分摊范围分为"按基本产品"、"按实际核算对象"两种。

➢ 分摊方式分为"在选择范围内分摊"、"在选择范围外分摊"两种。

➢ 费用类型分为共用材料、人工费用、制造费用三种。

图 8-23　【过滤条件选择】对话框

② 设置过滤条件后，单击【过滤】按钮，进入【定义公共费用分配范围】界面，如图 8-24 所示。

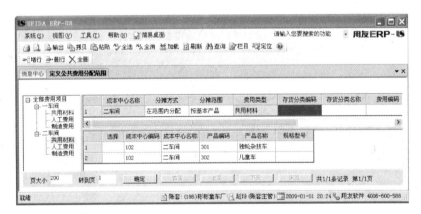

图 8-24　【定义公共费用分配范围】界面

③ 首先在左侧栏费用项目列表中选择成本中心及成本项目，再单击【增行】按钮，然后在右上侧栏中定义分摊方式、分摊范围、选择费用名称等。

④ 单击【加载】按钮，对话框左下侧栏中按所选择的方式显示成本对象。

⑤ 重复第③、④步，为其他成本中心的其他成本项目定义分配范围。

8.2.9　定额管理

企业为了核算或考核的需要，一般均制定了产品的各种定额（计划）指标数据，包括产品的定额单位生产工时、产品的定额单位材料消耗数量等，这些数据可以作为成本费用的分配依据、成本预测的数据基础。

在成本管理系统中，定额管理功能可以用于制定产品的定额工时和定额材料数据。定额工时主要用于费用分配，如果在定义分配率使用了按定额工时的方法，则需要定义产品的定额工时，否则该数据可以不录入。定额材料主要用于费用分配，如果在定义分配率使用了按定额材料的方法，则需要定义产品的定额材料，否则该数据可以不录入。

例　彬彬童车厂各产品定额工时如表8-3所示。

表 8-3　产品定额工时表

序号	产品名称	定额工时
1	儿童车	1
2	独轮杂技车	2
3	车轮总成	1.5

操作步骤如下。

① 在 UFIDA ERP-U8 窗口选择【业务工作】|【管理会计】|【成本管理】|【设置】|
【定额管理】双击，打开【过滤条件选择-定额管理查询】对话框，如图 8-25 所示。

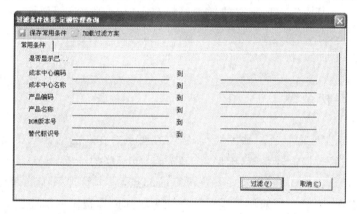

图 8-25　【过滤条件选择-定额管理查询】对话框

② 设置过滤条件后，单击【过滤】按钮，进入【定额管理】界面，如图 8-26 所示。

图 8-26　【定额管理】界面

③ 在上方栏中单击相关产品，然后单击工具栏上的【取数】按钮，弹出【选项】对话框，如
图 8-27 所示。

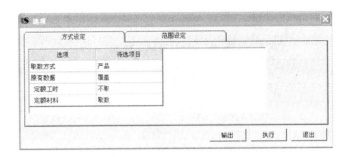

图 8-27 【选项】对话框

④ 设置取数方式为"产品"、定额材料为"取数"，同时设置取数范围后，单击【执行】按钮，系统从【产品结构】中提取所定义的耗用材料及定额，并将结果显示在下方栏中，如有变动，可直接进行修改。

⑤ 单击定额工时栏，输入各产品的定额工时。

8.2.10 建账期初余额

为了完成从手工账向计算机账的转接，需要在盘点好在产品的数据和成本的基础上，结合手工账，把正确的数据输入系统，确保手工账与计算机账的连续。

期初余额的录入记账是成本管理系统核算的起点，成本管理系统的期初余额是指上一期间的在产品成本，所录入的期初余额必须还原为明细成本费用的消耗数据，如果车间有剩余的材料，需要先办理假退料或计算摊入在产品成本。如果同时使用了总账系统，录入期初数据后需要与总账进行核对数据，一般成本管理系统的期初数据应与总账系统的"生产成本"科目的借方余额相同，具体科目根据企业的实际情况确定。

操作步骤如下。

① 在 UFIDA ERP-U8 窗口选择【业务工作】|【管理会计】|【成本管理】|【设置】|【建账期初余额】双击，打开【过滤条件选择-建账期初查询】对话框，如图 8-28 所示。

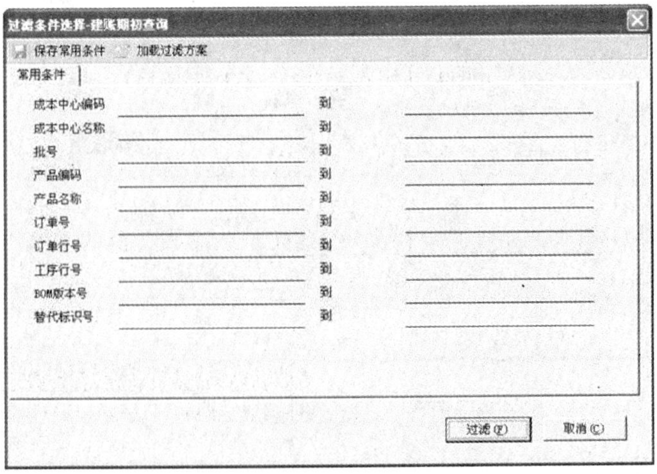

图 8-28 【过滤条件选择-建账期初查询】对话框

② 设置过滤条件后，单击【过滤】按钮，进入【建账期初余额】界面，如图 8-29 所示。

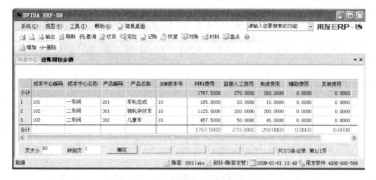

图 8-29　【建账期初余额】界面

③ 单击【增加】按钮，增加一空白记录，选择成本中心、产品名称后，在有关费用金额栏（如材料费用）双击后，单击 ⋯ 按钮，打开【材料余额】对话框，如图 8-30 所示。

图 8-30　【材料余额】对话框

提示：

选择不同的费用类型，打开的对话框存在一定的差异。

④ 输入构成该产品在产品的材料的数量和余额，输入完毕后，单击【保存】按钮，然后再单击【确定】按钮返回【建账期初余额】界面。

⑤ 同样方式，录入其他成本项目的期初余额。所有的期初余额录入完毕后，单击工具栏上的【对账】按钮，弹出【对账】对话框，如图 8-31 所示。与总账系统进行对账。

图 8-31　【对账】对话框

⑥ 输入或选择对账科目和对账期间后，单击【确定】按钮，系统执行对账处理并显示对账结果，如图 8-32 所示。

⑦ 单击【确定】按钮返回【建账期初余额】界面。在对账平衡的情况下，单击工具栏上的【记账】按钮，系统弹出记账确认信息提示框，如图 8-33 所示。

图 8-32　对账结果

图 8-33　记账确认信息提示框

⑧ 单击【确定】按钮，系统执行记账处理。

提示：

➤ 期初数据记账后不允许进行修改，如果需要修改，可单击【恢复】按钮取消记账后，再进行修改。

➤ 将光标定位在某产品的期初余额上，单击【材料】按钮，可以查看共用材料余额，该余额为期初的成本中心共用材料的数量，即上年末，月末盘点表中的共用材料内容。如果是第一次使用成本管理系统，则共用材料盘点数据全部为空。

➤ 将光标定位在某产品的期初余额上，单击【盘点】按钮，可以查看此种产品期初直接材料余额，该余额为期初的该产品直接领用材料的剩余数量，即上年末，月末盘点表中的该产品的材料盘点内容。如果是第一次使用成本管理系统，则产品的直接材料盘点数据全部为空。

8.3　数 据 录 入

在完成系统参数设置以及基础档案数据设置工作后，为了计算成本，需要输入每个会计期间的成本资料，包括料、工、费的数据，根据事先的定义，这些数据有不同的来源，但要求在每个会计期间必须运行这些功能，才能实现数据的（自动）输入。

在完成了基础设置工作之后，就可以进行日常的成本核算工作了，而每月成本资料的录入是成本核算的前提条件。在数据录入模块中，共有19类数据需要处理，但并不是所有的企业均需处理所有的数据，需要处理的数据是根据系统初始所选择的成本核算方法和费用分配率来准备成本资料的。数据录入处理通过报表来实现，本节主要介绍几种常用报表的数据录入要求与方法。

8.3.1　期初在产调整表

期初在产调整表实现盘点的剩余专用材料及共用材料在不同成本中心或不同成本对象之间的调拨转移，以及上月在产品成本在不同成本对象之间的调拨转移，以满足企业由于生产计划或市场变化原因，需要在下月对此部分在产数据进行成本对象的再次调整。期初在产调整不通过出入库单进行，而是直接在车间内调整负担的成本对象。

操作步骤如下。

① 在 UFIDA ERP-U8 窗口选择【业务工作】|【管理会计】|【成本管理】|【数据录入】|【期初在产调整表】双击，打开【过滤条件选择】对话框。

② 设置过滤条件后，单击【过滤】按钮，进入【期初在产调整表】界面，如图 8-34 所示。

图 8-34　【期初在产调整表】界面

③ 选择产品名称后，单击工具栏上的【调拨】按钮，系统弹出【调拨在产品】对话框，如图 8-35 所示。

④ 设置调拨信息后，单击【确定】按钮，完成调拨处理并返回【期初在产调整表】界面。

提示：

➢ 调拨数量或金额必须小于等于可调拨数量或金额，不可以为空或为零。

➢ 系统按照"期初＋调入－调出＝剩余"的计算关系控制可调拨数量或金额。

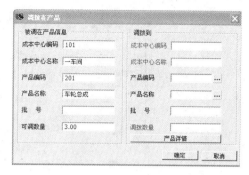

图 8-35　【调拨在产品】对话框

➢ 同时调拨数量和金额时，单位成本随调拨结果变化，满足"单位成本 * 数量＝金额"。

➢ 系统使用的第一个会计期不能进行调拨处理。

8.3.2　材料成本数据录入

材料成本数据的录入主要是录入产品生产过程所领用的直接材料及半成品的数据信息，数据的录入通过材料及外购半成品耗用表实现。材料及外购半成品耗用表用于材料消耗数据录入或从存货出库单读取数据，是非卷积运算时必须录入的数据表（卷积运算不需要）。

下面以从存货核算系统取数方式为例，说明材料及外购半成品耗用表的数据录入操作过程。

① 在 UFIDA ERP-U8 窗口选择【业务工作】|【管理会计】|【成本管理】|【数据录入】|【材料及外购半成品耗用表】双击，打开【过滤条件选择】对话框。

② 在【过滤条件选择】对话框中设置过滤条件后，单击【过滤】按钮，进入【材料及外购半成品耗用表】界面，如图 8-36 所示。

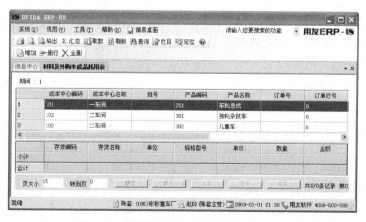

图 8-36　【材料及外购半成品耗用表】界面

③ 单击工具栏上的【取数】按钮，弹出【选项】对话框，如图 8-37 所示。

④ 设置取数方式和取数范围后，单击【执行】按钮，系统自动从存货核算系统读取领用材料信息，并弹出【批命令执行完毕】信息提示框，单击【确定】按钮，系统完成取数处理。在【选项】对话框中，单击【退出】按钮返回【材料及外购半成品耗用表】界面。

图 8-37 【选项】对话框

⑤ 在【材料及外购半成品耗用表】界面中，单击工具栏上的【刷新】按钮，更新对话框中的数据信息。

提示：

➢ 在执行自动取数操作前，必须确保在存货核算系统中录入的材料出库单已经在存货核算系统中执行了单据记账功能。

➢ 如果在系统参数设置时，选择了存货数据来源于手工录入，则工具栏上的【取数】按钮不可使用，必须通过执行工具栏上的【增加】、【删除】按钮进行手工录入。

➢ 单击工具栏上的【汇总】按钮，按成本中心查询专用材料及共用材料合计、总计金额。

8.3.3 期间费用数据录入

期间费用录入包括人工费用、制造费用、折旧费用、其他费用、辅助费用、委外加工费等数据的录入。

1. 人工费用表

人工费用表用于输入在一个会计期间成本中心所耗用的直接人工费用和计入制造费用的管理人员工资。根据在系统参数中的定义，数据可以来源于总账系统、薪资管理系统和手工录入。如果在系统参数中设置人工费用来源于薪资管理系统，则人工费用表从薪资管理系统取数必须遵循以下规则。

➢ 从薪资管理系统取数查询条件为：部门＋期间＋工资类别＋工资分摊类型＋人员类别（直接人工或管理人员工资）。工资分摊结果必须生成凭证后的数据才可以进行读取。

➢ 如果在系统参数设置时，人工费用来源中选择了"核算计件工资"，则从薪资管理系统中取出的部门人工费用＝符合条件的部门人工费用总额－部门计件工资总额。

下面以从总账系统取数为例，说明人工费用表的数据录入操作过程。

① 在 UFIDA ERP-U8 窗口选择【业务工作】|【管理会计】|【成本管理】|【数据录入】|【人工费用表】双击，打开【人工费用表】界面，如图 8-38 所示。

② 单击工具栏上的【取数】按钮，系统弹出【确定要取数吗】信息提示对话框，单击【是】按钮，系统自动从总账系统获取数据，并显示取数结果信息框，如图 8-39 所示。

③ 单击【确定】按钮，系统完成自动取数，并将取数结果填充到人工费用表中。

提示：

系统自动取数后可进行编辑修改。

图 8-38　【人工费用表】界面

2. 折旧费用表

折旧费用表用于输入在一个会计期间成本中心所耗用的折旧费用，或从固定资产系统读取固定资产计提折旧结果数据。根据在系统参数中的定义，数据可以来源于总账系统、固定资产系统和手工录入。如果在系统参数设置中选择了"制造费用无明细"，则不需要进行本表的操作；如果在系统参数中设置了折旧费用来源于固定资产系统，则必须在固定资产系统进行计提折旧后，数据才可以进行读取。

操作步骤如下。

① 在 UFIDA ERP-U8 窗口选择【业务工作】|【管理会计】|【成本管理】|【数据录入】|【折旧费用表】双击，打开【折旧费用表】界面，如图 8-40 所示。

图 8-39　取数结果信息　　　　　　　　图 8-40　【折旧费用表】界面

② 单击工具栏上的【取数】按钮，系统自动从总账系统获取数据。

3. 制造费用表

制造费用表用于输入在一个会计期间成本中心所耗用的制造费用。根据在系统参数中的设置，数据可以来源于总账系统和手工录入，如果制造费用有明细，要分别按明细输入各部门的制造费用。制造费用表在数据录入时，需要遵循以下规则。

➢ 当制造费用从总账系统读取科目数据时，必须确保凭证已记账，数据才可以读取。

> 制造费用表中的"折旧"和"管理人员工资"两栏数据分别来自人工费用表和折旧费用表，不允许在制造费用表中修改，如果要修改，必须到人工费用表和折旧费用表中进行修改。

> 制造费用表允许录入负数，以解决按成本中心统计的废品回收费用分配问题。

> 制造费用表的格式，根据在系统参数中是否选择"制造费用无明细"选项而存在差异。

操作步骤如下。

① 在 UFIDA ERP-U8 窗口选择【业务工作】|【管理会计】|【成本管理】|【数据录入】|【制造费用表】双击，打开【制造费用表】界面，如图 8-41 所示。

② 选择成本中心后，单击工具栏上的【取数】按钮，系统自动从总账系统获取数据。

4. 辅助费用耗用表

辅助费用耗用表用于录入辅助服务的消耗数量。如果未定义辅助成本中心，则此表不可使用。在每个会计期间需要输入各个成本中心耗用辅助成本中心提供的服务的数量，如果辅助费用分配方法选择为"按实际耗量"，则需要输入每个产品的服务耗用数量；如果成本核算方法设置为"完全分批法"，则未定义"生产批号表"之前本表不能操作；如果未定义辅助生产成本中心，则本表不能操作。辅助费用耗用表的数据录入过程中，需遵循以下规则。

> 如果辅助费用分配率设置为按实际耗量分配，则要求录入各产品的消耗数据作为计算依据。

> 在辅助费用耗用表中允许录入各管理成本中心的服务消耗数量，系统将计算分配其应负担的服务成本并生成凭证。

> 辅助费用耗用表的格式，根据辅助费用分配率是否设置为"按实际耗量分配"而存在差异。

操作步骤如下。

① 在 UFIDA ERP-U8 窗口选择【业务工作】|【管理会计】|【成本管理】|【数据录入】|【辅助费用耗用表】双击，打开【辅助费用耗用表】界面，如图 8-42 所示。

图 8-41　【制造费用表】界面

图 8-42　【辅助费用耗用表】界面

② 双击辅助中心服务项目，输入辅助费用信息数据。

5. 其他费用表

所谓其他费用是指费用发生时就可以指定其成本对象的费用，如季节性临时人员工资、某产品的特殊加工费等。根据所设置的其他费用明细，每个会计期间需要输入本期的其他费用。在成本管理系统中,其他费用是指可以直接计入产品,但又不包括在材料费用、人工费用、制造费用及辅助费用之中的费用。根据系统参数的设置,数据可以来源于手工,也可以来源于总账。在进行其他费用表数据录入时,应遵循以下规则。

➢ 如果在系统参数中将成本核算方法设置为"完全分批法",则未定义"生产批号表"之前本表不能操作。

➢ 如果在系统参数中设置为"无此费用项",则本表不显示。

➢ 如果将其他费用数据设置为从总账系统读取科目数据,则必须确保凭证已记账,数据才可以读取。

➢ 其他费用表的格式,根据在系统参数中是否选择"其他费用无明细"选项而存在差异。

操作步骤如下。

① 在 UFIDA ERP-U8 窗口选择【业务工作】|【管理会计】|【成本管理】|【数据录入】|【其他费用表】双击,打开【过滤条件选择】对话框。

② 在【过滤条件选择】对话框中设置过滤条件后,单击【过滤】按钮,打开【其他费用表】界面,如图 8-43 所示。

图 8-43 【其他费用表】界面

③ 单击工具栏上的【取数】按钮,弹出【选项】对话框,如图 8-44 所示。

图 8-44 【选项】对话框

④ 设置取数方式和取数范围后,单击【执行】按钮,系统自动读取相关数据,并弹出【批命令执行完毕】信息提示框,单击【确定】按钮,系统完成取数处理。在【选项】对话框中,单击【退出】按钮返回【其他费用表】界面。

⑤ 在【其他费用表】界面中,单击工具栏上的【刷新】按钮,更新对话框中的数据信息。

8.3.4　车间生产统计数据录入

车间统计表主要包括完工产品日报表、月末在产品处理表、完工产品处理表、工时日报表、产品耗用日报表、废品回收表，用于记载产品生产过程中的产品生产信息。

1. 工时日报表

工时日报表用于录入各产品的实际生产工时统计数据。此表为日报表，可以按天录入或一次性录入，系统最后汇总所有日期的工时之和。如果在分配率中采用了“按实际工时”计算，则在每个会计期间，必须输入工时日报表；如果在分配率定义时未选择按实际工时分配，则此表可以不录入数据。

操作步骤如下。

① 在 UFIDA ERP-U8 窗口选择【业务工作】|【管理会计】|【成本管理】|【数据录入】|【工时日报表】双击，打开【过滤条件选择】对话框。

② 在【过滤条件选择】对话框中设置过滤条件后，单击【过滤】按钮，打开【工时日报表】窗口，如图 8-45 所示。

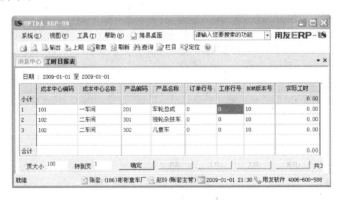

图 8-45　【工时日报表】窗口

③ 录入各产品的实际工时数。

提示：

如果启用制造和车间管理系统后，可通过执行工具栏上的【取数】按钮从车间取数。

2. 完工产品日报表

完工产品日报表用于录入各产品的实际完工数量统计数据，用于统计在一个会计期间内，各个基本生产成本中心所生产完工的产品数量，以及统计每种产品的废品数，此表是日报表，可以按天录入或一次性录入，系统最后汇总所有日期的完工数量之和形成月报表。此表数据为计算成本所必需，如果未录入完工数量则无法进行计算。完工产品数据可以手工录入，也可以从其他系统取数，数据必须满足“净产量＝完工数量－废品数量”。

操作步骤如下。

① 在 UFIDA ERP-U8 窗口选择【业务工作】|【管理会计】|【成本管理】|【数据录

入】|【完工产品日报表】双击,打开【过滤条件选择】对话框。

② 在【过滤条件选择】对话框中设置过滤条件后,单击【过滤】按钮,打开【完工产品日报表】窗口,如图8-46所示。

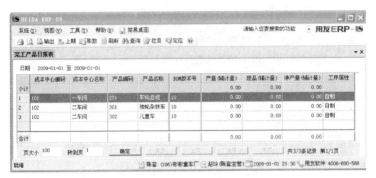

图 8-46 【完工产品日报表】窗口

③ 单击工具栏上的【取数】按钮,弹出【选项】对话框,如图8-47所示。

图 8-47 【选项】对话框

④ 设置取数方式和取数范围后,单击【执行】按钮,系统自动读取相关数据,并弹出【批命令执行完毕】信息提示框,单击【确定】按钮,系统完成取数处理。在【选项】对话框中,单击【退出】按钮返回【完工产品日报表】窗口。

⑤ 在【完工产品日报表】窗口中,单击工具栏上的【刷新】按钮,更新对话框中的数据信息。

3. 月末在产品处理表

月末在产品处理表用于录入各产品的期末在产品数量和原材料剩余数量数据,用于统计在一个会计期间内,各个基本生产成本中心的月末在产品盘点数据。如果无在产品数据可以不录入此表。

操作步骤如下。

① 在 UFIDA ERP-U8 窗口选择【业务工作】|【管理会计】|【成本管理】|【数据录入】|【月末在产品处理表】双击,打开【过滤条件选择】对话框。

② 在【过滤条件选择】对话框中设置过滤条件后,单击【过滤】按钮,打开【月末在产品处理表】窗口,如图8-48所示。

③ 单击工具栏上的【增加】按钮,进行"累计完工产量"数量的自动取数。自动取数结束后,选择产品,然后单击【增加】按钮,选择录入该产品生产领用材料剩余数量,同时录入该产品的在产品在线盘点数量、完工盘点数量、在产工时等信息。

图 8-48　【月末在产品处理表】窗口

提示：

➢ 在进行在产品数量取数之前，必须先进行【完工产品日报表】的取数处理，以保证"累计完工产量"能够获得所需数据来源。

➢ 对于"材料、人工、制造费用、辅助费用"分配率中的"按实际工时"分配，其计算所用的数据仍为"实际总工时"，不受"在产品工时"的影响。在产品成本分配率中选择"按实际工时"分配时，受"在产品工时"的影响。

4. 产品耗用日报表

产品耗用日报表用于录入工序或产品间（即产品结构或物料清单中的母子件产品之间）的相互领用数量，此表中所指的领用数量是指企业车间内部的物品直接转移，而不是通过仓库收发来核算的，即在各生产成本中心、产品之间直接结转的产品的数量，不包括经过存货核算系统办理完工入库手续的产品。

根据工序或产品结构（或物料清单），自动形成产品间相互领用数量关系，可以实现"逐步结转分步法"的成本核算模式，核算出半成品的成本，但如果企业无半成品成本核算情况（产品结构或物料清单中仅两层母子件关系），或半成品间的耗用通过仓库收发来核算，则不应录入此表数据，而通过"材料及外购半成品耗用表"来实现半成品的出库领用核算。

操作步骤如下。

① 在 UFIDA ERP-U8 窗口选择【业务工作】|【管理会计】|【成本管理】|【数据录入】|【产品耗用日报表】双击，打开【过滤条件选择】对话框。

② 在【过滤条件选择】对话框中设置过滤条件后，单击【过滤】按钮，打开【产品耗用日报表】窗口，如图 8-49 所示。

③ 单击工具栏上的【取数】按钮，打开【选项】对话框，如图 8-50 所示。

④ 设定取数范围和取数方式后，单击【执行】按钮，系统开始进行取数，并弹出【批命令执行完毕】信息提示框。单击【确定】按钮返回【选项】对话框。

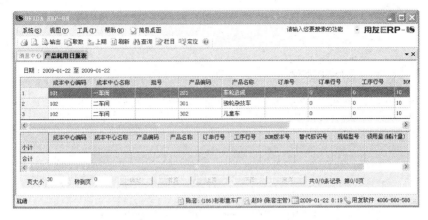

图 8-49 【产品耗用日报表】窗口

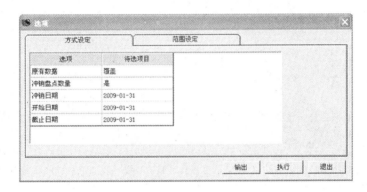

图 8-50 【选项】对话框

⑤ 在【选项】对话框中单击【退出】按钮,系统刷新【产品耗用日报表】窗口中的数据信息。

5. 完工产品处理表

完工产品处理表实质上是数据录入后的平衡校验表,用于验证确认已录入的完工、在产、领用的数量逻辑关系的正确性。在每个会计期间都要输入产品完工入库数量,以及盘点损失的产品数量,还要输入对损失的处理数据。

操作步骤如下。

① 在 UFIDA ERP-U8 窗口选择【业务工作】|【管理会计】|【成本管理】|【数据录入】|【完工产品处理表】双击,打开【过滤条件选择】对话框。

② 在【过滤条件选择】对话框中设置过滤条件后,单击【过滤】按钮,打开【完工产品处理表】窗口,如图 8-51 所示。

③ 单击工具栏上的【取数】按钮,打开【选项】对话框,如图 8-52 所示。

④ 设定取数范围和取数方式后,单击【执行】按钮,系统开始进行取数,并弹出【批命令执行完毕】信息提示框。单击【确定】按钮返回【选项】对话框。

⑤ 在【选项】对话框中单击【退出】按钮,系统刷新【完工产品处理表】窗口中的数据信息。

图 8-51 【完工产品处理表】窗口

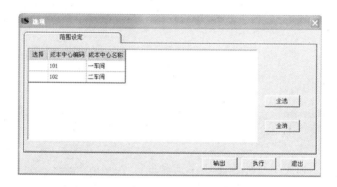

图 8-52 【选项】对话框

8.3.5 产品成本分配数据录入

产品成本分配数据包括在产品每月变动约当系数、产品成本分配标准、产品材料定额等数据。

1. 在产品每月变动约当系数表

在产品每月变动约当系数表用于录入各产品的在产品约当系数。只有在"在产品分配率"中设置为"只计算材料成本（按原材料占用）"或"按产品约当产量"中的"每月变动"分配方法，才可以录入此表数据，否则不显示录入成本中心。

在产品每月变动约当系数表数据录入为两种分配方法服务："只计算材料成本（按原材料占用）"或"按产品约当产量"，因同一成本中心只能在两种方法中选择其一，因此选择不同的分配方法、针对不同的成本中心，表格的格式有所不同。

采用"只计算材料成本（按原材料占用）"分配方法，只要求录入单一的系数，即原材料的约当系数，如果材料是一次投入，则系数应为 1；采用"按产品约当产量"分配方法，则要求录入多种系数，需要根据生产投料及费用发生时点的具体情况，针对材料、人工、制造费用、辅助费用、其他费用等分别确定约当系数。

操作步骤如下。

① 在 UFIDA ERP-U8 窗口选择【业务工作】|【管理会计】|【成本管理】|【数据录

入】|【在产品每月变动约当数】双击,打开【过滤条件选择】对话框。

② 在【过滤条件选择】对话框中设置过滤条件后,单击【过滤】按钮,打开【在产品约当系数表】窗口,如图 8-53 所示。

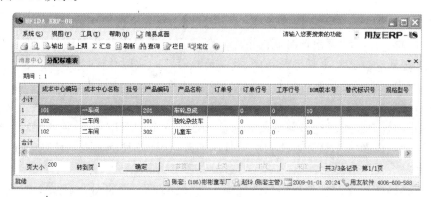

图 8-53 【在产品约当系数表】窗口

③ 根据企业生产情况输入各产品的在产品约当系数。

2. 分配标准表

分配标准表主要是录入在"分配率自定义"中新增加的费用分配标准所对应的各产品数据,可以根据各产品各费用分配标准的使用情况选择录入。分配标准表中所显示的"分配标准"项目,是在"分配率自定义"中增加的所有标准项目,在录入本表内数据时,可以根据计算所选择的标准来录入相关数据,对于未使用的分配标准,不必录入数据。

由于在成本管理系统中,分配标准的实质是作为费用分配的权重,因此,分配标准既可以赋予实际的含义,如"人工工时"等,也可将其作为一个无实际含义的分配比例系数来处理。

操作步骤如下。

① 在 UFIDA ERP-U8 窗口选择【业务工作】|【管理会计】|【成本管理】|【数据录入】|【分配标准表】双击,打开【过滤条件选择】对话框。

② 在【过滤条件选择】对话框中设置过滤条件后,单击【过滤】按钮,打开【分配标准表】窗口,如图 8-54 所示。

图 8-54 【分配标准表】窗口

③ 录入各车间的费用分配标准。

3. 产品材料定额每月变动表

产品材料定额每月变动表用于在产品分配率选择为"按材料倒挤法"时，必须录入的数据分配表。表中完工产品材料成本按照"产品耗量数据 * 实际材料平均单价"进行计算，并以此倒挤出在产品材料成本。

操作步骤如下。

① 在 UFIDA ERP-U8 窗口选择【业务工作】|【管理会计】|【成本管理】|【数据录入】|【产品材料定额每月变动表】双击，打开【过滤条件选择】对话框。

② 在【过滤条件选择】对话框中设置过滤条件后，单击【过滤】按钮，打开【产品材料定额每月变动表】窗口，如图 8-55 所示。

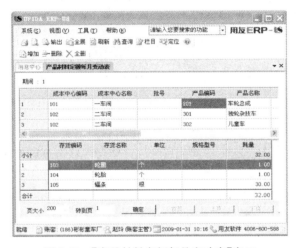

图 8-55 【产品材料定额每月变动表】窗口

③ 在上栏中选定产品后，单击【增加】按钮，在下方栏中增加一空的记录，选择存货名称，输入定额耗量。同样方式录入其他定额数据。

8.4 成 本 核 算

成本核算就是把一定时期内企业生产经营过程中所发生的费用，按其性质和发生地点，分类归集、汇总、核算，计算出该时期内生产经营费用发生总额和每种产品的实际成本和单位成本的管理活动。其基本任务是正确、及时地核算产品实际总成本和单位成本，提供正确的成本数据，为企业经营决策提供科学依据，并借以考核成本计划执行情况，综合反映企业的生产经营管理水平。成本核算的内容主要包括完整地归集与核算成本计算对象所发生的各种耗费，正确计算生产资料转移价值和应计入本期成本的费用额，科学地确定成本计算的对象、项目、期间以及成本计算方法和费用分配方法，保证各种产品成本计算的准确、及时三个方面。

成本核算的实质是一种数据信息处理加工的转换过程，即将日常已发生的各种资金的耗费，按一定方法和程序，按照已经确定的成本核算对象或使用范围进行费用的汇集和分配的过程。正确、及时地进行成本核算,对于企业开展增产节约和实现高产、优质、低消耗、多积累具有重要意义。

8.4.1　成本计算

系统根据输入和自动获取的成本计算数据,在判断符合计算规则的基础上,按照预设的流程自动完成成本的计算处理。成本计算的处理内容包括成本计算检查、成本计算或卷积运算、运算还原等内容。

1.成本计算检查

成本管理系统提供成本计算前的数据校验功能,在计算成本前,通过进行成本数据合理性校验,发现不符合计算要求的数据问题并将其显示出来,以方便查找修改,提高成本计算效率。

操作步骤如下。

① 在 UFIDA ERP-U8 窗口选择【业务工作】|【管理会计】|【成本管理】|【核算】|【成本计算检查】双击,打开【成本计算检查】对话框,如图 8-56 所示。

② 单击【开始检查】按钮,系统对成本数据合理性进行检查,检查完毕,弹出成本计算检查信息对话框,如图 8-57 所示。

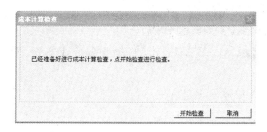

图 8-56　【成本计算检查】对话框　　　　　图 8-57　成本计算检查信息对话框

③ 单击【检查结果】按钮,打开【错误报告】窗口,如图 8-58 所示。

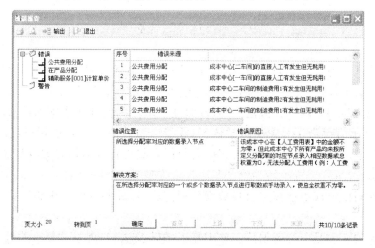

图 8-58　【错误报告】窗口

④ 单击【退出】按钮返回，根据错误信息提示，对应进行相关处理。处理完毕后，需要重新执行成本计算检查，直至通过成本计算检查。

2. 成本计算

在成本检查符合条件的基础上，通过执行成本计算功能，自动完成成本的计算处理。

操作步骤如下。

① 在 UFIDA ERP-U8 窗口选择【业务工作】|【管理会计】|【成本管理】|【核算】|【成本计算】双击，打开【成本计算】模式选择对话框，如图 8-59 所示。

② 此处以分步计算为例说明后续处理，在【成本计算】模式选择对话框中选择"成本计算分步骤进行"选项，然后单击【开始计算】按钮，进入【成本计算】第一步【计算辅助服务成本】对话框，如图 8-60 所示。

图 8-59　【成本计算】模式选择对话框

图 8-60　【计算辅助服务成本】对话框

③ 单击【下一步】按钮，系统进行计算并进入【成本计算】第二步【归集并分配成本费用】对话框，如图 8-61 所示。

④ 单击【下一步】按钮，系统进行计算并进入【成本计算】第三步【产品间耗用的成本结转】对话框，如图 8-62 所示。

图 8-61　【归集并分配成本费用】对话框

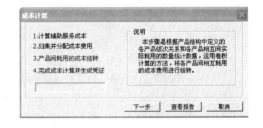

图 8-62　【产品间耗用的成本结转】对话框

⑤ 单击【下一步】按钮，系统进行计算并进入【成本计算】第四步【完成成本计算并生成凭证】对话框，如图 8-63 所示。

⑥ 单击【下一步】按钮，系统完成成本计算并生成凭证，弹出【完成】对话框，如图 8-64 所示。

⑦ 单击【完成】按钮完成成本计算处理。

提示：

成本计算后，如果发现处理有错误，可恢复至计算前状态，进行相关处理。处理完毕后，重新进行成本计算。恢复至计算前状态通过【恢复结账前状态】功能进行。

图 8-63 【完成成本计算并生成凭证】对话框

图 8-64 【完成】对话框

3. 卷积运算

卷积运算可按顺序由低层到高层完成所有 BOM 层次成本的一次性计算，分手工卷积和自动卷积处理两种方式，计算过程自动完成。

操作步骤如下。

① 在 UFIDA ERP-U8 窗口选择【业务工作】|【管理会计】|【成本管理】|【核算】|【卷积运算】双击，打开【成本卷积】对话框，如图 8-65 所示。

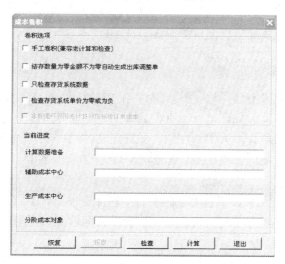

图 8-65 【成本卷积】对话框

② 选择成本卷积运算选项后，单击【检查】按钮，系统对卷积运算数据条件进行检查，检查完毕弹出检查情况信息提示对话框，可单击【成本卷积】对话框中的【报告】按钮查看检查结果，根据报告信息对相关设置进行调整后，重新进行检查。

③ 当通过检查后，单击【计算】按钮，系统开始提取数据进行卷积运算。运算结束后，系统弹出卷积运算完成信息提示对话框，单击【确定】按钮完成运算处理。

4. 还原运算

成本计算后进行查询、分析时，在管理上有时需要按原始成本项目反映产成品成本资料，以了解产品成本的结构（各成本项目的成本占全部成本的比重）。成本管理系统所提供的还原运算功能，是从最后一个步骤起，将所耗用上一步骤半成品的综合成本（表现为本步骤的材料费用)按材料费用、人工费用、制造费用、辅助费用、其他费用等原始成本项目进行数据还原,体现出产成品成本的构成数据信息。

操作步骤如下。

① 在 UFIDA ERP-U8 窗口选择【业务工作】|【管理会计】|【成本管理】|【核算】|【还原运算】双击,打开【成本还原】对话框,如图 8-66 所示。

② 选择还原范围后,单击【还原】按钮,系统开始进行还原处理。处理完毕弹出【还原已完成】信息提示对话框,单击【确定】按钮返回

图 8-66 【成本还原】对话框

【成本还原】对话框。可单击【报告】按钮查看还原报告。单击【退出】按钮完成还原处理。

8.4.2 凭证处理

成本管理系统根据成本计算过程形成可生成凭证的业务,对这些业务需要根据会计准则的有关规定,设置业务生成凭证时所需要的借贷方会计科目、摘要信息、凭证类别等信息,然后通过执行凭证的生成处理机制自动生成凭证,并向总账系统传递。

1.定义凭证

在以有效数据进行成本计算后,可以进行本期的凭证处理,在生成凭证前,首先要定义凭证。成本管理系统涉及的凭证被分成五种:结转制造费用、结转辅助生产成本、结转盘点损失、结转产品耗用、结转直接人工。在进行凭证定义时,系统自动显示需要结转的金额,需要通过手工方式输入凭证的其他信息:凭证类别、借贷方会计科目、摘要等。

操作步骤如下。

① 在 UFIDA ERP-U8 窗口选择【业务工作】|【管理会计】|【成本管理】|【核算】|【凭证处理】|【定义凭证】双击,打开【定义凭证】窗口,如图 8-67 所示。

图 8-67 【定义凭证】窗口

② 选择结转类型、成本中心、明细信息和凭证类别后,在业务信息列表中设置借方科目、贷方科目和摘要信息。

2. 自动生成凭证

系统自动将需要生成凭证的记录汇总，通过选择凭证生成的方式，决定如何生成凭证，系统根据企业的需要，按总账规定的凭证格式生成凭证，完成向总账系统传递数据。

操作步骤如下。

① 在 UFIDA ERP-U8 窗口选择【业务工作】|【管理会计】|【成本管理】|【核算】|【凭证处理】|【自动生成凭证】双击，打开【自动生成凭证】窗口，如图 8-68 所示。

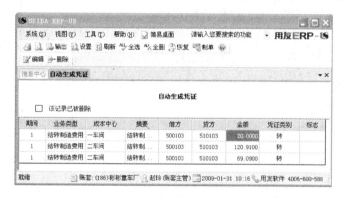

图 8-68　【自动生成凭证】窗口

② 在业务对应的【标志】列双击添加生成标志"Y"，然后单击工具栏上的【制单】按钮生成凭证并弹出【填制凭证】对话框。在【填制凭证】对话框中，对生成的凭证进行修改后，单击 按钮进行保存并将其传递到总账系统。

8.4.3　月末结账

在每个会计期末，做完所有的工作后，包括成本计算、生成凭证等，要进行月末结账的处理，做完月末结账后，标志本月已经结账，不允许再做有关本月的业务处理。如果发现已结账月份数据有误，可以通过执行"恢复结账前状态"的功能后，进行修改并重新计算已结账月份的数据。

1. 月末结账

在每个会计期间工作处理完毕后，要进行月末结账的处理，在月末结账功能中，要定义与总账对账的科目，系统将自动进行对账，并显示对账结果。成本进行月末处理过程中，不再判断"存货核算系统"是否进行月末结账，即可以结账。

操作步骤如下。

① 在 UFIDA ERP-U8 窗口选择【业务工作】|【管理会计】|【成本管理】|【核算】|【月末结转】双击，打开【月末处理】对话框，如图 8-69 所示。

② 选择结账月份后，单击【开始结账】按钮，系统进入结账向导第一步【开始结账】对话框，如图 8-70 所示。

③ 单击【下一步】按钮，系统进入结账向导第二步【检查凭证】对话框，如图 8-71 所示。

图 8-69 　【月末处理】对话框

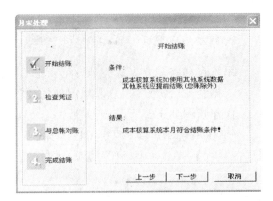

图 8-70 　【开始结账】对话框

④ 单击【检查凭证】按钮，凭证检查通过后，单击【下一步】按钮进入结账向导第三步【与总账对账】对话框，如图 8-72 所示。

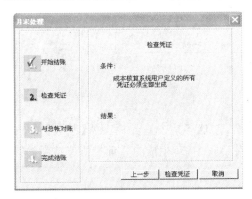

图 8-71 　【检查凭证】对话框

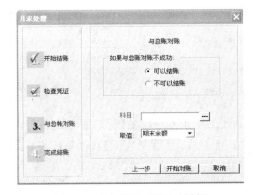

图 8-72 ·【与总账对账】对话框

⑤ 设置结账选项和对账条件后，单击【开始对账】按钮，系统与总账进行对账并显示对账结果。单击【完成结账】按钮，完成结账处理。

2. 恢复结账前状态

成本管理系统在计算过程中需要引用其他系统的数据，为保证成本计算结果的准确性，系统将"所有成本管理系统读取数据的系统均已结账（总账除外）"作为判断成本计算数据有效性的依据，并将"成本计算数据有效"的系统状态称为"占用其他系统数据"。如果某会计期间的状态为"已经结账"，将不能再进行本月的业务处理工作，如果某会计期间的状态为"占用其他系统数据"，将不能再执行其他相关系统的"恢复结账"功能。对于上述两种状态，可以通过执行"恢复结账前状态"的功能，恢复到成本计算前的状态，根据具体情况进行业务处理后，重新核算本月成本。

操作步骤如下。

① 在 UFIDA ERP-U8 窗口选择【业务工作】|【管理会计】|【成本管理】|【核算】|【恢复结账前状态】双击，打开【恢复月初】对话框，如图 8-73 所示。

② 选择月份后，单击【恢复月初】按钮，系统进入恢复提示信息对话框，单击【确定】按钮，系统开始进行恢复处理，处理完毕弹出恢复完成信息提示对话框，单击【完成】按钮完成恢复处理。

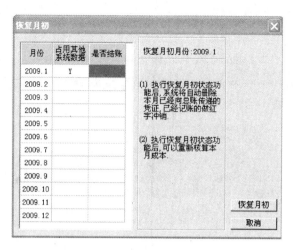

图 8-73 【恢复月初】对话框

8.5 成本计划、成本预测与成本分析

8.5.1 成本计划

成本计划是成本管理系统中一个相对独立的模块,它没有期间的概念,可以随时进行计算,其计算的主线索是"产品结构(或物料清单)"中定义的关系,材料及半成品的消耗数据均取自"产品结构(或物料清单)",算法是从末级产品算起,逐层卷积计算。计划成本制定的业务处理流程如图 8-74 所示。

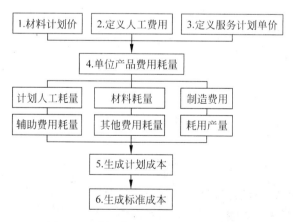

图 8-74 计划成本制定业务处理流程图

1. 制定计划单价

为了对实际成本进行分析比较,需要定义产品的计划成本,通过查阅材料计划价,输入计划人工费率、服务计划单价,根据单位产品费用耗用量,计算产品的单位计划成本。

操作步骤如下。

① 在 UFIDA ERP-U8 窗口选择【业务工作】|【管理会计】|【成本管理】|【计划】|
【制定计划单价】双击，打开【制定计划单价】窗口，如图 8-75 所示。

图 8-75　【制定计划单价】窗口

② 分别打开"材料计划价"、"计划人工费用率"和"服务计划单价"选项卡，录入相关的
计划单价。

提示：

对于材料计划价可以手工录入，也可从系统取数。从系统取数时，单价取自存货档案，所取数据可以
是"存货计划价"、"存货最新成本"或者是"存货参考成本"。

2. 单位产品费用耗用量

产品的费用包括人工费用、材料费用、制造费用、辅助费用、其他费用以及耗用的产品，
为了有效地进行成本控制，需要定义单位产品的费用耗量。在成本管理系统中，材料费用和
耗用的产品可以直接从【产品结构或物料清单】中取数，允许修改，而其他费用则需要手工
输入。

操作步骤如下。

① 在 UFIDA ERP-U8 窗口选择【业务工作】|【管理会计】|【成本管理】|【计划】|
【单位产品费用耗用量】双击，打开【单位产品费用耗量】窗口，如图 8-76 所示。

图 8-76　【单位产品费用耗量】窗口

② 单击工具栏上的【取数】按钮,弹出取数【选项】对话框,如图8-77所示。

③ 设置取数选项后,单击【确定】按钮,系统弹出取数提示信息框,如图8-78所示。

图 8-77　取数【选项】对话框　　　　　　　图 8-78　取数提示信息框

④ 单击【是】按钮,系统自动进行取数处理,并在相关栏中添加取数标志"Y"。

⑤ 选择成本中心后,在相关费用项目栏中双击后,单击 … 按钮,弹出费用耗用量录入窗口,如图8-79所示。

图 8-79　费用耗用量录入窗口

⑥ 录入各费用构成项目的计划耗用量,单击【退出】按钮返回【单位产品费用耗量】窗口,系统自动在相关栏中添加标志"Y"。

提示:

对于双击后不显示 … 按钮的栏目可直接录入计划耗用量。

3. 生成计划成本

根据计划单价、单位产品费用耗用量录入情况,系统自动计算产品的计划成本(单位标准成本)。其中,直接人工费用用单位产品费用耗量表中产品的人工耗量乘以该工序的计划人工费用率进行计算;材料费用用单位产品费用耗量表中产品的材料耗量乘以该材料的计划价格进行计算;制造费用用单位产品费用耗量表中产品的制造费用明细进行汇总形成;辅助费用用单位产品费用耗量表中产品的辅助费用明细进行汇总形成;其他费用用单位产品费用耗量表中产品的其他费用明细进行汇总形成;计划成本则等于直接人工费用、材料费用、制造费用、辅助费用、其他费用五项费用之和。

操作步骤如下。

① 在 UFIDA ERP-U8 窗口选择【业务工作】|【管理会计】|【成本管理】|【计划】|【生成计划成本】双击,弹出计划成本计算提示对话框,如图8-80所示。

② 单击【确定】按钮,系统自动完成计划成本的计算。

4. 生成标准成本

所谓标准成本,就是经过认真调查、分析测定而制定的,在有效经营条件下应当发生的,可以作为控制成本开支、评价实际成本、衡量工作效率的依据和尺度的一种目标成本,也称为"应该成本"。但"标准成本"一词有两个含义：一是"单位产品的标准成本"，亦称"成本标准"。二是"实际产量的标准成本"。在成本管理系统中标准成本选取后一种含义，是指以"产品单位计划成本＊产品负担完工日产量＝所得出的成本数据"。

在成本管理系统中，提供了标准成本的即时计算以及实际成本与标准成本的比较分析、数据的即时存储。

操作步骤如下。

① 在 UFIDA ERP-U8 窗口选择【业务工作】|【管理会计】|【成本管理】|【计划】|【生成标准成本】双击，弹出标准成本计算提示对话框，如图 8-81 所示。

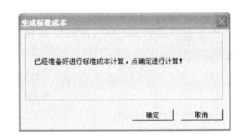

图 8-80　计划成本计算提示对话框　　　　图 8-81　标准成本计算提示对话框

② 单击【确定】按钮，系统自动完成标准成本的计算。

8.5.2　成本预测

成本管理系统的成本预测主要是根据计划成本和历史期间的实际成本数据，运用一定的预测算法，来预测目的期间的成本中心成本或目标产品的成本。目前，在成本管理系统中提供了成本中心成本预测和产品成本预测两大类预测方法。对成本中心成本预测又提供了趋势预测、历史同期数据预测和年度平均增长率预测三种预测方法，对产品成本预测提供了按计划成本预测和按实际成本预测两种方法。

1.成本中心成本预测

成本中心成本预测，是为了满足企业在成本管理中事前预测的需要而设计的，系统根据企业选择的预测方法，运用系统内相应的历史数据或手工输入的数据，利用数学方法进行预测，并对预测结果进行存储。成本中心成本预测分为趋势预测、历史同期数据预测、年度平均增长率预测三种方式，这三种方式采用不同的数学模型以满足企业不同预测的要求，企业可根据预测需要进行选择。

1）趋势预测

趋势预测采用"一次移动平均法"算法进行计算，是根据选择的数据，运用求移动平均值的方法，预测某一成本中心未来会计期间的成本。在选择了预测期间和基础数据期间段后，系统自动搜索历史成本数据记录，如果已在成本管理系统计算过实际成本，系统会调用已有数据，如果选择的基础数据期间无数据，则需要手工录入数据。

2）历史同期数据预测

历史同期数据预测采用"一次移动平均法"算法进行计算，与趋势预测相比，区别在于预测的基础数据准备不同,历史同期数据预测需要提供不同年度相同月份的数据。是根据选择的会计年度,通过计算各年度同一月份数据移动平均值的方法,预测某一成本中心任一会计期间的成本。

3) 年度平均增长率预测

年度平均增长率预测算法比较简单,主要计算增长比例,根据选择的预测月份,计算出本年度相对于上一年度的月平均增长率,据以预测某一成本中心任一会计期间的成本。

以趋势预测为例说明预测操作步骤如下。

① 在 UFIDA ERP-U8 窗口选择【业务工作】|【管理会计】|【成本管理】|【预测】|【成本中心成本预测】双击,打开【预测方法选择】对话框,如图 8-82 所示。

② 选择【趋势预测】选项,然后单击【确定】按钮,打开【成本预测】范围设置对话框,如图 8-83 所示。

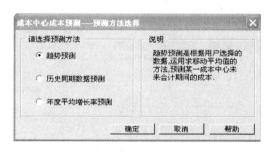

图 8-82　【成本中心成本预测-预测方法选择】对话框　　　图 8-83　【成本预测】范围设置对话框

③ 选择预测成本中心(如"一车间")、预测月份(如"2009/02")、起始月份(如"2008/09")、结束月份(如"2009/01"),然后单击【开始预测】按钮,打开【预测数据录入】窗口,如图 8-84 所示。

数据时间	材料费用	人工费用	制造费用	辅助费用	其他费用	总成本
2008/09						
2008/10						
2008/11						
2008/12	0.0000	0.0000	0.0000	0.0000	0.0000	0.0000
2009/01	259.0000	50.0000	45.0000	37.4286	0.0000	391.4286

图 8-84　【预测数据录入】窗口

④ 录入各数据期间、各费用项目数据后,单击工具栏上的【预测】按钮,系统完成数据计算处理,打开【成本中心预测结果】窗口,如图 8-85 所示。

2. 产品成本预测

产品成本预测是利用企业制定的产品计划单位成本或产品历史单位成本预测任意产量下的产品成本。

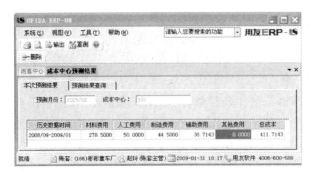

图 8-85　【成本中心预测结果】窗口

操作步骤如下。

① 在 UFIDA ERP-U8 窗口选择【业务工作】|【管理会计】|【成本管理】|【预测】|【产品成本预测】双击，打开【预测数据录入】窗口，如图 8-86 所示。

图 8-86　【预测数据录入】窗口

② 再单击【增加】按钮，增加一空记录，选择产品、录入产量后，单击工具栏上的"保存"按钮进行保存。

③ 单击工具栏上的【预测】按钮，打开预测方式选择对话框，如图 8-87 所示。

④ 选择预测方式和预测产品后，单击【确定】按钮，打开【预测结果显示】窗口，如图 8-88 所示。

图 8-87　预测方式选择对话框

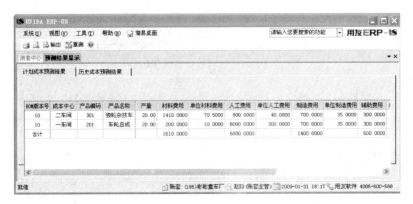

BOM版本号	成本中心	产品编码	产品名称	产量	材料费用	单位材料费用	人工费用	单位人工费用	制造费用	单位制造费用	辅助费用
10	二车间	301	独轮杂技车	20.00	1410.0000	70.5000	800.0000	40.0000	700.0000	35.0000	300.0000
10	一车间	201	车轮总成	20.00	200.0000	10.0000	6000.0000	300.0000	700.0000	35.0000	300.0000
合计					1610.0000		6800.0000		1400.0000		600.0000

图 8-88　【预测结果显示】窗口

8.5.3 成本分析

成本分析主要是根据计划成本和历史期间的实际成本数据,运用一定的分析算法,来分析目的期间的成本中心成本数据或目标产品的成本数据,监控成本的高低变化情况,以达到对生产过程进行监督考核、降低成本提高经济效益的目的。

在成本管理系统中提供了批次产品成本追踪分析、成本中心内部利润分析、产品成本差异分析、成本项目构成分析、材料消耗差异、成本控制报告等几种分析方法,各种分析方法均采用一定的数学模型方法,根据历史(计划)成本资料,自动进行成本的分析。

1. 成本中心内部利润分析

成本中心内部利润分析是利用计划成本对在【设置】中定义的属性为“基本生产成本中心”的成本中心进行内部利润分析。

操作步骤如下。

① 在 UFIDA ERP-U8 窗口选择【业务工作】|【管理会计】|【成本管理】|【分析】|【成本中心内部利润分析】双击,打开【计价方式选择】对话框,如图 8-89 所示。

② 选择计价方式后,单击【确定】按钮,打开【成本中心内部利润分析】界面,如图 8-90 所示。

图 8-89 【计价方式选择】对话框

图 8-90 【成本中心内部利润分析】界面

提示:

如果未制定计划成本,则计价方式选项只能选择“实际价”。

2. 产品成本差异分析

产品成本差异的分析提供比较各产品各月份的实际单位成本同计划单位成本的差异,或者各产品不同月份之间的单位成本差异的功能,分析的结果以差异额和差异率的方式表示。

操作步骤如下。

① 在 UFIDA ERP-U8 窗口选择【业务工作】|【管理会计】|【成本管理】|【分析】|

【产品成本差异分析】双击，打开【分析条件选择】对话框，如图 8-91 所示。

分析条件选择
分析对象
分析月份 1
产品名称
产品批号 无批号
费用项目 材料费用
显示形态 默认
分析方法
与历史数据比较
与计划成本比较
请选择历史数据月份 1
与其他产品比较
选择比较产品（多选，最多4个）
确定
取消

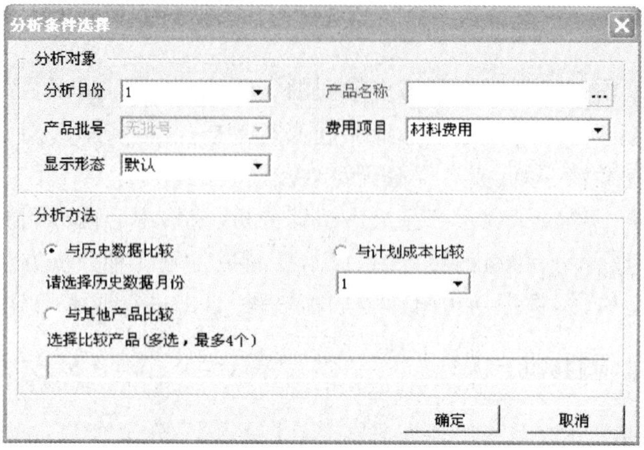

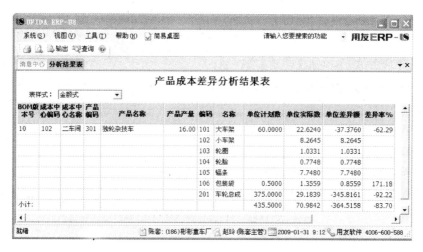

图 8-91 【分析条件选择】对话框

② 在【分析条件选择】对话框中设置分析条件后，单击【确定】按钮，打开【分析结果表】界面，如图 8-92 所示。

UFIDA ERP-U8
系统(S) 视图(V) 工具(T) 帮助(H) 简易桌面
请输入您要搜索的功能
用友ERP-U8
输出 查询
消息中心 分析结果表
产品成本差异分析结果表
表样式： 金额式
BOM版本号 成本中心编码 成本中心名称 产品编码 产品名称 产品产量 编码 名称 单位计划数 单位实际数 单位差异额 差异率%
10 102 二车间 301 独轮杂技车 16.00 101 大车架 60.0000 22.6240 -37.3760 -62.29
102 小车架 8.2645 8.2645
103 轮圈 1.0331 1.0331
104 轮胎 0.7748 0.7748
105 辐条 7.7480 7.7480
106 包装袋 0.5000 1.3559 0.8559 171.18
201 车轮总成 375.0000 29.1839 -345.8161 -92.22
小计: 435.5000 70.9842 -364.5158 -83.70
就绪
账套：(186)彬彬童车厂 赵玲(账套主管) 2009-01-31 9:12 用友软件 4006-600-588

图 8-92 【分析结果表】界面

3. 成本项目构成分析

成本项目构成分析采用图形的方式对各产品的成本项目构成比例进行分析，但只对系统已计算成本的期间或期间段进行分析。

操作步骤如下。

① 在 UFIDA ERP-U8 窗口选择【业务工作】|【管理会计】|【成本管理】|【分析】|【成本项目构成分析】双击，打开【成本项目构成分析】界面，如图 8-93 所示。

② 在【成本项目构成分析】界面中，选择分析期间、成本中心和产品后，系统根据产品费用构成情况自动更新分析结果。根据分析需要可以更换分析图形类型，可供选择的图形类型有：面积图、柱形图、饼状图、雷达图、折线图、散点图等。

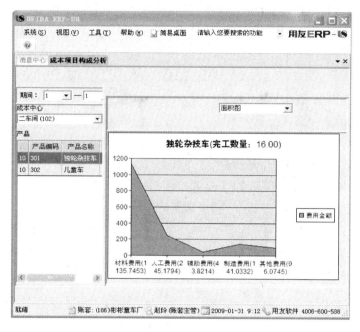

图 8-93 【成本项目构成分析】界面

4. 材料消耗差异分析

材料消耗差异分析用于计算分析某种材料的本月实际消耗总数量与计划消耗总数量之间的差异。

操作步骤如下。

① 在 UFIDA ERP-U8 窗口选择【业务工作】|【管理会计】|【成本管理】|【分析】|【材料消耗差异分析】双击,打开【查询条件】对话框,如图 8-94 所示。

② 在【查询条件】对话框中设置查询条件后,单击【确定】按钮,打开【材料消耗差异分析】界面,如图 8-95 所示。

图 8-94 【查询条件】对话框

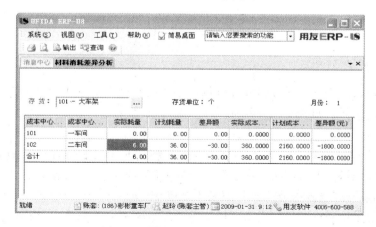

图 8-95 【材料消耗差异分析】界面

③ 单击 … 按钮选择存货名称后，系统自动更新分析数据。

5. 成本控制报告

成本管理系统提供了标准成本与实际成本的对比分析，据以掌握成本控制情况。

操作步骤如下。

① 在 UFIDA ERP-U8 窗口选择【业务工作】|【管理会计】|【成本管理】|【分析】|【成本控制报告】双击，打开【成本差异分析查询条件】对话框，如图 8-96 所示。

图 8-96 【成本差异分析查询条件】对话框

② 在【成本差异分析查询条件】对话框中设置查询条件后，单击【确定】按钮，打开【成本控制报告】窗口，如图 8-97 所示。

图 8-97 【成本控制报告】窗口

本章习题

1. 成本管理系统的基本功能有哪些？

2. 成本计算的基本处理过程是什么样的？

3. 成本核算过程中所需的基础数据有哪些？如何获取？

4. 在成本管理系统中，成本计划涉及哪些内容？如何定义？

5. 成本管理系统可以和哪些系统集成应用？举例说明系统集成应用时哪些基础设置是必需的。

6. 简述成本管理系统期初数据录入处理的基本流程。

第 9 章

购销存管理系统

教学目的及要求

　　系统学习购销存管理系统的基本理论知识,了解购销存管理系统的应用方法。掌握购销存管理系统各模块间的数据传递关系,熟悉购销存系统的初始化设置方法和内容,掌握购销存业务处理过程。

9.1　购销存系统概述

9.1.1　购销存系统的任务

　　作为企业管理信息系统的核心系统——会计信息系统,随着时代的进步发生了巨大的变化。由过去单纯的记账、算账、报账,发展成为以管理为核心、面向企业生产经营全过程的企业级会计信息系统;由过去单纯的只对资金流进行管理,发展成为对资金流、物流、信息流的全面管理;由过去单纯的财务管理,发展成为具有总账、报表、应收应付、薪资、固定资产、购销存等一系列有联系的模块的集成化的会计信息系统,从而实现财务与业务的一体化管理。财务与业务的一体化管理不仅可以减轻财务人员的劳动强度、提高劳动效率,更重要的是可以降低库存、加速资金周转、减少坏账,进而提高企业的综合竞争能力。

　　如前所述,基于财务业务一体化的会计信息系统的数据流程如图 9-1 所示。

　　站在财务核算的角度,数据流程可划分为应付款管理、存货核算、应收款管理、总账管理、固定资产管理、薪资管理、UFO 报表等模块。

　　应收款管理:财务部门应收会计使用,处理客户应收账款、销售发票和应收单审核、填制收款单、核销应收账款等,提供应收账龄分析、欠款分析、回款分析等统计分析,提供资金流入预测功能,根据客户信用度、信用天数提供自动报警、控制预警功能。应收管理对应着核算单位的销售业务。

　　应付款管理:财务部应付会计使用,处理供应商应付账款、采购发票和应付单审核、填制付款单、核销应付账款等,可以做到应付款的账龄分析、欠款分析等统计分析,提供资金流出预算功能。应付管理对应着核算单位的采购业务。

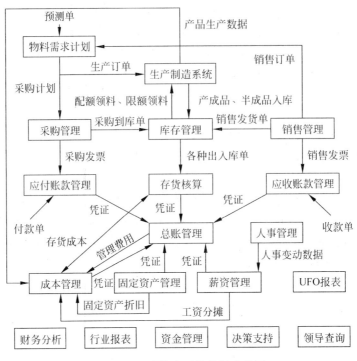

图 9-1　会计信息系统数据流程图

存货核算：财务部材料会计使用，处理由库存管理模块传递过来的各种出入库单据，主要完成审核记账及根据预先定义好的成本借转方式（如先进先出、后进先出、移动平均等）自动结转出库成本。可调整存货的出入库成本，最后生成凭证传递到总账中。

薪资管理：财务部使用（也可以人事部使用），核算公司员工工资，可以做到简单的人事档案管理，出具各种工资报表，可以处理计价工资业务，提供工资的现金发放清单或银行代发工资功能，可以处理员工工资中代扣个人所得税业务。

固定资产管理：财务部使用，管理固定资产业务，将固定资产用卡片形式进行登记，处理固定资产的维修、自动计提折旧、部门转移等业务，可处理一个固定资产多部门使用的情况（如复印机，多部门使用。多部门使用时，部门数为 2～20），固定资产卡片还可以关联图片。

总账管理：财务部总账会计使用，处理由各模块传递过来的凭证，也可以自己填制凭证，生成财务报表，月底结转工作、月末处理工作等。

报表管理：提供资产负债表、利润表等报表模板，在此也可以自定义自己所需的报表。

站在供应链管理的角度，数据流程中可划分为采购需求计划、采购管理、库存管理、存货核算、销售管理等模块。为了实现财务与业务一体化管理应了解采购管理、库存管理、销售管理、存货核算各个系统间的衔接关系，以及与总账系统、应收账款系统、应付账款系统等各个财务系统之间的数据传递关系，从而在完成财务与业务各子系统的系统初始化的基础上，分别完成采购业务、销售业务和库存收发业务处理。

采购管理：采购部门使用，对采购业务的全部流程进行管理，提供请购、订货、到货（退货）、入库、开票、采购结算的完整采购流程，提供比价生单（同一种原材料，不同的供应商的供货价格不同，系统可优先选择最低价而生成相应的采购订单）。用户可根据实际情况进行采购流程的定制。提供采购订单的到货期提前预警功能,提供供应商价格对比分析等报表。

销售管理:销售部门使用,处理客户的基本档案资料、定制销售计划、销售报价、开具销售订单(销售合同)、销售发货(销售退货)、销售开票;在销售订单、发货、开票时可以检查和控制客户的信用额度和最低售价,减少坏账的发生;强大的统计分析功能,可以根据业务数据,生成各类丰富的统计报表,可按存货、地区、业务员、部门等类别分析销售状况和销售业绩,以便及时调整销售策略。

库存管理:库管部门使用,处理由采购部门传递过来的采购到货单,进行验收入库;销售部门传过来的销售发货单,审核之后销售出库;处理材料领用业务(配比出库、限额领料),半成品、产成品入库,处理调拨、盘点等工作,查询各种库存账表(如库存台账、出入库流水账、收发存汇总表等),提供最高库存、最低库存、安全库存报警等工作;组装拆卸业务。

在用友 ERP-U871 财务管理软件中,共用的基础设置集中在基础设置模块中进行,而在使用财务软件时,除了共用的基础设置之外,各个子系统为了方便快捷地完成本系统的业务操作和与其他子系统的衔接,还应进行一些适合于本系统的初始化工作。主要包括业务控制选项设置、系统基础设置、期初数据处理等。购销存系统主要包括采购管理、库存管理与存货核算、销售管理等子系统,它们之间的业务联系非常密切。

1. 采购管理的任务

采购管理是企业物资供应部门按照企业的物资供应计划,通过市场采购、加工订制等渠道,取得企业生产经营活动所需要的各种物资。无论是工业企业还是商业企业,采购业务的状况都会影响到企业的整体运营状况,采购作业管理不善,会使生产缺料或物料过剩,而无论是生产缺料还是物料过剩都将会给企业造成无法计算的损失。

采购管理的目标是保障供给,降低采购成本,密切企业与供应商的关系。

采购管理的主要任务是在采购管理系统中处理采购入库单和采购发票,并根据采购发票确认采购入库成本。采购管理系统与应付款管理系统联合使用可以掌握采购业务的付款情况;与库存管理系统联合使用可以随时掌握存货数量信息,从而减少盲目采购,避免库存积压;与存货核算系统联合使用可以为存货核算提供采购入库成本,便于财务部门及时掌握存货采购成本。

2. 库存管理的任务

存货是指企业在生产经营过程中为销售或耗用而存储的各种资产,包括商品、产成品、半成品、在产品,以及各种材料、燃料、包装物、低值易耗品等。存货是企业的一项重要的流动资产,其价值在企业流动资产中占有很大的比重。适量的存货是保证企业生产经营顺利进行的必要条件。库存管理的主要任务是通过对企业存货进行管理,正确计算存货购入成本,促使企业努力降低存货成本;反映和监督存货的收发、领退和保管情况;反映和监督存货资金的占用情况,促进企业提高资金的使用效果。

3. 存货核算的任务

存货核算主要是通过对存货增加、减少与结存的核算,从而计算存货成本,为企业管理者提供一个在新的市场竞争环境下,使资源合理应用,提高经济效益的库存管理方案。在企业中,存货成本直接影响利润水平,尤其在市场经济条件下,存货品种日益更新,存货价格变化较快,企业领导层更为关心存货的资金占用及周转情况,因而使得存货核算的工作量越来越大。利用计算机技术来加强对存货的核算和管理不仅能提高核算的精度,还能提高及时性、可靠性和准确性。

4. 销售管理的任务

销售是企业生产经营成果的实现过程,是企业经营活动的中心。通过销售订货、发货、开票,处理销售发货和销售退货业务,同时在发货处理时可以对客户信用额度、存货现存量、最低售价等进行检查和控制。经审核的发货单可以自动生成销售出库单,冲减库存的现存量;可以进行销售增长分析、货物流向分析、销售结构分析、销售毛利分析、市场分析和商品周转率分析等。

9.1.2 购销存各模块间的数据传递关系

1. 采购管理

采购管理系统向库存管理系统传递采购入库单,追踪存货的入库情况,把握存货的畅滞信息,减少盲目采购,避免库存积压;向应付账款管理系统传递采购发票,形成企业的应付账款;应付账款系统为采购系统提供采购发票的核销情况。

2. 库存管理

库存管理系统接收在采购和销售管理系统中填制的各种出入库单;向存货核算系统传递经审核后的出入库单和盘点数据;接收存货核算系统传递过来的出入库存货的成本。

3. 存货核算

存货核算系统接收采购、销售和库存管理系统中传递的已审核过的出入库单,进行记账,并生成记账凭证;向库存管理系统传递出入库的存货成本;向采购管理系统和销售管理系统传递存货信息;接收成本管理系统中传递的产成品单位成本,进行产成品成本的分配。

4. 销售管理

向库存管理系统传递销售出库单,冲减库存管理系统的货物现存量,同时库存管理系统为销售管理系统提供可供销售存货的现存量;向应收账款管理系统传递销售发票,形成企业的应收账款;应收账款管理系统为销售管理系统提供销售发票的核销情况。在总账管理系统中接收应付款管理系统、存货核算系统及应收款管理系统中生成的记账凭证,并审核、记账形成企业的有关总账信息。

9.2 购销存系统的初始化过程

9.2.1 设置购销存系统公用规则

购销存管理系统所涉及的公共基础设置内容较多,主要有客户/供应商相关的客户(供应商)分类、客户(供应商)档案等,与存货核算管理相关的存货分类、计量单位、存货档案、仓库档案、收发类别、采购类型、销售类型等,部分基础档案的设置已在前述相关章节进行了阐述,此处以销售类型设置为例,简要阐述一下公共基础档案设置的基本途径和方法。

① 在 UFIDA ERP-U8 窗口选择【基础设置】|【基础档案】|【业务】|【销售类型】双击,打开【销售类型】窗口,如图 9-2 所示。

图 9-2 【销售类型】窗口

② 单击【增加】按钮,添加一空白记录,依次录入销售类型编码、销售类型名称,选择出库类别等信息。设置完毕后,单击 按钮对输入信息进行保存。

③ 同样方式,依次增加其他销售类型。

9.2.2 采购管理系统初始设置

在完成了共用的基础设置之后,采购管理系统初始化主要包括定义采购管理系统启用参数、设置各种档案、录入期初业务数据及期初记账等。在购销存基础参数设置完成后,可根据企业的实际需要,具体设置采购业务的业务范围,录入有关的期初数据并进行期初记账处理。

1. 业务处理控制参数

为使通用软件能适应业务内容不同的用户,在初始化时可以对购销存业务处理范围进行限定。业务控制参数就是用来规定在购销存业务处理时,对哪些业务能处理、哪些业务不能处理所设置的基础参数。例如,不处理委托代销业务,可以零出库,也可以先发货后开票等。业务控制参数在业务处理过程中发挥作用,使用后不能随意更改。

操作步骤如下。

① 在 UFIDA ERP-U8 窗口选择【基础设置】|【业务参数】|【供应链】|【采购管理】双击,或者在 UFIDA ERP-U8 窗口选择【业务工作】|【供应链】|【采购管理】|【设置】|【采购选项】双击,打开【采购选项设置】对话框,如图 9-3 所示。

② 根据企业管理具体情况,设置采购业务控制参数。

③ 所有选项参数设置完毕后,单击【确定】按钮,对设置信息进行保存。

2. 期初业务数据的录入

采购管理系统的期初业务数据,主要指在启用采购管理系统前没有取得供货单位采购发票,不能进行采购结算的入库单的数据资料,即暂估入库的存货余额。这些数据需要在期初记账前,以采购入库单形式录入系统,形成采购管理系统的期初数据,以便取得发票后进行采购结算。

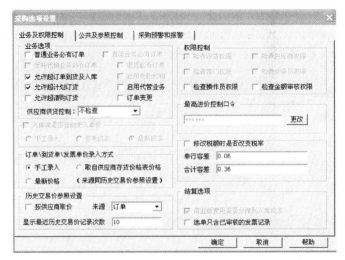

图 9-3　【采购选项设置】对话框

例 1　企业 2008 年 5 月 25 日收到兴盛公司提供的 40GB 硬盘 100 盒，单价 800 元，商品已验收入原料库，至今发票尚未收到，货款尚未支付。

操作步骤如下。

① 在 UFIDA ERP-U8 窗口选择【业务工作】|【供应链】|【采购管理】|【采购入库】|【采购入库单】双击，打开【期初采购入库单】界面，如图 9-4 所示。

图 9-4　【期初采购入库单】界面

② 在【期初采购入库单】界面中，单击【增加】按钮，激活窗口。

③ 修改入库日期为"2008-5-25"；输入或单击部门栏中的参照按钮选择部门为"业务一部"、输入或单击供货单位栏中的参照按钮选择供货单位为"兴盛公司"，并以此方法输入或选择期初采购入库单的其他内容。

④ 单击 🖫 按钮，对录入内容进行保存。

3. 期初记账

在确认采购系统初始化完成后可以进行期初记账，只有进行期初记账后，才能进行日常业务的处理。

例2　完成采购管理系统的期初记账。

操作步骤如下。

① 在 UFIDA ERP-U8 窗口选择【业务工作】|【供应链】|【采购管理】|【设置】|【采购期初记账】双击,打开【期初记账】对话框,如图9-5所示。

② 在【期初记账】对话框中,单击【记账】按钮,系统开始自动记账。记账完毕,弹出【期初记账完毕】信息提示框,如图9-6所示。

图9-5　【期初记账】对话框　　　　图9-6　【期初记账完毕】提示框

③ 在【期初记账完毕】提示框中,单击【确定】按钮,完成期初记账。

9.2.3　库存管理与存货核算系统初始设置

库存管理及存货核算系统初始化主要包括定义系统启用参数、录入期初业务数据及期初记账等。

1. 业务处理控制参数

与第一次进入采购管理系统及销售管理系统一样,第一次进入库存管理及存货核算系统时,也需要先完成库存管理及存货核算系统启用的参数设置。

（1）库存管理业务参数设置

库存管理系统的业务设置主要包括如下参数。

通用设置：主要设置有无组装拆卸业务、有无形态转换业务、有无委托代销业务、有无成套件管理、有无批次管理、有无保质期管理等业务控制参数；库存生成销售出库单、记账后允许取消审核、倒冲材料出库单自动审核等业务校验参数以及修改现存量时点、权限控制等参数。

专用设置：主要设置是否允许超发货单出库、是否允许超限额领料等业务开关参数以及预警设置、出入单成本、最高最低库存管理等控制参数。

可用量控制：可用量控制是按照"仓库＋存货＋自由项＋批号"进行严格控制,主要包括普通存货可用量控制、批次存货可用量控制、出入库追踪可用量控制和倒冲领料出库可用量控制等控制参数。

可用量检查：可用量检查按用户设置的可用量检查公式统计各存货的可用量,如果出库数量超过可用量,系统将提示用户但不强制控制。可用量检查公式为：可用量＝现存量－冻结量＋预计入库量－预计出库量,参数设置主要包括出入库检查可用量、预计入库量、预计出库量等。

库存管理业务参数设置基本步骤如下。

① 在 UFIDA ERP-U8 窗口选择【基础设置】|【业务参数】|【供应链】|【库存管理】双击，或者在 UFIDA ERP-U8 窗口选择【业务工作】|【供应链】|【库存管理】|【初始设置】|【选项】双击，打开【库存选项设置】对话框，如图 9-7 所示。

图 9-7　【库存选项设置】对话框

② 根据企业管理需求设置各种控制参数。

③ 所有选项参数设置完毕后，单击【确定】按钮，对设置信息进行保存。

（2）存货核算业务参数设置

存货核算系统的业务设置主要包括如下参数。

核算方式：主要设置存货的出库成本核算方式、暂估方式、销售成本核算方式、委托代销成本核算方式、资金占用规划、零成本出库选择、入库单成本选择、红字出库单成本等种类成本的核算方式。

控制方式：主要设置有无受托代销业务、有无成套件管理、单据审核后才能记账、账面为负结存时入库单记账自动生成出库调整等控制参数。

最高最低控制：主要设置全月平均/移动平均单价最高最低控制、最大最小单价、差异率(/差价率)最高最低控制等单价控制参数。

存货核算业务参数设置基本步骤如下。

① 在 UFIDA ERP-U8 窗口选择【基础设置】|【业务参数】|【供应链】|【存货核算】双击，或者在 UFIDA ERP-U8 窗口选择【业务工作】|【供应链】|【存货核算】|【初始设置】|【选项】|【选项录入】双击，打开【选项录入】对话框，如图 9-8 所示。

② 根据企业管理需求设置各种控制参数。

③ 所有选项参数设置完毕后，单击【确定】按钮，对设置信息进行保存。

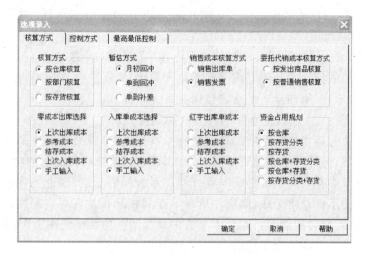

图 9-8 【选项录入】对话框

2. 录入期初数据

在完成库存管理/存货核算系统的账套参数设置后,则可以根据企业的实际情况录入有关的期初数据并进行期初记账。初次使用时应先输入全部存货的期初余额,以保证其数据的连贯性。如果是第一次使用库存管理/存货核算系统,必须使用此功能输入各存货期初数据。如果系统中已有上年的数据,在进行上年结转后,上年各存货结存将自动结转本年。如果库存管理和存货核算系统同时使用,第一次使用录入期初数据之前,应将库存的结存数与存货核算的结存数核对一致后,统一录入。通常库存管理系统中期初数据是与存货核算系统一致的,在一个系统录入存货期初数据后,另一个系统可以从其获取期初数据,并与之对账。存货期初数据录入一般包括:存货编码或名称、计量单位、数量、单价、入库日期、供货单位和失效日期等内容。

例3 录入库存管理及存货核算系统的期初余额。

操作步骤如下。

① 在 UFIDA ERP-U8 窗口选择【业务工作】|【供应链】|【库存管理】|【初始设置】|【选项】|【期初结存】双击,打开【库存期初数据录入】界面,如图 9-9 所示。

图 9-9 【库存期初数据录入】界面

② 在【期初结存】对话框中，单击【仓库】栏下三角按钮，选择"原料仓库"。

③ 单击【修改】按钮，激活窗口，追加空记录。

④ 单击【存货编码】栏参照按钮，选择"PIII 芯片"，依次录入数量"700"、单价"1200"、入库类别"采购入库"等信息。同样方式录入其他存货信息。

⑤ 单击 🔲 按钮，对期初录入信息进行保存。

⑥ 重复②～⑤步，录入其他仓库的存货期初信息。

库存管理系统与存货核算系统的期初余额是共用的，即只要在其中的一个系统中录入了存货的期初余额，另外一个系统则不必再录入，可通过系统提供的取数功能完成期初数据的处理。系统要求库存管理系统必须与存货核算系统同时启动，因此当在库存管理系统中录入期初余额后并不能直接记账，而应在启动了存货核算系统后再进行期初余额的记账操作，否则存货核算系统将不能被打开。库存管理系统的期初余额记账工作，必须在采购管理系统完成期初记账并且确认无误后进行。

3. 设置存货科目和对方科目

由于在存货核算系统中将根据所给资料自动生成相应的记账凭证，因此可以在系统初始化时预先设置记账凭证中所使用的会计科目，以便系统根据不同的经济业务直接生成包括会计科目在内的记账凭证。用户可以根据企业的实际情况对存货科目和对方科目进行相应的设置。

例 4 设置存货科目。

操作步骤如下。

① 在 UFIDA ERP-U8 窗口选择【业务工作】|【供应链】|【存货核算】|【初始设置】|【科目设置】|【存货科目】双击，打开【存货科目】界面，如图 9-10 所示。

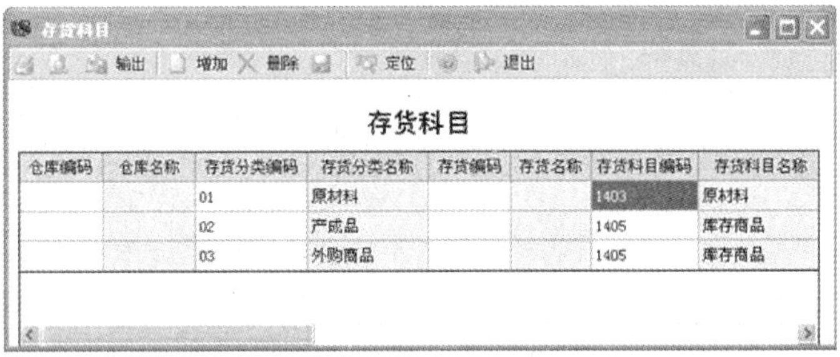

存货科目

仓库编码	仓库名称	存货分类编码	存货分类名称	存货编码	存货名称	存货科目编码	存货科目名称
		01	原材料			1403	原材料
		02	产成品			1405	库存商品
		03	外购商品			1405	库存商品

图 9-10 【存货科目】界面

② 单击【增加】按钮，选择存货分类编码或存货编码，录入存货科目编码。

③ 设置完毕，单击工具栏上的 🔲 按钮进行保存。

存货核算系统中科目设置的内容除存货科目外，还有对方科目、税金科目、运费科目、结算科目、应付科目和非合理损耗科目，这些科目设置类型的设置方法与存货科目设置途径相似，可参照存货科目的设置方法进行。

4. 期初记账

当有关的期初数据录入完毕后，必须进行期初记账，将录入的各存货的期初数据计入库存台账、批次台账等账簿中,只有在期初数据记账后才能开始处理日常业务。如果第一次使用库存管理系统,没有期初数据可以不录入,但必须进行期初记账。如果期初数据是由上年结转而来的,结转上年后已是期初记账后状态,不需进行期初记账。

需要注意的是,期初数据记账是针对所有仓库的期初数据进行记账操作。因此在进行期初数据记账前,必须确认各仓库的所有期初数据已经全部录入完毕,并且正确无误时,再进行期初记账。在企业中,由于采购业务的发生及企业生产活动的完成会使企业库存存货增加,与此相适应,由于销售业务的发生及满足生产经营活动的进行会使企业库存存货减少。对于库存存货的增加与减少的计算除了要在库存管理中进行库存台账的登记及计算之外,还需要对其进行进一步的会计核算,这样就需要像手工核算一样在财务部门中对存货进行核算,以便生成总账会计资料。

通常库存管理系统与存货核算系统的初始数据完全一致,既可以在库存管理系统中设置,也可以在存货核算系统中设置。存货核算系统全部共享库存管理系统的数据,不需重新设置。由于库存管理系统和存货核算系统的期初数据是共用的,同时系统要求库存管理系统和存货核算系统必须同时启动。因此,存货的期初余额既可以在库存管理系统录入,也可以在存货核算系统录入,而期初余额的记账只要是确认了库存管理系统和存货核算系统都已经启动了,无论在库存管理系统中完成,还是在存货核算系统中完成都是一样的。

例5 2008 年 6 月 1 日,对期初余额进行记账处理。

操作步骤如下。

① 在 UFIDA ERP-U8 窗口选择【业务工作】|【供应链】|【存货核算】|【初始设置】|【期初数据】|【期初余额】双击,打开【期初余额】界面,如图 9-11 所示。

图 9-11 【期初余额】界面

② 单击工具栏上的【记账】按钮,系统自动进行期初记账处理,记账完毕弹出【期初记账成功】信息提示框,单击【确定】按钮结束期初记账处理。

提示:

存货核算系统期初记账必须在采购管理系统期初记账之后进行。

9.2.4 销售管理系统初始设置

在完成了共用的基础设置后,销售管理系统初始化主要是定义销售管理系统启用参数。如果有委托代销业务,则需要进行期初委托代销业务数据的初始设置;如没有,则直接进行日常业务处理。

1. 业务处理控制参数

业务处理控制参数是指在企业业务处理过程中所使用的各种控制参数，系统参数的设置将决定用户使用系统的业务流程、业务模式、数据流向。在购销存系统公用基础参数设置完成后，销售管理系统可以根据企业的实际需要具体设置销售业务的业务范围和业务控制参数。

操作步骤如下。

① 在 UFIDA ERP-U8 窗口选择【基础设置】|【业务参数】|【供应链】|【销售管理】双击，或者在 UFIDA ERP-U8 窗口选择【业务工作】|【供应链】|【销售管理】|【设置】|【销售选项】双击，打开【销售选项】对话框，如图 9-12 所示。

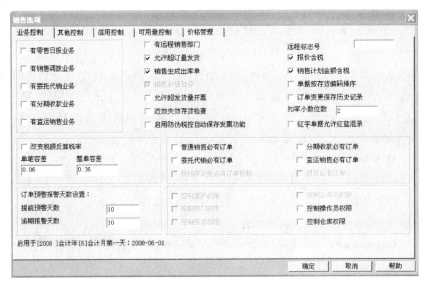

图 9-12 【销售选项】对话框

② 根据企业管理需求设置各种控制参数。

③ 所有选项参数设置完毕后，单击【确定】按钮，对设置信息进行保存。

2. 期初单据录入

销售管理系统的期初数据主要包括两类：一是期初发货单，是指建账日之前已经发货、出库，尚未开发票的业务，包括普通销售、分期收款发货单；二是期初委托代销发货单，是指启用日之前已经发生，但未完全结算的委托代销发货单业务的内容。期初委托代销发货单期初是否能进行操作，取决于企业是否有委托代销业务，即是否在系统控制参数中选定了"有委托代销业务"。下面以期初发货单为例说明期初单据的录入处理。

例 6　2008 年 5 月 28 日，业务一部向新月公司出售计算机 10 台，报价 6500 元，由成品仓库发货，该发货单尚未开票。

操作步骤如下。

① 在 UFIDA ERP-U8 窗口选择【业务工作】|【供应链】|【销售管理】|【设置】|【期初录入】|【期初发货单】双击，打开【期初发货单】界面，如图 9-13 所示。

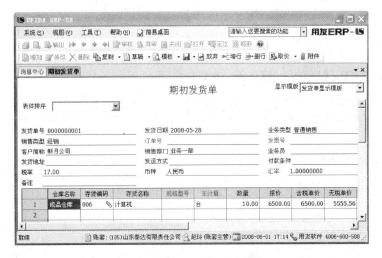

图9-13　【期初发货单】界面

② 在【期初发货单】界面中单击【增加】按钮,然后录入发货日期、业务类型、销售类型、客户简称、销售部门、仓库名称及存货名称、数量、报价等信息。

③ 信息录入完毕后,单击工具栏上的　按钮进行保存。

④ 单击工具栏上的【审核】按钮,对期初发货单进行审核。

9.3　采购业务处理

采购业务是企业物资供应部门按已确定的物资供应计划,通过市场采购、加工订制等各种渠道,取得企业生产经营活动所需要的各种物资的经济活动。当采购管理、库存管理、存货核算、应付款管理及总账管理系统集成使用时,一笔采购业务的发生,应根据不同情况在各个不同的系统中完成相应的业务处理和账务处理。在采购管理系统中录入采购入库单、采购发票,并对采购入库单和采购发票进行采购结算;在库存管理系统中审核采购入库单;在存货核算系统中对采购入库单进行记账,登记存货明细账,同时依据记账后的采购入库单生成记账凭证,并将凭证传递到总账管理系统;在应付款系统中对结算后的发票制单,生成应付款凭证并在付款时录入付款单、核销应付款、生成付款凭证并将已生成的凭证传递到总账管理系统;在总账管理系统中对凭证进行审核、记账。

9.3.1　填制采购订单与采购发票

1.采购订单

采购订单是企业与供应商之间签订的采购合同、购销协议等,主要内容包括采购什么货物、采购多少、由谁供货,什么时间到货、到货地点、运输方式、价格、运费等。它可以是企业采购合同中关于货物的明细内容,也可以是一种订货的口头协议。通过采购订单的管理,可以帮助企业实现采购业务的事前预测、事中控制、事后统计。

例7 6月3日，因生产需要，业务一部向兴盛公司订购键盘300只。

操作步骤如下。

① 在 UFIDA ERP-U8 窗口选择【业务工作】|【供应链】|【采购管理】|【采购订货】|【采购订单】双击，打开【采购订单】界面，如图9-14所示。

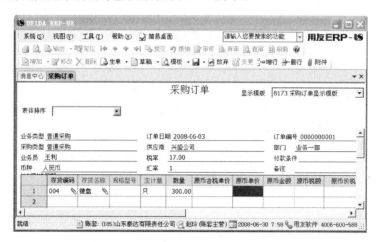

图 9-14 【采购订单】界面

② 在【采购订单】界面中单击【增加】按钮，依次录入或选择订单编号、订单日期、供应商、采购类型及存货名称、订购数量、计划到货日期等采购订单的内容。

③ 信息录入完毕后，单击工具栏上的 ▣ 按钮进行保存。

④ 单击工具栏上的【审核】按钮，对已填制的采购订单进行审核。

2. 采购发票

采购发票是从供货单位取得的进项税发票及发票清单，主要包括专用发票、普通发票及运费发票。在收到供货单位的发票后，如果没有收到供货单位的货物，可以对发票压单处理，待货物到达后，再输入计算机做报账结算处理。也可以先将发票输入计算机，以便实时统计在途货物。采购发票按发票类型分为专用发票、普通发票及运费发票等；按业务性质分为蓝字发票和红字发票。

输入采购发票时，如果采购入库单先填制并且已输入计算机，则发票可以用复制原采购入库单的方法输入；如果本张发票与以前已有某张发票相同，则可以用复制以前发票的方法输入。

为了加强企业业务管理，应由专门的审核人员对输入的发票进行审核确认，或者对经主管领导签字准予报销的发票进行审核确认。审核后的发票交给采购结算会计进行结算报销处理。

例8 6月5日向昌达公司购买鼠标300只，单价为50元/只，验收入原料仓库，同时收到增值税专用发票一张，增值税率17%，票号ZY85011。

操作步骤如下。

① 在 UFIDA ERP-U8 窗口选择【业务工作】|【供应链】|【采购管理】|【采购发票】|【专用采购发票】双击，打开【专用发票】窗口，如图9-15所示。

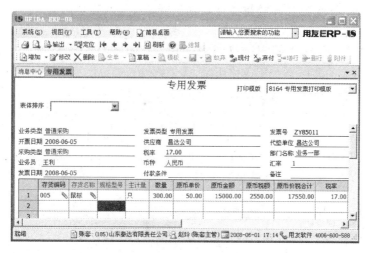

图 9-15 【专用发票】窗口

② 在【专用发票】窗口中单击【增加】按钮,依次录入或选择发票号、开票日期、供货单位、采购类型及业务员等所有采购发票的内容。

③ 信息录入完毕后,单击工具栏上的 ■ 按钮进行保存。

9.3.2 采购结算

采购结算也叫采购报账,在手工业务处理中,采购业务员持经主管领导审批过的采购发票和仓库确认的入库单到财务部门,由财务人员确认采购成本。采购结算是针对一般采购业务类型的入库单,根据发票确认其采购成本。采购结算从操作处理上分为自动结算、手工结算两种方式。自动结算是由计算机系统自动将相同供货单位的、存货相同且数量相等的采购入库单和采购发票进行结算。而手工结算则是针对不能进行自动结算的存货相同,而数量不同的一张采购发票与多张采购入库单,或一张采购入库单对应多张采购发票等不同情况的结算。采购管理系统在完成采购结算后,则将采购入库单传递到库存管理系统,形成库存采购成本资料;采购发票传递到应付款系统形成采购应付款资料。采购结算从操作处理上分为自动结算、手工结算两种方式;从单据处理上分为正数入库单与负数入库单结算、正数发票与负数发票结算、正数入库单与正数发票结算、费用发票单独结算等方式。

1. 自动结算

自动结算是由计算机系统自动将相同供货单位、存货相同且数量相等的采购入库单和采购发票进行结算。计算机自动把采购入库单和采购发票中供货单位相同、存货相同且数量相等的单据进行结算,产生结算结果列表。

2. 手工结算

手工结算的功能适用范围比较广泛,可以进行正数入库单与负数入库单的结算、正数发票与负数发票的结算、正数入库单与正数发票结算和费用发票单独结算。手工结算时可以结算入库单中部分货物，未结算的货物可以在今后取得发票后再结算。可以同时对多张入库单和多张发票进行报账结算。手工结算支持到下级单位采购，付款给其上级主管单位的结算，支持三角债结算，即支持甲单位的发票可以结算乙单位的货物。在采购管理与应付款管理、库存管理及存货核算系统集成使用时，在采购管理系统中填制的采购发票将直接传递到应付款管理系统中，填制的采购入库单将直接传递到库存管理系统和存货核算系统中。

例 9 将业务一部王利于 6 月 5 日从昌达公司购入鼠标的采购业务进行采购自动结算。操作步骤如下。

① 在 UFIDA ERP-U8 窗口选择【业务工作】|【供应链】|【采购管理】|【采购结算】|【自动结算】双击，打开【过滤条件选择】对话框，如图 9-16 所示。

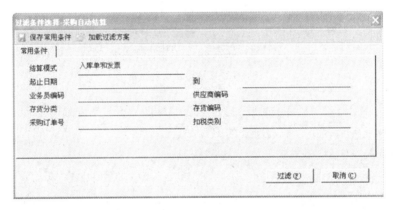

图 9-16 【过滤条件选择】对话框

② 在【过滤条件选择】对话框中设置结算模式为"入库单和发票"，然后单击【过滤】按钮，系统自动根据选定的结算条件进行结算处理，并弹出结算结果信息对话框。

③ 单击【确定】按钮，完成自动结算处理。

3. 处理运杂费用

在采购业务中，采购发生的费用根据会计制度规定，允许计入采购成本，可以按以下情况进行区别处理：如果费用发票与货物发票一起报账时，应将货物发票按其发票类型，从运费发票功能中输入计算机，之后用手工结算功能进行结算；如果运费发票在货物发票已经报完账后才收到时，可以将运费发票输入计算机后用手工结算功能单独进行报账。

4. "溢余短缺"结算处理

在采购报账结算时，如果入库数量与发票数量不一致，则只能使用手工结算功能进行结算，并分两种情况进行"溢余短缺"结算处理。

入库数量大于发票数量。必须在选择发票时，在发票的附加栏"合理损耗数量"中输入溢余数量。溢余数量必须是负数。只有当入库数量＋合理损耗数量＝发票数量时才允许结算。

入库数量小于发票数量。必须在选择发票时，在发票的附加栏输入"合理损耗数量"、"合理损耗金额"及"非合理损耗数量"、"非合理损耗金额"等信息。只有当入库数量＋合理损耗数量＋非合理损耗数量＝发票数量时才允许结算。

5. 对红字入库单结算

在实际采购业务中,由于退货、填错入库单等情况产生了红字入库单,对于红字入库单分两种情况进行结算:填制的红字退货单,可以在取得供货单位的退货发票后,进行结算。如果退货单与退货发票一致,可以自动结算,否则采用手工结算。对于原数冲回负数入库单,可以用手工结算功能,在进行采购结算时,可以选择原有错误的蓝字入库单和冲销蓝字入库单的红字入库单进行结算。

6. 对红字发票结算

收到供货单位开具的红字(负数)发票后分以下情况进行结算:该发票对应的货物未入库,即没有对应的入库单,采用手工结算,不选入库单,直接选择原蓝字发票和红字发票进行结算;货物已退货,采用手工结算,选择对应的退货单,并选择该红字发票进行结算。

9.3.3　月末结账

月末结账是逐月将每月的单据数据封存,并将当月的采购数据计入有关账表中。采购管理系统月末结账可以连续将多个月份的单据进行结账,但不允许跨月结账。月末结账后,该月的单据将不能修改、删除。该月末输入的单据只能视为下个月单据处理。采购管理月末处理后,才能进行库存管理、存货核算、应付款管理系统的月末处理;如果采购管理系统要取消月末处理,必须先通知库存管理、存货核算、应付款管理系统先取消月末结账;如果库存管理、存货核算、应付管理系统中的任何一个系统不能取消月末结账,则就不能取消采购管理系统的月末结账。

当新的会计年度开始后,应将上一年度会计数据结转到本会计年度,即将上年的基础数据和未执行完成的采购订单、未结算的入库单及采购发票录入到本年度数据库中,并将上年的采购余额一览表12月份的余额作为本年1月份的期初余额记录到本年度的数据库中。如果系统中没有上年度的数据,将不能进行结转。只有上年度12月份月结账后,才能结转上年度数据。只有上年度与本年度存货编码完全相同的存货才能结转。

采购管理系统中账表管理的内容主要包括单据查询、账表查询及采购统计和采购分析。通过入库单明细列表、发票明细列表、结算单明细列表、凭证列表查询等单据查询,可以分别对入库单、发票及结算单等进行查询。采购管理系统提供了多种明细表,包括采购明细表、入库明细表、结算明细表、货到票未到明细表、票到货未到明细表及费用明细表。明细表可由使用者任选查询条件,将采购业务一笔一笔地显示出来。采购统计是将采购业务中的采购发票、采购入库单以及采购结算数据,由用户任选查询条件,汇总显示出来。

采购统计表包括:采购统计表、入库统计表、结算统计表、货到票未到统计表、票到货未到统计表及综合统计表等。通过对明细表、统计表、余额表以及采购分析表的对比分析,实现了采购业务管理的事中控制、事后分析功能。采购余额表包括:在途货物余额一览表、暂估入库余额一览表、代销商品款余额表和代销商品款台账。采购分析包括:采购成本分析、供应商价格分析、采购类型结构分析、采购资金比重分析等。综合利用采购管理系统提供的各种账表及查询功能,可以全面提升企业的采购管理水平。

9.4　库存与存货业务处理

9.4.1　库存业务管理

存货是指企业在生产经营过程中为销售或耗用而储存的各种资产，包括商品、产成品、半成品、在产品以及各种材料、燃料、包装物、低值易耗品等。存货是保证企业生产经营过程顺利进行的必要条件。为了保障生产经营过程连续不断地进行，企业要不断地购入、耗用或销售存货。存货是企业的一项重要的流动资产，其价值在企业流动资产中占有很大的比重。

存货的核算是企业会计核算的一项重要内容，进行存货核算，应正确计算存货购入成本，促使企业努力降低存货成本。反映和监督存货的收发、领退和保管情况，反映和监督存货资金的占用情况，促进企业提高资金的使用效率。

存货核算系统以各种入库单据、出库单据来体现出存货进出仓库的业务，主要用于核算企业存货的入库成本、出库成本和结余成本，反映和监督存货的收发、领退和保管情况，反映和监督存货资金的占用情况。库存管理系统的业务内容主要包括审核采购入库单、销售出库单；填制并审核产成品入库单、材料出库单及其他出入库单据。

在采购管理系统与库存管理系统、存货核算系统及总账管理系统集成使用时，库存管理系统的主要功能是对采购管理系统、销售管理系统及库存管理系统所填制的各种出入库单据的审核，并对存货的出入库数量的管理。存货核算系统的主要功能是确定和调整各种出入库业务的出入库成本，生成记账凭证、登记相关账簿并将凭证传递到总账管理系统。

1. 填制与审核采购入库单

采购入库单是根据采购到货验收的实收数量填制的单据，主要包括普通业务入库单、受托代销入库单（商业）。采购入库单可以根据不同的采购情况填制。如果采购入库货物是根据采购订单产生，可以用复制原采购订单的方法填制入库单；如果先收到采购发票并且已输入计算机，入库单可以用复制原采购发票的方法填制；如果本次入库的货物以前已有相同的入库单，可以用复制以前入库单的方法填制。在实际工作中，可根据到货清单直接在计算机上填制采购入库单，即前台处理，也可以先由人工制单而后集中输入，即后台处理。填制采购入库单时，通常要填写仓库、入库日期、供货单位、采购部门、业务员、存货名称或编码、数量和单价等信息。

例 10　6 月 5 日向昌达公司购买鼠标 300 只，单价为 50 元/只，验收入原料仓库。

操作步骤如下。

① 在 UFIDA ERP-U8 窗口选择【业务工作】|【供应链】|【库存管理】|【入库业务】|【采购入库单】双击，打开【采购入库单】窗口，如图 9-17 所示。

② 在【采购入库单】窗口中，单击【增加】按钮，依次录入或选择采购入库单号、入库日期、仓库、供货单位、采购类型、业务员及存货名称、采购数量、单价等所有采购入库单的内容。

③ 信息录入完毕后，单击工具栏上的 ❑ 按钮进行保存。

④ 单击工具栏上的【审核】按钮，对已填制的采购入库单进行审核。

图 9-17 【采购入库单】窗口

2. 填制产成品验收入库单

产成品入库单是工业企业入库单据的主要部分。只有工业企业才有产成品入库单,商业企业没有此单据。

例 11 6 月 20 日,成品仓库收到一车间加工完工的计算机 20 台,单位成本为 5800 元。操作步骤如下。

① 在 UFIDA ERP-U8 窗口选择【业务工作】|【供应链】|【库存管理】|【入库业务】|【产成品入库单】双击,打开【产成品入库单】窗口,如图 9-18 所示。

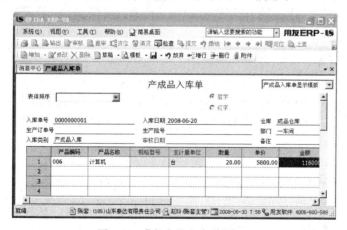

图 9-18 【产成品入库单】窗口

② 在【产成品入库单】窗口中,单击【增加】按钮,依次录入或选择仓库、部门、入库日期及产品编码、数量、单价等产成品入库单的信息。

③ 信息录入完毕后,单击工具栏上的 按钮进行保存。

④ 单击工具栏上的【审核】按钮,对已填制的产成品入库单进行审核。

3. 填制材料出库单

库存系统的出库业务主要包括销售出库、材料出库及盘亏出库等其他出库业务。如果库存管理系统和销售系统集成使用，销售出库单是销售系统根据销售发货单或发票生成的。材料出库单是工业企业出库单据的主要部分，是工业企业领用材料时，所填制的出库单据。在库存管理系统中，材料出库单是进行日常业务处理和记账的主要原始单据之一。当然，只有工业企业才有材料出库单，商业企业没有此单据。材料出库单的填制和审核的方法与产成品入库单的方法基本相似，在此不再赘述。

4. 账表管理

库存管理系统中账表管理的内容主要包括查询出入库流水账、库存台账、收发存汇总表并进行统计分析。通过出入库流水账可以查询任意时间段或任意情况下的存货出入库情况；通过查询库存台账可以查询不同日期区间、不同仓库及不同存货分类的各种存货的库存情况；通过对存货收发存汇总的统计分析可以反映各仓库、各存货及各种收发类别的收入发出及结存情况。

9.4.2　存货业务核算

在存货核算系统中可以将采购入库单、产成品入库单、其他入库单、销售出库单、材料出库单、其他出库单等涉及存货增减及价值变动的单据生成凭证传递到总账管理系统进行核算，实现财务业务一体化及各系统之间的无缝链接。

1. 单据记账

单据记账是存货核算系统日常业务中的重要工作之一。在存货核算系统中，对于已经在采购管理系统填制了采购入库单，在销售管理系统填制了销售发货单，或者在库存管理系统中填制了生产领用材料的出库单、完成生产加工过程的产成品入库单等入出库存货的原始单据，先要进行单据记账，生成财务部门的库存存货的账务资料，以便进行正确的总账业务处理。在采购管理系统、销售管理系统、库存管理系统与存货核算系统集成使用时，单据记账是将在采购管理系统、销售管理系统及库存管理系统中所填制的各种出入库单据，分别计入相应的存货明细账、差异明细账及委托供销商品明细账等账簿。

2. 平均单价计算

如果企业在设置仓库档案时，将存货的计价方法设置为全月一次加权平均法，则月末时应该在存货核算系统中计算相应存货的全月加权平均单价，进而计算发出存货的实际成本并生成有关的账务资料。在存货核算系统与成本管理系统集成使用时，必须先计算存货的全月一次加权平均单价，进而计算发出存货的实际成本后才能计算产品成本，同时也可以查询以前月份全月平均单价。

3. 产成品成本分配

为了正确计算产成品成本，在存货核算系统与成本管理系统集成使用的情况下，存货核算系统可以在成本管理系统中已经计算完成产品成本的情况下，进一步计算产成品的单位成本。当计算完成产成品单位成本后，便可以由系统直接计算有关产成品出库成本并进行相应的总账处理。

4. 编制记账凭证

自动编制记账凭证是存货核算系统中的主要功能之一。当存货核算系统将采购管理系统、库存管理系统及销售管理系统中传递过来的有关存货的增加或减少的业务资料进行记账后，便可以直接生成记账凭证并传递到总账管理系统，从而完成了存货增加及减少的总账账务处理。

9.4.3 月末结账

1. 库存系统月末结账

库存系统月末结账时，系统首先开始进行合法性检查。如果检查通过，系统立即进行结账操作；如果检查未通过，会提示不能结账的原因。结账前用户应检查本会计月工作是否已全部完成，只有在当前会计月所有工作全部完成的前提下，才能进行月末结账，否则会遗漏某些业务。如果库存系统和采购系统及销售系统一起使用，必须在采购系统和销售系统结账后，库存系统才能进行结账。当年末结账后可将上年度各存货的期末结存转入本年度账簿中作为本年度各存货的年初结存；当建立新年度账簿后，可执行结转上年功能将上年各存货的结存数转入本年。如果系统中没有上年度的数据，将不能进行结转。结账只能每月进行一次。结账后本月不能再填制单据。

2. 存货系统月末结账

存货核算系统处理完成当月的全部经济业务，并且采购管理系统、销售管理系统及库存管理系统均已结账后，存货核算系统便可以进行月末结账。系统首先开始进行合法性检查。如果检查通过，系统立即进行结账操作；如果检查未通过，会提示不能结账的原因。

当年末结账后可将上年度各存货的期末结存转入本年度账簿中作为本年度各存货的年初结存。当建立新年度账簿后，可执行结转上年功能将上年各存货的结存数转入本年。如果系统中没有上年度的数据，将不能进行结转。

3. 账表管理

存货核算系统中提供了单据列表、存货明细账、总账、出入库流水账、入库汇总表和出库汇总表等多种分析统计账表。通过单据列表功能可以查询所有的出入库单据；通过明细账查询功能可以查询存货的某段时间的收发存的数量和金额的变化，并且可以查询按计划价核算的已记账存货本会计年度各月份的差异账及差异汇总数据。通过收发存汇总表功能，可以对某期间已记账存货的收发存数量金额进行统计汇总。

9.5 销售业务处理

销售是企业生产经营成果的实现过程，是企业生产经营活动的中心。一笔销售业务的发生涉及到销售计划的制定、产品出库、收取货款等业务活动和账务处理。因此，销售管理系统与应收款管理系统集成使用,可以掌握销售业务的收款情况;与库存管理系统集成使用,可以随时掌握存货的现存量信息;与存货核算系统集成使用,可以为存货核算提供销售出库成本,便于财务部门及时掌握存货销售成本。当销售管理、库存管理、存货核算、应收款管理及总账管理系统集成使用时,一笔销售业务的发生,应根据不同情况在各个不同的系统中完成相应的业务处理和账务处理。在销售管理系统中录入销售发货单和销售发票;在库存管理系统中审核销售出库单;在存货核算系统中对销售出库单进行记账,登记存货明细账,同时依据记账后的销售出库单生成记账凭证,并将凭证传递到总账管理系统;在应收款系统中对销售发票制单,生成应收款凭证并在收款时录入收款单、核销应收款、生成收款凭证并将已生成的凭证传递到总账系统;在总账系统中对凭证审核、记账。

9.5.1　销售订单管理

1. 输入销售订单

销售订单是反映由购销双方确认的客户需求的单据。一般情况下,销售业务的进行需经历一个由客户询价、销售业务部门报价、双方签订购销合同或达成口头购销协议的过程。订单作为合同或协议的载体而存在,成为销售发货的日期、货物明细、价格、数量等事项的依据。企业根据销售订单组织货源,并对订单的执行进行管理、控制和追踪。在先发货后开票业务模式下,发货单可以根据销售订单开据。在开票直接发货业务模式下,销售发票可以根据销售订单开据。

2. 销售订单列表

单据列表是已输入到系统的单据记录的明细列表,如发货单列表。从单据列表可以进入对应的单据主窗口进行单据操作。订货明细表,按单据、客户、部门、业务员、货物分析销售订货的明细受订情况;订货汇总表,按单据、客户、部门、业务员、货物输出销售订货的汇总情况;订货执行汇总表,按单据、客户、部门、业务员、货物、预发货日期汇总销售订货的发货执行情况等。

9.5.2　销售发货处理

1. 填制发货单

发货单是普通销售发货业务的执行载体。在先发货后开票业务模式下,发货单由销售部门根据销售订单产生,经审核后生成销售出库单通知仓库备货并进行销售出库下账处理。客户通过发货单取得货物的实物所有权。在开票直接发货业务模式下,发货单由销售部门根据销售发票产生,作为货物发出的依据。在此情况下,发货单只能进行浏览,不能进行增、删、改和审核等操作。

销售发货单是根据销售发货数量填制的单据。销售发货单可以根据不同的销售情况填制。如果销售出库货物是根据销售订单产生,可以用复制原销售订单的方法填制发货单,如果没有销售订单则可以直接填制。

例 12　6 月 17 日,业务二部向新月公司出售打印机 5 台,报价为 2300 元,货物从外购品仓库发出。

操作步骤如下。

① 在 UFIDA ERP-U8 窗口选择【业务工作】|【供应链】|【销售管理】|【销售发货】|【发货单】双击,打开【发货单】窗口,如图 9-19 所示。

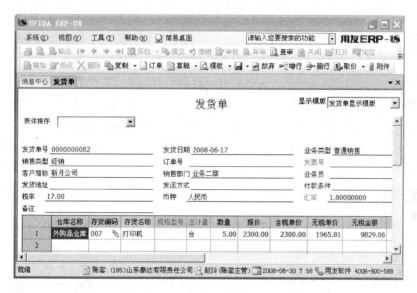

图 9-19　【发货单】窗口

② 在【发货单】窗口中,单击【增加】按钮,打开【参照订单】对话框,设置过滤条件后,单击【过滤】按钮进入【发货单参照订单】对话框。如果发货是根据销售订单发货,则可选择对应的销售订单后单击【确定】按钮返回【发货单】窗口;否则直接关闭对话框,返回【发货单】窗口。

③ 在【发货单】窗口中,依次录入或修改发货单号、发货日期、销售类型、客户、销售部门、仓库名称及存货编码、数量、报价等信息。

④ 信息录入或修改完毕后,单击工具栏上的 🔲 按钮进行保存。

⑤ 单击工具栏上的【审核】按钮,对已填制的发货单进行审核。

2. 退货处理

退货单是发货单的逆向处理业务单据。它反映的是客户因货物质量、品种、数量不符合规定要求而将已购货物退回给本单位的业务。和发货单一样,退货单可以与销售订单相关联。在先发货后开票业务模式下,退货单经审核后生成红字销售出库单,增加仓库库存,然后根据退货单开据红字销售发票;在开票直接发货业务模式下,退货单由销售部门根据红字销售发票产生,作为货物退货入库的依据。在此情况下,退货单只能进行浏览,不能进行增、删、改和审核等操作。

退货单的单据头栏目基本上与发货单单据头栏目差不多,但是退货单据头中没有发运方式、发运地址、付款条件等栏目,并且退货单号与发货单号统一顺序编排。

9.5.3　销售发票处理

1. 填制销售发票

销售开票是销售业务的重要环节，它是销售收入的确认、销售成本计算、应交销售税金确认和应收账款确认的依据。销售发票指给客户开具的增值税专用发票、普通发票及其所附清单等原始销售票据，是销售开票业务的主要载体。在先发货后开票业务模式下，发票由销售部门根据发货单汇总产生，经审核后形成应收账款，传递给应收账款管理系统进行制单；在开票直接发货业务模式下，发票由销售部门根据销售订单产生，经审核后生成发货单和销售出库单，通知仓库备货并进行销售出库下账处理。客户通过发票取得货物的实物所有权。

销售发票分普通销售发票和专用销售发票两种。普通发票与专用发票的主要区别是：普通发票输入的货物单价是含税单价，发票金额指价税合计，无税单价不显示，系统自动将价税合计进行价税分离。专用发票输入的货物单价是无税单价，缺省单据格式下含税单价不显示，无税金额指货款。普通发票可以针对未录入税号的客户开具，专用发票不能针对未录入税号的客户开具。

例 13　6 月 17 日，业务二部向新月公司出售打印机 5 台，报价为 2300 元，并从开出销售专用发票，票号 ZY0808998。

操作步骤如下。

① 在 UFIDA ERP-U8 窗口选择【业务工作】|【供应链】|【销售管理】|【销售开票】|【销售专用发票】双击，打开【销售专用发票】窗口，如图 9-20 所示。

图 9-20　【销售专用发票】窗口

② 在【销售专用发票】窗口中，单击【增加】按钮，打开【参照订单】对话框，设置过滤条件后，单击【过滤】按钮进入【发货单参照订单】对话框。如果发货是根据销售订单发货，则可选择对应的销售订单后单击【确定】按钮返回【销售专用发票】窗口；否则直接关闭对话框，返回【销售专用发票】窗口。

③ 在【销售专用发票】窗口中，依次录入或修改发票号、开票日期、销售类型、客户、销售部门、仓库名称及存货编码、数量、报价等信息。

④ 信息录入或修改完毕后,单击工具栏上的 ■ 按钮进行保存。

⑤ 单击工具栏上的【复核】按钮,对已填制的销售发票进行审核。

2. 录入现收款

现收款指在款货两讫的情况下,在销售结算的同时向客户收取的货币资金。在销售发票、销售调拨单和零售日报等销售结算单据中可以随单据录入发生的现收款。销售结算单据审核后才能录入现收款。一张销售结算单据可以多次现收款。在销售发票、销售调拨单和零售日报中,输入结算方式、收款金额和票据号。

结算方式:录入现收款的结算方式。结算方式不能为空,此处只能录入最末级的结算方式。

收款金额:录入现收款的收款金额。金额的币种与其对应的单据(如专用销售发票)相同。此处只能录入正数。在红字单据(如红字专用销售发票)中录入现收款,实际上是录入退款,即负收款。

票据号:如果结算方式支持票据管理,在此处可以录入结算方式对应的票据号,例如支票结算方式下的支票号。

3. 红字销售发票

红字销售发票是销售发票的逆向处理业务单据。客户要求退货或销售折让,但企业已将发票做了账务处理,用户经当地税务机构核准可以开具红字销售发票。和发票一样,红字销售发票可以与销售订单相关联。红字销售发票经审核后冲减应收账款余额。在先发货后开票业务模式下,红字销售发票根据退货单产生;在开票直接发货业务模式下,红字销售发票经审核后生成退货单,作为货物退货入库的依据。红字销售发票的单据头栏目基本上与销售发票单据头栏目相同。红字销售发票的单据正文栏目与销售发票单据正文栏目相同。

9.5.4 其他销售业务处理

1. 委托代销业务处理

委托代销发货单。委托代销发货单是委托代销发货业务的执行载体。委托代销发货单由销售部门根据购销双方的委托代销协议产生,经审核后通知仓库备货。客户通过委托代销发货单取得货物的实物所有权。委托代销发货单的填制内容和方法基本与普通发货单相同。

委托代销结算单。委托代销结算单是记录委托给客户的代销货物结算信息的单据。委托代销结算单必须参照委托代销发货单,经审核后生成销售出库单和委托代销发票。委托代销结算单单据头的内容一般包括:销售类型、委托代销结算单号、发货日期、客户名称、委托代销部门、业务员和税率等。委托代销结算单单据体的内容一般包括:仓库、货物编号、货物名称、计量单位、数量、无税单价、无税金额和价税合计等。

委托代销退货单。委托代销退货单是委托代销发货单的逆向处理业务单据。它反映的是客户因委托代销货物质量、品种、数量不符合规定要求,而将已受托代销货物退回给本单位的业务。

委托代销结算退回单。委托代销结算退回单是委托代销结算单的逆向处理业务单据。它反映的是客户因委托代销结算有错误而部分冲销原来结算的业务。委托代销结算退回单的单据头栏目基本上与委托代销结算单单据头栏目差不多。委托代销退货单号与委托代销发货单号统一编排，并且不做客户信用额度的控制。

2. 销售调拨单处理

集团企业内部有销售结算关系的销售部门或分公司之间的销售调拨业务。销售调拨单是指给有销售结算关系的销售部门或分公司开具的原始销售票据。销售调拨单经审核后形成应收账款，传递给应收账款核算系统收款；记销售收入账；生成发货单和销售出库单通知仓库备货并进行销售出库下账处理，客户通过销售调拨单取得货物的实物所有权。与发票相比，销售调拨单处理的销售业务不涉及销售税金。

客户要求退货或销售折让，但已将销售调拨单做账务处理，用户可以开具红字销售调拨单。红字销售调拨单是销售调拨单的逆向处理业务单据。红字销售调拨单经审核后生成退货单，作为货物退货入库的依据。

3. 零售日报

如果有零售业务，零售业务数据可以先按日汇总，然后通过零售日报进行处理。零售日报记销售收入账，生成发货单和销售出库单，进行销售出库下账处理。零售日报不是原始的销售单据，是零售业务数据的日汇总数据。

填制零售日报。零售日报单据头栏目主要包括：销售类型、日报号、日报日期、客户、部门和业务员等内容。零售日报单据体栏目主要包括：仓库、货物编号、货物名称、数量、无税单价和无税金额等内容。

红字零售日报。红字零售日报是零售日报的逆向处理业务单据。客户要求退货或销售折让，但已将零售日报做账务处理，用户可以开具红字零售日报。红字零售日报经审核后生成退货单，作为货物退货入库的依据。

红字零售日报的单据头栏目基本上与零售日报单据头栏目差不多，但红字零售日报号与零售日报号统一编排并且不做客户信用额度的控制。红字零售日报的单据体栏目与零售日报单据体栏目相同。

4. 代垫费用单

在销售业务中，有的企业随货物销售有代垫费用的发生，如代垫运杂费、保险费等。其中一部分以应税劳务的方式通过发票做了处理。不通过发票处理而形成的代垫费用，实际上形成了企业对客户的应收款。销售管理系统仅对代垫费用的发生情况进行登记，代垫费用的收款核销由应收账款核算系统完成。代垫费用单可以直接录入，也可以在销售发票中录入，以便用户能将代垫费用单和销售发票关联起来，即确定代垫费用是随同哪张发票发生的。另外，代垫费用金额还可以分摊到各货物中。

9.5.5   月末结账

结账只能每月进行一次，一般在当前的会计期间终了时进行。结账后本月不能再进行发货、开票、委托代销、销售调拨、零售、代垫费用等业务的处理。

上月未结账,则本月不能记账,但可以增、改单据。本月还有未审核单据时,则本月不能结账。已结账月份不能再录入单据。年底结账时,先进行数据备份后再结账。与库存管理系统、存货核算系统、应收账款管理系统联合使用时,销售管理系统的月末结账应先于其他系统的月末结账。

9.5.6 销售账表及统计分析

销售管理系统除了能进行日常销售业务处理外,还可以进行销售统计、管理分析等工作,给管理者提供大量具体的经济信息,供决策时参考,使决策更科学更可靠。销售管理系统提供多种明细账表的查询功能。

1. 各种明细账表

销售收入明细账。按部门及货物分别设置账页,详细记录该货物每笔的销售收入情况,包括销售数量、销售单价、销售收入、销售税额、价税合计、销售折扣。

销售成本明细账。按部门及货物品种分别设置账页,详细记录该货物每笔的销售成本结转情况,包括销售数量、成本单价、成本金额。

销售明细账。也可称为销售收入及成本明细账,是按部门及货物分别设置账页,详细记录该货物每笔销售收入成本毛利的情况,包括销售数量、销售单价、销售收入、销售税额、成本单价、成本金额、毛利。销售发票、销售调拨单、零售日报(包含对应的红字单据)审核记账后,计入销售明细账的销售收入行。上述单据生成的销售出库单审核记账后,计入销售明细账的销售成本行。

发货明细账。按部门、客户及货物分别设置账页,详细记录部门、客户及货物明细的发出情况、开票情况及发货未开票的余额。发货数据来自发货单和退货单、委托代销结算单、委托代销结算退回单;开票数据来自销售发票。对工业企业用户,货物指产品;对商业企业用户,货物指商品。表格中所有的数量均指主计量单位数量。

委托代销明细账。按部门、客户及货物每货分别设置账页,详细记录该货物明细的委托代销发出情况、结算情况及发货未结算的余额。发货数据来自委托代销发货单和委托代销退货单;结算数据来自委托代销结算单和委托代销结算退回单;委托代销调整数据来自委托代销调整单,委托代销调整数据出现在发货方,没有数量,只有金额。

发货明细表。按货物、部门、业务员、仓库及客户输出发货(含委托代销结算)的明细情况。按分组项目(如按部门)做小计。输出数据包含来自发货单、退货单、委托代销结算单和委托代销结算退回单的数据,表格列栏目的发货单号有可能指另外三种单据的编号。退货单和委托代销结算退回单的数量和金额显示为负数。

销售明细表。按货物、部门、业务员、仓库、客户输出销售(含发票、销售调拨、零售)的明细情况。按分组项目(如按部门)做小计。输出数据包含来自普通销售发票、红字普通销售发票、专用销售发票、红字专用销售发票、销售调拨单、红字销售调拨单、零售日报、红字零售日报的数据,表格列栏目的发票号有可能指另外非发票的几种单据的编号。红字单据的数量和金额显示为负数。

退货明细表。按货物、部门、业务员、仓库及客户输出发货退回(含普通退货、委托代销结算退回），或销售退回（含红字发票、红字销售调拨、红字零售）的明细情况。按分组项目（如按部门）做小计。如果是发货退回，输出数据包含来自退货单、委托代销退回单的数据，表格列栏目的发货单号有可能指委托代销退回单号；如果是销售退回，输出数据包含来自普通销售发票、红字普通销售发票、专用销售发票、红字专用销售发票、销售调拨单、红字销售调拨单、零售日报、红字零售日报的数据，表格列栏目的发票号有可能指另外非发票的另外几种单据的编号。红字单据的数量和金额显示为负数。需特别注意的是所有金额（如折扣额）的金额单位都与表头的币种相符。

现收款明细表。按货物、部门、业务员、客户、币种及结算方式输出现收款的明细情况。按分组项目（如按部门）做小计。

发票使用明细表。发票使用明细表分为增值税专用发票及普通发票使用明细表，用于会计人员在月末向税务局申报应交增值税。专用发票使用明细表用于反映专用发票的使用情况，普通发票使用明细表则用于反映普通发票的使用情况。

2. 统计表

销售统计表。按货物、部门、业务员及日期汇总输出某时间范围内的销售数量、销售金额、销售成本、销售税金、销售价税合计、销售毛利和销售折扣。销售发票、销售调拨单、零售日报（包含对应的红字单据）审核记账后，形成销售收入金额、销售税金金额等；销售出库单审核记账后，形成销售成本。

发货统计表。按部门、客户、货物、业务员汇总输出某时间范围之内的货物发出情况、开票情况及发货未开票的余额。发货数据来自发货单和退货单、委托代销结算单和委托代销结算退回单；结算数据来自销售发票、销售调拨单、零售日报及其对应的红字单据。

委托代销统计表。按部门、客户、货物、业务员汇总输出某时间范围之内的委托代销货物发出情况、结算情况及发货未结算的余额。货物数据来自发货单和退货单；结算数据来自委托代销结算单和委托代销结算退回单。

发货销售统计表。按货物、部门、业务员、仓库、客户及发货单据汇总输出发货金额、发货折扣、开票金额、未开票金额、回款金额、未回款金额。发货数据来自发货单、退货单、委托代销结算单、委托代销结算退回单；开票数据来自销售发票、销售调拨单、零售日报及其对应的红字单据。

销售日报。按货物按日全面反映企业的各种销售的主要业务，销售订货、发货、开票、委托代销、销售调拨、零售。销售调拨指来源于销售调拨单的数据，不包括通过销售发票处理的销售调拨业务。如果企业没有某项业务，则表格列不包括这项业务的数据。表格中所有的数量均指主计量单位数量。

3. 销售分析

销售增长分析。按货物、部门分析部门或货物本期比前期的销售增长情况，以及本年累计的销售情况。增长分析的指标包括发货金额、销售金额（指价税合计）、销售收入、销售成本和销售毛利。分析期间以日度量，即前期与本期的日期跨度相同。例如，当本期为 3 月 1 日—3 月 31 日时，前期的日期跨度应为 31 天，即 1 月 29 日—2 月 28 日（非闰年时）。如果前期的日期数不足本期的日数，则从启用日期（若为老用户，则从 1 月 1 日起算）开始到本期的前一日。计算公式如下：

本期较前期增长百分比＝（本期数－前期数）/前期数×100％

货物流向分析。按客户、地区、行业分析某时间区间企业所经营货物或货物分类的销售流向。货物流向分析的指标包括发货金额、发货数量；销售金额、销售数量。发货数量和金额数据来自发货单和退货单、委托代销结算单和委托代销结算退回单；销售数量和金额数据来自销售发票、销售调拨单、零售日报及其对应的红字单据。

销售结构分析。按货物、部门、业务员、客户、地区及行业分析任意时间段销售构成情况。销售结构分析的指标包括：销售金额、发货金额、发货折扣、销售折扣、销售收入、销售税金、销售成本、销售毛利、退货金额。用户可以在输入界面按右上角的选择按钮选择分析指标。

发货金额数据来自发货单和退货单、委托代销结算单和委托代销结算退回单；销售金额数据来自销售发票、销售调拨单、零售日报及其对应的红字单据。销售成本来自存货核算系统的存货明细账。当分析对象为货物时，分析指标包括数量，否则无此分析指标。如果货物有自由项，分析对象具体到货物的自由项。按部门分析，可以指定部门的级次，以决定最低分析到哪一级部门；按货物分析，可以指定货物的级次，以决定最低分析到哪一级货物分类。

销售毛利分析。用于分析货物月或季的毛利变动及影响原因。其中销售数量、金额数据来自销售发票、销售调拨单、零售日报及其对应的红字单据；销售成本数据来自存货核算系统的存货明细账。计算公式如下：

成本单价＝销售成本/销售数量

销售毛利＝销售收入－销售成本

变动数量＝本期销售数量－前期销售数量

数量变动增加毛利＝变动数量×（前期销价－前期成本价）

变动售价＝本期售价－前期售价

售价变动增加销售收入＝变动售价×本期数量

变动成本＝本期成本－前期成本

成本变动增加成本＝变动成本×本期数量

变动毛利＝数量影响＋售价影响－成本影响

销售成本只有到存货核算系统月末结账后才能取到准确的数据，要在存货核算系统月末结账后再做销售毛利分析。

4.进销存统计表

按货物、部门汇总统计某时间范围内商品的采购、库存和销售情况。进销存统计表主要包括以下信息。

期初数量：指所输入的起始日期前一日存货明细账中该商品的结存数量。

期初金额：指所输入的起始日期前一日存货明细账中部门或商品的结存金额。

本期采购数量：指所输入的时间范围内采购发票中商品的采购数量。

本期采购金额：指所输入的时间范围内采购发票中部门或商品的采购金额。

本期销售数量：指所输入的时间范围内销售发票、销售调拨单、零售日报中商品的销售数量。

本期销售金额：指所输入的时间范围内销售发票、销售调拨单、零售日报中部门或商品的销售金额。

期末数量：指所输入的终止日期存货明细账中该商品的结存数量。

期末金额：指所输入的终止日期存货明细账中部门或商品的结存金额。

数据来源：期初期末数据来自存货明细账；采购数据来自采购发票；销售数据来自销售发票、销售调拨单、零售日报及其对应的红字单据。

进销存统计表的数量均指计量单位数量；金额指本位币金额。进销存统计功能仅用于商业企业，而且供销链的采购、库存、销售、存货核算 4 个系统联合使用。

5. 经营状况分析

经营状况分析是指按部门分析某时间范围的多种经营指标的对比情况。主要包括以下内容。

期初库存金额：从存货核算系统的存货明细账取得分析起始日期前一日的库存结存余额。

期末库存金额：从存货核算系统的存货明细账取得分析终止日期的库存结存余额。

采购金额：从采购系统的采购发票取得分析期间的含税金额合计。

进项税额：从采购系统的采购发票取得在分析期间的税额合计。

销售金额：从销售系统的销售发票、销售调拨单、零售日报取得分析期间的含税金额合计。

销售收入：从销售系统的销售发票、销售调拨单、零售日报取得分析期间的无税金额合计。

销项税额：从销售系统的销售发票、销售调拨单、零售日报取得分析期间的税额合计。

销售成本：从存货核算系统的存货明细账取得分析期间的所有销售出库的存货销售成本合计。

全部成本：从存货核算系统的存货明细账取得分析期间的所有存货库存成本合计。

销售毛利：销售收入－销售成本。

销售折扣：从销售系统的销售发票、销售调拨单、零售日报取得分析期间的销售折扣合计。

发货金额：从销售系统的发货单、委托代销结算单取得分析期间的发货金额（含税）合计。

发货折扣：从销售系统的发货单、委托代销结算单取得分析期间的发货折扣合计。

退货金额：从销售系统的退货单、委托代销结算退回单取得分析期间的退货金额（含税）合计。

发货结算率：销售金额/发货金额。

销售毛利率：销售毛利/销售收入。

发货折扣率：发货折扣额/（发货金额＋发货折扣额）。

销售折扣率：销售折扣额/（销售金额＋销售折扣额）。

退货率：退货金额/发货金额。

新增商品数量：本期进销存业务中同上期相比新经营的商品的品种数。

淘汰商品数量：本期进销存业务中同上期相比不再经营的商品的品种数。

新增商品率：本期新增商品数量/上期经营商品数量。

淘汰商品率：本期淘汰商品数量/上期经营商品数量。

新增客户数量：本期进销存业务中同上期相比新发生业务往来的客户的数量。

新增客户率：本期新增客户数量/上期客户数量。

终止客户数量：在本期进销存业务中终止发生业务往来的客户的数量。

终止客户率：本期终止客户数量/上期客户数量。

分析期间以日度量，即前期与本期的日期跨度相同。例如，当本期为3月1日—3月31日时，前期的日期跨度应为31天，即1月29日—2月28日（非闰年时）。如果前期的日期数不足本期的日数，则从启用日期（若用户为第二年或以上的老用户，则从1月1日起算）开始到本期的前一日。计算公式如下：

本期较前期增长百分比＝（本期数－前期数）/前期数×100％

6. 商品周转率分析

用于分析某时间范围内某部门所经营商品的周转速度。如果用户选择周转率为发货周转率，则周转指发货；如果用户选择周转率为销售周转率，则周转指销售。如果存货核算采用按仓库核算，则分析整个单位的商品周转率。商品周转率分析主要包括以下内容。

各日库存数量：分析期间各日库存量的合计。

日均库存数量：商品分析期间各日库存数量合计/期间天数。

周转数量：指分析期间发货或销售数量。

周转次数：周转数量/日均库存数量。

周转天数：分析期间天数/周转次数。

月周转次数：周转次数×30/分析期间天数。

分析期间以日度量，即前期与本期的日期跨度相同。例如，当本期为3月1日—3月31日时，前期的日期跨度应为31天，即1月29日—2月28日（非闰年时）。如果前期的日期数不足本期的日数，则从启用日期（若为第二年，则从1月1日起算）开始到本期的前一日。

本 章 习 题

思考题

1. 购销存系统各模块间有哪些数据传递关系？

2. 采购管理、库存管理、销售管理系统初始设置的内容各有哪些？哪些信息是系统共用的？

3. 采购业务发生后的处理方式有哪些？其处理流程如何？

4. 库存业务处理的内容主要有哪些？库存管理的任务是什么？

5. 存货核算的任务是什么？其主要核算内容有哪些？

6. 销售管理的任务是什么？其业务处理的内容主要有哪些？

7. 采购管理的目标和任务各是什么？

第10章

教学应用案例

10.1　综合应用案例一

本案例作为第 2 章、第 3 章和第 4 章教学用案例资料,涉及财务管理软件模块为系统管理、基础设置、总账系统、财务评估和 UFO 报表。

10.1.1　单位基本信息

山东淄新实业有限责任公司,简称:淄新公司,为工业企业,执行 2007 年新会计制度,手工账向计算机账转换时间为 2008 年 07 月 01 日,会计期间为 1 月 1 日—12 月 31 日。

地址:山东淄博张店区张周路 12 号;法人代表:赵珂;邮政编码:255049;联系电话及传真:0533-2782616;电子邮件:ZXSY @ SDZXSY. NET;纳税人登记号:255108200711013;开户银行为中国工商银行山东支行淄博分行,账号:255070125-55。

山东淄新实业有限责任公司的记账本位币为"人民币(RMB)",建账时要求按行业性质预留会计科目,存在外币核算业务,在对经济业务处理时,需对存货、客户、供应商进行分类管理,存货分类编码级次为 222,客户和供应商分类编码级次为 222,科目编码级次为 4222,结算方式编码 21,其他编码采用系统默认,企业在对数量、单价核算时,小数定为两位。

10.1.2　企业财务分工信息

企业财务核算设置"财务核算"、"综合管理"、"出纳管理"三种基本会计管理岗位,编号分别为"A001"、"A002"、"A003",其中,财务核算岗负责制单、审核与记账;综合管理岗负责财务分析与报表管理;出纳管理岗负责现金管理与银行对账等。

企业财务部门职工信息与财务分工情况如表 10-1 所示。

表 10-1　企业财务人员信息表

编号	姓名	口令	所属部门	角色	主要职责
KJ001	夏颖	1	财务部	账套主管	财务主管
KJ002	高静	2	财务部	总账会计	报表编制
KJ003	王婷	3	财务部	财务核算	制单

续表

编号	姓名	口令	所属部门	角色	主要职责
KJ004	宋玢	4	财务部	财务核算	制单与凭证管理
KJ005	王晓	5	财务部	财务核算	审核
KJ006	孙翠	6	财务部	财务核算	记账
KJ007	于洋	7	财务部	出纳管理	出纳
KJ008	李雪	8	财务部	出纳管理	现金、银行账管理
KJ009	赵祥	9	财务部	出纳管理	银行对账
KJ010	李磊	10	财务部	综合管理	财务分析

10.1.3 企业基础信息

1. 企业机构设置信息

企业机构信息包括组织机构划分和人员基本信息两部分,其中,部门机构设置如表10-2所示,人员类别信息如表10-3所示,员工基本信息如表10-4所示。

表 10-2   部门档案信息

部门编码	部门名称	负责人	部门属性
1	综合部	赵珂	管理部门
101	总经理办公室	赵珂	综合管理
102	财务部	夏颖	财务管理
2	技术开发部	王晓	技术开发
3	市场部	王亮	购销管理
301	采购部	王亮	采购管理
302	销售部	李哲	销售管理
4	生产加工部	孙亮	生产加工

表 10-3   人员类别

档案编码	档案名称	档案级别	上级编码	是否自定义	是否显示
10	在职人员	0		系统	是
20	离退人员	0		系统	是
201	离休人员	1	20	系统	是
202	退休人员	1	20	系统	是
203	退职人员	1	20	系统	是
30	离职人员	0		系统	是
90	其他	0		系统	是

表 10-4　职员档案信息

人员编码	人员姓名	性别	人员类别	行政部门	人员属性	是否操作员	是否业务员
101	赵珂	男	在职人员	总经理办公室	总经理		是
102	夏颖	女	在职人员	财务部	部门主管	是	是
103	高静	女	在职人员	财务部	财务会计	是	
104	王婷	女	在职人员	财务部	财务会计	是	
105	宋玢	女	在职人员	财务部	财务会计	是	
106	王晓	男	在职人员	财务部	财务会计	是	
107	孙翠	女	在职人员	财务部	财务会计	是	
108	于洋	女	在职人员	财务部	财务会计	是	
109	李雪	女	在职人员	财务部	财务会计	是	
110	赵祥	男	在职人员	财务部	财务会计	是	
111	李磊	男	在职人员	财务部	财务会计	是	
201	王晓	男	在职人员	技术开发部	部门主管		是
202	赵天	男	在职人员	技术开发部	开发人员		是
203	赵雪蒙	女	在职人员	技术开发部	开发人员		是
204	刘学义	男	在职人员	技术开发部	开发人员		是
301	王亮	男	在职人员	采购部	部门主管		是
302	刘学	男	在职人员	采购部	采购人员		是
303	李莉	女	在职人员	采购部	采购人员		是
304	李哲	男	在职人员	销售部	部门主管		是
305	赵信	男	在职人员	销售部	销售人员		是
306	肖华	女	在职人员	销售部	销售人员		是
401	孙亮	男	在职人员	生产加工部	部门主管		是
402	李祥语	男	在职人员	生产加工部	生产人员		
403	孙磊	男	在职人员	生产加工部	生产人员		
404	刘良	男	在职人员	生产加工部	生产人员		
405	赵海	男	在职人员	生产加工部	生产人员		

2. 结算方式

企业经济业务结算方式如表 10-5 所示。

表 10-5　常用结算方式

结算方式编码	结算方式名称	票据管理
01	现金支票	是
02	转账支票	是
03	商业承兑汇票	否
04	银行承兑汇票	否

3. 外币信息资料

企业外贸业务使用外币为美元,汇率方式为固定汇率,7 月初记账汇率为 7.20。

4. 地区、客户和供应商分类信息

企业往来单位分类资料信息如表 10-6～表 10-10 所示。

表 10-6 地区分类信息

分类编码	分类名称	分类编码	分类名称
01	国内	01004	天津
01001	北京	02	国外
01002	上海	02001	美国
01003	山东		

表 10-7 客户分类信息

分类编码	分类名称
01	长期客户
02	中期客户
03	短期客户

表 10-8 供应商分类信息

分类编码	分类名称
01	工业
02	商业
03	事业

表 10-9 行业分类信息

类别编码	类别名称	类别编码	类别名称
1	采掘业	204	电力、蒸汽、热水生产和供应业
2	制造业	3	机电设备制造业
201	食品制造业	301	电器机械及器材制造业
202	纺织业	302	机械工业
203	造纸及纸制品业		

表 10-10 客户分级信息

客户级别编码	客户级别名称	级别说明
01	VIP 客户	
02	重要客户	
03	普通客户	

5. 客户档案和供应商档案

与企业有经济业务往来的单位的基本信息资料如表 10-11 和表 10-12 所示。

表 10-11　客户档案信息

客户编码	客户名称	客户简称	法人代表	所属分类	所属行业	所属地区	客户级别	税号	电话	信用等级	发展日期
001	济南造纸厂	济南造纸厂	李臻	01	203	01003	01	11111111111	2567888	A	2004-12-31
002	北京丝绸厂	北丝绸	陈宣	01	202	01001	02	12333333333	55668288	A	2001-05-12
003	华东机械厂	华机	赵阳	02	301	01002	03	22222222222	8288665	A	2003-01-28

表 10-12　供应商档案信息

供应商编码	供应商名称	供应商简称	法人代表	所属分类	所属行业	所属地区	税号	开户银行	银行账号	发展日期
001	山东电力公司	鲁能	刘珂	01	204	01003	11111222222	工行	1222	2004-12-31
002	潍坊机械公司	潍坊机械	赵亮	01	302	01003	33333333333	工行	2111	2001-05-12
003	青岛机械公司	青岛机械	孙冬	01	302	01003	22222211111	建行	3322	2003-01-28

6. 存货信息

企业存货信息资料如表10-13～表10-16所示。

表 10-13 存货分类信息

分类编码	分类名称	分类编码	分类名称
01	原材料	03	包装物
02	库存商品	04	低值易耗品

表 10-14 存货计量单位组信息

计量单位组编码	计量单位组名称	计量单位组类别
001	重量计量	浮动换算率
002	实物计量	无换算率

表 10-15 存货计量单位信息

计量单位编码	计量单位名称	计量单位组编码	换算率	主辅计量单位
001	吨	001(重量计量)	1	主计量单位
002	千克	001(重量计量)	0.001	辅计量单位
003	件	002(实物计量)		

表 10-16 存货档案信息

存货编码	存货名称	所属分类	计量单位	是否销售	是否外购	是否自制	是否生产耗用	是否内销	参考成本	参考售价
0001	A材料	01	千克		√		√		7500	
0002	B材料	01	千克		√		√		200	
0003	修理用备件	01	件		√		√		200	
0004	燃料	01	千克		√		√		250	
0005	包装物	03	件		√				58	
0006	低值易耗品	04	千克		√		√		10	
0007	甲产品	02	件	√		√		√	1200	1700
0008	乙产品	02	件	√		√		√	2000	3480

备注:增值税税率为17%。

7. 项目档案信息

淄新公司项目档案资料如下:

项目大类:在建工程

项目分类:01 自建工程;02 承包工程

项目目录:01 办公楼;02 宿舍楼(办公楼、宿舍楼均为自建工程)

10.1.4 企业财务信息

1. 业务控制参数

凭证制单时，采用序时控制（不能倒流），进行支票管理与资金及往来赤字控制，客户往来款项在总账系统核算，供应商往来款项在总账系统核算，制单权限不控制到科目，不可修改他人填制的凭证，打印凭证页脚姓名，凭证审核时控制到操作员，由出纳填制的凭证必须经出纳签字，进行预算控制方式。凭证须经主管会计签字，进行现金流量项目控制处理。

2. 凭证类型信息

企业采用凭证种类如表 10-17 所示。

表 10-17   凭证类型信息

类型	限制类型	限制科目
收款凭证	借方必有	1001,1002
付款凭证	贷方必有	1001,1002
转账凭证	凭证必无	1001,1002
机制凭证	无限制	

3. 2008 年 7 月份期初余额

2008 年 7 月，淄新公司各账户期初余额资料如表 10-18 所示。

表 10-18   期初余额表

科目编码	科目名称	账类性质	方向	币别/计量	年初余额	累计借方	累计贷方	期初余额
1001	库存现金	指定科目	借		69074.29	101000.00	169040.29	1034.00
1002	银行存款	指定科目	借		700000.00	900000.00	900000.00	700000.00
100201	工行存款	指定科目	借		400000.00	800000.00	800000.00	400000.00
100202	中行存款	指定科目	借		300000.00	100000.00	100000.00	300000.00
10020201	人民币户	指定科目	借		156000.00	100000.00	100000.00	156000.00
10020202	美元户	指定科目	借		144000.00	0.00	0.00	144000.00
			借	美元	20000.00	0.00	0.00	20000.00
1012	其他货币资金	指定科目	借		0.00	0.00	0.00	0.00
101201	外埠存款	指定科目	借		0.00	0.00	0.00	0.00
101202	银行本票	指定科目	借		0.00	0.00	0.00	0.00
101203	银行汇票	指定科目	借		0.00	0.00	0.00	0.00
101204	信用卡	指定科目	借		0.00	0.00	0.00	0.00
101205	信用证保证金	指定科目	借		0.00	0.00	0.00	0.00
101206	存出投资款	指定科目	借		0.00	0.00	0.00	0.00
1101	交易性金融资产		借		1452500.00	1000000.00	2352500.00	100000.00
110101	股票		借		1452500.00	1000000.00	2352500.00	100000.00
11010101	成本		借		1452500.00	1000000.00	2352500.00	100000.00
11010102	公允价值变动		借		0.00	0.00	0.00	0.00
110102	债券		借		0.00	0.00	0.00	0.00

续表

科目编码	科目名称	账类性质	方向	币别/计量	年初余额	累计借方	累计贷方	期初余额
11010201	成本		借		0.00	0.00	0.00	0.00
11010202	公允价值变动		借		0.00	0.00	0.00	0.00
110103	基金		借		0.00	0.00	0.00	0.00
11010301	成本		借		0.00	0.00	0.00	0.00
11010302	公允价值变动		借		0.00	0.00	0.00	0.00
1121	应收票据		借		1954000.00	0.00	1954000.00	0.00
112101	银行承兑汇票	客户往来	借		0.00	0.00	0.00	0.00
112102	商业承兑汇票	客户往来	借		1954000.00	0.00	1954000.00	0.00
1122	应收账款	客户往来	借		1798136.82	1500000.00	3248136.82	50000.00
1123	预付账款	供应商往来	借		10000.00	0.00	0.00	10000.00
1131	应收股利		借		0.00	0.00	0.00	0.00
1132	应收利息		借		0.00	0.00	0.00	0.00
1221	其他应收款		借		3610.00	7500.00	4110.00	7000.00
122101	应收单位款	客户往来	借		1110.00	500.00	1610.00	0.00
122102	应收个人款	个人往来	借		2500.00	7000.00	2500.00	7000.00
1231	坏账准备		贷		7531.49	3015.00	10412.49	134.00
123101	应收票据		贷		3908.00	3908.00	0.00	0.00
123102	应收账款		贷		3596.27	6496.27	3000.00	100.00
123103	预付账款		贷		20.00	0.00	0.00	20.00
123104	其他应收款		贷		7.22	8.22	15.00	14.00
1402	在途物资		借		0.00	0.00	0.00	0.00
1403	原材料		借		71000.00	360000.00	133000.00	298000.00
140301	A 材料	数量核算	借		39000.00	150000.00	39000.00	150000.00
			借	kg	6.00	20.00	6.00	20.00
140302	B 材料	数量核算	借		30000.00	100000.00	80000.00	50000.00
			借	kg	150.00	500.00	400.00	250.00
140303	修理用备件	数量核算	借		0.00	60000.00	10000.00	50000.00
			借	件	0.00	300.00	50.00	250.00
140304	燃料	数量核算	借		2000.00	50000.00	4000.00	48000.00
			借	kg	8.00	200.00	16.00	192.00
1405	库存商品		借		2557800.00	1000000.00	1213800.00	2344000.00
140501	甲产品	数量核算	借		50900.00	600000.00	506900.00	144000.00
			借	件	42.00	500.00	422.00	120.00
140502	乙产品	数量核算	借		2506900.00	400000.00	706900.00	2200000.00
			借	件	1250.00	200.00	350.00	1100.00
1411	周转材料		借		8117.99	12500.00	11817.99	8800.00
141101	包装物	数量核算	借		3000.00	7500.00	4700.00	5800.00
			借	件	50.00	130.00	80.00	100.00
141102	低值易耗品	数量核算	借		5117.99	5000.00	7117.99	3000.00
			借	kg	500.00	500.00	700.00	300.00
1471	存货跌价准备		贷		0.00	0.00	0.00	0.00
1501	持有至到期投资		借		45583.78	50000.00	95583.78	0.00
1502	持有至到期投资跌价准备		贷		0.00	0.00	0.00	0.00
1511	长期股权投资		借		5958000.00	150000.00	5958000.00	150000.00
151101	成本		借		5958000.00	150000.00	5958000.00	150000.00
151102	损益调整		借		0.00	0.00	0.00	0.00
151103	其他权益变动		借		0.00	0.00	0.00	0.00

续表

科目编码	科目名称	账类性质	方向	币别/计量	年初余额	累计借方	累计贷方	期初余额
1512	长期股权投资减值准备		贷		0.00	0.00	0.00	0.00
1531	长期应收款		借		0.00	0.00	0.00	0.00
1601	固定资产		借		6222717.50	5800000.00	5466817.50	6555900.00
1602	累计折旧		贷		1469086.38	1419086.38	50000.00	100000.00
1603	固定资产减值准备		贷		0.00	0.00	0.00	0.00
1604	在建工程		借		50400.00	49600.00	0.00	100000.00
160401	材料费	项目核算	借		50400.00	49600.00	0.00	100000.00
160402	人工费	项目核算	借		0.00	0.00	0.00	0.00
160403	利息	项目核算	借		0.00	0.00	0.00	0.00
160409	其他	项目核算	借		0.00	0.00	0.00	0.00
1605	工程物资		借		0.00	0.00	0.00	0.00
160501	专用材料		借		0.00	0.00	0.00	0.00
160502	专用设备		借		0.00	0.00	0.00	0.00
160503	预付大型设备款		借		0.00	0.00	0.00	0.00
160504	为生产准备的工具及器具		借		0.00	0.00	0.00	0.00
1606	固定资产清理		借		0.00	0.00	0.00	0.00
1701	无形资产		借		.249000.00	4000000.00	249000.00	4180000.00
1702	累计摊销		贷		180000.00	120000.00	120000.00	180000.00
1703	无形资产减值准备		贷		0.00	0.00	0.00	0.00
1711	商誉		借		0.00	0.00	0.00	0.00
1801	长期待摊费用		借		0.00	0.00	0.00	0.00
1901	待处理财产损溢		借		0.00	0.00	0.00	0.00
190101	待处理流动资产损溢		借		0.00	0.00	0.00	0.00
190102	待处理固定资产损溢		借		0.00	0.00	0.00	0.00
2001	短期借款		贷		1200000.00	950000.00	50000.00	300000.00
2201	应付票据		贷		1007600.00	1107600.00	100000.00	0.00
220101	银行承兑汇票	供应商往来	贷		0.00	0.00	0.00	0.00
220102	商业承兑汇票	供应商往来	贷		1007600.00	1107600.00	100000.00	0.00
2202	应付账款	供应商往来	贷		490000.00	175000.00	100000.00	415000.00
2203	预收账款	客户往来	贷		180000.00	218000.00	38000.00	0.00
2211	应付职工薪酬		贷		51641.86	2900169.72	2895527.86	47000.00
221101	工资		贷		0.00	1817000.00	1817000.00	0.00
221102	职工福利		贷		0.00	44641.86	44641.86	0.00
221103	社会保险费		贷		0.00	795846.00	795846.00	0.00
221104	住房公积金		贷		0.00	218040.00	218040.00	0.00
221105	工会经费		贷		21001.86	4600.86	599.00	17000.00
221106	职工教育经费		贷		30640.00	20041.00	19401.00	30000.00
221107	辞退福利		贷		0.00	0.00	0.00	0.00
221108	其他		贷		0.00	0.00	0.00	0.00
2221	应交税费		贷		211960.55	376740.55	183380.00	18600.00
222101	应交增值税		贷		0.00	138000.00	155000.00	17000.00
22210101	进项税额		贷		0.00	60000.00	15000.00	−45000.00
22210102	已交税金		贷		0.00	50000.00	80000.00	30000.00
22210103	转出未交增值税		贷		0.00	28000.00	60000.00	32000.00

科目编码	科目名称	账类性质	方向	币别/计量	年初余额	累计借方	累计贷方	期初余额
22210104	减免税款		贷		0.00	0.00	0.00	0.00
22210105	销项税额		贷		0.00	0.00	0.00	0.00
22210106	出口退税		贷		0.00	0.00	0.00	0.00
22210107	进项税额转出		贷		0.00	0.00	0.00	0.00
22210108	出口抵减内销产品应纳税额		贷		0.00	0.00	0.00	0.00
22210109	转出多交增值税		贷		0.00	0.00	0.00	0.00
222102	未交增值税		贷		87722.43	87722.43	0.00	0.00
222103	应交营业税		贷		23400.00	27500.00	4100.00	0.00
222104	应交消费税		贷		0.00	0.00	0.00	0.00
222105	应交资源税		贷		12000.00	14000.00	2000.00	0.00
222106	应交所得税		贷		31000.00	36000.00	5000.00	0.00
222107	应交土地增值税		贷		0.00	0.00	0.00	0.00
222108	应交城市维护建设税		贷		22000.00	23000.00	2000.00	1000.00
222109	应交房产税		贷		5238.12	15238.12	10000.00	0.00
222110	应交土地使用税		贷		24600.00	28000.00	4000.00	600.00
222111	应交车船使用税		贷		0.00	0.00	0.00	0.00
222112	应交个人所得税		贷		6000.00	6000.00	0.00	0.00
222113	应交教育费附加				0.00	1280.00	1280.00	0.00
222114	应交矿产资源补偿费							
2231	应付利息		贷		0.00	0.00	0.00	0.00
2232	应付股利		贷		0.00	0.00	0.00	0.00
2241	其他应付款		贷		20753.77	9253.77	93500.00	105000.00
224101	应付单位款项		贷		18000.00	5000.00	87000.00	100000.00
224102	存入保证金		贷		2000.00	3500.00	6500.00	5000.00
224103	职工工资		贷		753.77	753.77	0.00	0.00
224104	租金		贷		0.00	0.00	100000.00	100000.00
224105	应付统筹退休金		贷		0.00	0.00	50000.00	50000.00
224106	其他		贷		0.00	0.00	0.00	0.00
2401	递延收益		贷		0.00	0.00	0.00	0.00
2501	长期借款		贷		100000.00	105000.00	150000.00	145000.00
250101	本金		贷		100000.00	105000.00	150000.00	145000.00
250102	利息调整		贷		0.00	0.00	0.00	0.00
2502	应付债券		贷		0.00	0.00	0.00	0.00
250201	面值		贷		0.00	0.00	0.00	0.00
250202	利息调整		贷		0.00	0.00	0.00	0.00
250203	应计利息		贷		0.00	0.00	0.00	0.00
2701	长期应付款		贷		500000.00	500000.00	0.00	0.00
2711	专项应付款		贷		0.00	0.00	0.00	0.00
2801	预计负债		贷		0.00	0.00	0.00	0.00
2901	递延所得税负债		贷		0.00	0.00	0.00	0.00
4001	实收资本		贷		14991366.33	2491366.33	0.00	12500000.00
4002	资本公积		贷		400000.00	170000.00	20000.00	250000.00
400201	资本溢价		贷		290000.00	40000.00	0.00	250000.00
400202	其他资本公积		贷		110000.00	130000.00	20000.00	0.00
4101	盈余公积		贷		200000.00	160000.00	4000.00	44000.00

科目编码	科目名称	账类性质	方向	币别/计量	年初余额	累计借方	累计贷方	期初余额
410101	法定盈余公积		贷		120000.00	80000.00	4000.00	44000.00
410102	任意盈余公积		贷		30000.00	30000.00	0.00	0.00
410103	利润归还投资		贷		50000.00	50000.00	0.00	0.00
4103	本年利润		贷		147360.18	0.00	0.00	147360.18
4104	利润分配		贷		172639.82	70000.00	0.00	102639.82
410401	提取法定盈余公积		贷		0.00	0.00	0.00	0.00
410402	提取任意盈余公积		贷		0.00	0.00	0.00	0.00
410403	应付利润		贷		0.00	0.00	0.00	0.00
410404	转作资本的利润		贷		0.00	0.00	0.00	0.00
410405	盈余公积补亏		贷		0.00	0.00	0.00	0.00
410406	未分配利润		贷		172639.82	70000.00	0.00	102639.82
5001	生产成本		借		0.00	29382.46	29382.46	0.00
500101	基本生产成本		借		0.00	29382.46	29382.46	0.00
50010101	甲产品		借		0.00	12463.46	12463.46	0.00
5001010101	直接材料		借		0.00	9140.26	9140.26	0.00
5001010102	燃料及动力		借		0.00	614.65	614.65	0.00
5001010103	直接人工费		借		0.00	1627.94	1627.94	0.00
5001010104	制造费用		借		0.00	1080.61	1080.61	0.00
50010102	乙产品		借		0.00	16919.00	16919.00	0.00
5001010201	直接材料		借		0.00	7500.00	7500.00	0.00
5001010202	燃料及动力		借		0.00	2300.00	2300.00	0.00
5001010203	直接人工费		借		0.00	2543.00	2543.00	0.00
5001010204	制造费用		借		0.00	4576.00	4576.00	0.00
500102	辅助生产成本		借		0.00	0.00	0.00	0.00
5101	制造费用		借		0.00	5656.61	5656.61	0.00
510101	工资薪酬		借		0.00	2985.00	2985.00	0.00
510102	折旧费		借		0.00	1656.61	1656.61	0.00
510103	水电费		借		0.00	1015.00	1015.00	0.00
510104	办公费		借		0.00	0.00	0.00	0.00
510105	其他		借		0.00	0.00	0.00	0.00
5201	劳务成本		借		0.00	0.00	0.00	0.00
6001	主营业务收入		贷		0.00	13750000.00	13750000.00	0.00
600101	甲产品	数量核算	贷		0.00	6000000.00	6000000.00	0.00
			贷	件	0.00	3000.00	3000.00	0.00
600102	乙产品	数量核算	贷		0.00	7750000.00	7750000.00	0.00
			贷	件	0.00	1550.00	1550.00	0.00
6051	其他业务收入		贷		0.00	196400.00	196400.00	0.00
605101	出租固定资产		贷		0.00	0.00	0.00	0.00
605102	出租无形资产		贷		0.00	0.00	0.00	0.00
605103	出租包装物		贷		0.00	0.00	0.00	0.00
605104	销售材料		贷		0.00	196400.00	196400.00	0.00
605105	债务重组		贷		0.00	0.00	0.00	0.00
605106	其他		贷		0.00	0.00	0.00	0.00
6061	汇兑损益		贷		0.00	0.00	0.00	0.00
6111	投资收益		贷		0.00	50000.00	50000.00	0.00
6301	营业外收入		贷		0.00	60000.00	60000.00	0.00
630101	非流动资产处置利得		贷		0.00	0.00	0.00	0.00

科目编码	科目名称	账类性质	方向	币别/计量	年初余额	累计借方	累计贷方	期初余额
630102	非货币性资产交换利得		贷		0.00	0.00	0.00	0.00
630103	债务重组利得		贷		0.00	0.00	0.00	0.00
630104	政府补助		贷		0.00	0.00	0.00	0.00
630105	盘盈利得		贷		0.00	0.00	0.00	0.00
630106	捐赠利得		贷		0.00	60000.00	60000.00	0.00
630107	其他		贷		0.00	0.00	0.00	0.00
6401	主营业务成本		借		0.00	10450000.00	10450000.00	0.00
640101	甲产品	数量核算	借		0.00	5450000.00	5450000.00	0.00
			借	件	0.00	3000.00	3000.00	0.00
640102	乙产品	数量核算	借		0.00	5000000.00	5000000.00	0.00
			借	件	0.00	1550.00	1550.00	0.00
6402	其他业务成本		借		0.00	157200.00	157200.00	0.00
640201	销售材料成本		借		0.00	157200.00	157200.00	0.00
640202	出租固定资产折旧额		借		0.00	0.00	0.00	0.00
640203	出租无形资产摊销额		借		0.00	0.00	0.00	0.00
640204	出租包装物成本		借		0.00	0.00	0.00	0.00
640205	其他		借		0.00	0.00	0.00	0.00
6403	营业税金及附加		借		0.00	9380.00	9380.00	0.00
640301	营业税		借		0.00	4100.00	4100.00	0.00
640302	消费税		借		0.00	0.00	0.00	0.00
640303	城市维护建设税		借		0.00	2000.00	2000.00	0.00
640304	资源税		借		0.00	2000.00	2000.00	0.00
640305	教育费附加		借		0.00	1280.00	1280.00	0.00
6601	销售费用		借		0.00	220000.00	220000.00	0.00
660101	运输费		借		0.00	8000.00	8000.00	0.00
660102	包装费		借		0.00	12000.00	12000.00	0.00
660103	展览广告费		借		0.00	200000.00	200000.00	0.00
660104	保险费		借		0.00	0.00	0.00	0.00
660105	商品维修费		借		0.00	0.00	0.00	0.00
660106	装卸费		借		0.00	0.00	0.00	0.00
660107	职工薪酬		借		0.00	0.00	0.00	0.00
660108	业务费		借		0.00	0.00	0.00	0.00
660109	折旧费		借		0.00	0.00	0.00	0.00
660110	其他		借		0.00	0.00	0.00	0.00
6602	管理费用		借		0.00	1800000.00	1800000.00	0.00
660201	公司经费	部门核算	借		0.00	1465000.00	1465000.00	0.00
660202	工会经费		借		0.00	0.00	0.00	0.00
660203	咨询费		借		0.00	0.00	0.00	0.00
660204	折旧费		借		0.00	86000.00	86000.00	0.00
660205	诉讼费		借		0.00	0.00	0.00	0.00
660206	修理费		借		0.00	152848.00	152848.00	0.00
660207	水电费	部门核算	借		0.00	28000.00	28000.00	0.00
660208	业务招待费	部门核算	借		0.00	35000.00	35000.00	0.00
660209	排污费		借		0.00	17600.00	17600.00	0.00
660210	研究费用		借		0.00	15552.00	15552.00	0.00

科目编码	科目名称	账类性质	方向	币别/计量	年初余额	累计借方	累计贷方	期初余额
660211	房产税		借		0.00	10000.00	10000.00	0.00
660212	车船使用税		借		0.00	0.00	0.00	0.00
660213	土地使用税		借		0.00	4000.00	4000.00	0.00
660214	印花税		借		0.00	0.00	0.00	0.00
660215	矿产资源补偿费		借		0.00	0.00	0.00	0.00
6603	财务费用		借		0.00	150000.00	150000.00	0.00
660301	利息支出		借		0.00	148800.00	148800.00	0.00
660302	手续费		借		0.00	1200.00	1200.00	0.00
660303	汇兑损益		借		0.00	0.00	0.00	0.00
660304	现金折扣		借		0.00	0.00	0.00	0.00
6701	资产减值损失		借		0.00	10412.49	10412.49	0.00
670101	坏账准备		借		0.00	10412.49	10412.49	0.00
670102	存货跌价准备		借		0.00	0.00	0.00	0.00
670103	长期股权投资减值准备		借		0.00	0.00	0.00	0.00
670104	持有至到期投资减值准备		借		0.00	0.00	0.00	0.00
670105	固定资产减值准备		借		0.00	0.00	0.00	0.00
670106	无形资产减值准备		借		0.00	0.00	0.00	0.00
6711	营业外支出		借		0.00	80000.00	80000.00	0.00
671101	非流动资产处置损失		借		0.00	0.00	0.00	0.00
671102	非货币资产交易损失		借		0.00	0.00	0.00	0.00
671103	债务重组损失		借		0.00	0.00	0.00	0.00
671104	公益性捐赠支出		借		0.00	0.00	0.00	0.00
671105	非常损失		借		0.00	80000.00	80000.00	0.00
671106	盘亏损失		借		0.00	0.00	0.00	0.00
6801	所得税费用		借		0.00	387365.00	387365.00	0.00
680101	当期所得税费用		借		0.00	387365.00	387365.00	0.00
680102	递延所得税费用		借		0.00	0.00	0.00	0.00
6901	以前年度损益调整		借		0.00	0.00	0.00	0.00

4. 期初余额辅助资料

2008 年 7 月，淄新公司期初余额辅助资料如表 10-19～表 10-30 所示。

表 10-19　应收票据/商业承兑汇票期初余额资料

单位编号	单位名称	方向	累计借方金额	累计贷方金额	期初余额
001	济南造纸厂	借		1954000.00	

表 10-20　应收账款期初余额资料

单位编号	单位名称	方向	累计借方金额	累计贷方金额	期初余额
001	济南造纸厂	借	1000000.00	2000000.00	25000.00
002	北京丝绸厂	借	300000.00	1000000.00	10000.00
003	华东机械厂	借	200000.00	248136.82	15000.00

表 10-21　预付账款期初余额资料

单位编号	单位名称	方向	累计借方金额	累计贷方金额	期初余额
002	潍坊机械公司	借			10000.00

表 10-22　其他应收款/应收单位款期初余额资料

单位编号	单位名称	方向	累计借方金额	累计贷方金额	期初余额
001	济南造纸厂	借	500.00	1610.00	

表 10-23　其他应收款/应收个人款期初余额资料

部门	职员名称	方向	累计借方金额	累计贷方金额	期初余额
总经理办公室	赵珂	借	7000.00	2500.00	7000.00

表 10-24　应付票据/商业承兑汇票期初余额资料

单位编号	单位名称	方向	累计借方金额	累计贷方金额	期初余额
001	山东电力公司	贷	1000000.00	100000.00	
002	潍坊机械公司	贷	100000.00		
003	青岛机械公司	贷	7600.00		

表 10-25　应付账款期初余额资料

单位编号	单位名称	方向	累计借方金额	累计贷方金额	期初余额
001	山东电力公司	贷	70000.00	40000.00	115000.00
002	潍坊机械公司	贷	68000.00	30000.00	150000.00
003	青岛机械公司	贷	37000.00	30000.00	150000.00

表 10-26　预收账款期初余额资料

单位编号	单位名称	方向	累计借方金额	累计贷方金额	期初余额
001	济南造纸厂	借	118000.00	38000.00	
003	华东机械厂	借	100000.00		

表 10-27　项目辅助核算期初余额资料

科目编码	科目名称	项目名称	方向	累计借方金额	累计贷方金额	期初余额
160401	在建工程/材料费	办公楼	借	29600.00		80000.00
160401	在建工程/材料费	宿舍楼	借	20000.00		20000.00

表 10-28　管理费用/公司经费期初余额资料

部门编码	部门名称	方向	累计借方金额	累计贷方金额	期初余额
101	总经理办公室		1465000.00	1465000.00	

表 10-29　管理费用/水电费期初余额资料

部门编码	部门名称	方向	累计借方金额	累计贷方金额	期初余额
101	总经理办公室		8000.00	8000.00	
102	财务部		10000.00	10000.00	
301	采购部		10000.00	10000.00	

表 10-30　管理费用/业务招待费期初余额资料

部门编码	部门名称	方向	累计借方金额	累计贷方金额	期初余额
101	总经理办公室		35000.00	35000.00	

5. 山东淄新实业有限责任公司 2008 年 1—6 月份利润表累计额和 6 月份本期金额,如表 10-31 所示。

表 10-31　利润表

编制单位:山东淄新实业有限责任公司　　　　2008 年 6 月 30 日　　　　　　　单位:元

项　目	本期金额	本年累计数
一、营业收入	636455.00	13750000.00
减:营业成本	251184.54	10450000.00
营业税金及附加	3684.56	65450.00
销售费用	49157.00	220000.00
管理费用	72599.00	1800000.00
财务费用	100254.00	150000.00
资产减值损失	3245.00	72500.00
加:公允价值变动收益(损失以"—"号填列)		
投资收益(损失以"—"号填列)	45788.00	50000.00
其中:对联营企业和合营企业的投资收益		
二、营业利润(亏损以"—"号填列)	202118.90	1042050.00
加:营业外收入	4000.00	60000.00
减:营业外支出	3845.56	80000.00
其中:非流动资产处置损失		
三、利润总额(亏损总额以"—"号填列)	202273.34	1022050.00
减:所得税费用	51379.59	387365.00
四、净利润(净亏损以"—"号填列)	150893.76	634685.00
五、每股收益		
(一)基本每股收益		
(二)稀释每股收益		

6. 山东淄新实业有限责任公司 2008 年 1—6 月份现金流量累计额和 6 月份现金流量本期金额,如表 10-32 所示。

表 10-32　现金流量表

编制单位：山东淄新实业有限责任公司　　　　　2008 年 6 月 30 日　　　　　　　　单位：元

项　　目	本期金额	本年累计流量
一、经营活动产生的现金流量：		
销售商品、提供劳务收到的现金	805000.00	4830404.3
收到的税费返还	1400.00	8410.00
收到的其他与经营活动有关的现金	192.30	1153.61
现金流入小计	806592.30	4839967.91
购买商品、接受劳务支付的现金	353600.00	2121992.84
支付给职工以及为职工支付的现金	113000.00	681567.00
支付的各项税费	97000.00	581865.05
支付的其他与经营活动有关的现金	156900.00	941449.95
现金流出小计	720500.00	4326874.84
经营活动产生的现金流量净额	86092.30	513093.07
二、投资活动产生的现金流量：		
收回投资所收到的现金	545000.00	3265460.00
取得投资收益所收到的现金	94500.00	564300.00
处置固定资产、无形资产和其他长期资产所收回的现金净额	81000.00	486000.00
收到的其他与投资活动有关的现金	13800.00	82600.00
现金流入小计	734300.00	4398360.00
购建固定资产、无形资产和其他长期资产所支付的现金	41000.00	243650.00
投资所支付的现金	566000.00	3395460.00
支付的其他与投资活动有关的现金	7000.00	43760.00
现金流出小计	614000.00	3682870.00
投资活动产生的现金流量净额	120300.00	715490.00
三、筹资活动产生的现金流量：		
吸收投资所收到的现金		
借款所收到的现金	600000.00	1600000.00
收到的其他与筹资活动有关的现金		
现金流入小计	600000.00	1600000.00
偿还债务所支付的现金	400000.00	2000000.00
分配股利、利润或偿付利息所支付的现金	90000.00	554607.00
支付的其他与筹资活动有关的现金	10000.00	63946.60
现金流出小计	500000.00	2618553.60
筹资活动产生的现金流量净额	100000.00	−1018553.60
四、汇率变动对现金的影响额		
五、现金及现金等价物净增加额	306392.30	210029.47

7. 淄新公司 2008 年 7 月份部分经济业务

淄新公司 2008 年 7 月发生经济业务如下。

（1）1 日，于洋到工行提现金 800 元，现金支票 XJ0013 号。

借：1001 库存现金　　　　　　　　　　　　　800

　　贷：100201 银行存款——工行　　　　　　　　　　800

（2）3日，销售部门支付商品维修费250元。

借：660105 销售费用——商品维修费　　　　　　　　250

　　贷：1001 库存现金　　　　　　　　　　　　　　　　　　250

（3）5日，财务部夏颖报差旅费250元。

借：660201 管理费用——公司经费　　　　　　　　　　250

　　贷：1001 库存现金　　　　　　　　　　　　　　　　　　250

（4）7日，采购部从国外进口原材料A材料25kg，每kg价格为600美元，共计15000美元，当日市场汇率为1美元＝7.20元人民币，进口关税为49800元人民币，支付进口增值税18360元人民币，货款由外币存款支付，进口关税及增值税由中国银行存款人民币户支付，中国银行转账支票 ZZ0298 号和 ZZ0299 号。

借：140301 原材料——A材料　　　157800(25＊600＊7.20＋49800)

　　22210101 应交税费——应交增值税——进项税　　　18360

　　贷：10020201 银行存款——中行——人民币户　　　　68160

　　　　10020202 银行存款——中行——美元户　　　　　108000

（5）9日，销售部销售甲产品10件，收入17000元，销项税2890元，收银行转账支票号 ZZ2188，金额19890元，送存工商银行。

借：100201 银行存款——工行　　　　　　　　　　　　19890

　　贷：600101 主营业务收入——甲产品　　　　　　　　17000

　　　　22210105 应交税费——应交增值税——销项税　　2890

（6）11日，销售部支付广告费20000元，工商银行转账支票 ZZ3001 号支付。

借：660101 销售费用——展览广告费　　　　　　　　　20000

　　贷：100201 银行存款——工行　　　　　　　　　　　　20000

（7）12日，销售部销售甲产品50件（济南造纸厂），收入85000元，销项税14450元，但未收贷款。

借：1122 应收账款——济南造纸厂　　　　　　　　　　99450

　　贷：22210105 应交税费——应交增值税——销项税　　14450

　　　　600101 主营业务收入——甲产品　　　　　　　　85000

（8）13日，采购部购买燃料10kg，每kg为250元，共计2500元，已入库，增值税425元，账单已到，工商银行转账支票 ZZ2222 号支付。

借：140304 原材料——燃料　　　　　　　　　　　　　2500

　　22210101 应交税费——应交增值税——进项税　　　　425

　　贷：100201 银行存款——工行　　　　　　　　　　　2925

（9）14日，仓库收潍坊机械公司B材料100kg，每kg为223元，共计22300元，增值税3791元，材料验收入库，贷款暂欠。

借：140301 原材料——B材料　　　　　　　　　　　　22300

　　22210101 应交税费——应交增值税——进项税　　　　3791

　　贷：2202 应付账款——潍坊机械公司　　　　　　　　26091

（10）15日，企业新建办公楼，购入各种建筑材料共计15000元，以工商银行转账支票 ZZ2212 号支付。

借：160401 在建工程—材料费 15000
　　贷：100201 银行存款——工行 15000

（11）16 日，在建工程 7 月份耗用人工费计 90000 元，其中办公楼 50000 元，宿舍楼 40000 元。

借：160402 在建工程——人工费 90000
　　贷：221101 应付职工薪酬——工资 90000

（12）17 日，企业购入某公司股票 2000 股，每股 6.5 元，计 13000 元，其中含已宣告分派但尚未发放的股利，每股 0.50 元计 1000 元，同时付手续费 160 元，皆以工商银行转账支票 ZZ2213 号付讫，作交易性金融资产处理。

借：110101 交易性金融资产——股票 12160
　　1131 应收股利 1000
　　贷：100201 银行存款——工行 13160

（13）18 日，收到华东机械厂所欠购甲产品货款 10000 元，存入工行，转账支票 ZZ6325 号。

借：100201 银行存款——工行 10000
　　贷：1122 应收账款——华东机械厂 10000

（14）19 日，企业建工程楼，购入施工材料 43000 元，工商银行支票付款，其中，办公楼 18000 元，以支票 4732 号支付，宿舍楼 25000 元，以转账支票 ZZ2526 号支付。

借：16040101 在建工程——材料费 43000
　　贷：100201 银行存款——工行（转账支票号 4732） 18000
　　　　100201 银行存款——工行（转账支票号 2526） 25000

（15）21 日，销售部出口销售乙产品 1000 件，每价单价 400 美元，当日市场汇率 1 美元＝8.88 元人民币，货款已收中国银行户（简化处理，有关出口关税及增值税略），转账支票 ZZ8230 号。

借：10020202 银行存款——中行——美元户
　　　　　　　　　　2880000(1000 * 400 * 7.20)
　　贷：600102 主营业务收入——乙产品 2880000

（16）22 日，支付银行手续费 200 元。

借：660302 财务费用——手续费 200
　　贷：100201 银行存款——工行存款 200

（17）23 日，销售部销售给济南造纸厂甲产品 56 件，收入 95200 元，销项税 16184 元，但未收货款。

借：1122 应收账款——济南造纸厂 111384
　　贷：22210105 应交税费——应交增值税——销项税 16184
　　　　600101 主营业务收入——甲产品 95200

（18）24 日，收到济南造纸厂所欠购甲产品货款 100000 元，转账支票 ZZ2530 号送存工商银行。

借：100201 银行存款——工行 100000
　　贷：1122 应收账款——济南造纸厂 100000

（19）25 日，办公室赵珂出差借款 800 元。

借：122102 其他应收款——应收个人款　　　　　　800

　　贷：1001 库存现金　　　　　　　　　　　　　　　　800

（20）27 日，办公室赵珂报销差旅费 500 元。

借：660201 管理费用——公司经费　　　　　　　　500

　　贷：122102 其他应收款——应收个人款　　　　　　500

借：1001 库存现金　　　　　　　　　　　　　　　300

　　贷：122102 其他应收款——应收个人款　　　　　　300

（21）29 日，计算并支付短期借款利息 2000 元，以工商银行现金支票号 ZZ5212 号付讫。

借：财务费用——利息支出　　　　　　　　　　　2000

　　贷：应付利息　　　　　　　　　　　　　　　　　2000

借：2231 应付利息　　　　　　　　　　　　　　　2000

　　贷：100201 银行存款——工行　　　　　　　　　　2000

（22）31 日，期末调整汇兑损益（要求使用自动转账凭证生成，7 月 31 日美元外币汇率为 6.80）。

借：6601 汇兑损益　　　　　　　　　　　　　　　42500

　　贷：10020202 银行存款——中行——美元户　　　　42500

（23）31 日，结转已销甲产品、乙产品成本（要求使用自动转账凭证生成）。

借：640101 主营业务成本——甲产品　　　　　　　150000

　　640102 主营业务成本——乙产品　　　　　　　2000000

　　贷：140501 库存商品——甲产品　　　　　　　　　150000

　　　　140502 库存商品——乙产品　　　　　　　　　2000000

（24）31 日，按本月应收账款期末余额的 2‰ 提取坏账准备金 201.67 元（要求使用自动转账凭证生成）。

借：670101 资产减值损失——坏账准备　　　　　　201.67

　　贷：123102 坏账准备——应收账款　　　　　　　　201.67

（25）31 日，结转收入（要求使用自动转账凭证生成）。

借：600101 主营业务收入——甲产品　　　　　　　197670

　　600102 主营业务收入——乙产品　　　　　　　3480000

　　贷：4103 本年利润　　　　　　　　　　　　　　　3677670

（26）31 日，结转成本（要求使用自动转账凭证生成）。

借：4103 本年利润　　　　　　　　　　　　　　　2170000

　　贷：640101 主营业务成本——甲产品　　　　　　　150000

　　　　640102 主营业务成本——乙产品　　　　　　　2000000

　　　　660103 销售费用——展览广告费　　　　　　　20000

（27）31 日，结转管理费用（要求使用自动转账凭证生成）。

借：4103 本年利润　　　　　　　　　　　　　　　951.67

　　贷：660204 管理费用——差旅费　　　　　　　　　750

　　　　660210 管理费用——其他　　　　　　　　　　201.67

(28) 31 日,结转财务费用(要求使用自动转账凭证生成)。

借:4103 本年利润　　　　　　　　　　　　　　　　　44700

　　贷:6603 财务费用　　　　　　　　　　　　　　　　　44700

8. 淄新公司 2008 年 7 月份银行对账信息资料

淄新公司 2008 年 6 月 30 日工商银行"银行存款余额调整表"如表 10-33 所示。

表 10-33　银行存款余额调整表

科目:银行存款——工行　　　　　　　　　　日期:2008 年 6 月 30 日

项　　目	余　　额	项　　目	余　　额
单位日记账账面余额	400000.00	银行日记账账面余额	253807.00
加:银行收企业未收	340007.00	加:企业收银行未收	450000.00
2008.6.19/转账支票/ZZ2155	20007.00	2008.6.22/转账支票/ZZ3247	50000.00
2008.6.20/转账支票/ZZ2001	320000.00	2008.6.25/转账支票/ZZ1111	400000.00
减:银行付企业未付	126200.00	减:企业付银行未付	90000.00
2008.6.23/转账支票/ZZ0001	102000.00	2008.6.24/转账支票/ZZ3283	90000.00
2008.6.26/银行承兑汇票/CD0001	24000.00		
2008.6.27/现金支票/XJ0002	200.00		
企业调整后余额	613807.00	银行调整后余额	613807.00

2008 年 7 月 31 日,从工商银行取得 7 月份银行对账单,其信息如表 10-34 所示。

表 10-34　银行对账单

结算日期	结算方式	结算单号	收方金额	付方金额	余额
2008.07.05	转账支票	ZZ3247	50000.00		
2008.07.06	转账支票	ZZ1111	400000.00		
2008.07.07	现金支票	XJ0013		800.00	
2008.07.10	转账支票	ZZ3283		90000.00	
2008.07.15	转账支票	ZZ2188	19890.00		
2008.07.17	转账支票	ZZ3001		20000.00	
2008.07.20	转账支票	ZZ2222		2925.00	
2008.07.23				9167.60	
2008.07.23	转账支票	ZZ2212		15000.00	
2008.07.25	转账支票	ZZ2213		13160.00	
2008.07.26	转账支票	ZZ4732		18000.00	
2008.07.26	转账支票	ZZ4533	100000.00		
2008.07.26	转账支票	ZZ2526		25000.00	
2008.07.28	转账支票	ZZ2530	100000.00		
2008.07.28				80000.00	
2008.07.29	转账支票	ZZ1895	5000.00		

要求

(1) 在系统管理中设置操作员、建立账套并设置操作员。

(2) 启动基础设置或总账系统设置部门档案、职员档案、地区分类、客户分类、客户档案、供应商分类、供应商档案、存货分类、存货档案。

（3）启动总账管理系统，设置业务控制参数、输入财务基础信息。

（4）在总账系统中完成 7 月份经济业务的处理，包括填制凭证、审核凭证、记账等。

（5）在总账系统中编制自动转账凭证，并生成 7 月份的自动转账凭证。

（6）以赵祥的身份登录总账系统，进行银行对账。

（7）启动 UFO 报表系统，完成下列报表的编制和生成操作。

① 编制货币资金表。货币资金表格式如表 10-35 所示。

表 10-35   货币资金表

项目	行次	期初数	期末数
库存现金	1		
银行存款	2		
合计	3		

② 利用报表模板，编制资产负债表、利润表和现金流量表。

（8）启动现金流量表模块，编制现金流量表。

10.2   综合应用案例二

本案例作为第 2～8 章教学用综合案例资料，涉及财务管理软件模块为系统管理、基础设置、总账系统、财务评估和 UFO 报表、固定资产、工资系统、应收系统、应付系统。

10.2.1   账务初始设置与初始设置资料

1. 基础资料

单位名称：山东高科技术有限公司

地址：山东淄博张周路 12 号

法人代表：张力

行业类型：工业

编码方案：存货、供应商、客户需进行分类，无外币核算业务

存货分类编码级次：22223   客户和供应商分类编码级次：223   部门编码级次：122

结算方式编码级次：12   科目编码级次：42222   收发类别编码级次：12

其他采用默认设置。

2. 财务人员及其权限

会计主管：赵玲（编号 101，口令 101）   制单、出纳：李哲（编号 102，口令 102）

审核、记账：王可（编号 103，口令 103）

3. 机构设置

山东高科技术有限公司的机构设置如表 10-36 所示。

表 10-36 机构设置

编号	名 称	部门属性	负责人
1	行政科	管理兼技术	张力
101	办公室	管理	李菲
102	财务室	管理	赵玲
103	总务科	管理	刘英
2	生产科	生产	张力
201	机装车间	基本生产	李荣
202	辅助车间	辅助生产	梁兵
3	市场部	供销	张力
301	销售部	销售	马同
302	供应部	供应	刘威

4. 人员类别与职员档案

山东高科技术有限公司,现有职工 16 人,其分类信息与基本信息如表 10-37、表 10-38 所示。

表 10-37 人员类别设置方案

档案编码	档案名称	档案级别	上级编码	是否自定义	是否显示
10	在职人员	0		系统	是
101	企业管理	1	10	用户	是
102	车间管理	1	10	用户	是
103	基本生产	1	10	用户	是
104	辅助生产	1	10	用户	是
105	市场营销	1	10	用户	是
20	离退人员	0	10	系统	是
201	离休人员	1	20	系统	是
202	退休人员	1	20	系统	是
203	退职人员	1	20	系统	是
30	离职人员	0		系统	是
90	其他	0		系统	是

表 10-38 职员档案资料

人员编号	人员姓名	性别	人员类别	行政部门	人员属性	是否操作员	是否业务员	银行	银 行 账 号
101	张力	男	企业管理	办公室	总经理		是	工商银行	6228480280065383001
102	李菲	女	企业管理	办公室	主任		是	工商银行	6228480280065383002
103	赵玲	女	企业管理	财务室	部门主管	是	是	工商银行	6228480280065383003
104	李哲	男	企业管理	财务室	财务会计	是		工商银行	6228480280065383004
105	王可	男	企业管理	财务室	财务会计	是		工商银行	6228480280065383005

续表

人员编号	人员姓名	性别	人员类别	行政部门	人员属性	是否操作员	是否业务员	银行	银 行 账 号
106	刘英	女	企业管理	总务科	管理人员			工商银行	6228480280065383006
201	李荣	女	车间管理	机装车间	部门主管		是	工商银行	6228480280065383007
202	张笛	女	基本生产	机装车间	生产工人			工商银行	6228480280065383008
203	周生	男	基本生产	机装车间	生产工人			工商银行	6228480280065383009
204	朱涛	男	基本生产	机装车间	生产工人			工商银行	6228480280065383010
205	郭铭	男	基本生产	机装车间	生产工人			工商银行	6228480280065383011
206	张颖	女	基本生产	机装车间	生产工人			工商银行	6228480280065383012
207	梁兵	男	车间管理	辅助车间	部门主管		是	工商银行	6228480280065383013
208	邹亮	男	辅助生产	辅助车间	生产工人			工商银行	6228480280065383014
301	马同	男	市场营销	销售部	销售人员		是	工商银行	6228480280065383015
302	刘威	男	企业管理	供应部	管理人员		是	工商银行	6228480280065383016

5. 分类体系

山东高科技术有限公司分类体系设置方案如表 10-39～表 10-43 所示。

表 10-39　　地区分类信息

地区编码	地区名称	地区编码	地区名称
01	国内	01037	山东
01011	北京	01061	陕西
01013	河北	01062	甘肃
01031	上海	02	国外

表 10-40　　供应商与客户分类表

供应商（客户）分类编码	供应商（客户）分类名称	供应商（客户）分类编码	供应商（客户）分类名称
01	工业企业	02	商业企业
0101	重工业企业	03	其他企业
0102	轻工业企业		

表 10-41　　行业分类

类别编码	类别名称	类别编码	类别名称
1	采掘业	205	木器制造业
2	制造业	3	机电设备制造业
201	食品制造业	301	电器机械及器材制造业
202	纺织业	302	机械工业
203	造纸及纸制品业	4	服务业
204	能源生产和供应业	401	商品零售业

表 10-42　　客户分级信息

客户级别编码	客户级别名称	级别说明
01	VIP 客户	
02	重要客户	
03	普通客户	

表 10-43 存货分类表

存货分类编码	存货分类名称	存货分类编码	存货分类名称
01	原材料	0201	包装物
0101	原料及主要材料	0202	低值易耗品
0102	辅助材料	03	库存成品
0103	外购半成品	04	应税劳务
02	周转材料		

6. 计量单位设置

企业计量单位组只设置一类(无换算),编码为"001",名称为"计量单位",计量单位信息如表 10-44 所示。

表 10-44 存货计量单位信息

计量单位编码	计量单位名称	计量单位组编码	计量单位组名称	计量单位组类别
001	吨	001	计量单位	无换算
002	千克	001	计量单位	无换算
003	台	001	计量单位	无换算
004	套	001	计量单位	无换算
005	个	001	计量单位	无换算
006	公里	001	计量单位	无换算

7. 档案资料

山东高科技术有限公司客户、供应商及存货档案信息资料如表 10-45～表 10-47 所示。

表 10-45 客户档案

客户编号	客户名称	客户简称	所属分类	所属行业	所属地区	客户级别	信用等级	发展日期
001	石家庄轴承厂	石轴	0101	302	01013	01	A	2004-12-31
002	兰州钢窗厂	兰钢	0102	302	01062	02	A	2001-5-12
003	西安西飞公司	西飞	03	301	01061	03	A	2003-1-28
004	上海宝花公司	沪宝	03	201	01013	02	A	

表 10-46 供应商档案

供应商编号	供应商名称	供应商简称	所属分类	所属行业	所属地区	发展日期
001	山东铸造厂	山铸	0101	302	01037	2004-12-31
002	天水风动工具厂	天风	0102	302	01062	2001-5-12
003	西安胜利厂	西胜	0102	301	01061	2003-1-28
004	兰州木器厂	兰木	03	205	01062	2004-12-31
005	北京电子元件厂	北元件	03	301	01011	2004-12-31
006	山东五金交化市场	五交化	02	401	01037	2004-12-31
007	山东工具厂	山工具	0102	302	01037	2004-12-31

表 10-47 存货档案表

存货编号	分类码	存货名称	计量单位	计价方式	计划价格	参考成本	参考售价	最新成本	最低售价	税率%	存货属性
001	0101	铸铁件	吨	计划价	3000	3100	3600	2900	3500	17	外购、生产耗用
002	0101	铸铝件	吨	计划价	20000	20000	38000	21000	37500	17	外购、生产耗用
003	0101	钢材	吨	计划价	8000	7800	8800	7900	8600	17	外购、生产耗用
004	0102	润滑油	千克	计划价	3.9	4	4.8	4	4.6	17	外购、生产耗用
005	0102	油漆	千克	计划价	10	11	17	10	16	17	外购、生产耗用
006	0103	电动机	台	计划价	800	810	880	810	860	17	外购、生产耗用
007	0103	轴承	套	计划价	350	360	450	240	430	17	外购、生产耗用
008	0103	电元件	个	计划价	20	22	30	21	22	17	外购、生产耗用
009	0201	木箱	个	计划价	400	410	490	400	480	17	外购、生产耗用
010	04	甲A产品	台	计划价	30000	31000	48000	30500	47500	17	自制、内销
011	04	甲B产品	台	计划价	14500	15000	22000	15000	27500	17	自制、内销
012	05	运输费	公里	计划价	200	200		200		7	外购

8. 项目核算辅助资料

项目大类：生产成本。

项目分类编码级次：1位。

项目分类：1自行生产；2委托加工。

项目目录：101甲A产品；102甲B产品。两种产品均为自行生产产品。

9. 付款优惠条件

企业付款优惠政策为：10/10,5/30,N/90。

10. 单位开户银行

单位开户银行基本情况如表10-48所示。

表10-48　开户银行基本情况

编码	银行账号	币种	开户银行	所属银行编码
001	053382847968	人民币	中国工商银行淄博分行	01-中国工商银行

11. 收发类别

企业存货收发类别设置如表10-49所示。

表10-49　收发类别

收发类别编码	收发类别名称	收发标志	收发类别编码	收发类别名称	收发标志
1	入库分类		2	出库分类	
101	采购入库	收	201	材料领用	发
102	产成品入库	收	202	销售出库	发
103	销售退货	收	203	采购退货	发
104	其他入库	收	204	其他出库	发
105	暂估入库	收	205	调拨出库	发
106	盘盈入库	收	206	盘亏出库	发

12. 采购类型

企业材料采购类型设置如表10-50所示。

表10-50　采购类型

采购类型编码	采购类型名称	入库类别	是否默认值
1	生产用材料采购	采购入库	是
2	其他材料采购	采购入库	否

13. 销售类型

企业产品销售类型设置如表10-51所示。

表 10-51　销售类型

销售类型编码	销售类型名称	出库类别	是否默认值
1	批发	销售出库	否
2	零售	销售出库	是
3	代销	销售出库	否

10.2.2　总账系统

1. 业务控制参数

（1）制单序时控制；（2）资金赤字控制；（3）凭证需出纳签字；

（4）不可修改他人填制的凭证；（5）应收、应付款项通过应收应付子系统核算。

2. 科目设置与期初余额

山东高科技术有限公司 2009 年 1 月 1 日,各科目期初余额情况如表 10-52 所示。

表 10-52　科目余额表

科目编号	科目名称	方向	辅助账类型	账页格式	期初余额
1001	库存现金	借	日记	金额式	3430.50
1002	银行存款	借		金额式	576180.00
100201	工行存款	借	日记	金额式	576180.00
1012	其他货币资金	借		金额式	50000.00
101203	银行汇票	借		金额式	50000.00
1121	应收票据	借		金额式	561600.00
112101	银行承兑汇票	借	客户往来	金额式	280800.00
112102	商业承兑汇票	借	客户往来	金额式	280800.00
1122	应收账款	借	客户往来	金额式	444600.00
1123	预付账款	借		金额式	26000.00
112301	预付贷款	借	供应商往来	金额式	20000.00
112302	报刊费	借		金额式	6000.00
1221	其他应收款	借		金额式	4400.00
122101	应收个人款	借	个人往来	金额式	4400.00
122102	应收单位款	借		金额式	0.00
1231	坏账准备	贷		金额式	2223.00
1403	原材料	借		数量金额式	1045312.00
1405	产成品	借		数量金额式	197500.00
140501	甲 A 产品	借		数量金额式	152500
		借	数量（台）		5
140502	甲 B 产品	借		数量金额式	45000
		借	数量（台）		3
1411	周转材料	借		数量金额式	1200.00
141101	包装物	借		数量金额式	1200.00

科目编号	科 目 名 称	方向	辅助账类型	账页格式	期初余额
1601	固定资产	借		金额式	4333000.00
1602	累计折旧	贷		金额式	1390179.00
2001	短期借款	贷		金额式	100000.00
2201	应付票据	贷		金额式	40950.00
220101	银行承兑汇票	贷	供应商往来	金额式	20000.00
220102	商业承兑汇票	贷	供应商往来	金额式	20950.00
2202	应付账款	贷		金额式	275740.00
220201	应付货款	贷	供应商往来	金额式	275740.00
220202	暂估应付款	贷		金额式	0.00
2211	应付职工薪酬	贷		金额式	77000.00
221101	工资	贷		金额式	0.00
221102	职工福利	贷		金额式	0.00
221103	社会保险费	贷		金额式	27000.00
221104	住房公积金	贷		金额式	7000.00
221105	工会经费	贷		金额式	18000.00
221106	职工教育经费	贷		金额式	25000.00
221107	辞退福利	贷		金额式	0.00
221108	其他	贷		金额式	0.00
2221	应交税费	贷		金额式	122895.50
222101	应交增值税	贷		金额式	0.00
22210101	进项税额	贷		金额式	0.00
22210105	销项税额	贷		金额式	0.00
222102	未交增值税	贷		金额式	79522.00
222106	应交所得税	贷		金额式	37412.50
222108	应交城市建设维护税	贷		金额式	5566.00
222112	应交个人所得税	贷		金额式	395.00
2231	应付利息	贷		金额式	2385.00
2241	其他应付款	贷		金额式	0.00
224101	应付单位款	贷		金额式	0.00
224102	应付个人款	贷		金额式	0.00
2501	长期借款	贷		金额式	400000.00
250101	本金	贷		金额式	400000.00
250102	利息调整	贷		金额式	0.00
4001	实收资本	贷		金额式	4000000.00
400101	国家投资	贷		金额式	4000000.00
400102	外单位投资	贷		金额式	0.00
4002	资本公积	贷		金额式	200000.00
400201	资本溢价	贷		金额式	0.00
400202	其他资本公积	贷		金额式	200000.00
4101	盈余公积	贷		金额式	289050.00
410101	法定盈余公积	贷		金额式	200000.00
410102	任意盈余公积	贷		金额式	89050.00

续表

科目编号	科 目 名 称	方向	辅助账类型	账页格式	期初余额
410103	利润归还投资	贷		金额式	0.00
4104	利润分配	贷		金额式	62000.00
410406	未分配利润	贷		金额式	62000.00
5001	生产成本	借		金额式	0.00
500101	基本生产成本	借		金额式	0.00
50010101	甲A产品	借	项目核算	金额式	0.00
50010102	甲B产品	借	项目核算	金额式	0.00
50010103	制造费用	借		金额式	0.00
500102	辅助生产成本	借	部门核算	金额式	0.00
5101	制造费用	借		金额式	0.00
510101	折旧	借	部门核算	金额式	0.00
510102	工资	借	部门核算	金额式	0.00
510103	其他费用	借	部门核算	金额式	0.00
6001	主营业务收入	贷		金额式	0.00
6051	其他业务收入	贷		金额式	0.00
605101	出租固定资产	贷		金额式	0.00
605102	出租无形资产	贷		金额式	0.00
605103	出租包装物	贷		金额式	0.00
605104	销售材料	贷		金额式	0.00
605105	债务重组	贷		金额式	0.00
605106	其他	贷		金额式	0.00
6061	汇兑损益	贷		金额式	0.00
6111	投资收益	贷		金额式	0.00
6301	营业外收入	贷		金额式	0.00
630101	非流动资产处置利得	贷		金额式	0.00
630102	非货币性资产交换利得	贷		金额式	0.00
630103	债务重组利得	贷		金额式	0.00
630104	政府补助	贷		金额式	0.00
630105	盘盈利得	贷		金额式	0.00
630106	捐赠利得	贷		金额式	0.00
630107	其他	贷		金额式	0.00
6401	主营业务成本	借		金额式	0.00
6402	其他业务成本	借		金额式	0.00
640201	销售材料成本	借		金额式	0.00
640202	出租固定资产折旧额	借		金额式	0.00
640203	出租无形资产摊销额	借		金额式	0.00
640204	出租包装物成本	借		金额式	0.00
640205	其他	借		金额式	0.00
6403	营业税金及附加	借		金额式	0.00
640301	营业税	借		金额式	0.00
640302	消费税	借		金额式	0.00
640303	城市维护建设税	借		金额式	0.00

续表

科目编号	科 目 名 称	方向	辅助账类型	账页格式	期初余额
640304	资源税	借		金额式	0.00
640305	教育费附加	借		金额式	0.00
6601	销售费用	借		金额式	0.00
660101	运输费	借		金额式	0.00
660102	包装费	借		金额式	0.00
660103	展览广告费	借		金额式	0.00
660104	保险费	借		金额式	0.00
660105	商品维修费	借		金额式	0.00
660106	装卸费	借		金额式	0.00
660107	职工薪酬	借		金额式	0.00
660108	业务费	借		金额式	0.00
660109	折旧费	借		金额式	0.00
660110	其他	借		金额式	0.00
6602	管理费用	借		金额式	0.00
660201	公司经费	借		金额式	0.00
660202	工会经费	借		金额式	0.00
660203	咨询费	借		金额式	0.00
660204	折旧费	借		金额式	0.00
660205	诉讼费	借		金额式	0.00
660206	修理费	借		金额式	0.00
660207	水电费	借		金额式	0.00
660208	业务招待费	借		金额式	0.00
660209	排污费	借		金额式	0.00
660210	研究费用	借		金额式	0.00
660211	房产税	借		金额式	0.00
660212	车船使用税	借		金额式	0.00
660213	土地使用税	借		金额式	0.00
660214	印花税	借		金额式	0.00
660215	矿产资源补偿费	借		金额式	0.00
6603	财务费用	借		金额式	0.00
660301	利息支出	借		金额式	0.00
660302	手续费	借		金额式	0.00
660303	汇兑损益	借		金额式	0.00
660304	现金折扣	借		金额式	0.00
6701	资产减值损失	借		金额式	0.00
670101	坏账准备	借		金额式	0.00
670102	存货跌价准备	借		金额式	0.00
670103	长期股权投资减值准备	借		金额式	0.00
670104	持有至到期投资减值准备	借		金额式	0.00
670105	固定资产减值准备	借		金额式	0.00
670106	无形资产减值准备	借		金额式	0.00
6711	营业外支出	借		金额式	0.00

科目编号	科 目 名 称	方向	辅助账类型	账页格式	期初余额
671101	非流动资产处置损失	借		金额式	0.00
671102	非货币资产交易损失	借		金额式	0.00
671103	债务重组损失	借		金额式	0.00
671104	公益性捐赠支出	借		金额式	0.00
671105	非常损失	借		金额式	0.00
671106	盘亏损失	借		金额式	0.00
6801	所得税费用	借		金额式	0.00
680101	当期所得税费用	借		金额式	0.00
680102	递延所得税费用	借		金额式	0.00
6901	以前年度损益调整	借		金额式	0.00

辅助核算期初资料如表10-53～表10-60所示。

表 10-53　应收账款期初余额

客户	部门	业务员	价税合计
西飞	销售部	马同	280800
沪宝	销售部	马同	163800

表 10-54　应收票据/银行承兑汇票期初余额

客户	部门	业务员	价税合计
兰钢	销售部	马同	280800

表 10-55　应收票据/商业承兑汇票期初余额

客户	部门	业务员	价税合计
石轴	销售部	马同	280800

表 10-56　其他应收款/应收个人款余额表

部门	业务员	金额
供应部	刘威	4400

表 10-57　应付账款余额表

供应商	部门	业务员	价税合计
山铸	供应部	刘威	74880
山铸	供应部	刘威	184860
兰木	供应部	刘威	16000

表 10-58　应付票据/银行承兑汇票余额表

供应商	部门	业务员	价税合计
天风	供应部	刘威	20000

表 10-59 应付票据/商业承兑汇票余额表

供应商	部门	业务员	价税合计
西胜	供应部	刘威	20950

表 10-60 预付账款/预付货款余额表

供应商	部门	业务员	金额
北元件	供应部	刘威	20000

3. 结算方式

山东高科技术有限公司,使用到的结算方式如表 10-61 所示。

表 10-61 结算方式

编码	结 算 方 式	票据管理标志
1	现金结算	
2	支票	
201	现金支票	是
202	转账支票	是
3	商业汇票	
301	商业承兑汇票	
302	银行承兑汇票	
4	银行汇票	
5	其他	

4. 凭证类型

山东高科技术有限公司,凭证类型方案如表 10-62 所示。

表 10-62 凭证类型

类 型	限 制 类 型	限 制 科 目
收款凭证	借方必有	1001,1002
付款凭证	贷方必有	1001,1002
转账凭证	凭证必无	1001,1002

10.2.3 薪资管理子系统

1. 业务控制参数

(1) 工资类别个数:多个;(2) 核算币种:人民币;

(3) 实行代扣个人所得税;(4) 不进行扣零处理。

2. 职工档案及类别

(1) 部门档案、职员档案参见"基础资料"部分(均为中方人员);

(2) 计税,通过工商银行代发工资,个人账号长度 19 位;

(3) 人员档案序号分别为:00000087101———00000087116;

（4）人员类别分为企业管理、基本生产、车间管理、辅助生产、市场营销5类。

3. 工资项目及计算公式

（1）工资项目

山东高科技术有限公司部分工资构成项目如表10-63所示。

表 10-63 工资构成项目

工资项目	类型	长度	小数位数	增减项	工资项目	类型	长度	小数位数	增减项
基础工资	N	8	2	其他	失业保险费	N	8	2	减项
基本工资	N	8	2	增项	代扣税	N	8	2	减项
岗位工资	N	8	2	增项	物业管理费	N	8	2	减项
基础津贴	N	8	2	增项	应税工资额	N	8	2	其他
奖金	N	8	2	增项	扣款合计	N	8	2	其他
交通补贴	N	8	2	增项	日工资	N	8	2	其他
物价补贴	N	8	2	增项	事假天数	N	4	0	其他
福利补助	N	8	2	增项	工龄	N	4	0	其他
工资总额	N	8	2	其他	病假扣款	N	8	2	减项
应付工资	N	8	2	其他	事假扣款	N	8	2	减项
住房公积金	N	8	2	减项	病假天数	N	4	0	其他
养老保险费	N	8	2	减项	职务	C	16		其他
医疗保险费	N	8	2	减项					

说明：

① 基础工资由基本工资、岗位工资、基础津贴三部分构成。基本工资额根据职务确定，岗位工资根据人员类别确定，基础津贴根据职务确定。

② 日工资＝基础工资/21。

③ 应付工资为各增项工资项目之和减去病假扣款、事假扣款。

④ 工资总额为基本工资、岗位工资、基础津贴、奖金、交通补贴、物价补贴之和减去病假扣款、事假扣款。

⑤ 应税工资额为工资总额扣减个人缴纳的"三险一金"后的工资额。

⑥ 福利补助工资项目核算企业发放的应付福利费，主要包括独子补助、特困生活补助等。

（2）计算公式

➤ 基本工资＝IFF(职务＝"总经理",3000,IFF(职务＝"主任",2000,1000))

➤ 岗位工资＝IFF(人员类别＝"企业管理",800,IFF(人员类别＝"车间管理",700,500))

➤ 基础津贴＝ IFF(职务＝"总经理",1200,IFF(职务＝"主任",800,600))

➤ 基础工资＝基本工资＋岗位工资＋基础津贴

➤ 日工资＝基础工资/21

➤ 住房补贴＝ IFF(职务＝"总经理",600,IFF(职务＝"主任",400,300))

➤ 交通补贴＝ IFF(人员类别＝"市场营销",300,200)

➤ 失业保险费＝基础工资＊0.01

> 医疗保险费＝基础工资＊0.03
> 养老保险费＝基础工资＊0.05
> 住房公积金＝基础工资＊0.06
> 事假扣款＝事假天数＊日工资
> 病假扣款＝病假天数＊日工资＊0.5
> 奖金＝IFF(事假天数＞10,0,500－事假天数＊20－病假天数＊10)
> 工资总额＝基本工资＋岗位工资＋基础津贴＋奖金＋住房补贴＋物价补贴－病假扣款－事假扣款
> 应税工资额＝工资总额－住房公积金－养老保险费－医疗保险费－失业保险费
> 应付工资＝基本工资＋岗位工资＋基础津贴＋奖金＋住房补贴＋物价补贴＋福利补助－病假扣款－事假扣款

4. 基本工资数据信息

企业1月份部分工资数据如表10-64所示。

表10-64 1月份员工工资数据信息(部分)

人员编号	人员姓名	职务	工龄	物价补贴	福利补助	物业管理费	病假天数	事假天数
101	张力	总经理	25	200.00	5.00	50.00		
102	李菲	主任	18	200.00	5.00	40.00		1
103	赵玲	主任	30	200.00	5.00	40.00		
104	李哲	职员	13	200.00	5.00	25.00		1
105	王可	职员	15	200.00	105.00	25.00		
106	刘英	职员	16	200.00	5.00	25.00		
201	李荣	主任	15	200.00	5.00	40.00		
202	张笛	职员	6	200.00	5.00	25.00	4	
203	周生	职员	3	200.00	5.00	25.00		
204	朱涛	职员	9	200.00	105.00	25.00		
205	郭铭	职员	4	200.00	5.00	25.00		
206	张颖	职员	7	200.00	5.00	25.00	5	
207	梁兵	主任	14	200.00	5.00	40.00		
208	邹亮	职员	5	200.00	5.00	25.00		1
301	马同	职员	8	200.00	5.00	25.00		
302	刘威	职员	21	200.00	5.00	25.00		

5. 银行设置与所得税项目

(1) 通过工商银行代发工资,单位编号为610101010。
(2) 所得税项目为：工资；对应工资项目：应税工资额。

6. 工资分摊

根据财政部新颁布的《企业会计准则第9号—职工薪酬》、《企业财务通则》、税法及政府有关制度规定,企业工资分摊设置情况如下。

（1）分配职工工资

企业分配职工工资的计提分配类型设置如表 10-65 所示。

表 10-65　分配职工工资

部门	人员类别	工资项目	分摊率	借方科目	贷方科目
办公室	企业管理	工资总额	100%	管理费用	应付职工薪酬/工资
财务科	企业管理	工资总额	100%	管理费用	应付职工薪酬/工资
总务科	企业管理	工资总额	100%	管理费用	应付职工薪酬/工资
机装车间	车间管理	工资总额	100%	制造费用/工资	应付职工薪酬/工资
机装车间	基本生产	工资总额	100%	制造费用/工资	应付职工薪酬/工资
辅助车间	车间管理	工资总额	100%	辅助生产成本	应付职工薪酬/工资
辅助车间	辅助生产	工资总额	100%	辅助生产成本	应付职工薪酬/工资
销售部	市场营销	工资总额	100%	销售费用	应付职工薪酬/工资
供应部	企业管理	工资总额	100%	管理费用	应付职工薪酬/工资

（2）补提职工福利费

补提职工福利的计提分摊类型设置如表 10-66 所示。

表 10-66　补提职工福利费

部门	人员类别	工资项目	分摊率	借方科目	贷方科目
办公室	企业管理	福利补助	100%	管理费用	应付职工薪酬/职工福利
财务科	企业管理	福利补助	100%	管理费用	应付职工薪酬/职工福利
总务科	企业管理	福利补助	100%	管理费用	应付职工薪酬/职工福利
机装车间	车间管理	福利补助	100%	制造费用/工资	应付职工薪酬/职工福利
机装车间	基本生产	福利补助	100%	制造费用/工资	应付职工薪酬/职工福利
辅助车间	车间管理	福利补助	100%	辅助生产成本	应付职工薪酬/职工福利
辅助车间	辅助生产	福利补助	100%	辅助生产成本	应付职工薪酬/职工福利
销售部	市场营销	福利补助	100%	销售费用	应付职工薪酬/职工福利
供应部	企业管理	福利补助	100%	销售费用	应付职工薪酬/职工福利

（3）提取住房公积金

企业住房公积金提取的计提分配类型设置为：个人承担部分设置如表 10-67 所示，企业承担部分设置如表 10-68 所示。

表 10-67　个人承担住房公积金

部门	人员类别	工资项目	分摊率	借方科目	贷方科目
办公室	企业管理	住房公积金	100%	应付职工薪酬/工资	应付职工薪酬/住房公积金
财务科	企业管理	住房公积金	100%	应付职工薪酬/工资	应付职工薪酬/住房公积金
总务科	企业管理	住房公积金	100%	应付职工薪酬/工资	应付职工薪酬/住房公积金
机装车间	车间管理	住房公积金	100%	应付职工薪酬/工资	应付职工薪酬/住房公积金
机装车间	基本生产	住房公积金	100%	应付职工薪酬/工资	应付职工薪酬/住房公积金
辅助车间	车间管理	住房公积金	100%	应付职工薪酬/工资	应付职工薪酬/住房公积金
辅助车间	辅助生产	住房公积金	100%	应付职工薪酬/工资	应付职工薪酬/住房公积金
销售部	市场营销	住房公积金	100%	应付职工薪酬/工资	应付职工薪酬/住房公积金
供应部	企业管理	住房公积金	100%	应付职工薪酬/工资	应付职工薪酬/住房公积金

表 10-68　企业承担住房公积金

部门	人员类别	工资项目	分摊率	借方科目	贷方科目
办公室	企业管理	工资总额	6%	管理费用	应付职工薪酬/住房公积金
财务科	企业管理	工资总额	6%	管理费用	应付职工薪酬/住房公积金
总务科	企业管理	工资总额	6%	管理费用	应付职工薪酬/住房公积金
机装车间	车间管理	工资总额	6%	制造费用/工资	应付职工薪酬/住房公积金
机装车间	基本生产	工资总额	6%	制造费用/工资	应付职工薪酬/住房公积金
辅助车间	车间管理	工资总额	6%	辅助生产成本	应付职工薪酬/住房公积金
辅助车间	辅助生产	工资总额	6%	辅助生产成本	应付职工薪酬/住房公积金
销售部	市场营销	工资总额	6%	销售费用	应付职工薪酬/住房公积金
供应部	企业管理	工资总额	6%	销售费用	应付职工薪酬/住房公积金

（4）提取医疗保险费

企业医疗保险费提取的计提分配类型设置为：个人承担部分设置如表 10-69 所示，企业承担部分设置如表 10-70 所示。

表 10-69　个人承担医疗保险费

部门	人员类别	工资项目	分摊率	借方科目	贷方科目
办公室	企业管理	医疗保险	100%	应付职工薪酬/工资	应付职工薪酬/社会保险费
财务科	企业管理	医疗保险	100%	应付职工薪酬/工资	应付职工薪酬/社会保险费
总务科	企业管理	医疗保险	100%	应付职工薪酬/工资	应付职工薪酬/社会保险费
机装车间	车间管理	医疗保险	100%	应付职工薪酬/工资	应付职工薪酬/社会保险费
机装车间	基本生产	医疗保险	100%	应付职工薪酬/工资	应付职工薪酬/社会保险费
辅助车间	车间管理	医疗保险	100%	应付职工薪酬/工资	应付职工薪酬/社会保险费
辅助车间	辅助生产	医疗保险	100%	应付职工薪酬/工资	应付职工薪酬/社会保险费
销售部	市场营销	医疗保险	100%	应付职工薪酬/工资	应付职工薪酬/社会保险费
供应部	企业管理	医疗保险	100%	应付职工薪酬/工资	应付职工薪酬/社会保险费

表 10-70　企业承担医疗保险费

部门	人员类别	工资项目	分摊率	借方科目	贷方科目
办公室	企业管理	工资总额	7%	管理费用	应付职工薪酬/社会保险费
财务科	企业管理	工资总额	7%	管理费用	应付职工薪酬/社会保险费
总务科	企业管理	工资总额	7%	管理费用	应付职工薪酬/社会保险费
机装车间	车间管理	工资总额	7%	制造费用/工资	应付职工薪酬/社会保险费
机装车间	基本生产	工资总额	7%	制造费用/工资	应付职工薪酬/社会保险费
辅助车间	车间管理	工资总额	7%	辅助生产成本	应付职工薪酬/社会保险费
辅助车间	辅助生产	工资总额	7%	辅助生产成本	应付职工薪酬/社会保险费
销售部	市场营销	工资总额	7%	销售费用	应付职工薪酬/社会保险费
供应部	企业管理	工资总额	7%	销售费用	应付职工薪酬/社会保险费

（5）提取养老保险费

企业养老保险费提取的计提分配类型设置为：个人承担部分设置如表 10-71 所示，企业承担部分设置如表 10-72 所示。

表 10-71　个人承担养老保险费

部门	人员类别	工资项目	分摊率	借方科目	贷方科目
办公室	企业管理	养老保险	100%	应付职工薪酬/工资	应付职工薪酬/社会保险费
财务科	企业管理	养老保险	100%	应付职工薪酬/工资	应付职工薪酬/社会保险费
总务科	企业管理	养老保险	100%	应付职工薪酬/工资	应付职工薪酬/社会保险费
机装车间	车间管理	养老保险	100%	应付职工薪酬/工资	应付职工薪酬/社会保险费
机装车间	基本生产	养老保险	100%	应付职工薪酬/工资	应付职工薪酬/社会保险费
辅助车间	车间管理	养老保险	100%	应付职工薪酬/工资	应付职工薪酬/社会保险费
辅助车间	辅助生产	养老保险	100%	应付职工薪酬/工资	应付职工薪酬/社会保险费
销售部	市场营销	养老保险	100%	应付职工薪酬/工资	应付职工薪酬/社会保险费
供应部	企业管理	养老保险	100%	应付职工薪酬/工资	应付职工薪酬/社会保险费

表 10-72　企业承担养老保险费

部门	人员类别	工资项目	分摊率	借方科目	贷方科目
办公室	企业管理	工资总额	7%	管理费用	应付职工薪酬/社会保险费
财务科	企业管理	工资总额	7%	管理费用	应付职工薪酬/社会保险费
总务科	企业管理	工资总额	7%	管理费用	应付职工薪酬/社会保险费
机装车间	车间管理	工资总额	7%	制造费用/工资	应付职工薪酬/社会保险费
机装车间	基本生产	工资总额	7%	制造费用/工资	应付职工薪酬/社会保险费
辅助车间	车间管理	工资总额	7%	辅助生产成本	应付职工薪酬/社会保险费
辅助车间	辅助生产	工资总额	7%	辅助生产成本	应付职工薪酬/社会保险费
销售部	市场营销	工资总额	7%	销售费用	应付职工薪酬/社会保险费
供应部	企业管理	工资总额	7%	销售费用	应付职工薪酬/社会保险费

（6）提取失业保险费

失业医疗保险费提取的计提分配类型设置为：个人承担部分设置如表 10-73 所示，企业承担部分设置如表 10-74 所示。

表 10-73　个人承担失业保险费

部门	人员类别	工资项目	分摊率	借方科目	贷方科目
办公室	企业管理	失业保险	100%	应付职工薪酬/工资	应付职工薪酬/社会保险费
财务科	企业管理	失业保险	100%	应付职工薪酬/工资	应付职工薪酬/社会保险费
总务科	企业管理	失业保险	100%	应付职工薪酬/工资	应付职工薪酬/社会保险费
机装车间	车间管理	失业保险	100%	应付职工薪酬/工资	应付职工薪酬/社会保险费
机装车间	基本生产	失业保险	100%	应付职工薪酬/工资	应付职工薪酬/社会保险费
辅助车间	车间管理	失业保险	100%	应付职工薪酬/工资	应付职工薪酬/社会保险费
辅助车间	辅助生产	失业保险	100%	应付职工薪酬/工资	应付职工薪酬/社会保险费
销售部	市场营销	失业保险	100%	应付职工薪酬/工资	应付职工薪酬/社会保险费
供应部	企业管理	失业保险	100%	应付职工薪酬/工资	应付职工薪酬/社会保险费

表 10-74　企业承担失业保险费

部门	人员类别	工资项目	分摊率	借方科目	贷方科目
办公室	企业管理	工资总额	1%	管理费用	应付职工薪酬/社会保险费
财务科	企业管理	工资总额	1%	管理费用	应付职工薪酬/社会保险费
总务科	企业管理	工资总额	1%	管理费用	应付职工薪酬/社会保险费
机装车间	车间管理	工资总额	1%	制造费用/工资	应付职工薪酬/社会保险费
机装车间	基本生产	工资总额	1%	制造费用/工资	应付职工薪酬/社会保险费
辅助车间	车间管理	工资总额	1%	辅助生产成本	应付职工薪酬/社会保险费
辅助车间	辅助生产	工资总额	1%	辅助生产成本	应付职工薪酬/社会保险费
销售部	市场营销	工资总额	1%	销售费用	应付职工薪酬/社会保险费
供应部	企业管理	工资总额	1%	销售费用	应付职工薪酬/社会保险费

（7）提取工伤保险费

企业工伤保险费提取的计提分配类型设置如表 10-75 所示。

表 10-75　提取工伤保险费

部门	人员类别	工资项目	分摊率	借方科目	贷方科目
办公室	企业管理	工资总额	1%	管理费用	应付职工薪酬/社会保险费
财务科	企业管理	工资总额	1%	管理费用	应付职工薪酬/社会保险费
总务科	企业管理	工资总额	1%	管理费用	应付职工薪酬/社会保险费
机装车间	车间管理	工资总额	1%	制造费用/工资	应付职工薪酬/社会保险费
机装车间	基本生产	工资总额	1%	制造费用/工资	应付职工薪酬/社会保险费
辅助车间	车间管理	工资总额	1%	辅助生产成本	应付职工薪酬/社会保险费
辅助车间	辅助生产	工资总额	1%	辅助生产成本	应付职工薪酬/社会保险费
销售部	市场营销	工资总额	1%	销售费用	应付职工薪酬/社会保险费
供应部	企业管理	工资总额	1%	销售费用	应付职工薪酬/社会保险费

（8）提取生育保险费

企业生育保险费提取的计提分配类型设置如表 10-76 所示。

表 10-76　提取生育保险费

部门	人员类别	工资项目	分摊率	借方科目	贷方科目
办公室	企业管理	工资总额	0.8%	管理费用	应付职工薪酬/社会保险费
财务科	企业管理	工资总额	0.8%	管理费用	应付职工薪酬/社会保险费
总务科	企业管理	工资总额	0.8%	管理费用	应付职工薪酬/社会保险费
机装车间	车间管理	工资总额	0.8%	制造费用/工资	应付职工薪酬/社会保险费
机装车间	基本生产	工资总额	0.8%	制造费用/工资	应付职工薪酬/社会保险费
辅助车间	车间管理	工资总额	0.8%	辅助生产成本	应付职工薪酬/社会保险费
辅助车间	辅助生产	工资总额	0.8%	辅助生产成本	应付职工薪酬/社会保险费
销售部	市场营销	工资总额	0.8%	销售费用	应付职工薪酬/社会保险费
供应部	企业管理	工资总额	0.8%	销售费用	应付职工薪酬/社会保险费

（9）提取工会经费

企业工会经费提取的计提分配类型设置如表 10-77 所示。

表 10-77   提取工会经费

部门	人员类别	工资项目	分摊率	借方科目	贷方科目
办公室	企业管理	工资总额	2%	管理费用	应付职工薪酬/工会经费
财务科	企业管理	工资总额	2%	管理费用	应付职工薪酬/工会经费
总务科	企业管理	工资总额	2%	管理费用	应付职工薪酬/工会经费
机装车间	车间管理	工资总额	2%	制造费用/工资	应付职工薪酬/工会经费
机装车间	基本生产	工资总额	2%	制造费用/工资	应付职工薪酬/工会经费
辅助车间	车间管理	工资总额	2%	辅助生产成本	应付职工薪酬/工会经费
辅助车间	辅助生产	工资总额	2%	辅助生产成本	应付职工薪酬/工会经费
销售部	市场营销	工资总额	2%	销售费用	应付职工薪酬/工会经费
供应部	企业管理	工资总额	2%	销售费用	应付职工薪酬/工会经费

（10）提取职工教育经费

企业职工教育经费提取的计提分配类型设置如表 10-78 所示。

表 10-78   提取职工教育经费

部门	人员类别	工资项目	分摊率	借方科目	贷方科目
办公室	企业管理	工资总额	1.5%	管理费用	应付职工薪酬/职工教育经费
财务科	企业管理	工资总额	1.5%	管理费用	应付职工薪酬/职工教育经费
总务科	企业管理	工资总额	1.5%	管理费用	应付职工薪酬/职工教育经费
机装车间	车间管理	工资总额	1.5%	制造费用/工资	应付职工薪酬/职工教育经费
机装车间	基本生产	工资总额	1.5%	制造费用/工资	应付职工薪酬/职工教育经费
辅助车间	车间管理	工资总额	1.5%	辅助生产成本	应付职工薪酬/职工教育经费
辅助车间	辅助生产	工资总额	1.5%	辅助生产成本	应付职工薪酬/职工教育经费
销售部	市场营销	工资总额	1.5%	销售费用	应付职工薪酬/职工教育经费
供应部	企业管理	工资总额	1.5%	管理费用	应付职工薪酬/职工教育经费

（11）计提个人所得税

企业个人所得税提取的计提分配类型设置如表 10-79 所示。

表 10-79   计提个人所得税

部门	人员类别	工资项目	分摊率	借方科目	贷方科目
办公室	企业管理	扣税合计	100%	应付职工薪酬/工资	应交税费/应交个人所得税
财务科	企业管理	扣税合计	100%	应付职工薪酬/工资	应交税费/应交个人所得税
总务科	企业管理	扣税合计	100%	应付职工薪酬/工资	应交税费/应交个人所得税
机装车间	车间管理	扣税合计	100%	应付职工薪酬/工资	应交税费/应交个人所得税
机装车间	基本生产	扣税合计	100%	应付职工薪酬/工资	应交税费/应交个人所得税
辅助车间	车间管理	扣税合计	100%	应付职工薪酬/工资	应交税费/应交个人所得税
辅助车间	辅助生产	扣税合计	100%	应付职工薪酬/工资	应交税费/应交个人所得税
销售部	市场营销	扣税合计	100%	应付职工薪酬/工资	应交税费/应交个人所得税
供应部	企业管理	扣税合计	100%	应付职工薪酬/工资	应交税费/应交个人所得税

（12）核算代扣物业管理费

企业扣缴物业管理费的计提分摊类型设置如表 10-80 所示。

表 10-80 代扣物业管理费

部门	人员类别	工资项目	分摊率	借方科目	贷方科目
办公室	企业管理	物业管理费	100%	应付职工薪酬/工资	其他应付款/应付单位款
财务科	企业管理	物业管理费	100%	应付职工薪酬/工资	其他应付款/应付单位款
总务科	企业管理	物业管理费	100%	应付职工薪酬/工资	其他应付款/应付单位款
机装车间	车间管理	物业管理费	100%	应付职工薪酬/工资	其他应付款/应付单位款
机装车间	基本生产	物业管理费	100%	应付职工薪酬/工资	其他应付款/应付单位款
辅助车间	车间管理	物业管理费	100%	应付职工薪酬/工资	其他应付款/应付单位款
辅助车间	辅助生产	物业管理费	100%	应付职工薪酬/工资	其他应付款/应付单位款
销售部	市场营销	物业管理费	100%	应付职工薪酬/工资	其他应付款/应付单位款
供应部	企业管理	物业管理费	100%	应付职工薪酬/工资	其他应付款/应付单位款

10.2.4 固定资产管理

1. 业务控制数据

(1) 按平均年限法计提折旧,折旧分配周期为一个月。

(2) 类别编码方式为:2112。

(3) 固定资产编码方式:按"类别编码＋部门＋编码序号"自动编码,卡片序号长度为 5 位。

(4) 要求与账务系统对账,固定资产对账科目:1601;累计折旧对账科目:1602。

(5) 业务发生后立即制单。

(6) 当月初已计提月份＝可使用月份－1 时,要求将剩余折旧全部提足。

2. 资产类别

公司固定资产分类及折旧处理方案如表 10-81 所示。

表 10-81 固定资产分类方案

编码	类别名称	净残值率	单位	计提属性
01	房屋及建筑物	4		总计提
011	房屋	4		总计提
012	建筑物	4		总计提
02	通用设备	4		正常计提
021	生产用设备	4		正常计提
022	非生产用设备	4		正常
03	交通运输设备	4		正常计提
031	生产用运输设备	4	辆	正常计提
032	非生产用运输设备	4	辆	正常计提
04	电子及通信设备	4		正常计提
041	生产用设备	4	台	正常计提
042	非生产用设备	4	台	正常计提

3. 原始卡片

公司现有固定资产情况如表 10-82 所示。

表 10-82　固定资产期初

固定资产名称	类别编码	所在部门	增加方式	使用年限	开始使用日期	原值	累计折旧
办公楼	011	办公室	在建工程转入	30	1996.3.1	1500000	522450
厂房	011	机装车间	在建工程转入	30	1996.3.1	1200000	417960
厂房	011	辅助车间	在建工程转入	30	1996.3.1	500000	174150
车床	021	机装车间	直接购入	10	2002.3.1	80000	21120
铣床	021	机装车间	直接购入	10	2002.3.1	180000	47520
刨床	021	机装车间	直接购入	10	2002.3.1	20000	5280
钳工平台	021	机装车间	直接购入	10	2002.3.1	70000	18480
专用量具	021	机装车间	直接购入	10	2002.3.1	15000	1320
磨床	021	机装车间	直接购入	10	2002.3.1	50000	13200
吊车	021	机装车间	直接购入	10	2002.3.1	100000	26400
原料库	011	总务科	在建工程转入	30	1993.3.1	100000	34830
成品库	011	总务科	在建工程转入	30	1993.3.1	250000	83370
汽车	032	办公室	直接购入	10	2003.3.1	250000	18000
复印机	042	办公室	直接购入	6	2004.9.1	6000	1596
微机	042	财务室	直接购入	6	2003.9.1	6000	3705
微机	042	财务室	直接购入	6	2004.9.1	6000	798

备注：净残值率均为 4%，使用状况均为"在用"，折旧方法均采用平均年限法。

4. 增减方式设置

默认系统提供的常用增、减方式，各增减方式对应入账科目如表 10-83 所示。

表 10-83　增减方式对应入账科目

增加方式	对应入账科目	减少方式	对应入账科目
直接购入	银行存款/工行存款	出售	固定资产清理
投资者投入	实收资本/外单位投资	盘亏	待处理财产损溢
捐赠	资本公积	投资转出	固定资产清理
盘盈	以前年度损益调整	捐赠转出	固定资产清理
在建工程转入	在建工程	报废	固定资产清理
融资租入	长期应付款	毁损	固定资产清理
		融资租出	长期应收款

5. 部门及对应折旧科目

公司各部门固定资产折旧处理对应入账科目如表 10-84 所示。

表 10-84　部门对应折旧科目

所在部门	对应折旧科目	所在部门	对应折旧科目
1 行政科	管理费用/折旧费 660204	301 销售部	销售费用/折旧费 660109
201 机装车间	制造费用/折旧 510101	302 供应部	管理费用/折旧费 660204
202 辅助车间	辅助生产成本 500102		

10.2.5 应付款管理

1. 业务控制参数

（1）按单据核销应付账款　（2）按供应商控制科目　（3）产品采购科目依存货

（4）按余额核销预付款　（5）制单明细到供应商　（6）汇兑损益方式：月末处理

（7）显示现金折扣

2. 基本科目设置

（1）应付科目 2202　（2）预付科目 1123　（3）采购科目 1201

（4）采购税金科目 22210101　（5）商业承兑科目 220101　（6）票据利息科目 660301

（7）票据费用科目 660302

3. 账龄区间设置

公司应付账款账龄区间设置如表 10-85 所示。

表 10-85　账龄区间

序号	起止天数	总天数
1	1～30	30
2	31～60	60
3	61～90	90
4	90～120	120
5	121 以上	

4. 结算方式科目

（1）现金结算 1001　（2）现金支票 100201　（3）转账支票 100201

（4）商业承兑汇票 220101

5. 报警级别设置

公司账龄报警级别设置如表 10-86 所示。

表 10-86　报警级别

序号	总比率（%）	级别名称
01	10	A
02	30	B
03	50	C
04	100	D
05		E

6. 期初余额

公司应付款项如表 10-87～表 10-89 所示。

表 10-87　应付账款余额表

单据名称	单据类型	方向	开票日期	供应商	部门	科目编码	货物名称	数量	单位成本	票号	价税合计
采购发票	专用发票	贷	6.13	山铸	供应	220201	铸铁件	20 吨	3200	45324	74880
采购发票	专用发票	贷	6.13	山铸	供应	220201	钢材	20 吨	7900	45324	184860
采购发票	专用发票	贷	6.15	兰木	供应	220201	木箱	50 个			16000

表 10-88　应付票据余额表

单据名称	单据类型	方向	开票日期	供应商	部门	业务员	科目编码	货物名称	数量	单位成本	发票号	价税合计
采购发票	专用发票	贷	6.30	天风	供应	刘威	220101	轴承	100 套	350	44321579	20000
采购发票	专用发票	贷	7.30	西胜	供应	刘威	220102	轴承	100 套	350	44321579	20950

表 10-89　预付账款余额表

预付日期	供应商	部门	业务员	科目编码	金额
6.30	天风	供应	刘威	1123	20000

备注：票据为三个月无息汇票，其他资料参见基础资料。

10.2.6　应收账款管理

1. 业务控制参数

(1) 按单据核销应收账款　(2) 按客户控制科目　(3) 产品销售科目按存货分类

(4) 按余额核销预付款　　(5) 制单明细到客户　　(6) 按应收账款百分比进行坏账处理

(7) 显示现金折扣　　　　(8) 录入发票时提示信息

2. 基本科目设置

(1) 应收科目 1122　　　　(2) 预收科目 2203　　　　(3) 销售收入科目 6001

(4) 商业承兑科目 112102　(5) 银行承兑科目 112101　(6) 票据利息科目 660301

(7) 票据费用科目 660302　(8) 销售退回科目 6001　　(9) 税金科目 22210105

(10) 汇兑损益科目 6061　　(11) 坏账入账科目 1231

3. 坏账准备设置

(1) 提取比例 0.5%　　　　(2) 坏账准备期初余额 2223

(3) 坏账准备科目 1231　　(4) 对方科目 670101

4. 结算方式科目

(1) 现金结算 1001　　　　(2) 现金支票 100201

（3）转账支票 100201　　　（4）银行承兑汇票 112101

5. 期初余额

公司 2009 年 1 月 1 日应收款项余额如表 10-90、表 10-91 所示。

表 10-90　应收账款期初余额

单据名称	单据类型	开票日期	客户	税率%	付款条件	部门	业务员	科目编码	货物名称	数量	价税合计
销售发票	专用发票	2008.8.15	西飞	17	10/10,5/30,N/90	销售部	马同	1122	甲 A 产品	5 台	280800
销售发票	专用发票	2008.9.13	沪宝	17	10/10,5/30,N/90	销售部	马同	1122	甲 B 产品	5 台	163800

表 10-91　应收票据期初余额

单据名称	单据类型	开票日期	客户	税率%	付款条件	部门	业务员	科目编码	货物名称	数量	价税合计
销售发票	专用发票	2008.10.13	兰钢	17	10/10,5/30,N/90	销售部	马同	112101	甲 A 产品	5 台	280800
销售发票	专用发票	2008.11.13	石轴	17	10/10,5/30,N/90	销售部	马同	112102	甲 A 产品	5 台	280800

备注：票据为三个月无息汇票，账龄区间、报警级别设置同应付款管理，其他资料参见基础资料。

10.2.7　经济业务

山东高科技术有限公司 2009 年 1 月份发生的经济业务如下。

（1）3 日，以信汇方式归还山东铸造厂部分欠款 100000 元。

（2）4 日，刘威回厂交来山东铸造厂的增值税专用发票（NO.7533000）一张，发票列明：铸铁件 10 吨，单价 3000 元；供应商铁路运费 3000 元，附有运费发票（NO.TL3333）一张。材料已验收入库。用上月 25 日签发的银行汇票结算，余额形成预付账款。

（3）5 日，供应部刘威出差归来，报销差旅费 4536 元，出纳员以现金补足差额。

（4）6 日，销售部销售甲 B 产品一台给兰州钢窗厂，价款 28000 元（含税），同时，代垫铁路运费 500 元，款项未收。

（5）7 日，收回石家庄轴承厂前欠货款 280000 元，银行转账支票 ZZ865648 号。

（6）8 日，销售给兰州钢窗厂甲 A 产品 5 台，价税合计 280800 元，当日收到三个月的银行承兑汇票一张，票号 YH9699887。

（7）9 日，通过工行户交纳上月应交而未交的所得税 37412.50 元，增值税 79522 元，城建税 5566 元和教育费附加 2385 元，代交上月已代扣的所得税 395 元，当即收到各有关税金及附加缴款书收据联（NO.SW011）一张。

（8）10 日，根据供货合同发给兰州钢窗厂甲 B 产品 1 台，每台 28000 元，代垫铁路运费 500 元，以转账支票（NO.548196）支付给火车站，全部货、税款已办理银行汇票进账手续，该增值税发票号码为 NO.WH40807。

（9）11 日，核发工资。本月的职工考勤情况参见表 10-64 所示，根据制度规定完成工会经费、教育经费、五险一金的计算计提处理，并编制记账凭证。

（10）12 日，工资发放清单以软盘形式同时送交银行，并经银行审核代扣款项。根据"工资结算汇总表"，签发转账支票（NO.548195）一张，委托工商银行进行代发工资业务。

（11）13 日，兰州木器厂发来包装用木箱 50 个，单价 410 元，附有增值税专用发票（NO.67421）一张，并结清预付款，差额以转账支票补付，支票号为 NO.548197，木箱已验收入库。

（12）14 日，因资金需要，将收到的兰州钢窗厂开出的编号为 SH8767556、面值为 280800 元的无息商业承兑汇票进行贴现处理，贴现率 10%。

（13）15 日，因经济债务原因，将编号为"LZ6876845"的由兰州钢窗厂公司开具的价值 280800 元商业承兑汇票背书转让给山东铸造厂用以偿还部分欠款。

（14）16 日，收回了兰州钢窗厂 2009 年 1 月 8 日以银行承兑汇票支付的货款，银行承兑汇票编号为"YH9699887"，结算时利息为 1250 元、支付银行费用 100 元。

（15）17 日，上海宝花公司于 2008 年 10 月 13 日开具编号为"SH2222228"的 280800 元的银行承兑汇票到期，因多种原因无法收回货款，将其转回应收账款。

（16）18 日，用上海宝花公司的 200000 元预收货款，冲抵其应收货款。

（17）20 日，经协商用兰州钢窗厂的 168480 元应收账款冲抵山东铸造厂的 168480 元的应付账款。

（18）22 日，办公室新购扫描仪一台，价值 1500 元，净残值率 4%，预计使用年限 5 年。

（19）25 日，财务室一台微机因电源故障导致毁损，该项固定资产卡片编号为 00016，资产编号为 04200003，该项资产清理实现收入 500 元。

（20）26 日，汽车添置新配件，价值 10000 元。

（21）31 日，月末计提本月固定资产折旧。

（22）31 日，月末结转本月损益。

要求

（1）在系统管理中设置操作员、建立账套并设置操作员。

（2）启动基础设置模块，设置部门档案、职员档案、地区分类、客户分类、客户档案、供应商分类、供应商档案、存货分类、存货档案等基础档案。

（3）启动总账系统，设置业务参数，并完成系统初始设置。

（4）启动固定资产管理系统，进行固定资产账套初始设置，并进行期初对账。

（5）启动薪资管理系统，进行工资账套初始设置。

（6）启动应收款管理系统，完成系统初始并进行期初对账。

（7）启动应付款管理系统，完成系统初始设置并进行期初对账。

（8）完成 1 月份企业发生的各种经济业务的处理。

（9）UFO 报表系统，编制资产负债表、利润表和现金流量表。

（10）完成总账、薪资管理、固定资产、应收款管理、应付款管理系统的月末结账处理。

参 考 文 献

[1]　陈福军,孙芳,刘俊编著.会计信息系统实务教程.北京:清华大学出版社,2006.
[2]　陈福军,孙芳,齐鲁光编著.会计信息系统实践教程.北京:清华大学出版社,2009.
[3]　中华人民共和国财政部.企业会计准则(2006).北京:经济科学出版社,2006.
[4]　中华人民共和国财政部.企业会计准则——应用指南(2006).北京:中国财政经济出版社,2006.
[5]　财政部会计司编写组.企业会计准则讲解(2006).北京:人民出版社,2007.
[6]　薛云奎,饶艳超编著.会计信息系统(第二版).上海:复旦大学出版社,2008.
[7]　张瑞君,蒋砚章主编.会计信息系统(第四版).北京:中国人民大学出版社,2006.
[8]　武新华,肖霞等编著.用友 ERP-U8 财务软件应用实务.北京:清华大学出版社,2007.
[9]　何日胜编著.会计电算化系统应用操作(第三版).北京:清华大学出版社,2008.
[10]　聂兴凯,王琨,张利民主编.新准则下的会计报表编制与分析.北京:人民邮电出版社,2008.
[11]　陈冰编著.电算化会计模拟实训(第二版).北京:中国人民大学出版社,2008.
[12]　吴扬俊,沈文华主编.会计信息系统教程(第 3 版).北京:电子工业出版社,2008.
[13]　王新玲,房琳琳主编.用友 ERP 财务管理系统实验教程.北京:清华大学出版社,2006.
[14]　陈冰主编.计算机会计基础.上海:复旦大学出版社,2007.
[15]　刘仲英主编.管理信息系统.北京:高等教育出版社,2006.
[16]　胡玉明,董毅华等编著.财务报告与评价.广州:暨南大学出版社,2006.
[17]　杨周南编著.会计信息系统——面向财务部门应用.北京:电子工业出版社,2006.
[18]　龚中华等编著.用友 ERP 培训教程.北京:人民邮电出版社,2007.
[19]　徐黎,刘根霞主编.会计电算化实训.上海:立信会计出版社,2005.
[20]　王晓霜,李昕编著.ERP 沙盘会计模拟实训教程.北京:经济科学出版社,2008.

读者意见反馈

亲爱的读者：

感谢您一直以来对清华版计算机教材的支持和爱护。为了今后为您提供更优秀的教材，请您抽出宝贵的时间来填写下面的意见反馈表，以便我们更好地对本教材做进一步改进。同时如果您在使用本教材的过程中遇到了什么问题，或者有什么好的建议，也请您来信告诉我们。

地址：北京市海淀区双清路学研大厦 A 座 602 室　计算机与信息分社营销室　收

邮编：100084　　　　　　　　电子邮箱：jsjjc@tup.tsinghua.edu.cn

电话：010-62770175-4608/4409　　邮购电话：010-62786544

教材名称：会计信息系统实务教程（第二版）

ISBN：978-7-302-20854-9

个人资料

姓名：＿＿＿＿＿　　年龄：＿＿＿＿＿所在院校/专业：＿＿＿＿＿＿＿＿＿＿

文化程度：＿＿＿＿　　通信地址：＿＿＿＿＿＿＿＿＿＿＿＿＿＿＿＿＿＿＿

联系电话：＿＿＿＿　　电子信箱：＿＿＿＿＿＿＿＿＿＿＿＿＿＿＿＿＿＿＿

您使用本书是作为： □指定教材 □选用教材 □辅导教材 □自学教材

您对本书封面设计的满意度：

□很满意 □满意 □一般 □不满意　改进建议＿＿＿＿＿＿＿＿＿＿＿＿＿＿

您对本书印刷质量的满意度：

□很满意 □满意 □一般 □不满意　改进建议＿＿＿＿＿＿＿＿＿＿＿＿＿＿

您对本书的总体满意度：

从语言质量角度看　　□很满意 □满意 □一般 □不满意

从科技含量角度看　　□很满意 □满意 □一般 □不满意

本书最令您满意的是：

□指导明确 □内容充实 □讲解详尽 □实例丰富

您认为本书在哪些地方应进行修改？（可附页）

＿＿＿＿＿＿＿＿＿＿＿＿＿＿＿＿＿＿＿＿＿＿＿＿＿＿＿＿＿＿＿＿＿＿＿＿

您希望本书在哪些方面进行改进？（可附页）

＿＿＿＿＿＿＿＿＿＿＿＿＿＿＿＿＿＿＿＿＿＿＿＿＿＿＿＿＿＿＿＿＿＿＿＿

＿＿＿＿＿＿＿＿＿＿＿＿＿＿＿＿＿＿＿＿＿＿＿＿＿＿＿＿＿＿＿＿＿＿＿＿

电子教案支持

敬爱的教师：

为了配合本课程的教学需要，本教材配有配套的电子教案(素材)，有需求的教师可以与我们联系，我们将向使用本教材进行教学的教师免费赠送电子教案(素材)，希望有助于教学活动的开展。相关信息请拨打电话 010-62776969 或发送电子邮件至 jsjjc@tup.tsinghua.edu.cn 咨询，也可以到清华大学出版社主页(http://www.tup.com.cn 或 http://www.tup.tsinghua.edu.cn)上查询。

高等学校教材·信息管理与信息系统
系列书目

《会计信息系统实务教程学习指南与实验指导》目录

ISBN 978-7-302-15317-7　　陈福军　孙　芳　编著

《会计信息系统实践教程》目录

ISBN 978-7-302-193708-8　　陈福军　孙　芳　齐鲁光　编著